CAMBRIDGE LIBRARY
Books of enduring scholarl\

Classics

From the Renaissance to the nineteenth century, Latin and Greek were compulsory subjects in almost all European universities, and most early modern scholars published their research and conducted international correspondence in Latin. Latin had continued in use in Western Europe long after the fall of the Roman empire as the lingua franca of the educated classes and of law, diplomacy, religion and university teaching. The flight of Greek scholars to the West after the fall of Constantinople in 1453 gave impetus to the study of ancient Greek literature and the Greek New Testament. Eventually, just as nineteenth-century reforms of university curricula were beginning to erode this ascendancy, developments in textual criticism and linguistic analysis, and new ways of studying ancient societies, especially archaeology, led to renewed enthusiasm for the Classics. This collection offers works of criticism, interpretation and synthesis by the outstanding scholars of the nineteenth century.

Apollonii Pergaei quae Graece exstant cum commentariis antiquis

The Greek astronomer and geometrician Apollonius of Perga (c.262–c.190 BCE) produced pioneering written work on conic sections in which he demonstrated mathematically the generation of curves and their fundamental properties. His innovative terminology gave us the terms 'ellipse', 'hyperbola' and 'parabola'. The Danish scholar Johan Ludvig Heiberg (1854–1928), a professor of classical philology at the University of Copenhagen, prepared important editions of works by Euclid, Archimedes and Ptolemy, among others. Published between 1891 and 1893, this two-volume work contains the definitive Greek text of the first four books of Apollonius' treatise together with a facing-page Latin translation. (The fifth, sixth and seventh books survive only in Arabic translation, while the eighth is lost entirely.) Volume 2 contains the fourth book in addition to other Greek fragments and ancient commentaries, notably that of Eutocius, as well as the editor's Latin prolegomena comparing the various manuscript sources.

Cambridge University Press has long been a pioneer in the reissuing of out-of-print titles from its own backlist, producing digital reprints of books that are still sought after by scholars and students but could not be reprinted economically using traditional technology. The Cambridge Library Collection extends this activity to a wider range of books which are still of importance to researchers and professionals, either for the source material they contain, or as landmarks in the history of their academic discipline.

Drawing from the world-renowned collections in the Cambridge University Library and other partner libraries, and guided by the advice of experts in each subject area, Cambridge University Press is using state-of-the-art scanning machines in its own Printing House to capture the content of each book selected for inclusion. The files are processed to give a consistently clear, crisp image, and the books finished to the high quality standard for which the Press is recognised around the world. The latest print-on-demand technology ensures that the books will remain available indefinitely, and that orders for single or multiple copies can quickly be supplied.

The Cambridge Library Collection brings back to life books of enduring scholarly value (including out-of-copyright works originally issued by other publishers) across a wide range of disciplines in the humanities and social sciences and in science and technology.

Apollonii Pergaei
quae Graece exstant
cum commentariis antiquis

VOLUME 2

EDITED BY
JOHAN LUDVIG HEIBERG

CAMBRIDGE
UNIVERSITY PRESS

CAMBRIDGE UNIVERSITY PRESS

Cambridge, New York, Melbourne, Madrid, Cape Town,
Singapore, São Paolo, Delhi, Mexico City

Published in the United States of America by Cambridge University Press, New York

www.cambridge.org
Information on this title: www.cambridge.org/9781108061858

© in this compilation Cambridge University Press 2013

This edition first published 1893
This digitally printed version 2013

ISBN 978-1-108-06185-8 Paperback

APOLLONII PERGAEI

QUAE GRAECE EXSTANT

CUM COMMENTARIIS ANTIQUIS.

EDIDIT ET LATINE INTERPRETATUS EST

I. L. HEIBERG,

DR. PHIL.

UOL. II.

LIPSIAE

IN AEDIBUS B. G. TEUBNERI.

MDCCCXCIII.

LIPSIAE: TYPIS B. G. TEUBNERI.

PRAEFATIO.

Praeter librum IV Conicorum hoc uolumine continentur fragmenta Apollonii, lemmata Pappi, commentaria Eutocii. in fragmentis apud Pappum seruatis lemmatisque eius edendis Hultschium secutus sum. sicubi ab eo discessi, scripturam eius indicaui; codicis raro mentionem feci. de numero lemmatum Pappi hoc addo, Pappi VII, 246 suo numero designandum esse, sicut factum est in VII, 254, 256; nam ita demum numerum lemmatum LXX adipiscimur, quem indicat Pappus ipse p. 682, 22: λήμματα δὲ ἤτοι λαμβανόμενά ἐστιν εἰς αὐτὰ ο΄. his enim uerbis, quae genuina sunt, minime significantur lemmata „quae insunt in libris", sed ipsa lemmata Pappi ad eos adsumpta, sicut lemmata XX libri de sectione proportionis p. 640, 23 Pappi sunt VII, 43—64, librorum de sectione determinata XXVII et XXIV p. 644, 20 Pappi VII, 68—94, 95—118, locorum planorum VIII p. 670, 2 Pappi VII, 185—192, porismatum XXXVIII p. 660, 15 Pappi VII, 193—232, librorum de inclinationibus XXXVIII p. 672, 16 Pappi VII, 120—131, 132—156 (nam VII, 146 et lemmata I, 4, 8; II, 12 in bina diuidenda sunt; cfr. p. 798, 19).[1]) in libris

---

1) Itaque in libris tactionum aliquid turbatum est; nam p. 648, 16 lemmata indicantur XXI, cum tamen sequantur XXIII (VII, 158—184) siue XXVII, si lemmata 10, 12, 13, 22 in bina diuiduntur.

a*

de sectione spatii nullus numerus lemmatum indicatur
p. 642, 17, quia prima XIX ad librum de sectione
proportionis etiam ad illos ualent (u. p. 700, 9, ubi
scribendum ταυτὰ δὲ καί).
In Eutocio his siglis usus sum:

W — cod. Uatic. gr. 204 saec. X, de quo u. Euclidis
op. V p. XII. interdum manus prima alio atra-
mento in lacunis quaedam suppleuit, id quod W¹
significaui (II p. 168, 7, 8, 18; 170, 2, 8, 13, 19—20;
216, 8, 10; errores paruulos correxit p. 170, 15;
216, 17). adparet, librarium in antigrapho suo his
locis lacunas uel litteras euanidas habuisse, quas
ex alio exemplari suppleuit (u. p. 170, 24); p. 168, 19
lineolam transuersam addidit, quia lacunam reli-
querat maiorem quam pro uera scriptura postea
aliunde sumpta.

v — cod. Uatic. gr. 203, de quo u. I p. V.

w — cod. Uatic. gr. 191, bombyc. saec. XIII; continet
Euclidis catoptrica, phaenomena, optica, data cum
fragmento Marini, Theodosii sphaerica, de habita-
tionibus, de diebus et noctibus, Aristarchum, Auto-
lyci de ortu, Hypsiclem, Autolyci de sphaera mota,
Eutocium, Ualentis Anthologiam, Ptolemaei geo-
graphiam, Procli hypotyposes, alia astronomica.

p — cod. Paris. 2342 saec. XIV, de quo u. I p. V.

U — cod. Urbinas 73, chartac. saec. XVI; continet
Eutocium solum foliis XXX cum correcturis pluri-
mis, quarum pleraeque alia manu factae sunt.

Praeterea hosce codices Eutocii noui:

1. cod. Uatic. 1575 saec. XVI, de quo u. infra p. XI.
2. cod. Mutin. II D 4 saec. XV, de quo u. infra p. XII.

3. cod. Paris. Gr. 2357 saec. XVI, de quo u. infra p. XIII.
4. cod. Paris. suppl. Gr. 451 saec. XV, de quo u. infra p. XIII.
5. cod. Paris. Gr. 2358, chartac. saec. XVI, olim Colbertin.; continet Eutocium fol. 1—32, Sereni opuscula fol. 33—94.

de cod. Barberin. II, 88 chartac. saec. XV—XVI, qui inter alia mathematica etiam Eutocium continet, et de cod. Ambros. C 266 inf., olim Pinellii, qui fol. 250—254^r Eutocii commentariorum initium (usque ad II p. 190, 3) continet, nihil notaui.

Iam de cognatione ceterorum codicum uideamus.

codicem w ex W descriptum esse, ostendit eius Uat. 191
in omnibus mendis grauioribus consensus, uelut II p. 292, 1; 308, 14; 310, 6; 326, 13; 338, 15; 342, 20; 344, 14; 346, 17, 19 lacunas eodem modo reliquit; p. 274, 5 pro *διάμετρον* cum W *καὶ ἄμετρον* habet; cfr. praeterea

II p. 172, 21 *AEZ*] om. W in fine uersus, om. w;
p. 180, 24 *πρός* (alt.)] $\overset{\sigma}{\pi\varrho o}$ W in fine uersus, $\overset{o\prime}{\pi\varrho}$ w;
p. 286, 21 *τῶν* (alt.)] om. W in fine uersus, om. w;
p. 306, 2 *AB*] *AB* | *AB* Ww.

scripturas meliores rarissime habet, uelut II p. 170, 14; 218, 10.

ex w rursus descriptus est v, sicut uel hi loci Uat. 203
ostendunt: II p. 190, 26 *καὶ διάμετρος* — p. 192, 1 *ἴση*] W, om. wv; p. 200, 15 *φησίν*] W, om. wv. neque enim w ex v descriptus esse potest, ut ex scripturis infra adlatis adparet. emendatio igitur II p. 274, 22 in v coniectura inuenta est.

Urbin. 73 e v descriptus est U; u. II p. 326, 13 *HΘ καί*]
HΘK cum lacuna 2 litt. Ww, *ηϑκ* v, *ἡ ϑκ* U, *ϑη*
m. 2; p. 342, 16 *εἰς τὸ λγ'*] Ww, om. vU, *εἰς τὸ λδ'*
mg. m. 2 U.

Paris. suppl. praeterea e v descripti sunt codd. 4 et 5; u. II
451, Paris.
2358 p. 168, 9 *ἐπινοῆσαι*] Ww, *ἐπιχειρῆσαι* vU, 4, 5,
corr. m. 2 U et 5; II p. 170, 11 *ἐν*] Ww, om. vU, 4, 5,
corr. m. 2 U.

Mutin. etiam cod. Mutin. II D 4 ex v pendere, demon-
strabo infra p. XXI.

Uat. 1575 codd. 1 et 3, quorum uterque ab Ioanne Hydrun-
Paris. 2357 tino scriptus est, ab ipso W pendent; nam summa
fide omnia eius uitia, etiam minutissima, repetunt.

Paris. 2342 p quoque ex W pendet; nam non modo saepissime
eosdem errores stultos habet (II p. 174, 14; 176, 24;
180, 6; 194, 4; 212, 15; 214, 4, 12; 222, 13, 16; 228, 5;
234, 17; 238, 25; 248, 20; 268, 7; 274, 22; 278, 1;
280, 1, 4, 12; 284, 7; 302, 3, 5; 308, 23; 312, 3; 314, 6;
320, 9, 15; 324, 2, 11; 346, 1; 350, 9; 358, 2; 360, 5)
et easdem lacunas omissionesque (II p. 196, 26;
218, 10; 290, 8; 292, 1, 14; 306, 8; 308, 14; 310, 6;
334, 22; 338, 15; 340, 13, 15; 342, 20; 344, 14;
346, 17, 19; 352, 19); sed loci haud ita pauci eius
modi sunt, ut demonstrare uideantur, eum ex ipso W
descriptum esse. cuius generis haec adfero:
II p. 172, 21 *AEZ*] om. W in fine uersus, om. p;
 p. 200, 5 *τέμνουσα*] *τέμνουσ∞* W, *τέμνουσαι* p;
 p. 208, 23 *NΘ*] W, sed *N* litterae *H* simile, *HΘ* p;
 p. 286, 21 *τῶν* (alt.)] om. W in fine uersus, om. p;
 p. 294, 1 *κατασκευήν*] seq. lacuna, ut uidetur, propter
  figuram W, lac. p (nihil deesse uidetur);

II p. 306, 2 *A, B*] *AB* | *AB* W, $\overline{\alpha\beta}$ $\overline{\alpha\beta}$ p;
p. 328, 4 *AHA*] *H* litterae *Π* simile W, *ΑΠΑ* p;
p. 340, 16 τὴν *ΑΞ*] τῇ $\overline{νλξ}$ W, τῆν $\overline{λξ}$ p;
p. 356, 7 καί (pr.)] ʿέστωσʾ καί m. 1 W (h. e. έστω-
σαν ex lin. 6 repeti coeptum, sed deletum),
ἔστ$\overset{σ}{ω}$ καί p.

hoc quoque dignum est, quod commemoretur,
scripturam II p. 170, 24 a W[1] ex alio codice enota-
tam etiam in p eodem modo in mg. exstare. cfr.
p. 220, 16.

sane constat, p plurimis locis, ne de correctis erro-
ribus dicam, qui ex permutatis uocalibus η et ι, o et ω
orti sunt, meliores scripturas exhibere (II p. 172, 2, 18;
174, 22; 188, 10; 190, 15, 18; 192, 15; 194, 20, 26;
196, 17; 198, 8, 13; 208, 13, 14; 210, 22; 218, 17;
220, 18?; 240, 12, 13, 27; 246, 2; 248, 2, 23; 254, 5, 8;
260, 4, 21; 262, 20, 22, 27; 264, 24; 268, 13; 274, 5;
276, 17; 280, 19; 282, 20; 284, 17, 19; 286, 19;
290, 18; 294, 7; 298, 8, 10; 300, 20; 302, 13; 304, 13, 16;
306, 3, 9; 310, 14, 15; 312, 1, 2; 316, 23; 326, 16; 330, 7;
332, 21; 336, 19; 348, 5, 9; 352, 2, 15; 358, 8, 20;
360, 7). sed harum omnium emendationum nulla est,
quae facultatem librarii uerborum rerumque uel medio-
criter periti excedat. quare cum librarius codicis p
in Apollonio uel emendando uel interpolando et pe-
ritiam suam et audaciam ostenderit, ut infra certis
documen tisarguemus, non dubito haec omnia con-
iecturae eius tribuere. et hoc aliis rebus confirmatur.
nam primum p interdum falsam scripturam codicis W
habet postea demum a manu prima correctam (II
p. 184, 27; 214, 12; 316, 16; 348, 14; cfr. p. 234, 22;

272, 6; 352, 24). est etiam, ubi errorem subesse per-
spexerit, sed lacunam reliquerit, quia in eo emendando
parum sibi confideret (II p. 244, 10, 13; 248, 6, 9;
322, 13; cfr. p. 182, 25); II p. 296, 6 ei adcidit, ut
pro uera scriptura ἡμέραν, quam non intellexit, ἡμε
sequente lacuna poneret. locis non paucis interpolatio
manifesta est, cum aut errrores recte deprehensos
male corrigit (II p. 200, 25; 202, 21; 242, 5; 270, 7, 10;
296, 24; 302, 13; 304, 1, 8;.306, 7; 308, 26; 326, 13;
338, 14; 342, 15; 352, 5) aut scripturam bonam suo
arbitrio mutat (II p. 168, 12; 176, 24; 236, 3; 294, 23;
310, 2; cfr. quod II p. 274, 3 γεναμένην in γενομένην
corrigit, et quod in uerbo εὑρίσκω semper formas sine
augmento praefert, u. II p. 292, 19; 294, 8, 23; 330, 12;
332, 12). II p. 194, 26; 260, 1; 274, 5 cum manu
recenti codicis W conspirat.

adparatus   Ex his omnibus sequitur, in Eutocio edendo codi-
cem W solum auctorem habendum esse. itaque eius
discrepantias omnes in adparatu critico dedi. sed cum
p tot coniecturas probas habeat, eius quoque scriptu-
ram plenam recepi, nisi quod de formis ἐστί et ἐστίν
nihil adnotaui; ex ceteris codicibus pauca tantum de
Uvw notaui, reliquos prorsus neglexi.

Iam de genere codicis W uideamus. commentaria
Uat. 204 Eutocii in eo excerpta esse e codice Conicorum, ubi
in margine adscripta erant, sicut ab initio ab Eutocio
ordinatum fuerat, infra exponam; margines huius codicis
laceros fuisse, sub finem maxime, ostendunt lacunae
plurimae ab ipso librario significatae.

praeterea eum litteris uncialibus scriptum fuisse,
adparet ex erroribus, quales sunt II p. 174, 23 ΠΛΕΟΝ

pro ΠΑϹⲰΝ, p. 202, 21 ΗΝΕΥΘΥϹΑΝ pro ΗΝΕΥΟΥϹΑ, p. 274, 5 ΚΑΙΑΜΕΤΡΟΝ pro ΔΙΑΜΕΤΡΟΝ. compendiis eum repletum fuisse, colligimus ex his locis:

II p. 186, 7 μέσων] σημείων W permutatis $\overset{\sigma}{\mu}$ et $\overset{\mu}{\sigma}$;

p. 194, 4 ΒΑ] βάσις W ($\overline{\beta\alpha}$ et βά);

p. 254, 23 μᾶλλον] ἔστω W permutatis (μα) λλ' et μυ;

p. 306, 14 ἀπό] αἱ W non intellecto compendio Α';

cfr. p. 248, 23;

p. 324, 15 ἴσον] ἐν W male intellecto compendio ч;

p. 350, 12 δῆλον] $\overset{\lambda'}{\delta\acute{\eta}}$ W; fuit δῆ;

p. 352, 5 τὸ ὑπό] τοῦ W; fuit το γ'.

menda quauis fere pagina obuia, quae e permutatis uocalibus ι et η, ο et ω, ει et η, αι et ε orta sunt, et in litteris figurarum, ubi saepissime permutantur Θ—Ε—Ο—Ϲ, Γ—Π—Τ, Α—Δ—Λ, Ν—Η—Μ—Κ, Π—Η, Ξ—Ζ, fortasse ipsi librario codicis W tribuenda sunt.

De editionibus Eutocii breuis esse possum.

Commandinus codice Urbin. 73 usus est, nec dubito, quin eius sint emendationes margini illius a manu 2 adscriptae; u. II p. 168, 20 ὀρθήν] Urbin., mg. m. 2 „for. γωνίαν πλευρᾶς“; haec uocabula addidit Commandinus fol. 4ᵘ; II p. 170, 18 γραμμῶν] Urbin., mg. m. 2 „for. τομῶν“; sectionum Commandinus fol. 4ᵘ; II p. 306, 2 Α, Β] $\overline{\alpha\beta}$ $\overline{\alpha\beta}$ Urbin., mg. m. 2 $\overline{\alpha\beta}$ $\overline{\gamma\delta}$; ab, cd Commandinus fol. 54ᵘ; cfr. II p. 180, 13; 256, 11.

Halleius, qui adhuc solus Eutocium Graece edidit, codice usus est Barocciano Bibliothecae Bodleianae (praef. p. 2). is ubi hodie lateat, nescio; sed eum

(margin notes: Commandinus; Halley)

ex Urbin. 73 descriptum fuisse, constat his locis collatis:

II p. 174, 23 ἐπὶ πασῶν] ἐπὶ πλέον Urbin., mg. m. 2 „for. ἐπὶ πάντων", et sic Halleius uitio non intellecto;

II p. 202, 23 μένον] Urbin., mg. m. 2 „for. hic addenda sunt ut inferius πρὸς τῆς κορυφῆς τῆς ἐπιφανείας"; μένον πρὸς τῇ κορυφῇ τῆς ἐπιφανείας Halley;

II p. 274, 10 νδ'] Urbin., νγ' m. 2; et ita Command., Halley;

II p. 288, 3 νδ' καὶ νε'] Urbin., νγ' m. 2, Comm., Halley;

II p. 288, 4 νϛ' καὶ νζ' καὶ νη'] Urbin., νδ' m. 2, Comm., Halley;

II p. 288, 5 νϑ'] Urbin., νε' m. 2, Comm., Halley;

II p. 288, 6 ξ'] Urbin., νϛ' m. 2, Comm., Halley;

II p. 326, 13 ΗΘ καί] ἡ ϑ͞κ Urbin., ΘΗ m. 2, Halley.

Scribebam Hauniae mense Septembri MDCCCXCII.

I. L. Heiberg.

PROLEGOMENA.

Cap. I.

De codicibus Conicorum.

Codices Conicorum mihi innotuerunt hi
1) Cod. Uatican. Gr. 206, de quo u. I p. IV.
2) Cod. Uatican. Gr. 203, bombyc. saec. XIII (cfr. I p. V);
continet fol. 1—44 Theodosii sphaerica, de habitationibus, de
diebus et noctibus, Autolyci de sphaera mota, de ortu et occasu,
Hypsiclis anaphor., Aristarchi de distantiis, fol. 44—55 Eutocii
commentarium in conica, omnia manu neglegenti et celeri
scripta; deinde manu eleganti et adcurata fol. 56—84 Apollonii
Conic. I—IV, fol. 84—90 Sereni de sectione cylindri, fol. 90—98
Sereni de sectione coni; huius operis uersus ultimi tres eadem
manu scripti sunt, qua prior pars codicis.

3) Cod. Uatican. 205, chartac. saec. XVI, elegantissime
scriptus et magnifice ornatus; continet p. 1—75 Apollonii
Conic. I—II (p. 76 uacat), p. 77—141 libb. III—IV (p. 142
uacat), p. 143—168 (a manu uetustiore numerantur 1—26)
Sereni de sectione cylindri, p. 169—207 (27—65) Sereni de
sectione coni; p. 207 (65) legitur: hoc opus ad huius biblio-
thecae Palatinae usum ego Ioannes Honorius a Mallia oppido
Hydruntinae Dioecesis ortus librorum Graecorum instaurator
sic exscribebam anno dñi MDXXXVI Paulo III pont. max.

4) Cod. Uatic. Gr. 1575, chartac. saec. XVI, manu eiusdem
Ioannis Hydruntini scriptus; continet fol. 1—131 Apollonii
Conic. I—IV, deinde post folium uacuum noua paginarum serie
fol. 1—51 Eutocii commentarium.

5) Cod. Cnopolitanus, u. I p. V; continet fol. 1—55ʳ Theonis
comment. in Ptolemaeum, fol. 55ᵘ—180 Pappi comment. in
Ptolem. libb. V—VI, fol. 181—258 Procli hypotyposes, fol. 259
—281 Ioannis Alexandrini de astrolabio, fol. 283—347 Gemini
introductionem, fol. 349—516 Apollonii Conic. I—IV, fol. 517—549

Sereni de sectione cylindri, fol. 549—588 Sereni de sectione
coni in fine mutilum (des. in πασῶν p. 76, 15 ed. Halley).
6) Cod. Marcianus Uenet. 518, membran. saec. XV; con-
tinet Aeliani hist. animal., Eunapii uitas sophist., deinde
fol. 101—149 Apollonii Conic. I—IV, fol. 150—160 Sereni de
sectione cylindri, fol. 160—173 Sereni de sectione coni.
    7) Cod. Ambrosianus A 101 sup., bombyc. saec. XIV?; con-
tinet fol. 1—4 Elem. lib. XIV, fol. 4—5 Elem. lib. XV, fol. 6—7
Marini introduct. in Data, fol. 7—25 Data, fol. 25ᵘ fragmen-
tum apud Hultschium Hero p. 249, 18—252, 22; fol. 26—34
Euclidis optic. recensionem uulgatam, fol. 34ᵘ Damiani optica,
fol. 35ᵘ—39 Euclidis catoptrica, fol. 40—86 Apollonii Conic.
I—IV, fol. 86—109 Sereni opuscula (fol. 110 uacat), fol. 111
—138 Theodosii sphaerica, fol. 138—142 Autolyci de sphaera
mota cum scholiis, fol. 142ᵘ—154 Euclidis Phaenomena, fol. 154
—158 Theodosii de habitat., fol. 158—174 Theodosii de die-
bus, fol. 174—179 Aristarchi de distantiis, fol. 180—188 Auto-
lyci de ortu, fol. 188—189 Hypsiclis anaphor., fol. 190—226
Theonis ad προχείρους καν. Ptolemaei.
    8) Cod. Mutinensis II D 4, chartac. saec. XV; continet
Eutocii commentarium, Apollonii Conic. I—IV, Georgii Gemisti
de iis quibus Aristoteles a Platone differt.
    In primo folio legitur: Γεωργίου τοῦ Βάλλα ἐστὶ τὸ βιβλίον
et postea additum Τοῦ λαμπροτάτου κράντορος Ἀλβέρτου Πίου
τὸ βιβλίον. Parisiis fuit a. 1796—1815.
    9) Cod. Taurinensis B I 14, olim C III 25, chartac. saec. XVI;
continet fol. 1—106 Apollonii Conic. I—IV, deinde Sereni
opuscula et Chemicorum collectionem.
    10) Cod. Scorialensis X—I—7, chartac. saec. XVI; continet
Apollonii Conic. I—IV, Sereni opuscula, Theodosii sphaerica.
    11) Cod. Parisinus Gr. 2342; u. I p. V*); continet Euclidis
Elementa (ab initio mutila), Data cum Marino, Optica, Damiani
Optica, Euclidis Catoptrica (des. fol. 118ʳ, ubi legitur in mg.
inf. μετὰ τὰ κατοπτρικὰ ἐν ἄλλοις βιβλίοις τὰ κωνικὰ τοῦ
Ἀπολλωνίου καὶ Σερίνου κωνικὰ καὶ κυλινδρικά), Theodosii
sphaerica, Autolyci de sphaera mota, Euclidis Phaenomena,
Theodosii de habitationibus, de diebus, Aristarchi de distantiis,
Autolyci de ortu, Hypsiclis Anaphor., deinde fol. 155ᵘ—187

---

    *) Errore ibi hunc codicem saeculo XIII tribui; est sine
ullo dubio saeculi XIV.

Apollonii Conic. I—IV cum commentario Eutocii in mg. ad-scripto, fol. 187—200 Sereni de sectione coni, de sectione cylindri (in fine mutilum). fuit Mazarinaeus.

12) Cod. Paris. Gr. 2354, chartac. saec. XVI; continet fol. 1—125 Apollonii Conic. I—IV, deinde Syriani comment. in Metaphysica Aristotelis et de prouidentia. fuit Memmianus.

13) Cod. Paris. Gr. 2355, chartac. saec. XVI; continet Apollonii Conic. I—IV. fuit Colbertinus. fol. 43ʳ legitur: εἰκάδι ἐλαφηβολιῶνος ἔγραφε Ναγκήλιος ἐν τοῖς Παρισίοις ἔτει τῷ ͵αφνη'. fol. 71—73ʳ alia manu scripta sunt.

14) Cod. Paris. Gr. 2356, chartac. saec. XVI; continet Apollonii Conic. I—IV. fuit Thuanaeus, deinde Colbertinus.

15) Cod. Paris. Gr. 2357, chartac. saec. XVI; continet fol. 1—87 Apollonii Conic. I—IV, fol. 88—121 Eutocii commentar., fol. 122—170 Sereni opuscula. fuit Mediceus. scriptus manu Ioannis Hydruntini.

16) Cod. Paris. supplem. Gr. 451, chartac. saec. XV; continet fol. 3—45 Theodosii sphaerica, fol. 46—52 Autolyci de sphaera mota (fol. 53 uacat), fol. 54—209 Apollonii Conic. I—IV (fol. 210—213˙ uacant), fol. 214—246 Eutocii commentar. fol. 1 legitur: Mauritii Brescii ex dono illustris viri Philippi Ptolomaei equitis S. Stephani Senensis. Senis 1. Decemb. 1589.

17) Cod. Uindobonensis suppl. Gr. 9 (63 Kollar), chartac. saec. XVII; continet Apollonii Conic. I—IV, Sereni de sectione cylindri, de sectione coni, Euclidis Catoptrica, problema de duabus mediis proportionalibus, Euclidis Optica, Data, Aristarchi de distantiis, Hypsiclis Anaphor. fuit I. Bullialdi.

18) Cod. Monacensis Gr. 76, chartac. saec. XVI; continet fol. 1—93 Asclepii comment. in Nicomachum, fol. 94—220 Philoponi comment. in Nicomachum, fol. 220—276 Nicomachi Arithmetic., deinde alia manu fol. 277—293 Apollonii Conic. I—IV, fol. 394—418 Sereni de sectione cylindri, fol. 419—453 de sectione coni.

19) Cod. Monac. Gr. 576, chartac. saec. XVI—XVII; continet fol. 1—83 Apollonii Conic. I—IV, fol. 84—100 Sereni de sectione cylindri, fol. 100—124 de sectione coni. „ex bibliotheca civitatis Schweinfurt".

20) Cod. Norimbergensis cent. V app. 6, membranac. saec. XV; continet fol. 1—108 Apollonii Conic. I—IV, fol. 109 —128 Sereni de sectione cylindri, fol. 128—156 de sectione coni. fuit Ioannis Regiomontani.

21) Cod. Guelferbytanus Gudianus Gr. 12, chartac. saec. XVI; continet Apollonii Conic. I—IV. fuit Matthaei Macigni.

22) Cod. Berolinensis Meermannianus Gr. 1545, chartac. saec. XVII; continet fol. 1—118^r Apollonii Conic. I—IV (fol. 118^n—120 uacant), fol. 121—144 Sereni de sectione cylindri, fol. 145—178 de sectione coni.

23) Cod. Bodleianus Canonicianus Gr. 106, chartac. saec. XV; continet Apollonii Conic. I—IV.

24) Cod. Upsalensis 48, chartac. saec. XVI; continet Sereni opuscula, Apollonii Conic. I—IV (omissis demonstrationibus). fuit Cunradi Dasypodii.

25) Cod. Upsalensis 50, chartac. saec. XVI; continet Marini introductionem ad Data, Apollonii Conic. I—IV, Sereni de sectione coni, de sectione cylindri. scriptus manu Sebastiani Miegii amici Dasypodii.

Cod. Paris. Gr. 2471, chartac. saec. XVI, Mazarinaeus, qui in catalogo impresso bibliothecae Parisiensis commemoratur, nunc non exstat.*) codicem Paris. supplem. Gr. 869 chartac. saec. XVIII, qui a fol. 114 „notas in Apollonium Pergaeum" continet, non uidi. cod. Barberin. II, 58 chartac. saec. XVI in fol. 64—68 continet Conic. III, 1—6 et partem propositionis 7. de cod. Magliabecchiano XI, 7 (chartac. saec. XVI) nihil notaui; continet Conic. I—IV. cod. Magliabecch. XI, 26 saec. XVI praeter Philoponum in Nicomachum figuras aliquot continet e codd. Graecis Eutocii et Apollonii excerptas. cod. Ambrosianus A 230 inf. interpretationem Latinam Apollonii et Eutocii continet, de quo in pag. 1 haec leguntur: Conica Apollonii studio Federici Commandini latinitate donata et commentariis aucta ipsamet quae typis mandata sunt multis in locis in margine manu ipsius Commandini notata Illustrissimo Federico Cardinali amplissimo Borromaeo grati animi ergo in suam Ambrosianam bibliothecam reponenda, quo etiam carissimum affinem perennet, Mutius Oddus Urbinas consecrat. denique cod. Upsal. 56 interpretationem latinam continet Conicorum „Londini Gothorum a Nicolao Schenmark a die XXIX Iulii ad diem XIII Sept. 1762 spatio XL dierum" ad editionem Halleii factam (habet praeter Conic. I—VII etiam octaui restitutionem Halleianam).

---

*) Quo peruenerit codex a Constantino Palaeocappa Parisiis descriptus (Omont, Catalogue des mss. gr. copiés par Palæocappa, Paris 1886, p. 6), nescio.

codicum illorum **XXV** contuli totos codd. 1, 5, 11, ceteros
ipse inspexi praeter codd. 6, 9, 21, de quibus quae cognoui
beneuolentiae uirorum doctorum debeo, qui bibliothecis Mar-
cianae, Taurinensi, Guelferbytanae praepositi sunt. iam de
cognatione horum codicum uideamus.

primum cod. 2 a V pendere, certissimo documento adparet Uat. 203
ex figura II, 32 p. 248; ibi enim in hyperbola *AB* in cod. 2
ante *A* adpositum est *N*, quod hic nullum habet locum; neque
enim omnino eo loco figurae littera opus est, neque, si maxime
opus esset, *N* esse debuit, sed *M*. origo huius erroris statim
e V manifesta est; ibi enim figura illa ita in mg. descripta
est, ut in uerba Apollonii transeat et terminus superior hyper-
bolae *AB* ante litteram *ν* in τῶν p. 248, 10 fortuito cádat;
unde littera *N* in figuram irrepsit. quamquam iam hoc sufficit
ad demonstrandum, quod uolumus, alia quoque documenta ad-
feram. nam I p. 8, 5 pro πρός hab. πρὸς ἡ cod. 2 (ἡ postea
deletum), quod e fortuita illa lineola codicis V, de qua u. adn.
crit., ortum est. I p. 376, 6: *ΑΞ̅Z*] corr. ex *ΑΞ̅Θ*, ita ut Θ
non prorsus deleta sit, V; *ΑΞ̅ΘZ* cod. 2. I p. 390, 6: *ΗΞ̅*]
corr. ex *ΗΓ* littera ξ ad Γ adiuncta V, *ΗΓΞ̅* cod. 2. et
omnino etiam apertissimi errores codicis V fere omnes in cod. 2
reperiuntur, uelut dittographia I p. 214, 5. aliquid tamen ad
recensionem utile inde peti posse, explicaui I p. V.

cum in cod. 3 eadem prorsus ratio sit figurae II, 32 atque Uat. 205
in cod. 2, is quoque a V pendet; et eum ex ipso V, non e
cod. 2, descriptum esse, hi maxime loci ostendunt:

notam I p. 267 adn. e V adlatam etiam cod. 3 habet, in
cod. 2 contra omissa est et figurae suo loco repositae.

I p. 448, 17: *ΘΔ*] *Δδ* V, *Δ* seq. lac. 1 litt. cod. 2, *ΑΔ*
cod. 3. itaque librarium cod. 3 ratio figurae in V in eundem
errorem induxit. ceterum Ioannes Hydruntinus, qui et hunc
cod. et cod. 4 et 15 scripsit, ab a. 1535 ad a. 1550 munus
„instauratoris“ librorum Graecorum apud papam obtinuit, ut
adparet ex iis, quae de salario ei numerato collegit Müntz La
Bibliothèque du Vatican au XVIᵉ siècle p. 101—104. itaque
cum cod. V pessime habitus sit (I p. IV), ne usu periret, eum
pro suo munere descripsisse putandus est. et hoc est „apo-
graphum“ illud, quod in notis in V mg. manu recenti ad-
scriptis citatur, uelut I p. 2, 15 διὰ τὸ πρὸς εὔπλῳ κτλ. ἐξ
ἀπογράφου εἰκονικοῦ (h. e. adcurati, fidelis); nam ita cod. 3
(ἔκπλῳ rectius cod. 2); cfr. praeterea in Sereno (ed. Halley):

p. 14, 34: ZM] ΘM V, M euan.; „ή ΘN in apographo“ mg. m. rec.; ΘM cod. 2, ΘN cod. 3;

p. 64, 40: ή ZE τῆς $E\Theta$] V, cod. 2; „ή EZ τῆς $E\Theta$ sic in apographo“ mg. m. rec. V, ή EZ τῆς $E\Theta$ cod. 3;

p. 71, 6: ὅτι] τι V, „ἔτι in apographo. puto igitur ὅτι $\overset{\tau}{M}$“ mg. m. rec.; ὅτι cod. 2 (o in ras. m. 1), ἔτι cod. 3;

p. 83, 9: ὃ προέκειτο] cod. 2; κειτο post lacunam V, „puto deesse ὃ προ“ mg. m. rec.; προέκειτο post lacunam cod. 3. adparet, correctorem ita scripturum non fuisse, si cod. 2 inspexisset; nam per uocabulum „puto“ suam significat coniecturam, uelut p. 75, 48: ὁ κέντρῳ] ᾧ κέντρῳ V, mg. m. rec. „$\overset{\tau}{M}$ ƒ puto ὁ κέντρῳ sic infra [h. e. p. 76, 3] in repetitione“.

his notis, quas manus recens partim Graece partim Latine in mg. codicis V adscripsit, saepius, ut uidimus, praemittitur $\overset{\tau}{M}$, h. e. monogramma Matthaei Devarii (u. Nolhac La bibliothèque de F. Orsini p. 161), qui ab a. 1541 in bibliotheca Uaticana „emendator librorum Graecorum“ fuit (u. Müntz l. c. p. 99). ei igitur tribuendum, quicquid manu recenti in V adscriptum est.

Uat. 1575   etiam cod. 4 ex ipso V descriptus est; nam et littera N in figura II, 32 addita a V pendere arguitur, et eum neque e cod. 2 neque e cod. 3 descriptum esse ostendunt scriptúrae I p. 376, 6: $\varLambda\Xi Z$] $\varLambda\Xi\Theta Z$ cod 4, $\varLambda\Xi Z$ cod. 3 et corr. ex $\varLambda\Xi\Theta$ V; $\varLambda\Xi\Theta Z$ cod. 2; I p. 310, 13: KZ] corr. ex KH V, KHZ cod. 2, KZ cod. 4. nec aliter exspectandum erat, quippe qui a Ioanne Hydruntino scriptus sit sicut cod. 3. ceterum cod. 4 cum bibliotheca Columnensi in Uaticanam peruenit.

Paris. 2357   cod. 15 ab eodem Ioanne Hydruntino scriptus et ipse e V descriptus est. nam quamquam hic N in figura II, 32 omissum est, tamen in erroribus omnibus cum V ita conspirat, ut de eorum necessitudine dubitari nequeat; et hoc per se ueri simile erat propter Ioannem Hydruntinum librarium. eum a codd. 2, 3, 4 originem non ducere ostendit uel ipsa omissio litterae N, confirmant alia, uelut quod titulus libelli περὶ κυλίνδρου τομῆς hic est: Σερήνου περὶ κυλίνδρου τομῆς; ita enim V, cod. 3 uero: Σερήνου Ἀντινσέως φιλοσόφου περὶ κυλίνδρου τομῆς, e subscriptione codicis V petita; cod. 4 Serenum non habet. nec a cod. 2 pendet; nam I p. 4, 27 recte κρίνειν habet, non κρύπτειν ut cod. 2.

hic codex quoniam Mediceus est, a. 1550 a Petro Strozzi

in Galliam cum ceteris codd. Nicolai Ridolfi Cardinalis adlatus
est. ibi statim ex eo descriptus est cod. 14. is enim Paris. 2356
fol. 135ʳ (ad finem Conicorum) et fol. 137 haec habet: „per-
lectum Aureliae 15 Martii 1551“, scripta*) manu Petri Mont-
aurei mathematici Aurelianensis (u. Cuissard L'étude du Grec
à Orléans p. 111), qui sine dubio eo ipso anno codicem suum
in usum describi iussit et descriptum perlegit emendauitque,
ut solebat. cod. 14 e cod. 15 descriptum esse ex his locis
colligo: I p. 6, 15: τε] om. codd. 14, 15 soli (praeter cod. 13,
de quo mox dicam), I p. 218, 5: τούτου] τούτων cod. 14 (et 13),
quia τουᵗ′ cod. 15 (ita etiam praeter V codd. 2, 3, 4, sed inde
cod. 14 descriptus esse non potest, quoniam in fig. II, 32 N
non habet).

Montaureus plurimis locis in mg. et emendationes et ad-
notationes suas addidit, quarum speciminis causa nonnullas
adferam:

1) ad I def. 6 mg. περὶ τῶν ἀντικειμένων ἐν τῷ ις′ τοῦ α′
περὶ τῆς ἐλλείψεως ἐν τῷ με′ τοῦ β′ πρὸς τῷ τέλει.

2) I, 5 p. 20, 1 mg. λείπει· ἐστὶ τῷ ὑπὸ τῶν ΚΖΗ· ἀλλὰ
τὸ ὑπὸ τῶν ΕΖΔ τουτέστι τὸ ὑπὸ τῶν ΔΖ, ΖΕ ἴσον. deinde
deleta: ἡ γὰρ ὑπὸ ΗΘΚ κτλ.

3) I, 22 p. 76, 8 post Γ, Δ inseruit mg. μὴ συμπίπτουσα
τῇ διαμέτρῳ ἐντός.

4) I, 33 p. 98, 25 post καταχθῇ mg. εὐθεῖα.

5) I, 39 p. 120, 9 post καί mg. ἐκ τοῦ ὂν ἔχει.

6) I, 41 p. 128, 9 post ΔΗ mg. τὸ ἄρα ἀπὸ ΔΕ εἶδος τὸ
ὅμοιον τῷ ΑΖ.

7) I, 45 p. 138, 2 post ΓΔ mg. ἐπὶ τὴν δευτέραν διάμετρον.

8) I, 45 p. 136, 17: ὑπ' αὐτῶν δι' οὗ ἀποτέμνει τριγώνου
ἡ κατηγμένη πρὸς τῷ κέντρῳ ἐπὶ μὲν τῆς ὑπερβολῆς μεῖζον
cod. 14, Montaureus deletis δι' et ἐπὶ μὲν τῆς ὑπερβολῆς post
αὐτῶν mg. inseruit τρίγωνον ἐπὶ μὲν τῆς ὑπερβολῆς.

9) I, 54 p. 168, 29 mg. addit τέτμηται ἄρα ἐπιπέδῳ ὀρθῷ
πρὸς τὸ ΖΗΘ τρίγωνον καὶ ποιεῖ τομὴν τὸν ΗΠΘΡ κύκλον;
p. 170, 3 post ὑποκειμένῳ mg. add. τέμνοντι τὴν βάσιν τοῦ
κώνου.

10) I, 55 p. 172, 22 mg. λείπει· καὶ δυνήσονται τὰ παρὰ
τὴν ΛΝ παρακείμενα ὀρθογώνια.

11) I, 56 p. 180, 5—6: ΒΕ πρὸς ΕΖ ἢ ΒΚ πρὸς ΚΘ cod. 14,

---

*) Teste Henrico Omont, uiro harum rerum peritissimo.

mg. m. 1: *καὶ τοῦ τῆς ΑΕ πρὸς ΕΖ ἀλλ' ὡς μὲν ἡ ΒΕ πρὸς ΕΖ*, Montaureus deletis *ἡ ΒΚ πρὸς ΚΘ* mg. add. *ἡ ΒΚ πρὸς ΚΘ τουτέστιν ἡ ΖΔ πρὸς ΑΘ*.

12) Ad II, 13 mg. „*παράδοξον* Proclus in fine li. 2 commentariorum in 1. Euclidis“

13) II, 16 p. 220, 20—22: *τὸ μὲν ὑπὸ ΚΛΘ τῷ ὑπὸ (ἀπὸ* m. 2) *ΘΜΗ ἐστιν ἴσον καὶ ἡ ΛΘ τῇ ΚΜ* cod. 14, mg. m. 2: *λείπει· ΑΓ τὸ δὲ ὑπὸ ΘΜΗ τῷ ἀπὸ ΓΒ ὥστε τὸ ὑπὸ τῶν ΚΛΘ ἴσον ἔσται τῷ ὑπὸ τῶν ΘΜΚ καὶ ἡ ΛΘ τῇ ΚΜ ἴση* deletis uerbis *ΘΜΗ ἐστιν ἴσον*.

_{Paris. 2355} Hae correctiones notaeque Montaurei omnes fere in cod. 13 receptae sunt, unde adparet, eum e cod. 14 descriptum esse. et concordant temporum rationes. nam cod. 13 Petri Rami fuit — nomen eius in prima pagina legitur —, qui ipse Petrum Montaureum magistrum suum in mathematicis praedicat et inter mathematicos Graecos, ad quorum studium se adcingebat, Apollonium nominat (Waddington Ramus p. 108). de eo Nancelius, scriptor librarius codicis 13, in epistula I, 61 (p. 211 ed. Paris. 1603) ad Scaligerum haec narrat: „ipsi illi multa Graeca exemplaria mea manu perdius ac pernox exscripsi, quorum ille sibi copiam Roma e Vaticano et ex bibliotheca regia et Medicaea per reginam regum nostrorum matrem fieri sedulo satagebat et per alios utique viros *φιλομαθεῖς*“. in mg. a Nancelio saepius „exemplar reginae“ citatur, uelut I p. 6, 27 *τῆς γραμμῆς*] *τῆς καμπύλης γραμμῆς* cod. 13, mg. hoc vocabulum non est in exemplari reginae, p. 8, 13 post *ἑτέρᾳ* supra scr. m. 1 *διαμέτρῳ* cod. 13, mg. hoc vocabulum in exemplari reginae non reperitur, p. 8, 23 *κορυφῆς* del. m. 1 cod. 13, mg. hoc uerbum est in exemplari reginae. sine dubio „exemplar reginae“ est ipse cod. 15; nam codices Petri Strozzi ad Catharinam de Medicis reginam post mortem eius peruenerunt. ex eodem codice illas quoque scripturas petiuit Nancelius, quas addito uocabulo „alias“ in mg. adfert, uelut I p. 10, 1 *καὶ ἔστω*] om. cod. 13, mg. alias adduntur *καὶ ἔστω*, p. 220, 21 *ὥστε τὸ ὑπὸ ΚΛΘ ἴσον ἔσται τῷ ὑπὸ τῶν ΘΜΚ καὶ ἡ ΛΘ τῇ ΚΜ ἴση ΘΜΚ ἐστιν ἴσον καὶ ἡ ΛΘ τῇ ΚΜ* cod. 13 cum Montaureo (u. supra), quem non intellexit; mg. alias ita legitur *ὥστε καὶ τὸ ὑπὸ ΚΛΘ τῷ ὑπὸ ΘΜΚ ἐστιν ἴσον καὶ ἡ ΛΘ τῇ ΚΜ*.

_{Marc. 518} Ex ipso V praeterea descriptus est cod. 6; nam in fig. II, 32 habet *Ν* et in praefatione libri primi lacunas tres habet (p. 2, 15

ἔκ — om., οὐ διακα — om., p. 2, 16 ὡς ἔσχατον om.) propter
litteras in V detritas, quae in antiquioribus apographis eius
seruatae sunt. in cod. 6 propter litteras paululum deformatas
in V pro κρίνειν p. 4, 27 scriptum est κρίπτειν. eundem erro-
rem habent codd. 17, 18, 22, qui ea re a cod. 6 pendere ar-
guuntur. praeterea cod. 22 et p. 2, 15—16 easdem lacunas Berol. 1545
habet et uerba p. 8, 12 ὦν — 13 ἑτέρᾳ cum cod. 6 solo bis
scripsit. et cum sit Meermannianus, per complurium manus
e bibliotheca profectus est Guillelmi Pellicier, qui omnes fere
codices suos Uenetiis describendos curauerat. etiam cod. 17 Uindob.
easdem lacunas illas habet, sed expletas a manu recenti, quae suppl. 9
eadem κρίπτειν in κρίνειν correxit et alias coniecturas ad-
scripsit, uelut p. 4, 10 παράδοξα] mg. παντοῖα, p. 4, 12 καὶ
κάλλιστα] mg. καλὰ καί, p. 4, 21 συμβάλλουσι] mut. in συμ-
βάλλει, mg. καὶ ἀντικείμεναι ἀντικειμέναις κατὰ πόσα σημεῖα
συμβάλλουσι; sine dubio ipsius Bullialdi est. hunc codicem
Uenetiis scriptum esse, docet, quod problema illud de duabus
mediis proportionalibus e Marc. 301 sumpsit. Sereni libellus
de sectione coni falso inscribitur Σερήνου Ἀντινσέως φιλοσόφου
περὶ κώνου τομῆς β′, quia in cod. 6, ubi inscriptio est
περὶ κυλίνδρου τομῆς β′, supra κυλίνδρου scriptum est κώνου
numero β′ recte deleto, quod non animaduertit librarius co-
dicis 17. cod. 18 lacunas habet postea expletas; uersus Monac. 76
finem libelli de sectione cylindri habet: „ἐνταῦθα δοκεῖ ἐκ-
λείπειν καὶ μὴ ἀκολουθεῖν τὸ ἑπόμενον. sic videtur aliquid
deesse“, quae uerba hic in cod. 6 adscripsit Bessarion (ἐλλεί-
πειν pro ἐκλείπειν, hic videtur aliquid deficere; Latina etiam
cod. 22 hoc loco habet prorsus ut Bessarion); in fine libelli de
sectione coni addidit in cod. 6 Bessarion: οὐχ εὕρηται πλέον;
eadem eodem loco habent codd. 18 et 22.

praeterea e cod. 6 descriptus est cod. 10; nam et lacunas Scorial.
p. 2, 15—16 habet et post Serenum notas Bessarionis (ἐνταῦθα X—I—7
δοκεῖ ἐλλείποι καὶ μὴ ἀκολουθεῖν τὸ ἑπόμενον, οὐχ εὕρηται
πλέον). et Diegi de Mendoza fuit (Graux Fonds Grec d'Escurial
p. 268), quem constat bibliothecam suam apographis Marcianis
impleuisse.

pergamus in propagine codicis V enumeranda. cod. 16, Paris. suppl.
cum p. 2, 15 πρὸς ἔκπλῳ et οὐ διακα-, p. 2, 17 ἔσχατον ἐπε- gr. 451
postea in spatio uacuo inserta habeat, necesse est e V, in quo
litterae illae euanuerunt, originem ducere siue ipso siue per
apographum. de cod. 6 intermedio cogitari non potest, quia

b*

in eo priore loco non πρὸς ἔκπλῳ, sed ἔκ- tantum omissum est,
tertio non ἔσχατον ἐπε-, sed ὡς ἔσχατον. p. 2, 15 post lacu-
nam alteram in cod. 16 legitur θάρανες (corr. m. 2) et p. 4, 25
post δέ additur περί. iam cum eaedem scripturae in cod. 20
inueniantur, inter V et codd. 16, 20 unum saltim apographum
intercedit; neque enim alter ex altero descriptus esse potest,
quia cod. 20 p. 2, 15 ἔκ- solum omittit et p. 2, 17 pro ἔσχα-
τον ἐπελευσόμενοι habet ἐδια τὸν ἐτελευσόμενοι; praeterea in
cod. 16 opuscula Sereni inscriptione carent, in cod. 20 uero
inscribuntur σερήνη περὶ κυλίνδρου τομῆς et σερήνου ἀντιν-
σέως φιλοσόφου περὶ κυλίνδρου τομῆς. hinc simul adparet,
Norimb. cod. 20 e cod. 6 descriptum non esse, quod exspectaueris, quia
cent. V
app. 6 Regiomontani fuit; ibi enim libelli illi inscribuntur σερήνου
ἀντινσέως φιλοσόφου περὶ κυλίνδρου τομῆς ᾱον et σερήνου ἀν-
τινσέως φιλοσόφου περὶ κυλίνδρου (κώνου Bessarion) τομῆς β̄ον
(del. Bessarion); in V prior libellus inscribitur σερήνου περὶ
κυλίνδρου τομῆς, alter inscriptionem non habet, sed in fine
prioris legitur σερήνου ἀντισσέως φιλοσόφου περὶ κυλίνδρου
τομῆς:—, quam subscriptionem in titulum alterius operis mu-
tauit manus recens addito in fine τὸ β̄ et ante eam inserto
τέλος τοῦ ᾱ. cum cod. 20 arta necessitudine coniunctum esse
Taur. B I 14 cod. 9, inde adparet, quod p. 2, 17 ἔδια τὸν ἐτελουσόμενοι
praebet (p. 2, 15 ἔκ- et οὐ διακα- in lacuna om.), sed cum
p. 4, 25 περί non habeat, neuter ex altero descriptus est; prae-
terea p. 4, 13 pro συνείδομεν cod. 9 συνοί habet.

nihil igitur relinquitur, nisi ut putemus, codd. 9, 16, 20
ex eodem apographo codicis V descriptos esse, in quo a prin-
cipio omissa essent p. 2, 15 πρὸς ἔκπλῳ et οὐ διακα-, p. 2, 17
ἔσχατον ἐπε- et p. 4, 25 in mg. adscriptum περί, postea p. 2, 15
πρὸς πλω et p. 2, 17 errore legendi ἐδια τὸν ἐτε- suppleta,
fortasse ex ipso V.

Monac. 576   apographa codicis 20 sunt codd. 19 et 24, ut hae scrip-
Upsal. 48 turae ostendunt: p. 2, 4 ἔχοι] ἔχει 19, 20, 24; p. 2, 8 εὐ-
αρεστήσωμεν] εὐαρεστήσομεν 19, 20, 24; p. 2, 15 οὐ διακαθά-
ραντες] θάρανες 19, 20, 24; p. 2, 17 ἔσχατον ἐπελευσόμενοι]
ἐδια (α ita scriptum, ut litterae ω simile fiat) τὸν ἐτελευσό-
μενοι 20, ἐδιω τὸν ἐτελευσόμενοι 19, 24; p. 4, 6 ἄξονας] ἄξω-
νας 19, 20, 24; p. 4, 25 δέ] δὲ περί 19, 20, 24. neutrum enim
ex altero descriptum esse, hi loci demonstrant: p. 4, 5 τάς]
τούς compendio 19, 20, τάς corr. ex τοῦ uel τῶν 24; p. 4, 9
καλῶ] 19, καλῶ seq. ras. 1 litt. 20, καλῶς 24; p. 4, 11 τε] 19, 20,

δέ 24; p. 4, 13 συνείδομεν] 24, συνείδαμεν 19, 20; p. 4, 16
ἄνευ] 24 et litteris ε, υ ligatis 20, ἄνα 19; p. 6, 7 ὅθεν] 19, 20,
ὅταν 24; p. 6, 26 εὐθείᾳ] 19, om. in extremo uersu 20, sed
addidit mg. m. 1, εὐθεία mg. 24.

denique ex ipso V descriptus esse uidetur cod. Uindobon.
suppl. gr. 36 (64 Kollar), chartac. saec. XV, qui priores tan-
tum duos libros Conicorum continet (fuit comitis Hohendorf);
neque enim in fig. II, 32 N litteram habet, et a V eum pen-
dere ostendunt scripturae p. 2, 15 εὔπλῳ, p. 226, 6 τό] om.
Uindob. et in extremo uersu V. lacunas p. 2 non habet, p. 2, 12
ὂν δέ pro ὄν. ceterum nihil de eo mihi innotuit.

restant eiusdem classis codd. 8, 12, 21, 23, quos omnes e
codice 2 originem ducere ostendit error communis κρύπτειν
p. 4, 27; ita enim propter litteras in V, ut dixi, deformatas Mutin. II
pro κρίνειν cod. 2 (corr. m. rec.). lacunas p. 2 non habent. $\overset{D\ 4}{Paris.\ 2354}$
utrum omnes ex ipso cod. 2 descripti sint an alius ex alio, Gud. gr. 12
pro certo adfirmare non possum; cfr. p. 2, 4 ἔχοι] 2, 8, 12, 23, Canon. 106
ἔχει 21; p. 2, 12 ὄν] ὂν δέ 2, 8, 12, 21, 23; ἐσχόλαζε] 2, 8, 12,
ἐσχόλαζεν 21, 23; p. 2, 19 συμμεμιχότων] 2, 8, 12, 21, συμ-
μεμιλότων 23; p. 2, 20 καὶ τό] 2, 8, 12, 21, καί 23; p. 4, 1
πέπτωκεν] 8, 12, 23, πέπτωκε 2, 21; p. 4, 4 καί] 2, 12, om.
8, 21, 23; ἐξειργασμένα] 2, 8, 12, 21, ἐξηργασμένα 23; p. 4, 9
εἰδήσεις] 2, 8, 12, 23, εἰδήσις 21; p. 4, 17 σύνθεσιν] 2, 8, 12, 23,
θέσιν 21; p. 4, 21 κατά] 2, 8, 12, om. 21, 23; p. 6, 14 τοῦ]
2, 8, 23, τοῦ κέντρου τοῦ 12; p. 8, 10 ἑκάστην] ἑκάστ⁷⁾ in ex-
tremo uersu 2, ἑκάστη 8, 12, 23; p. 8, 18 συζυγεῖς] 2, 8, 23,
συζυγεῖς δέ 12; p. 8, 19 διάμετροι] 2, 12, 23, διάμετρι 8;
p. 8, 21 α´] om. 8, ᾱον 23, θεώρημα ᾱον 12; p. 10, 9 ἐστί]
2, 8, 23, ἐστίν 12. itaque codd. 8, 12, 23 apographa ipsius
cod. 2 uideri possunt, cod. 21 autem fortasse ex cod. 23 pendet.
cod. 21 quoniam Matthaei Macigni fuit, sine dubio idem est,
quem Tomasinus Bibliotheca Patauina manuscripta p. 115 inter
codices Nicolai Triuisani enumerat, cui Macignus mathematicus
Uenetus bibliothecam suam legauerat (u. Tomasinus p. 115²).

codd. denique 7 et 25 e cod. 11 descriptos esse, ucl Ambros. A
inde adparet, quod hi soli libellum Sereni de sectione coni $\overset{101\ sup.}{Upsal.\ 50}$
ante alterum eius opus collocant. cfr. praeterea p. 2, 8
εὐαρεστήσωμεν] 11 supra scripto εὔρω, εὐρωστήσωμεν 7,
εὐαρεστήσωμεν 25; p. 2, 12 παραγενηθείς] παραγενόμενος 7,
11, 25; p. 2, 15 ἔκπλῳ] ἔκπλουν 7, 11, 25.

iam de codicibus, qui soli relicti sunt, 5 et 11 uideamus.
Cnopol. c   prius e cod. 5 (c) omnes scripturas adferam, quae a V
discrepant, melioribus stellula adposita (scholia marginalia
non habet):

I p. 2, 15 *ἔκπλουν**(?)   19 *συμμετεχόντων*

p. 4, 1 *πεπτωκεν**   6 *καί* — 7 *ἀσυμπτώτους*] om.   13
συνείδομεν corr. ex *συνείδαμεν*   14 *Εὐκλείδους* e corr.   16
ἄνευ] τὸν ἄνευ   19 *καί* — 21 *συμβάλλουσι*] om.

p. 6, 1 *πρῶτοι*] ā   2 *Ἐάν*] ἄν

p. 8, 5 *πρός*   6 *ὀρθίαν*] *θείαν* post lac.   21 α´] hab.

p. 10, 15 β´] om.   16 post *κατά* del. κο   20 *A*] *πρῶ-*
τον   24 *A*] *πρῶτον*

p. 12, 3 *Z*] corr. ex *H*   16 *περιφέρειαν**   21 γ´ om.

p. 14, 4 *BΓ*] e corr.   13 *ἔχον*   22 *ἔχον*   25 *συμβαλέτω*

p. 16, 4 *συμβαλ^λέτω*   6 *τέμνεται τοῦ*] semel*   12 *καί*
— 13 *ἀλλήλαις*] om.   24 ε´] δ´ mg.

p. 20, 2 *τό*] τῷ   *τό*] τῷ   8 ϛ´] om.   14 *συμβαλεῖ**   τῷ]
τῷ τοῦ

p. 22, 15 post *ἐπιφανείᾳ* del. *συμπιπτέτω κατὰ τὸ Η. λέγω,*
ὅτι ἴση ἐστὶν ἡ ΔZ τῇ ZH

p. 22, 21 *ἀπὸ τοῦ**   26 ζ´] om.

p. 24, 11 *οὐκ αἰεί*] οὐ *καὶ`` εἰ*   28 *ΔZE*] corr. ex *ΔE*

p. 26, 22 *τό*] om.

p. 28, 3 *τό*] semel*   5 *τρίγωνον*] om.   11 *HZ*] *ZH*

p. 30, 5 *προσεκβαλεῖται*   28 *τῆς**

p. 32, 6 *τομῆς**   11 *ἐκβάλητται*   15 *ZΘ*] *ZH*   20 *ἀπο-*
λαμβάνουσα] om.

p. 34. 1 *τὴν βάσιν*   15 *ZH*] *HZ*   17 *δή*] om.   19 post
τό del. *τῶν*   *KM*] supra scr.   20 *BΓ*] *B*   21 ὁ] hab.*   24
τῷ] corr. ex *τό*

p. 36, 2 *ἢ ὑπό*] corr. ex *ὑπό*   3 *ἐστί*] om.   7 *σημεῖα ἢ*]
σημεῖ ^α ἢ   11 *BΓ*] *ΑΓ*   12 *τό* — 13 *τομήν*] om.   15 *τά*
23 *μή*] hab.*   *νεύει* (fort. scrib. *οὐ νεύει*)

p. 38, 4 *ἄν*] om.   6 *δυνηθήσεται*   15 *A*] *πρῶτον*   22
τοῦ] e corr.   24 *πεποιῆσθω**

p. 40, 1 *παράλληλον* — 3 *ἐπίπεδον*] semel*   6 *τῷ*] corr.
ex *τό*   7 *ΘZ*] *ZΘ*   14 *NA*   15 *ΛM*] *MΛ*   η] hab.*   21
ZΛ] corr. ex *ΛZ*

p. 42, 2 *ἦν*] ὄν   5 *ἐάν*] ἄν

p. 44, 2 τέμνουσι] sic* 14 δέ] corr. ex τε 15 NOΞ] OΞ
p. 46, 3 καί — 4 KB] om. 8 ZΛ] ΛZ 12 καί — 13
ΣNP] om. 13 ZΛ] ΛZ 19 τῷ] τό ΞNZ] ΞKZ 27
post ὀρϑία del. καί
p. 48, 2 ἐάν] ἄν 16 εὐϑείαις] γωνίαις
p. 50, 23 τῶν] om.
p. 52, 4 ὁ τοῦ — 5 ΠMP] semel* 15 εἴδει] corr. ex
ἤδη 17 ἡ δὲ EΘ] om.
p. 54, 2 μή] om. 26 Λ (alt.)] H
p. 56, 8 τέτμηται — 12 τριγώνου] bis 9 τοῦ κώνου] om.
priore loco 16 καί — 17 EΠ] semel* 29 τό] hab.*
p. 58, 2 τὸ ὑπό — 4 BΣΓ] mg. m. 1 23 ἐκβεβλήσϑω
p. 60, 9 N] om. 21 HΞ] NΞ 24 ΓΘ] ΓΛ
p. 64, 7 συζυγεῖσα 12 συζυγεῖσα 25 BZ
p. 66, 3 NΛ 5 NΛΛ 10 ἄρα] ἄρα καί 13 ΞΓΛ 14
συζυγεῖσα 21 ἀντικειμένων
p. 70, 4 ἐπεί — 5 EZ καί] om. 10 τῇ τομῇ] om. 28
ἐντός
p. 72, 4 συμπεσεῖται] corr. ex συμπίπτει 19 τῷ — 21
ΛZ] om. 24 ἀπό] om.
p. 74, 7 ἤ (pr.)] corr. ex ἡ* 10 μέν] hab.* 13 οὕτως
p. 76, 8 τά] corr. ex τήν
p. 78, 3 διαμέτρων — 4 ΓΛ] bis 4 ante ἑκατέρᾳ del.
τῇ (priore loco) 6 HE] E e corr. 10 ἐστι] sic* 11 τῆς]
bis 12 μεῖζον] om. 13 ZΛ] ZΛ 15 ZΛ] Λ e corr. 26
Z] e corr.
p. 80, 16 HK (pr.)] IΘK
p. 82, 4 ἀνήχϑω] om. 7 post τῆς del. ἀπό
p. 86, 2 τουτέστι — ΛZ] semel* 21 EZ] EΞ
p. 88, 1 KΛ] sic* 5 τό] e corr. 9 BH] BN 12
ἀπό (pr.)] υπό 21 εὐϑεῖα] e corr.
p. 90, 2 BZ] B 10 τῷ] τό
p. 92, 6 ὡς — HE] om. 11 ΑΓ] sic* 21 τομήν]
τομὴν ἡ
p. 94, 2 E] in ras. τεταγμένως] seq. ras. 4 τῇ] bis
18 ἐπειδή — 19 πεσεῖται] om. 23. κώνου] τοῦ κώνου
p. 96, 17 ὑπό] corr. ex ἀπό
p. 98, 7 τῷ] sic* 16 ὡς — 17 ΘΛ] om. 26 πρός] e corr.
p. 100, 19 ΛΛ] ΛE 20 τετράκις*
p. 102, 2 ἡ] ἤ 23 post ΞN del. ἴση ἄρα ἐστι 25 ἡ NΞ*

p. 104, 9 ὑπό (alt.)] corr. ex ἀπό   11 ὑπό (pr.)] ἀπό   12 ΗΘ] ΖΘ, Θ e corr.   ὡς — 13 ΖΗ] mg. m. 1

p. 108, 22 συμπίπτη, -η e corr.   τῇ] e corr.   27 τοῦ] sic*

p. 110, 8 ΕΓ] ΓΕ   16 ΖΕ] $\overset{\beta\ \alpha}{EZ}$ 23 τό] τῷ

p. 114, 13 καί — 15 ΗΓ] om.   17 ΛΜ] corr. ex ΗΜ   24 τό] corr. ex τῷ   25 ὡς — 26 ΜΗΛ] om.

p. 116, 1 πρὸς τό] τῷ   ἴσον — 2 ΗΛ] om.   14 τῆς (alt.)] τοῦ   23 ΗΖ] ΖΗ   26 ΗΓ] ΗΣ   27 ΓΖΛ] ΓΖΑ   ἢ ΛΓ — 28 ΖΛ] om.   28 ΛΘ] ΘΛ

p. 118, 21 ὄν (alt.)] ἤν

p. 120, 24 ΘΗ] corr. ex Θ

p. 122, 7 καὶ ἐκ — 8 πρὸς Κ] om.   15 ἐν] om.   21 τὴν λοιπήν] sic*

p. 124, 2 post εἴδει del. ἐπὶ δὲ τῆς ἐλλείψεως   14 ante καί del. τὸ ἀπὸ τῆς ΛΓ   23 ἔχει] om.

p. 126, 8 ΑΕ] corr. ex ΕΛ

p. 128, 3 ΑΖ] sic*

p. 130, 4 ΛΖ] corr. ex ΛΒ   7 τό (pr.)] τήν

p. 132, 10 τῷ] sic   20 ΒΓΛ] corr. ex ΒΛΓΛ

p. 134, 14 ΖΟ] ΖΗ   16 Ν (alt.)] Η

p. 136, 10 τῇ δευτέρᾳ] semel*

p. 138, 1 Β] e corr.   3 ΗΘΖ] ΗΘ

p. 140, 7 ΒΖΕ] Ε e corr.   8 ΓΛΛ] ΓΛ   11 ἀφῆς] τομῆς

p. 144, 19 ΕΛ] Λ e corr.

p. 146, 5 τό] om.   20 τό] om.

p. 148, 2 ΚΠΜ] ΚΠΒ   6 τοῦ] τῇ   12 ΓΛΛ] corr. ex ΛΛ   13 ΚΛΝ] ΚΛΜ   14 ἴσον — ΚΛΝ] del. m. 1   15 τῷ — ΓΛΛ] om.

p. 150, 6 ἀφῆς] corr. ex τομῆς m. 1   21 ΖΕ] ΗΞΕ   ΕΗ] Η   28 ΓΚ] corr. ex ΚΓ

p. 152, 2 ἐστι*   6 τοῦ] τῇ τριγώνω   10 ΝΡΞΜ, sed corr.   18 συναμφότερος] συναμ   24 ὑπό] mg. m. 1

p. 156, 3 ΒΛΗ] Λ e corr.   4 Κ] Η?   13 ΑΞΝ] ΑΗΞ   20 ΑΖ] ΑΒ   22 ἡ Κ*   26 Ζ] ἑβδόμῳ

p. 160, 7 ἀνάλογος   9 τετραπλασία — 11 ἤ] om.   21 δέ] δή   22 ΚΛ] e corr.   25 ΜΝ] corr. ex ΜΗ

p. 162, 11 τριγώνου] om.

p. 164, 6 ἀπό] ὑπό   12 ΛΚΜ] $\overset{\beta\ \alpha}{KΛM}$ 25 δή] postea ins. m. 1

p. 166, 2 δύο] postea ins.   δοθεισῶν] e corr.   8 ἀπό] ἐπί
p. 168, 4 τὸ Δ] postea ins.   14 ΖΞ] corr. ex Ξ   16
διάμετρος; deinde del. κῶνος
p. 170, 21 τόν] bis
p. 172, 2 δεδο῟μένη   9 ΑΖΔ] ΑΔΖ ^{β α}
p. 174, 2*) μέν] e corr.   13 ΓΑ] Α e corr.   15 πρὸς
ΗΔ] om.   κοινός] e corr.   19 ΓΑ] Α e corr.
p. 176, 27 ΔΕ] ΔΗ   29 δή] δέ
p. 178, 2 τῇ — 3 γωνία] om.   4 ΖΒΔ] Β e corr.   13
ΗΘΝ] ΗΘΚ, Κ e corr.   19 ἤ] postea ins.   ἄρα] postea
ins.   20 ΚΗ] ΚΝ   26 ΖΘ] Ζ postea ins.
p. 180, 4 τὸ δέ — 5 ΕΖ] om.   18 περί] sic*   25 μεί-
ζων — ΖΗ] mg. m. 1   26 ἀπό] sic*
p. 182, 3 ΖΔ] ΖΑ   18 ἔστω] ἔστι
p. 184, 15 ΗΕ — 16 πρός] om.
p. 186, 5 post ΒΘ del. ὥστε τὰς καταγομένας κατάγεσθαι
ἐν γωνίᾳ   6 δή] sic*   20 αἱ] lac. 2 litt.
p. 188, 9 τῷ] corr. ex τό   10 ἔσται   18 δή] ins. m. 1
p. 190, 2 ΖΑΗ] Α e corr.
p. 192 Ἀπολλωνίου κωνικῶν ᾱ   5 πέμφα ^{πο}   6 σοι] postea
ins.   11 αὐτῶ   14 ἀπολειφθῇ
p. 194, 7 ΓΒ] corr. ex ΒΓ   25 καὶ αἱ — 26 παράλλη-
λοι] om.
p. 196, 2 ΔΕ] Ε e corr.   9 post ΑΚ ins. ὡς ἄρα τὸ ἀπὸ
ΓΒ πρὸς τὸ ἀπὸ ΒΔ τὸ ὑπὸ ΑΔΒ πρὸς τὸ ἀπὸ ΑΚ   15 ΜΚΗ]
ΜΚ ῆ
p. 200, 8 ἐπιζευχθεῖσα*   12 Η ὑ-] e corr.   22 τέμνῃ]
corr. ex τέμνει   ἤ] ῆ
p. 202, 9 ἤ] ῆ   13 ῆ] ἤ   18 ΓΔ] sic   24 ΗΕ] ΕΗ
p. 204, 13 ἀλλ᾽
p. 208, 10 ὑπό] corr. ex ὁπό   17 — mg.   18 ΘΗΒ]
ΘΒΗ
p. 210, 3 ΖΑΔ] corr. ex ΖΔΑ   6 ΖΑΔ] Α e corr.   20
ΓΑΔ] corr. ex ΑΓΔ
p. 212, 2 ΒΑ] corr. ex ΒΔ   17 ἀχθῶσιν] sic*
p. 214, 5 ὑπὸ ΑΔΓ] sic*   15 μόνον] bis   16 ΓΑ] sic*
p. 216, 3 Μ] corr. ex Β   5 καί (pr.)] om.   15 δέ] om.
17 ἀφέξονται   19 ΑΘ] ΕΘ   21 ΔΗ] Η e corr.

---

*) Ubi in V error a prima manu correctus est, plerumque
de c nihil notaui, si cum V correcto concordat.

p. 222, 5 τοῦ] bis   15 ἐάν] ἐὰν ἐν
p. 224, 25 ἡ (alt.)] sic*   27 κατά] sic*
p. 226, 1 δέ] om.   6 τό] postea ins.   9 ἐστιν] sic*   20 καί — ΚΕ] om.
p. 228, 6 ΛΗΘ] corr. ex ΛΘΗ   10 πεποιήσθω] sic*   16 τῆς] om.   22 ΓΧ] ΧΓ   24 τὸ ΗΘΧ] e corr.
p. 230, 11 ΕΧ] ΧΕ   13 ΕΧ] ΧΕ   14 ΗΟ] corr. ex Ο   18 ΗΟ] Η
p. 232, 4 τοῦ] sic*   5 τῇ] τῷ   24 ἄρα] ἄρα ἡ
p. 234, 24 συμπτώσεως, sed corr.
p. 238, 5 ΕΖ] Ε Ξ   13 τῆς] om.
p. 240, 2 ἐστιν] corr. ex ἐστη   15 ἐν] om.
p. 242, 10 ἡ] e corr.
p. 246, 17 ΘΚ] ΚΘ   26 ἔστωσαν — p. 248, 2 γωνίας] om.
p. 248, 4 ἀσυμμτώτοις, sed corr.   5 Θ, Η] Η, Θ   16 Β] Β, Γ
p. 250, 10 τις] corr. ex τι   17 τό] sic*   20 ΓΔ — 22 τῇ] om.
p. 252, 6 παράλληλος — 8 τομῆς] bis   14 ἐν] om.
p. 254, 19 Ζ] Η
p. 256, 6 ΧΔ] ΓΔ   9 κέντρου] κέντρου ἀγομένη   16 καὶ τάς — 17 τέμνει] mg. m. 1   19 ΓΖΔ] ΖΔ corr. ex Δ
p. 258, 14 ἐφάπτονται] sic*   24 ἐφάπτωνται, sed corr. m. 1
p. 260, 9 Β] δευτέρας
p. 262, 2 τέμνουσιν   9 ἀλλήλαις
p. 266, 26 ἄρα] δὲ ἄρα   παρά] e corr.
p. 268, 13 εὕρηται
p. 272, 2 τά] sic*   10 καί] om.   12 τῷ — 13 ΡΚ] om.   13 ἐστιν ἴσα] om.   17 ἔστι — 18 ΚΜ] bis
p. 274, 13 ἐκτός] ἐντός
p. 276, 10 Γ] corr. ex Δ   21 ΑΓ] ΓΑ   22 ΔΒΓ] ΒΔΓ corr. ex ΒΓ ΔΓ   28 ΖΘΕ] corr. ex ΘΕ
p. 278, 14 τῷ] corr. ex τό   23 ἐστίν] om.   26 πεποιείσθω
p. 280, 9 καὶ τῆς] sic*
p. 282, 4 τήν] τοῦ   5 ἧκται] om.   11 ΖΘ] corr. ex ΘΖ   24 ΘΕ] ΘΕΒ
p. 284, 14 ΗΒ] ἡ Β   29 ΒΓ] Β postea ins. m. 1
p. 286, 14 ante γεγονέτω del. καί
p. 288, 9 ΒΓ] Β   15 ἡ δοθεῖσα] om.   20 ΗΘΕ] Ε post lac. 2 litt.   24 ΕΖΗ] Η supra scr. m. 1
p. 290, 1 ἴση] sic*   10 τῆς] om.

p. 292, 20 *AZ*] sic*   28 *ΕΓ* — p. 294, 2 ἀπό] om.
p. 294, 8 *KM* — 9 *HK* πρός] om.   18 τοῦ] τῶν
p. 296, 2 ἤ] om.   8 γωνία] om.   9 καί (pr.)] supra scr. m. 1
p. 298, 28 *ET*] *EΓ*
p. 300, 14 ἀπό] corr. ex ὑπό
p. 302, 11 τουτέστι
p. 304, 1 καί — 2 ὀρθίαν] sic*
p. 306, 12 *ZΘΛΓ*, sed corr.   18 *ΛB*] sic
p. 308, 4 πεποιήσθω] sic*   10 *ON, OM*] corr. ex
ΩN ΩM   11 *ΛB*] *ΛM*   16 τῆς] τῇ   17 ἔχει] sic*   21
TO] τὸ *OT*
p. 310, 7 *NΞM*] *M* e corr. m. 1   16 *HZE*] e corr.
p. 312, 8 ἐστι] corr. ex δι   14 ἐστίν] sic*   16 *ΑΓH*]
Λ e corr.   22 *NΠ*] *MΠ*   ἄρα] ἄρα ἡ   24 ἡ (alt.)] om.
p. 314, 5 τουτέστιν — 6 μείζονα] om.   9 ἔχει] om.   12*)
ἔχει] om.   18 *IΞ*] corr. ex *TΞ*
p. 316, 3 ἡ *TΞ* — 4 *Λ'ς*] om.   5 ante *ΞΠ* del. *H*   7
MΠΞ] *MΞΠ*   11 τῷ] τῇ   *ΞΣΠ*] *ΞOΠ*   13 τουτέστι — 14
ΞΣ (pr.)] ter (alt. et tertio loco *TΣZ*)   14 *MΣΠ*] *MOΠ*
19 ἐστιν] bis
p. 318, 1 α'] om.   5 γενόμενα
p. 320, 9 *ΛHΓE*] *Γ* e corr.   11 β'] om. (ut deinceps)
p. 322, 4 *ΓΛHI*] *ΓΛH*
p. 324, 4 τοῦ *ΓZ*] e corr.
p. 326, 3 συμπίπτωσι] sic*
p. 328, 13 *KMΛ*] *KΛM*
p. 330, 2 *ΦXTΛΨ*   12 τὸ *NE*] sic*   13 *TK*] *ΓK*   20
ΞI] *Ξ*   τῷ] τό
p. 332, 3 *ΞBΛ*] *Λ* e corr.   4 *ΘZB*] *ΘBZ*   10 *ΛEI*]
ΛE   15 τό] supra scr.   21 *ΛEZ* (pr.)] *ΛHZ*   23 *KO*]
KH   29 *ΩXKI*] *ΩXK*
p. 334, 14 προκείσθω
p. 336, 6 ὅτι] corr. ex ὅ m. 1   18 ἐστί] om.
p. 338, 3 λεῖπον corr. in λιπόν m. 1   ἤ] ἡ   4 ἤ] sic*
14 *BE*] *BZ*
p. 340, 10 διοίσει] -οίσ- e corr.   13 τι] supra scr. m. 1
14 *B*] δευτέρας   22 *ΛM*] corr. ex *ΛM* m. 1   24 *ΘT*] *ΘO*
p. 342, 5 ἤ] εἰ   9 τῷ] corr. ex τό m. 1   12 ἐπιψαύουσαι]
corr. ex ἐπιψαύωσι m. 1   28 τήν] τό

---

*) τήν ante ς *Λ'* delendum; omittunt Vc.

p. 344, 12 πεποιήσθω] sic*   26 ΔBE] δὲ ΔBE   28 ΔBE] δὲ ΔBE

p. 346, 2 τῷ ΙΘΗ] sic*   7 post ΔB del. E   9 ἡ P] HP   10 καί] sic*   ΘΓB] ΘBΓ   17 ἐκ τοῦ] bis, sed corr.   19 post ΘΔZ una litt. macula obscurata

p. 348, 11 ἐφαπτέσθω   20 BΔΓ] corr. ex BΓΔΓ   22 ἐστί] om.   23 τῷ] e corr.

p. 352, 18 ΙΜΕ] ΙΕΜ   23 ΖΞ] ΞΖ

p. 354, 1 πρὸς τὸ ἀπὸ BΓ] πρός, sed del. m. 1

p. 356, 4 BΔΓ] ΔΓ e corr.   18 αἱ] sic*   23 ΜΛΞ] ΜΔΖ

p. 358, 1 ΔΖΤ] ΔΖΓ   9 τις] om.   24 BΖΔ] BΔΖ

p. 360, 2 ὑπό] corr. ex ἀπό   16 ὑπό] corr. ex ἀπό

p. 362, 25 πλευρά] πλευρ̅ά̅

p. 364, 4 ΚΕΛΜ] ΕΚΛΜ   10 HZ] HΞ   24 συμπίπτωσιν] sic*

p. 366, 22 ΤΝΞΣ] ὑπὸ ΤΝΞΣ

p. 368, 9 τόπῳ] om.   26 ἴσον] corr. ex πρὸς τόν

p. 370, 11 μέν] om.   20 ἀπό] e corr.

p. 372, 8 ΡΝΜ] ΡΥΜ   9 τό (pr.)] sic*   18 τοῦ — 19 ΛΕ] sic*

p. 374, 6 ὑπό] sic*

p. 378, 3 ΝΖ] ΝΞ   15 ante τετράγωνον del. εἶδος   28 ἐστι] om.

p. 380, 18 post BΔ aliquid del. (εἰ ...)

p. 382, 13 Ζ] Ξ   14 ἄρα εἰσί] om.   19 ΛΞ] ΔΞ

p. 384, 8 συμπτώσεως] συμπτώσεως καί

p. 386, 9 συμπτώσεως] πτώσεως

p. 388, 6 ΔΜ] ΔΝ   20 ΓΗΘ] e corr.   21 ΓΗ] ΓΗΘ e corr.

p. 390, 4 ΝΛΚ] ΝΚΛ   6 ΗΞ] ΗΓΞ   11 τε] supra scr.

p. 392, 12 ΛΜ] Λ

p. 394, 17 ΜΠ] corr. ex ΠΜ

p. 396, 15 ἡ (pr.)] om.   23 ὑποβολή

p. 398, 12 ΛΔ] corr. ex Δ   13 ΔΟ] ΔΗ

p. 400, 3 τήν] τόν   20 καί — 21 ΣΗ] om.   22 τὸ ΝΓ] sic*

p. 402, 11 μέν] supra scr.

p. 404, 1 ΛΓ] e corr.   7 δέ] om.   10 ΛΓΡΞ

p. 406, 23 ἡ (pr.)] om.

p. 408, 12 ΕΘΣ] ΕΘΟ   15 post ΘΜ del. καὶ ἐναλλάξ

p. 410, 16 ἔστωσαν] e corr.   27 ἡ (alt.)] supra scr. m. 1
p. 412, 4 πρός (alt.)] sic*   11 πρός] bis
p. 414, 17 ΓΠ] corr. ex Π   20 MB] sic*   21 ἔσται]
sic*   26 ὡς δέ] corr. ex καὶ ὡς ἄρα
p. 416, 7 ἡ KA — AN] om.
p. 420, 10 ἀπὸ τῶν] sic*
p. 422, 1 ἴσον — 2 ΛBN] om.   17 τῷ] sic*   HΔE]
corr. ex BΔE   27 ἐν] om.
p. 426, 3 εἰσί] εἰσῖ   6 ποιοῦσι] corr. ex ποιοῦσιν εὐ-
θείας   9 ΓΔZ] sic*   16 αὐτῷ] bis
p. 428, 7 ἴση] ἴση ἐστίν   14 πρός] bis   27 ὡς — MΔ] om.
p. 430, 19 κάθετος] bis
p. 432, 1 HΘB] H e corr.
p. 434, 10 ἐστίν   18 ὁ] ἡ
p. 436, 8 ἐλλείψει] corr. ex ἐλλείψεως   τόν] corr. ex
τήν   22 ἴση ἄρα — 23 ἴση] bis   23 ἴση] sic altero loco,
priore ἐστιν ἴση
p. 438, 11 ἤχθωσαν   21 ZB — 25 τῆς (pr.)] om.   26
ΓE] EΓ
p. 440, 25 H, Z] corr. ex ZH
p. 442, 15 τὸ δέ — 16 ΛΘK] om.   23 μέσον
p. 446, 4 AK] corr. ex K   5 δι'] e corr.   7 ὁ] om.   24
λόγον ἕξει] sic*
p. 448, 5 AEZH] AENZ   14 ὑπό] sic*   17 ΘΔ] ΛΔ
20 ΘΔ] ΘΛ   22 πρός] sic*
p. 450 in fine, sed ita, ut pro titulo libri IV haberi possit,
Ἀπολλωνίου Περγαίου κωνικῶν ȳ ἐκδόσεως Εὐτοκίου Ἀσκαλωνί-
του εὐτυχῶς.
II p. 4, 3 ποικίλων] sic*   ξενιζόντων] ξενιξόντων   8
Κώνωνα   9 Κώνωνος   22 α'] om., ut deinceps   26 δύο]
τὰ δύο
p. 6, 6 ἔστω] ἔστωσαν   15 ἐφαπτομένην] sic*
p. 8, 21 συμπεσεῖται] sic*
p. 10, 17 τῶν ἄ-] sic*
p. 12, 7 τῆς] τοῦ   14 ὑπό] corr. ex ἀπό
p. 16, 3 διαιρέσεων] αἰρέσεων   5 συμπτώσεων] corr. ex
ἀσυμπτώτων   6 τῆς γραμμῆς] γραμμῆς   9 E] om.
p. 18, 5 Δ] τέταρτον   20 Δ] τέταρτον   24 τέμνουσαι] sic*
p. 20, 13 μηδέ] μή
p. 24, 5 ἐφάπτηται] corr. ex ἐφάπτεται
p. 26, 13 περιεχομένης] ἀγομένης

p. 28, 15 ἔν] om.   24 εὐθεῖαι] om.
p. 30, 10 ἤ (pr.)] e corr.
p. 32, 20 δή] om.   28 συμβαλέτω
p. 34, 21 ante συμπτώσεων del. α
p. 36, 7 B] δευτέραν   12 συμπτώσεων] sic*
p. 38, 9 συμβαλέτω
p. 40, 18 P] E   δή] corr. ex δέ
p. 42, 6 A] πρῶτον   8 συμβαλέτωσαν
p. 46, 17 δή] supra scr. m. 1   27 AHB] ΔHB?   28 τά] om.
p. 50, 11 AB — 12 ἤ] om.   12 δή] δέ   24 τά] om.
p. 52, 12 τά] om.   20 HΔ] corr. ex Δ
p. 54, 2 εἰσίν] εἰσι   5 post περιφέρεια del. ἡ ABΓ   10 συμβαλλέτω] -λέτω e corr.
p. 56, 18 συμβαλέτω   19 A] K
p. 60, 5 not. κοίλοις] corr. ex κύκλοις   16 συμβαλέτω   23 H] K
p. 62, 11 συμβαλέτω   τά] sic*
p. 64, 13 ante κατά del. κατὰ τὸ Δ, καὶ ὂν μὲν ἔχει λόγον ἡ ΑΔ πρὸς ΔB, ἐχέτω ἡ ΑΠ πρὸς ΠB, ὂν δὲ ἡ ΔΔ πρὸς ΔΓ, ἡ ΔE πρὸς PΓ. ἡ ἄρα διὰ τῶν Π, P   20 αὐτῆς] αὐτοῖς   25 περιέχουσιν
p. 66, 13 ΔP] ΔE
p. 68, 3 Δ] HΔ   13 οὐ] om.   24 συμβαλλέτω — 25 Γ] om.   26 ΔEK] ΔEH
p. 70, 1 συμβαλέτω   18 post δίχα supra scr. καί m. 1
p. 72, 1 ΘΛM] ΘΛMΣ   11 OPΓ (pr.)] ΘPΓ
p. 74, 25 πρός] om.
p. 76, 15 συμβαλέτω
p. 78, 26 συμβαλέτω   κατά] sic*
p. 80, 6 ΘZH] ΘHΞ   26 ZPΘ] ZΘP
p. 82, 13 AΓ] corr. ex AΓB   17 ἑκατέραν   23 συμβαλέτωσαν
p. 84, 1 ΘΔ] corr. ex ΔΔ
p. 90, 20 ἐπιφαύωσιν] corr. ex ἐπιφαύουσιν
p. 92, 7 δύο] τὸ B   15 συμπίπτει
p. 94, 9 ΓΔ] sic*   12 ἤ — 13 AB] sic*
p. 96, 4 οὖν] om.   In fine Ἀπολλωνίου κωνικῶν δ̄.

qui hanc collationem perlustrauerit, statim intelleget, emendationes codicis c tam paucas tamque futiles esse, ut nullo negotio a librario coniectura inuentae esse possint; quare nihil obstat, quominus putemus, c e V pendere. et hoc suadent errores, qui sequuntur:

I p. 74, 23 ἤ] om. V in extr. lin., om. c

p. 80, 5 τῆς] om. V in extr. lin., om. c

p. 88, 25 τομήν] τομ̂ V in extr. lin., c

p. 136, 27 παρά] π̃ V in extr. lin., c

p. 226, 6 τό] om. V in extr. lin., postea ins. c

p. 294, 16 ἤ (alt.)] om. V in extr. lin., om. c

p. 340, 24 ΘΤ] v simile litterae o V, ΘΟ c

p. 388, 28 τό (tert.)] om. V in extr. lin., om. c

p. 390, 6 ΗΞ] η /ß V, h. e. ΗΞ́ corr. ex ΗΓ; ΗΓΞ c

p. 436, 10 ἐλλεῖπον] λεῖπον initio lineae V, λεῖπον c.

iam de codice p uideamus et primum scripturas eius Paris. 2342 a meis discrepantes adferamus iis omissis, quae iam in (p) adparatum criticum receptae sunt:

I p. 2, 8 εὐαρεστήσωμεν] supra scr. εὑρω-   12 παραγε-νόμενος

p. 4, 25 δέ] δὲ περί

p. 6, 12 post σημεῖον del. ὃ καὶ τῆς   27 τῆς γραμμῆς] om.

p. 8, 3 εὐθεῖα] om.   18 συζυγεῖς — 20 παραλλήλους] mg. m. 1

p. 10, 10 πόρισμα] om.   15 β'] om.   21 τήν] τὴν κω-νικήν   27 ἐπεξεύχθωσαν] corr. ex ἐπιζεύχθωσαν

p. 12, 4 AZ] AB   5 BΓA] ABΓ   12 ἐκβεβλήσθω — 13 ἐπιφανείας] mg. m. 1

p. 14, 23 τό] καὶ ἔστω τό   24 ἐστί] ἐστὶν ἡ AZ   25 συμβαλέτω   26 ἔσται] ἔστω   27 τό] ἔστω τό

p. 16, 8 ἤ (alt.)] corr. ex αἱ   τῇ] supra scr.   9 παρ-άλληλος] παράλληλός ἐστιν   10 ΔΗ] τὴν ΔΗ, et similiter semper, ubi nihil adnotatum est   11 ZΓ] ΓΖ   12 ΗΘ, ΗΕ] ΘΗ ΕΗ   13 ἀλλήλαις εἰσίν

p. 20, 1 ΕΖΔ] ΕΖ, ΖΔ, et ita semper, ubi nihil adnota-tum est

p. 22, 11 ἐπ᾽ εὐθείας] om.   17 ἄρα σημεῖα] σημεῖα ἄρα

p. 24, 1 ἤτοι] ἤ   11 αἱεί] ἀεί   27 δή] δέ   28 τι] τό

p. 26, 7 τομήν] om.   8 ἐπὶ τῆς] om.   30 τριγώνῳ ἐστί] om.   ὀρθάς] ὀρθάς ἐστι

p. 28, 1 ἐστι πρὸς ὀρθάς] ὀρθή ἐστι   3 ὁ — 6 δή] om.   10 ἐστι πρὸς ὀρθάς] πρὸς ὀρθάς ἐστι   11 ΗΖ] ΖΗ   13 ἐστὶ πρὸς ὀρθάς] πρὸς ὀρθάς ἐστι   14 ἐστι πρὸς ὀρθάς] πρὸς ὀρθάς ἐστιν   18 ἡ ΔΕ] οὐδέ   19 ἐστι πρὸς ὀρθάς] πρὸς ὀρθάς ἐστιν

p. 30, 5 προσεκβαλῆται   20 ἐκβαλῆται   24 ἐπεί] καὶ ἐπεί

p. 32, 1 ἤχθω] om.   4 ΚΛΜΝ] ΚΜΛΝ   9 ΚΛΜΝ] ΚΜΛΝ   21 ἀπὸ τῆς ΖΗ εὐθεῖαν] εὐθεῖαν ἀπὸ τῆς ΖΗ

p. 34, 1 ὑπεναντίως] ὑπεναντίως ἠγμένῳ   9 ΒΑ] ΑΒ   10 τε] om.   12 Α, Β, Γ] ΑΒ, ΒΓ   τομῆς] om.   16 ΜΛ] ΚΜΗ   27 ΜΝ] ΝΜ   29 ἴση ἐστί] om.   ΜΕΞ] ΜΕΞ ἴση ἐστίν

p. 36, 12 δή] δέ   16 Η, Θ] Ζ, Η   23 νεύει*)   25 ΔΖΕ] ΔΕΖ

p. 38, 15 τὸ Α σημεῖον κορυφῇ] κορυφὴ τὸ Α σημεῖον   22 τριγώνου] τριγώνου τοῦ ΑΒΓ   24 πεποιήσθω] -ή- e corr.   ΒΓ] τῆς ΒΓ, et similiter semper   ΒΑΓ] τῶν ΒΑ, ΑΓ, et similiter semper   26 ἡ] ἤχθω ἡ   28 ΜΝ] ΜΛΝ

p. 40, 9 τοῦ] τοῦ λόγου   10 ΒΓ] ΓΒ   11 ἐκ] ἔκ τε   ΓΑ] ΓΑ λόγου   14 ΒΓ] ΓΒ   ΜΝ] ΝΜ   15 ΝΛ] ΛΝ   17 ΝΛ] ΛΝ   ἐκ] ἔκ τε   18 ΜΛ] ΛΜ   ΛΖ] ΜΖ   τοῦ] om.   ΛΝ] ΝΛ   19 ΜΛΝ] mut. in ΜΛ, ΛΝ m. 1   ὡς] καὶ ὡς   20 οὕτω, ut semper fere ante consonantes   22 ὡς — 25 ΘΖΛ] τὸ ἄρα ὑπὸ τῶν ΜΛ, ΛΝ ἴσον ἐστὶ τῷ ὑπὸ τῶν ΘΖ, ΖΛ   25 τό] τῷ   26 ἄρα] supra scr. m. 1

p. 42, 15 μὲν οὖσα] μένουσα   19 τῶν τῆς βάσεως τμημάτων] τῆς βάσεως τῶν τμημάτων

p. 44, 4 τριγώνου] κύκλου comp.   9 ΒΓ] ΒΓ κατὰ τὸ Κ   24 ΡΣ — 26 ΜΝ] mg.   28 ΖΘ] ΘΖ

p. 46, 2 τε] om.   τοῦ] τοῦ λόγου   3 καί — 4 ΚΒ] om.   12 ΣΝΡ] ΡΝ, ΝΣ   13 ΣΝΡ] ΡΝ, ΝΣ   15 ΖΝ] ΝΖ   λαμβανομένης] -ης e corr.   19 ΣΝΡ] ΡΝ, ΝΣ   ΞΝΖ] ΖΝ, ΝΞ   20 ΣΝΡ] ΡΝ, ΝΣ   21 ΞΝΖ] ΖΝ, ΝΞ   ΞΝΖ] ΖΝ, ΝΞ   ἐστι τὸ ΞΖ] τὸ ΖΞ ἐστι   22 ΞΖ] ΖΞ

p. 48, 4 δέ] om.   11 τῆς] om.   20 δύναται

p. 50, 3 οὖσαν   4 ἡ ΕΘ — 5 ἤχθω] supra scr.   10 ΕΘ] corr. ex Θ   12 ΘΕ] ΕΘ   13 Θ] Ν   ΕΜ] ΜΕ   20 ἡ τομή — 21 ΛΜ] in ras.

p. 52, 7 ΜΞ (pr.)] ΜΝ   9 ΞΜΕ] ΝΜ, ΜΕ   10 ΞΜΕ] ΝΜ, ΜΕ   12 καί — 13 τῆς ΛΜ] om.   14 ΘΕ] ΕΘ   15 ΟΝ] ΕΞ   25 ἐπί] παρά   26 εὐθεῖαι

---

*) P. 36, 25 pro εὐθείᾳ scribendum εὐθείας; sic Vcp.

p. 54, 18 ἐπειδή] ἐπεί   ὀρθάς] ὀρθάς ἐστι   19 ἑκατέρα]
ἑκατέρα ἑκατέρᾳ
    p. 56, 3 ΒΣΓ] ΒΓ, ΓΣ   4 ΟΤΞ] ΟΞ, ΞΤ   16 ΒΣΓ]
ΒΓ, ΓΣ   24 ἴση — ΘΡ] ἡ ΘΡ ἴση ἐστί
    p. 58, 1 ΞΤΟ] ΟΤ, ΤΞ   3 ΞΤΟ] ΟΤ, ΤΞ   5 ΞΤΟ]
ΟΤ, ΤΞ   11 ποιήσῃ   25 ποιείσθω] πεποιήσθω   ΑΒ] sic
26 τήν] om.   28 ΗΘ] e corr.
    p. 60, 1 ΘΔ] ΘΚ   παράλληλοι ἤχθωσαν τῇ ΘΔ   8
ΞΟ, ΓΠ] in ras.   10 τό] τῷ   τῷ] mut. in τό   11 τό]
τῷ τῷ] τό   13 ΤΠ] ΠΤ   καί — ΤΑ] ἴση ἄρα ἔσται καὶ
ἡ ΒΠ τῇ ΠΝ   15 ΟΤ] ΤΟ   ἴσον ἐστί   16 ΤΤ] ΤΝ   τῷ
ΤΞ — 17 ἴσον] ἴσον ἐστὶ τῷ ΤΞ καὶ τὸ ΣΝ ἄρα ἴσον ἐστὶ
τῷ ΤΞ   18 ΠΟ — 19 ὑπερέχει τῷ] om.   20 ΞΗ] ΗΞ   26
ΕΘΔ] ΕΘ, ΕΔ   27 ΗΞ] ΞΗ καί   29 ΑΒ] sic
    p. 62, 1 τήν] om.   τήν] supra scr.   5 πρός] om.   6
τουτέστι τό] οὕτω τὸ μέν   7 οὕτως τό] τὸ δέ   8 τουτέστι
— ΟΣ] ἀλλ᾽ ὡς ἡ ΠΓ πρὸς τὴν ΓΒ, οὕτως ἡ ΠΣ πρὸς τὴν
ΣΟ   9 ΕΘΔ] τῶν ΠΣ, ΣΟ   ΠΣΟ] τῶν ΕΘ, ΘΔ   14 δή]
om.   20 τό] τῷ   21 τῷ] τό   τό] τῷ   22 τῷ] τό   23 ΨΧ]
ΧΨ   ΑΞ] sic   25 ΒΧ] sic   καί — 26 ΒΧ] om.   26 ΞΑ]
sic   ΧΞ] ΞΧ   27 ΧΒ] sic   28 ἐστιν ἴση] ἴση ἐστίν
    p. 64, 3 ΔΘ] ΔΕ   6 παρατεταγμένως κατηγμένη   10 ἡ
ΑΒ δίχα   11 παρατεταγμένως κατηγμένη   24 ΑΒ] sic, ut
saepe post πρός   25 ΑΕ] ΕΑ
    p. 66, 1 τήν] om.   post ΑΑ magna ras.   τήν] om.   4
ΒΔ] ΔΒ   5 ΝΑΒ] τῶν ΝΔ, ΔΒ (ΝΔ e corr.)   12 ἴση ἐστίν]
ἐστιν ἴση   14 τῇ] ἡ ΗΘ τῇ
    p. 68, 3 εὐθεῖα ἀχθῇ   κατηγμένη   13 ΑΓ] ΓΑ   18
διόπερ] διόπερ καί   20 ἐάν] ἐὰν ἐν
    p. 70, 5 ΕΖ] ΖΞ   9 Ε] om.   11 Ζ, Β] Γ μέρη
    p. 74, 11 ΑΓ] ΓΑ   12 post ΑΒ add. καὶ ὡς τὸ ἀπὸ τῆς
ΔΕ πρὸς τὸ ἀπὸ τῶν ΑΕ, ΕΒ, οὕτως ἡ ΓΑ πρὸς ΑΒ   13
τό (pr.)] τῷ   16 τό] τῷ   18 ΗΒ] ΚΒ   ΚΗ] e corr.   19
ΗΒ] Η e corr.   20 ὡς ἄρα] ἔστιν ἄρα ὡς   25 ἐναλλάξ]
ἐναλλὰξ ἄρα
    p. 76, 9 τῇ] τῆς   16 ΑΒ] ΒΑ   20 ante μεῖζον add. μεῖζον
δὲ τὸ ὑπὸ τῶν ΖΕ, ΕΑ τοῦ ὑπὸ τῶν ΖΒ, ΒΑ   21 post ΔΒ
add. μείζων ἄρα καὶ ἡ ΓΕ τῆς ΔΒ
    p. 78, 6 ΗΕ] ΕΗ   ΔΓ] ΓΔ   8 ΒΗΑ — ὑπό] om.   12
μεῖζον τοῦ ὑπὸ ΔΚΓ   14 ΖΘ] ΘΖ   15 ΖΘ] ΘΖ
    p. 80, 1 ΔΖ] ΖΔ   ΔΖ] ΖΔ   16 ἐπεί] καὶ ἐπεί ἐστι

17 *HZ*] *ZH*   18 *EZ*] *ZE*   20 ἐν] om.   22 μόνον]
om.   23 *ΑΒΓ*] *ΒΑΓ*
    p. 82, 5 *ΘΓ*] *ΓΘ*   10 κατά — 12 καί] mg.   13 *Δ*] e
corr.   20 τῶν — 21 κατασκευασθέντων] καί   23 ἐπεὶ οὖν]
καὶ συμπιπτέτω τῇ *ΒΔ* ἐκβληθείσῃ κατὰ τὸ *Μ* καὶ τῶν λοιπῶν
ὁμοίως τῇ ἄνωθεν καταγραφῇ κατασκευασθέντων ἐπεί   25
ΜΓΑ] sic   27 *ΗΕ*] τοῦ *ΗΕ*   28 *ΕΗ*] τῆς *ΗΕ*
    p. 84, 19 δύνανται] δύνανται αἱ καταγόμεναι   22 ἐπεί]
καὶ ἐπεί   23 *ΖΑΒ*] τῶν *ΒΑ*, *ΑΖ*   ἔστιν] ἔστιν ἄρα   *ΑΒ*]
ΒΑ   26 *ΖΔ*] *ΔΖ*   27 ἐπειδή] ἐπεί
    p. 86, 5 *ΒΑΜ*] τῶν *ΑΒ*, *ΒΜ*   ὡς] καὶ ὡς   9 ἴσον] ἴσον
ἐστί   10 *ΑΜ*] *ΑΒ*   12 *ΓΔ*] *ΔΓ*   18 διάμετρος ἡ *ΑΒ*   23
συμπίπτει   24 *ΑΒ*] *ΑΔ*
    p. 88, 3 *ΗΝ*] *ΕΗ* συμπεσεῖται ἄρα τῇ *ΜΝ* κατὰ τὸ *Ν*·
παράλληλοι γάρ εἰσιν ἡ μὲν *ΚΑ* τῇ *ΜΝ*, ἡ δὲ *ΚΘ* τῇ *ΕΝ*; de-
inde del.   καὶ ἐπεὶ παράλληλοί εἰσιν ἡ μὲν *ΚΑ* τῇ *ΜΝ*, ἡ δὲ
ΚΘ τῇ *ΕΝ*   4 παράλληλοί εἰσιν   *ΚΑ*] μὲν *ΚΑ*   5 ὅμοιον]
ὅμοιον ἄρα   *ΚΘΑ*] *ΚΘ*   7 ἐστίν] ἐστὶ καί   8 τῷ — ἐστί]
ἴσον ἐστὶ 'τῷ ἀπὸ τῆς *ΜΝ*   11 *ΒΔΑ*] *ΒΑ*, *ΔΑ*   ὡς] καὶ ὡς
12 *ΑΜΒ*] sic   13 καί ἐστιν] ἀλλ᾿   *ΑΚ*] τῆς *ΚΑ*   14 καὶ
ὡς — 15 ὀρθίαν] supra scr.   21 εὐθεῖα] -α e corr.
    p. 90, 1 τεταγμένως] τετ- e corr.   2 κείσθω] ἔστω   *ΖΗ*]
ΗΖ   4 *ΒΕΑ*] τῶν *ΒΕΑ*   καὶ ἐπεί ἐστιν] ἀλλ᾿   9 τό] corr.
ex τῷ   20 *ΔΓΕ*] *Ε* e corr.   *ΓΔ*] *ΔΓ*
    p. 92, 7 post *ΓΗ* add.   καὶ ὡς ἄρα τὸ ὑπὸ τῶν *ΒΖ*, *ΖΑ*
πρὸς τὸ ὑπὸ τῶν *ΑΗ*, *ΗΒ*, οὕτω τὸ ἀπὸ τῆς *ΖΓ* πρὸς τὸ ἀπὸ
τῆς *ΓΗ*   11 *ΓΖ*] *ΓΒ*   *ΒΓ*] *ΖΓ*   12 τῷ] τό   τό] τῷ   13
τῷ] τό   τό] τῷ   21 προσεκβληθεῖσα] ἡ προσβληθεῖσα   24
ὅν] om.
    p. 94, 2 ἀπό] ἀπὸ τοῦ   13 διελόντι — 15 *ΑΘΒ*] om.   23
τε] τε τοῦ   27 ἤχθω] κατηγμένην ἤχθω
    p. 96, 11 οὖν ὡς] om.
    p. 98, 4 τεταγμένως ἀπ᾿ αὐτοῦ] ἀπὸ τοῦ *Δ* τεταγμένως   14
ἡ *ΞΘ*] οὕτως ἡ *ΞΘ*   16 ὡς] καὶ ὡς   18 *ΑΘΞ*] *ΞΘ*, *ΘΑ*
    p. 100, 9 *ΓΔ*] *ΓΔ* οὕτω   10 *ΓΔ*] *ΓΔ* οὕτως   16 *ΒΕΑ*]
τῶν *ΒΕΑ*   22 ἡ] supra scr.
    p. 102, 6 καί] bis   13 *ΓΕ*] *ΕΓ*   15 *ΕΓΖ*] *ΕΖΓ*   17
ΗΖΘ] *ΘΖΗ*   18 ἐπιζευχθεῖσαι — 19 *Μ*] ἐπιζευχθεῖσα η *ΓΗ*
ἐκβεβλήσθω ἐπ᾿ εὐθείας κατὰ τὸ *Μ* καὶ συμπιπτέτω τῇ *ΒΚ* ἐκ-
βληθείσῃ κατὰ τὸ *Μ* καὶ προσεκβεβλήσθωσαν αἵ τε *ΑΛ* καὶ *ΓΔ*
κατὰ τά   26 *ΑΝ*] τὴν *ΟΝ*

p. 104, 5 *MB*] *MΔ* 6 ἐστί] om. 8 *BHA*] τῶν *BHA*
τὸ ἄρα] ἄρα τό 24 τῆς (pr.)] om.

p. 106, 2 *HE*] *HΣ* 4 δυοῖν 7 εἰς] καὶ εἰς

p. 108, 5 ἔστω] ἔσται 9 τά] ἔσται τά ἐστιν] om. 25
τῆς (pr.)] om.

p. 110, 8 *ΔEZ*] τῶν *EΔ, ΔZ* 10 *ΓΔ*] *ΔΓ* 11 *ΓE*] *E*
13 ἡ *ΑΔ* — 14 πρὸς *EB*] lacuna 18 *ZΔ*] *BΔ* 23 ἴσον]
ἴσον ἐστί 24 ὡς] om. 25 καί — 26 ὀρθίαν] om. 28
ἡμίσεια — *AB*] postea add. mg.

p. 112, 1 ὡς] καὶ ὡς 2 *BZ*] *ZB* 7 *ZE*] *EZ* 8 *ZE*]
EZ 10 λοιπῷ — 11 *ΔEZ*] ἴσον ἐστὶ τῷ ὑπὸ τῶν *BE, EΔ*
ἀλλ᾽ ὡς μὲν τὸ ὑπὸ τῶν *ΔE, EZ* 12 ἀλλ᾽ ὡς] ὡς δέ *ΓE*]
EΓ 13 ὡς] καὶ ὡς 17 συμπέσῃ 21 post τομῆς del. ἴσον
περιέξει τῷ ἀπὸ τῆς ἡμισείας 26 πλευρὰ τοῦ εἴδους

p. 114, 3 τῆς] supra scr. 4 παράλληλος — 5 *ΘE*] καὶ
ἐφαπτομένη τῆς τομῆς κατὰ τὸ *E* καὶ τῇ *AB* παράλληλος ἔστω
ἡ *EΘ* 10 ἀλλ᾽ — 11 ὀρθίαν (pr.)] ἀλλ᾽ ἔστιν ὡς ἡ πλαγία
πρὸς τὴν *BA* ἡ *ΓΔ* πρὸς τὴν ὀρθίαν mg. 12 τά] τὰ τούτων
17 ἐκ τοῦ] om. 19 ἐκ] ἔκ τε 20 ἐκ τοῦ] om. 23 ἐκ]
ἔκ τε ἐκ τοῦ] om. 25 ὡς] καὶ ὡς 27 ἄρα ἐστίν] om.

p. 116, 5 καί — 6 πρὸς τό] τὸ δέ 8 *ΘE*] *HE* 10
ZΘH] τῶν *ZΘ, ΘH*, alt. *Θ* corr. ex *H* 11 ὡς] καὶ ὡς 19
ZHΘ] τῶν *ZΘ, ΘH* 20 τό — 21 *ΓHΔ*] om. 23 *HΓ*]
ΓH *ΓΘ*] *Θ* sequente lacuna 24 διπλᾶ] διπλάσια comp.
τῆς] τῆς μέν 26 ὡς] καὶ ὡς 27 *ΓZΔ*] *ΓZ, ZΔ* *ΔΓ*]
ΓΔ *ΓΘ*] *Θ* sequente lacuna 28 *ΔΘ*] *ΓΘ* *ΘΓ*] *ΘΔ*
ὅπερ — 29 δεῖξαι] om.

p. 118, 1 *EZ*] *ΔZ* 2 τομῆς] τομῆς κατὰ τὸ *E* 3 *ZΘH*]
τῶν *ZH, HΘ* 9 ἐστιν] εἰσιν 14 ἐκ] om. 21 ἐκ] om. 22
EΔ] *E* e corr. 26 τῷ ὑπὸ *ΓE, H*] τῷ ὑπὸ τῶν *EΓ, H* in
ras. 27 τουτέστιν — *EΓ*] om.

p. 120, 2 *ΓE*] τῶν *EΓ* 9 *ZE*] *Z* 18 τὸν συγκείμενον
λόγον] λόγον ἔχει τὸν συγκείμενον 19 ἐκ] om. 21 περιφέρεια]
comp. postea ins. 23 ἤχθω ἐφαπτομένη 24 *ZH*] *HZ* 26
ZH] *HZ*

p. 122, 3 τὸ ἀπό] τήν 7 ἐκ (alt.)] om. 8 *HA*] *AH*
13 ἐκ] om. *HΘ*] *ΘH* 21 τὴν λοιπήν] λοιπὴν τήν*)
ἐκ] om.

p. 124, 6 *ΓΔ*] *ΔΓ* 7 λόγον ἐχέτω 8 ἐκ] om. 15 ἡ

---

*) In adnotatione critica litterae p et c permutandae.

c*

ὀρϑία — ΓΘ] om.   23 ἐκ (alt.)] om.   25 ἐκ] om.   27 ἐκ]
om.   28 ΓΔ] ΔΓ
    p. 126, 1 τῆς (alt.)] om.   2 λόγῳ] om.   3 ΓΗ] ΓΗ
οὕτω   4 ὡς] καὶ ὡς   7 ὡς] καὶ ὡς   8 ἐναλλάξ] καὶ ἐναλλάξ
11 ΖΔ] Δ e corr.   14 ΑΖ] τὸ ΑΖ   16 μετά] in ras.   17
ΔΕ (pr.)] ΕΔ   18 ΕΔ] Δ e corr.   τά] seq. ras. 2 litt.   21
ὡς] καὶ ὡς   22 ὅμοιον] τὸ ὅμοιον   26 οὖν] om.   27 ὑπό]
ἀπὸ τῶν   29 ΕΔ] ΔΕ
    p. 128, 2 ἄρα] ἄρα οὖν   5 ὅμοιον] τὸ ὅμοιον   8 ὅμοιον]
τὸ ὅμοιον   9 μετά — 10 ἄρα] τὸ ἀπὸ τῆς ΔΕ ἄρα εἶδος τὸ
ὅμοιον τῷ ΑΖ μετὰ τοῦ ΔΗ   12 παραβολῆς] ἐν παραβολῇ
23 τυχόντος σημείου
    p. 130, 9 ΕΔΖ τρίγωνον] in ras.   10 ΖΗ] ΗΖ   11
ΑΘΓ] ΑΓΘ   14 ἐστί] καί   24 κατηγμένην ἀπὸ τῆς ἀφῆς
    p. 132, 2 ὁμοίῳ] τῷ ὁμοίῳ   9 Β] Β τε   10 post τριγώνῳ
add. τουτέστιν ὅτι ἐπὶ μὲν τῆς ὑπερβολῆς μεῖζόν ἐστι τὸ ΓΜΗ
(ΓΜΚ?) τρίγωνον τοῦ ΓΔΒ τριγώνου τῷ ΘΗΚ τριγώνῳ ἐπὶ
δὲ τῆς ἐλλείψεως καὶ τῆς τοῦ κύκλου περιφερείας ἔλασσόν ἐστι
τὸ ΓΜΚ τρίγωνον τοῦ ΓΔΒ τριγώνου τῷ ΚΗΘ τριγώνῳ   14
ἐκ] ἔκ τε   καί] καὶ τοῦ   17 ἐκ] ἔκ τε   18 καί] καὶ τοῦ
21 ΗΘΚ] ΗΘΚ τριγώνῳ   22 τά] om.
    p. 134, 1 τομῆς] τῆς τομῆς   6 τεταγμένως] κατηγμένως   9
κέντρου] comp. e corr.   ὁμοίῳ] τῷ ὁμοίῳ   14 ὡς ἡ ΓΕ] ἡ
ΖΓ ἐπὶ τὸ Ε   15 παράλληλος] παράλληλος ἤχθω   18 ΓΜΘ]
ΘΓΝ   ΓΒΔ] ΒΓΔ   24 ΔΕ] ΕΔ   26 ΜΘ] ΝΘ
    p. 136, 5 τῇ] corr. ex ἡ   17 τρίγωνον] τοῦ   20 ἐπί — 23
τομῆς] om.   25 δευτέρα — ΘΔ] om.   26 ΓΜΔ] ΜΓΔ   27
ἐπιζευχϑεῖσα] ἐπεξεύχϑω   28 ἐκβεβλήσϑω] om.
    p. 138, 4 μετά] τὸ ΒΕΖ τρίγωνον μετά   ΖΗΘ] ΘΗΖ   7
ΓΜ] ΔΓΜ   11 τὸν συγκείμενον ἔχει λόγον   12 ἐκ] ἔκ τε
τῆς] ὃν ἔχει ἡ   καί] καὶ τοῦ   τῆς ὀρϑίας] ὃν ἔχει ἡ
ὀρϑία   21 ἤτοι τοῦ ΓΔΘ] om.   22 διαφέρει — p. 140, 1
ΓΔΔ] bis   23 ἄρα] ἄρα ἐστί
    p. 140, 1 τριγώνῳ] om.   4 τό (alt.)] om.   20 ἐστὶν ἴση]
ἴση ἐστίν   23 ΒΘ] ΘΒ   ΑΜΔ] ΑΜ
    p. 142, 2 ante ἐστίν del. ἴσον   5 ΛΝ] ΝΛ   15 τυχόν]
τυχὸν σημεῖον   σημεῖον] om.   16 παράλληλος] τῇ ΔΕ
παράλληλος   18 ΒΔ] ΔΒ
    p. 144, 2 ἴσον ἐστί   4 λοιπῷ] om.   11 τομῇ] om.   15
ΛΓ] ΑΓΕ   16 ΛΚ] ΚΛ   19 ΕΔ] ΔΕ   20 ΕΔ] ΔΕ   21
ΝΗ] ΗΝ   ΒΝΗ] ΒΗΝ

p. 146, 5 κατηγμένη   10 ἀφῆς] τομῆς   16 ZB] BZ   21
τῆς H καὶ τῆς] τῶν H   26 ἴση ἐστί] ἐστιν ἴση   ἐστιν ἴση]
ἴση ἐστίν

p. 148, 1 ἴσον ἐστί   10 τό] οὕτω τό   12 τό (pr.)] οὕτω
τό   ὡς] καὶ ὡς   14 post ἐναλλάξ add. ὡς τὸ ἀπὸ τῆς ΚΛ πρὸς
τὸ ὑπὸ τῶν H, ΛΛ τὸ ὑπὸ τῶν ΚΛ, ΛΝ πρὸς τὸ ὑπὸ τῶν
ΓΛ, ΛΛ

p. 150, 11 ΓΕ] E e corr.   14 ΕΓ] Γ   22 καί] bis
ΘΚ] ΚΘ   25 ΛΡΝ] ΛΝΡ   28 ΕΓ (alt.)] Γ in ras.   29
ΚΓ] ΓΚ

p. 152, 1 ante ΕΗ ras. 1 litt.   6 ΓΛΕ] ΛΓΕ   14 τῷ]
τό   19 ΕΣ — 20 πρός] om.   21 ΞΜ — πρὸς ΕΛ] in ras,
22 ΕΣ] ΣΕ   23 ΕΣ] ΣΕ   24 ΕΛ] ΛΕ   27 ὡς] καὶ
ὡς   28 ΕΣ] ΣΕ   ΜΕ] ΕΜ   29 ΕΛ] ΛΕ

p. 154, 3 ΕΛ] ΛΕ   ΜΕ] ΕΜ   21 ἠγμένην] om.   23
πορισθεῖσαν

p. 156, 12 τῆς ΑΖ τομῆς ἐφαπτομένη   16 καί (pr.)] om.
27 ὑπερβάλλοντα

p. 158, 1 συμφανές] συμφανὲς ἔσται   2 διάμετρον] supra
scr. comp.   6 διότι] ὅτι   10 χωρία — 13 συμπαραβαλλομένων]
in ras.   12 διότι] ὅτι   26 τῷ] δεδομένη τῷ

p. 160, 5 ΑΒ] ΒΑ   ΓΛ] ΓΑ   6 μέρος τέταρτον   7
εἰλήφθω] ἔστω   10 τό — τετραπλάσιον] τὸ ἀπὸ τῆς Θ ἄρα
ἔλαττόν ἐστιν ἢ τετραπλάσιον mg.   16 τὴν δέ] τῇ δέ   τῇ
ΖΕ] τὴν ΖΕ   21 δέ] δή

p. 162, 8 ἑτέρῳ ἐπιπέδῳ] in ras.   10 ἤ] ἡ ΜΝ   12
ΜΖΝ] ΜΝΖ   20 ΖΚ] ΖΗ   23 ΛΖΚ] ΛΖ, ΖΗ   26 τῶν]
πάλιν τῶν

p. 164, 7 τό] τῷ   8 τῆς] καὶ τῆς   9 μεγέθει] μεγέθει
δεδομένης   20 τρίγωνον — 22 ΖΛ πρός] mg.   21 ΕΛ] ΛΕ
23 ΛΗ — ἄρα] in ras.   24 ΛΕ] ΛΘ

p. 166, 28 τὸ ἐν] τῷ ἐν

p. 168, 3 τοῦ Ε] τοῦ Α   4 ἐπί] ἡ ΕΚ ἐπί   9 ἡ ΜΖ]
om.   ΖΒ] ΒΖ   10 ἡ] ἤχθω ἡ   13 ΞΒΖ] mut. in ΖΒΞ
ἐστιν ἴση] om.   ΞΒΖ] ΖΒ, ΒΞ   16 ΒΖΞ] ΖΒΞ   17
ἔσται] ἔστω   18 ΒΖ, ΖΞ] ΖΒ, ΞΖ   20 ἔσται] corr. ex ἔστω
24 κύκλος] κύκλων   27 ΖΗΘ] ΖΘ

p. 170, 2 ἐπιπέδῳ — 3 τέτμηται] ἐπιπέδῳ τῷ, tum post
lac. τέτμηται   4 τῇ] οὖσαν τῇ   5 ΗΖΘ] ΖΗΘ   7 ἔσται]
ἐστίν   10 εἰσι] ἔσονται   16 ΓΒ] ΒΓ   18 καί] καὶ τοῦ   22
ἐκ] ἔκ τε

p. 172, 3 εὐθεῖαι] δύο εὐθεῖαι *AB*] *BA* 4 τῇ ὑπὸ
τῶν] ἡ ὑπό 14 *ΔΔ*] *ΔΔ* 16 *Δ*] *Δ* τῇ *KZ* τῇ *KZ*] om.
22 ἔχουσαι πλάτη 26 *ZΔΘ*] τῶν *ZΔ* (ex *ZΘ*) *ΔΘ* 27
καί — p. 174, 3 *ΓΔ*] ras. 15 litt., postea add. mg.
p. 174, 1 *ΓΔ*] *ΑΓ* 4 ἐκ] ἔκ τε 5 ἐκ] om. 11 ὃν
ἔχει η] τῆς ἡ] τοῦ τῆς 16 -ρήσθω — 18 πρὸς *HΔ*] ras.,
postea add. mg. 18 ἡ *ΟΔ* πρός] ἡ *ΘΔ* πρός ins. in ras. ὡς]
καὶ ὡς 19 *ΑΘ*] *Δ* e corr. *ΟΔ*] *ΘΔ*
p. 176, 6 *ΑB*] *BΔ* 21 ἡ] ἤχθω ἡ 22 *ΑB*] *BΔ* 23
ΑB] *BΔ* 25 *ΑZ*] *ZΔ* 26 *ZΔ*] *ZΔ* ἐκβληθείσης 28 *ΗΔ*] *ΚΔ*
p. 178, 1 *ΑΔ*] *ΑZ* 2 *ΔZB*] *ΔBZ* 3 *ZΔΔ*, *ZΔΔ*]
ZΔΔ, *ΑΔZ* 4 τῇ ὑπό] bis, sed. corr. 10 καί — ἴση] om.
12 *ΘΗZ*] *ZΗΘ* 13 δὴ ὁ] e corr. 15 *ΘΗZ*] διὰ τῶν
Θ, Η, Z 17 *ΗΘZ*] *Η, Z, Θ* 18 *ΗΘZ*] *Η, Z, Θ* 19 ἡ (alt.)]
καὶ ἡ
p. 180, 10 *ΔΗ*] *ΔΚ* 12 *ΗΔΘ*] τῶν *ΚΔ*, *ΔΘ* καί 13
ΗΔΘ] τῶν *ΚΔ*, *ΔΘ* 14 ὡς — 15 θεωρήματι] mg. 17 ἡ
ΑB ἐλάσσων] ἐλάσσων ἡ *BΔ* 22 τὸ] τῷ ὥστε — τήν] ἔστω
δὲ καὶ ἴση ἡ 24 ὡς] in ras. *ΑΓ*] *ΓΔ* 27 *ΔZ*] *ZΔ*
p. 182, 1 post *ΔΔ* del. τῷ δὲ ἀπὸ τῆς *ZΔ* 3 *ΔΔ*] *Δ* e
corr. τό] τῷ τῷ] τό 4 *ΕΔZ*] τῶν *ZΔ*, *ΔΕ* *ΑΔ*] τῆς
ΔΔ, *Δ* e corr. 6 τῆς] e corr. 9 *ΔΔ*] *Δ* e corr. 10 *ΔB*]
e corr. 12 ἀπὸ *ZΔ* — 14 ἀπό] mg. 14 *ΔZ*] *ZΔ* 22 τήν]
om. 23 ἐκβεβλήσθωσαν] ἐκβεβλήσθωσαν ἡ μὲν *ΑZ* ἐπὶ τὸ *Δ*
ἡ δὲ *ΕZ* ἐπὶ τὸ *Δ*
p. 184, 5 τῷ] τό *ΘZΔ*] τῶν *ΘΔ*, *ZΔ* 10 ἀλλ’ — 14 *ΑΗΕ*]
bis, sed corr. 11 ἐκ] ἔκ τε 25 εὐθειῶν] εὐθειῶν πεπερασ-
μένων πεπερασμένων] κειμένων κειμένων 27 κορυφαί
p. 186, 4 εὐθεῖαι] εὐθεῖαι πεπερασμέναι 5 πεπερασμέναι]
om. 10 ὑπερβολή] ὑπερβολὴ ἡ *ΑBΓ* *BΕ*] *ΕB* 11 *ΘB*]
BΘ 12 *BΕ*] *ΕB* 13 καί — *ΑBΓ*] om. 16 μέν] μὲν
πλαγία 19 δή] δέ *B, Ε*] *ΑBΓ*, *ΔΕZ* ἀντικείμεναί εἰσιν
20 αἱ] om.
p. 188, 10 *ΔΓ*] *ΑΓ* *ΓΑ*] *ΓΔ* 14 *ΓΔ*] *ΓΚ* ἐκβαλλο-
μένην τῇ (pr.)] om. 17 κατηγμένη 18 *ΔΕ*] τῶν *ΕΔ* 19
ΔZ] *ZΔ* 24 *ΔΕ* ἐκβαλλομένην 25 *ΞΕΟ*] *ΟΕΞ* τομῶν
p. 190, 3 ὅπερ — ποιῆσαι] om. 4 αὗται αἱ] αἱ τοιαῦται
In fine: τέλος τοῦ ᾱ τῶν τοῦ Ἀπολλωνίου κωνικῶν
p. 192, 1 δεύτερον 11 αὐτῷ] om. 20 *B*] *BΕ* τετάρτῳ]
τετάρτῳ μέρει 21 *BΕ*] *ΔΕ* ἐπιζευχθεῖσαι] om.
p. 194, 1 αἱ] om. 7 μὲν ἀπό] μὲν τῆς 9 *ΔB*] τῆς

$B\varDelta$ 11 $\varTheta H$] in ras. 25 καὶ αἱ — 26 παράλληλοι] om. 27 τέμνεται] τέτμηται 28 τό] τὸ ἄρα

p. 196, 9 $\varLambda K$ — 10 $\varLambda H$] sic*) 10 καί] om. ὡς — 11 $\varLambda H$] etiam in mg. 11 τὸ ὑπό — 13 οὕτως] mg. 13 ἀφαιρεθέν (pr.)] in ras. 16 $\varDelta B$] τῆς $B\varDelta$ ἄρα] ἄρα ἐστί 17 $\varDelta B$ corr. ex $B\varDelta$ μεῖζον — 18 δέδεικται] δέδεικται γὰρ αὐτοῦ μεῖζον τὸ ὑπὸ τῶν MK, KH 21 ἐφάπτηται] ἐφάπτηται κατὰ κορυφήν 24 ἔσται] ἐστί 27 $Z.E$] EZ

p. 198, 4 EB] $B\dot{E}$ 14 ZE] EZ 15 ἡ — 16 ἀσυμπτώτοις] om. 29 αὐτῆς] αὐταῖς

p. 200, 1 δύο] αἱ δοθεῖσαι δύο $A\varGamma$] $\varGamma A$ 2 τήν] om. 3 $\varDelta$] $\varDelta$ ἐντὸς τῆς ὑπὸ $\varGamma AB$ γωνίας $\varGamma AB$] $A\varGamma$, AB 18 AB] BA

p. 202, 5 $E\varLambda$] EA ἴση ἐστίν 20 τῇ] ἡ 22 ἡ] τῇ 23 ZH] HZ 24 ἐστίν] om. HE] EH 26 AB] BA ἐκβαλλομένη

p. 204, 8 εὐθεῖα] om. 11 ἡ] ἤχθω ἡ τετμήσθω] -μήe corr. 13 μή — δυνατόν] in ras. ἀλλά] ἀλλ' 16 ἔσται] ἐστι 23 $E\varDelta$] $\varDelta E$ 24 $AB\varGamma$] ABT τομῇ

p. 206, 1 διάμετρος ἄρα] ἡ $\varDelta H$ ἄρα διάμετρος 4 $K\varTheta$] $\varTheta K$ $K\varTheta$] $\varTheta K$ 5 ἄρα] ἄρα ἐκβληθεῖσα 7 συμπιπτέτω — Z] om. 23 τομῆς] τομῆς κατὰ τὸ E ἄρα ἅπτεται

p. 208, 4 $\varDelta E$] $E\varDelta$ 18 $\varDelta H$] $H\varDelta$, H e corr. 19 AH] HA

p. 210, 4 τῷ] ἴσον τῷ 5 ἴσον — $B\varLambda$] om. 6 $Z\varGamma\varDelta$] $\varDelta\varGamma$, $\varGamma Z$ 15 $\varGamma A$] $A\varGamma$ 21 συμπεσεῖται — καί] om. 24 δή] δέ

p. 212, 5 πρός (pr.)] bis HK] KH 7 καί] καὶ τοῦ 8 τοῦ] τῆς 11 ἐναλλάξ] καὶ ἐναλλάξ 12 τῷ] corr. ex τό 14 AB] BA

p. 214, 3 τό] corr. ex τῷ 7 AH] AK $E\varDelta$] $\varDelta E$ 8 HK] ZK 16 ἧς] αἷς 19 καὶ εἰλήφθω] om. 22 τῷ] corr. ex τό 25 $\varGamma H\varTheta$ — 26 $\varDelta K\varLambda$] τῶν $\varLambda K$, $K\varLambda$

p. 216, 3 συμπιπτέτω — M] om. 4 ὅτι] om. 5 καί (pr.)] om. 6 $\varGamma A$] $A\varGamma$ 22 $\varGamma H$] $H\varGamma$

p. 218, 4 πόρισμα] om. 17 ZB] B e corr. 18 τετάρτῳ] τετάρτῳ μέρει 19 ἄρα] ἄρα εἰσίν 21 $\varGamma E$] $E\varGamma$ 25 B] B τομῇ 26 $Z\varGamma$] $\varGamma Z$ 27 εἰσιν] εἰσιν αἱ

p. 220, 15 $K\varTheta$] $\varTheta$ e corr. 16 τῇ] τῇ A 21 καί] om. 22 ἐστιν ἴσον] ἴσον ἐστί καί] καὶ διὰ τοῦτο KM] KM ἴση ἐστί

---

*) Nisi quod hic quoque ut semper fere articulus additur.

p. 222, 2 ΘΒΚ] ΘΒΗ   8 τῶν ἀπό] τὸ ὑπό   13 εἰσιν]
εἰσιν αἱ   22 εὐθεία] εὐθεῖ   26 σημεῖον] om.   ΚΛ] ΚΑ?
p. 224, 12 ΕΓΖ] ΓΕΖ   17 Α, Β] om.   20 ἄρα] ἄρα
ἐστίν καί — ΓΖ] om.   21 ἤ] ἄρα ἡ   ἐστιν ἴση] ἴση ἐστίν
p. 226, 9 ΘΗ] ΗΘ   10 ΘΗ] ΗΘ   ΧΕ] ΕΧ   ΕΞ]
ΖΞ?   11 ΗΛ] ΚΛ?   ΓΡΠ] ΠΡΓ   17 ΕΚ] ΚΕ   19 ΚΕ]
ΚΘ   20 ΚΕ] ΚΘ   ΗΛ] ΚΛ?   21 ὃν ἔχει ἤ] τῆς   22 καὶ
ἤ] καὶ τῆς   26 λόγος] om.   λόγῳ] om.   27 ΧΛ, ΛΗ, ΗΧ]
ΗΛ, ΛΧ, ΧΗ, ΧΗ, alt. ΧΗ del.
p. 228, 4 ἕξει] ἔχει   12 καταγόμεναι] om.   Δ] Η   15
τῆς ΤΧ καὶ τῆς] τῶν ΤΧ   18 δέ] δή   19 ΧΓ] τῆς ΓΧ
ἀλλ᾽ — 20 τουτέστι] om.   21 ΕΖΧ — 23 τρίγωνον πρὸς τό]
om.   24 ΗΘΧ] ΧΗΘ
p. 230, 5 post ΕΖ del. παράλληλοι γάρ· καὶ ὡς ἄρα ἡ
Σ πρὸς τὴν ΘΗ, ἡ ΧΕ πρὸς ΕΖ   7 πρός] bis, sed corr.   8
καί — 10 ΧΕΖ] om.   10 ἐναλλάξ] ἐναλλὰξ ἄρα   ΗΧ] ΧΗ
11 ΕΧ] τῆς ΧΕ   ὑπό (pr.)] ἀπὸ τῆς   ΖΕΧ] τῶν ΧΕ,
ΕΖ   25 αἱ] om.
p. 232, 2 πρὸς τῇ] παρὰ τήν   4 πρὸς τῇ] παρὰ τήν   11
ταῖς] corr. ex τῆς   ἀσυμπτώτοις] -οις e corr.   12 τῶν (alt.)]
om.   13 post ἀπό del. τοῦ κέντρου   17 ΧΕΖ, ΧΗΘ] ΕΧΖ,
ΗΧΘ   18 ΧΓΛ] ΓΧΛ   19 ΘΕ] ΘΚΕ   24 ἐστιν   26
ΑΒ, ΓΛ ἄρα] ἄρα ΑΒ, ΓΛ
p. 234, 5 τις] εὐθεία   11 ἔστω] om.   19 ὑπό (pr.)] ὑ-
e corr.   24 συμπτώσεων̃ᵒ̃ˢ   27 ΓΛ] ΛΓ   28 συμπτώσεως
p. 236, 1 ἐκβαλλόμεναι] ἐκβαλλόμεναι αἱ ΑΒ, ΛΓ   4 μόνον]
om.   6 δύο] δυσίν   7 ΒΑ] ΑΒ   11 ἑκατέρας   13 συμπτώσεως
20 ἑτέρας] ἑτέρας συμπτώσεως   27 ΑΖ] ΑΞ   ΑΘ] Α e corr.
p. 238, 1 γωνίαι] δύο γωνίαι   10 εἰ γὰρ δυνατόν] ἔστω-
σαν   11 αἱ ΓΛ, ΕΖ] τέμνουσαι ἀλλήλας οὖσαι] αἱ ΓΛ, ΕΖ.
λέγω, ὅτι οὐ τέμνουσιν ἀλλήλας δίχα. εἰ γὰρ δυνατόν
p. 240, 3 ἐστιν] ἐστι τῆς τομῆς   τῆς τομῆς] om.   4 κατά]
τῆς τομῆς κατά   6 ΒΖ] supra Β scr. Ε   10 ΚΘΛ] ΘΛ in ras.
14 κηʹ] corr. ex κζʹ   15 ἐὰν ἐν] corr. in scrib. ex ἐάν   18
τομῇ] τομῆ ἢ κύκλου περιφερείᾳ   26 τῇ] καὶ τῇ   28 ΕΛ] ΛΕ
p. 242, 2 ἔσται] ἐστι   11 ὅτι] ὅτι ἡ ΑΛ   13 εἰ — 15
Ζ (pr.)] in ras.   16 ἐπεί] καὶ ἐπεί   17 οὖν — 24 ΘΚ] διά-
μετρός ἐστιν ἡ ΕΛ καὶ τέμνει τὴν ΖΗ κατὰ τὸ Θ, ἡ ΖΗ ἄρα
δίχα τέμνεται ὑπὸ τῆς ΕΛ κατὰ τὸ Θ. ἐπεὶ δὲ καὶ ἡ κατὰ τὸ
Λ ἐφαπτομένη παράλληλός ἐστι τῇ ΒΓ, καί ἐστιν ἡ ΖΗ τῇ ΓΒ

παράλληλος, καὶ ἡ ΖΗ ἄρα παράλληλός ἐστι τῇ κατὰ τὸ Δ
ἐφαπτομένη, καὶ διὰ τοῦτο καὶ ἡ ΖΚ τῇ ΚΗ ἐστιν ἴσα.
ἐδείχθη δὲ καὶ ἡ ΖΘ τῇ ΘΗ ἴση   24 ἀδύνατον] ἄτοπον
p. 244, 7 ΒΑ] ΑΒ   10 ἐστὶν ἴση] ἴση ἐστίν   ΔΓ] ΒΓ   18
ἀδύνατον] ἄτοπον   21 ΒΑ] ΑΒ   23 γωνίας] γωνίας τὸ κέντρον
24 ὑπόκειται τὸ Α
     p. 246, 5 ἐπιζευγνυμένη] bis, sed corr.   πιπτέτω] ἐπὶ τὸ
Β πιπτέτω   11 καί] om.   12 ἐστιν ἄρα] ἄρα ἐστίν   15 καί]
καὶ διὰ τοῦ Η   ἤχθω] om.   18 ΓΔ (alt.)] Δ e corr.   25
τὴν τομὴν γωνίας] om.   28 καί] om.
     p. 248, 6 ΖΗ] ΖΚ   ἤτοι] ἤ   9 λγ'] λβ̄ λγ̄ mg.
     p. 250, 3 τῇ] supra scr.   post τομῇ del. ἤχθωσαν γὰρ
ἀσύμπτωτοι   9 λδ'] λγ̄ λδ̄ mg., et sic deinceps   25 ΑΒ]
ΑΗ   28 ἡ] om.
    ·p. 252, 6 τῇ — 8 παρά-] mg. post ras.   8 -λληλος] in
ras.   9 παράλληλος — 11 ἄρα] bis, sed corr.
     p. 254, 1 ἐστιν ἴση] ἴση ἐστίν   6 ἐστι] ἔσται   22 ΖΓ]
ΓΖ   23 ἄρα] ἄρα ἐστί   24 ΖΗ (alt.)] ΗΖ   28 ἐπιφαύουσαι
συμπίπτωσιν
     p. 256, 7 δίχα] ἡ ΓΔ δίχα   11 ἔστω γάρ] εἰ γὰρ μή,
ἔστω   15 ΑΒ] corr. ex ΑΔ   19 ἄρα] ἄρα ἐστί   ΗΚ] ΗΧ   20
ὥστε καὶ ἡ ΗΚ] ἐδείχθη δὲ ἡ ΑΗ τῇ ΗΒ ἴση· ἡ ΗΧ ἄρα
     p. 258, 7 οὐκ ἄρα ἄνισος] om.   8 τῇ ΖΔ. ἴση ἄρα] ἄρα
ἴση ἐστὶ τῇ ΖΔ   11 συμπίπτωσιν   22 ΖΘ] ΘΖ   23
ΖΘ] ΘΖ
     p. 260, 1 τῇ] διὰ τοῦ Χ τῇ   2 καί] καὶ ἐπεί   4 ΓΕ]
ΕΓ   7 μέν] om.   ΖΕ] ΕΖ   8 διὰ τοῦτο] ἡ ΘΖ ἄρα   ἡ
ΖΘ] om.   9 ΗΘ] ΘΗ   10 ΖΘ] ΕΖ   19 τό] om.   22 ἡ
ἄρα — 23 ΕΧ] om.   24 τῆς ΘΚ] bis, sed corr.   25 ΕΧ
— 26 τῇ] om.   27 ὅπερ ἄτοπον] om.
     p. 262, 4 ἀντικειμέναις κατὰ συζυγίαν   14 τό] ἔστω τό
ἔστω] om.   15 καί] καὶ διὰ τοῦ Χ   παράλληλος ἤχθω   16
ΘΗ] ΗΘ   18 ὁμοίως — 19 διάμετροι] om.   28 ἡ] δύο
εὐθεῖαι ἡ
     p. 264, 5 τὰ Ε, Ζ καί] in ras.   ΖΕ τῷ] ΕΖ κατὰ τό   7
ΧΗ] ΗΧ   11 ἡ] ἐστιν ἡ   13 Δ] Α ἄρα   16 ἐπί — 17 ΧΑ]
ΧΑ ἐπιζεύγνυνται ἐπὶ τὴν ἀφήν   17 παρά — ΓΧ] ΧΓ ἦκται
παρὰ τὴν ἐφαπτομένην   18 ΧΑ, ΓΧ] ΑΧ, ΧΓ   22 mg. ἀνά-
λυσις   27 ΒΔ, ΕΑ] ΑΕ, ΒΔ
     p. 266, 1 mg. σύνθεσις   12 ὑπόκειται] ὑπόκειται ἐνταῦθα

τὸ Ε   15 mg. ἀνάλυσις   25 ἐστίν — τῇ] ἔσται τῇ ΕΔ ἡ   27
ΓΔ] ΔΓ   ΓΔ] ΔΓ   28 mg. σύνθεσις

p. 268, 1 Α] Α σημεῖα   2 ἐπ᾽ αὐτήν] ἀπὸ τοῦ Ε ἐπὶ τὴν
ΑΒ   ΒΕ] ΕΒ   6 τῷ] κατὰ τό   τῇ ΑΒ παράλληλος ἤχθω]
διὰ τοῦ Δ παράλληλος ἤχθω τῇ ΑΒ   13 εὕρηται   16 τέμνει
— δίχα] δίχα τεμεῖ καί   ἄρα] om.   ἐστίν] ἔσται   17 ΒΕ]
ΕΒ   24 τό] ἔστω τό   26 ΚΑ] Α e corr.   27 ἄρα] ἄρα καί
ΓΚ] ΚΓ

p. 270, 15 ἐπεζεύχθω — καί] om.   21 δύο ταῖς] δυσὶ ταῖς
22 τῇ] βάσει τῇ

p. 272, 4 τῇ (alt.)] ἡ   10 ΓΚ] τῆς ΚΓ   11 ΓΚ] τῆς
ΚΓ   12 ΔΚ] τῆς ΚΔ   ΚΣ, ΣΑ] ΛΣ, ΣΚ   13 ΡΚ] ΡΚ ἴσα
ἐστί   ἐστιν ἴσα] om.   16 ΜΡΝ] τῶν ΝΡ, ΡΜ   17 ΜΣΝ]
τῶν ΝΣ, ΣΜ   ΣΚ] ΚΣ   in mg. ras. magna   ἴσον] ἴσον
ἐστί   18 ΜΡΝ] τῶν ΝΡ, ΡΜ   ΡΚ] ΚΡ   19 ΜΣΝ] τῶν
ΝΣ, ΣΜ   ΣΚ] τῆς ΚΣ   20 διαφέρει] ὑπερέχει   διαφέρει]
ὑπερέχει   [21 ΜΡΝ] τῶν ΝΡ, ΡΜ   ΜΣΝ] τῶν ΝΣ, ΣΜ
22 διαφέρει] ὑπερέχει   διαφέρει] ὑπερέχει   24 ΣΛ] τῆς
ΛΣ   ΜΡΝ] τῶν ΝΡ, ΡΜ   25 ΜΣΝ] τῶν ΝΣ, ΣΜ   26
ΜΡΝ] τῶν ΝΡ, ΡΜ

p. 274, 2 ΑΓΜ] ΓΛΜ   16 ἴση ἐστίν] ἐστιν ἴση

p. 276, 3 ΒΕ] ΕΒ   5 ΑΕ (alt.)] ΕΑ   6 τό (pr.)] om.   13
ΖΗ] ΗΖ   18 οὕτως] δὴ οὕτως   19 ἡ ΖΗ ἴση] ἴση ἡ ΗΖ   22
mg. μϑ μ seq. ras.   ὁ] ἡ   24 τομῆς] γραμμῆς comp.   25
τῶν] om.   28 τῆς] om.

p. 278, 13 οὕτως] δὴ οὕτως   20 οὕτως] om.   21 ΒΓ]
ΓΒΔ   23 ΑΗ] ΔΑ, deinde del. θέσει δὲ καὶ ἡ τομή   25
ΓΗ] ΓΒ

p. 280, 2 τῶν] om.   8 ΜΝ] ΝΜ   14 Α] Η   17 καί
— κείσθω] ἐπὶ τὸ Ν καὶ κείσθω τῇ ΛΘ ἴση   ΘΝ] e corr.   27
καί (pr.)] om.

p. 282, 2 ΔΘ] ΘΔ   ἐστί] om.   8 ΑΒ] ΒΑΗ   13 ΖΑ]
ΖΑ καὶ ἐκβεβλήσθω ἐπὶ τὸ Ε   17 γωνίαν — τόπῳ] ἑξῆς γωνίαν
18 τομήν] τομὴν τόπῳ   21 δή] δέ   28 ΑΚ] ΚΑ   29 ΚΘΛ]
ΚΘ e corr.

p. 284, 1 πρὸς τῇ] παρὰ τήν   8 δή] e corr.   12 τῷ] κατὰ
τό   13 καί — 14 κείσθω] ἐπὶ τὸ Η καὶ κείσθω τῇ ΒΘ ἴση   18
ΚΑ (alt.)] Α e corr.   20 τῶν ΖΘΠ] τῷ ὑπὸ τὴν ΖΘΠ τὸ
σημεῖον   21 ἔσται] συσταθῆναι   25 mg. ν, να   τῶν — ἔστω]
ἔστω δή

p. 286, 5 ἤχθω] ἤχθω ἀπὸ τοῦ Α ἐπὶ τὸν ΒΓ ἄξονα   ΑΔ]

Δ e corr. 6 *καί* — 8 *ΑΗ*] mg. postea add. 17 *ὡς ἡ*] corr.
ex *ἡ NK*] *ΗΚ* 18 *ΝΜ*] e corr. *ΚΝ*] *ΝΚ* 25 *ν'*]
να̅, νβ̅

p. 288, 5 *ΓΔ*] *ΔΓ* 6 *ΒΔΓ*] *ΒΔ ΒΓ*] *ΓΒ* 8 *τῆς δὲ
ΒΔ*] *τῇ δὲ ΔΒ* 18 *ΕΖ*] *ΖΕ κάϑετος*] *ἀπὸ τοῦ Ε τῇ ΖΗ
πρὸς ὀρϑάς* 19 *δίχα ἡ ΖΗ*] *ἡ ΖΗ δίχα τῷ*] *κατὰ τό* 20
ΘΕ] *ΕΘ τῶν*] om. 21 *τῶν*] om. *ΒΓ*] *ΓΒ* 22 *ΓΔ*]
ΔΓ 23 *ΓΔ*] *ΔΓ* 24 *τῶν*] om. *τῇ*] *γωνία τῇ τῶν*] om.
25 *ἴση ἐστίν* 29 *οὕτως*] om. *τήν*] om.

p. 290, 1 *Ζ*] *πρὸς τῷ Ζ* 2 *Δ γωνίᾳ*] *πρὸς τῷ Δ* 3 *νβ,
νγ ἡ*] *δὴ πάλιν ἡ* 13 *πρὸς τῷ Χ*] *ὑπὸ ΓΧΕ ΧΕ*] *ΕΧ* 14
ΓΧ] *ΧΓ* 15 *ἡ ΓΧ*] *ἐστὶν ἡ ΧΓ* 20 *Ζ*] *Ρ ΖΔΕ*] *ΡΔΕ*
22 *γωνίαν ὀξεῖαν* 25 *δοϑεῖσα*] *δοϑεῖσα τομή* 27 *τῶν*]
om. *τῶν*] om. 29 *ΗΘ*] corr. ex *ΘΖ*

p. 292, 5 *τήν*] om. 6 *πρὸς ΑΖ ἄρα*] *ἄρα πρὶς ΑΖ*

p. 294, 4 post *ΧΕΔ* del. *πρός ΗΚ*] corr. ex *ΕΓ δι'*
— 6 *ΜΚΘ*] om. 10 *πρὸς τῷ Δ*] *ὑπὸ ΓΔΕ* 12 *νδ, νε ἡ*]
δὴ ἡ 14 *ταὐτά*] *τὰ αὐτά* 17 *τῶν*] om. 19 *ΓΧ*] *χ̅* 20
δή] *δέ*

p. 296, 2 *ΕΧ*] lacuna 5 *ἡ*] *δὲ ἡ* 8 *τῶν*] om. 9 *ΖΗ*]
ΗΖ 11 *ΚΖ*] *ΖΚ* 12 *ἔστω*] om. *τό*] *ἔστω τό* 13 *τῶν
ΑΧΓ*] *ΑΓΧ* 16 *τῶν* (alt.)] om. 18 *καί*] om. 19 *ΖΘ*]
ΘΖ 21 *οὕτως τό*] *οὕτω τό, τ* corr. ex *σ* 23 *ὡς*] *ἔστιν* 24
ΗΘΚ] *τῶν ΚΘ, ΘΗ* 25 *οὕτως*] om. *ΚΘ*] *Κ* e corr. 27
ΖΘ] *ΘΖ ΕΓ*] *Ε* e corr. 28 *οὕτως*] om. *τήν*] om.

p. 298, 2 *γωνίᾳ* — *ἴση*] *ἴση ἐστίν* 4 *να'*] *νδ, νε* 9 *ἡ
Θ*] *ἡ ΗΘ* 17 *ΑΔ*] *ΔΑ* 23 *ἴσην*] *ἴση* 24 *ἡ ΕΓ*] om. *Θ*]
πρὸς τῷ Θ 25 *ἴση*] *ἴση ἐστί ΕΓΔ*] *ΔΓΕ* 26 *Θ*] *πρὸς
τῷ Θ ἄρα*] *ἄρα γωνία ΕΓΔ*] *ΔΓΕ* 27 *νς, νζ, ζ* in e
mut. *ἔστω*] *ἔστω δή* 28 *ΕΤ*] *ΕΓ, Γ* e corr.

p. 300, 4 *ΕΗΔ*] *τῶν ΣΗ, ΗΔ* 13 *τόν*] corr. ex *τοῦ* 15
ΖΚ, ΚΘ] *ΚΘ, ΚΖ* 19 *ΕΓΗ*] *ΕΓΚ* 20 *τὸ ΖΘΚ τῷ*] *τῷ
ΖΘΚ τό* 21 *ΘΖΚ γωνία*] *ΖΚΘ ΓΕΔ*] *ΕΓΔ* 25 *τῷ*]
ἔστω ΧΨ] *ΨΧ* 26 *τετμήσϑω δίχα*

p. 302, 2 *τῇ Ω ἴσην*] *ἴσην τῇ Ω* 14 *ΧΦ*] *ΦΧ ἡ*] e corr.
15 *ΜΛΚ*] *τῶν ΜΛ, ΛΚ*, alt. *Λ* e corr. 16 *ΛΚ*] *τῆς ΚΛ
καί* 17 *ΛΚ* (pr.)] *ΚΛ*

p. 304, 1 *ΛΚ*] *ΛΗ* 11 *Ζ*] *πρὸς τῷ Ζ Ε*] *ὑπὸ ΤΕΑ* 16
ΓΗ — 17 *ἀπό*] om. 20 *ΖΚΘ*] *ΖΘΚ* 25 *νβ'*] *νζ, νς*

p. 306, 11 *ΖΕ τῇ ΛΒ*] *ΛΒ τῇ ΖΕ* 15 *ΑΓΒ*] *ΑΓΒ
γωνία* 17 *ἐστιν*] om. 18 *ΛΒ*] *ΒΛ* 21 *Κ*] *Η* 23 *τὸ ἀπό*

EK — 24 *EΓ*] om. 25 post *EΓ* del. τὸ ὑπὸ τῶν *AE*, *EB* 26 *KZ*] *EZ* οὐκ — 27 *KZ* (alt.)] om.

p. 308, 5 η *NΞ* πρὸς *ΞM*] om. 6 *TM*] *TK* 9 *PΣ*] *PΣ* ἐπὶ τὴν *ΞX* 10 *ON*] *NO* 17 *TΣ*] *ΣT* 18 ἡ] ἡ ἄρα 20 *TO*] τὸ *OT*

p. 310, 1 *TΞ*] *ΞT* 7 ὑπὸ] ἀπὸ τῶν 9 *MΞN*] τῶν *NΞ*, *ΞM*, alt. *Ξ* corr. ex *Z* 14 ἴση] om. 19 νγ′] νζ, νη 20 ἥτις — 21 ἀφῇς] bis, sed corr. 23 εἶναι] in ras.

p. 312, 8 ἄρα] ἄρα ἐστίν 10 *ΓA*] *AΓ* 13 γωνίᾳ] om.

14 ἐστίν — 15 *T*] τῇ *T* ἴση ἐστίν 18 κύκλος] σ÷ο̅ (διάμετρος) 27 *OM*] *MO*

p. 314, 2 *NO*] τῆς *ON* τό] τῷ 3 τῷ] τό corr. ex τῷ τό] τῷ τῷ] τό corr. ex τῷ 4 τῷ] τό 8 τετμήσθω δίχα 12 τήν] om. 14 ςA′] ς̅α̅ *ΦN*] *ΦT* 15 A′ϙ] ϙα 16 A′ϙ] ϙα 18 παράλληλος — *ΦΨ*] παράλληλοι ἤχθωσαν τῇ μὲν *OΠ* ἡ *IΞ* τῇ δὲ *NP* ἡ *ΞT* καὶ ἔτι τῇ *OΠ* ἡ *ΦΨ* 19 A′ϙ] ϙα ἡ (alt.)] οὕτως ἡ

p. 316, 1 *ΣΞ*] corr. ex *EΞ* ςA′] ϙα 2 καί — 3 *ΞΣ*] mg. 6 *E* σημείῳ] πρὸς αὐτῇ σημείῳ τῷ *E* 10 *AEK*] corr. ex *AEZ* 11 *ΞΣΠ*] *ΞΣΠ* τρίγωνον 12 *KEΛ*] *KΛE* 15 *ΣΞΠ*] *ΞΣΠ*, *Σ* e corr. 16 τῷ] τό τὸ *MΞΠ*] τῷ *ΞMΠ* 21 *HΘ*] *HΘ* ποιοῦσα 22 ποιοῦσα] om. 23 ὅπερ — 24 ποιῆσαι] om. In fine: τέλος τοῦ β̅ τῶν κωνικῶν

p. 318, 7 *BΔ*] *ΔB* 10 *ΓB*] *ΓΔ* 13 *EBΓ*] *ΓEB* τριγώνῳ 14 *BΔ*] *ΔB* 16 *AΔBZ*] *ABΔZ* 18 ἴσον ἐστί} om. τριγώνῳ] τριγώνῳ ἴσον ἐστίν

p. 320, 5 ante *ZH* del. *HB* 8 *ΔHB* (pr.)] τὸ *ΔHB*

p. 322, 12 περιφερείας] τοῦ κύκλου περιφερείας 16 γάρ] δή

p. 324, 1 τό] τῷ τρίγωνον] τριγώνῳ 2 τῷ] τό τετραπλεύρῳ] τετράπλευρον τό] τῷ τῷ] τό 4 τὸ *ΓH* — τετραπλεύρῳ] bis *MΠ*] *ΠM* 18 *BΔ*] *ΔB* 19 *BΔZ*] *BΔZ* τριγώνῳ 23 ἂν εἴη] ἄρα ἐστὶ καί

p. 326, 12 *A*, *B*] *AΔ*, *BH* 13 *ΔZ*] *ZΔ* 14 *ΓΔ* καί} *ΓΔ* ἐπιζευχθεῖσα 15 αἱ] ἔτι αἱ 16 τῆς τομῆς] μιᾶς τῶν τομῶν τῆς *BH* 18 *HM*] *HM* καὶ ἐκβεβλήσθω ἡ *ZΔ* ἐπὶ τὸ *K* *KΘΔ*] *KΔΘ* τριγώνου 24 *MHΘ*] *MHΘ* τρίγωνον 26 καί — 27 τετραπλεύρῳ] om.

p. 328, 4 ταῖς ἐφαπτομέναις] om. 10 καί] comp. in ras.

12 τῆς] τῆς ΑΒ 14 ἐστὶν ἴσον] ἴσον ἐστίν 15 οὖν] γάρ
εἰσιν 20 ἐφ᾽] ἀφ᾽
   p. 330, 6 ἴσον ἐστίν 13 ΤΚ] ΓΚ τό] supra scr. 20
τό] τῷ τῷ] τό 21 τό] supra scr.
   p. 332, 3 ΞΒΔ] ΞΔΒ ΘΒΖ] ΒΘΖ post ἐναλλάξ add.
ὡς τὸ ΓΤΑ πρὸς τὸ ΞΔΒ τὸ ΑΘΗ πρὸς τὸ ΒΘΖ 4 ΑΗΘ]
ΑΘΗ ΘΖΒ] ΒΘΖ ΤΑΓ] ΓΤΑ ΔΒΞ] ΞΔΒ 6 ἴσον]
corr. ex ἐστιν τῷ] ἐστι τῷ 10 ΑΕΖ] Ε e corr. ἴσον] ἐστιν
ἴσον 15 τὸ μέν] μὲν τό 18 ἐστί] ἔσται 21 τὸ δὲ ΑΕΖ]
postea ins. 22 καί — τετραπλεύρῳ] mg. ἴσον] ἴσον ἐστί 23
ΚΓ] ΚΜΓΑ
   p. 334, 4 μεῖζόν ἐστι τό] bis 5 ΤΩΛ] ΤΩΛΤ 6 δέ]
δή 7 μεῖζον — 10 τό τε] in ras. 8 ΑΕΖ] ΕΖΩ 10 ΤΕΤ]
ΤΤΕ 11 ΤΩΛ] ΤΩΛ 12 μετά] μεταξύ 14 ΚΞΕΤΧ 18
ἐφ᾽] e corr.
   p. 336, 1 ἐπεξεύχθω 6 ΑΔ] ΑΒ ΕΘ] ΕΘΗ 14 ΒΜΖ]
ΒΖΜ 15 καί] om. διαφέρει τοῦ ΑΚΛ
   p. 338, 18 γάρ] om. 19 ἐφάπτεται] -ε- e corr. 24 ΚΘΗ]
τῶν ΚΗ, ΗΘ 25 ΒΘ] τῆς ΒΘ e corr. ΚΘ] ΗΘ ἡ ΒΘ
— 26 πρός (alt.)] mg. 26 ΗΘ] ΘΗ ΚΘ] ΚΒ
   p. 340, 2 ΖΘ] ΘΖ ΗΘ] ΘΗ 4 ΒΘΖ] ΑΘΖ 15 ΞΡΣ]
ΡΞΣ 16 ΞΣΤ] ΣΤΞ τριγώνου 17 ΘΒΖ] ΒΘΖ 24 ὃν
ἔχει ἤ] τῆς ἐκ] om. τοῦ πρός — 25 πλευρά] πλαγία πλευρὰ
τοῦ παρὰ τὴν ΛΜ εἴδους
   p. 342, 1 πρὸς τῇ] παρὰ τήν post εἴδους del. πρὸς τὴν
ὀρθίαν, ἀλλ᾽ ὡς ἡ ΑΤ πρὸς ΤΗ, ἡ ΞΤ πρὸς ΤΣ πλαγία]
πλαγία πλευρά 2 πρὸς τῇ] παρὰ τήν 3 συνημμένον] συγκεί-
μενον 4 ὃν ἔχει ἤ] τῆς τουτέστιν ἤ] τουτέστι τῆς 5 ΤΟ]
ΤΘ πρὸς τῇ] παρὰ τήν 8 ΞΤΣ] ΤΞΣ 24 σημεῖόν τι]
τυχὸν σημεῖον 26 ΘΛΖ] ΘΖΛ
   p. 344, 1 ante ΒΤ del. ΑΕ διὰ τοῦ ΒΤ] Β e corr. 10
ΒΤ] ΒΓ 12 ἡ ΤΒ] bis 13 καί] e corr. 20 τό] τῷ τῷ]
τό ΜΝ] ΜΝ τῷ δέ seq. lac. 23 τὸ ἀπὸ ΗΘ] om. 24
ἐναλλάξ — 25 ΓΒΘ] om. 27 ΗΘΙ] ΚΘΙ 28 ΔΒΞ]
δὲ ΔΒΕ
   p. 346, 1 ΓΒΘ] Β e corr. 2 ΙΘΗ] Η e corr. 3 ΘΒ]
e corr. 5 ΠΜ] ΜΠ 6 ΤΒ] ΓΒ ΞΗ] ΞΝ 9 ΞΗ]
ΞΝ 12 συνημμένον] συγκείμενον 13 τε] om. ὃν ἔχει ἤ]
τῆς καί — 15 ΞΗ] postea ins. 13 ἤ] τῆς 14 τουτέστιν ἤ]
τουτέστι τῆς 19 ἴσης] ἴση γαρ
   p. 348, 12 ΓΒ] ΒΓ 17 παράλληλος] παράλληλος ἤχθω

18 φανερόν] φανερὸν ουν　28 ὑπό] ἀπό　29 ΔΔ] ΛΔ
τετράπλευρον

p. 350, 1 τρίγωνον — πρὸς τό] mg.　2 ὡς] postea ins.　7
ὡς] ἄρα ὡς　9 ΑΗΕ] ΑΕΗ　11 τό — ἐναλλάξ] lacuna　17
γραμμήν] τομήν　21 κατά] ἀλλήλαις κατά　26 διάμετροι]
corr. ex διάμετρος comp.

p. 352, 1 ΔΞ] ΔΘ　2 ἐστιν ἴση] ἴση ἐστίν　3 ΗΔ] Δ
e corr.　5 ΚΖΕ] ΖΚ, ΚΕ　17 ὅλον] om.　ΜΕΙ] ΙΕΜ
18 ΙΜΕ] ΙΕΜ　20 οὕτως] om.　21 πρός — 22 ὑπό] in
ras.　22 ΖΞ] e corr.　23 ΖΞ] ΞΖ　24 ΞΖ] ΖΞ　οὕτως]
om.　25 ΓΠΒ] ἀπὸ τῆς ΓΠ　26 ΓΠΒ] τὸ ΓΠΒ

p. 354, 1 ΚΖΕ] τῆς ΚΖ　24 ΔΞΟ] ΔΟΞ　25 πρὸς τὸ
ΕΟΔ] om.　26 ΞΔΟ τρίγωνον] ΔΟΞ　29 ΟΕ] ΕΟ

p. 356, 1 τρίγωνον] om.　2 ΒΓ πρὸς τό] om.　7 οὕτως]
om.　19 κέντρον — 21 ΑΖΔ] om.

p. 358, 1 ΑΖΣ — 2 ἄρα τό] postea ins. m. 1　1 τρί-
γωνον] τετράπλευρον　3 ΗΛΙ] τῶν seq. lac.　5 ΜΑΞ] ΜΞ,
ΞΛ　10 παρὰ τὴν τάς] in ras.　15 τό] οὕτω τό　16 εὐθειῶν]
εὐθείας　17 ἀπολαμβανομένης] corr. ex ἐφαπτομένης τετρά-
γωνον　21 διά] e corr.　24 ΖΛ] ΖΛ οὕτω　ΚΛΞ] τῶν ΛΚ,
ΚΞ　26 ἀπό] διά

p. 360, 2 ΚΛΞ] τῶν ΛΚ, ΚΞ　4 ΒΡΖ] ΒΖΡ　5 ΑΛΝ]
ΑΛΗ　6 ὑπὸ ΒΖΔ] ἀπὸ ΒΖ　7 ΚΛΞ] τῶν ΛΚ, ΚΞ　8
ΑΖΘ] ΑΖΘ τρίγωνον　τό (pr.)] om.　9 ΖΛ] Λ e corr.　10
ΚΛΞ] τῶν ΛΚ, ΚΞ　ΑΛ] ΛΑ　19 πρός — 20 συμ-
πτώσεως] om.

p. 362, 1 ΚΟΦΙΧΩΨ　5 καί] καὶ ὡς　6 ΞΟΨ καί]
ΞΟΨΑ τετράπλευρον　ΞΗΜ] ΞΗΜΑ τετράπλευρον　7 ΞΟΨ]
ΞΟΨΑ　8 ΞΗΜ] ΞΗΜΑ　9 ΝΟΗ] τῶν ΝΜ, ΜΟ　11
ΗΟΨΜ] Μ e corr.　12 ΚΟΡΤ] ΚΟΡΠ　13 ΒΖ] τῆς ΔΖ
e corr.　24 τῇ] e corr.　26 τῶν τομῶν] τῆς τομῆς　27 τῶν
— συμπτώσεως] om. lacuna magna relicta

p. 364, 2 αἱ] παράλληλοι αἱ　παράλληλοι ἔστωσαν] om.　3
ἡ μὲν ΕΞΗ] om.　παρά] παρὰ μέν　4 ἡ δέ] ἡ, ΕΞΗ,
παρὰ δὲ τὴν ΑΓ ἡ　παρὰ τὴν ΑΓ] om.　5 τό] οὕτω τό　7
διά — ΑΓ] παρὰ τὴν ΑΓ διὰ τῶν Η, Ξ　ΞΝ, ΗΖ] ΗΖ, ΞΝ,
Ζ e corr.　8 post ΒΔ ras. 2 litt.　9 μέν] μέν ἐστιν　10
ΗΖ] Ζ e corr.　11 ὡς] om.　19 ἄρα] ἡ ἄρα　25 ἀχθῶσι]
in ras.　26 καί] κατά comp.

p. 366, 5 κατά] bis, sed corr.　8 ἐπιζευχθεῖσαι　καί]
om.　9 τοῦ] τῶν　14 ΣΤ] ΟΤ　15 ἀπό — ΟΤ] ἡ ΟΤ

διὰ τοῦ *O*   21 *ΠΤΣ*] *Τ* e corr.   22 *ΘΞΣ*] τῶν *ΘΣ, ΣΞ*
25 *ΕΛ*] *ΣΛ*   27 δέ] δὲ καί   τρίγωνον] om.
   p. 368, 1 *ΕΛ*] corr. ex *ΕΛ*   10 τῇ — 12 παραλλήλου]
mg.   12 τῇ ὀρθίᾳ] etiam in mg.   20 *ΥΕΤ*] *ΗΕΤ*   21
ὅ] ὅν   27 *ΕΛ*] e corr.
   p. 370, 1 *ΣΑΦ*] τῶν *ΓΑ, ΑΦ*   5 *ΑΕ*] *ΕΑ*   7 ὁ] καὶ ὁ
8 τὸ ἀπὸ *ΑΕ* — 9 *ΔΕ*] mg. in ras.   10 *ΑΕ*] *ΕΑ*   11
ΑΕ] *ΕΑ*   12 τῷ (alt.)] τό   13 ἐστί] om.   *ΚΖΘ*] *ΚΖ, ΖΘ*
ΛΘΖ] τῶν *ΛΘ, ΘΞ*   14 ὡς — 16 *ΛΘΖ*] mg. in ras.   16
ΛΘΖ] τῶν *ΛΘ, ΘΞ*   mg. λείπει ἄλλο πάλιν   19 *ΖΞΛ*] τῶν
ΞΖ, ΞΛ   20 *ΚΞΘ*] τῶν *ΗΞ, ΞΘ*   *ΚΖΘ*] τῶν *ΚΞ, ΞΘ*
corr. ex τῶν *ΚΖ, ΖΘ*; deinde rep. καὶ τοῦ ὑπὸ τῶν *ΚΖ, ΖΘ*
23 *ΛΞΖ*] τῶν *ΛΞ, ΞΛ*   ἀπό — 24 τῷ] om.   25 *ΛΘΖ*]
τῶν *ΛΖ, ΖΛ*
   p. 372, 1 τό (tert.)] corr. ex τῷ   4 ἔστω δέ] ἀλλ' ἔστω
δί   *ΣΕΚ*] *ΣΕΥ*   8 *ΠΜΝ*] τῆς *ΠΜ, ΜΝ*   10 *ΛΘΖ*
τῶν *ΘΛ, ΛΖ*   11 *ΠΞΝ*] τῶν *ΤΞ, ΞΝ*   13 ante δεικτέον
lacuna   17 μετά — 18 *ΚΞΘ*] om.   19 τό (alt.)] τοῦ   27
τό] τῇ   post *ΟΞΝ* lacuna 8 litt.
   p. 374, 3 τῆς — τετραγώνῳ] om.   10 τό — 13 πρός]
mg.   12 *ΛΞΣ*] *ΛΞ, ΞΣ*   14 *ΣΤΛ*] τῶν *ΝΣ, ΣΟ*   19
ὅτι] om.   25 ὅ] ὅν   27 ἀπό (alt.)] supra scr.
   p. 376, 2 post *ΡΞΗ* add. πρὸς τὸ ὑπὸ τῶν *ΚΞ, ΞΘ* μετὰ
τοῦ ἀπὸ τῆς *ΑΕ*   4 πρός — 5 *ΑΕ*] om.   13 ὑπό (pr.)] ἀπὸ
τῶν   14 κζ'] corr. ex κη
   p. 378, 10 καί] om.   15. ὅμοιον] τὸ ὅμοιον   18 ὅμοιον]
τὸ ὅμοιον   21 ὅμοιον] τὸ ὅμοιον   *ΒΞΛ*] *ΒΞ, ΞΛ*   24
ΝΘ] *Θ* e corr.   28 ἐστι] εἰσι
   p. 380, 1 εἴδη] εἴδη ἄρα   τῇ] τῷ   4 *ΞΕΛ*] τῶν *ΞΕ, ΕΛ*,
Λ e corr.   9 ὁμοίως — 11 *ΒΕ*] om.   11 *ΒΛΛ*] τῶν *ΒΛ*,
supra scr. *ΛΛ*   12 *ΛΕ*] *ΕΛ*   14 *ΓΑ*] *ΑΓ*   16 προλαμβά-
νοντα   19 κη'] corr. ex κϑ
   p. 382, 4 διάμετροι δὲ αὐτῶν] ὧν διάμετροι   13 *Ζ*] *Ξ*
22 μετά] in ras.   τοῦ (pr.)] corr. ex τό   29 ἀπὸ *ΖΘΗ*
— p. 384, 2 *ΖΘΗ*] mg.   29 *ΖΘΗ*] τῶν *ΖΗ, ΗΘ*
   p. 384, 2 *ΖΘΗ*] τῶν *ΖΗ, ΗΘ* τὰ ἀπὸ τῶν *ΖΗ, ΗΘ*   21
ὅτι] οὖν ὅτι   *ΞΗΟ*] τῶν *ΞΝ, ΝΟ*   23 τουτέστι τὸ δίς]
postea ins. m. 1   ὑπό] ὑπὸ τῶν supra scr.   26 τῶν — ὑπερ-
έχει] ὑπερέχει τῶν ἀπὸ τῶν *ΞΗ, ΗΟ*
   p. 386, 2 *ΞΗΟ*] τῶν *ΞΗ, ΗΟ* corr. ex τῶν *ΞΗΟ*   *ΕΛ*] τῶν
ΛΕ   3 τό (pr.)] τά   12 *ΛΛΓ*] *ΛΛ, ΛΓ* συμπίπτουσαι κατὰ

τὸ Δ   αἱ] supra scr.   21 ΘΒ] ΒΘ   22 τήν — 23 πρός] mg.
23 ἀλλ' — 24 ὀρθίαν] om.   26 ἐστί] om.

p. 388, 5 τοῦ — ἐστί] mg.   τῷ] in ras.   7 εἰσι παρ-
άλληλοι   17 ΑΓΒ] ΑΓ, ΒΓ συμπιπτέτωσαν κατὰ τὸ Γ   ΑΒ]
ΒΑ   18 ΖΕ] ΕΖ   19 ΖΕ] ΕΖ   20 ἴση] ἴ- corr. ex ε
25 ΝΕΚΜ] ΕΝΚΜ   26 ΓΔ] ΕΔ

p. 390, 12 μέν] om.   19 διά — 20 τῆς] in ras.   26 ΓΑ]
ΑΓ   ἐπί] ἡ ΖΔ ἐπί

p. 392, 1 ΚΔ] ΘΛ   2 ΘΛ] ΛΚ   3 διά] γὰρ διά   Β, Δ] Δ
καὶ Β   6 ΗΜΒ] τῶν ΒΜ, ΜΗ   7 ΔΒ] Β e corr.   11 ΖΘ]
ΞΘ   27 ΔΗ] ΔΗ συμπιπτέτωσαν κατὰ τὸ Η   29 ΘΗ] ΗΘ

p. 394, 1 ὅτι] ὅτι ἡ ΑΔ   3 ΑΜΝ] ΑΜΝ συμπίπτουσα
τῇ ΓΖ (in ras.) κατὰ τὸ Ν   8 ὑπὸ ΒΞΕ] ἀπὸ τῆς ΞΕ   11
τό] τῷ   τῷ] τό   12 τό] τῷ   τῷ] τό   14 ΜΠ] ΠΜ
ΛΘΗ] τῶν ΗΘ, ΘΛ   17 τοῦ] supra scr.   ἴσον ἄρα] in
ras.   18 τό — 19 ἄρα] mg.   18 τοῦ] om.   19 εὐθεῖα] ἡ
ἡ ΛΗ] ΗΛ δίχα   εἰς μὲν ἴσα] om.   20 ΜΠ] ΠΜ

p. 396, 10 Β] corr. ex Γ   ΔΕ] ΕΔ   ΒΚ] ΚΒ   13
ΓΚ] ΚΓ   15 ΓΗ] ΗΓ   ΑΓ] ΓΑ   16 τῆς] τῇ   ΓΗ τῆς
ΑΓ] ΗΓ τῇ ΓΑ   20 ἀχθῇ τις εὐθεῖα   22 εὐθείας] εὐθείας
πρὸς ἄλληλα   23 γάρ — ὑπερβολή] ὑπερβολὴ ἡ ΑΒ   25
ΓΑΔΖΗ] ΓΛΑΖΗ   27 ΑΔ] ΔΑ

p. 398, 1 ΖΤ] ΤΖ   4 ΔΣ] ΔΣ ἐστιν ἴση   5 ἴση] ἴση
ἐστίν   ΔΤ] ΤΔ   6 ΔΤ] ΤΔ   11 ΚΝ] τὸ ΚΝ ut sae-
pius   12 ΔΒ] ΒΔ   13 ΔΟ] ΔΕ   15 τὸ ΔΜ] τὸ ΛΜ e
corr.   17 τῷ] corr. ex τό

p. 400, 2 ἀφῆς] om.   12 ἤχθω] om.   13 ἡ ΚΒΔ] ἤχθω η
ΛΒΚ   οὕτως] om.   18 ἡ ΔΘ — 19 ΗΘ] om.   23 τὸ ΓΘ] ΓΘ
24 τό] om.   26 ἴση ἐστίν] e corr.   28 ἴσον (pr.)] ἴσον ἐστί

p. 402, 1 ΡΗ] ΗΡ   2 ΒΓ] ΘΒ   3 ΛΘ] τὸ ΛΘ   4
ΓΘ] τὸ ΓΘ   12 τις] τις εὐθεῖα   15 τῆς] τῆς ἐπί   18 ΓΖ]
ΖΓ   ἡ ΖΕ — p. 404, 3 ΓΔ] bis

p. 404, 1 τὰς ΑΘ, ΑΓ] μὲν τὴν ΑΘ   2 ΔΠ — ΝΔΟ]
ΛΖΚΜ, ΝΔΟ, παρὰ δὲ τὴν ΑΓ αἱ ΖΡ, ΔΠ   3 ΖΓ] Γ e
corr.   ΑΖ] corr. ex ΛΞ   10 ΔΠΟ] ΔΟΠ

p. 406, 2 ἐπί] om.   ἐπιζευγνυούσης   3 ΒΓ] ΓΒ   12
ἀπό] διά   14 ΔΘΗΞΝ] ΔΗΞΝ   18 ΛΑ] Α e corr.   22
τὸ ἀπὸ ΖΟ — 23 ὡς] om.

p. 408, 8 Δ] Ε   9 ΕΗ] ΕΖ   12 ΕΘΣΚ   13 ΖΡ]
ΖΡ ἐκβεβλήσθω δὲ καὶ ἡ ΑΔ ἐπὶ τὸ Σ   17 ΖΜ] Ζ e corr·
ΞΜ] ΜΞ   ΘΕ] τῆς ΕΘ   18 ΜΖ] τῆς ΖΜ   ἀπὸ

ΘΣ — 19 ΜΖ τό] om.   19 ΕΘΠ] ΣΘΠ   21 ΞΜ] τῆς
ΜΞ   22 ΕΘΠ] ΕΘ   24 ΑΞΝ] ΑΞΜ   26 τό (pr.)] ὡς τό
p. 410, 1 ΚΑ] τῆς ΑΚ   2 ἀπὸ ΕΗ] ΕΗ   ΖΗ] τῆς
ΗΖ   17 ἐπεζεύχθωσαν ἤ] αἱ   18 ἡ ΓΔΕ] ΔΓΕ   ΕΒ]
corr. ex Β   ἀπό] διά   19 ἀπό] διά   20 ὡς — ΛΕ] διήχθω
τις εὐθεῖα τέμνουσα ἑκατέραν τῶν τομῶν καὶ τὴν ΖΗ ἐκ-
βληθεῖσαν ἡ ΘΕΚΛ   25 ΚΠ] ΠΚ
    p. 412, 2 ΚΕΟ] ΚΟΕ   8 καί] in ras.   11 μετά] bis,
corr. m. rec.   τρίγωνον] om.   12 τριγώνου] om.   13 τρί-
γωνον] om.   14 τρίγωνον] om.   15 τρίγωνον] om.   16 τρί-
γωνον] om.   17 ΠΔΟ] ΔΠΟ   18 ΜΝ πρὸς τὸ ἀπό] om.
21 post ΞΑ del. πρὸς τὸ ἀπὸ τῆς ΞΑ   24 ΛΚ] τῆς ΛΚ
e corr.
    p. 414, 5 τὸ Η] e corr.   12 ἐρχέσθω] ἐρχέσθω δή   15
ΛΓ] ΓΛ   διὰ μέν] μὲν διά   18 διάμετρος — 19 ἐπεί] bis,
sed corr.   23 ἔστιν] ἔστιν ἄρα   27 διπλασία] διπλῆ   28
ΛΓ] ΖΓ   ΓΞ] ΓΕ   ΕΓ] ΞΓ   ΓΖ] ΓΑ
    p. 416, 1 καί] καὶ ἀνάπαλιν ὡς ἡ ΕΓ (Ε e corr.) πρὸς ΓΖ,
ἡ ΑΓ πρὸς ΓΞ   ΕΓ] ΓΕ   ΑΞ] ΑΞ καί   3 ΑΝ] ΝΑ   6
ΑΔ] ΑΔ καί   13 ΑΞ] ΞΑ   14 ΑΔ] ΔΑ   15 ΓΞ] Ξ e
corr.   18 καὶ ἡ ΓΖ] ἐδείχθη δὲ καί, ὡς ἡ ΓΞ πρὸς ΞΑ, ἥ
τε ΓΖ   23 παρά] δύο εὐθεῖαι παρά
    p. 418, 1 ΔΒ] ΒΔ   17 ΑΒ] ΑΜ   20 ΖΑ (pr.) — ΚΖ] mg.
    p. 420, 1 ἡ ΒΖ] e corr.   7 τῷ] τῷ ἀπὸ τῆς ΖΗ τῷ   25
ἴση] ἴση ἐστίν   26 διπλῆ] διπλῆ ἐστι   28 ἐστι — p. 422, 1
τετραπλάσιον] mg.
    p. 422, 1 τό] καὶ τό   ΑΒΝ] τῶν ΑΒ, ΒΝ, Ν e corr.   11
ἤ (pr.)] om.   12 ΓΑΖ, ΕΒΗ   13 ΖΗ] ΗΖ   16 ἴσον] ἴσον
ἐστί   20 ΖΗ] ΗΖ   23 ΑΖ] ΖΑ   24 ὡς] supra scr.
    p. 424, 12 ποιοῦσι] ποιήσουσι   16 ΒΔ] e corr.   ΓΕΔ]
ΓΔΕ   18 τό (pr.)] τό τε   20 γωνία — 21 ἐστιν] ὀρθαί
εἰσιν   25 ἐστί] om.   29 ΓΑΖ] ΖΑΓ   ΑΓΖ] ΑΖΓ
    p. 426, 1 ΑΖΓ] ΑΓΖ   3 λοιπή] ὅλη   6 ἡ καταγραφὴ
τοῦ σχήματος ὁμοία τῇ ἄνωθεν mg.   11 ὀρθή] om.   12
κύκλος] postea add. comp.   20 ἴση] om.   ΑΓΖ] ΑΓΖ ἐστιν
ἴση   21 ΒΔΗ] ΒΔΗ ἴση ἐστίν
    p. 428, 7 ἴση] ἴση ἐστίν   13 ΛΘΔ] ΛΘΔ τριγώνῳ   16
ΔΘ] e corr.   19 τῷ] τοῖς   20 ΓΖ] ΖΓ   22 ΓΑ] ΓΑ καί
24 καί — ΚΑ] om.   27 ΚΑ] τὴν ΚΑ   28 ΔΕ (alt.)] ΔΗ
    p. 430, 13 αὐτῷ] αὐτῷ εἰσι   15 ἴση] ἐστιν ἴση   23 ΒΘ]
ΘΒ   25 ὀρθή] ὀρθή ἐστιν

p. 432, 2 *ΒΔΗ*] *ΗΔΒ*   3 ὑπό (alt.)] corr. ex ἀπό   6
ν'] corr. ex μ̅

p. 434, 1 ἴση] ἴση ἐστίν   ἴση] ἴση ἐστί   2 ἡ δέ — 3
τῇ ὑπὸ *ΕΜΗ*] ἀλλ' ἡ μὲν ὑπὸ *ΓΕΖ* ἴση ἐστὶ τῇ ὑπὸ *ΕΜΗ*,
ἴση δὲ καὶ ἡ ὑπὸ *ΔΕΗ* τῇ ὑπὸ *ΜΕΗ*   4 καί] om.   8 ἴση
ἡ *ΘΑ*] ἡ *ΑΘ* ἴση   21 τὴν γραμμήν] μίαν τῶν τομῶν τὴν Β
ΖΔ] *ΔΖ*   22 ὑπερέχει] μείζων ἐστί   23 ἤχθω] ἤχθω
γάρ   28 ἴση] ἴση ἐστίν

p. 436, 1 ἐστιν ἴση] ἴση ἐστίν   2 *ΖΕ*] *ΕΖ*   ἐστι διπλῆ]
διπλῆ ἐστι   13 *ΑΒ*] *ΑΒ* κέντρον δὲ τὸ Η   15 *ΑΔΒ*]
ΒΔ, *ΔΑ*   16 *ΓΕΔ* (pr.)] *ΓΕ*, *ΔΕ*   18 κέντρον — 19 αὐτοῦ]
διὰ τοῦ Η   19 *ΓΕ*] *ΓΕ* ἤχθω   20 *ΖΕΓ*] *ΓΕΖ*   21 ἴση]
ἐστιν ἴση   22 καὶ ἡ] ἡ   23 ἴση] ἐστιν ἴση   24 ἴση] ἴση
ἐστίν   26 ἡ *ΓΕΔ*] ἄρα ἡ *ΓΕΔ*   ἐστι] om.

p. 438, 10 τεταγμένως κατηγμένην] τεταγμένην   11 διήχθω-
σαν] ἐπεζεύχθωσαν   21 *ΖΑ*] *ΒΑ*   26 *ΓΕ*] *ΕΓ*   27 ἐκ] λόγος ἐκ

p. 440, 21 δίχα τετμήσθω] τετμήσθω δίχα

p. 442, 12 *ΝΒΜ*] τῶν *ΜΒ*, *ΒΝ*   post *ΑΘΚ* magna la-
cuna   14 *ΝΓ*] τῶν *ΝΓ* corr. ex τῶ *ΝΓ*   *ΝΒΜ*] τῶν
ΜΒ, *ΒΝ*   18 *ΚΘ*] Θ e corr.   21 *ΝΒΜ*] τῶν *ΝΒ*, *ΒΜ*,
ΒΜ in ras.   τὸ ὑπὸ *ΗΓ*] in ras.   24 ἔχει τὸ ὑπό] τῶν
ΑΜ] e corr.   27 τοῦ τοῦ] τε τοῦ corr. ex τὸ τοῦ   28
ἀλλ' ὡς μέν] in ras.

p. 444, 3 τοῦ τοῦ] τε τοῦ   23 *ΖΔΘ*] *ΔΘ* e corr.   24
ἀπὸ *ΓΗ* — 25 *ΝΔ*] ὑπὸ τῶν *ΑΗ*, *ΗΔ* πρὸς τὸ ἀπὸ τῆς *ΓΗ*
τὸ ὑπὸ τῶν *ΑΘ*, *ΔΝ* πρὸς τὸ ἀπὸ τῆς *ΑΔ*   26 *ΑΔ*] *ΔΑ*

p. 446, 1 *ΕΗ*] *ΗΕ*   9 *ΑΔ*] *ΔΑ*   10 *ΑΔ*] *ΔΑ*   *ΘΑ*]
ΑΘ   12 σύγκειται — 13 *ΑΔ*] in ras.   *ΑΘ*] τῶν *ΑΘ*, *Α* e
corr.   15 *ΝΔ*, *ΑΘ*] τῶν *ΑΘ*, *ΝΔ*, *Α* e corr.   16 ὡς] ἄρα
ὡς   17 *ΝΔ*, *ΑΘ*] *ΑΘ*, *ΝΔ*

p. 448, 6 τετμήσθω δίχα   8 *ΒΕ*] *ΕΒ*   *ΑΕ*] *ΕΑ*   12
ἐκ τοῦ τοῦ] ἔκ τε τοῦ ὃν ἔχει τό   τοῦ] ὃν ἔχει τό   16
ΗΓΚ, *ΘΔΖ*] *ΚΓΗ*, *ΘΔΖ*   18 *ΗΠ*] *ΚΠ*   20 τήν] corr.
ex τῇ   25 *ΘΒ*] Β e corr.

p. 450, 3 *ΚΒ*, *ΑΗ*] *ΗΑ*, *ΚΒ*   5 μέσου λαμβανομένου]
in ras.   5 τοῦ τοῦ] τε τοῦ   7 *ΘΔΖ*] τῶν *ΘΖ*, *ΔΖ*   *ΘΒ*]
Β e corr.   11 τοῦ τοῦ] τε τοῦ   14 ἐκ] ἔκ τε   16 *ΒΝ*]
ΝΒ   17 ἐκ] ἔκ τε   20 τοῦ τοῦ] τοῦ

II p. 2 Ἀπολλωνίου τοῦ Περγαίου κωνικῶν βιβλίον δ̅ ἐκ-
δόσεως Εὐτοκίου Ἀσκαλωνίτου   7 τῶν ὑφ' ἡμῶν πραγματευο-
μένων

p. 4, 5 ταῦτα] τά
p. 8, 5 περιέχει   8 εὐθεῖαν] om.
p. 10, 2 ἐν τῇ] ἐντὸς τῆς   13 ΓΗ] ΓΚ
p. 12, 16 ΒΔ] ΔΒ   23 καθ᾽ ἕτερόν τι] κατά
p. 14, 2 τό] ἔστω τό   ἔστω] om.   19. ἔσται] om.   σημεῖον] σημεῖόν ἐστιν
p. 16, 8 τοῦ] e corr.   23 ΖΔ] ΖΗ   ΔΗ] ΗΔ   26 μηδέ] μή   ἑτέρου] οὐδετέρου
p. 18, 5 ὑπό] ἀπό   15 περιέχωσιν] ὑπερέχωσιν   16 τῆς] om.
p. 20, 10 ΧΖ] ΖΧ   13 μηδέ] μή   ἑτέρου] οὐδετέρου   14 ΕΔ] ΔΕ   19 τό] τὸ Δ
p. 22, 1 ΠΟ] ΡΞ   5 διά] πρότερον διά   7 ΠΟ] ΡΞ   Κ] Β   13 τῇ ἑτέρᾳ] bis, sed corr.   14 ΔΘ] ΘΔ   16 καί] τῇ ΡΞ καί   25 ΠΟ] ΡΞ   27 ἡ] τῇ   28 τῇ] ἡ   29 ΕΚ] Κ e corr.
p. 24, 9 ἔχῃ] ἔχει   11 κειμέν̄   19 ἡ] τῆς Β τομῆς ἡ τέμνουσα] τεμνέτω καὶ ἀμφοτέρας   22 ἡ] om.
p. 26, 1 ἡ] supra scr.   8 ἐπιζευγνυμένη] om.   9 ἀντικειμένη] om.   16 Η] e corr.   ΑΗ] ΑΔ   17 ΗΒ] ΔΒ   ΑΔ] ΑΗ   ΔΒ] ΗΒ
p. 28, 2 ἔστι τὸ σημεῖον] τὸ Δ σημεῖόν ἐστιν   6 καὶ ἤχθω] καὶ ἀπ᾽ αὐτοῦ ἐφαπτομένη ἡ ΔΖ καί   7 παράλληλος] ἤχθω παράλληλος τῇ ἀσυμπτώτῳ ἐφ᾽ ἧς τὸ Δ   9 πιπτέτω — 10 τὸ Η] ἐρχέσθω διὰ τοῦ Γ ἀλλὰ διὰ τοῦ Η   22 συμπεσεῖται ταῖς τομαῖς   23 αἱ] om.   συμπτώσεων] -εων e corr.   ἐπί] αἱ ἐπί e corr.   29 post ΔΘ ras. 2 litt.   η] ἡ μέν
p. 30, 1 ΑΜ] ΜΑ   ἡ δὲ ΘΞ τῇ ΟΓ   21 αἱ] om.
p. 32, 21 ἥξει αὐτῶν   26 καθ᾽ ἓν σημεῖον μόνον τῇ τομῇ   29 ΔΘ] ΘΔ
p. 34, 1 Κ, Η] Η, Κ   15 καὶ αἱ] καί   17 ΔΒ] Β e corr.   22 ἐφάψονται] bis, sed corr.   ἀντικειμένων] τομῶν   26 μέν] μὲν οὖν   27 ἀλλ᾽ ἑτέρᾳ] om.
p. 36, 1 ΔΘ] ΔΗ   ΗΘ] ΗΚ   7 ΒΔ] ΔΒ
p. 38, 1 ἤ (alt.)] e corr.   13 ΑΘ (alt.)] ΑΒ   17 ΖΓ] ΓΖ   19 ἔστιν ἴση] ἴση ἐστίν
p. 40, 2 ἔχει λόγον] λόγον ἔχει   3 ἐκβαλλομένη ἐφ᾽ ἑκάτερα] ἐφ᾽ ἑκάτερα ἐκβαλλομένη   10 ὡς] postea ins.   ἡ ΕΔ] in ras.   13 ἀρχῆς] ἀρχῆς ἀδύνατον   18 δή] om.   21 ΕΜΗ] ΕΝΜΗ   ΘΡ] ΡΘ   23 Δ] Δ, Ε   25 ἔστιν ἴση] ἴση ἐστίν

d*

p. 44, 2 τῷ προειρημένῳ] τῇ προτέρᾳ 9 γάρ] γάρ τινες
14 ἀπό] διά 23 ᾖ] om. 24 σημεῖα] om.

p. 46, 6 ἀπό] διά 18 τήν] om. 19 ΚΜ] ΓΚ 20
ΚΓ ἴση] ΚΜ

p. 48, 19 Α, Β] om. συμπίπτουσαι — Δ] αἱ ΑΔ, ΑΒ
21 ΑΖ] lacuna 2 litt. 26 τὸ Δ κέντρον

p. 50, 3 τῇ ΗΔ] ἡ μείζων τῆς ΖΜ τῇ ΗΔ τῇ ἐλάττονι
τῆς ΜΔ τὸ σχῆμα ὅμοιον τῷ ἄνωθεν mg. 10 συμπίπτουσαι]
συμπιπτέτωσαν 14 ἐπί] e corr. 16 καί] ἤ 19 τῇ ΜΖ]
ἡ μείζων τῆς ΛΗ τῇ ΜΖ τῇ ἐλάσσονι τῆς ΗΖ 26 καὶ συμ-
πίπτουσαι] αἱ ΑΔ, ΑΒ καὶ συμπιπτέτωσαν αἱ ΑΔ, ΑΒ] κατὰ
τὸ Δ

p. 52, 1 δή] δέ e corr. 3 ΑΗΒ] corr. ex ΑΒ 4 ΑΜΒ]
ΑΜΒ ὑπερβολὴν ἴσον 5 ἴσον] om. 6 ΔΗ] τῆς ΜΗ ἴση
ἄρα η ΜΔ τῇ ΔΗ

p. 54, 3 ὥστε] ὥστε ἡ ΑΒ ὅπερ ἔδει δεῖξαι] om. 14
ΑΒΓ] supra Γ scr. Ε 15 διά — 17 γραμμῆς] om.

p. 56, 3 κατά] τῇ ΑΕΓΖ κατά 5 ΑΓΖ] ΓΖ post la-
cunam 1 litt. 11 δύο] δύο σημεῖα 12 συμπεσεῖται] συμ-
βαλεῖται ἐκβαλλομένη] om. Δ] om. οὐδέ] τῇ Δ οὐδέ

p. 58, 12 ΓΑΔ (pr.)] ΓΑΔ γραμμή 14 ἀπό] διά 16
Β] ΒΓ ὥστε] om. οὐδέ] οὐδ' ἄρα ΓΑΔ] ΓΑΔ γραμμή
συμπεσεῖται τῇ Β 25 οὖν] γάρ τῆς Α τομῆς] om. 26
καθ'] τῆς Α καθ'

p. 60, 1 κατά] om. 3 ΑΒΓ] ΑΒ 7 ΑΒΓ] ΑΓΒ 8
ΑΒΓ] ΑΓΒ 21 οτι] ὅτι ἡ Ε

p. 62, 13 ΑΒ] ΑΓΒ 19 ἐφάπτεται] ἐφάψεται 21 συμ-
βάλλει] συμβαλεῖ

p. 64, 24 ΓΑΘ] ΓΑ ΘΕ] ΘΕ ἀλλήλαις

p. 66, 26 οὐδετέρᾳ] οὐ συμπεσεῖται τῇ ἑτέρᾳ 27 συμ-
πεσεῖται] om.

p. 68, 8 οὔ] om. 10 συμβαλοῦσι (non συμβάλλουσι) 11
καί] om.

p. 70, 11 συμβαλοῦσιν ἀλλά] ἀλλὰ κατά

p. 72, 2 ΙΥΤ] ΙΥ 7 καί — 8 ΤΙ] om. 8 ὡς] καὶ
ὡς 12 post ἀδύνατον add. οὐκ ἄρα ἡ ΔΕΚ τῇ ΔΕΖ συμ-
βάλλει κατὰ πλείονα σημεῖα ἢ καθ' ἕν 14 τῆς — ἀντικει-
μένων] in ras. 15 δέ] δὲ τέμνη τέμνῃ] om. 19 Δ (pr.)]
supra scr. 22 ΑΒ] ΑΒΓ 25 ἔσται] ἐστι ΑΒΔ] corr.
ex ΑΒ 27 ὑπὸ τῶν] supra scr. ΒΖΔ (ΒΖ, ΖΔ) — p. 74, 6
τῆς] mg.

* h

p. 74, 15 $AH\Gamma$] $AB\Gamma$

p. 76, 7 ἕτερον] ἕν　　13 ὅτι] ὅτι ἡ $EZ\Theta$　　ἑτέρᾳ ἀντικειμένῃ] EZH

p. 78, 5 ἑτέρᾳ] λοιπῇ　　η $\Gamma\Lambda$] ἴση ἡ $\Gamma\Lambda$　　14 ENZ] τῶν EN, NZ corr. ex τῶν EN, $N\Xi$

p. 80, 7 ὥστε — 8 ἴση] om.　　23 $ZP\Theta$] τῶν ZP, $P\Theta$ corr. ex τῶν ZP, $O\Theta$　　25 $H\Lambda E$] $H\Lambda E\Theta$ τομῇ

p. 82, 9 τῇ A] om.　　Λ] Λ τῇ A　　10 τομῶν] τομῶν αἱ $A\Gamma$, ΓB　　15 ἡ E] om.　　27 τῶν τομῶν] τομῶν

p. 84, 12 $A\Gamma$ τῆς $A\Lambda B$] $A\Gamma B$　　κατά] τῆς $A\Lambda B$ κατά　　13 $A\Gamma$] $A\Gamma B$　　24 τὰς ἀφὰς ἐπέξευξεν] ἐπιζεύγνυσι τὰς ἀφάς ἡ] ὡς ἡ ΘE πρὸς EH ἡ

p. 86, 17 γάρ] om.

p. 88, 4 ἕν] e corr.　　συμβαλεῖ　　9 ABE (alt.)] lacuna 3 litt.　　18 ἑκατέραν] ἑκατέραν τῶν AB, $\Gamma\Lambda$　　20 τά] om. (non habet)　　21 τομαῖς] om.　　24 τά] σημεῖα τά

p. 90, 1 οὐ (alt.)] om.

p. 92, 19 αἱ] postea ins.

p. 94, 10 δευτέρου] δευτέρου σχήματος τῆς AB ἥ τε ΓA κατὰ τὸ A καὶ ἡ ZE κατὰ τὸ E　　11 ἡ — συμπεσεῖται] τῇ Λ οὔτε μὴν ἡ $A\Gamma$ συμπεσεῖται οὔτε ἡ EZ　　16 $Z\Lambda$] EZ　　EZ] Λ ΛZ] Λ

p. 96 in fine τέλος (τοῦ δ supra scr.) τῶν κωνικῶν 'Απολλωνίου τοῦ Περγαίου.

Harum scripturarum nonnullae cum V memorabiliter congruunt, uelut

I p. 86, 10 AM] M ita scriptum, ut litterae u (β) simile fiat, V; AB p;

I p. 224, 25 ἡ (alt.)] ἡ ἡ V, quorum alterum ad figuram p. 224 pertinere uidetur; ἥ ἡ p;

I p. 292, 20 ΛZ] Z ita scriptum, ut litterae Λ simile fiat, V; $A\Lambda$ p;

I p. 370, 23 $\Lambda\Xi Z$] Z ita scriptum, ut litterae Λ simile fiat, V; $A\Xi$ $\Xi\Lambda$ p;

I p. 372, 9 τό] τῷ Vp.

sed ex ipso V descriptus non est; nam haud ita raro cum c contra eum concordat; cuius generis hos locos notaui:

I p. 2, 15 ἔκπλῳ] ἔκπλουν cp; p. 28, 11 HZ] ZH cp; p. 46, 3 καὶ ὁ — 4 KB] om. cp; p. 66, 10 ἄρα] ἄρα καί cp; p. 160, 21 δέ] δή cp; p. 216, 5 καί (pr.)] om. cp; p. 222, 15

ἐάν] ἐν V, ἐὰν ἐν cp; p. 224, 12 *ΕΓΖ*] *ΓΕΖ* cp; p. 230, 11
ΕΧ] *ΧΕ* cp; p. 240, 15 ἐὰν ἐν] corr. ex ἐάν p, ἐάν c; p. 272,
13 ἐστιν ἴσα] om. cp; p. 308, 20 *ΤΟ*] τὸ *ΟΤ* cp; p. 330, 20
τῷ] τό cp; p. 332, 15 τὸ μέν] μέν c, μὲν τό p; p. 344, 28
ΔΒΕ] δὲ *ΔΒΕ* cp; p. 352, 18 *ΙΜΕ*] *ΙΕΜ* cp; 23 *ΖΞ*]
ΞΖ cp; p. 382, 13 *Ζ*] *Ξ* cp; p. 428, 7 ἴση] ἴση ἐστίν cp;
p. 436, 23 ἴση] ἐστιν ἴση cp (sed in c, qui hunc locum bis
habet, altero loco est ἴση); p. 438, 26 *ΓΕ*] *ΕΓ* cp.

sed ne p ex ipso c descriptum esse putemus, obstant loci
supra adlati, ubi p cum V conspirat.*) itaque, si supra recte
statuimus, c ex V pendere, sequitur, codices cp ex eodem apo-
grapho codicis V descriptos esse. credideris, hoc apographum
esse ipsum codicem v, propter memorabilem codicum cvp con-
sensum in scripturis falsis γωνίαις I p. 48, 16 pro εὐθείαις et
ΓΚ pro *ΤΚ* I p. 330, 13; cfr. etiam, quod I p. 332, 22 καί
— τετραπλευρῷ et in v et in p in mg. sunt. sed obstant plu-
rimi loci, uelut I p. 68, 20 τομῇ] τμηθῇ v, p. 312, 1 οὐκ —
ΑΓΒ] mg. m. 2 v.

interpolatio-   Sed quidquid id est, hoc certe constat, codicem p ualde
nes codicis p   interpolatum esse. nam primum lemmata Eutocii, qualia
in ipso p leguntur, cum V concordant et a uerbis Apollonii,
quae p praebet, interdum non leuiter discrepant, uelut

     I p. 38, 24 *ΒΓ*] V, Eutocius II p. 216, 14; τῆς *ΒΓ* p;
ΒΑΓ] V, Eutocius p. 216, 15; τῶν *ΒΑ*, *ΑΓ* p;
      p. 38, 25 *ΖΑ*] V, Eutocius l. c.; τὴν *ΖΑ* p;
      p. 40, 8 *ΒΑΓ*] V, Eutocius p. 218, 1; *ΒΑ*, *ΑΓ* p;
      p. 66, 10 *ΒΚΑ*] V, Eutocius p. 224, 2; τῶν *ΒΚ*, *ΚΑ* p;
ΑΑΒ] V, Eutocius l. c.; τῶν *ΑΔ*, *ΑΒ* p;
      p. 102, 24 ὑπὸ *ΑΝΞ*] V, Eutocius p. 248, 6; ὑπὸ τῶν
ΑΝ, *ΝΞ* p;
      p. 102, 25 *ΑΟΞ*] V, Eutocius l. c.; τῶν *ΑΟ*, *ΟΞ* p; *ΞΟ*]
V, Eutocius p. 248, 7; τὴν *ΞΟ* p;
      p. 102, 26 *ΑΝ*] V, Eutocius p. 248, 8; τὴν *ΑΝ* p;
      p. 104, 3 *ΚΒ*, *ΑΝ*] V, *ΒΚ*, *ΑΝ* Eutocius p. 248, 23; τῶν
ΚΒ, *ΑΝ* p; *ΓΕ*] V, Eutocius p. 248, 24; τῆς *ΓΕ* p; *ΒΔΑ*]
V, Eutocius l. c.; τῶν *ΒΔ*, *ΔΑ* p;

---

*) Hoc quoque parum credibile est, librarium codicis p in
explenda lacuna magna codicis c I p. 438, 21—25 tam felicem
fuisse, ut ne in litteris quidem a uera scriptura aberraret.

p. 104, 4 $\varDelta E$] V, $E\varDelta$ Eutocius l. c.; $\tau\tilde{\eta}s$ $\varDelta E$ p;
p. 148, 6 KAN] V, Eutocius p. 270, 22; $\tau\tilde{\omega}\nu$ $K\varDelta$, $\varLambda N$ p;
$\varLambda\varDelta\varGamma$] V, Eutocius l. c.; $\tau\tilde{\omega}\nu$ $\varLambda\varDelta$, $\varDelta\varGamma$ p;
p. 172, 11 ZH] V, Eutocius p. 278, 8; $\tau\tilde{\eta}s$ ZH p; $\varDelta HA$]
V, Eutocius p. 278, 9; $\tau\tilde{\omega}\nu$ $\varDelta H$, HA p;
p. 182, 21 $\dot{a}\pi\grave{o}$ ZH] V, Eutocius p. 280, 15; $\dot{a}\pi\grave{o}$ $\tau\tilde{\eta}s$ ZH p;
AHE] V, Eutocius p. 280, 16; $\tau\tilde{\omega}\nu$ AH, HE p;
p. 234, 18 ΘME] V, Eutocius p. 302, 9; $\tau\tilde{\omega}\nu$ ΘM, ME p;
ΘKE] V, Eutocius l. c.; $\tau\tilde{\omega}\nu$ ΘK, KE p;
p. 234, 19 $\varLambda MK$] V, Eutocius p. 302, 10; $\tau\tilde{\omega}\nu$ $\varLambda M$, MK p;
p. 384, 25 $\tau\tilde{\omega}\nu$ $\varLambda HN$] V, $\varLambda HN$ Eutocius p. 340, 13; $\tau\tilde{\omega}\nu$
$\varLambda H$, HN p;
p. 384, 26 ΞHO] V, Eutocius l. c.; $\tau\tilde{\omega}\nu$ ΞH, HO p;
$N\Xi\varLambda$] V, Eutocius l. c.; $\tau\tilde{\omega}\nu$ $N\Xi$, $\Xi\varLambda$ p;
p. 442, 12 $N\varGamma$] V, Eutocius p. 350, 18; $\tau\tilde{\omega}\nu$ $N\varGamma$ p;
p. 442, 13 MA] V, AM Eutocius l. c.; $\tau\tilde{\eta}s$ MA p; $A\varGamma$]
V, Eutocius p. 350, 19; $\tau\tilde{\omega}\nu$ $A\varGamma$ p; KA] V, Eutocius l. c.;
$\tau\tilde{\eta}s$ KA p.

hinc concludendum, huius modi discrepantias, quae per
totum fere opus magna constantia in p occurrunt (u. supra ad
I p. 16, 10; 20, 1; 38, 24), ab ipso librario profectas esse.
interpolationem confirmant loci, quales sunt I p. 56, 3 $B\Sigma\varGamma$]
$B\varGamma\Sigma$ V, $B\varGamma\varGamma\Sigma$ p, item lin. 16; p. 110, 8 $\varDelta EZ$] $E\varDelta Z$ V,
$E\varDelta$ $\varDelta Z$ p; similiter I p. 116, 19; 118, 3; 338, 24; 352, 5;
358, 24; 360, 2, 7, 10; 366, 22; 370, 25; 372, 10; 382, 29;
384, 2; II p. 52, 18. nam sicut intellegitur, quo modo error
in V ortus sit duabus litteris permutatis, ita scriptura codicis p
mero errore scribendi oriri uix potuit, sed eadem facillime
explicatur, si statuimus, librarium codicis p scripturam co-
dicis V ante oculos habuisse eamque errore non perspecto suo
more interpolasse; cfr. I p. 34, 12, ubi pro A, B, $\varGamma$ scripsit
AB, $B\varGamma$, quia inconsiderate pro A, B, $\varGamma$ legit $AB\varGamma$. hoc quo-
que notandum, I p. 40, 19 scripturam ueram $M\varLambda N$ a manu
prima in $M\varLambda$ $\varLambda N$ mutatum esse; idem p. 386, 2 in ΞHO
factum est.
sed interpolatio intra hoc genus non stetit. primum ex
Eutocio arguitur additamentum
I p. 40, 9 $\tau o\tilde{v}$] V, Eutocius p. 218, 2; $\tau o\tilde{v}$ $\lambda\acute{o}\gamma o\nu$ p,
et uerborum ordo mutatus
I p. 384, 26 $\tau\tilde{\omega}\nu$ $\dot{a}\pi\grave{o}$ ΞHO $\acute{v}\pi\epsilon\varrho\acute{e}\chi\epsilon\iota$] V, Eutocius p. 340, 13;
$\acute{v}\pi\epsilon\varrho\acute{e}\chi\epsilon\iota$ $\tau\tilde{\omega}\nu$ $\dot{a}\pi\grave{o}$ $\tau\tilde{\omega}\nu$ ΞH HO p.

deinde lacunas in V non significatas saepe recte animaduertit
et ad sensum haud male expleuit, interdum autem notauit
tantum (I p. 110, 13), interdum supplementum incohauit, sed
ad finem perducere non potuit (I p. 170, 2); I p. 362, 26 la-
cunam post τῆς τομῆς falso notauit, cum debuerit ante τῆς
τομῆς; I p. 344, 20 sine causa lacunam statuit, quia non in-
tellexit, ad μέν respondere καί lin. 21. similiter interdum
errorem subesse recte sensit, sed aut lacunam reliquit, quia
emendationem reperire non posset (I p. 296, 1; 358, 3), aut
in emendando errauit (I p. 298, 9; 352, 25); II p. 62, 9 pri-
mum A B scripsit, sicut in V est, deinde errorem uidit et emen-
dauit (ΑΓΒ).

cum his locis interpolatio certissima sit, dubitari non
potest, quin discrepantiae grauiores, quibus non modo errores
emendantur, sed etiam omnia insolita et exquisitiora (uelut
συνημμένον I p. 342, 3, pro quo restituit solitum illud συγ-
κείμενον; sed cfr. I p. 346, 3) eliminantur, interpolationi tri-
buendae sint. qui eas perlustrauerit, concedet, librarium no-
strum plerumque recte intellexisse, de qua re ageretur, et
sermonis mathematicorum Graecorum peritissimum fuisse; sed
simul perspiciet, ex p ad uerba Apollonii emendanda nihil peti.
posse, nisi quod librarius sua coniectura effecit. qui ubi uixerit,
postea uidebimus.

Uat. 206   Summa igitur huius disputationis ea est, uerba Apollonii
ad V solum restituenda esse; quem codicem potius saeculo XII
quam XIII tribuerim ob genus scripturae magnae et inaequalis,
quae codicibus membranaceis saeculi XII multo similior est
quam bombycinis saeculo XIII usitatis. sed quamquam non
uetustissimus est, codicem uetustissimum, fortasse saeculi VII,
litteris uncialibus scriptum et compendiis repletum repraesen-
tare putandus est, ut testantur hi errores: I p. 186, 20 διορθιαι
pro αἱ ὀρθίαι confusis Λ et Δ, I p. 368, 1 τοῦ pro τὸ ὑπό
propter compendium Τ' = ὑπό, I p. 304, 16 propter idem com-
pendium υ̅ξ̅λ̅θ̅ pro ὑπὸ ΖΛΘ, I p. 136, 17 ΔΙ' pro τρίγωνον
propter comp. Δ', I p. 368, 11 ὅλον pro ὃ λόγον propter com-
pendium λ^ον.

Cap. II.
Quo modo nobis tradita sint Conica.

Ex praefatione ipsius Apollonii ad librum I discimus, eum totum opus Conicorum a principio Alexandriae, sine dubio scholarum causa, composuisse et deinde cum mathematicis quibusdam, qui scholis eius interfuisse uidentur, e schedis suis communicasse. cum ita diuulgari coeptum esset, opere festinantius paullo ad finem perducto non contentus editionem nouam in meliorem ordinem redactam instituit, cuius libros primos tres ad Eudemum Pergamenum misit, reliquos quinque ad Attalum (fortasse Attalum primum regem Pergami), u. II p. 2, 3. itaque statim ab initio inter Conicorum exemplaria, quae ferebantur, discrepantia quaedam suberat, sicut queritur ipse Apollonius I p. 2, 21, et fieri potest, ut hinc petitae sint demonstrationes illae alterae, quas Eutocius in suis codicibus inuenit (cfr. Eutocius II p. 176, 17 sq.). sed sicut Eutocio concedi potest, quaedam fortasse ex editionibus prioribus seruata esse, ita dubitari nequit, quin editio recognita inualuerit, nec ueri simile est, editiones priores usque ad saeculum VI exstitisse; praefationes enim singulorum librorum, quae, ut per se intellegitur, editionis emendatae propriae erant, Eutocius in omnibus codicibus inuenisse uidetur, quoniam de solo libro tertio commemorat (II p. 314, 4 sq.), nullam ibi praefationem exstare sicut in ceteris.*) sed hoc quidem ei credendum, codices Conicorum, quos habuerit, haud leuiter inter se in demonstrationibus discrepasse, siue haec discrepantia ex editionibus prioribus irrepsit siue, quod ueri similius est, magistris debetur, qui libro Apollonii in docendo utebantur, quo modo in codicibus reliquorum mathematicorum ortae sunt demonstrationes alterae.

ex his codicibus Eutocius suam librorum I—IV editionem concinnauit; de cuius ratione quoniam egi Neue Jahrbücher für Philologie Supplem. XI p. 360 sq., nunc hoc tantum addo, editionem eius ita comparatam fuisse uideri, ut in media pa-

marginal notes: Conica ante Eutocium

editio Eutocii

---

*) Utrum praefatio libri tertii intərciderit, an Apollonius omnino nullam praemiserit, dubium est; equidem non uideo, cur Eudemo hunc librum sine epistula mittere non potuerit, cum nomen eius duobus prioribus praefixum esset.

gina uerba Apollonii, in marginibus sua commentaria (praeter
praefationes, quas sine dubio singulis uoluminibus praefixit)
collocaret. hoc ex uerbis ἔξωθεν ἐν τοῖς συντεταγμένοις σχο-
λίοις II p. 176, 20 concludi posse uidetur. praeterea ita fa-
cillime explicantur lacunae II p. 290, 8; 292, 1, 14; 306, 8;
308, 14; 310, 6; 338, 15; 340, 15; 342, 20 et transpositio II
p. 264.

ex tota ratione editionis Eutocianae adparet, eum in de-
monstrationibus eligendis uel reiiciendis solo iudicio suo con-
fisum esse. sed cum summa fide demonstrationes repudiatas
in commentariis seruauerit (cfr. II p. 296, 6; 336, 6), de iudicio
eius etiam nunc nobis licet iudicare. iam in reiiciendis de-
monstrationibus, quas II p. 296 sq., p. 326, 17, p. 328, 12,
p. 336 sq. adfert, iudicium eius omnino sequendum; nam quas
habet p. 296 sq., nihil sunt nisi superflui conatus corollarii
Apolloniani I p. 218, 4 demonstrandi, propositiones p. 326, 17
et p. 328, 12 re uera, ut Eutocius obseruauit, casus sunt prae-
cedentium, quos post illas demonstrare nihil adtinet; de de-
monstrationibus denique p. 336 sq. adlatis idem fere dicendum.
ubi ex pluribus demonstrationibus unam elegit, res difficilior
est diiudicatu. uno saltim loco errauit; nam cum in I, 50
p. 152, 6 usurpetur aequatio △ $HB\Gamma = \Gamma \varDelta E$, quae nunc nus-
quam in praecedentibus demonstrata est, in altera autem de-
monstratione ab Eutocio ad I, 43 adlata p. 256 demonstratur
— uerba ipsa ἴσον — $B\Gamma\varDelta$ II p. 256, 9 fortasse subditiua esse,
hic parum refert —, hinc concludendum est, quamquam dubitat
Zeuthen Die Lehre von den Kegelschnitten im Alterthum
p. 94 not., illam demonstrationem genuinam esse, nostram in-
iuria ab Eutocio receptam; idem fit II, 20 p. 228, 23. in ceteris
nullam certam uideo causam, cur ab iudicio Eutocii discedamus;
sed rursus nemo praestare potest, eum semper manum Apollonii
restituisse.

lemmata
Pappi   Sed quamquam in uniuersum editione Eutociana stare ne-
cesse est, tamen lemmatis Pappi adiuti de forma Conicorum
aliquanto antiquiore nonnulla statuere licet. quod ut recta
ratione fiat, ante omnia tenendum est, hoc esse genus ac
naturam lemmatum et illorum et ceterorum omnium, uelut
ipsius Eutocii, ut propositiones quasdam minores suppleant et
demonstrent, quibus sine demonstratione usus sit scriptor ipse,
sicut factum uidemus his locis:

Pappi lemma	ab Apollonio usurpatur
I, 4	I, 5 p. 20, 7
I, 5	I, 34 p. 104, 2 sq.
I, 10 p. 930, 19	I, 49 p. 148, 5
I, 10 p. 930, 21	I, 50 p. 152, 14
II, 3—4	II, 23 p. 234, 16
III, 1	III, 8 p. 330, 22
III, 3	III, 16 p. 348, 23; 17 p. 352, 6 cet.
III, 4	III, 22 p. 364, 17; 25 p. 374, 14 al.
III, 5 p. 946, 23	III, 24 p. 372, 17; 25 p. 374, 15, 19; 26 p. 376, 2
III, 7	III, 29 p. 384, 25
III, 18	III, 56 p. 450, 9.

ubi uero lemma Pappi in uerbis ipsis Apollonii demon- *inter-* stratur, concludendum, hanc demonstrationem post Pappum *polationes* interpolatam esse. qua de causa delendum I, 37 p. 110, 12 $\sigma v v$- *Pappum* $\vartheta\acute{e}v\tau\iota$ — 18 $Z\varDelta$; nam per Pappi lemma I, 6 p. 926, 7 ex AZ $= ZB$ et $AE : EB = A\varDelta : \varDelta B$ statim sequitur $EZ \times Z\varDelta = BZ^2$. praeterea ex iisdem aequationibus per idem lemma p. 926, 8 (in ellipsi p. 926, 7—8) concluditur $AE \times EB = ZE \times E\varDelta$; quare ex toto loco I p. 110, 19 $\varkappa\alpha\grave{\iota}$ $\acute{\epsilon}\pi\epsilon\acute{\iota}$ — p. 112, 10 $\check{\epsilon}\sigma\tau\alpha\iota$ nihil scripserat Apollonius praeter haec: $\varkappa\alpha\grave{\iota}$ $\tau\grave{o}$ $\acute{v}\pi\grave{o}$ $\varDelta EZ$ $\tau\tilde{\omega}$ $\acute{v}\pi\grave{o}$ AEB. item delenda I, 41 p. 126, 11 $\acute{\iota}\sigma o\gamma\acute{\omega}v\iota\alpha$ — 13 EZ, quae significationem habeant lemmatis Pappi I, 8. eadem ratione quoniam per lemma I, 7 in I, 39 ex $ZE \times E\varDelta : \Gamma E^2 =$ diam. transuersa: diam. rectam statim sequitur, quod quaeritur, pro p. 118, 23 $\check{\epsilon}\sigma\tau\omega$ — p. 120, 7 $\pi\varrho\grave{o}\varsigma$ $E\Gamma$ scripserat Apollonius: $\acute{\epsilon}\pi\epsilon\acute{\iota}$ $\acute{\epsilon}\sigma\tau\iota v$, $\dot{\omega}\varsigma$ $\tau\grave{o}$ $\acute{v}\pi\grave{o}$ $ZE\varDelta$ $\pi\varrho\grave{o}\varsigma$ $\tau\grave{o}$ $\acute{\alpha}\pi\grave{o}$ ΓE, $\acute{\eta}$ $\pi\lambda\alpha\gamma\acute{\iota}\alpha$ $\pi\varrho\grave{o}\varsigma$ $\tau\grave{\eta}v$ $\acute{o}\varrho\vartheta\acute{\iota}\alpha v$, $\acute{o}$ $\delta\grave{\epsilon}$ $\tau o\tilde{v}$ $\acute{v}\pi\grave{o}$ $ZE\varDelta$ $\pi\varrho\grave{o}\varsigma$ $\tau\grave{o}$ $\acute{\alpha}\pi\grave{o}$ ΓE $\lambda\acute{o}\gamma o\varsigma$ $\sigma\acute{v}\gamma$- $\varkappa\epsilon\iota\tau\alpha\iota$ $\check{\epsilon}\varkappa$ $\tau\epsilon$ $\tau o\tilde{v}$ $\tau\tilde{\eta}\varsigma$ ZE $\pi\varrho\grave{o}\varsigma$ ΓE $\varkappa\alpha\grave{\iota}$ $\tau o\tilde{v}$ $\tau\tilde{\eta}\varsigma$ $E\varDelta$ $\pi\varrho\grave{o}\varsigma$ ΓE uel simile aliquid. in I, 54 per lemma I, 11 concluditur $AN \times NB : NZ^2 = ZO^2 : \Theta O \times OH$; itaque delenda p. 170, 16 $\tau\grave{o}$ $\delta\acute{\epsilon}$ — 22 $\pi\varrho\grave{o}\varsigma$ $O\Theta$.

in II, 20 ex proportione $XK : KE = HA : A\Theta$, quoniam parallelae sunt HA, $A\Theta$ et KX, KE, per lemma II, 2 statim concluditur, parallelas esse EX, $H\Theta$; interpolata igitur uerba I p. 228, 1 $\varkappa\alpha\grave{\iota}$ $\pi\epsilon\varrho\acute{\iota}$ — 8 $\check{\iota}\sigma\eta$.

in II, 50 delenda p. 292, 2 $\acute{\epsilon}\pi\epsilon\acute{\iota}$ — 5 $\varkappa\alpha\acute{\iota}$, quia ex hypothesi per lemma II, 5 sequitur $XA : AZ > \Theta K : HK$. ibidem p. 292, 18 $\varkappa\alpha\grave{\iota}$ $\acute{\epsilon}\acute{\alpha}v$ — 22 $\tau\varrho\acute{\iota}\gamma\omega v\alpha$ delenda propter lemma II, 6. ibidem

lemma II, 7 hanc formam breuiorem uerborum p. 292, 27 ἔστιν
ἄρα — p. 294, 10 γωνίαι significat: καὶ ὡς τὸ ὑπὸ ΧΕΔ πρὸς
τὸ ἀπὸ ΕΓ, τὸ ὑπὸ ΜΚΘ πρὸς τὸ ἀπὸ ΚΗ· ὅμοιον ἄρα τὸ
ΗΘΚ τρίγωνον τῷ ΓΔΕ; hoc enim ex lemm. II, 7 sequitur.
et ita lemm. II, 7—8 cum additamento*) p. 940, 4—5 usur-
pantur I p. 300, 19; 304, 17, ubi iniuria Pappi lemma IX citaui,
sicut me monuit Zeuthen.

uerba II, 52 p. 306, 21 οὐκ ἄρα — 22 ΖΕΚ, quae p. 307
not. iam alia de causa damnaui, subditiua esse arguuntur
etiam per lemma Pappi II, 12, quod ueram causam indicat,
cur non sit ΒΕ² : ΕΓ² = ΕΚ² : ΚΖ².

propter lemma III, 5 p. 946, 20—22 in III, 24 delenda et
p. 370, 24 τῷ ὑπὸ ΛΘΖ τουτέστι et p. 372, 8 τουτέστι — 11
ΚΞΘ, quippe quae demonstrationem post lemma inutilem
praebeant.

eadem de causa in III, 27 uerba p. 380, 7 καὶ ἐπεί — 15
ΒΕ propter lemma III, 6 superuacua sunt et ut interpolata
damnanda.

per lemmata III, 8, 9, 10 quattuor interpolationes prorsus
inter se similes arguuntur, in III, 30 p. 388, 6 ἡ ἄρα — 7
ΔΖ propter lemm. III, 8, in III, 31 p. 390, 11 ἡ ἄρα — 13
τὸ Ε, III, 33 p. 394, 19 εὐθεῖα ἄρα — 20 Θ propter lemm.
III, 9, in III, 32 p. 392, 10 δίχα — 12 ΔΖ propter III, 10.

denique per lemma III, 12 p. 952, 3—5 ex ΚΖ ⨯ ΖΔ
= ΑΖ² concluditur (nam ΑΖ = ΖΒ) ΑΚ ⨯ ΚΒ = ΚΔ ⨯ ΚΖ
siue ΒΚ : ΚΖ = ΑΚ : ΚΔ; itaque delenda III, 42 uerba inter-
posita p. 418, 18 ὡς ἡ ΚΖ — p. 420, 2 διελόντι. et demon-
stratio propositionis III, 42 omnino mutata esse uidetur; su-
spicor enim, lemmata Pappi III, 11—12, quae Halleius I p. 201
ad III, 35—40 referre uidetur, huc pertinuisse, quamquam, ut
nunc est, neque hic neque alibi in nostro Apollonio locum
habent.

nam hoc quoque statuendum, si lemmatis Pappi nunc locus
non sit, eum aliam formam demonstrationum ob oculos habuisse.
uelut lemma I, 9, quod Zeuthenius ad demonstrandum △ ΗΒΔ
= ΓΔΕ I, 50 p. 152, 6 usurpatum esse putat, neque in de-

---

*) Quod minime cum Hultschio interpolatori tribuendum;
potius delenda p. 942, 1—4, quae mire post propositiones con-
uersas adduntur et idem contendunt, quod p. 940, 4—5 suo
loco dicitur.

monstratione recepta neque in ea, quam seruauit Eutocius,
continuo inseri potest. lemma II, 9—10 auctore Zeuthenio
in analysi ampliore propositionis II, 51 locum habere potuit,
ut nunc est, non habet; et re uera analyses ampliores olim
exstitisse, eo confirmatur, quod eodem auctore lemma II, 13,
cuius nunc usus nullus est, in analysi propositionis II, 53 utile
esse potuit. praeterea suspicor, lemma II, 11 in analysi pro-
positionis II, 50 olim usurpatum fuisse; nunc inutile est, sed
per propositionem conuersam in II, 50 demonstratur $\llcorner \varGamma \varDelta E$
$= ZH\Theta$; quare I p. 296, 17 $\dot{\omega}_S \dot{\eta}$ — 20 ἔστι δὲ καί delenda
sunt, et pro p. 296, 23 καὶ δι' ἴσον — p. 298, 1 ἀνάλογον
fuisse uidetur ὅμοιον ἄρα τὸ ΓΔΧ τρίγωνον τῷ ΖΗΚ; ita
enim hoc lemma conuersum usurpatur II, 53 p. 316, 15 et
similiter membro intermedio omisso II, 52 p. 310, 14. denique
lemmata II, 1 et III, 2 nunc usui non sunt; de illo ne suspicari
quidem possumus, cuius propositionis causa propositum sit,
hoc uero et in III, 13 et in III, 15 forma demonstrationis
paullum mutata utile esse potuit.

haec habui, quae de usu lemmatum Pappianorum ad
pristinam formam Conicorum restituendam dicerem, pauca sane
et imperfecta; neque uero dubito, quin alii hac uia progressi
multa haud improbabilia inuenire possint; mihi satis est rem
digito monstrasse.

cetera, quae Pappus ex Conicis citat, pauca sunt et aut
neglegenter transscripta, ut p. 922, 19 καὶ ἐφ' ἑκάτερα ἐκβληθῇ
(ita codex A, sed p. 922, 27 προσεκβεβλήσθω) = Apoll. I p. 6, 4
ἐφ' ἑκάτερα προσεκβληθῇ (fortasse Pappus pro ἐπιζευχθεῖσα
p. 6, 4 habuit ἐπιζευχθῇ), aut incerti momenti, uelut quas
p. 674, 22—676, 18, ubi praefationem libri I p. 4, 1—26 citat,
scripturas habet discrepantes:*) Apoll. I p. 4, 2 τῶν ἀντικει-
μένων] τὰς ἀντικειμένας Pappus (ita cod. A), p. 4, 4 καί] om.,
ἐξειργασμένα] ἐξητασμένα, p. 4, 6 τομῶν] τομῶν καὶ τῶν ἀντι-
κειμένων, 10 παράδοξα θεωρήματα] παντοῖα, 12 πλεῖστα] πλείονα,
κάλλιστα] καλά, 13 ξένα, ἃ καί] καὶ ξένα, συνείδομεν] εὕρομεν,
15 τὸ τυχόν] τι, 16 προσευρημένων ἡμῖν] προειρημένων, 19 συμ-
βάλλουσι] συμπίπτουσι, ἄλλα] om., 21 ἤ] om., συμβάλλουσι] συμ-
βάλλει καὶ ἀντικείμεναι ἀντικειμέναις κατὰ πόσα σημεῖα συμ-

---

*) Errores apertos codicis Pappi p. 676, 1, 4 omisi. memo-
rabile est, iam Pappum pro καί p. 4, 9 cum nostris codd. ἤ
habere.

βάλλουσι, 22 ἐστι] δ', 23 πλέον] πλεῖον, 24 κώνου] om., περί] om., 25 προβλημάτων κωνικῶν] κωνικῶν προβλημάτων. harum omnium scripturarum nulla per se melior est nostra, multae sine dubio deteriores siue Pappi siue librariorum culpa; nam quae sola speciem quandam ueritatis prae se fert scriptura p. 4, 21, ea propter IV praef. II p. 2, 9 sq. dubia est. scripturae ἐξειργασμένα p. 4, 4, τομῶν 6, παράδοξα θεωρήματα 10 ab Eutocio II p. 168, 16; 178, 2; 178, 16 confirmantur.

Quas supra e Pappo ostendimus interpolationes, eas iam Eutocium in suis codicibus habuisse puto; nam si defuissent, sine dubio lacunas demonstrationum sensisset notasque addidisset, sicut etiam alibi eadem fere lemmata addidit ac Pappus (Pappi lemma I, 4 = Eutoc. II p. 208, 15; I, 5 = II p. 248, 23 sq.; I, 10 = II p. 270, 19; II, 2 = II p. 302, 9; III, 7 = II p. 340, 12; praeterea Eutocius II p. 190—198 eadem fere de cono scaleno exposuit, quae Pappus habet p. 918, 22—922, 16), quem nouerat (ad Archim. III p. 84; cfr. ad Apollon. II p. 354, 7 [τὸ δ' βιβλίον] οὐδὲ σχολίων δεῖται; Pappus ad librum IV lemmata nulla praebet).

interpolatio- sed multa alia menda sunt, quae ad Apollonium referri uix
nes aliae   possunt. de IV, 57 p. 94, 12 sq. taceo, quia hunc errorem (cfr. II p. 95 not. 4) fortasse Apollonius ipse committere potuit; sed u. interpolationes apertiores, quas ex ipso demonstrationis tenore uel ex orationis forma notaui, I p. 18, 27; 126, 15; 156, 16 (cfr. p. 157 not.); 162, 27 sq. (cfr. p. 163 not.); 280, 11 (glossema ad lin. 12); 300, 21; 346, 1; 384, 23; 414, 27;*) 416, 10;*) 442, 11; 446, 16; II p. 6, 14;**) 30, 11 (cfr. p. 31 not. 1); 60, 5 (u. not. crit.); 88, 19 (cfr. p. 89 not.), et aliquanto incertiores I p. 92, 12; 162, 1 (cfr. p. 163 not.); 168, 24; II p. 80, 4; 90, 4. errores grauiores, qui neque Apollonio neque librariis imputari possunt, sed manum emendatricem, ut ipsi uidebatur, hominis indocti sapiunt, notati sunt II p. 18, 10 sq. (cfr. p. 19 not.); 34, 15 sq. (cfr. p. 35 not.); 62, 19 sq. (cfr. p. 63 not.); p. 64 (cfr. p. 65 not.) et rursus eodem modo (id quod uoluntatem ostendit interpolandi) p. 74 (cfr. p. 75 not.).

---

*) Uerba διπλασία γὰρ ἑκατέρα ideo subditiua existimanda sunt, quod haec propositio (Eucl. V, 15) antea saepe, uelut I p. 382, 17, tacite usurpata est; priore loco praeterea propter ordinem litterarum dicendum erat ἡμίσεια γὰρ ἑκατέρα.

**) Interpolator similitudinem propositionis IV, 9 p. 16, 16 iniuria secutus est.

praeter hos locos, quos iam in editione ipsa indicaui, nunc hos addo, in quibus interpolationes deprehendisse mihi uideor: I, 32 p. 96, 23 ἢ κύκλον περιφέρεια delenda; nam de circulo haec propositio iam ab Euclide demonstrata est, et si Apollonius eum quoque respicere uoluisset, p. 94, 21 dixisset κώνου τομῆς ἢ κύκλου περιφερείας, sicut fecit II, 7, 28, 29, 30; III, 1, 2, 3, 16, 17, 37, 54; IV, 1, 9, 24, 25, 35, 36, 37, 38, 39, 40; nam inter coni sectiones circulumque semper distinguit, ut etiam ex I, 49—50 intellegitur, ubi in protasi κώνου τομή habet et deinde in demonstratione parabolam, hyperbolam, ellipsim enumerat, circuli mentionem non facit; cfr. I, 51 κώνου τομή de parabola hyperbolaque, tum in I, 53 post propositionem auxiliariam I, 52 de ellipsi, ita ut protasis I, 51 quodam modo propositionum 51 et 53 communis sit.

II, 38 demonstratio indirecta nimis neglegenter exposita est; deest conclusio: et idem de omni alia recta demonstrari potest praeter EX; ergo EX diametrus est.

III, 18 p. 354, 19 ἐπεί — 21 ἡ ΔΖ subditiua existimo, quia lin. 19 dicitur ὑπερβολή, cum tamen apertissime usurpetur I, 48 de oppositis.

IV, 52 non intellego, cur de ΑΔ in Κ in duas partes aequales diuisa mentio fiat p. 84, 3; nam quod sequitur, non inde concluditur, sed ex natura diametri secundae. itaque deleo p. 84, 3 τεμεῖ — 4 καί.

difficilis est quaestio de figuris diuersis. saepissime enim adcidit, ut constructiones auxiliariae ab Apollonio propositae litterarumque ordo ab eo indicatus cum una sola figurarum consentiat, ad ceteras uero adcommodari non possit nisi nonnullis uel uerbis uel litteris figurae mutatis, uelut in I, 2 p. 10, 28 καὶ ἐκβεβλήσθωσαν, p. 12, 4 ἐκβεβλήσθω, p. 12, 15 ἐκβεβλήσθω cum figura tertia, in I, 4 p. 16, 3 ἐκβεβλήσθω cum secunda, in I, 6 p. 22, 1 ἐκβεβλήσθω cum tertia non consentit; I, 34 p. 102, 15 ΕΓΖ in circulo ΕΖΓ esse debuit*), ἐκβεβλήσθωσαν *figurarum discrepantia*

---

*) Omnino ueri simile est, ordinem mirum litterarum, quem saepe corrigendum putaui, quia cum figura codicis non consentiret, eo explicari posse, quod Apollonius aliam dederat. dubitari etiam potest, an Apollonius ipse non semper ordinem naturalem obseruauerit; nam plurimis locis, ubi recta a puncto aliquo uel per punctum ducta esse dicitur, in denominanda recta littera illa, quae punctum significat, primo loco ponitur

p. 102, 18 in ellipsi circuloque uerum non est; I, 45 de-
monstratio ad hyperbolam solam adcommodata est (διάμετρος
ἡ ΑΘ p. 136, 25; ΓΜΔ p. 136, 26); ἐκβεβλήσθω p. 136 28
soli figurae quartae aptum est; etiam in I, 50 hyperbolam
solam respexit (p. 150, 13 κείσθω τῇ ΕΓ ἴση ἡ ΓΚ, 22 ἐκ-
βεβλήσθω, 25 ΔΡΝ, 27 ΓΣΟ); II, 47 p. 270, 18 καὶ .διήχθω
ἡ ΚΔ ἐπὶ τὸ Β de hyperbola dici non potest, ΚΒΔ uero neque
cum his uerbis neque cum ellipsi conciliari potest; quare for-
tasse ΚΔΒ scribendum; III, 3 ordo litterarum in ΖΘΚΔ,
ΝΖΙΜ, ΗΞΟ, ΘΠΡ p. 322, 19—20 et ὅλον p. 324, 7 cum
ellipsi circuloque non consentit; in III, 27 ΝΖΗΘ, ΚΖΔΜ
p. 378, 2 in circulo debuit esse ΖΝΗΘ, ΖΚΔΜ; III, 11 ΕΘΗ
p. 336, 2, ΒΖΔ p. 336, 4 cum figura secunda conciliari non
potest; in III, 45 ΓΕΔ p. 424, 16, in III, 47 ἐκβαλλόμεναι
p. 428, 1, in III, 48 κατὰ κορυφὴν γάρ p. 430, 15 de sola ellipsi
circuloque dici possunt.

    iam quaeritur, unde proueniant hae discrepantiae. constat,
Apollonium animo uarios casus omnes comprehendisse, et in-
terdum etiam in demonstratione eos significauit, uelut (ne
dicam de locis, qualis est I, 22, ubi re uera duas demonstra-
tiones habemus communi expositione coniunctas, et ideo sine
dubio etiam duas figuras; cfr. IV, 50, ubi in communi ex-
positione propter figuram p. 80 additum est ἐκβεβλήσθω
p. 78, 28, quo in priore figura p. 81 opus non est) III, 2
p. 322, 7 προσκείσθω ἢ ἀφῃρήσθω duos casus indicant, sed
ΑΕΓ, ΒΕΔ p. 322, 1, ΗΜΖ p. 322, 3 in ellipsi circuloque
ΓΑΕ, ΔΒΕ, ΗΖΜ, p. 322, 3 ΗΚΔ in circulo ΚΗΔ esse debuit;
etiam illud διαφέρει III, 11 (cfr. p. 337 not.) figuras diuersas

---

etiam ordine naturali uiolato (I p. 32, 2; 218, 2; 224, 12; 308, 6;
336, 25; 338, 19; 348, 17; 354, 15; 368, 26; 398, 2; 400, 13, 17;
410, 23; 414, 13; 420, 17; 442, 3, 4; 448, 16; II p. 58, 14). sed
obstant loci, quales sunt I p. 32, 1; 444, 20. et omnino ordo
litterarum tam saepe necessario corrigendus est (I p. 40, 25;
56, 3, 16; 74, 16; 84, 21; 86, 5; 88, 11; 110, 8; 116, 19; 118, 3;
122, 1; 194, 11; 212, 10; 296, 24; 298, 23; 300, 21; 304, 20;
306, 17; 310, 9, 13; 316, 7; 338, 24; 352, 5; 358, 24; 360, 2, 7;
366, 22; 370, 17, 25; 372, 10; 382, 14, 29; 384, 2; 394, 11, 14;
396, 12; 424, 20; 426, 4; 428, 10; 430, 24; 434, 3; 448, 23;
II p. 52, 18), ut satius duxerim etiam illis locis ordinem in-
solitum litterarum librario imputare quam ipsi Apollonio. cfr.
I p. 134, 23, ubi Eutocius uerum ordinem seruauit.

significare uidetur (etsi III, 14 p. 342, 8 sine significatione
diuersitatis usurpatur), sicut in III, 12 p. 338, 3 λιπὸν ἢ προσ-
λαβόν; sed in III, 11 ΕΘΗ p. 336, 2, ΒΖΛ p. 336, 4 et in
III, 12 ΛΒΜΝ, ΚΞΟΤΠ p. 336, 25, ΒΞΡ, ΛΚΣ p. 336, 26
cum priore figura sola consentiunt.

uerum tamen difficile est credere, Apollonium figuras de-
disse, quae a constructionibus litterarumque ordine indicato
discreparent (quamquam interdum in figuris describendis parum
diligens est, uelut in III, 11, ubi in expositione de puncto Κ
siletur). adcedit, quod in figuris codicibus non multum cre-
dendum esse demonstrari potest. primum enim ex uerbis τις
τῶν προειρημένων τομῶν III, 42 p. 416, 27, μία τῶν εἰρημένων
τομῶν III, 45 p. 424, 15, III, 53 p. 438, 9 pro certo adparet,
in his propositionibus unam tantum figuram ab Apollonio ad-
scriptam fuisse (quamquam in III, 42 propter p. 418, 10 sq.
causa fuit, cur hic saltim duas daret), cum tamen nunc in
nostris codicibus plures adsint. deinde ex Eutocio p. 318, 18 sq.
discimus, in III, 4 sqq. codices eius in singulis propositionibus
unam figuram habuisse, sed inter se diuersas, cum alii rectas
contingentes in eadem sectione haberent, alii in singulis unam;
cfr. de III, 31 Eutocius II p. 342, 11 sq. itaque si Eutocius II
p. 320, 7, 14 in III, 5 utramque figuram habuit, ipse in editione
sua eas coniunxit. Apollonium ipsum utrumque casum mente
concepisse, ex usu adparet, qui in III, 23 fit propositionis 15
(u. I p. 367 not.), in IV, 15 propositionis III, 37 (u. II p. 27
not.), in IV, 44, 48, 53 propositionis III, 39. omnino Eutocius
in figuris describendis satis libere egit; u. II p 322, 1.*) et
illarum discrepantiarum nonnullae per eius rationem edendi
ortae esse possunt, uelut in I, 38, ubi p. 116, 23 in ellipsi
permutandae sunt ΘΓ et ΘΔ; nam in quibusdam codicibus
haec propositio de sola hyperbola demonstrata erat, u. Eutocius
II p. 250, 16. uerum alias iam is in suis codicibus inuenit,
uelut in III, 1 p. 320, 8 κοινὸν ἀφῃρήσθω τὸ ΔΗΓΕ cum
figura priore p. 320 conciliari non potest, quam habuit Eutocius
II p. 316, 9. aliae autem post eum ortae sunt, uelut in eadem
prop. III, 1 figuram alteram p. 310 nondum habuit (u. II p. 316, 9

---

*) Ubi lin. 6—7 interpretandum erat: ut seruetur, quod in
protasi dicitur „iisdem suppositis". nam τῶν αὐτῶν ὑποκειμέ-
νων p. 322, 7 ex uerbis Apollonii citatur; u. III, 6, 7, 8,
9, 10, 11, 12.

Apollonius, ed. Heiberg. II.   e

et p. 317 not.); ne in I, 18 quidem figuram alteram p. 71, in qua litterae *A*, *B* et *Γ*, *Δ* permutandae erant, ut cum uerbis Apollonii consentirent, habuit Eutocius II p. 230, 19. concludendum igitur, Apollonium ipsum in figuris uarios casus non respexisse (sicubi in uerbis demonstrationis eos respexit, id cum Eutocio II p. 320, 24 explicandum), sed in singulis demonstrationibus (quae cum numero propositionum non concordant) unam dedisse, ceteras autem paullatim interpolatas esse, nonnullas post Eutocium.

Interpolationes post Eutocium   Etiam interpolationes supra notatae sine dubio maximam partem post Eutocium ortae sunt; pleraeque enim futtiliores sunt quam pro eius scientia mathematices. et editionem eius non prorsus integram ad nos peruenisse, ostendunt scripturae a nostris codicibus discrepantes, quae in lemmatis eius seruatae sunt; nam quamquam neque omnes per se meliores sunt et saepe etiam in nostris codicibus fortuitus librarii error esse potest, praesertim cum cod. W Eutocii duobus minimum saeculis antiquior sit codicibus Apollonii, tamen nonnullae manifesto interpolatorem produnt. sunt igitur hae:

I p. 4, 5 $\pi\varepsilon\varrho\ell$] $\pi\alpha\varrho\acute{\alpha}$ Eutocius II p. 178, 1 (fort. scrib. $\pi\varepsilon\varrho\ell$),

I p. 18, 4 $\tau\varepsilon\tau\mu\acute{\eta}\sigma\vartheta\omega$] $\tau\varepsilon\tau\mu\acute{\eta}\sigma\vartheta\omega$ $\acute{o}$ $\varkappa\tilde{\omega}\nu o\varsigma$ Eutoc. p. 204, 20,

I p. 18, 5 $\tau\grave{o}\nu$ $B\Gamma$ $\varkappa\acute{\nu}\varkappa\lambda o\nu$] $\tau\grave{\eta}\nu$ $\beta\acute{\alpha}\sigma\iota\nu$ Eutoc. p. 204, 21 (sed hoc loco fortasse non ad uerbum citare uoluit),

I p. 18, 6 $\delta\acute{\eta}$] $\delta\acute{\varepsilon}$ Eutoc. p. 206, 7,

I p. 18, 7 $\check{o}\nu\tau\iota$] $\mu\acute{\varepsilon}\nu$ Eutoc. p. 206, 8, $AB\Gamma$] $\delta\iota\grave{\alpha}$ $\tau o\tilde{\nu}$ $\check{\alpha}\xi o$-$\nu o\varsigma$ ibid.,

I p. 18, 8 $\tau\varrho\acute{\iota}\gamma\omega\nu o\nu$ $\pi\varrho\grave{o}\varsigma$ $\tau\tilde{\omega}$ A $\sigma\eta\mu\varepsilon\acute{\iota}\omega$ $\tau\grave{o}$ AKH] $\pi\varrho\grave{o}\varsigma$ $\tau\tilde{\eta}$ $\varkappa o\varrho\nu\varphi\tilde{\eta}$ $\tau\varrho\acute{\iota}\gamma\omega\nu o\nu$ Eutoc. p. 206, 9 (ne hic quidem locus ad uerbum citatus esse uidetur),

I p. 38, 25 $Z\Theta$] ΘZ Eutoc. p. 216, 15,

I p. 40, 8 $\tau\tilde{\omega}\nu$] om. Eutoc. p. 218, 1; p. 40, 9 $\tau\varepsilon$] om. p. 218, 2,

I p. 66, 10 $\dot{\varepsilon}\sigma\tau\grave{\iota}$ $\varkappa\alpha\ell$] om. Eutoc. p. 224, 2, $\dot{\eta}$ AK] $\dot{\varepsilon}\sigma\tau\grave{\iota}\nu$ $\dot{\eta}$ KA Eutoc. p. 224, 3,

I p. 66, 11 ΛB] $B\Lambda$ Eutoc. p. 224, 3,

I p. 94, 13 $\check{\alpha}\varrho\alpha$] om. Eutoc. p. 244, 23,

I p. 102, 24 $\tau\grave{o}$ $\check{\alpha}\varrho\alpha$ $\acute{\upsilon}\pi\grave{o}$ $A N\Xi$ $\mu\varepsilon\tilde{\iota}\zeta\acute{o}\nu$ $\dot{\varepsilon}\sigma\tau\iota$] $\mu\varepsilon\tilde{\iota}\zeta o\nu$ $\check{\alpha}\varrho\alpha$ $\tau\grave{o}$ $\acute{\upsilon}\pi\grave{o}$ $A N\Xi$ Eutoc. p. 248, 6,*)

I p. 104, 3 KB] BK Eutoc. p. 248, 23; $o\check{\upsilon}\tau\omega\varsigma$] om. p. 248, 24,

---

*) NO II p. 248, 7 error typothetae est pro $N\Xi$.

I p. 104, 4 *ΔE*] *EΔ* Eutoc. p. 248, 24,

I p. 134, 23 *EΔ*] *ΔE* Eutoc. p. 264, 6,

I p. 134, 24 τῇ *ZH* παράλληλός ἐστιν ἡ *ΔE*] παράλληλός ἐστιν ἡ *ZH* τῇ *EΔ* Eutoc. p. 264, 7,

I p. 148, 4 *ΑΓ*] *ΔΑΠΓ* Eutoc. p. 270, 19, ἐστιν ἴση] ἴση ἐστίν Eutoc. p. 270, 20,

I p. 148, 5 *ΚΛΝ*] *ΚΛΝ* γωνία Eutoc. p. 270, 21,

I p. 166, 26 κύκλος γεγράφθω] γεγράφθω κύκλος Eutoc. p. 274, 13,

I p. 168, 1 *ΑΖΒ*] *ΑΖΒ* τμήματι Eutoc. p. 274, 16,

I p. 172, 12 *ΑΓ*] *ΓΑ* Eutoc. p. 278, 9, *ΑΒ*] τὴν διπλασίαν τῆς *ΑΔ* Eutoc. p. 278, 10,

I p. 182, 20 *ΑΖΕ*] *ΑΕΖ* Eutoc. p. 280, 14 (male), ἐν αὐτῷ] om. Eutoc. p. 280, 14, ἡ] ἐν αὐτῷ ἡ Eutoc. p. 280, 14,

I p. 182, 21 *ΖΗ*] *ΖΗ* λόγον Eutoc. p. 280, 15,

I p. 182, 22 λόγον] om. Eutoc. p. 280, 16, αὐτὸν τῷ] om. Eutoc. p. 280, 16, *ΑΒ*] διπλασίαν τῆς *ΑΕ* Eutoc. p. 280, 16,

I p. 340, 1 καὶ ὡς ἄρα] ἐπεί ἐστιν ὡς Eutoc. p. 324, 7,

I p. 340, 2 *ΖΘ*] *ΘΖ* Eutoc. p. 324, 7, *ΒΘ*] *ΘΒ* p. 324, 7, *ΗΘ*] *ΘΗ* Eutoc. p. 324, 8, ὑπὸ *ΒΘΖ*, *ΗΘΖ*] πρὸς τῷ *Θ* γωνίαι Eutoc. p. 324, 8,

I p. 340, 3 ἄρα] om. Eutoc. p. 324, 9,

I p. 384, 25 τῶν] om. Eutoc. p. 340, 13,

I p. 442, 13 *ΜΑ*] *ΑΜ* Eutoc. p. 350, 18,

I p. 442, 29 *ΝΓ*, *ΑΜ*] *ΑΜ*, *ΝΓ* Eutoc. p. 352, 6.

harum scripturarum Eutocii apertas interpolationes nostrorum codicum arguunt eae, quas ad I p. 40, 8; 104, 3; 172, 12; 182, 22; 340, 2; 384, 25 notaui. ceterum per se intellegitur, etiam in W errores librariorum esse posse; memorabile est, etiam lemmata e demonstratione ab ipso Eutocio adlata discrepantias exhibere (Eutoc. p. 238, 18 ὡς] δὴ ὡς idem p. 240, 24; Eutoc. p. 238, 19 οὕτως] om. idem p. 240, 25; Eutoc. p. 238, 21 οὖν] om. idem p. 242, 2; καὶ θέσει οὔσης τῆς *ΑΔ*] om. p. 242, 2; Eutoc. p. 238, 23 *ΓΚΗ*] *ΓΗΚ* idem p. 242, 3).

In numeris propositionum nulla prorsus fides codicibus nostris habenda est; nam in diuisione propositionum magnopere uariant (cfr. de codice p supra ad I p. 276, 22; 286, 25; 298, 27; 308, 19 alibi), et in V a manu prima nulli fere numeri adscripti sunt. itaque mirum non est, quasdam propositiones aliis numeris, quam quibus nunc signatae sunt, et ab Eutocio ipso in commentariis ad Archimedem (u. Neue Jahrbücher

numeri propositionum

e*

f. Philol., Supplem. XI p. 362) et a scholiasta Florentino Archi-
medis (III p. 374, 12; 375, 8) citari. diuisionem editionis suae
Eutocius ipse in primo libro testatur II p. 284, 1 sq.; sed non
crediderim, Apollonium ipsum disiunxisse I, 52—53, 54—55,
56—58.*) in libro secundo diuisio usque ad prop. 28 propter
II p. 306, 5 constat; de propp. 29—48 locus dubitandi non
est, ita ut ν΄ pro μη΄ II p. 310, 1 librario debeatur; sed ueri
simile est, propp. 49—50 apud Eutocium in ternas minimum,
prop. 51 in duas diuisas fuisse. in libro tertio numeri propter
titulos adnotationum Eutocii in dubium uocari non possunt;
nam λ΄ pro κϑ΄ II p. 340, 11 librarii est, quoniam numeri
propp. 31, 33, 34, 35, 36, 44, 54 concordant. ne in quarto
quidem libro est, cur dubitemus; nam numerus propositionis
51 propter II p. 358, 23 constat; de ceteris u. II p. 45 not.

saec. IX   constat igitur, editionem Eutocii interpolationem subiisse,
nec dubito, quin hoc tum factum sit, cum initio saeculi noni
studia mathematica Constantinopoli auctore Leone reuiuiscerent
(u. Bibliotheca mathematica I p. 33 sq.); nam eo fere tempore
orti esse uidentur codices illi litteris uncialibus scripti, ex
quibus V et W descripti sunt.   eidem tempori figuras illas
saec. X—XI auxiliarias tribuerim, de quibus egi I p. VII sq. satis notum
est, haec studia deinde per saecula decimum et undecimum
uiguisse, sicut plurimi ac praestantissimi codices mathemati-
corum testantur, qui ex illis saeculis supersunt; quorum unus
est codex Uaticanus W, in quo commentaria Eutocii sine dubio
e margine codicis litteris uncialibus scripti transsumpta sunt,
sicut in eodem codice scholia Elementorum Euclidis, quae in
aliis codicibus in margine leguntur, specie operis continui com-
posita sunt (u. Euclidis opp. V p. 12; Videnskabernes Sel-
skabs Skrifter, 6. Raekke, hist.-philos. Afd. II p. 298).

saec. XII   haec studia per saeculum duodecimum euanuisse uidentur,
quamquam ea non prorsus abiecta esse testis est codex V, si
recte eum huic saeculo adtribui; u. quae de suis studiis narrat
Theodorus Metochita apud Sathas μεσαιων. βιβλιοϑ. I p. πζ΄ sq.
(de Apollonio ibid. p. πη΄: τὴν δὲ περὶ τὰ στερεὰ τῆς ἐπι-

---

*) Tamen Pappus quoque multas diuisiones habuit. nam
si meos numeros in libb. I—IV, Halleianos in V—VIII com-
putauerimus, efficitur numerus 420, cum Pappus p. 682, 21
habeat 487.

στήμης πολυπραγμοσύνην καὶ μάλιστα τὴν τῶν περὶ τὰ κωνικὰ
θαυμάτων τῆς μαθηματικῆς ἄρρητον παντάπασι καὶ ἀνεννόητον,
πρὶν ἢ ἐντυχεῖν ὁντιναοῦν καὶ προσσχεῖν εὖ μάλα εὕρεσιν καὶ
ὑποτύπωσιν Ἀπολλωνίου τοῦ ἐκ Πέργης ἀνδρὸς ὡς ἀληθῶς θαυ-
μαστοῦ*) τῶν ἐξαρχῆς ἀνθρώπων, ὅσα ἐμὲ εἰδέναι, περὶ τὴν
γεωμετρικὴν ἐπιστήμην, αὐτοῦ τε τὴν**) περὶ τὰ κυλινδρικὰ
καὶ Σερήνου κατ᾽ αὐτὸν ἀνδρὸς ἢ ὅτι ἔγγιστα). sed extremo saec. XIII
saeculo tertio decimo et quarto decimo ineunte auctore Manuele —XIV
Bryennio (Sathas I p. ϙ') Theodorus Metochita studiis mathe-
maticis se dedidit (de Apollonio l. c. p. ϙε': ἃ δὲ δή τ᾽ εἴρη-
ταί μοι πρότερον Ἀπολλωνίου τοῦ Περγαίου κωνικὰ θαυμαστῆς
ὄντως γεωμετρικῆς ἕξεως καὶ κράτους ἐν ταύτῃ τοῦ ἀνδρὸς
δείγματα καὶ Σερήνου κυλινδρικὰ μάλιστ᾽ ἐπονήθη μοι δυσδι-
εξίτητα ταῖς καταγραφαῖς ἐντυχεῖν καὶ κομιδῇ πως ἐργώδη
συσχεῖν παντάπασιν, ὅσα γ᾽ ἐμὲ εἰδέναι, διὰ τὴν ἐπίπεδον ἐπί-
σκεψιν, καὶ ἔστιν ὁτῳοῦν χρῆσθαι καὶ πειρᾶσθαι, εἰ ἀληθὴς ὁ
λόγος). nec dubium est, quin studio mathematicos Theodori***)
opera reuiuiscenti debeamus codices satis frequentes saeculorum
XIII—XIV (codd. cvp). quorum recentissimus cod. Paris. p,
cuius interpolationes peritiae haud mediocris testes sunt, in
monte Atho scriptus est; est enim, sicut me monuit Henricus
Omont, codicis notissimi Aristotelis Coislin. 161 prorsus ge-
mellus, qui „olim Laurae S. Athanasii in monte Atho et τῶν
κατηχουμένων“ fuit (Montfaucon Bibliotheca Coisliniana p. 220);
charta, atramentum, ductus librarii eadem sunt, et in utroque
codice commentaria, quae alibi ut propria opera traduntur,
eadem prorsus ratione in margine adscripta sunt. eiusdem et
generis et temporis sunt codd. Coislinn. 166 et 169 (Aristotelis
cum commentariis Philoponi, Simplicii aliorumque), aliquanto
recentiores codd. Mosquenses 6 et 7 (Aristotelis cum commen-
tariis Simplicii et aliorum), uterque olim monasterii Batopedii
in monte Atho; hoc genus codicum institutioni scholasticae
inseruisse demonstraui Sitzungsberichte der Akademie der
Wissenschaften zu Berlin 1892 p. 73; cfr. cod. Mosq. 6 fol. 278ʳ
manu recentiore: ἀνέγνω τοῦτο ὁ μέγας ῥήτωρ ὅλον τὸ βιβλίον

---

*) Scribendum θαυμαστοτάτου.
**) Fort. τε καὶ τήν deleto καί ante Σερῆνον.
***) Ex uerbis eius supra adlatis adparet, Serenum etiam
in eius codicibus cum Apollonio coniunctum fuisse.

$\overline{\rho}^{ov}\ \overline{N}\ \widetilde{\overline{\varsigma}}\ \overline{\beta}^{8}$ ἔτους ,ξζ⁸ (h. e. 1499).*) cum interpolationibus codicis
p apte conferri potest, quod in codicibus Coislinianis 172 et
173 saeculi XIV, olim Laurae S. Athanasii in monte Atho, de
Nicephoro Gregora dicitur (Montfaucon Bibl. Coisl. p. 227 sq.):
καὶ τὸ παρὸν βιβλίον διωρθώσατο καὶ ἀνεπλήρωσε καὶ ἡρμή-
νευσεν ὁ φιλόσοφος Νικηφόρος Γρηγορᾶς· ὁ γὰρ μακρὸς χρόνος
φαύλων γραφέων χερσὶν εἰς διαδοχὴν τῆς βίβλου χρησάμενος
τὰ μὲν ἐκ τοῦ ἀσφαλοῦς εἰς σφαλερὸν μετήνεγκε, τὰ δ' ἀμαθῶς
διακόψας ἐκ μέσου πεποίηκεν, ὡς ἐργῶδες ἐντεῦθεν εἶναι τοῖς
μετιοῦσι συνάπτειν τὸν νοῦν κτλ. Nicephorus Gregoras disci-
pulus erat Theodori Metochitae (Niceph. Greg. hist. Byz. VIII, 7);
fortasse igitur diorthosis codicis p aut eius est aut saltim eo
auctore facta.

Arabes   Post saeculum XIV studia mathematica Byzantinorum intra
prima huius scientiae elementa steterunt; de Apollonio non
fit mentio. sed iam saeculo X Conica eius Arabibus innotu-
erant, de quorum studiis Apollonianis e disputatione Ludouici
Nixii (Das fünfte Buch der Conica des Apollonius von Perga.
Lipsiae 1889) hic pauca repetenda esse duxi; sumpta sunt e
praefatione filiorum Musae, quo fonte usi sunt et Fihrist (Ab-
handlungen zur Geschichte der Mathematik VI p. 18) et Hadji
Chalfa (V p. 147 sq.). Ahmed igitur et Hasan filii Musae sae-
culo X interpretationem Arabicam Conicorum instituere conati
corruptione codicum Graecorum ab incepto deterriti sunt, donec
Ahmed in Syria codicem editionis Eutocii**) librorum I—IV
nactus est, quem emendauit et ab Hilal ibn abi Hilal Emesseno
interpretandum curauit; etiam libros V—VII, quos ope illius
codicis intellegere ei contigit, eius iussu Thabit ibn Korrah ex
alio codice***) Arabicos fecit. quod Fihrist de seruatis quattuor
propositionibus libri octaui narrat, incertissimum est; neque
enim in praefatione illa commemoratur (u. Nixius p. 5), nec
omnino apud Arabes ullum eius rei uestigium exstat. huius
interpretationis autoribus filiis Musae factae eorumque prae-

---

*) Casu igitur adcidit, ut in p idem ordo commentario-
rum Eutocii restitueretur, qui ab initio fuit (u. supra p. LVII).
  **) Quae Fihrist l. c. de discrepantia codicum Conicorum
habet, apertissime ex Eutocio II p. 176, 17 sq. petita sunt.
  ***) Quae in praefatione dicuntur, libros I—IV ex editione
Eutocii, ceteros ex recensione Apollonii translatos esse (Nix p. 4),
confirmant, Eutocium solos libros quattuor edidisse.

fatione ornatae complures exstant codices, quorum optimus est
cod. Bodleianus 943 anno 1301 e codice Nasireddini Tusi
anno 1248 finito descriptus. inde descriptus est et cod. Bodl.
885 (a. 1626) et cod. Lugd. Bat. 14 (ab eodem librario eodem
anno scriptus; u. Nixius p. 4); continent libros V—VII solos.
praeterea cod. Bodl. 939 propositiones solas horum librorum
continet.

interpretationem, quam commemorauimus, in compendium
redegit medio, ut uidetur, saeculo XII Abul-Hosein Abdelmelik
ibn Mohammed el-Schirazi, quod in cod. Bodleiano 913 exstat;
eius apographum est cod. Lugd. Batau. 513; idem opus etiam
codd. Bodl. 987 et 988 habent, alter textum, alter notas mar-
ginales librorum V—VII (Nix p. 6). editum est a Christiano
Rauio (Kiliae 1669). librorum V—VII compendium uel recensio
anno 983 ab Abulfath ibn Mohammed Ispahanensi confecta in
codd. Laurent. 270 et 275 exstat et anno 1661 Florentiae ab
Abrahamo Echellensi et Ioanne Alphonso Borelli edita est.

Persicam recensionem continet cod. Laurent. 296, alia
Persica ad Apollonium pertinentia codd. Laur. 288 et 308. de
duobus aliis codicibus u. Nixius p. 8 et de ceteris operibus
Arabicis Apollonium tractantibus Wenrich De auctor. Graec.
versionib. et comment. Syriacis Arabicis etc. p. 202 sq., p. 302.

de discrepantiis codicum Arabicorum in definitionibus libri
primi et I, 11—12 haec mecum beneuolenter communicauit
Nixius (A significat compendium Abdelmelikii, M interpreta-
tionem auctoribus filiis Musae confectam; in propp. 11—12
illud tantum collatum est):

I p. 6, 5 post σημείου add. „ita ut locum suum non re-
linquat" M,

I p. 6, 7 ὅϑεν ἤρξατο φέρεσϑαι] om. A, 7 τὴν γραφεῖσαν
— 9 κειμένων] utramque superficiem, quam recta cum puncto
transitionis circumducta describit, et quarum utraque alteri
opposita est AM,

I p. 6, 12 αὐτῆς] utriusque superficiei conicae AM, post δέ
add. „superficiei conicae" AM,

I p. 6, 13 τοῦ κύκλου περιφερείας] om. A,

I p. 6, 18 post δέ et post κορυφῆς add. „coni" AM,

I p. 6, 19 post δέ add. „coni" AM,

I p. 6, 21 τοὺς μή — 22 ἄξονας] si hoc non ita est A,

I p. 6, 24 ἀπό] a puncto aliquo AM,

I p. 6, 25 post γραμμῆς add. „in plano eius" M,

I p. 6, 26 post εὐθείας add. „quarum termini ad lineam curuam perueniunt" AM,

I p. 6, 29 ἑκάστην τῶν παραλλήλων] parallelas quas descripsimus AM,

I p. 8, 2 ἥτις — 3 γραμμάς] partem inter duas lineas curuas positam rectae quae AM,

I p. 8, 7 γραμμῶν] curuas lineas AM; deinde add. „et in diametro transuersa erecta" AM,

I p. 8, 8 εὐθείᾳ τινί] diametro transuersae AM, ἀπολαμβανομένας — 9 γραμμῶν] quae inter lineas curuas ita ducuntur, ut termini earum ad eas perueniant AM,

I p. 8, 10 διάμετρον] diametrum rectam AM, ἑκάστην τῶν παραλλήλων] has parallelas AM,

I p. 8, 12 εὐθείας] duas rectas AM,

I p. 8, 16 post παραλλήλους add. „quae eius ordinatae sunt" M,

I p. 8, 19 εὐθείας — 20 συζυγεῖς] diametros, si coniugatae sunt et AM,

I p. 36, 27—38, 14 om. A,

I p. 38, 15 σημεῖον om. A, 16 κύκλος] om. A, διά] quod transit per A, 17 καὶ ποιείτω τομήν] om. A, 19 εὐθεῖαν] om. A, καὶ ποιείτω] om. A, 20 ἐν τῇ ἐπιφανείᾳ τοῦ κώνου] om. A, 21 μιᾷ — 22 τριγώνου] om. A, 26 διὰ τοῦ K] om. A,*) 27 λέγω ὅτι] om. A, 28 Λ] punctum Λ A, 29 ἔστι] ducta est A,

I p. 40, 1 τῷ — 2 τουτέστι] om. A, 2 τό — 3 ἐπίπεδον] itaque A, 5 ἐπεί — ΒΓ] om. A, 8 τὸ δέ — 15 ΜΖ] breuius A, 15 λοιπή] om A, 17 ὁ δέ — 18 ὁ] quae ratio aequalis est rationi A, 21 τῆς — λαμβανομένης] om. A, 22 ὡς ἄρα — 24 ΛΖΛ] om. A, 24 post ΜΛΝ add. „hoc est ΚΛ²" A, 25 τὸ δέ — 26 ΘΖΛ] om. A,

I p. 42, 5—26 om. A, 27 σημεῖον] om. A, 28 διά] quod transit per A,

I p. 44, 1 καὶ ποιείτω τομήν] om. A, 2 τοῦ κώνου] om. A, 3 εὐθεῖαν] om. A, 4 καί — 5 γραμμήν] scilicet sectione ΔΖΕ A, 6 μιᾷ — 7 ΑΓ] lateri ΑΓ A, 7 ἐκτός — κορυφῆς] om. A, 8 τῇ — τομῆς] om. A, 9 καί — ΒΓ] om. A, 12 εἰλήφθω — 13 τοῦ Μ] a puncto sectionis scilicet Μ A, 17 λέγω ὅτι] om. A,

---

*) Quod post ΚΛ addidit Halley: μέχρι τῆς διαμέτρου τῆς τομῆς, omisit A cum V.

18 πλάτος — ZN] om. A,*) 20 ἤχθω — 25 PNΣ] si per
punctum N planum PNΣM basi coni parallelum ducitur, cir-
culus est, cuius diametrus PΣ A,
p. 44, 28 ὁ δέ — p. 46, 1 λόγος] quae ratio A,
p. 46, 2 καὶ ἡ — 7 NP] breuius A, 8 post λόγος add. „h.
e. ΘN : NΞ‟ A, 9 ὁ δέ — 11 ὁ] quae ratio aequalis est A,
13 ἡ ΘΖ — 14 τουτέστιν] om. A, 14 ἀλλ' — 16 ZNΞ] om.
A,**) 19 post ΣNP add. „h. e. MN²‟ A, τὸ δέ — 22 παραλ-
ληλόγραμμον] om. A, 23 πλάτος — ZN] om. A, 27 καλείσθω
— καί] om. A.

definitiones alteras I p. 66 hoc loco om. AM, sed in M
post definitiones priores quaedam interposita sunt de origine
trium sectionum, de oppositis, de centro oppositarum et ellipsis
(„omnes rectae, quae per quoddam punctum inter duas oppo-
sitas uel intra ellipsim positum transeunt, diametri sunt, et
hoc punctum centrum uocatur‟).

hinc nihil prorsus ad uerba Apollonii emendanda peti posse,
satis adparet, nec aliter exspectandum erat, quoniam Arabes
quoque editione Eutocii utebantur.

Per Arabes etiam ad occidentales saeculo XIII aliqua
notitia Conicorum peruenit. Uitellio enim in praefatione   Uitellio
perspectiuae fol. 1ᵘ (ed. Norimb. 1535) haec habet: *librum
hunc per se stantem effecimus exceptis his, quae ex Elementis
Euclidis, et paucis, quae ex Conicis elementis Pergaei Appollonii
dependent, quae sunt solum duo, quibus in hac scientia sumus
usi, ut in processu postmodum patebit.* et paullo inferius de
libro primo: *et in hoc ea duo, quae demonstrata sunt ab Appollonio,
declaramus.* significat I, 131: *inter duas rectas se secantes ex
una parte a puncto dato hyperbolem illas lineas non contingen-
tem ducere, ex alia parte communis puncti illarum linearum
hyperbolem priori oppositam designare; ex quo patet, quod, cum
fuerint duae sectiones oppositae inter duas lineas, et producatur
linea minima ab una sectione ad aliam, erit pars illius lineae
interiacens unam sectionum et reliquam lineam aequalis suae
parti aliam sectionum et reliquam lineam interiacenti. quod*

---

*) Uerba καὶ ὁμοίως κειμένῳ ab Halleio post ὄντι lin. 19
interpolata etiam in A desunt.
**) Uerba lin. 17—18 errore in V omissa in A adsunt, sed
A cum Halleio et p pro ΣNP lin. 17 ΞNZ, pro ΞNZ lin. 18
ΣNP habere uidetur.

*hic proponitur, demonstratum est ab Appollonio in libro suo de
conicis elementis* [II, 16]; *ducuntur autem sectiones ampligoniae
siue hyperbolae oppositae, quando gibbositas unius ipsarum
sequitur gibbositatem alterius, ita ut illae gibbositates se respi-
ciant, et ambarum diametri sint in una linea recta . . . et ex
iis declarauit Appollonius illud, quod correlatiue proponitur . . .
et nos utimur hoc illo ut per Appollonium demonstrato.* hoc
deinde utitur in I, 132—133. alteram propositionem Conicorum
citat in I, 129: *inter duas rectas angulariter coniunctas a dato
puncto rectam ducere, cuius una partium interiacens unam con-
iunctarum et datum punctum sit cuicunque datae lineae et in-
super reliquae suae parti datum punctum et alteram coniunctarum
interiacenti aequalis . . . . ad hoc autem per lineas rectas uel
circulares demonstrandum longus labor et multae diuersitatis
nobis incidit, et non fuit nobis hoc possibile complere per huius
lineas absque motu et imaginatione mechanica . . . hoc tamen
Appollonius Pergaeus in libro suo de conicis elementis libro
secundo propositione quarta*) per deductionem sectionis ampli-
goniae a dato puncto inter duas lineas assumpto nulla earum
linearum secante demonstrauit, cuius nos demonstrationem ut a
multis sui libri principiis praeambulis dependentem hic supponi-
mus et ipsa utimur sicut demonstrata.* utitur in I, 130. haec
omnia a Uitellione ex opticis Alhazeni (Ibn al Haitam) V, 33
petita sunt (cfr. Alhazen V, 34: *sectio pyramidis, quam assig-
nauit Apollonius in libro pyramidum*), et originem Arabicam
ipse prodit I, 98: *sectio rectangula uel parabola et est illa, quam
Arabes dicunt mukefi . . . ampligonia uel hyperbole uel mukefi
addita . . . oxigonia uel elipsis uel mukefi diminuta.* praeterea
haec habet de Conicis: IX, 39 *si sectionem parabolam linea
recta contingat, et a puncto contactus ducatur recta perpendicula-
riter super diametrum sectionis productam ad concursum cum
contingente, erit pars diametri interiacens perpendicularem et
periferiam sectionis aequalis parti interiacenti sectionem et con-
tingentem . . . hoc autem demonstratum est ab Appollonio Pergeo
in libro de Conicis elementis* [I, 35], *et hic utemur ipso ut de-
monstrato*, IX, 40: *omne quadratum lineae perpendicularis ductae
ab aliquo puncto sectionis parabolae super diametrum sectionis
est aequale rectangulo contento sub parte diametri interiacente
illam perpendicularem et periferiam sectionis et sub latere recto*

---

*) Coll. II, 8.

ipsius sectionis . . . hoc autem similiter demonstratum est ab Appol-
lonio Pergeo in libro de Conicis elementis [I, 11], *et nos ipso*
utemur ut demonstrato. haec uero duo theoremata cum aliis
Appollonii theorematibus in principio libri non connumerauimus,
quia solum illis indigemus ad theorema subsequens explicandum 5
et nullo aliorum theorematum totius eius libri. usurpantur in
IX, 41, quae sicut etiam I, 117 et IX, 42—44 ex alio libello
Alhazeni *de speculis comburentibus* sumpta est. in interpre-
tatione Latina inedita huius opusculi, cuius multi supersunt
codices (uelut Ottobon. 1850 Guillelmi de Morbeca, amici Ui- 10
tellionis), IX, 40 ut Apollonii citatur (*sicut ostendit Apollonius*
bonus in libro de pyramidibus), IX, 39 usurpatur illa quidem,
sed in ea Apollonii mentio non fit. itaque necesse est, Uitel-
lionem ipsum Apollonium in manibus habuisse, quamquam eum
non semper citauit, ubi potuerat (u. c. I, 90, 91, 100, 103). 15

et alia quoque uestigia supersunt, unde adparet, Conica
eo tempore non prorsus ignota fuisse inter occidentales. ex-
stat enim initium interpretationis Latinae, quod infra e interpretatio
codicibus Paris. lat. 9335 fol. 85^u saec. XIV*) (A), Dresd. Latina
Db 86 fol. 277^u saec. XIV (B), Regin. lat. 1012 fol. 74 saec. XIV saec. XIII
(C) dabo; in A titulus est: *ista quae sequuntur sunt in principio* 20
libri Apollonii de pyramidibus; sunt axiomata, quae praemittit
in libro illo; in C: *ista sunt in principio libri Apollonii de*
piramidibus et sunt anxiomata, quae praemittit in libro suo;
valent etiam ad librum de speculis comburentibus; in B nulla 25
inscriptio.

Cum continuatur inter punctum aliquod et lineam con-
tinentem circulum per lineam rectam, et circulus et punctum
non sunt in superficie una, et extrahitur linea recta in ambas
partes, et figitur punctum ita, ut non moueatur, et reuoluitur 30
linea recta super periferiam circuli, donec redeat ad locum, a

---

*) De hoc codice notauit Leclerc Histoire de la médecine
Arabe II p. 491. exstat etiam in cod. Paris. lat. 8680 a fol. 64
saec. XIV (ista sunt quae sequuntur in principio libri Apol-
lonii de piramidibus). cod. C solita beneuolentia mea causa
descripsit Augustus Mau; codicis B imaginem photographicam
intercedente Hultschio u. c. per Büttner-Wobst accepi.

---

29. uon] *om. B.* 30. non moueatur] remoueatur *A.* re-
uoluatur *C.* 31. perifariam *B.*

quo incepit, tunc ego nomino unamquamque duarum super-
ficierum, quas designat linea reuoluta per transitum suum, et
unaquaeque quarum est opposita sue compari et susceptibilis
additionis infinite, cum extractio linee recte est sine fine, super-
5 ficiem piramidis. Et nomino punctum fixum caput cuiusque
duarum superficierum duarum piramidum. Et nomino lineam
rectam, quae transit per hoc punctum et per centrum circuli,
axem piramidis.

Et nomino figuram, quam continet circulus et quod est
10 inter punctum capitis et inter circulum de superficie piramidis,
piramidem. Et nomino punctum, quod est caput superficiei
piramidis, caput piramidis iterum. Et nomino lineam rectam,
quae protrahitur ex capite piramidis ad centrum circuli, axem
piramidis. Et nomino circulum basim piramidis.

15 Et nomino piramidem orthogoniam, cum eius axis erigitur
super ipsius basim secundum rectos angulos. Et nomino ipsam
decliuem, quando non est eius axis erectus orthogonaliter super
ipsius basim.

Et cum a puncto omnis linee munani, quae est in super-
20 ficie una plana, protrahitur in eius superficie linea aliqua recta
secans omnes lineas, quae protrahuntur in linea munani et
quarum extremitates ad eam, et est equidistans linee alicui
posite, in duo media et duo media, tunc ego nomino illam
lineam rectam diametrum illius linee munani. Et nomino ex-
25 tremitatem illius linee recte, quae est apud lineam munani,

---

1. tunc] $\overline{tc}$ e corr. C.   duarum] om. C.   2. reuoluta]
remota B.   3. compari sue C.   4. sine fine] supra finem B.
superficiei B.   5. pyramidum B.   capud C.   6. pira-
midarum A, pyramidum B.   8. pyramidis B.   9. quod]
que B.   10. circulus B.   pyramidis B.   11. piramidem B.
caput] om. B, capud C.   12. piramidis] om. C, pyramidum B.
capud C.   pyramidis B.   iterum] e corr. C, item B.   et]
om. B.   13. pyramidis B.   14. pyramidis B.   15. pyra-
midem B.   ortogoniam C.   cum eius] cuius C.   16. se-
cundum — 18. basim] om. B.   17. axis eius C.   ortogona-
liter erectus C.   19. linee] corr. ex lineā? B.   munani]
in miani? B.   21. lineas] eius lineas B.   munani] in
unaui B.   et quarum] equaliter B.   22. equedistans B.
alicui linee B.   23. posite] om. B, proposite C.   24. dya-
metrum B.   munani] in unaui B.   25. apud lineam] corr.
m. 2 ex capud linee C.   munani] in unaui B.

caput linee munani. Et nomino lineas equidistantes, quas narraui, lineas ordinis illi diametro.

Et similiter iterum, cum sunt due linee munani in super-ficie una, tunc ego nomino, quod cadit inter duas lineas mu-nani de linea recta, que secat omnes lineas rectas egredientes 5 in unaquaque duarum linearum munani equidistantes linee alique in duo media et duo media, diametrum mugeniben. Et nomino duas extremitates diametri mugenibi, que sunt super duas lineas munani, duo capita duarum linearum munanieni. Et nomino lineam rectam, que cadit inter duas lineas muna- 10 nieni et punctum super diametrum mugenib et secat omnes lineas rectas equidistantes diametro mugenib, cum protrahuntur inter duas lineas munanieni, donec perueniant earum extremi-tates ad duas lineas munanieni, in duo media et duo media, diametrum erectam. Et nomino has lineas equidistantes lineas 15 ordinis ad illam diametrum erectam.

Et cum sunt due linee recte, que sunt due diametri linee munani aut duarum linearum munanieni, et unaqueque secat lineas equidistantes alteri in duo media et duo media, tunc nomino eas duas diametros muzdaguageni. 20

Et nomino lineam rectam, cum est diameter linee munani aut duarum linearum munanieni et secat lineas equidistantes,

---

1. capud *C.*   munani] in unaui *B.*   equedistantes *B.*
2. narraui] nominaui *C.*   dyametro *B.*   3. iterum] τέm
B C.   sint *B.*   due] alie due *C.*   munani] in unaui *B.*
4. lineas] *om. B C.*   munani] in unaui *B.*   5. secet *B.*
rectas] *om. B.*   6. munani] in unaui *B.*   equedistantes *B.*
7. alique] aliam *C.*   diametrum] *om. B.*   Et — 9. muna-
nieni] *om. B.*   8. mugenid'i *C.*   9. munameni *in ras. C.*   10.
lineas] *om. B.*   munamen *C,* munani *B.*   11. punctum]
p̄oτ *A.*   dyametrum *B.*   12. equedistantes *B.*   dya-
metro *B.*   13. mumamen *C,* numauien? *B.*   extremitates
eorum *B.*   14. mumanien *C,* mumamen *B.*   duo] duo
linea *B, sed corr.*   et duo media] *om. B.*   15. equedistan-
tes *B.*   16. dyametrum *C.*   17. sunt *(pr.)*] sint *B.*   18.
munani] in imaui? *B.*   munaniem *C,* in unaui *B.*   19. eque-
distantes *B.*   alteri] *e corr. C.*   et duo media] *om. B.*   20.
dyametros *B C.*   muzdagᵘageni *C,* uuiiz dagnagem *B.*   21.
dyameter *B C.*   munaui *B.*   22. munnanieni *A, sed corr.;*
mumanieni *C,* mimaui? *B.*   equedistantes *B.*

que sunt linee ordinis ei, secundum angulos rectos axem linee munani aut duarum linearum munanieni.

Et nomino duas diametros, cum sunt muzdaguageni, et secat unaquaeque earum lineas equidistantes alteri secundum 5 rectos angulos, duos axes muzdaguageni linee munani aut duarum linearum munanieni.

Et de eo, in cuius premissione scitur esse adiutorium ad intelligendum, quod in isto existit libro, est, quod narro.

Cum secatur piramis cum superficie plana non transeunte 10 per punctum capitis, tunc differentia communis est superficies, quam continet linea munani, et quando secatur piramis cum duabus superficiebus planis, quarum una transit per caput eius et per centrum basis et separat eam secundum triangulum, et altera non transit per caput ipsius, immo secat eam cum super- 15 ficie, quam continet linea munani, et stat una duarum super- ficierum planarum ex altera secundum rectos angulos, tunc linea recta, quae est differentia communis duarum superficierum planarum, non euacuatur dispositionibus tribus, scilicet aut quin secet unum duorum laterum trianguli et equidistet lateri 20 alteri, aut quin secet unum duorum laterum trianguli et non equidistet lateri alii, et cum producatur ipsa et latus aliud secundum rectitudinem, concurrant in parte, in qua est caput piramidis, aut quin secet unum duorum laterum trianguli et non equidistet lateri alii, immo concurrant aut intra piramidem

---

1. ei] et *C*.   2. mumani *C*, in unaui *B*.   manianiem *C*, munaui *B*.   3. cum] *om. C*.   sunt] *om. C*, sint *B*.   mazdu- guageni *C*, uniz dagnagem *B*.   4. secet *B*.   equedistan- tes *B*.   secundum] *om. B*.   5. angulos rectos *B*.   angulos] duos angulos *C*.   duos] *add. m. 2 C*.   mazdaguageni *C*, uniz dagnagem *B*.   mumani *C*, unmani *B*.   6. mumameni *C*, in unaui *B*.   8. est] *om. B*.   9. secatur] sequatur *B*.   py- ramis *B*.   11. mumani *C*, munaui *B*.   et — 15. munani] *om. B*.   12. capud *C*.   14. non] non secat *A, sed corr.* capud *C*.   ipsius] eius *C*.   eam] *m. 2 C*.   17. recta] *om. B*.   est] *om. C*.   18. euacuantur *A*.   aut] an *B*.   19. quin] quoniam *B*.   equedistet *B*.   20. quin] quod non *B*. 21. equedistet *B*, equidestent *C*.   alii] alteri *B C*.   et *(pr.)* — 24. alii] *om. B*.   aliud] secundum aliud *C*, aliud ë *A*. 22. parte] partem *C*.   capud *C*.   24. alii] alteri *C*.   immo] nimio *B*.   concurrat *B C*.   pyramidem *B*.

aut extra eam, cum protrahuntur secundum rectitudinem, in
parte alia, in qua non est caput piramidis.

Quod si linea recta, que est differentia communis duarum
superficierum planarum, equidistat lateri trianguli, tunc super-
ficies, super quam secatur piramis, et quam continet linea 5
munani, nominatur sectio mukefi. Et si non equidistat lateri
trianguli, immo concurrit ei, quando protrahuntur secundum
rectitudinem, in parte, in qua est caput piramidis, tunc super-
ficies, super quam secatur piramis, et quam continet linea
munani, nominatur sectio addita. Et si non equidistat lateri 10
trianguli, immo occurrit ei in parte alia, in qua non est caput
piramidis, tunc superficies, super quam secatur piramis, si non
est circulus, nominatur sectio diminuta. Et quando sunt due
sectiones addite, quibus est diameter communis, et gibbositas
unius earum sequitur gibbositatem alterius, tunc ipse nomi- 15
nantur due sectiones opposite. Et inter duas sectiones op-
positas est punctum, per quod omnes linee que transeunt
sunt diametri duarum sectionum oppositarum. Et hoc punctum
nominatur centrum duarum sectionum. Et intra sectionem di-
minutam est punctum, per quod omnes linee que transeunt 20
sunt ei diametri. Et hoc punctum est centrum sectionis. Et
cum in sectione diminuta protrahuntur diametri, tunc ille ex
illis diametris, quarum extremitates perueniunt ad circumferen-
tiam sectionis et non pertranseunt eam nec ab ea abreuiantur,

---

2. partem *C.* capud *B C.* pyramidis *B.* 4. eque-
distat *B.* tunc] et tunc *B.* *mg.* sectio mukefi *C.* 5. py-
ramis *B.* 6. munaui *B.* mukefi] mukesi *B;* ắddita *C,*
mg. mukefi. *mg.* sectio addita *C.* equedistet *B.* 7. con-
currunt *B,* occuꝑrit *C.* ei] *om. B.* secundum rectitudi-
nem] *om. C.* 8. partem *C.* capud *C.* pyramidis *B.* 9.
sequatur *B.* pyramis *B.* 10 munaui *B.* addita sectio *B.*
mg. sectio diminuta *C.* equedistet *B.* 11. alia] altera *B.*
capud *C.* 12. pyramidis *B.* pyramis *B.* 14. *mg.* dia-
meter sectionis *C.* diameter] dyameter *B,* diameter gibbosi-
tas *C.* et] *om. B.* 15. gibbositatem] gybbositatem *B.* 16.
mg. sectiones opposite *C.* 18. sunt diametri] super dyame-
trum *B.* 19. *mg.* centrum sectionis *C.* duarum] duarum
linearum *B.* intra] inter *C.* 20. est] et *C.* 21. ei]
eius *C.* dyametri *B.* 22. cum] t̄n cum *B.* *mg.* dia-
meter mugenib₃ *C.* dyametri *B.* 23. dyametris *B.* 24.
ab ea] *om. C.*

nominantur diametri mugenibi sectionis diminute. Et que ex
eis est, cuius principium est ex puncto circumferentie sectionis,
et eius altera extremitas abreuiata est a circumferentia sectio-
nis aut pertransit eam, nominatur diameter absolute. Diameter
5 uero, que nominatur secunda, non est nisi in duabus sectioni-
bus oppositis et transit per centrum ambarum, et narrabo
illud in fine sextedecime figure huius tractatus. Et sectioni
quidem mukefi non est nisi unus axis; sectioni uero diminute
sunt duo axes intra ipsam; uerum addite est axis unus mu-
10 genib, et est ille, qui secat lineas ordinis secundum rectos
angulos, siue ipse sit intra sectionem siue extra ipsam, siue
pars eius intra sectionem et pars eius extra ipsam, et est ei
axis alter erectus, et ostendam illud in sequentibus. Et non
cadunt axes muzdeguege nisi in sectionibus oppositis et in
15 diminutis. tamen et nominatur linea erecta linea, super quam
possunt linee protracte ad diametrum secundum ordinem.

Hoc interpretationis fragmentum ex Arabico factum esse,
ostendunt uocabula Arabica munani, mugenib, mukefi; et cum
iis, quae Nixius de ordine codicum Arabicorum mecum com-
municauit (u. supra p. LXXI sq.), optime concordat. interpretatio,
sicut tot aliae eiusdem generis, saeculo XII uel XIII facta est,
fortasse a Gerardo Cremonensi, quoniam in codicibus cum ope-
ribus ab eo translatis coniungitur (u. Wüstenfeld Die Ueber-
setzungen arabischer Werke in das Lateinische p. 79).

Philelphus   Primus codicem Graecum Conicorum ad occidentem ad-
tulit Franciscus Philelphus. is enim e Graecia a. 1427 redux
in epistula ad Ambrosium Trauersari inter libros rariores, quos
ex itinere reportauerat, etiam Apollonium Pergaeum nominat
(epp. Ambrosii Trau. ed. Mehus XXIV, 32 p. 1010 Bononia id.

---

1. dyametri *B.*   mugelnibi *C,* mugeben *B.*   2. eis]
illis *B C.*   est] *om. B.*   ex] s̅n̅t ex *A.*   3. abbreuiata *B.*
4. dyameter *B.*   Dyameter *B.*   5. secunda] *om. B.*   est]
om. B.   in] ex *B.*   6. narrabo illud in fine] in fine illud
variabo *B.*   7. sexdecime *C,* sedecime *B.*   8. mukesi *B.*
sectionis *B.*   9. duo] *om. B.*   ipsam] ipsum *B.*   11.
sit] sint *B.*   12. eius *(pr.)*] *om. B.*   ipsam] *om. B.*   14.
muzdeguege] muzdognage *corr. in* muzdoguege *m. 2 C,* muz-
dagnagem *B.*   15. tamen] t̅m̅ *A B C.*   et] *m. 2 C,* non *B.*
linea] *m. 2 C, om. B.*   linea] *om. B.*   16. possunt linee]
posite sunt linee *C,* linee posite sunt *B.*   dyametrum *B.*

Iun. 1428). qui codex nisi periit, quod parum ueri simile est, aut V est aut v aut p, qui soli ex oriente asportati sunt.

Deinde saeculo XV cito codices Conicorum per Italiam describendo propagati sunt.

Primus fragmenta nonnulla e Graeco translata edidit Geor- G. Ualla gius Ualla De expetendis et fugiendis rebus (Uenet. 1501) XIII, 3 (de comica sectione!). ibi enim haec habet: Eutoc. II p. 168, 17—174, 17; Apollon. I deff. (his praemissis: caeterum quo sint quae dicuntur euidentiora); Eutoc. II p. 178, 18 ἔθος — 184, 20; p. 186, 1—10; Apollon. I, 1, 3, 5, 17; II, 38, 39. haec e cod. Mutin. II D 4 petiuit Ualla, qui codex olim eius fuit. uidimus supra, eum e Uatic. 203 originem ducere; et Ualla saepius scripturas huius codicis proprias ob oculos habuit, uelut II p. 178, 25 ἐστι] om. v, non punctum unum modo problema facit Ualla; p. 182, 14 ἀλλ᾽ ὡς — 16 ΖΘ] bis v, Ualla; p. 182, 23 ΒΛ] ΒΘ v, bℏ Ualla.

Totius operis interpretationem primus e Graeco confecit Memus Ioannes Baptista Memus patricius Uenetus et mathematicarum artium Uenetiis „lector publicus", quam e schedis eius edidit Ioannes Maria Memus nepos Uenetiis 1537. ex praefatione eius fol. 1ᵘ haec adfero: cum post obitum Ioannis Baptistae Memi patrui mei viri etsi in omni scientiarum genere eruditissimi mathematicarum tamen huius aetatis facile principis.... Bibliothecam ipsius discurrerem, Apollonius Pergeus, Mathematicus inter graecos author grauissimus, ab ipso patruo meo [qui] extrema sua hac ingrauescente aetate, quasi alter Cato, literas graecas didicerat, latinitate donatus, in manus nostras inciderit, decreui, ne tam singularis foetus tamdiu abditus, tam studiosis necessarius, licet immaturus adhuc et praecox, abortiretur atque fatisceret, eum ipsum ... tibi [Marino Grimano] dicare cet.

in mathematicis Memus non pauca, maxime in ordine litterarum, computatione recte deducta feliciter correxit et suppleuit, sed grauiora reliquit; et Graecae linguae, ut erat ὀψιμαθής, non peritissimus erat; uelut uocabulum πορίζειν non nouit, cuius loco lacunam reliquit fol. 24ᵘ (I p. 150, 2, 6) et fol. 25ᵘ (I p. 154, 23, 26); idem fecit eadem de causa in διελόντι (I p. 62, 26; 94, 13; 116, 28) fol 10ᵘ, 15ᵘ, 19ʳ, in εἴδη (I p. 122, 18) fol. 20ʳ, in ἂν ληφθῇ (I p. 118, 9; 120, 14) fol. 19ᵘ, in καταχθήσονται (I p. 172, 21) fol. 27ᵘ cet. quo codice Graeco usus sit, nunc nequit pro certo adfirmari, sed

cum Uenetiis doceret, ueri simile est, codicem Bessarionis
(Marc. 518) ei praesto fuisse.

Maurolycus Seueram Memi censuram egit Franciscus Maurolycus, qui
interpretationem Conicorum praeparauit, sed non edidit (u.
Libri Histoire des sciences mathématiques en Italie III p. 233,
ubi Maurolycus inter opera sua commemorat: Apollonii Pergaei
Conica emendatissima, ubi manifestum erit, Io. Baptistam
Memmium in eorum tralatione pueriles errores admisisse Ma-
thematicae praesertim ignoratione deceptum).

Comman-   Optime de Apollonio meritus est F. Commandinus, qui
dinus   a. 1566 Bononiae interpretationem latinam edidit additis lem-
matis Pappi, commentariis Eutocii, notis suis. non modo plu-
rimos errores uel tacite uel disertis uerbis emendauit, sed in
primis commentario suo et propositiones ab Apollonio usur-
patas indagando uiam ad Conica eius intellegenda primus om-
nium muniuit; u. praef.: cum in Archimedis et Ptolemaei libris
aliquot interpretandis, qui sine conicorum doctrina nulla ratione
percipi possunt, demonstrationes Apollonii multas adhibuerim,
quae sine graeco libro, quod latinus corruptissimus sit, parum
intelligantur, feci non inuitus ... primum ut Apollonium ipsum,
quam planissime possem, conuerterem ... deinde uero ut Pappi
lemmata atque Eutocii in Apollonium commentarios latinos
facerem .... post autem ... eosdem etiam, ut omnia faciliora
cognitu essent, propriis declarare commentariis uolui. in Eutocio
eum cod. Urbin. 73 usum esse, supra demonstraui; in Apol-
lonio uero, quae de codicibus suis dicit, tam pauca sunt, ut
inde de eo nihil certi concludi possit. plures codices inspicere
potuit (fol. 30ᵘ in omnibus antiquis codicibus, quos uiderim;
fol. 100ʳ sic habent graeci codices; fol. 109ʳ in graecis autem
codicibus), sed plerumque uno contentus fuit (fol. 34ᵘ, 65ʳ,
66ʳ, 67ʳ, 67ᵘ, 85ᵘ enim de Graeco exemplari uel codice loqui-
tur; fol. 15ᵘ, 16ᵘ: Graeca uerba). hoc tantum constat, eum
cod. V secutum non esse; nam fol. 85ᵘ e codice Graeco citat
$\mathit{T\Sigma O}$ I p. 374, 14, cum V $\mathit{N\Sigma O}$ habeat. fieri potest, ut cod.
Uatic. 205 ei praesto fuerit; in titulis enim opusculorum Sereni
habet „Sereni Antinsensis“, quae forma falsa primum in illo
codice adparet (Σεϱήνου Ἀντινσέως); et descriptus est cod. 205,
ut supra uidimus, ad usum hominum doctorum, ne ipse V, ut
est laceratus, manibus tereretur. eum etiam cod. Marciano 518
usum esse, ostendit haec nota in inuentario codicum Marcia-
norum e bibliotheca commodatorum (Omont Deux registres

de prêts de mss., Paris 1888, p. 29): 1553, die 7 augusti cardinalis S. Angeli .. habuit .. librum Apolonis Pergei conicorum insertum Heliano de proprietatibus animalium et aliis autoribus per dominum Federicum suum familiarem (cfr. ibid. p. 28 nr. 125: Federicus Commandinus familiarius suae D. R^{me}).*)

Commandini opera nisi sunt, quicunque postea Conica   Cosimus adtigerunt, quorum hi mihi innotuerunt: Codex scholae   de Noferi medicae Montepessulanae 167 continet Conica cum commentariis Eutocii et Commandini „ridotti dal latino nell' idioma italiano da Cosimo de Noferi ad instanza del S. Giov. Batt. Micatori Urbinate" saec. XVII (Catalogue des mss. des départements I p. 352).

Apollonii Pergaei Conicorum libri IV cum commentariis Richardus Claudii Richardi, Antuerpiae 1655. Memum et Commandinum ipse commemorat ut auctores suos Admonit. ad lectorem sect. XV; cfr. ibid. sect. XVII: supponimus in hoc nostro Commentario numerum ordinemque propositionum librorum quatuor primorum Apollonii iuxta editionem Eutocii et versionem Latinam Federici Commandini, licet aestimemus, ut par est, alteram Memi Latinam versionem.

Editionem Graecam sub finem saeculi XVII moliebatur Bernhardus Edwardus Bernhardus, qui de subsidiis suis haec tradit (Fabricius Bibliotheca Graeca, Hamb. 1707, II p. 567): Apollonii Pergaei Conicorum libri VII. quatuor quidem priores Gr. Lat. ex versione Fr. Commandini, Bonon. 1566, collata cum versionibus Memmii et Maurolyci. Graece e cod. mss. Bibl. Savilianae et Bibl. Leidensis et cod. Regis Christianissimi 103. Labb. p. 271. Adnexis commentario Eutocii Lat. ex versione Commandini, et Graece ex cod. in Arch. Pembr. 169 atque notis D. Savilii et aliorum. Tres autem sequiores libri, scil. 5. 6. 7 (nam octavus iam olim periit) Arab. et Lat. ex translatione Arabica Beni Musa, qui editionem Eutocianam expressit, et nova versione Latina una cum notis Abdolmelic Arabis, qui Apollonii Con. libros septem in compendium redegit, ex cod. ms. Bodl. tum etiam notis Borelli mathematici egregii et

---

*) Codex restitutus est „1553, 6 novembris". idem rursus a „die 21 octobris" a. 1557 ad „diem 25 novembris" apud Camillum Zaneti fuit (Omont l. c. nr. 131) et a „die 4 novembris" a. 1555 ad Calendas Apriles 1556 apud Io. Bapt. Rasarium (Omont p. 35).

f*

aliorum cum schematis et notis ex schedis D. Golii viri summi.
haec cum lemmatis Pappi. Translatio Arabica Beni Musa ex
cod. Bibl. Leidensis (qui etiam ms. optimae notae in Catalogo
librorum mss. D. Golii τοῦ μακαρίτου apographum est) trans-
scripta fuit. Golianus codex etiam quatuor priores Conic. libros
exhibet, sicut et iste in Bibl. Florentina, quem latine vertit
A. Echellensis non adeo feliciter.

    haec igitur Bernhardi consilia fuerunt. quem narret codi-
cem Graecum Leidensem Apollonii, nescio; hodie saltim non ex-
stat. codex Regis 103 est Paris. 2357, ni fallor; nam praeter p
Mazarinaeum, de quo uix cogitari potest, ille solus e Parisinis
etiam Serenum continet, quem Bernhardus ex eodem codice
Regis petere uoluit (Fabricius l. c. II p. 568).

    Denique a. 1710 Oxoniae prodierunt Conica Graece per
Halley Edmundum Halley. ab initio ita comparatum fuerat, ut „Gre-
gorius quatuor priores Conicorum libros cum Eutocii Commen-
tariis Graece Latineque prelo pararet, atque ipse tres posterio-
res ex Arabico in Latinum sermonem verterem" ʿpraef. p. 1).
sed dum ille „Graecis accurandis Latinaeque versioni Comman-
dini corrigendae ... incumbit", subito mortuus est, et Halleius
iam solus laborem edendi suscepit (praef. p. 2). in Graecis
Apollonii recensendis „ad manus erat codex e Bibliotheca
Savilii mathematica praestantissimi istius viri calamo hinc
illinc non leviter emendatus", idem scilicet, quem significat
Bernhardus. „et paulo post" inquit „accessit alter benigne
nobiscum a rev. D. Baynard communicatus; sed eadem fere
utrisque communia erant vitia, utpote ex eodem codice, ut
videtur, descriptis. ad Eutocium quidem publicandum non-
aliud repertum est exemplar Graecum praeter Baroccianum
in Bibliotheca Bodleiana adservatum". quos hic commemorat
codices, ubi lateant, nescio; in bibliotheca Bodleiana equi-
dem nullum codicem uel Apollonii uel Eutocii inueni praeter
Canon. 106, qui anno demum 1817 Uenetiis eo peruenit. sed
hoc quidem constat, uel Sauilium uel Halleium codicem ha-
buisse e Paris. 2356 descriptum; nam pleraeque adnotationes
et interpolationes Montaurei, quas supra p. XVII sq. ex illo co-
dice adtuli, ab Halleio receptae sunt (3, 4, 5, 6, 7, 9, 10, 11
et paullum mutatae 8, 13). his correcturis ueri simile est et
Sauilium et Halleium suas quemque addidisse; sed quantum
cuique debeatur, parum interest. ex iis, quae editio Halleiana
propria habet, pauca recepi, ueri non dissimilia quaedam in

notis commemoraui, interpolationes inutiles ne notaui quidem, nunc etiam magis inutiles, quoniam tandem ad codices reditum est.

in libris V—VII edendis Halleius usus est „apographo Bodleiano codicis Arabici ex versione satis antiqua a Thebit ben Corah facta, sed annis abhinc circiter CCCCL a Nasir-Eddin recensita" (praef. p. 2), h. e. Bodl. 885, adhibitis etiam compendio Abdulmelikii (Bodl. 913, quem Rauius ex oriente asportauerat) et editione Borellii. opere demum perfecto Narcissus Marsh archiepiscopus Armachanus ex Hibernia „exemplar Golianum antiquissimum, quod ab heredibus Golii redemerat" (h. e. Bodl. 943, u. Nix p. 10) transmisit, de quo Halleius praef. p. 2: „ex hoc optimae notae codice, qui septem Apollonii libros complexus est, non solum versionem meam recensui et a mendis nonnullis liberaui, sed et lacunas aliquot, quae passim fere etiam in Graecis occurrebant, supplevi".

Post Halleium nihil ad uerba Apollonii emendanda effectum est; nam Balsam, qui a. 1861 Berolini interpretationem Germanicam edidit Halleium maxime secutus, rem criticam non curauit.

APOLLONII CONICA.

ΚΩΝΙΚΩΝ δ΄.

Ἀπολλώνιος Ἀττάλῳ χαίρειν.

Πρότερον μὲν ἐξέθηκα γράψας πρὸς Εὔδημον τὸν
Περγαμηνὸν τῶν συντεταγμένων ἡμῖν κωνικῶν ἐν
5 ὀκτὼ βιβλίοις τὰ πρῶτα τρία, μετηλλαχότος δ᾽ ἐκείνου
τὰ λοιπὰ διεγνωκότες πρός σε γράψαι διὰ τὸ φιλο-
τιμεῖσθαί σε μεταλαμβάνειν τὰ ὑφ᾽ ἡμῶν πραγματευ-
όμενα πεπόμφαμεν ἐπὶ τοῦ παρόντος σοι τὸ τέταρτον.
περιέχει δὲ τοῦτο, κατὰ πόσα σημεῖα πλεῖστα δυνατόν
10 ἐστι τὰς τῶν κώνων τομὰς ἀλλήλαις τε καὶ τῇ τοῦ
κύκλου περιφερείᾳ συμβάλλειν, ἐάνπερ μὴ ὅλαι ἐπὶ
ὅλας ἐφαρμόζωσιν, ἔτι κώνου τομὴ καὶ κύκλου περι-
φέρεια ταῖς ἀντικειμέναις κατὰ πόσα σημεῖα πλεῖστα
συμβάλλουσι, καὶ ἐκτὸς τούτων ἄλλα οὐκ ὀλίγα ὅμοια
15 τούτοις. τούτων δὲ τὸ μὲν προειρημένον Κόνων ὁ
Σάμιος ἐξέθηκε πρὸς Θρασυδαῖον οὐκ ὀρθῶς ἐν ταῖς
ἀποδείξεσιν ἀναστραφείς· διὸ καὶ μετρίως αὐτοῦ ἀνθ-
ήψατο Νικοτέλης ὁ Κυρηναῖος. περὶ δὲ τοῦ δευτέρου
μνείαν μόνον πεποίηται ὁ Νικοτέλης σὺν τῇ πρὸς τὸν
20 Κόνωνα ἀντιγραφῇ ὡς δυναμένου δειχθῆναι, δεικνυ-
μένῳ δὲ οὔτε ὑπ᾽ αὐτοῦ τούτου οὔθ᾽ ὑπ᾽ ἄλλου τινὸς
ἐντετεύχαμεν. τὸ μέντοι τρίτον καὶ τὰ ἄλλα τὰ ὁμο-

---

1. Ἀπολλωνίου Περγαίου κωνικῶν γ (δ‾ον m. 2) ἐκδόσεως
Εὐτοκίου Ἀσκαλωνίτου εὐτυχῶς m. 1 V.   15. Κώνων V, corr. p
et m. rec. V.   16. Θρασυδαιον V, θρασυδαρ᾽ p.   18. Νικο-
τελής Vp, ut. lin. 19.   19. σύν] ἐν Halley cum Comm.   20.
Κώνωνα V, corr. p et m. rec. V.

CONICORUM LIBER IV.

Apollonius Attalo s.

Prius conicorum a nobis in octo libris conscriptorum primos tres exposui ad Eudemum Pergamenum eos mittens, illo autem mortuo reliquos ad te mittere statuimus, et quia uehementer desideras accipere, quae elaboraui, in praesenti quartum librum tibi misimus. is autem continet, in quot punctis summum fieri possit ut sectiones conorum inter se et cum ambitu circuli concurrant, ita ut non totae cum totis concidant, praeterea in quot punctis summum coni sectio et ambitus circuli cum sectionibus oppositis concurrant, et praeter haec alia non pauca his similia. horum autem quod primo loco posui, Conon Samius ad Thrasydaeum exposuit in demonstrationibus non recte uersatus; quare etiam Nicoteles Cyrenaeus suo iure eum uituperauit. alterum autem Nicoteles simul cum impugnatione Cononis obiter commemorauit tantum demonstrari posse contendens, sed nec ab eo ipso nec ab alio quoquam demonstratum inueni. tertium*) uero et cetera eius-

---

*) Tria illa, quae significat Apollonius, haec sunt: in quot punctis concurrant 1) sectiones coni inter se uel cum circulo, 2) sectiones coni cum oppositis, 3) circulus cum sectionibus oppositis; cfr. I p. 4, 20. Itaque opus non est cum Halleio post συμβάλλουσι lin. 14 interponere καὶ ἔτι ἀντικείμεναι ἀντικειμέναις. similiter Commandinus lin. 12 sq. habet: praeterea coni sectio et circuli circumferentia et oppositae sectiones oppositis sectionibus.

γενῇ τούτοις ἁπλῶς ὑπὸ οὐδενὸς νενοημένα εὕρηκα.
πάντα δὲ τὰ λεχθέντα, ὅσοις οὐκ ἐντέτευχα, πολλῶν
καὶ ποικίλων προσεδεῖτο ξενιζόντων θεωρημάτων, ὧν
τὰ μὲν πλεῖστα τυγχάνω ἐν τοῖς πρώτοις τρισὶ βιβλίοις
5 ἐκτεθεικώς, τὰ δὲ λοιπὰ ἐν τούτῳ. ταῦτα δὲ θεωρη-
θέντα χρείαν ἱκανὴν παρέχεται πρός τε τὰς τῶν προ-
βλημάτων συνθέσεις καὶ τοὺς διορισμούς. Νικοτέλης
μὲν γὰρ ἕνεκα τῆς πρὸς τὸν Κόνωνα διαφορᾶς οὐδε-
μίαν ὑπὸ τῶν ἐκ τοῦ Κόνωνος εὑρημένων εἰς τοὺς
10 διορισμούς φησιν ἔρχεσθαι χρείαν οὐκ ἀληθῆ λέγων·
καὶ γὰρ εἰ ὅλως ἄνευ τούτων δύναται κατὰ τοὺς διο-
ρισμοὺς ἀποδίδοσθαι, ἀλλά τοί γε δι' αὐτῶν ἔστι
κατανοεῖν προχειρότερον ἔνια, οἷον ὅτι πλεοναχῶς ἢ
τοσαυταχῶς ἂν γένοιτο, καὶ πάλιν ὅτι οὐκ ἂν γένοιτο·
15 ἡ δὲ τοιαύτη πρόγνωσις ἱκανὴν ἀφορμὴν συμβάλλεται
πρὸς τὰς ζητήσεις, καὶ πρὸς τὰς ἀναλύσεις δὲ τῶν
διορισμῶν εὔχρηστα τὰ θεωρήματά ἐστι ταῦτα. χωρὶς
δὲ τῆς τοιαύτης εὐχρηστίας καὶ δι' αὐτὰς τὰς ἀπο-
δείξεις ἄξια ἔσται ἀποδοχῆς· καὶ γὰρ ἄλλα πολλὰ τῶν
20 ἐν τοῖς μαθήμασι διὰ τοῦτο καὶ οὐ δι' ἄλλο τι ἀπο-
δεχόμεθα.

α΄.

Ἐὰν κώνου τομῆς ἢ κύκλου περιφερείας ληφθῇ τι
σημεῖον ἐκτός, καὶ ἀπ' αὐτοῦ τῇ τομῇ προσπίπτωσι
25 δύο εὐθεῖαι, ὧν ἡ μὲν ἐφάπτεται, ἡ δὲ τέμνει κατὰ
δύο σημεῖα, καὶ ὃν ἔχει λόγον ὅλη ἡ τέμνουσα πρὸς
τὴν ἐκτὸς ἀπολαμβανομένην μεταξὺ τοῦ τε σημείου
καὶ τῆς γραμμῆς, τοῦτον τμηθῇ ἡ ἐντὸς ἀπολαμβανο-

---

1. εὕρηκ— V, ενϱ euan.; „εὕρηκα sic in apographo" mg.
m. rec.   3. ποικίλλων V.   ξενίζων τῶν V; corr. cp.   9.
ὑπό] ἐκ Halley.   ἐκ] ὑπό Halley.   12. ἀποδίδοσθαι V.

dem generis a nullo prorsus excogitata repperi. omnia
autem, quae diximus, quae quidem demonstrata non
inuenerimus, multa et uaria flagitabant theoremata
mirifica, quorum pleraque in primis tribus libris ex-
posui, reliqua autem in hoc. haec uero perspecta usum
satis magnum et ad compositiones problematum et
ad determinationes praebent. Nicoteles enim propter
suam cum Conone controuersiam negauit, ullum ab
iis, quae Conon repperisset, ad determinationes usum
proficisci, sed fallitur; nam etsi his omnino non usur-
patis in determinationibus plene exponi possunt, attamen
quaedam facilius per ea perspici possunt, uelut pro-
blema compluribus modis uel tot modis effici posse
aut rursus non posse; et eius modi praeuia cognitio
ad quaestiones satis magnum praebet adiumentum, et
etiam ad analyses determinationum utilia sunt haec
theoremata. uerum hac utilitate omissa etiam propter
ipsas demonstrationes comprobatione digna erunt; nam
etiam alia multa in mathematicis hac de causa nec de
alia ulla comprobamus.

I.

Si extra coni sectionem uel ambitum circuli punc-
tum aliquod sumitur, et ab eo ad sectionem duae rec-
tae adcidunt, quarum altera contingit, altera in duo-
bus punctis secat, et quam rationem habet tota recta
secans ad partem extrinsecus inter punctum lineamque
abscisam, secundum hanc recta intus abscisa secatur,

---

17. διορισμῶν] ὁρισμῶν Vp; corr. Halley.   22. α'] p, m.
rec. V.   25. ἐφάπτηται V; corr. p.   26. δύο] β̄ V.   28.
τοῦτον] εἰς τοῦτον Halley.

μένη εὐθεῖα ὥστε τὰς ὁμολόγους εὐθείας πρὸς τῷ
αὐτῷ σημείῳ εἶναι, ἡ ἀπὸ τῆς ἁφῆς ἐπὶ τὴν διαίρεσιν
ἀγομένη εὐθεῖα συμπεσεῖται τῇ γραμμῇ, καὶ ἡ ἀπὸ
τῆς συμπτώσεως ἐπὶ τὸ ἐκτὸς σημεῖον ἀγομένη εὐθεῖα
5 ἐφάπτεται τῆς γραμμῆς.

ἔστω γὰρ κώνου τομὴ ἢ κύκλου περιφέρεια ἡ ΑΒΓ,
καὶ εἰλήφθω τι σημεῖον ἐκτὸς τὸ Δ, καὶ ἀπ᾽ αὐτοῦ ἡ
μὲν ΔΒ ἐφαπτέσθω κατὰ τὸ Β, ἡ δὲ ΔΕΓ τεμνέτω
τὴν τομὴν κατὰ τὰ Ε, Γ, καὶ ὃν ἔχει λόγον ἡ ΓΔ
10 πρὸς ΔΕ, τοῦτον ἐχέτω ἡ ΓΖ πρὸς ΖΕ.

λέγω, ὅτι ἡ ἀπὸ τοῦ Β ἐπὶ τὸ Ζ ἀγομένη συμ-
πίπτει τῇ τομῇ, καὶ ἡ ἀπὸ τῆς συμπτώσεως ἐπὶ τὸ Δ
ἐφάπτεται τῆς τομῆς.

[ἐπεὶ οὖν ἡ ΔΓ τέμνει τὴν τομὴν κατὰ δύο ση-
15 μεῖα, οὐκ ἔσται διάμετρος αὐτῆς. δυνατὸν ἄρα ἐστὶ
διὰ τοῦ Δ διάμετρον ἀγαγεῖν· ὥστε καὶ ἐφαπτομένην.]
ἤχθω γὰρ ἀπὸ τοῦ Δ ἐφαπτομένη τῆς τομῆς ἡ ΔΑ,
καὶ ἐπιζευχθεῖσα ἡ ΒΑ τεμνέτω τὴν ΕΓ, εἰ δυνατόν,
μὴ κατὰ τὸ Ζ, ἀλλὰ κατὰ τὸ Η. ἐπεὶ οὖν ἐφάπτονται
20 αἱ ΒΔ, ΔΑ, καὶ ἐπὶ τὰς ἁφάς ἐστιν ἡ ΒΑ, καὶ διῆκται
ἡ ΓΔ τέμνουσα τὴν μὲν τομὴν κατὰ τὰ Γ, Ε, τὴν δὲ
ΑΒ κατὰ τὸ Η, ἔσται ὡς ἡ ΓΔ πρὸς ΔΕ, ἡ ΓΗ
πρὸς ΗΕ· ὅπερ ἄτοπον· ὑπόκειται γάρ, ὡς ἡ ΓΔ
πρὸς ΔΕ, ἡ ΓΖ πρὸς ΖΕ. οὐκ ἄρα ἡ ΒΑ καθ᾽
25 ἕτερον σημεῖον τέμνει τὴν ΓΕ· κατὰ τὸ Ζ ἄρα.

---

5. ἐφάψεται p et Halley.   6. ἤ] p, ἡ V.   16. ἐφαπτο-
μένη v et comp. dubio V; corr. pc.   21. τά] τό V, corr. p.
23. ΗΕ] ΗΒ Vp, corr. Memus.

ita ut rectae correspondentes ad idem punctum sint, recta a puncto contactus ad punctum diuisionis ducta cum linea concurret, et recta a puncto concursus ad punctum extrinsecus positum ducta lineam contingit.

sit enim $AB\varGamma$ coni sectio uel arcus circuli, et punctum aliquod $\varDelta$ extrinsecus sumatur, ab eoque $\varDelta B$

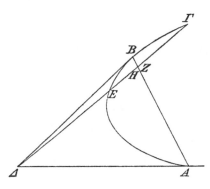

contingat in $B, \varDelta E\varGamma$ autem sectionem in $E, \varGamma$ secet, et sit $\varGamma Z : ZE = \varGamma\varDelta : \varDelta E$.

dico, rectam a B ad Z ductam cum sectione concurrere et rectam a puncto concursus ad $\varDelta$ ductam sectionem contingere.

ducatur[1]) enim a $\varDelta$ sectionem contingens $\varDelta A$, et ducta BA rectam $E\varGamma$, si fieri potest, in Z ne secet, sed in H. quoniam igitur $B\varDelta$, $\varDelta A$ contingunt, et BA ad puncta contactus ducta est, $\varGamma\varDelta$ autem sectionem in $\varGamma$, E, AB autem in H secans ducta est, erit [III, 37] $\varGamma\varDelta : \varDelta E = \varGamma H : HE$; quod absurdum est; supposuimus enim, esse $\varGamma\varDelta : \varDelta E = \varGamma Z : ZE$. itaque BA rectam $\varGamma E$ in alio puncto non secat. ergo in Z secat.

---

1) Quae praemittuntur uerba lin. 14—16, subditiua sunt. nam primum falsa sunt (quare pro ἔσται Halley scripsit οὖσα sine ulla probabilitate), deinde, etiamsi bene se haberent omnia, inutilia sunt; denique γάρ lin. 17, quod initio demonstrationis recte collocatur, post prooemium illud absurdum est. hoc sentiens scriptor librarius codicis p γάρ omisit lin. 17 et lin. 14 οὖν in γάρ mutauit.

β΄.

Ταῦτα μὲν κοινῶς ἐπὶ πασῶν τῶν τομῶν δείκνυται, ἐπὶ δὲ τῆς ὑπερβολῆς μόνης· ἐὰν ἡ μὲν ΔΒ ἐφάπτηται, ἡ δὲ ΔΓ τέμνῃ κατὰ δύο σημεῖα τὰ Ε, Γ, τὰ δὲ Ε, Γ
5 περιέχῃ τὴν κατὰ τὸ Β ἀφήν, καὶ τὸ Δ σημεῖον ἐντὸς ᾖ τῆς ὑπὸ τῶν ἀσυμπτώτων περιεχομένης γωνίας, ὁμοίως ἡ ἀπόδειξις γενήσεται· δυνατὸν γὰρ ἀπὸ τοῦ Δ σημείου ἄλλην ἐφαπτομένην ἀγαγεῖν εὐθεῖαν τὴν ΔΑ καὶ τὰ λοιπὰ τῆς ἀποδείξεως ὁμοίως ποιεῖν.

10 ## γ΄.

Τῶν αὐτῶν ὄντων τὰ Ε, Γ σημεῖα μὴ περιεχέτωσαν τὴν κατὰ τὸ Β ἀφὴν μεταξὺ αὐτῶν, τὸ δὲ Δ σημεῖον ἐντὸς ἔστω τῆς ὑπὸ τῶν ἀσυμπτώτων περιεχομένης γωνίας. δυνατὸν ἄρα ἀπὸ τοῦ Δ ἑτέραν ἐφαπτομένην
15 ἀγαγεῖν τὴν ΔΑ καὶ τὰ λοιπὰ ὁμοίως ἀποδεικνύειν.

δ΄.

Τῶν αὐτῶν ὄντων ἐὰν αἱ μὲν Ε, Γ συμπτώσεις τὴν κατὰ τὸ Β ἀφὴν περιέχωσι, τὸ δὲ Δ σημεῖον ᾖ ἐν τῇ ἐφεξῆς γωνίᾳ τῆς ὑπὸ τῶν ἀσυμπτώτων περι-
20 εχομένης, ἡ ἀπὸ τῆς ἀφῆς ἐπὶ τὴν διαίρεσιν ἀγομένη εὐθεῖα συμπεσεῖται τῇ ἀντικειμένῃ τομῇ, καὶ ἡ ἀπὸ τῆς συμπτώσεως ἀγομένη εὐθεῖα ἐφάψεται τῆς ἀντικειμένης.

---

1. β΄] vp, om. V.   5. τήν] p, om. V.   10. γ΄] p, om. Vv.   12. τὸ δέ] scripsi cum Memo, τό V, καὶ τό p. 13. ἔσται V; corr. p.   16. δ΄] p, om. V, γ΄ v.   21. συμπεσῆται V; corr. pc.

II.

Haec quidem communiter in omnibus sectionibus demonstrantur, in hyperbola autem sola hocce:

si $\varDelta B$ contingit, $\varDelta \varGamma$ autem in duobus punctis E, $\varGamma$ secat, et puncta E, $\varGamma$ punctum contactus B continent, et punctum $\varDelta$ intra angulum ab asymptotis comprehensum positum est, demonstratio similiter conficietur; nam fieri potest, ut a $\varDelta$ puncto aliam rectam contingentem $\varDelta A$ ducamus et reliquam demonstrationem similiter conficiamus.

III.

Iisdem positis puncta E, $\varGamma$ punctum contactus B inter se ne contineant,

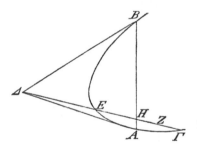

punctum autem $\varDelta$ intra angulum ab asymptotis comprehensum positum sit. itaque fieri potest, ut a $\varDelta$ aliam contingentem ducamus $\varDelta A$ et reliqua similiter demonstremus.

IV.

Iisdem positis si puncta concursus E, $\varGamma$ punctum contactus B continent, $\varDelta$ autem punctum in angulo positum est, qui angulo ab asymptotis comprehenso deinceps positus est, recta a puncto contactus ad punctum diuisionis ducta cum sectione opposita concurret, et recta a puncto concursus ducta oppositam continget.

ἔστωσαν ἀντικείμεναι αἱ Β, Θ καὶ ἀσύμπτωτοι αἱ
ΚΔ, ΜΞΝ καὶ τὸ Δ σημεῖον ἐν τῇ ὑπὸ ΔΞΝ γωνίᾳ,
καὶ ἀπ᾽ αὐτοῦ ἐφαπτέσθω μὲν ἡ ΔΒ, τεμνέτω δὲ
ἡ ΔΓ, καὶ αἱ Ε, Γ συμπτώσεις περιεχέτωσαν τὴν Β
5 ἀφήν, καὶ ὃν ἔχει λόγον ἡ ΓΔ πρὸς ΔΕ, ἐχέτω ἡ ΓΖ
πρὸς ΖΕ.

δεικτέον, ὅτι ἡ ἀπὸ τοῦ Β ἐπὶ τὸ Ζ ἐπιζευγνυμένη
συμπεσεῖται τῇ Θ τομῇ, καὶ ἡ ἀπὸ τῆς συμπτώσεως
ἐπὶ τὸ Δ ἐφάψεται τῆς τομῆς.

10 ἤχθω γὰρ ἀπὸ τοῦ Δ ἐφαπτομένη τῆς τομῆς ἡ ΔΘ,
καὶ ἐπιζευχθεῖσα ἡ ΘΒ πιπτέτω, εἰ δυνατόν, μὴ διὰ
τοῦ Ζ, ἀλλὰ διὰ τοῦ Η. ἔστιν ἄρα, ὡς ἡ ΓΔ πρὸς
ΔΕ, ἡ ΓΗ πρὸς ΗΕ· ὅπερ ἄτοπον· ὑπόκειται γάρ,
ὡς ἡ ΓΔ πρὸς ΔΕ, ἡ ΓΖ πρὸς ΖΕ.

15   ε΄.

Τῶν αὐτῶν ὄντων ἐὰν τὸ Δ σημεῖον ἐπί τινος
ᾖ τῶν ἀσυμπτώτων, ἡ
ἀπὸ τοῦ Β ἐπὶ τὸ Ζ
ἀγομένη παράλληλος
20 ἔσται τῇ αὐτῇ ἀσυμ-
πτώτῳ.

ὑποκείσθω γὰρ τὰ
αὐτά, καὶ τὸ Δ σημεῖον
ἔστω ἐπὶ μιᾶς τῶν ἀσυμ-
πτώτων τῆς ΜΝ. δεικ-
25 τέον, ὅτι ἡ ἀπὸ τοῦ Β τῇ ΜΝ παράλληλος ἀγομένη
ἐπὶ τὸ Ζ πεσεῖται.

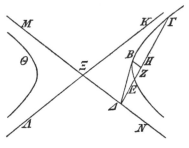

15. ε΄] p, om. V, δ΄ v; et sic deinceps.   17. τῶν ἀ- bis
V in extr. et init. pag.; corr. p c.

sint oppositae B, Θ asymptotaeque $K\varLambda$, $M\varXi N$, punctum autem $\varLambda$ in angulo $\varLambda\varXi N$ positum, ab eo-

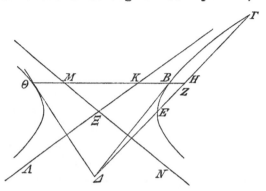

que contingat $\varLambda B$, secet autem $\varLambda\Gamma$, et puncta concursus E, Γ punctum contactus B contineant, sit autem $\Gamma Z : ZE = \Gamma\varLambda : \varLambda E$.

demonstrandum, rectam a B ad Z ductam cum sectione Θ concurrere, rectamque a puncto concursus ad $\varLambda$ ductam sectionem contingere.

ducatur enim a $\varLambda$ sectionem contingens $\varLambda\Theta$, et ducta ΘB, si fieri potest, per Z ne cadat, sed per H. itaque [III, 37] $\Gamma\varLambda : \varLambda E = \Gamma H : HE$; quod absurdum est; supposuimus enim, esse $\Gamma\varLambda : \varLambda E = \Gamma Z : ZE$.

V.

Iisdem positis si $\varLambda$ punctum in alterutra asymptotarum est, recta a B ad Z ducta eidem asymptotae parallela erit.

supponantur enim eadem, et punctum $\varLambda$ in alterutra asymptotarum MN sit. demonstrandum, rectam a B rectae MN parallelam ductam in Z cadere.

μὴ γάρ, ἀλλ', εἰ δυνατόν, ἔστω ἡ ΒΗ. ἔσται δή,
ὡς ἡ ΓΔ πρὸς ΔΕ, ἡ ΓΗ πρὸς ΗΕ· ὅπερ ἀδύνατον.

ϛ'.

Ἐὰν ὑπερβολῆς ληφθῇ τι σημεῖον ἐκτός, καὶ ἀπ'
5 αὐτοῦ πρὸς τὴν τομὴν διαχθῶσι δύο εὐθεῖαι, ὧν ἡ
μὲν ἐφάπτεται, ἡ δὲ παράλληλος [ᾗ] μιᾷ τῶν ἀσυμ-
πτώτων, καὶ τῇ ἀπολαμβανομένῃ ἀπὸ τῆς παραλλήλου
μεταξὺ τῆς τομῆς καὶ τοῦ σημείου ἴση ἐπ' εὐθείας
ἐντὸς τῆς τομῆς τεθῇ, ἡ ἀπὸ τῆς ἀφῆς ἐπὶ τὸ γινό-
10 μενον σημεῖον ἐπιζευγνυμένη εὐθεῖα συμπεσεῖται τῇ
τομῇ, καὶ ἡ ἀπὸ τῆς συμπτώσεως ἐπὶ τὸ ἐκτὸς ση-
μεῖον ἀγομένη ἐφάψεται τῆς τομῆς.

Ἔστω ὑπερβολὴ ἡ ΑΕΒ, καὶ εἰλήφθω τι σημεῖον
ἐκτὸς τὸ Δ, καὶ ἔστω πρότερον ἐντὸς τῆς ὑπὸ τῶν
15 ἀσυμπτώτων περιεχομένης γωνίας τὸ Δ, καὶ ἀπ' αὐτοῦ
ἡ μὲν ΒΔ ἐφαπτέσθω, ἡ δὲ ΔΕΖ παράλληλος ἔστω
τῇ ἑτέρᾳ τῶν ἀσυμπτώτων, καὶ κείσθω τῇ ΔΕ ἴση
ἡ ΕΖ. λέγω, ὅτι ἡ ἀπὸ τοῦ Β ἐπὶ τὸ Ζ ἐπιζευγνυ-
μένη συμπεσεῖται τῇ τομῇ, καὶ ἡ ἀπὸ τῆς συμπτώσεως
20 ἐπὶ τὸ Δ ἐφάψεται τῆς τομῆς.

ἤχθω γὰρ ἐφαπτομένη τῆς τομῆς ἡ ΔΑ, καὶ ἐπι-
ζευχθεῖσα ἡ ΒΑ τεμνέτω τὴν ΔΕ, εἰ δυνατόν, μὴ
κατὰ τὸ Ζ, ἀλλὰ καθ' ἕτερόν τι τὸ Η. ἔσται δὴ ἴση
ἡ ΔΕ τῇ ΕΗ· ὅπερ ἄτοπον· ὑπόκειται γὰρ ἡ ΔΕ
25 τῇ ΕΖ ἴση.

_____

2. ΗΕ] p, ΓΕ V.   5. δύο] β̄ V.   6. ἐφάπτηται p.
ᾗ] Vp; deleo.

ne cadat enim, sed, si fieri potest, sit BH. itaque erit [III, 35]

$$\Gamma\varDelta : \varDelta E = \Gamma H : HE;$$

quod fieri non potest.

VI.

Si extra hyperbolam punctum aliquod sumitur, ab eoque ad sectionem duae rectae perducuntur, quarum altera contingit, altera alterutri asymptotarum parallela est, et rectae de parallelo inter sectionem punctumque abscisae aequalis recta in ea producta intra sectionem ponitur, recta a puncto contactus ad punctum ita ortum ducta cum sectione concurret, et recta a puncto concursus ad punctum extrinsecus positum ducta sectionem continget.

sit hyperbola AEB, et extrinsecus sumatur punctum aliquod $\varDelta$, et prius $\varDelta$ positum sit intra angulum

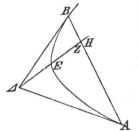

ab asymptotis comprehensum, ab eoque contingat $B\varDelta$, $\varDelta EZ$ autem alteri asymptotae sit parallela, ponaturque $EZ=\varDelta E$. dico, rectam a B ad Z ductam cum sectione concurrere, et rectam a puncto concursus ad $\varDelta$ ductam sectionem contingere.

ducatur enim $\varDelta A$ sectionem contingens, et ducta $B\varDelta$, si fieri potest, rectam $\varDelta E$ in Z ne secet, sed in alio puncto H. erit igitur $\varDelta E = EH$ [III, 30]; quod absurdum est; supposuimus enim, esse

$$\varDelta E = EZ.$$

14 ΚΩΝΙΚΩΝ δ΄.

ϛ΄.

Τῶν αὐτῶν ὄντων τὸ Δ σημεῖον ἔστω ἐν τῇ ἐφ-
εξῆς γωνίᾳ τῆς ὑπὸ τῶν ἀσυμπτώτων περιεχομένης.
λέγω, ὅτι καὶ οὕτως τὰ
5 αὐτὰ συμβήσεται.

ἤχθω γὰρ ἐφαπτο-
μένη ἡ ΔΘ, καὶ ἐπι-
ζευχθεῖσα ἡ ΘΒ πιπ-
τέτω, εἰ δυνατόν, μὴ διὰ
10 τοῦ Ζ, ἀλλὰ διὰ τοῦ Η.
ἴση ἄρα ἐστὶν ἡ ΔΕ
τῇ ΕΗ· ὅπερ ἄτοπον·
ὑπόκειται γὰρ ἡ ΔΕ τῇ ΕΖ ἴση.

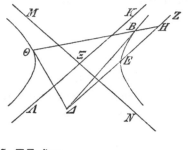

η΄.

15 Τῶν αὐτῶν ὄντων ἔστω τὸ Δ σημεῖον ἐπὶ μιᾶς
τῶν ἀσυμπτώτων, καὶ τὰ λοιπὰ γινέσθω τὰ αὐτά.

λέγω, ὅτι ἡ ἀπὸ τῆς ἁφῆς ἐπ᾽ ἄκραν τὴν ἀπο-
ληφθεῖσαν ἀγομένη παράλληλος ἔσται τῇ ἀσυμπτώτῳ,
ἐφ᾽ ἧς ἔσται τὸ Δ σημεῖον.

20 ἔστω γὰρ τὰ εἰρημένα, καὶ κείσθω τῇ ΔΕ ἴση
ἡ ΕΖ, καὶ ἀπὸ τοῦ Β παράλληλος τῇ ΜΝ ἤχθω, εἰ
δυνατόν, ἡ ΒΗ. ἴση ἄρα ἡ ΔΕ τῇ ΕΗ· ὅπερ ἄτο-
πον· ὑπόκειται γὰρ ἡ ΔΕ τῇ ΕΖ ἴση.

ϑ΄.

25 Ἐὰν ἀπὸ τοῦ αὐτοῦ σημείου δύο εὐθεῖαι ἀχθῶσι
τέμνουσαι κώνου τομὴν ἢ κύκλου περιφέρειαν ἑκατέρα
κατὰ δύο σημεῖα, καὶ ὡς ἔχουσιν αἱ ὅλαι πρὸς τὰς

───────────

25. δύο] β̄ V.   27. δύο] β̄ V.

VII.

Iisdem positis punctum $\varDelta$ in angulo positum sit, qui angulo ab asymptotis comprehenso deinceps est positus. dico, sic quoque eadem adcidere.

ducatur enim contingens $\varDelta\Theta$, et ducta ΘB, si fieri potest, per Z ne cadat, sed per H. erit igitur $\varDelta E = EH$; quod absurdum est; supposuimus enim, esse $\varDelta E = EZ$.

VIII.

Iisdem positis punctum $\varDelta$ in alterutra asymptotarum positum sit, et cetera eadem sint.

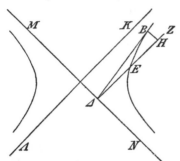

dico, rectam a puncto contactus ad extremam rectam abscisam ductam ei asymptotae parallelam esse, in qua positum sit punctum $\varDelta$.

sint enim ea, quae diximus, et ponatur
$$EZ = \varDelta E,$$
et a B rectae MN parallela ducatur, si fieri potest, BH. itaque $\varDelta E = EH$ [III, 34]; quod absurdum est; supposuimus enim, esse $\varDelta E = EZ$.

IX.

Si ab eodem puncto duae rectae ducuntur coni sectionem uel arcum circuli singulae in binis punctis secantes, et ut totae se habent ad partes extrinsecus

ἐκτὸς ἀπολαμβανομένας, οὕτως αἱ ἐντὸς ἀπολαμβανό-
μεναι διαιρεθῶσιν, ὥστε τὰς ὁμολόγους πρὸς τῷ αὐτῷ
σημείῳ εἶναι, ἡ διὰ τῶν διαιρέσεων ἀγομένη εὐθεῖα
συμπεσεῖται τῇ τομῇ κατὰ δύο σημεῖα, καὶ αἱ ἀπὸ τῶν
5 συμπτώσεων ἐπὶ τὸ ἐκτὸς σημεῖον ἀγόμεναι ἐφάψονται
τῆς γραμμῆς.

ἔστω γὰρ τῶν προειρημένων γραμμῶν τις ἡ ΑΒ,
καὶ ἀπό τινος σημείου τοῦ Δ διήχθωσαν αἱ ΔΕ, ΔΖ
τέμνουσαι τὴν γραμμὴν ἡ μὲν κατὰ τὰ Θ, Ε, ἡ δὲ
10 κατὰ τὰ Ζ, Η, καὶ ὃν μὲν ἔχει λόγον ἡ ΔΕ πρὸς ΘΔ,
τοῦτον ἐχέτω ἡ ΕΔ πρὸς ΛΘ, ὃν δὲ ἡ ΔΖ πρὸς ΔΗ,
ἡ ΖΚ πρὸς ΚΗ. λέγω, ὅτι ἡ ἀπὸ τοῦ Δ ἐπὶ τὸ Κ
ἐπιζευγνυμένη συμπεσεῖται ἐφ' ἑκάτερα τῇ τομῇ, καὶ
αἱ ἀπὸ τῶν συμπτώσεων ἐπὶ τὸ Δ ἐπιζευγνύμεναι
15 ἐφάψονται τῆς τομῆς.

ἐπεὶ γὰρ αἱ ΕΔ, ΖΔ ἑκατέρα κατὰ δύο σημεῖα
τέμνει τὴν τομήν, δυνατόν ἐστιν ἀπὸ τοῦ Δ διάμετρον
ἀγαγεῖν τῆς τομῆς ὥστε καὶ ἐφαπτομένας ἐφ' ἑκάτερα.
ἤχθωσαν ἐφαπτόμεναι αἱ ΔΒ, ΔΑ, καὶ ἐπιζευχθεῖσα
20 ἡ ΒΑ, εἰ δυνατόν, μὴ ἐρχέσθω διὰ τῶν Λ, Κ, ἀλλ'
ἤτοι διὰ τοῦ ἑτέρου αὐτῶν ἢ δι' οὐδετέρου.

ἐρχέσθω πρότερον διὰ μόνου τοῦ Λ καὶ τεμνέτω
τὴν ΖΗ κατὰ τὸ Μ. ἔστιν ἄρα, ὡς ἡ ΖΔ πρὸς ΔΗ,
ἡ ΖΜ πρὸς ΜΗ· ὅπερ ἄτοπον· ὑπόκειται γάρ, ὡς
25 ἡ ΖΔ πρὸς ΔΗ, ἡ ΖΚ πρὸς ΚΗ.

ἐὰν δὲ ἡ ΒΑ μηδὲ δι' ἑτέρου τῶν Λ, Κ πο-
ρεύηται, ἐφ' ἑκατέρας τῶν ΔΕ, ΔΖ συμβήσεται τὸ
ἄτοπον.

---

6. γραμμῆς] c, corr. ex τομῆς m. 1 V.   12. Κ] p, ΚΕ V.
26. Λ] p, Α V.   27. ΔΕ, ΔΖ] p; ΔΕ, ΕΖ V.

abscisas, ita partes intus abscisae diuiduntur, ita ut partes correspondentes ad idem punctum positae sint, recta per puncta diuisionis ducta cum sectione in duobus punctis concurret, et rectae a punctis concursus ad punctum extrinsecus positum ductae lineam contingent.

sit enim AB aliqua linearum, quas diximus, et a puncto aliquo $\varDelta$ perducantur $\varDelta E$, $\varDelta Z$ lineam secantes altera in Θ, E, altera autem in Z, H, sitque

$$\varDelta E : \Theta \varDelta = E\varDelta : \varDelta \Theta, \ \varDelta Z : \varDelta H = ZK : KH.$$

dico, rectam ab $\varDelta$ ad K ductam in utramque partem cum sectione concurrere, et rectas a punctis concursus ad $\varDelta$ ductas sectionem contingere.

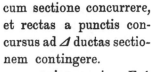

quoniam enim $E\varDelta$, $Z\varDelta$ singulae in binis punctis sectionem secant, fieri potest, ut a $\varDelta$ diametrus sectionis ducatur. quare etiam contingentes in utramque partem. ducantur contingentes $\varDelta B$, $\varDelta A$, et ducta BA, si fieri potest, per $\varDelta$, K ne cadat, sed aut per alterutrum aut per neutrum.

prius per $\varDelta$ solum cadat rectamque ZH in M secet. itaque [III, 37] $Z\varDelta : \varDelta H = ZM : MH$; quod absurdum est; nam supposuimus, esse

$$Z\varDelta : \varDelta H = ZK : KH.$$

sin BA per neutrum punctorum $\varDelta$, K cadit, in utraque $\varDelta E$, $\varDelta Z$ absurdum eueniet.

ι΄.

Ταῦτα μὲν κοινῶς, ἐπὶ δὲ τῆς ὑπερβολῆς μόνης·
ἐὰν τὰ μὲν ἄλλα τὰ αὐτὰ ὑπάρχῃ, αἱ δὲ τῆς μιᾶς
εὐθείας συμπτώσεις περιέχωσι τὰς τῆς ἑτέρας συμπτώ-
5 σεις, καὶ τὸ Δ σημεῖον ἐντὸς ᾖ τῆς ὑπὸ τῶν ἀσυμ-
πτώτων περιεχομένης γωνίας, τὰ αὐτὰ συμβήσεται τοῖς
προειρημένοις, ὡς προείρηται ἐν τῷ β̄ θεωρήματι.

ια΄.

Τῶν αὐτῶν ὄντων ἐὰν αἱ τῆς μιᾶς συμπτώσεις
10 μὴ περιέχωσι τὰς τῆς ἑτέρας συμπτώσεις, τὸ μὲν Δ
σημεῖον ἐντὸς ἔσται τῆς ὑπὸ τῶν ἀσυμπτώτων περι-
εχομένης γωνίας, καὶ ἡ καταγραφὴ καὶ ἡ ἀπόδειξις
ἡ αὐτὴ τῷ θ̄.

ιβ΄.

15 Τῶν αὐτῶν ὄντων ἐὰν περιέχωσιν αἱ τῆς μιᾶς
εὐθείας συμπτώσεις τὰς τῆς ἑτέρας, καὶ τὸ ληφθὲν
σημεῖον ἐν τῇ ἐφεξῆς γωνίᾳ τῆς ὑπὸ τῶν ἀσυμπτώτων
περιεχομένης ᾖ, ἡ διὰ τῶν διαιρέσεων ἀγομένη εὐθεῖα
ἐκβαλλομένη τῇ ἀντικειμένῃ τομῇ συμπεσεῖται, καὶ αἱ
20 ἀπὸ τῶν συμπτώσεων ἐπὶ τὸ Δ σημεῖον ἀγόμεναι
εὐθεῖαι ἐφάψονται τῶν ἀντικειμένων.

ἔστω ὑπερβολὴ ἡ ΕΗ, ἀσύμπτωτοι δὲ αἱ ΝΞ, ΟΠ,
καὶ κέντρον τὸ Ρ, καὶ τὸ Δ σημεῖον ἔστω ἐν τῇ ὑπὸ
ΞΡΠ γωνίᾳ, καὶ ἤχθωσαν αἱ ΔΕ, ΔΖ τέμνουσαι τὴν
25 ὑπερβολὴν ἑκατέρα κατὰ δύο σημεῖα, καὶ περιεχέσθω
τὰ Ε, Θ ὑπὸ τῶν Ζ, Η, καὶ ἔστω, ὡς μὲν ἡ ΕΔ προς
ΔΘ, ἡ ΕΚ πρὸς ΚΘ, ὡς δὲ ἡ ΖΔ πρὸς ΔΗ, ἡ ΖΔ

---

10. τὸ μέν] τὸ δέ Halley praeeunte Commandino.   11.
ἔσται] ᾖ Halley.   18. διαιρέσεων] p, αἱρέσεων V.   24. τέμ-
νουσαι] cp, bis V.   25. δύο] β̄ V.

X.

Haec quidem communiter, in hyperbola autem sola sic: si reliqua eadem supponuntur, puncta autem concursus alterius rectae puncta concursus alterius continent, et punctum $\varDelta$ intra angulum ab asymptotis comprehensum positum est, eadem euenient, quae antea diximus, sicut prius dictum est in propositione II.

XI.

Iisdem positis si puncta concursus alterius puncta concursus alterius non continent, punctum $\varDelta$ intra angulum ab asymptotis comprehensum positum erit,[1]) et figura demonstratioque eadem erit, quae in propositione IX.

XII.

Iisdem positis si puncta concursus alterius rectae puncta concursus alterius continent, et punctum sumptum in angulo positum est, qui angulo ab asymptotis comprehenso deinceps est positus, recta per puncta diuisionis ducta producta cum sectione opposita concurret, et rectae a punctis concursus ad $\varDelta$ punctum ductae sectiones oppositas contingent.

sit EH hyperbola, asymptotae autem $N\varXi$, $O\varPi$, et centrum P, $\varDelta$ autem punctum in angulo $\varXi P\varPi$ positum sit, ducanturque $\varDelta E$, $\varDelta Z$ hyperbolam secantes singulae in binis punctis, et E, $\varTheta$ a Z, H contineantur, sit autem $E\varDelta : \varDelta\varTheta = EK : K\varTheta$, $Z\varDelta : \varDelta H = Z\varLambda : \varLambda H$. demonstrandum, rectam per K, $\varLambda$ ductam cum sectione

---

1) Hoc quidem falsum est, sed emendatio incerta.

πρὸς ΑΗ. δεικτέον, ὅτι ἡ διὰ τῶν Κ, Δ συμπεσεῖταί
τε τῇ ΕΖ τομῇ καὶ τῇ ἀντικειμένῃ, καὶ αἱ ἀπὸ τῶν
συμπτώσεων ἐπὶ τὸ Δ ἐφάψονται τῶν τομῶν.

ἔστω δὴ ἀντικειμένη ἡ Μ, καὶ ἀπὸ τοῦ Δ ἤχθω-
5 σαν ἐφαπτόμεναι τῶν τομῶν αἱ ΔΜ, ΔΣ, καὶ ἐπι-
ζευχθεῖσα ἡ ΜΣ, εἰ δυνατόν, μὴ ἐρχέσθω διὰ τῶν
Κ, Δ, ἀλλ᾽ ἤτοι διὰ τοῦ ἑτέρου αὐτῶν ἢ δι᾽ οὐδε-
τέρου.

ἐρχέσθω πρότερον διὰ τοῦ Κ καὶ τεμνέτω τὴν ΖΗ
10 κατὰ τὸ Χ. ἔστιν ἄρα, ὡς ἡ ΖΔ πρὸς ΔΗ, ἡ ΧΖ
πρὸς ΧΗ· ὅπερ ἄτοπον· ὑπόκειται γάρ, ὡς ἡ ΖΔ
πρὸς ΔΗ, ἡ ΖΔ πρὸς ΑΗ.

ἐὰν δὲ μηδὲ δι᾽ ἑτέρου τῶν Κ, Δ ἔρχηται ἡ ΜΣ,
ἐφ᾽ ἑκατέρας τῶν ΕΔ, ΔΖ τὸ ἀδύνατον συμβαίνει.

15   ιγ΄.

Τῶν αὐτῶν ὄντων ἐὰν τὸ Δ σημεῖον ἐπὶ μιᾶς τῶν
ἀσυμπτώτων ᾖ, καὶ τὰ λοιπὰ τὰ αὐτὰ ὑπάρχῃ, ἡ διὰ
τῶν διαιρέσεων ἀγομένη παράλληλος ἔσται τῇ ἀσυμ-
πτώτῳ, ἐφ᾽ ἧς ἐστι τὸ σημεῖον, καὶ ἐκβαλλομένη συμ-
20 πεσεῖται τῇ τομῇ, καὶ ἡ ἀπὸ τῆς συμπτώσεως ἐπὶ τὸ
σημεῖον ἀγομένη ἐφάψεται τῆς τομῆς.

ἔστω γὰρ ὑπερβολὴ καὶ ἀσύμπτωτοι, καὶ εἰλήφθω
ἐπὶ μιᾶς τῶν ἀσυμπτώτων τὸ Δ, καὶ διήχθωσαν αἱ
εὐθεῖαι καὶ διῃρήσθωσαν, ὡς εἴρηται, καὶ ἤχθω ἀπὸ
25 τοῦ Δ ἐφαπτομένη τῆς τομῆς ἡ ΔΒ. λέγω, ὅτι ἡ

---

2. τε] om. c; τῇ τε Halley.   4. δή] δέ Vp; corr. Halley.
6. ἡ] cpv, euan. V.   11. ΖΔ] ΕΔ V, ΞΔ p; corr. Memus.
12. ΖΔ] p, ΕΔ V.   ΑΗ] p, ΔΗ V.   24. διῃρήσθωσαν]
p, διῃρήσθω V.

EZ et cum sectione opposita concurrere, et rectas a punctis concursus ad *Δ* ductas sectiones contingere.

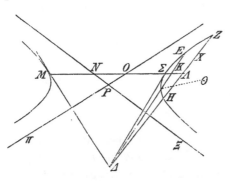

opposita igitur sit *M*, et a *Δ* sectiones contingentes ducantur *ΔM*, *ΔΣ*, ductaque *MΣ*, si fieri potest, per *K*, *Λ* ne cadat, sed aut per alterutrum aut per neutrum eorum.

prius per *K* cadat et rectam *ZH* in *X* secet. itaque [III, 37] $Z\Delta : \Delta H = XZ : XH$; quod absurdum est; supposuimus enim, esse

$$Z\Delta : \Delta H = Z\Lambda : \Lambda H.$$

sin per neutrum punctorum *K*, *Λ* cadit *MΣ*, in utraque *EΔ*, *ΔZ* absurdum euenit.

XIII.

Iisdem positis si punctum *Δ* in alterutra asymptotarum positum est, et reliqua eadem supponuntur, recta per puncta diuisionis ducta parallela erit asymptotae, in qua punctum positum est, et producta cum sectione concurret, et recta a puncto concursus ad punctum ducta sectionem continget.

sit enim hyperbola asymptotaeque, et in alterutra asymptotarum sumatur *Δ*, producanturque rectae et diuidantur, sicut dictum est, a *Δ* autem sectionem

ἀπὸ τοῦ Β παρὰ τὴν ΠΟ ἀγομένη ἥξει διὰ τῶν Κ, Λ.

εἰ γὰρ μή, ἤτοι διὰ τοῦ ἑνὸς αὐτῶν ἐλεύσεται ἢ δι' οὐδετέρου.

5 ἐρχέσθω διὰ μόνου τοῦ Κ. ἔστιν ἄρα, ὡς ἡ ΖΔ πρὸς ΔΗ, ἡ ΖΧ πρὸς ΧΗ· ὅπερ ἄτοπον. οὐκ ἄρα ἡ ἀπὸ τοῦ Β παρὰ τὴν ΠΟ ἀγομένη διὰ μόνου τοῦ Κ ἐλεύσεται· δι' ἀμφοτέρων ἄρα.

ιδ'.

10 Τῶν αὐτῶν ὄντων ἐὰν τὸ Δ σημεῖον ἐπὶ μιᾶς ᾖ τῶν ἀσυμπτώτων, καὶ ἡ μὲν ΔΕ τέμνῃ τὴν τομὴν κατὰ δύο σημεῖα, ἡ δὲ ΔΗ κατὰ μόνον τὸ Η παρ-άλληλος οὖσα τῇ ἑτέρᾳ τῶν ἀσυμπτώτων, καὶ γένηται, ὡς ἡ ΔΕ πρὸς ΔΘ, ἡ ΕΚ πρὸς ΚΘ, τῇ δὲ ΔΗ ἴση 15 ἐπ' εὐθείας τεθῇ ἡ ΗΛ, ἡ διὰ τῶν Κ, Λ σημείων ἀγομένη παράλληλός τε ἔσται τῇ ἀσυμπτώτῳ καὶ συμ-πεσεῖται τῇ τομῇ, καὶ ἡ ἀπὸ τῆς συμπτώ-σεως ἐπὶ τὸ Δ ἐφ-20 άψεται τῆς τομῆς.

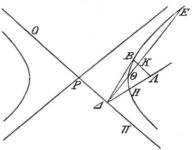

ὁμοίως γὰρ τῷ προειρημένῳ ἀγαγὼν τὴν ΔΒ ἐφαπτομέ-νην λέγω, ὅτι ἡ ἀπὸ 25 τοῦ Β παρὰ τὴν ΠΟ ἀσύμπτωτον ἀγομένη ἥξει διὰ τῶν Κ, Λ σημείων.

εἰ οὖν διὰ τοῦ Κ μόνου ἥξει, οὐκ ἔσται ἡ ΔΗ τῇ ΗΛ ἴση ὅπερ ἄτοπον. εἰ δὲ διὰ τοῦ Λ μόνου, οὐκ ἔσται, ὡς ἡ ΕΔ πρὸς ΔΘ, ἡ ΕΚ πρὸς ΚΘ. εἰ

---

6. πρὸς ΧΗ] p, om. V.   7. Κ] Β Vp; corr. Halley.

contingens ducatur ΔB. dico, rectam a B rectae ΠO parallelam ductam per K, Δ cadere.

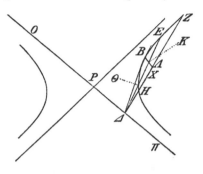

nam si minus, aut per alterutrum eorum cadet aut per neutrum.

cadat per K solum. itaque [III, 35]

$$Z\Delta : \Delta H = ZX : XH;$$

quod absurdum est. ergo recta a B rectae ΠO parallela ducta per K solum non cadet. ergo per utrumque cadet.

XIV.

Iisdem positis si punctum Δ in alterutra asymptotarum positum est, et ΔE sectionem in duobus punctis secat, ΔH autem alteri asymptotarum parallela in H solo, et fit $EK : K\Theta = \Delta E : \Delta\Theta$, poniturque in ΔH producta $H\Delta = \Delta H$, recta per K, Δ puncta ducta et asymptotae parallela erit et cum sectione concurret, rectaque a puncto concursus ad Δ ducta sectionem continget.

nam eodem modo, quo in praecedenti, ducta ΔB contingenti dico, rectam a B asymptotae ΠO parallelam ductam per puncta K, Δ cadere.

si igitur per K solum cadit, non erit $\Delta H = H\Delta$ [III, 34]; quod absurdum est. sin per Δ solum cadit, non erit $E\Delta : \Delta\Theta = EK : K\Theta$ [III, 35]. sin neque per K neque per Δ cadit, utrobique absurdum eueniet. ergo per utrumque cadet.

δὲ μήτε διὰ τοῦ Κ μήτε διὰ τοῦ Δ, κατ' ἀμφότερα
συμβήσεται τὸ ἄτοπον. δι' ἀμφοτέρων ἄρα ἐλεύσεται.

ιε'.

Ἐὰν ἐν ἀντικειμέναις ληφθῇ τι σημεῖον μεταξὺ
5 τῶν δύο τομῶν, καὶ ἀπ' αὐτοῦ ἡ μὲν ἐφάπτηται μιᾶς
τῶν ἀντικειμένων, ἡ δὲ τέμνῃ ἑκατέραν τῶν ἀντικει-
μένων, καὶ ὡς ἔχει ἡ μεταξὺ τῆς ἑτέρας τομῆς, ἧς
οὐκ ἐφάπτεται ἡ εὐθεῖα, καὶ τοῦ σημείου πρὸς τὴν
μεταξὺ τοῦ σημείου καὶ τῆς ἑτέρας τομῆς, οὕτως ἔχῃ
10 μείζων τις εὐθεῖα τῆς μεταξὺ τῶν τομῶν πρὸς τὴν
ὑπεροχὴν αὐτῆς κειμένην ἐπ' εὐθείας τε καὶ πρὸς τῷ
αὐτῷ πέρατι τῇ ὁμολόγῳ, ἡ ἀπὸ τοῦ πέρατος τῆς
μείζονος εὐθείας ἐπὶ τὴν ἁφὴν ἀγομένη συμπεσεῖται
τῇ τομῇ, καὶ ἡ ἀπὸ τῆς συμπτώσεως ἐπὶ τὸ ληφθὲν
15 σημεῖον ἀγομένη ἐφάπτεται τῆς τομῆς.

ἔστωσαν ἀντικείμεναι αἱ Α, Β, καὶ εἰλήφθω τι
σημεῖον μεταξὺ τῶν τομῶν τὸ Δ ἐντὸς τῆς ὑπὸ τῶν
ἀσυμπτώτων περιεχομένης γωνίας, καὶ ἀπ' αὐτοῦ ἡ
μὲν ΔΖ διήχθω ἐφαπτομένη, ἡ δὲ ΑΔΒ τέμνουσα
20 τὰς τομάς, καὶ ὃν ἔχει λόγον ἡ ΑΔ πρὸς ΔΒ, ἐχέτω
ἡ ΑΓ πρὸς ΓΒ. δεικτέον, ὅτι ἡ ἀπὸ τοῦ Ζ ἐπὶ τὸ Γ
ἐκβαλλομένη συμπεσεῖται τῇ τομῇ, καὶ ἡ ἀπὸ τῆς
συμπτώσεως ἐπὶ τὸ Δ ἀγομένη ἐφάψεται τῆς τομῆς.

ἐπεὶ γὰρ τὸ Δ σημεῖον ἐντός ἐστι τῆς περιεχούσης
25 τὴν τομὴν γωνίας, δυνατόν ἐστι καὶ ἑτέραν ἐφαπτο-
μένην ἀγαγεῖν ἀπὸ τοῦ Δ. ἤχθω ἡ ΔΕ, καὶ ἐπι-
ζευχθεῖσα ἡ ΖΕ ἐρχέσθω, εἰ δυνατόν, μὴ διὰ τοῦ Γ,

---

9. ἔχει Vp; corr. Halley.   15. ἐφάψεται p.   19. ΑΔΒ]
p, ΑΒΔ V.

XV

Si in sectionibus oppositis punctum aliquod inter duas sectiones sumitur, et ab eo altera recta alterutram oppositarum contingit, altera utramque sectionem secat, et ut est recta inter alteram sectionem, quam non contingit recta illa, et punctum posita ad rectam inter punctum alteramque sectionem positam, ita est recta aliqua maior recta inter sectiones posita ad excessum in ea producta et ad eundem terminum positum ac partem correspondentem, recta a termino maioris rectae ad punctum contactus ducta cum sectione con-

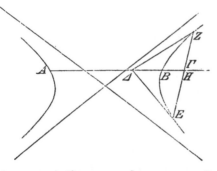

curret, et recta a puncto concursus ad sumptum punctum ducta sectionem contingit.

sint oppositae A, B, sumaturque inter sectiones punctum aliquod $\varDelta$ intra angulum ab asymptotis comprehensum positum, et ab eo $\varDelta Z$ producatur contingens, $A\varDelta B$ autem sectiones secans, sitque $A\varGamma : \varGamma B = A\varDelta : \varDelta B$. demonstrandum, rectam a Z ad $\varGamma$ ductam productam cum sectione concurrere, et rectam a puncto concursus ad $\varDelta$ ductam sectionem contingere.

quoniam enim $\varDelta$ punctum intra angulum sectionem comprehendentem positum est, fieri potest, ut a $\varDelta$ aliam quoque contingentem ducamus [II, 49]. du-

ἀλλὰ διὰ τοῦ Η. ἔσται δή, ὡς ἡ ΑΔ πρὸς ΔΒ,
ἡ ΑΗ πρὸς ΗΒ· ὅπερ ἄτοπον· ὑπόκειται γάρ, ὡς
ἡ ΑΔ πρὸς ΔΒ, ἡ ΑΓ πρὸς ΓΒ.

ιϛ'.

5 Τῶν αὐτῶν ὄντων ἔστω τὸ Δ σημεῖον ἐν τῇ ἐφεξῆς
γωνίᾳ τῆς ὑπὸ τῶν ἀσυμπτώτων περιεχομένης, καὶ τὰ
λοιπὰ τὰ αὐτὰ γινέσθω.

λέγω, ὅτι ἡ ἀπὸ τοῦ Ζ ἐπὶ τὸ Γ ἐπιζευγνυμένη
ἐκβαλλομένη συμπεσεῖται τῇ ἀντικειμένῃ τομῇ, καὶ ἡ
10 ἀπὸ τῆς συμπτώσεως ἐπὶ τὸ Δ ἐφάψεται τῆς ἀντι-
κειμένης τομῆς.

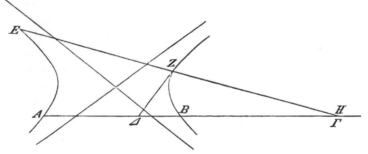

ἔστω γὰρ τὰ αὐτά, καὶ τὸ Δ σημεῖον ἐν τῇ ἐφεξῆς
γωνίᾳ τῆς ὑπὸ τῶν ἀσυμπτώτων περιεχομένης, καὶ
ἤχθω ἀπὸ τοῦ Δ ἐφαπτομένη τῆς Α τομῆς ἡ ΔΕ,
15 καὶ ἐπεζεύχθω ἡ ΕΖ καὶ ἐκβαλλομένη, εἰ δυνατόν, μὴ
ἐρχέσθω ἐπὶ τὸ Γ, ἀλλ' ἐπὶ τὸ Η. ἔσται δή, ὡς ἡ ΑΗ
πρὸς ΗΒ, ἡ ΑΔ πρὸς ΔΒ· ὅπερ ἄτοπον· ὑπόκειται
γάρ, ὡς ἡ ΑΔ πρὸς ΔΒ, ἡ ΑΓ πρὸς ΓΒ.

ιζ'.

20 Τῶν αὐτῶν ὄντων ἔστω τὸ Δ σημεῖον ἐπί τινος
τῶν ἀσυμπτώτων.

catur $\varDelta E$, et ducta ZE, si fieri potest, per $\varGamma$ ne
cadat, sed per H. erit igitur $A\varDelta : \varDelta B = AH : HB$
[III, 37];[1]) quod absurdum est; supposuimus enim,
esse $A\varDelta : \varDelta B = A\varGamma : \varGamma B$.

XVI.

Iisdem positis $\varDelta$ punctum positum sit in angulo,
qui angulo ab asymptotis comprehenso deinceps po-
situs est, et reliqua eadem fiant.

dico, rectam a Z ad $\varGamma$ ductam productam cum
sectione opposita concurrere, et rectam a puncto con-
cursus ad $\varDelta$ ductam sectionem oppositam contingere.

sint enim eadem, et punctum $\varDelta$ positum sit in
angulo, qui angulo ab asymptotis comprehenso dein-
ceps positus est, ducaturque a $\varDelta$ sectionem A con-
tingens $\varDelta E$, et ducatur EZ et producta, si fieri potest,
ad $\varGamma$ ne ueniat, sed ad H. erit igitur [III, 39]

$$AH : HB = A\varDelta : \varDelta B;$$

quod absurdum est; supposuimus enim, esse

$$A\varDelta : \varDelta B = A\varGamma : \varGamma B.$$

XVII.

Iisdem positis punctum $\varDelta$ in alterutra asym-
ptotarum sit positum.

dico, rectam a Z ad $\varGamma$ ductam parallelam esse
asymptotae, in qua punctum positum sit.

---

1) Quae tum quoque ualet, cum utrumque punctum con-
tactus in eadem opposita est positum, quamquam hic casus
in figuris codicis non respicitur, ne in iis quidem, quas I
p. 403 not. significaui.

λέγω, ὅτι ἡ ἀπὸ τοῦ Z ἐπὶ τὸ Γ ἀγομένη παράλλη-
λος ἔσται τῇ ἀσυμπτώτῳ, ἐφ' ἧς ἐστι τὸ σημεῖον.

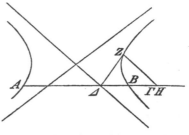

ἔστωσαν τὰ αὐτὰ
τοῖς ἔμπροσθεν, τὸ δὲ
5 Δ σημεῖον ἐπὶ μιᾶς
τῶν ἀσυμπτώτων, καὶ
ἤχθω διὰ τοῦ Z παρ-
άλληλος, καὶ εἰ δυ-
νατόν, μὴ πιπτέτω ἐπὶ
10 τὸ Γ, ἀλλ' ἐπὶ τὸ Η.
ἔσται δή, ὡς ἡ ΑΔ πρὸς ΔΒ, ἡ ΑΗ πρὸς ΗΒ· ὅπερ
ἄτοπον. ἡ ἄρα ἀπὸ τοῦ Z παρὰ τὴν ἀσύμπτωτον ἐπὶ
τὸ Γ πίπτει.

ιη'.

15   Ἐὰν ἐν ἀντικειμέναις ληφθῇ τι σημεῖον μεταξὺ
τῶν δύο τομῶν, καὶ ἀπ' αὐτοῦ δύο εὐθεῖαι διαχθῶσι
τέμνουσαι ἑκατέραν τῶν τομῶν, καὶ ὡς ἔχουσιν αἱ
μεταξὺ τῆς μιᾶς τομῆς πρὸς τὰς μεταξὺ τῆς ἑτέρας
τομῆς καὶ τοῦ αὐτοῦ σημείου, οὕτως ἔχωσιν αἱ μείζους
20 τῶν ἀπολαμβανομένων μεταξὺ τῶν ἀντικειμένων πρὸς
τὰς ὑπεροχὰς αὐτῶν, ἡ διὰ τῶν περάτων ἀγομένη εὐθεῖα
τῶν μειζόνων εὐθειῶν ταῖς τομαῖς συμπεσεῖται, καὶ
αἱ ἀπὸ τῶν συμπτώσεων ἐπὶ τὸ ληφθὲν σημεῖον
ἀγόμεναι εὐθεῖαι ἐφάψονται τῶν γραμμῶν.

25   ἔστωσαν ἀντικείμεναι αἱ Α, Β, καὶ τὸ Δ σημεῖον
μεταξὺ τῶν τομῶν. πρότερον ὑποκείσθω ἐν τῇ ὑπὸ
τῶν ἀσυμπτώτων περιεχομένῃ γωνίᾳ, καὶ διὰ τοῦ Δ
διήχθωσαν αἱ ΑΔΒ, ΓΔΘ. μείζων ἄρα ἐστὶν ἡ μὲν ΑΔ
τῆς ΔΒ, ἡ δὲ ΓΔ τῆς ΔΘ, διότι ἴση ἐστὶν ἡ ΒΝ

---

23. αἱ] om. Vp; corr. Halley.

sint eadem, quae antea, punctum $\varDelta$ autem in alter-
utra asymptotarum sit, ducaturque per Z illi paral-
lela recta, et si fieri potest, in $\varGamma$ ne cadat, sed in
H. erit igitur [III, 36] $A\varDelta : \varDelta B = AH : HB$; quod
absurdum est. ergo recta a Z asymptotae parallela
ducta in $\varGamma$ cadit.

XVIII.

Si in sectionibus oppositis punctum aliquod inter
duas sectiones sumitur, ab eoque duae rectae utram-
que sectionem secantes producuntur, et quam ratio-
nem habent rectae inter punctum alteramque sectio-

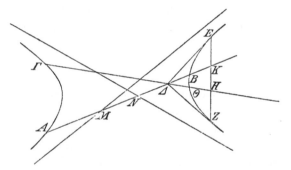

nem positae ad rectas inter alteram sectionem idemque
punctum positas, eam habent rectae maiores iis, quae
inter sectiones oppositas abscinduntur, ad excessus
earum, recta per terminos rectarum maiorum ducta
cum sectionibus concurret, et rectae a punctis con-
cursus ad sumptum punctum ductae lineas contingent.

sint oppositae A, B, et punctum $\varDelta$ inter sectiones
positum. prius in angulo ab asymptotis comprehenso
supponatur, et per $\varDelta$ producantur $A\varDelta B$, $\varGamma\varDelta\varTheta$. ita-

τῇ *ΑΜ*. καὶ ὃν μὲν ἔχει λόγον ἡ *ΑΔ* πρὸς *ΔΒ*,
ἐχέτω ἡ *ΑΚ* πρὸς *ΚΒ*, ὃν δὲ ἔχει λόγον ἡ *ΓΔ* πρὸς *ΔΘ*,
ἐχέτω ἡ *ΓΗ* πρὸς *ΗΘ*. λέγω, ὅτι ἡ διὰ τῶν *Κ, Η*
συμπεσεῖται τῇ τομῇ, καὶ αἱ ἀπὸ τοῦ *Δ* ἐπὶ τὰς συμ-
5 πτώσεις ἐφάψονται τῆς τομῆς.

ἐπεὶ γὰρ τὸ *Δ* ἐντός ἐστι τῆς ὑπὸ τῶν ἀσυμπτώ-
των περιεχομένης γωνίας, δυνατὸν ἀπὸ τοῦ *Δ* δύο
ἐφαπτομένας ἀγαγεῖν. ἤχθωσαν αἱ *ΔΕ, ΔΖ*, καὶ
ἐπεζεύχθω ἡ *ΕΖ·* ἐλεύσεται δὴ διὰ τῶν *Κ, Η* σημείων
10 [εἰ γὰρ μή, ἢ διὰ τοῦ ἑνὸς αὐτῶν ἐλεύσεται μόνου ἢ
δι᾽ οὐδετέρου]. εἰ μὲν γὰρ δι᾽ ἑνὸς αὐτῶν μόνου, ἡ
ἑτέρα τῶν εὐθειῶν εἰς τὸν αὐτὸν λόγον τμηθήσεται
καθ᾽ ἕτερον σημεῖον· ὅπερ ἀδύνατον· εἰ δὲ δι᾽ οὐδε-
τέρου, ἐπ᾽ ἀμφοτέρων τὸ ἀδύνατον συμβήσεται.

15   ιθ'.

Εἰλήφθω δὴ τι *Δ* σημεῖον ἐν τῇ ἐφεξῆς γωνίᾳ
τῆς ὑπὶ τῶν ἀσυμπτώτων περιεχομένης, καὶ διήχθωσαν
αἱ εὐθεῖαι τέμνουσαι τὰς τομάς, καὶ διῃρήσθωσαν, ὡς
εἴρηται.

20 λέγω, ὅτι ἡ διὰ τῶν *Κ, Η* ἐκβαλλομένη συμπεσεῖ-
ται ἑκατέρᾳ τῶν ἀντικειμένων, καὶ αἱ ἀπὸ τῶν συμ-
πτώσεων ἐπὶ τὸ *Δ* ἐφάψονται τῶν τομῶν.

ἤχθωσαν γὰρ ἀπὸ τοῦ *Δ* ἐφαπτόμεναι ἑκατέρας
τῶν τομῶν αἱ *ΔΕ, ΔΖ·* ἡ ἄρα διὰ τῶν *Ε, Ζ* διὰ
25 τῶν *Κ, Η* ἐλεύσεται. εἰ γὰρ μή, ἤτοι διὰ τοῦ ἑτέρου
αὐτῶν ἥξει ἢ δι᾽ οὐδετέρου, καὶ πάλιν ὁμοίως συν-
αχθήσεται τὸ ἄτοπον.

---

4. αἱ] p, om. V.   *Δ*] p, *ΔΕ* V.   10. εἰ — 11. οὐδε-
τέρου] deleo.   11. οὐδετέρου] cvp, prius o corr. m. 1 V.   16.
Δ] p, τέταρτον V.

que $A\varDelta > \varDelta B$, $\varGamma\varDelta > \varDelta\varTheta$, quia $BN = AM$. sit autem
$$A\varDelta : \varDelta B = AK : KB, \quad \varGamma\varDelta : \varDelta\varTheta = \varGamma H : H\varTheta.$$
dico, rectam per K, H ductam cum sectione concur-
rere, rectasque a $\varDelta$ ad puncta concursus ductas sec-
tionem contingere.

quoniam enim $\varDelta$ intra angulum ab asymptotis
comprehensum positum est, fieri potest, ut a $\varDelta$ duae
rectae contingentes ducantur [II, 49]. ducantur $\varDelta E, \varDelta Z$,
et ducatur EZ; ea igitur per puncta K, H ueniet.[1])
nam si per unum solum eorum ueniet, altera rectarum
in alio puncto secundum eandem rationem secabitur
[III, 37];[2]) quod fieri non potest. sin per neutrum
ueniet, in utraque absurdum eueniet.

XIX.

Iam punctum $\varDelta$ in angulo sumatur, qui angulo
ab asymptotis comprehenso deinceps est positus, rectae-

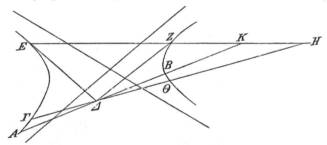

que sectiones secantes producantur et, ut dictum est,
diuidantur.

dico, rectam per K, H productam cum utraque

---

1) Quae sequuntur lin. 10—11, et inutilia sunt et propter
γάϱ lin. 11 non ferenda.
2) Cf. supra p. 27 not.

κ′.

Ἐὰν δὲ τὸ ληφθὲν σημεῖον ἐπί τινος ᾖ τῶν ἀσυμ-
πτώτων, καὶ τὰ λοιπὰ γένηται τὰ αὐτά, ἡ διὰ τῶν
περάτων τῶν ὑπεροχῶν ἀγομένη εὐθεῖα παράλληλος
5 ἔσται τῇ ἀσυμπτώτῳ, ἐφ᾽ ἧς ἐστι τὸ σημεῖον, καὶ ἡ
ἀπὸ τοῦ σημείου ἐπὶ τὴν σύμπτωσιν τῆς τομῆς καὶ
τῆς διὰ τῶν περάτων ἡγμένης εὐθείας ἐφάψεται τῆς
τομῆς.

ἔστωσαν ἀντικείμεναι αἱ Α, Β, καὶ τὸ Δ σημεῖον
10 ἔστω ἐπὶ μιᾶς τῶν ἀσυμπτώτων, καὶ τὰ λοιπὰ τὰ
αὐτὰ γινέσθω. λέγω,
ὅτι ἡ διὰ τῶν Κ, Η
συμπεσεῖται τῇ το-
μῇ, καὶ ἡ ἀπὸ τῆς
15 συμπτώσεως ἐπὶ τὸ
Δ ἐφάψεται τῆς
τομῆς.

ἤχθω ἀπὸ τοῦ Δ
ἐφαπτομένη ἡ ΔΖ, καὶ ἀπὸ τοῦ Ζ παρὰ τὴν ἀσύμπτω-
20 τον, ἐφ᾽ ἧς ἐστι τὸ Δ, ἤχθω εὐθεῖα. ἥξει δὴ διὰ τῶν
Κ, Η. εἰ γὰρ μή, ἢ διὰ τοῦ ἑτέρου αὐτῶν ἥξει ἢ δι᾽ οὐδε-
τέρου, καὶ τὰ αὐτὰ ἄτοπα συμβήσεται τοῖς πρότερον.

κα′.

Ἔστωσαν πάλιν ἀντικείμεναι αἱ Α, Β, καὶ τὸ Δ
25 σημεῖον ἐπὶ μιᾶς τῶν ἀσυμπτώτων, καὶ ἡ μὲν ΔΒΚ
τῇ τομῇ καθ᾽ ἓν μόνον σημεῖον συμβαλλέτω τὸ Β
παράλληλος οὖσα τῇ ἑτέρᾳ τῶν ἀσυμπτώτων, ἡ δὲ ΓΔΘ·
ἑκατέρα τῶν τομῶν συμβαλλέτω, καὶ ἔστω, ὡς ἡ ΓΔ
πρὸς ΔΘ, ἡ ΓΗ πρὸς ΗΘ, τῇ δὲ ΔΒ ἴση ἔστω ἡ ΒΚ.

---

26. συμβαλλέτω] p, συμβαλέτω Vv.

opposita concurrere, rectasque a punctis concursus ad $\varDelta$ ductas sectiones contingere.

ducantur enim a $\varDelta$ utramque sectionem contingentes $\varDelta E$, $\varDelta Z$; itaque recta per E, Z ducta per K, H ueniet. nam si minus, aut per alterum eorum ueniet aut per neutrum, rursusque eodem modo absurdum concludemus [III, 39].

XX.

Sin punctum sumptum in alterutra asymptotarum positum est, et reliqua eadem fiunt, recta per terminos excessuum ducta parallela erit asymptotae, in qua punctum positum est, et recta a puncto ducta ad concursum sectionis rectaeque per terminos ductae sectionem continget.

sint oppositae A, B, et punctum $\varDelta$ in alterutra asymptotarum sit, reliquaque eadem fiant. dico, rectam per K, H ductam cum sectione concurrere, rectamque a puncto concursus ad $\varDelta$ ductam sectionem contingere.

a $\varDelta$ contingens ducatur $\varDelta Z$, et a Z recta ducatur asymptotae parallela, in qua est $\varDelta$; ea igitur per K, H ueniet. nam si minus, aut per alterum eorum ueniet aut per neutrum, et eadem euenient absurda, quae antea [III, 36].

XXI.

Rursus sectiones oppositae sint A, B, et $\varDelta$ punctum in alterutra asymptotarum sit, et $\varDelta BK$ alteri asymptotae parallela cum sectione in uno puncto solo B concurrat, $\varGamma \varDelta \Theta$ autem cum utraque sectione concurrat, sitque $\varGamma \varDelta : \varDelta \Theta = \varGamma H : H \Theta$ et $BK = \varDelta B$.

λέγω, ὅτι ἡ διὰ τῶν Κ, Η σημείων συμπεσεῖται τῇ τομῇ καὶ παράλληλος ἔσται τῇ ἀσυμπτώτῳ, ἐφ᾽ ἧς ἐστι τὸ Δ σημεῖον, καὶ ἡ ἀπὸ τῆς συμπτώσεως 5 ἐπὶ τὸ Δ ἀγομένη ἐφάψεται τῆς τομῆς.

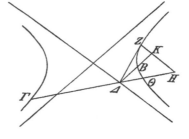

ἤχθω γὰρ ἐφαπτομένη ἡ ΔΖ, καὶ ἀπὸ τοῦ Ζ παρὰ τὴν ἀσύμ- 10 πτωτον, ἐφ᾽ ἧς ἐστι τὸ Δ, ἤχθω εὐθεῖα· ἥξει δὴ διὰ τῶν Κ, Η. εἰ γὰρ μή, τὰ πρότερον εἰρημένα ἄτοπα συμβήσεται.

κβ΄.

15 Ἔστωσαν δὴ ὁμοίως αἱ ἀντικείμεναι καὶ αἱ ἀσύμπτωτοι, καὶ τὸ Δ σημεῖον ὁμοίως εἰλήφθω, καὶ ἡ μὲν ΓΔΘ τέμνουσα τὰς τομάς, ἡ δὲ ΔΒ παράλληλος τῇ ἑτέρᾳ τῶν ἀσυμπτώτων, καὶ ἔστω, ὡς ἡ ΓΔ πρὸς ΔΘ, ἡ ΓΗ πρὸς ΗΘ, τῇ δὲ ΔΒ ἴση ἡ ΒΚ.

20 λέγω, ὅτι ἡ διὰ τῶν Κ, Η συμπεσεῖται ἑκατέρᾳ τῶν ἀντικειμένων, καὶ αἱ ἀπὸ τῶν συμπτώσεων ἐπὶ τὸ Δ ἐφάψονται τῶν ἀντικειμένων.

ἤχθωσαν ἐφαπτόμεναι αἱ ΔΕ, ΔΖ, καὶ ἐπεζεύχθω ἡ ΕΖ καί, εἰ δυνατόν, μὴ ἐρχέσθω διὰ τῶν Κ, Η, 25 ἀλλ᾽ ἤτοι διὰ τοῦ ἑτέρου ἢ δι᾽ οὐδετέρου [ἥξει]. εἰ μὲν διὰ τοῦ Η μόνου, οὐκ ἔσται ἡ ΔΒ τῇ ΒΚ ἴση, ἀλλ᾽ ἑτέρᾳ· ὅπερ ἄτοπον. εἰ δὲ διὰ μόνου τοῦ Κ,

---

1. Κ, Η] cv, euan. V; Η, Κ p.   7. ἐφαπτομένη] p, ἐφαπτόμεναι V.   20. Κ, Η] Η, Κ V, Κ, Β p; corr. Comm 21. αἱ] p, om. V.   25. ἤτοι] p, ἤτοι ἢ V.   ἥξει] deleo.

dico, rectam per puncta K, H ductam cum sectione concurrere parallelamque esse asymptotae, in qua sit punctum $\varDelta$, rectamque a puncto concursus ad $\varDelta$ ductam sectionem contingere.

ducatur enim contingens $\varDelta Z$, et a Z recta ducatur parallela asymptotae, in qua est punctum $\varDelta$; ea igitur per K, H ueniet. nam si minus, absurda, quae antea diximus, euenient [III, 36].

XXII.

Iam eodem modo sint propositae sectiones oppositae asymptotaeque, et punctum $\varDelta$ eodem modo[1]) sumatur, et $\varGamma\varDelta\varTheta$ sectiones secans, $\varDelta B$ autem alteri asymptotae parallela, sitque $\varGamma\varDelta : \varDelta\varTheta = \varGamma H : H\varTheta$, et $BK = \varDelta B$.

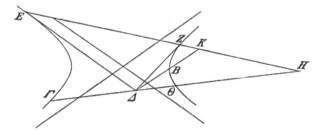

dico, rectam per K, H ductam cum utraque opposita concurrere, et rectas a punctis concursus ad $\varDelta$ ductas oppositas contingere.

ducantur contingentes $\varDelta E$, $\varDelta Z$, ducaturque EZ et, si fieri potest, per K, H ne cadat, sed aut per al-

---

1) Hic aliquid turbatum est; nam punctum $\varDelta$ in angulo deinceps posito positum esse necesse est, et ita in figura codicis V est. quare Memus ceterique hoc in uerbis Apollonii addiderunt (τὸ $\varDelta$ σημεῖον ἐν τῇ ἐφεξῆς γωνίᾳ τῆς ὑπὸ τῶν ἀσυμπτώτων περιεχομένης, ὁμοίως Halley).

οὐκ ἔσται, ὡς ἡ ΓΔ πρὸς ΔΘ, ἡ ΓΗ πρὸς ΗΘ, ἀλλ᾽ ἄλλη τις πρὸς ἄλλην. εἰ δὲ δι᾽ οὐδετέρου τῶν Κ, Η, ἀμφότερα τὰ ἀδύνατα συμβήσεται.

κγ'.

5 Ἔστωσαν πάλιν ἀντικείμεναι αἱ Α, Β, καὶ τὸ Δ σημεῖον ἐν τῇ ἐφεξῆς γωνίᾳ τῆς ὑπὸ τῶν ἀσυμπτώτων περιεχομένης, καὶ ἡ μὲν ΒΔ ἤχθω τὴν Β τομὴν καθ᾽ ἓν μόνον τέμνουσα, τῇ δὲ ἑτέρᾳ τῶν ἀσυμπτώτων παράλληλος, ἡ δὲ ΔΑ τὴν Α τομὴν ὁμοίως, καὶ ἔστω 10 ἴση ἡ μὲν ΔΒ τῇ ΒΗ, ἡ δὲ ΔΑ τῇ ΑΚ.

λέγω, ὅτι ἡ διὰ τῶν Κ, Η συμβάλλει ταῖς τομαῖς, καὶ αἱ ἀπὸ τῶν συμπτώσεων ἐπὶ τὸ Δ ἀγόμεναι ἐφάψονται τῶν τομῶν.

ἤχθωσαν ἐφαπτόμεναι αἱ ΔΕ, ΔΖ, καὶ ἐπιζευχθεῖσα 15 ἡ ΕΖ, εἰ δυνατόν, μὴ ἐρχέσθω διὰ τῶν Κ, Η. ἤτοι

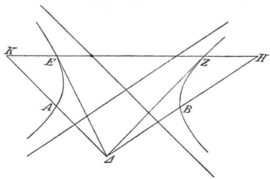

δὴ διὰ τοῦ ἑτέρου αὐτῶν ἐλεύσεται ἢ δι᾽ οὐδετέρου, καὶ ἤτοι ἡ ΔΑ οὐκ ἔσται ἴση τῇ ΑΚ, ἀλλὰ ἄλλη τινί·

---

terum aut per neutrum. iam si per H solum cadit,
non erit $\varDelta B$ rectae BK aequalis, sed alii cuidam
[III, 31]; quod absurdum est. sin per K solum, non
erit $\varGamma\varDelta : \varDelta\Theta = \varGamma H : H\Theta$, sed alia quaedam ad aliam
[III, 39]. sin per neutrum punctorum K, H cadit,
utrumque absurdum eueniet.

XXIII.

Rursus sint oppositae A, B, et punctum $\varDelta$ po-
situm sit in angulo, qui angulo ab asymptotis com-
prehenso deinceps est positus, ducaturque $B\varDelta$ sectio-
nem B in uno puncto solo secans, alteri autem asym-
ptotarum parallela, et $\varDelta A$ eodem modo sectionem A
secet, sitque $\varDelta B = BH$, $\varDelta A = AK$.

dico, rectam per puncta K, H ductam cum sec-
tionibus concurrere, et rectas a punctis concursus ad
$\varDelta$ ductas sectiones contingere.

ducantur contingentes $\varDelta E$, $\varDelta Z$, et ducta EZ, si
fieri potest, per K, H ne cadat. aut igitur per al-
terum eorum cadet aut per neutrum, et aut $\varDelta A$ rectae
AK aequalis non erit, sed alii cuidam [III, 31]; quod
absurdum est; aut non erit $\varDelta B = BH$, aut neutra
neutri, et rursus in utraque idem absurdum eueniet.
ergo EZ per K, H ueniet.

XXIV.

Coni sectio cum coni sectione uel arcu circuli
ita non concurrit, ut pars eadem sit, pars non com-
munis.

ὅπερ ἄτοπον· ἢ ἡ ΔΒ τῇ ΒΗ οὐκ ἴση, ἢ οὐδετέρα
οὐδετέρᾳ, καὶ πάλιν ἐπ' ἀμφοτέρων τὸ αὐτὸ ἄτοπον
συμβήσεται. ἥξει ἄρα ἡ ΕΖ διὰ τῶν Κ, Η.

κδ'.

5 Κώνου τομὴ κώνου τομῇ ἢ κύκλου περιφερείᾳ οἱ
συμβάλλει οὕτως, ὥστε μέρος μέν τι εἶναι ταυτόν, μέρος
δὲ μὴ εἶναι κοινόν.

εἰ γὰρ δυνατόν, κώνου τομὴ ἡ ΔΑΒΓ κύκλου
περιφερείᾳ τῇ ΕΑΒΓ συμβαλλέτω, καὶ ἔστω αὐτῶν
10 κοινὸν μέρος τὸ αὐτὸ τὸ ΑΒΓ, μὴ κοινὸν δὲ τὸ ΑΔ
καὶ τὸ ΑΕ, καὶ εἰλήφθω ἐπ' αὐτῶν σημεῖον τὸ Θ,
καὶ ἐπεζεύχθω ἡ ΘΑ, καὶ διὰ τυχόντος σημείου τοῦ Ε
τῇ ΑΘ παράλληλος ἤχθω ἡ ΔΕΓ, καὶ τετμήσθω ἡ ΑΘ
δίχα κατὰ τὸ Η, καὶ διὰ τοῦ Η διάμετρος ἤχθω
15 ἡ ΒΗΖ. ἡ ἄρα διὰ τοῦ Β παρὰ τὴν ΑΘ ἐφάψεται
ἑκατέρας τῶν τομῶν καὶ παράλληλος ἔσται τῇ ΔΕΓ,
καὶ ἔσται ἐν μὲν τῇ ἑτέρᾳ τομῇ ἡ ΔΖ τῇ ΖΓ ἴση,
ἐν δὲ τῇ ἑτέρᾳ ἡ ΕΖ τῇ ΖΓ ἴση. ὥστε καὶ ἡ ΔΖ
τῇ ΖΕ ἐστιν ἴση· ὅπερ ἀδύνατον.

20 ### κε'.

Κώνου τομὴ κώνου τομὴν ἢ κύκλου περιφέρειαν
οὐ τέμνει κατὰ πλείονα σημεῖα τεσσάρων.

εἰ γὰρ δυνατόν, τεμνέτω κατὰ πέντε τὰ Α, Β, Γ, Δ, Ε,
καὶ ἔστωσαν αἱ Α, Β, Γ, Δ, Ε συμπτώσεις ἐφεξῆς μη-
25 δεμίαν παραλείπουσαι μεταξὺ αὐτῶν, καὶ ἐπεζεύχθωσαν
αἱ ΑΒ, ΓΔ καὶ ἐκβεβλήσθωσαν· συμπεσοῦνται δὴ
αὗται ἐκτὸς τῶν τομῶν ἐπὶ τῆς παραβολῆς καὶ ὑπερ-
βολῆς. συμπιπτέτωσαν κατὰ τὸ Δ, καὶ ὃν μὲν ἔχει

---

2. οὐδετέρᾳ] om. Vp; corr. Halley cum Comm.   8. γάρ] vpc,
ins. m. 1 V.   23. τά] p, αἱ V.   25. αὐτῶν] scripsi, αὐτῶν Vpc.

nam si fieri potest, coni sectio $\varDelta AB\varGamma$ cum arcu circuli $EAB\varGamma$ concurrat, eorumque communis sit pars eadem $AB\varGamma$, non communes autem $A\varDelta$, AE, et in

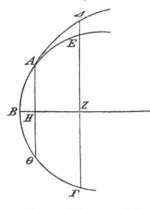

iis sumatur punctum $\varTheta$, ducaturque $\varTheta A$, per punctum autem quodlibet E rectae $A\varTheta$ parallela ducatur $\varDelta E\varGamma$, et $A\varTheta$ in H in duas partes aequales secetur, per H autem diametrus ducatur BHZ. itaque recta per B rectae $A\varTheta$ parallela ducta utramque sectionem continget [I, 32], et rectae $\varDelta E\varGamma$ parallela erit [Eucl. I, 30], eritque in altera sectione $\varDelta Z = Z\varGamma$, in altera $EZ = Z\varGamma$ [I, 46—47]. quare etiam $\varDelta Z = ZE$; quod fieri non potest.

XXV.

Coni sectio coni sectionem uel arcum circuli non secat in pluribus punctis quam quattuor.

nam si fieri potest, in quinque secet $A, B, \varGamma, \varDelta, E$, et puncta concursus $A, B, \varGamma, \varDelta, E$ deinceps sint posita nullum inter se praetermittentia, et ducantur AB, $\varGamma\varDelta$ producanturque; eae igitur in parabola et hyperbola extra sectiones concurrent [II, 24—25]. concurrant in A, sitque $A\varDelta : AB = AO : OB$ et
$$\varDelta A : A\varGamma = \varDelta \varPi : \varPi\varGamma.$$
itaque recta a $\varPi$ ad O ducta in utramque partem producta cum sectione concurret, et rectae a punctis concursus ad $\varDelta$ ductae sectiones contingent [prop. IX].

λόγον ἡ ΑΔ πρὸς ΑΒ, ἐχέτω ἡ ΑΟ πρὸς ΟΒ, ὃν δὲ
ἔχει λόγον ἡ ΔΑ πρὸς ΑΓ, ἐχέτω ἡ ΔΠ πρὸς ΠΓ·
η ἄρα ἀπὸ τοῦ Π ἐπὶ τὸ Ο ἐπιζευγνυμένη ἐκβαλλο-
μένη ἐφ' ἑκάτερα συμπεσεῖται τῇ τομῇ, καὶ αἱ ἀπὸ
5 τῶν συμπτώσεων ἐπὶ τὸ Δ ἐπιζευγνύμεναι ἐφάψονται
τῶν τομῶν. συμπιπτέτω δὴ κατὰ τὰ Θ, Ρ, καὶ ἐπε-
ζεύχθωσαν αἱ ΘΔ, ΔΡ· ἐφάψονται δὴ αὗται. η ἄρα ΕΔ
τέμνει ἑκατέραν τομήν, ἐπείπερ μεταξὺ τῶν Β, Γ σύμ-
πτωσις οὐκ ἔστι. τεμνέτω κατὰ τὰ Μ, Η· ἔσται ἄρα
10 διὰ μὲν τὴν ἑτέραν τομήν, ὡς ἡ ΕΔ πρὸς ΑΗ, ἡ ΕΝ
πρὸς ΝΗ, διὰ δὲ τὴν ἑτέραν, ὡς ἡ ΕΔ πρὸς ΑΜ,
ἡ ΕΝ πρὸς ΝΜ. τοῦτο δὲ ἀδύνατον· ὥστε καὶ τὸ
ἐξ ἀρχῆς.

ἐὰν δὲ αἱ ΑΒ, ΔΓ παράλληλοι ὦσιν, ἔσονται μὲν
15 αἱ τομαὶ ἐλλείψεις ᾒ κύκλου περιφέρεια. τετμήσθωσαν
αἱ ΑΒ, ΓΔ δίχα κατὰ τὰ Ο, Π, καὶ ἐπεζεύχθω ἡ ΠΟ
καὶ ἐκβεβλήσθω ἐφ' ἑκάτερα· συμπεσεῖται δὴ ταῖς
τομαῖς. συμπιπτέτω δὴ κατὰ τὰ Θ, Ρ. ἔσται δὴ
διάμετρος τῶν τομῶν ἡ ΘΡ, τεταγμένως δὲ ἐπ' αὐτὴν
20 κατηγμέναι αἱ ΑΒ, ΓΔ. ἤχθω δὴ ἀπὸ τοῦ Ε παρὰ
τὰς ΑΒ, ΓΔ ἡ ΕΝΜΗ· τεμεῖ ἄρα ἡ ΕΜΗ τὴν ΘΡ
καὶ ἑκατέραν τῶν γραμμῶν, διότι ἑτέρα σύμπτωσις οὐκ
ἔστι παρὰ τὰς Α, Β, Γ, Δ. ἔσται δὴ διὰ ταῦτα ἐν
μὲν τῇ ἑτέρᾳ τομῇ ἡ ΝΜ ἴση τῇ ΕΝ, ἐν δὲ τῇ ἑτέρᾳ
25 ἡ ΝΕ τῇ ΝΗ ἴση· ὥστε καὶ ἡ ΝΜ τῇ ΝΗ ἐστιν
ἴση· ὅπερ ἀδύνατον.

---

2. ΔΔ] p, ΔΓ V.   15. περιφέρεια] pv, περιφερείαι V.
16. ΓΔ] cpv, Γ euan. V.   23. Δ] Δ, Ε p.

concurrat igitur in Θ, P, ducanturque $\Theta\varDelta$, $\varDelta P$; eae igitur contingent. itaque $E\varDelta$ utramque sectionem se-

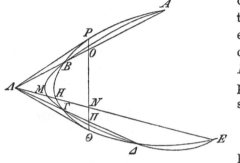

cat, quoniam in-
ter B, Γ nullum
est punctum con-
cursus. secet in
M, H.   itaque
propter alteram
sectionem erit

$$E\varDelta : \varDelta H$$
$$= EN : NH,$$

propter alteram

autem $E\varDelta : \varDelta M = EN : NM$ [III, 37]. hoc autem fieri non potest; ergo ne illud quidem, quod ab initio posuimus.

sin AB, $\varDelta\Gamma$ parallelae sunt, sectiones erunt ellipses uel altera arcus circuli. secentur AB, $\Gamma\varDelta$ in O, Π

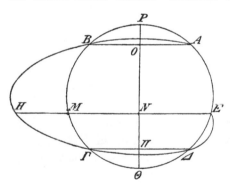

in binas partes
aequales, ducatur-
que ΠO et in
utramque partem
producatur; cum
sectionibus igitur
concurret.   con-
currat igitur in
Θ, P. itaque ΘP
diametrus erit
sectionum [II, 28],

et ad eam ordinate ductae AB, $\Gamma\varDelta$. ducatur igitur ab E rectis AB, $\Gamma\varDelta$ parallela $ENMH$. EMH igitur rectam ΘP et utramque lineam secat, quoniam nullum aliud est punctum concursus praeter A, B, Γ, $\varDelta$. prop-

κϛ'.

Ἐὰν τῶν εἰρημένων γραμμῶν τινες καθ' ἓν ἐφά-
πτωνται σημεῖον ἀλλήλων, οὐ συμβάλλουσιν ἑαυταῖς
καθ' ἕτερα σημεῖα πλείονα ἢ δύο.

5 ἐφαπτέσθωσαν γὰρ ἀλλήλων τινὲς δύο τῶν εἰρη-
μένων γραμμῶν κατὰ τὸ Α σημεῖον. λέγω, ὅτι οὐ
συμβάλλουσι κατ' ἄλλα σημεῖα πλείονα ἢ δύο.

εἰ γὰρ δυνατόν, συμβαλλέτωσαν κατὰ τὰ Β, Γ, Δ,
καὶ ἔστωσαν αἱ συμπτώσεις ἐφεξῆς ἀλλήλαις μηδεμίαν
10 μεταξὺ παραλείπουσαι, καὶ ἐπεζεύχθω ἡ ΒΓ καὶ ἐκ-
βεβλήσθω, καὶ ἀπὸ
τοῦ Α ἐφαπτομένη
ἤχθω ἡ ΑΔ ἐφάψεται
δὴ τῶν δύο τομῶν καὶ
15 συμπεσεῖται τῇ ΓΒ.
συμπιπτέτω κατὰ τὸ Δ,
καὶ γινέσθω, ὡς ἡ ΓΔ
πρὸς ΛΒ, ἡ ΓΠ πρὸς
ΠΒ, καὶ ἐπεζεύχθω ἡ

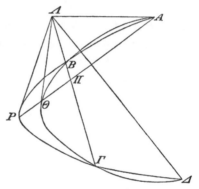

20 ΑΠ καὶ ἐκβεβλήσθω·
συμπεσεῖται δὴ ταῖς
τομαῖς, καὶ αἱ ἀπὸ τῶν
συμπτώσεων ἐπὶ τὸ Δ ἐφάψονται τῶν τομῶν. ἐκβε-
βλήσθω καὶ συμπιπτέτω κατὰ τὰ Θ, Ρ, καὶ ἐπεζεύχθωσαν
25 αἱ ΘΛ, ΛΡ ἐφάψονται δὴ αὗται τῶν τομῶν. ἡ ἄρα
ἀπὸ τοῦ Δ ἐπὶ τὸ Λ ἐπιζευγνυμένη τέμνει ἑκατέραν
τῶν τομῶν, καὶ συμβήσεται τὰ πρότερον εἰρημένα
ἄτοπα. οὐκ ἄρα τέμνουσιν ἀλλήλας κατὰ πλείονα
σημεῖα ἢ δύο.

---

7. ἤ] p, om. V.   14. δύο] ὓ V.

terea erit [I def. 4] in altera sectione $NM = EN$, in altera $NE = NH$; quare etiam $NM = NH$; quod fieri non potest.

XXVI.

Si quae linearum, quas diximus, inter se in uno puncto contingunt, non concurrunt inter se in aliis punctis pluribus quam duobus.

nam duae aliquae linearum, quas diximus, inter se contingant in puncto A. dico, eas non concurrere in aliis punctis pluribus quam duobus.

nam si fieri potest, concurrant in B, Γ, $\varDelta$, et puncta concursus deinceps sint posita nullum inter se praetermittentia, ducaturque $B\Gamma$ et producatur, ab A autem contingens ducatur $A\varDelta$; ea igitur duas sectiones continget et cum ΓB concurret. concurrat in $\varDelta$, et fiat $\Gamma A : AB = \Gamma\varPi : \varPi B$, ducaturque $A\varPi$ et producatur; concurret igitur cum sectionibus, et rectae a punctis concursus ad A ductae sectiones contingent [prop. I]. producatur et in Θ, P concurrat, ducanturque ΘA, AP; eae igitur sectiones contingent. itaque recta a $\varDelta$ ad A ducta utramque sectionem secat, et eadem, quae antea [prop. XXV] diximus, absurda euenient [III, 37]. ergo non secant inter se in pluribus punctis quam duobus.

sin in ellipsi uel arcu circuli ΓB et $A\varDelta$ parallelae sunt, eodem modo, quo in praecedenti, demonstrationem conficiemus, cum demonstrauerimus, $A\Theta$ diametrum esse.

ἐὰν δὲ ἐπὶ τῆς ἐλλείψεως ἢ τῆς τοῦ κύκλου περιφε-
ρείας ἡ ΓΒ παράλληλος ᾖ τῇ ΑΔ, ὁμοίως τῷ προει-
ρημένῳ ποιησόμεθα τὴν ἀπόδειξιν διάμετρον δείξαντες
τὴν ΑΘ.

5   κζ'.

Ἐὰν τῶν προειρημένων γραμμῶν τινες κατὰ δύο
σημεῖα ἐφάπτωνται ἀλλήλων, οὐ συμβάλλουσιν ἀλλή-
λαις καθ᾽ ἕτερον.

δύο γὰρ τῶν εἰρημένων γραμμῶν ἐφαπτέσθωσαν
10 ἀλλήλων κατὰ δύο σημεῖα τὰ Α, Β. λέγω, ὅτι ἀλ-
λήλαις κατὰ ἄλλο σημεῖον οὐ συμβάλλουσιν.

εἰ γὰρ δυνατόν, συμβαλλέτωσαν καὶ κατὰ τὸ Γ,
καὶ ἔστω πρότερον τὸ Γ ἐκτὸς τῶν Α, Β ἀφῶν, καὶ
ἤχθωσαν ἀπο τῶν Α, Β ἐφαπτόμεναι· ἐφάψονται ἄρα
15 ἀμφοτέρων τῶν γραμμῶν. ἐφαπτέσθωσαν καὶ συμ-
πιπτέτωσαν κατὰ τὸ Δ, ὡς ἐπὶ τῆς πρώτης καταγραφῆς,
καὶ ἐπεζεύχθω ἡ ΓΔ· τεμεῖ δὴ ἑκατέραν τῶν τομῶν.
τεμνέτω κατὰ τὰ Η, Μ, καὶ ἐπεζεύχθω ἡ ΑΝΒ. ἔσται
ἄρα ἐν μὲν τῇ ἑτέρᾳ τομῇ, ὡς ἡ ΓΔ πρὸς ΔΗ, ἡ ΓΝ
20 πρὸς ΝΗ, ἐν δὲ τῇ ἑτέρᾳ, ὡς ἡ ΓΔ πρὸς ΔΜ, ἡ ΓΝ
πρὸς ΝΜ· ὅπερ ἄτοπον.

                               κη'.

Ἐὰν δὲ ἡ ΓΗ παράλληλος ᾖ ταῖς κατὰ τὰ Α, Β
σημεῖα ἐφαπτομέναις, ὡς ἐπὶ τῆς ἐλλείψεως ἐν τῇ
25 δευτέρᾳ καταγραφῇ, ἐπιζεύξαντες τὴν ΑΒ ἐροῦμεν,
ὅτι διάμετρος ἔσται τῶν τομῶν. ὥστε δίχα τμηθήσεται
ἑκατέρα τῶν ΓΗ, ΓΜ κατὰ τὸ Ν· ὅπερ ἄτοπον.
οὐκ ἄρα καθ᾽ ἕτερον σημεῖον συμβάλλουσιν αἱ γραμ-
μαὶ ἀλλήλαις, ἀλλὰ κατὰ μόνα τὰ Α, Β.

7. ἀλλήλαις] p, ἀλλήλως V.   14. ἐφάψονται] p, ἐφάψεται V.
17. τεμεῖ] p, τεμεῖν V.   22. κη'] om. Vp.   23. τά] p,
om. V   27. ΓΜ] cvp, Γ e corr. m. 1 V.

XXVII.[1])

Si quae linearum, quas antea diximus, in duobus punctis inter se contingunt, in alio puncto inter se non concurrunt.

nam ex lineis, quas diximus, duae inter se in duobus punctis contingant *A*, *B*. dico, eas in alio puncto inter se non concurrere.

nam si fieri potest, etiam in *Γ* concurrant, et *Γ* prius extra puncta contactus *A*, *B* positum sit, ducanturque ab *A*, *B* contingentes; contingent igitur utramque lineam. contingant et concurrant in *A*, ut in prima figura, ducaturque *ΓA*; ea igitur utramque sectionem secabit. secet in *H*, *M*, et ducatur *ANB*. itaque erit in

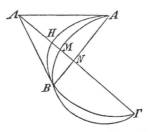

altera sectione [III, 37] $\Gamma A : AH = \Gamma N : NH$, in altera autem $\Gamma A : AM = \Gamma N : NM$; quod absurdum est.

XXVIII.

Sin *ΓH* rectis in *A*, *B* contingentibus parallela est, ut in ellipsi in secunda figura, ducta *AB* concludemus, eam diametrum esse sectionum [II, 27]. quare utraque *ΓH*, *ΓM* in *N* in binas partes aequales secabitur [I def. 4]; quod absurdum est. ergo lineae in nullo alio puncto concurrent, sed in solis *A*, *B*.

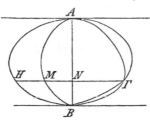

1) Hanc propositionem in tres diuisi, ut numerus XLIII apud Eutocium suae responderet propositioni; nam ne pro-

κθ'.

Ἔστω δὴ τὸ Γ μεταξὺ τῶν ἀφῶν, ὡς ἐπὶ τῆς τρίτης καταγραφῆς.

φανερόν, ὅτι οὐκ ἐφάψονται αἱ γραμμαὶ ἀλλήλων
5 κατὰ τὸ Γ· κατὰ δύο γὰρ μόνον ὑπόκεινται ἐφαπτό-
μεναι. τεμνέτωσαν οὖν κατὰ τὸ Γ, καὶ ἤχθωσαν ἀπὸ
τῶν Α, Β ἐφαπτό-
μεναι αἱ Α Δ,
Δ Β, καὶ ἐπε-
10 ζεύχθω ἡ Α Β καὶ
δίχα τετμήσθω
κατὰ τὸ Ζ· ἡ ἄρα
ἀπὸ τοῦ Δ ἐπὶ
τὸ Ζ διάμετρος

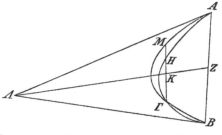

15 ἔσται. διὰ μὲν οὖν τοῦ Γ οὐκ ἐλεύσεται. εἰ γὰρ ἥξει,
ἡ διὰ τοῦ Γ παρὰ τὴν Α Β ἀγομένη ἐφάψεται ἀμφο-
τέρων τῶν τομῶν· τοῦτο δὲ ἀδύνατον. ἤχθω δὴ ἀπὸ
τοῦ Γ παρὰ τὴν Α Β ἡ ΓΚΗΜ· ἔσται δὴ ἐν μὲν τῇ
ἑτέρᾳ τομῇ ἡ ΓΚ τῇ ΚΗ ἴση, ἐν δὲ τῇ ἑτέρᾳ ἡ ΚΜ
20 τῇ ΚΓ ἴση. ὥστε καὶ ἡ ΚΜ τῇ ΚΗ ἴση· ὅπερ ἀδύνατον.

ὁμοίως δὲ καί, ἐὰν παράλληλοι ὦσιν αἱ ἐφαπτό-
μεναι, κατὰ τὰ αὐτὰ τοῖς ἐπάνω τὸ ἀδύνατον δειχ-
θήσεται.

λ'.

25 Παραβολὴ παραβολῆς οὐκ ἐφάψεται κατὰ πλείονα
σημεῖα ἢ ἕν.

εἰ γὰρ δυνατόν, ἐφαπτέσθωσαν αἱ ΑΗΒ, ΑΜΒ
παραβολαὶ κατὰ τὰ Α, Β, καὶ ἤχθωσαν ἐφαπτόμεναι
αἱ Α Δ, Δ Β· ἐφάψονται δὴ αὗται τῶν τομῶν ἀμφο-
τέρων καὶ συμπεσοῦνται κατὰ τὸ Δ.

---

1. κθ'] om. Vp.   2. ὡς] p, om. V.

XXIX.

Iam uero Γ inter puncta contactus positum sit, ut in tertia figura.

manifestum est, lineas in Γ inter se non contingere; nam suppositum est, eas in duobus solis contingere. secent igitur in Γ, ducanturque ab A, B contingentes $A\Delta$, ΔB, et ducatur AB seceturque in Z in duas partes aequales; itaque recta ab Δ ad Z ducta diametrus erit [II, 29]. iam per Γ non ueniet; nam si ueniet, recta per Γ rectae AB parallela ducta utramque sectionem continget [II, 5—6]; hoc autem fieri non potest. ducatur igitur a Γ rectae AB parallela ΓKHM; erit igitur [I def. 4] in altera sectione $\Gamma K = KH$, in altera autem $KM = K\Gamma$. quare etiam $KM = KH$; quod fieri non potest.

similiter autem etiam, si rectae contingentes parallelae sunt, eodem modo, quo supra, demonstrabimus fieri non posse.

XXX.

Parabola parabolam non continget in pluribus punctis quam in uno.

nam si fieri potest, parabolae AHB, AMB in A, B contingant, ducanturque contingentes $A\Delta$, ΔB; eae igitur utramque sectionem contingent et in Δ concurrent.

ducatur AB et in Z in duas partes aequales secetur, ducaturque ΔZ. quoniam igitur duae lineae AHB, AMB inter se contingunt in duobus punctis

---

positiones XXV et XXVI in binas diuidamus, obstat uocabulum προειρημένῳ prop. XXVI p. 44, 2.

ἐπεζεύχθω ἡ ΑΒ καὶ δίχα τετμήσθω κατὰ τὸ Ζ,
καὶ ἤχθω ἡ ΔΖ. ἐπεὶ οὖν δύο γραμμαὶ αἱ ΑΗΒ,
ΑΜΒ ἐφάπτονται ἀλλή-
λων κατὰ δύο τὰ Α, Β,
5 οὐ συμβάλλουσιν ἀλλήλαις
καθ᾽ ἕτερον· ὥστε ἡ ΔΖ
ἑκατέραν τῶν τομῶν τέμ-
νει. τεμνέτω κατὰ τὰ Η, Μ·
ἔσται δὴ διὰ μὲν τὴν ἑτέ-

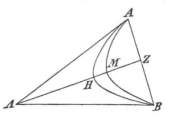

10 ραν τομὴν ἡ ΔΗ τῇ ΗΖ ἴση, διὰ δὲ τὴν ἑτέραν ἡ
ΔΜ τῇ ΜΖ ἴση· ὅπερ ἀδύνατον. οὐκ ἄρα παραβολὴ
παραβολῆς ἐφάψεται κατὰ πλείονα σημεῖα ἢ ἕν.

λα'.

Παραβολὴ ὑπερβολῆς οὐκ ἐφάψεται κατὰ δύο σημεῖα
15 ἐκτὸς αὐτῆς πίπτουσα.

ἔστω παραβολὴ μὲν ἡ ΑΗΒ, ὑπερβολὴ δὲ ἡ ΑΜΒ,
καὶ εἰ δυνατόν, ἐφαπτέσθωσαν κατὰ τὰ Α, Β, καὶ
ἤχθωσαν ἀπὸ τῶν Α, Β ἐφαπτόμεναι ἑκατέρας τῶν
Α, Β τομῶν συμπίπτουσαι ἀλλήλαις κατὰ τὸ Δ, καὶ
20 ἐπεζεύχθω ἡ ΑΒ καὶ τετμήσθω δίχα κατὰ τὸ Ζ, καὶ
ἐπεζεύχθω ἡ ΔΖ.

ἐπεὶ οὖν αἱ ΑΗΒ, ΑΜΒ τομαὶ κατὰ τὰ Α, Β
ἐφάπτονται, κατ᾽ ἄλλο οὐ συμβάλλουσιν· ἡ ἄρα ΔΖ
κατ᾽ ἄλλο καὶ ἄλλο τέμνει τὰς τομάς. τεμνέτω κατὰ
25 τὰ Η, Μ, καὶ προσεκβεβλήσθω ἡ ΔΖ· πεσεῖται δὴ ἐπὶ
τὸ κέντρον τῆς ὑπερβολῆς. ἔστω κέντρον τὸ Δ· ἔσται
δὴ διὰ μὲν τὴν ὑπερβολήν, ὡς ἡ ΖΔ πρὸς ΔΜ, ἡ

8. τά] p, τό V.   11. οὐκ] cpv; euan. V, add. mg. m.
rec.   παραβολή] p, om. V.

A, B, in nullo alio inter se concurrunt [prop. XXVII
—XXIX]; quare *AZ* utramque sectionem secat. se-
cet in *H, M*; erit igitur [I, 35] propter alteram sec-
tionem *AH = HZ*, propter alteram autem *AM = MZ*;
quod fieri non potest. ergo parabola non continget in
pluribus punctis quam in uno.

XXXI.

Parabola hyperbolam non continget in duobus
punctis extra eam cadens.

sit parabola *AHB*, hyperbola autem *AMB*, et,
si fieri potest, contingant in *A, B,* ducanturque ab

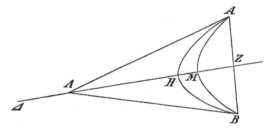

A, B rectae utramque sectionem *A, B* contingentes,
quae in *A* inter se concurrant, et ducatur *AB* secetur-
que in *Z* in duas partes aequales, ducaturque *AZ*.

quoniam igitur sectiones *AHB, AMB* in *A, B* con-
tingunt, in nullo alio puncto concurrunt [prop. XXVII
—XXIX]; *AZ* igitur in alio atque alio puncto sec-
tiones secat. secet in *H, M*, et *AZ* producatur; ueniet
igitur per centrum hyperbolae [II, 29]. sit centrum
A; erit igitur propter hyperbolam [I, 37]

$$ZA : AM = AM : AA$$

[Eucl. VI, 17] $= ZM : MA$ [Eucl. V, 17; V, 16].

ΜΔ πρὸς ΔΔ καὶ λοιπὴ ἡ ΖΜ πρὸς ΜΔ. μείζων
δὲ ἡ ΖΔ τῆς ΔΜ· μείζων ἄρα καὶ ἡ ΖΜ τῆς ΜΔ. διὰ
δὲ τὴν παραβολὴν ἴση ἡ ΖΗ τῇ ΗΔ· ὅπερ ἀδύνατον.

λβ´.

5   Παραβολὴ ἐλλείψεως ἢ κύκλου περιφερείας οὐκ
ἐφάψεται κατὰ δύο σημεῖα ἐντὸς αὐτῆς πίπτουσα.

ἔστω γὰρ ἔλλειψις ἢ κύκλου περιφέρεια ἡ ΑΗΒ,
παραβολὴ δὲ ἡ ΑΜΒ, καὶ εἰ δυνατόν, ἐφαπτέσθωσαν
κατὰ δύο τὰ Α, Β, καὶ ἤχθωσαν ἀπὸ τῶν Α, Β ἐφαπ-
10 τόμεναι τῶν τομῶν καὶ συμπίπτουσαι κατὰ τὸ Δ, καὶ
ἐπεζεύχθω ἡ ΑΒ καὶ δίχα τετμήσθω κατὰ τὸ Ζ, καὶ
ἐπεζεύχθω ἡ ΔΖ· τεμεῖ δὴ ἑκατέραν τῶν τομῶν κατ᾽
ἄλλο καὶ ἄλλο, ὡς εἴρηται. τεμνέτω κατὰ τὰ Η, Μ,
καὶ ἐκβεβλήσθω ἡ ΔΖ ἐπὶ τὸ Δ, καὶ ἔστω τὸ Δ κέν-
15 τρον τῆς ἐλλείψεως ἢ τοῦ κύκλου. ἔστιν ἄρα διὰ τὴν
ἔλλειψιν καὶ τὸν κύκλον, ὡς ἡ ΔΔ πρὸς ΔΗ, ἡ ΔΗ
πρὸς ΔΖ καὶ λοιπὴ ἡ ΔΗ πρὸς ΗΖ. μείζων δὲ ἡ
ΔΔ τῆς ΔΗ· μείζων ἄρα καὶ ἡ ΔΗ τῆς ΗΖ. διὰ
δὲ τὴν παραβολὴν ἴση ἡ ΑΜ τῇ ΜΖ· ὅπερ ἀδύνατον.

20 ### λγ´.

Ὑπερβολὴ ὑπερβολῆς τὸ αὐτὸ κέντρον ἔχουσα οὐκ
ἐφάψεται κατὰ δύο σημεῖα.

ὑπερβολαὶ γὰρ αἱ ΑΗΒ, ΑΜΒ τὸ αὐτὸ κέντρον
ἔχουσαι τὸ Δ, εἰ δυνατόν, ἐφαπτέσθωσαν κατὰ τὰ Α,
25 Β, ἤχθωσαν δὲ ἀπὸ τῶν Α, Β ἐφαπτόμεναι αὐτῶν
καὶ συμπίπτουσαι ἀλλήλαις αἱ ΑΔ, ΑΒ, καὶ ἐπεζεύχθω
ἡ ΔΔ καὶ ἐκβεβλήσθω.

---

16. ΔΗ (alt.)] ΔΠ V; corr. Memus; ΗΔ p.

uerum $Z\varDelta > \varDelta M$; quare etiam $ZM > M\varDelta$ [Eucl. V, 14].
sed propter parabolam est $ZH = H\varDelta$ [I, 35]; quod
fieri non potest.

XXXII.

Parabola ellipsim uel arcum circuli non continget
in duobus punctis intra eam cadens.

sit enim AHB ellipsis uel arcus circuli, parabola
autem AMB, et, si fieri potest, in duobus punctis
contingant A, B, ducanturque ab A, B rectae sectio-
nes contingentes et in $\varDelta$ concurrentes, et ducatur

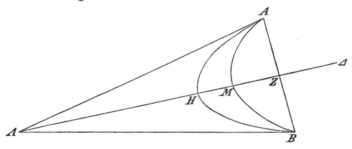

AB seceturque in Z in duas partes aequales, et du-
catur $\varDelta Z$; ea igitur utramque sectionem in alio atque
alio puncto secabit, sicut diximus [prop. XXXI]. se-
cet in H, M, et $\varDelta Z$ ad $\varDelta$ producatur, $\varDelta$ autem cen-
trum sit ellipsis uel circuli [II, 29]. itaque propter
ellipsim circulumue erit [I, 37] $\varDelta\varDelta : \varDelta H = \varDelta H : \varDelta Z$
[Eucl. VI, 17] $= \varDelta H : HZ$ [Eucl. V, 17; V, 16]. uerum
$\varDelta\varDelta > \varDelta H$; quare etiam $\varDelta H > HZ$ [Eucl. V, 14].
sed propter parabolam est $\varDelta M = MZ$ [I, 35]; quod
fieri non potest.

XXXIII.

Hyperbola hyperbolam non continget in duobus
punctis idem centrum habens.

4*

ἐπεζεύχθω δὴ καὶ ἡ ΑΒ· ἡ ἄρα ΔΖ τὴν ΑΒ δίχα
τέμνει κατὰ τὸ Ζ. τεμεῖ δὴ ἡ ΔΖ τὰς τομὰς κατὰ
τὰ Η, Μ. ἔσται δὴ διὰ μὲν τὴν ΑΗΒ ὑπερβολὴν

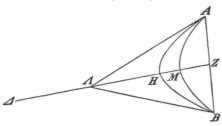

ἴσον το ὑπὸ ΖΔΛ τῷ ἀπο ΔΗ, διὰ δὲ την ΑΜΒ
5 τὸ ὑπὸ ΖΔΛ ἴσον τῷ ἀπὸ ΔΜ. τὸ ἄρα ἀπὸ ΜΔ
ἴσον τῷ ἀπὸ ΔΗ· ὅπερ ἀδύνατον.

λδ'.

Ἐὰν ἔλλειψις ἐλλείψεως ἢ κύκλου περιφερείας κατὰ
δύο σημεῖα ἐφάπτηται τὸ αὐτὸ κέντρον ἔχουσα, ἡ τὰς
10 ἀφὰς ἐπιζευγνύουσα διὰ τοῦ κέντρου πεσεῖται.

ἐφαπτέσθωσαν γὰρ ἀλλήλων αἱ εἰρημέναι γραμμαὶ
κατὰ τὰ Α, Β σημεῖα, καὶ ἐπεζεύχθω ἡ ΑΒ, καὶ διὰ
τῶν Α, Β ἐφαπτόμεναι τῶν τομῶν ἤχθωσαν καί, εἰ
δυνατόν, συμπιπτέτωσαν κατὰ τὸ Δ, καὶ ἡ ΑΒ δίχα
15 τετμήσθω κατὰ τὸ Ζ, καὶ ἐπεζεύχθω ἡ ΔΖ· διάμετρος
ἄρα ἐστὶν ἡ ΔΖ τῶν τομῶν.

ἔστω, εἰ δυνατόν, κέντρον τὸ Δ· ἔσται ἄρα τὸ ὑπὸ
ΛΔΖ διὰ μὲν τὴν ἑτέραν τομὴν ἴσον τῷ ἀπὸ ΔΗ,
διὰ δὲ τὴν ἑτέραν ἴσον τῷ ἀπὸ ΜΔ· ὥστε τὸ ἀπὸ
20 ΗΔ ἴσον τῷ ἀπὸ ΔΜ· ὅπερ ἀδύνατον. οὐκ ἄρα αἱ

---

1. δή] δέ? p.   4. τό] cvp; δὲ τό V, sed δέ del. m. 1.
5. ΖΔΛ] cv, corr. ex ΖΜΛ m. 1 V.   18. ΛΔΖ] ΔΛΖ V;
ΔΛ, ΛΖ p; corr. Halley.

hyperbolae enim AHB, AMB idem centrum haben-
tes $\varDelta$, si fieri potest, in A, B contingant, ducantur
autem ab A, B eas contingentes et inter se concur-
rentes $A\varDelta$, $\varDelta B$, et ducatur $\varDelta\varDelta$ producaturque.

iam uero etiam AB ducatur; $\varDelta Z$ igitur rectam
AB in Z in duas partes aequales secat [II, 30]. ita-
que $\varDelta Z$ sectiones in H, M secabit [prop. XXVII
—XXIX]. erit igitur [I, 37] propter hyperbolam AHB
$Z\varDelta \times \varDelta\varDelta = \varDelta H^2$, propter AMB autem
$$Z\varDelta \times \varDelta\varDelta = \varDelta M^2.$$
ergo $M\varDelta^2 = \varDelta H^2$; quod fieri non potest.

XXXIV.

Si ellipsis ellipsim uel arcum circuli in duobus
punctis contingit idem centrum habens, recta puncta
contactus coniungens per centrum cadet.

nam lineae, quas diximus, inter se contingant in
punctis A, B, ducaturque AB, per A, B autem rectae

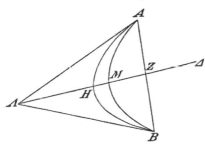

sectiones contingen-
tes ducantur et, si
fieri potest, in $\varDelta$
concurrant, et AB
in Z in duas partes
aequales secetur, du-
caturque $\varDelta Z$; $\varDelta Z$
igitur diametrus est
sectionum [II, 29].

sit $\varDelta$ centrum, si fieri potest; itaque [I, 37] propter
alteram sectionem erit $\varDelta\varDelta \times \varDelta Z = \varDelta H^2$, propter
alteram autem $\varDelta\varDelta \times \varDelta Z = M\varDelta^2$. itaque $H\varDelta^2 = \varDelta M^2$;
quod fieri non potest. rectae igitur ab A, B con-

ἀπὸ τῶν *Α, Β* ἐφαπτόμεναι συμπεσοῦνται· παράλλη-
λοι ἄρα εἰσίν, καὶ διὰ τοῦτο διάμετρός ἐστιν ἡ *ΑΒ.*
ὥστε διὰ τοῦ κέντρου πίπτει· ὅπερ ἔδει δεῖξαι.

λε'.

5 Κώνου τομὴ ἢ κύκλου περιφέρεια κώνου τομῇ ἢ
κύκλου περιφερείᾳ μὴ ἐπὶ τὰ αὐτὰ μέρη τὰ κυρτὰ
ἔχουσα οὐ συμπεσεῖται κατὰ πλείονα σημεῖα ἢ δύο.
εἰ γὰρ δυνατόν, κώνου τομὴ ἢ κύκλου περιφέρεια
ἡ *ΑΒΓ* κώνου τομῇ ἢ κύκλου περιφερείᾳ τῇ *ΑΔΒΕΓ*
10 συμβαλλέτω κατὰ πλείονα σημεῖα ἢ δύο μὴ ἐπὶ τὰ
αὐτὰ μέρη τὰ κυρτὰ ἔχουσα τὰ *Α, Β, Γ.*
καὶ ἐπεὶ ἐν τῇ *ΑΒΓ* γραμμῇ εἴληπται τρία σημεῖα
τὰ *Α, Β, Γ* καὶ ἐπεζευγμέναι αἱ *ΑΒ, ΒΓ,* γωνίαν
ἄρα περιέχουσιν ἐπὶ τὰ αὐτὰ τοῖς κοίλοις τῆς *ΑΒΓ*
15 γραμμῆς. διὰ τὰ αὐτὰ δὴ αἱ *ΑΒΓ* τὴν αὐτὴν γωνίαν
περιέχουσιν ἐπὶ τὰ αὐτὰ τοῖς κοίλοις τῆς *ΑΔΒΕΓ*
γραμμῆς. αἱ εἰρημέναι ἄρα γραμμαὶ ἐπὶ τὰ αὐτα
μέρη ἔχουσι τὰ κοῖλα ἅμα καὶ τὰ κυρτά· ὅπερ ἀδύ-
νατον.

20 λς'.

Ἐὰν κώνου τομὴ ἢ κύκλου περιφέρεια συμπίπτῃ
μιᾷ τῶν ἀντικειμένων κατὰ δύο σημεῖα, καὶ αἱ μεταξὺ
τῶν συμπτώσεων γραμμαὶ ἐπὶ τὰ αὐτὰ μέρη τὰ κοῖλα
ἔχωσι, προσεκβαλλομένη ἡ γραμμὴ κατὰ τὰς συμπτώ-
25 σεις οὐ συμπεσεῖται τῇ ἑτέρᾳ τῶν ἀντικειμένων.

---

12. καὶ ἐπεὶ — *ΑΒΓ*] addidi praeeunte Commandino;
om. V; τῇ Halley.   εἰλήφθω Halley.   13. ἐπεζεύχθωσαν
Halley. p habet inde a lin. 11: ἔχουσα τῇ *ΑΔΒΕΓ* γραμμῇ
καὶ ἐπεζεύχθωσαν αἱ *ΑΒ, ΒΓ.* καὶ ἐπεὶ γραμμῆς τῆς *ΑΒΓ*
εἴληπται τρία σημεῖα τὰ *Α, Β, Γ* καὶ ἐπεζευγμέναι εἰσὶ αἱ *ΑΒ,*
ΒΓ, γωνιαν ἄρα κτλ.   αἱ] p, om. V.   14. τοῖς] c v p, e corr.

tingentes non concurrent; quare parallelae sunt, et
ideo *AB* diametrus est [II, 27]. ergo per centrum
cadit; quod erat demonstrandum.

XXXV.

Coni sectio uel arcus circuli cum coni sectione
uel arcu circuli non concurret in pluribus punctis
quam in duobus conuexa ad easdem partes non habens.

nam si fieri potest, coni sectio uel arcus circuli *ABΓ*
cum coni sectione uel arcu circuli *AΔBEΓ* concurrat

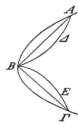

in pluribus punctis quam in duobus *A, B, Γ*
conuexa ad easdem partes non habens.

et quoniam in linea *ABΓ* sumpta
sunt tria puncta *A, B, Γ* et ductae *AB*,
BΓ, hae ad easdem partes, ad quas sunt
concaua lineae *ABΓ*, angulum compre-
hendunt. iam eadem de causa *AB, BΓ*
eundem angulum comprehendunt ad eas-
dem partes, ad quas sunt concaua lineae *AΔBEΓ*.
itaque lineae, quas diximus, concaua ad easdem partes
habent et ideo etiam conuexa; quod fieri non potest.

XXXVI.

Si coni sectio uel arcus circuli cum altera op-
positarum in duobus punctis concurrit, et lineae inter
puncta concursus positae ad easdem partes concaua
habent, linea per puncta concursus producta cum altera
oppositarum non concurret.

---

m. 1 V.   15. *AB, BΓ* Halley cum Memo.   18. ἅμα] scripsi,
ἀλλά V.   24. ἔχωσι] p, ἔχουσι V.

ἔστωσαν ἀντικείμεναι αἱ *Δ*, *ΑΕΓΖ*, καὶ ἔστω κώ-
νου τομὴ ἢ κύκλου περιφέρεια ἡ *ΑΒΖ* συμπίπτουσα
τῇ ἑτέρᾳ τῶν ἀντικειμένων κατὰ
δύο σημεῖα τὰ *Α*, *Ζ*, καὶ ἐχέτωσαν
5 αἱ *ΑΒΖ*, *ΑΓΖ* τομαὶ ἐπὶ τὰ
αὐτὰ μέρη τὰ κοῖλα. λέγω, ὅτι
ἡ *ΑΒΖ* γραμμὴ ἐκβαλλομένη οὐ
συμπεσεῖται τῇ *Δ*.
ἐπεξεύχθω γὰρ ἡ *ΑΖ*. καὶ ἐπεὶ
10 ἀντικείμεναί εἰσιν αἱ *Δ*, *ΑΓΖ*,
καὶ ἡ *ΑΖ* εὐθεῖα κατὰ δύο τέμνει τὴν ὑπερβολήν, οὐ
συμπεσεῖται ἐκβαλλομένη τῇ *Δ* ἀντικειμένῃ. οὐδὲ ἄρα
ἡ *ΑΒΖ* γραμμὴ συμπεσεῖται τῇ *Δ*.

λζ'.

15 Ἐὰν κώνου τομὴ ἢ κύκλου περιφέρεια μιᾷ τῶν ἀν-
τικειμένων συμπίπτῃ, τῇ λοιπῇ αὐτῶν οὐ συμπεσεῖται
κατὰ πλείονα σημεῖα ἢ δύο.

ἔστωσαν ἀντικείμεναι αἱ *Α*, *Β*, καὶ συμβαλλέτω τῇ
Α κώνου τομὴ ἢ κύκλου περιφέρεια ἡ *ΑΒΓ* καὶ τεμ-
20 νέτω τὴν *Β* ἀντικειμένην κατὰ τὰ *Β*, *Γ*. λέγω, ὅτι
κατ' ἄλλο σημεῖον οὐ συμπεσεῖται τῇ *ΒΓ*.

εἰ γὰρ δυνατόν, συμπιπτέτω κατὰ τὸ *Δ*. ἡ ἄρα
ΒΓΔ τῇ *ΒΓ* τομῇ συμβάλλει κατὰ πλείονα σημεῖα ἢ
δύο μὴ ἐπὶ τὰ αὐτὰ ἔχουσα τὰ κοῖλα· ὅπερ ἀδύνατον.
25 ὁμοίως δὲ δειχθήσεται, καὶ ἐὰν ἡ *ΑΒΓ* γραμμὴ
τῆς ἀντικειμένης ἐφάπτηται.

---

15. μιᾷ] p, om. V.   19. *Α*] p, del. punctis V; *Κ* c, om. v.
20. τὴν *Β*] τῇ *ΝΒ* V; τὴν *ΒΓ* p; corr. Memus.   24. μή]
om. Vp; corr. Memus.

sint oppositae sectiones *Δ*, *ΑΕΓΖ*, sitque *ΑΒΖ*
coni sectio uel arcus circuli cum altera oppositarum
concurrens in duobus punctis *Α, Ζ*, et *ΑΒΖ, ΑΓΖ* sec-
tiones concaua ad easdem partes habeant. dico, lineam
ΑΒΖ productam cum *Δ* non concurrere.

ducatur enim *ΑΖ*. et quoniam *Δ, ΑΓΖ* oppositae
sunt, et recta *ΑΖ* in duobus punctis hyperbolam se-
cat, producta cum opposita *Δ* non concurret [II, 33].
ergo ne linea *ΑΒΖ* quidem cum *Δ* concurret.

XXXVII.

Si coni sectio uel arcus circuli cum altera op-
positarum concurrit, cum reliqua earum non concur-
ret in pluribus punctis quam in duobus.

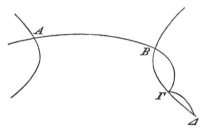

sint oppositae *Α,*
Β, et cum *Α* con-
currat coni sectio uel
arcus circuli *ΑΒΓ*
secetque oppositam
Β in *Β, Γ*. dico, eam
cum *ΒΓ* in nullo alio
puncto concurrere.

nam si fieri potest, concurrat in *Δ*. *ΒΓΔ* igitur
cum sectione *ΒΓ* in pluribus punctis quam in duo-
bus concurrit concaua ad easdem partes non habens
[prop. XXXVI]; quod fieri non potest [prop. XXXV].

similiter autem demonstrabimus, etiam si linea
ΑΒΓ oppositam contingit.

λη'.

Κώνου τομὴ ἢ κύκλου περιφέρεια ταῖς ἀντικειμέ-
ναις οὐ συμπεσεῖται κατὰ πλείονα σημεῖα ἢ τέσσαρα.
φανερὸν δὲ τοῦτο ἐκ τοῦ τῇ μιᾷ τῶν ἀντικειμένων
5 συμπίπτουσαν αὐτὴν τῇ λοιπῇ κατὰ πλείονα δυεῖν μὴ
συμπίπτειν.

λθ'.

Ἐὰν κώνου τομὴ ἢ κύκλου περιφέρεια μιᾶς τῶν
ἀντικειμένων ἐφάπτηται τοῖς κοίλοις αὐτῆς, τῇ ἑτέρᾳ
10 τῶν ἀντικειμένων οὐ συμπεσεῖται.
ἔστωσαν ἀντικείμεναι αἱ Α, Β, καὶ τῆς Α τομῆς
ἐφαπτέσθω ἡ ΓΑΔ. λέγω, ὅτι ἡ ΓΑΔ τῇ Β οὐ
συμπεσεῖται.
ἤχθω ἀπὸ τοῦ Α ἐφαπτομένη ἡ ΕΑΖ. ἑκατέρας
15 δὴ τῶν γραμμῶν ἐπιψαύει κατὰ τὸ Α· ὥστε οὐ συμ-
πεσεῖται τῇ Β. ὥστε οὐδὲ ἡ ΓΑΔ.

μ'.

Ἐὰν κώνου τομὴ ἢ κύκλου περιφέρεια ἑκατέρας
τῶν ἀντικειμένων καθ' ἓν ἐφάπτηται σημεῖον, καθ'
20 ἕτερον οὐ συμπεσεῖται ταῖς ἀντικειμέναις.
ἔστωσαν ἀντικείμεναι αἱ Α, Β, καὶ κώνου τομὴ ἢ
κύκλου περιφέρεια ἐφαπτέσθω ἑκατέρας τῶν Α, Β
κατὰ τὰ Α, Β. λέγω, ὅτι ἡ ΑΒΓ γραμμὴ καθ' ἕτερον
οὐ συμπεσεῖται ταῖς Α, Β τομαῖς.
25 ἐπεὶ οὖν ἡ ΑΒΓ γραμμὴ τῆς Α τομῆς ἐφάπτεται
καθ' ἓν συμπίπτουσα καὶ τῇ Β, τῆς Α ἄρα τομῆς οὐκ

---

5. δυοῖν p.   14. ΕΑΖ] p, ΑΕΖ V.   16. ΓΑΔ] p,
ΑΓΔ V.   24. Β] p, Γ V.

XXXVIII.

Coni sectio uel arcus circuli cum oppositis in pluribus punctis non concurrit quam in quattuor.

hoc autem manifestum est inde, quod cum altera oppositarum concurrens cum reliqua in pluribus punctis quam in duobus non concurrit [prop. XXXVII].

XXXIX.

Si coni sectio uel arcus circuli alteram oppositarum in parte concaua contingit, cum altera oppositarum non concurret.

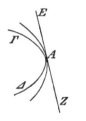

sint oppositae *A*, *B*, et sectionem *A* contingat *ΓΑΔ*. dico, *ΓΑΔ* cum *B* non concurrere.

ab *A* contingens ducatur *EAZ*. ea igitur utramque lineam in *A* contingit; quare cum *B* non concurret. ergo ne *ΓΑΔ* quidem.

XL.

Si coni sectio uel arcus circuli utramque oppositam in singulis punctis contingit, in nullo alio puncto cum oppositis concurret.

sint oppositae *A*, *B*, et coni sectio uel arcus circuli utramque *A*, *B* contingat in *A*, *B*. dico, lineam *ABΓ* in nullo alio puncto cum sectionibus *A*, *B* concurrere.

quoniam igitur linea *ABΓ* sectionem *A* contingit etiam cum *B* in uno puncto concurrens, sectionem *A*

ἐφάψεται κατὰ τὰ κοῖλα. ὁμοίως δὴ δειχϑήσεται, ὅτι
οὐδὲ τῆς Β. ἤχϑωσαν τῶν Α, Β τομῶν ἐφαπτόμεναι
αἱ ΑΔ, ΒΕ· αὗται δὴ ἐφάψονται τῆς ΑΒΓ γραμμῆς.
εἰ γὰρ δυνατόν, τεμνέτω ἡ ἑτέρα αὐτῶν, καὶ ἔστω ἡ
5 ΑΖ. μεταξὺ ἄρα τῆς ΑΖ ἐφαπτομένης καὶ τῆς Α το-
μῆς παρεμπέπτωκεν εὐϑεῖα ἡ ΑΗ· ὅπερ ἀδύνατον.
ἐφάψονται ἄρα τῆς ΑΒΓ, καὶ διὰ τοῦτο φανερόν,
ὅτι ἡ ΑΒΓ καϑ᾽ ἕτερον οὐ συμβάλλει ταῖς Α, Β ἀντι-
κειμέναις.

10   μα΄.

Ἐὰν ὑπερβολὴ μιᾷ τῶν ἀντικειμένων κατὰ δύο
σημεῖα συμπίπτῃ ἀντεστραμμένα τὰ κυρτὰ ἔχουσα, ἡ
ἀντικειμένη αὐτῇ οὐ συμπεσεῖται τῇ ἑτέρᾳ τῶν ἀντι-
κειμένων.

15 ἔστωσαν ἀντικείμεναι αἱ ΑΒΔ, Ζ, καὶ ὑπερβολὴ
ἡ ΑΒΓ τῇ ΑΒΔ συμβαλ-
λέτω κατὰ τὰ Α, Β σημεῖα
ἀντεστραμμένα ἔχουσα τὰ κυρ-
τὰ τοῖς κοίλοις, καὶ τῆς ΑΒΓ
20 ἔστω ἀντικειμένη ἡ Ε. λέγω,
ὅτι οὐ συμπεσεῖται τῇ Ζ.

ἐπεζεύχϑω ἡ ΑΒ καὶ ἐκ-
βεβλήσϑω ἐπὶ τὸ Η. ἐπεὶ οὖν
ὑπερβολὴν τὴν ΑΒΔ εὐϑεῖα
25 τέμνει ἡ ΑΒΗ, ἐκβαλλομένη δὲ ἐφ᾽ ἑκάτερα ἐκτὸς πίπτει
τῆς τομῆς, οὐ συμπεσεῖται τῇ Ζ τομῇ. ὁμοίως δὴ

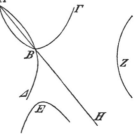

5. Post ΑΖ add. Vp: ὅπως (om. p) καὶ φανερόν, ὅτι, ἐὰν
ἡ ΓΑΔ γραμμὴ συμπίπτῃ καὶ τῇ Β ἀντικειμένῃ, οὐκ ἐφάψεται
τῆς Α τοῖς κοίλοις ἑαυτῆς (αὐτῆς p)· δειχϑήσεται γὰρ ἀντι-
στρόφως (ἡ ΓΑΔ γραμμὴ om. p⁻ addito λείπει), quae omisi
cum Commandino; post ἀντικειμέναις lin. 8 transposuit Halley

in parte concaua non continget [prop. XXXIX]. iam
eodem modo demonstrabimus, eam ne *B* quidem ita

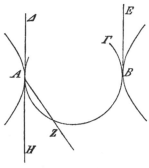

contingere. ducantur *A⊿*,
BE sectiones *A*, *B* contin-
gentes; eae igitur lineam *ABΓ*
contingent. nam si fieri pot-
est, altera secet et sit *AZ*.
itaque inter *AZ* contingentem
et sectionem *A* recta incidit
AH; quod fieri non potest
[I, 36]. ergo *ABΓ* contin-
gent, et ideo manifestum
est, *ABΓ* cum oppositis *A*, *B* in nullo alio puncto
concurrere.

XLI.

Si hyperbola cum altera oppositarum in duobus
punctis concurrit conuexa habens aduersa, sectio ei
opposita cum altera oppositarum non concurret.

sint oppositae *AB⊿*, *Z*, et hyperbola *ABΓ* cum
AB⊿ in punctis *A*, *B* concurrat conuexa concauis
aduersa habens, et sectioni *ABΓ* opposita sit *E*. dico,
hanc cum *Z* non concurrere.

ducatur *AB* et ad *H* producatur. quoniam igitur
recta *ABH* hyperbolam *AB⊿* secat, et in utramque
partem producta extra sectionem cadit, cum *Z* sec-
tione non concurret [II, 33]. similiter igitur propter

(ὅπως] οὕτως, *ΓΑ⊿*] *ΓΑΒ*, καί] om., δὲ ἀντιστρόφως τῇ λε').
   6. *ΑΗ*] p, *Η* V.   11. ὑπερβολή] p, ὑπερβολῇ V.   16.
ΑΒΓ] p, *ΑΒ* V.   *ΑΒ⊿*] p, *Α⊿* V.   19. τῆς] τῇ p   26.
οὐ] scripsi; ὥστε οὐ V, οὐκ ἄρα p; possis etiam cum Com-
mandino δέ lin. 25 delere aut in δή corrigere·(„utique" Memus).

διὰ τὴν ΑΒΓ ὑπερβολὴν οὐδὲ τῇ Ε ἀντικειμένῃ συμ-
πίπτει. οὐδὲ ἡ Ε ἄρα τῇ Ζ συμπεσεῖται.

μβ'.

Ἐὰν ὑπερβολὴ ἑκατέρᾳ τῶν ἀντικειμένων συμπίπτῃ,
5 ἡ ἀντικειμένη αὐτῇ οὐδετέρᾳ τῶν ἀντικειμένων συμ-
πεσεῖται κατὰ δύο σημεῖα.

ἔστωσαν ἀντικείμεναι αἱ Α, Β, καὶ ἡ ΑΓΒ ὑπερ-
βολὴ συμπιπτέτω ἑκατέρᾳ τῶν Α, Β ἀντικειμένων.
λέγω, ὅτι ἡ τῇ ΑΓΒ ἀντικειμένη οὐ συμβάλλει ταῖς
10 Α, Β τομαῖς κατὰ δύο σημεῖα.

εἰ γὰρ δυνατόν, συμβαλλέτω κατὰ τὰ Δ, Ε, καὶ
ἐπιζευχθεῖσα ἡ ΔΕ ἐκβεβλήσθω. διὰ μὲν δὴ τὴν
ΔΕ τομὴν οὐ συμπεσεῖται ἡ ΔΕ εὐθεῖα τῇ ΑΒ τομῇ,
διὰ δὲ τὴν ΑΕΔ οὐ συμπεσεῖται τῇ Β· διὰ γὰρ τῶν
15 τριῶν τόπων ἐλεύσεται· ὅπερ ἀδύνατον. ὁμοίως δὴ
δειχθήσεται, ὅτι οὐδὲ τῇ Β τομῇ κατὰ δύο σημεῖα
συμπεσεῖται.

διὰ τὰ αὐτὰ δὴ οὐδὲ ἐφάψεται ἑκατέρας αὐτῶν.
ἀγαγόντες γὰρ ἐπιψαύουσαν τὴν ΘΕ ἐφάπτεται μὲν
20 αὕτη ἑκατέρας τῶν τομῶν· ὥστε διὰ μὲν τὴν ΔΕ οὐ
συμπεσεῖται τῇ ΑΓ, διὰ δὲ τὴν ΑΕ οὐ συμβάλλει
τῇ Β. ὥστε οὐδὲ ἡ ΑΓ τῇ Β συμβάλλει· ὅπερ οὐχ
ὑπόκειται.

μγ'.

25 Ἐὰν ὑπερβολὴ ἑκατέραν τῶν ἀντικειμένων τέμνῃ
κατὰ δύο σημεῖα ἀντεστραμμένα ἔχουσα πρὸς ἑκατέραν

2. Ζ] p, om. lacuna 8 litt. relicta V.   9. ΑΓΒ] corr. ex
ΑΒ m. 1 p, ΑΒ V.   11. τά] cp, om. V.   13. ΔΕ (pr.)] cvp et
renouat. m. rec. V.   19. μέν] delendum?   20. αὕτη] αὐτή Vp.

hyperbolam $AB\Gamma$ ne cum E quidem opposita concurrit. ergo ne E quidem cum Z concurret.

XLII.

Si hyperbola cum utraque opposita concurrit, sectio ei opposita cum neutra oppositarum in duobus punctis concurret.

sint oppositae A, B, et hyperbola $A\Gamma B$ cum utraque opposita A, B concurrat. dico, sectionem hyperbolae $A\Gamma B$ oppositam cum sectionibus A, B in duobus punctis non concurrere.

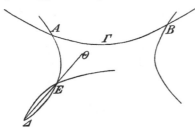

nam si fieri potest, concurrat in $\varDelta$, E, et ducta $\varDelta E$ producatur. propter sectionem $\varDelta E$ igitur recta $\varDelta E$ cum sectione AB non concurret [II, 33], propter $AE\varDelta$ autem cum B non concurret; nam per tria illa loca [II, 33] ueniet; quod fieri non potest. eodem modo demonstrabimus, eam ne cum B quidem sectione in duobus punctis concurrere.

iam eadem de causa ne continget quidem utramque sectionem. ducta[1]) enim ΘE utramque sectionem continget; quare propter sectionem $\varDelta E$ cum $A\Gamma$ non concurret, propter AE autem cum B non concurrit [II, 33]. ergo ne $A\Gamma$ quidem cum B concurrit; quod contra hypothesim est.

---

1) Anacoluthia foeda et $\mu\acute{\epsilon}\nu$ superfluum lin. 19 significant, aliquid turbatum esse.

τὰ κυρτά, ἡ ἀντικειμένη αὐτῇ οὐδεμιᾷ τῶν ἀντικει-
μένων συμπεσεῖται.

ἔστωσαν ἀντικείμεναι αἱ Α, Β, καὶ ὑπερβολὴ ἡ
ΓΑΒΔ ἑκατέραν τῶν Α, Β τεμνέτω κατὰ δύο ση-
5 μεῖα ἀντεστραμμένα ἔχουσα τὰ κυρτά. λέγω, ὅτι
ἡ ἀντικειμένη αὐτῇ ἡ ΕΖ οὐδεμιᾷ τῶν Α, Β συμ-
πεσεῖται.

εἰ γὰρ δυνατόν, συμπιπτέτω τῇ Α κατὰ τὸ Ε, καὶ
ἐπεζεύχθωσαν αἱ ΓΑ, ΔΒ καὶ ἐκβεβλήσθωσαν· συμ-
10 πεσοῦνται δὴ
ἀλλήλαις. συμ-
πιπτέτωσαν
κατὰ τὸ Θ·
ἔσται δὴ τὸ Θ
15 ἐν τῇ περιεχο-
μένῃ γωνίᾳ ὑπὸ
τῶν ἀσυμπτώ-
των τῆς ΓΑΒΔ
τομῆς. καί ἐστιν
20 αὐτῆς ἀντικει-

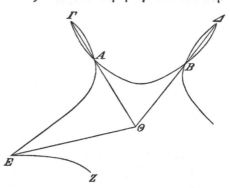

μένη ἡ ΕΖ· ἡ ἄρα ἀπὸ τοῦ Ε ἐπὶ τὸ Θ ἐπιζευγνυ-
μένη ἐντὸς πεσεῖται τῆς ὑπὸ τῶν ΑΘΒ περιεχομένης
γωνίας. πάλιν ἐπεὶ ὑπερβολή ἐστιν ἡ ΓΑΕ, καὶ συμ-
πίπτουσιν αἱ ΓΑΘ, ΘΕ, καὶ αἱ Γ, Α συμπτώσεις οὐ
25 περιέχουσι τὴν Ε, τὸ Θ σημεῖον ἔσται μεταξὺ τῶν
ἀσυμπτώτων τῆς ΓΑΕ τομῆς. καί ἐστιν αὐτῆς ἀντι-
κειμένη ἡ ΒΔ· ἡ ἄρα ἀπὸ τοῦ Β ἐπὶ τὸ Θ ἐντὸς
πεσεῖται τῆς ὑπὸ ΓΘΕ γωνίας· ὅπερ ἄτοπον· ἔπιπτε
γὰρ καὶ εἰς τὴν ὑπὸ ΑΘΒ. οὐκ ἄρα ἡ ΕΖ μιᾷ τῶν
Α, Β συμπεσεῖται.

XLIII.

Si hyperbola utramque oppositam in binis punctis secat partem conuexam utrique aduersam habens, sectio ei opposita cum neutra oppositarum concurret.

sint oppositae A, B, et hyperbola $\Gamma AB\Delta$ utramque A, B secet in binis punctis partem conuexam aduersam habens. dico, sectionem ei oppositam EZ cum neutra sectionum A, B concurrere.

nam si fieri potest, cum A in E concurrat, ducanturque ΓA, ΔB et producantur; concurrent igitur inter se [II, 25]. concurrant in Θ; Θ igitur in angulo ab asymptotis sectionis $\Gamma AB\Delta$ comprehenso positum erit [II, 25]. et sectio eius opposita est EZ; itaque recta ab E ad Θ ducta intra angulum ab $A\Theta$, ΘB comprehensum cadet. rursus quoniam ΓAE hyperbola est, et $\Gamma A\Theta$, ΘE concurrunt, puncta autem concursus Γ, A punctum E non continent, punctum Θ intra asymptotas sectionis ΓAE positum erit[1]). et $B\Delta$ sectio eius opposita est; itaque recta a B ad Θ ducta intra angulum $\Gamma\Theta E$ cadet; quod absurdum est; nam eadem in angulum $A\Theta B$ cadebat. ergo EZ cum alterutra sectionum A, B non concurret.

---

1) Hoc ex II, 25 tum demum uerum esset, si ΘE sectionem AE aut contingeret aut in duobus punctis secaret, quod nunc non constat. praeterea in sequentibus sine demonstratione supponitur, $E\Theta B$ unam esse rectam (et ita est in figura codicis V). itaque demonstratio falsa est, sed tota damnanda, non ultima pars cum Commandino et Halleio uiolenter mutanda.

μδ'.

Ἐὰν ὑπερβολὴ μίαν τῶν ἀντικειμένων κατὰ τέσ-
σαρα σημεῖα τέμνῃ, ἡ ἀντικειμένη αὐτῇ οὐ συμπεσεῖ-
ται τῇ ἑτέρᾳ τῶν ἀντικειμένων.

5   ἔστωσαν ἀντικείμεναι αἱ ΑΒΓΔ, Ε, καὶ τεμνέτω
ὑπερβολὴ τὴν ΑΒΓΔ κατὰ τέσσαρα σημεῖα τὰ Α, Β,
Γ, Δ, καὶ ἔστω αὐτῆς ἀντικειμένη ἡ Κ. λέγω, ὅτι ἡ
Κ οὐ συμπεσεῖται τῇ Ε.

εἰ γὰρ δυνατόν, συμπιπτέτω κατὰ τὸ Κ, καὶ ἐπε-
10 ζεύχθωσαν αἱ ΑΒ, ΓΔ καὶ ἐκβεβλήσθωσαν· συμπε-
σοῦνται δὴ ἀλλήλαις. συμπιπτέτωσαν κατὰ τὸ Δ,
καὶ ὃν μὲν ἔχει λόγον ἡ ΑΔ πρὸς ΔΒ, ἐχέτω ἡ ΑΠ
πρὸς ΠΒ, ὃν δὲ ἡ ΔΔ πρὸς ΑΓ, ἡ ΔΡ πρὸς ΡΓ.
ἡ ἄρα διὰ τῶν Π, Ρ ἐκβαλλομένη συμπεσεῖται ἑκατέρᾳ
15 τῶν τομῶν, καὶ αἱ ἀπὸ τοῦ Δ ἐπὶ τὰς συμπτώσεις
ἐφάψονται. ἐπεζεύχθω δὴ ἡ ΚΔ καὶ ἐκβεβλήσθω·
τεμεῖ δὴ τὴν ὑπὸ ΒΔΓ γωνίαν καὶ τὰς τομὰς κατ'
ἄλλο καὶ ἄλλο σημεῖον. τεμνέτω κατὰ τὰ Ζ, Μ· ἔσται
δὴ διὰ μὲν τὰς ΑΘΖΗ, Κ ἀντικειμένας, ὡς ἡ ΝΚ
20 πρὸς ΚΔ, ἡ ΝΖ πρὸς ΖΔ, διὰ δὲ τὰς ΑΒΓΔ, Ε,
ὡς ἡ ΝΚ πρὸς ΚΔ, ἡ ΝΜ πρὸς ΜΔ· ὅπερ ἀδύνα-
τον. οὐκ ἄρα αἱ Ε, Κ συμπίπτουσιν ἀλλήλαις.

με'.

Ἐὰν ὑπερβολὴ τῇ μὲν τῶν ἀντικειμένων συμπίπτῃ
25 κατὰ δύο σημεῖα ἐπὶ τὰ αὐτὰ ἔχουσα αὐτῇ τὰ κοῖλα,
τῇ δὲ καθ' ἓν σημεῖον, ἡ ἀντικειμένη αὐτῇ οὐδετέρᾳ
τῶν ἀντικειμένων συμπεσεῖται.

---

26. καθ'] κατὰ τό Vp, corr. Halley.

XLIV.

Si hyperbola alteram oppositarum in quattuor punctis secat, sectio ei opposita cum altera oppositarum non concurret.

sint oppositae $AB\Gamma\Delta$, E, et hyperbola sectionem $AB\Gamma\Delta$ in quattuor punctis secet A, B, Γ, Δ, eiusque sectio opposita sit K. dico, K cum E non concurrere.

nam si fieri potest, concurrat in K, ducanturque AB, $\Gamma\Delta$ et producantur; concurrent igitur inter se [II, 25]. concurrant in Λ, et sit

$$A\Lambda : \Lambda B = A\Pi : \Pi B, \quad \Delta\Lambda : \Lambda\Gamma = \Delta P : P\Gamma.$$

itaque recta per Π, P producta cum utraque sectione

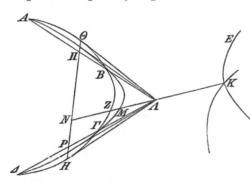

concurret, et rectae ab Λ ad puncta concursus ductae contingent [prop. IX]. ducatur igitur $K\Lambda$ et producatur; secabit igitur angulum $B\Lambda\Gamma$ et sectiones in alio atque alio puncto. secet in Z, M; erit igitur [III, 39; Eucl. V, 16] propter oppositas $\Lambda\Theta ZH$, K

$$NK : K\Lambda = NZ : Z\Lambda,$$

propter $AB\Gamma\Delta$, E autem $NK : K\Lambda = NM : M\Lambda$; quod fieri non potest. ergo E, K inter se non concurrunt.

ἔστωσαν ἀντικείμεναι αἱ ΑΒ, Γ, καὶ ὑπερβολὴ ἡ
ΑΓΒ τῇ μὲν ΑΒ συμπιπτέτω κατὰ τὰ Α, Β, τῇ δὲ
Γ καθ' ἓν τὸ Γ, καὶ ἔστω τῇ ΑΓΒ ἀντικειμένη ἡ Δ.
λέγω, ὅτι ἡ Δ οὐδετέρᾳ τῶν ΑΒ, Γ συμπεσεῖται.

5 ἐπεζεύχθωσαν γὰρ αἱ ΑΓ, ΒΓ καὶ ἐκβεβλήσθωσαν.
αἱ ἄρα ΑΓ, ΒΓ τῇ Δ τομῇ οὐ συμπεσοῦνται. ἀλλ'
οὐδὲ τῇ Γ τομῇ κατ'
ἄλλο σημεῖον οὐ
συμπεσοῦνται πλὴν
10 τὸ Γ. εἰ γὰρ συμ-
βάλλουσι καὶ καθ'
ἕτερον, τῇ ΑΒ ἀντι-
κειμένῃ οὐ συμπε-

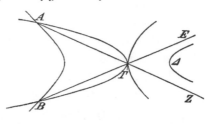

σοῦνται· ὑπόκεινται δὲ συμπίπτουσαι. αἱ ΑΓ, ΒΓ
15 ἄρα εὐθεῖαι τῇ μὲν Γ τομῇ καθ' ἓν συμβάλλουσι τὸ Γ,
τῇ δὲ Δ τομῇ οὐδὲ ὅλως συμβάλλουσιν. ἡ Δ ἄρα
ἔσται ὑπὸ τὴν γωνίαν τὴν ὑπὸ ΕΓΖ. ὥστε ἡ Δ
τομὴ οὐ συμπεσεῖται ταῖς ΑΒ, Γ.

μϛ'.

20 Ἐὰν ὑπερβολὴ μιᾷ τῶν ἀντικειμένων κατὰ τρία
σημεῖα συμβάλλῃ, ἡ ἀντικειμένη αὐτῇ τῇ ἑτέρᾳ τῶν
ἀντικειμένων οὐ συμπεσεῖται πλὴν καθ' ἕν.

ἔστωσαν ἀντικείμεναι αἱ ΑΒΓ, ΔΕΖ, καὶ ὑπερ-
βολὴ ἡ ΑΜΒΓ συμβαλλέτω τῇ ΑΒΓ κατὰ τρία σημεῖα
25 τὰ Α, Β, Γ, ἔστω δὲ τῇ ΑΜΓ ἀντικειμένη ἡ ΔΕΚ [τῇ
δὲ ΑΒΓ ἡ ΔΕΖ]. λέγω, ὅτι ἡ ΔΕΚ τῇ ΔΕΖ οὐ
συμβάλλει κατὰ πλείονα σημεῖα ἢ ἕν.

3. ΑΓΒ] p; ΑΓ, ΒΓ V. 10. συμβάλλουσι] cp, συμβάλ-
λωσι V. 25. τῇ δὲ ΑΒΓ ἡ ΔΕΖ] V, om. p.

XLV.

Si hyperbola cum altera oppositarum in duobus punctis concurrit concaua ad easdem partes habens, cum altera autem in uno, sectio ei opposita cum neutra oppositarum concurret.

sint oppositae AB, Γ, et hyperbola $A\Gamma B$ cum AB in A, B concurrat, cum Γ autem in uno Γ, sitque sectioni $A\Gamma B$ opposita $\varDelta$. dico, $\varDelta$ cum neutra oppositarum AB, Γ concurrere.

ducantur enim $A\Gamma$, $B\Gamma$ et producantur. itaque $A\Gamma$, $B\Gamma$ cum sectione $\varDelta$ non concurrent [II, 33]. uerum ne cum Γ quidem sectione in alio puncto concurrent ac Γ. nam si in alio quoque puncto concurrunt, cum opposita AB non concurrent [II, 33]; at supposuimus, eas cum illa concurrere. itaque rectae $A\Gamma$, $B\Gamma$ cum sectione Γ in uno puncto Γ concurrunt, cum $\varDelta$ autem sectione prorsus non concurrunt. quare $\varDelta$ in angulo $E\Gamma Z$ posita est. ergo sectio $\varDelta$ cum AB, Γ non concurret.

XLVI.

Si hyperbola cum altera oppositarum in tribus punctis concurrit, sectio ei opposita cum altera oppositarum non concurret nisi in uno puncto.

sint oppositae $AB\Gamma$, $\varDelta EZ$, et hyperbola $AMB\Gamma$ cum $AB\Gamma$ in tribus punctis A, B, Γ concurrat, sit autem sectioni $AM\Gamma$ opposita $\varDelta EK$. dico, $\varDelta EK$ cum $\varDelta EZ$ non concurrere in pluribus punctis quam in uno.

nam si fieri potest, concurrat in $\varDelta$, E, ducanturque AB, $\varDelta E$.

εἰ γὰρ δυνατόν, συμβαλλέτω κατὰ τὰ Δ, Ε, καὶ
ἐπεζεύχθωσαν αἱ ΑΒ, ΔΕ.

ἤτοι δὴ παράλληλοί εἰσιν ἢ οὔ.

ἔστωσαν πρότερον παράλληλοι, καὶ τετμήσθωσαν
5 αἱ ΑΒ, ΔΕ δίχα κατὰ τὰ Η, Θ, καὶ ἐπεζεύχθω ἡ
ΗΘ· διάμετρος ἄρα ἐστὶ πασῶν τῶν τομῶν καὶ τε-
ταγμένως ἐπ᾽ αὐτὴν κατηγμέναι αἱ ΑΒ, ΔΕ. ἤχθω

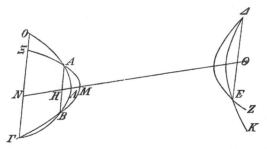

δὴ ἀπὸ τοῦ Γ παρὰ τὴν ΑΒ ἡ ΓΝΞΟ· ἔσται δὴ καὶ
αὐτὴ τεταγμένως ἐπὶ τὴν διάμετρον κατηγμένη καὶ
10 συμπεσεῖται ταῖς τομαῖς κατ᾽ ἄλλο καὶ ἄλλο. εἰ γὰρ
κατὰ τὸ αὐτό, οὐκέτι κατὰ τρία συμβάλλουσιν, ἀλλὰ
τέσσαρα. ἔσται δὴ ἐν μὲν τῇ ΑΜΒ τομῇ ἴση ἡ ΓΝ
τῇ ΝΞ, ἐν δὲ τῇ ΑΔΒ ἡ ΓΝ τῇ ΝΟ. καὶ ἡ ΟΝ
ἄρα τῇ ΝΞ ἐστιν ἴση· ὅπερ ἀδύνατον.

15 μὴ ἔστωσαν δὴ παράλληλοι αἱ ΑΒ, ΔΕ, ἀλλ᾽ ἐκ-
βαλλόμεναι συμπιπτέτωσαν κατὰ τὸ Π, καὶ ἡ ΓΟ
ἤχθω παρὰ τὴν ΑΠ καὶ συμπιπτέτω τῇ ΔΠ ἐκβλη-
θείσῃ κατὰ τὸ Ρ, καὶ τετμήσθωσαν αἱ ΑΒ, ΔΕ δίχα
κατὰ τὰ Η, Θ, καὶ διὰ τῶν Η, Θ διάμετροι ἤχθωσαν

---

5. αἱ] p, om. V.   13. ΟΝ] ΟΝΡ V; corr. Comm.; ΝΟ p.
19. κατά] p, καὶ κατά V.

aut igitur parallelae sunt aut non parallelae.

prius parallelae sint, et AB, $\varDelta E$ in H, Θ in binas partes aequales secentur, ducaturque $H\Theta$; ea igitur omnium sectionum diametrus est, et AB, $\varDelta E$ ad eam ordinate ductae sunt [II, 36]. iam a Γ rectae AB parallela ducatur $\Gamma N \varXi O$; itaque et ipsa ad diametrum ordinate ducta erit et cum sectionibus in alio atque alio puncto concurret. nam si in eodem concurrit, non iam in tribus punctis concurrunt, sed in quattuor. itaque erit [I def. 4] in sectione AMB

$$\Gamma N = N \varXi,$$

in sectione $A\varDelta B$ autem $\Gamma N = NO$. ergo etiam

$$ON = N\varXi;$$

quod fieri non potest.

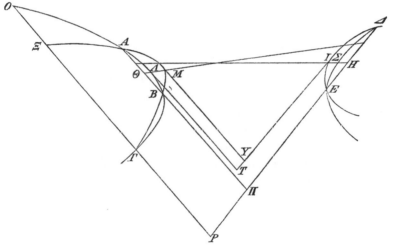

iam AB, $\varDelta E$ parallelae ne sint, sed productae in Π concurrant, ducaturque ΓO rectae $A\Pi$ parallela

αἱ ΗΣΙ, ΘΛΜ, ἀπὸ δὲ τῶν Ι, Λ, Μ ἐφαπτόμεναι
τῶν τομῶν αἱ ΙΤΥ, ΜΥ, ΛΤ· ἔσται δὴ ἡ μὲν ΙΤ
παρὰ τὴν ΛΠ, αἱ δὲ ΛΤ, ΜΥ παρὰ τὰς ΑΠ, ΟΡ.
καὶ ἐπεί ἐστιν, ὡς τὸ ἀπὸ ΜΥ πρὸς τὸ ἀπὸ ΥΙ, τὸ
5 ὑπὸ ΑΠΒ πρὸς τὸ ὑπὸ ΛΠΕ, ἀλλ᾽ ὡς τὸ ὑπὸ ΑΠΒ
πρὸς τὸ ὑπὸ ΛΠΕ, τὸ ἀπὸ ΛΤ πρὸς τὸ ἀπὸ ΤΙ,
καὶ ὡς ἄρα τὸ ἀπὸ ΜΥ πρὸς τὸ ἀπὸ ΥΙ, τὸ ἀπὸ
ΛΤ πρὸς τὸ ἀπὸ ΤΙ. διὰ τὰ αὐτὰ ἔσται, ὡς μὲν τὸ
ἀπὸ ΜΥ πρὸς τὸ ἀπὸ ΥΙ, τὸ ὑπὶ ΞΡΓ πρὸς τὸ ὑπὸ
10 ΛΡΕ, ὡς δὲ τὸ ἀπὸ ΛΤ πρὸς τὸ ἀπὸ ΤΙ, τὸ ὑπὸ
ΟΡΓ πρὸς τὸ ὑπὸ ΛΡΕ. ἴσον ἄρα τὸ ὑπὸ ΟΡΓ τῷ
ὑπὸ ΞΡΓ· ὅπερ ἀδύνατον.

μζ'.

Ἐὰν ὑπερβολὴ τῆς μὲν ἐφάπτηται τῶν ἀντικειμέ-
15 νων, τὴν δὲ κατὰ δύο σημεῖα τέμνῃ, ἡ ἀντικειμένη
αὐτῇ οὐδεμιᾷ τῶν ἀντικειμένων συμπεσεῖται.

ἔστωσαν ἀντικείμεναι αἱ ΑΒΓ, Λ, καὶ ὑπερβολή
τις ἡ ΑΒΛ τὴν μὲν ΑΒΓ τεμνέτω κατὰ τὰ Α, Β,
τῆς δὲ Λ ἐφαπτέσθω κατὰ τὸ Λ, καὶ ἔστω τῆς ΑΒΛ
20 τομῆς ἀντικειμένη ἡ ΓΕ. λέγω, ὅτι ἡ ΓΕ οὐδεμιᾷ
τῶν ΑΒΓ, Λ συμπεσεῖται.

εἰ γὰρ δυνατόν, συμπιπτέτω τῇ ΑΒ κατὰ τὸ Γ,
καὶ ἐπεζεύχθω ἡ ΑΒ, καὶ διὰ τοῦ Λ ἐφαπτομένη ἤχθω
συμπίπτουσα τῇ ΑΒ κατὰ τὸ Ζ· τὸ Ζ ἄρα σημεῖον
25 ἐντὸς ἔσται τῶν ἀσυμπτώτων τῆς ΑΒΛ τομῆς. καί
ἐστιν αὐτῆς ἀντικειμένη ἡ ΓΕ· ἡ ἄρα ἀπὸ τοῦ Γ ἐπὶ
τὸ Ζ ἐντὸς πεσεῖται τῆς ὑπὸ τῶν ΒΖΛ περιεχομένης

---

1. ΘΛΜ] p, ΘΛΜΣ V.   5. ἀλλ᾽ — 6. ΤΙ] p (τῶν
ΑΠ, ΠΒ; τῶν ΛΠ, ΠΕ; τῆς ΛΤ; τῆς ΤΙ); om. V.   9.
ΞΡΓ] corr. ex ΞΡΠ m. 1 V, ΞΡΠ v; ΞΡ, ΡΓ p.   14. ὑπερ-
βολή] p, ὑπερβολῆς V.

et cum $\varDelta\varPi$ producta in P concurrat, AB, $\varDelta E$ autem
in H, $\varTheta$ in binas partes aequales secentur, et per H, $\varTheta$
diametri ducantur $H\varSigma I$, $\varTheta\varDelta M$, ab I, $\varDelta$, M autem
sectiones contingentes $I\varUpsilon T$, $M\varUpsilon$, $\varDelta T$; itaque [II, 5]
IT rectae $\varDelta\varPi$ parallela erit, $\varDelta T$ autem et $M\varUpsilon$ rec-
tis $A\varPi$, OP. et quoniam est [III, 19]
$$M\varUpsilon^2 : \varUpsilon I^2 = A\varPi \times \varPi B : \varDelta\varPi \times \varPi E,$$
$$A\varPi \times \varPi B : \varDelta\varPi \times \varPi E = \varDelta T^2 : TI^2,$$
erit etiam $M\varUpsilon^2 : \varUpsilon I^2 = \varDelta T^2 : TI^2$. eadem de cau-
sa erit $M\varUpsilon^2 : \varUpsilon I^2 = \varXi P \times P\varGamma : \varDelta P \times PE$ et
$$\varDelta T^2 : TI^2 = OP \times P\varGamma : \varDelta P \times PE.$$
ergo [Eucl. V, 9] $OP \times P\varGamma = \varXi P \times P\varGamma$; quod fieri
non potest.

XLVII.

Si hyperbola alteram oppositarum contingit, alteram
in duobus punctis secat, sectio ei opposita cum neutra
oppositarum concurret.

sint oppositae $AB\varGamma$, $\varDelta$, et hyperbola $AB\varDelta$ sec-
tionem $AB\varGamma$ secet in A, B, sectionem autem $\varDelta$ in

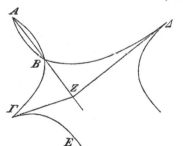

$\varDelta$ contingat, sitque sec-
tioni $AB\varDelta$ opposita $\varGamma E$.
dico, $\varGamma E$ cum neutra
sectionum $AB\varGamma$, $\varDelta$ con-
currere.

nam si fieri potest, cum
AB in $\varGamma$ concurrat, duca-
turque AB, et per $\varDelta$ con-
tingens ducatur recta in

Z cum AB concurrens; Z igitur punctum intra asym-
ptotas sectionis $AB\varDelta$ positum erit [II, 25]. et ei op-
posita est $\varGamma E$; itaque recta a $\varGamma$ ad Z ducta intra

γωνίας. πάλιν ἐπεὶ ὑπερβολή ἐστιν ἡ ΑΒΓ, καὶ συμ-
πίπτουσιν αἱ ΑΒ, ΓΖ, καὶ αἱ Α, Β συμπτώσεις οὐ
περιέχουσι τὴν Γ, τὸ Ζ σημεῖον μεταξὺ τῶν ἀσυμ-
πτώτων ἐστὶ τῆς ΑΒΓ τομῆς. καί ἐστιν αὐτῆς ἀντικει-
5 μένη ἡ Δ· ἡ ἄρα ἀπὸ τοῦ Δ ἐπὶ τὸ Ζ ἐντὸς πεσεῖται
τῆς ὑπὸ ΑΖΓ γωνίας· ὅπερ ἄτοπον· ἔπιπτε γὰρ καὶ
εἰς τὴν ὑπὸ ΒΖΔ. οὐκ ἄρα ἡ ΓΕ μιᾷ τῶν ΑΒΓ,
Δ συμπεσεῖται.

μη'.

10 Ἐὰν ὑπερβολὴ μιᾶς τῶν ἀντικειμένων καθ' ἓν
μὲν ἐφάπτηται, κατὰ δύο δὲ συμπίπτῃ, ἡ ἀντικειμένη
αὐτῇ τῇ ἀντικειμένῃ οὐ συμπεσεῖται.

ἔστωσαν ἀντικείμεναι αἱ ΑΒΓ, Δ, καὶ ὑπερβολή
τις ἡ ΑΗΓ ἐφαπτέσθω μὲν κατὰ τὸ Α, τεμνέτω δὲ
15 κατὰ τὰ Β, Γ, καὶ τῆς ΑΗΓ ἀντικειμένη ἔστω ἡ Ε.
λέγω, ὅτι ἡ Ε τῇ Δ οὐ συμπεσεῖται.

εἰ γὰρ δυνατόν, συμπιπτέτω κατὰ τὸ Δ, καὶ ἐπ-
εξεύχθω ἡ ΒΓ καὶ ἐκβεβλήσθω ἐπὶ τὸ Ζ, καὶ ἤχθω
ἀπὸ τοῦ Α ἡ ΑΖ ἐφαπτομένη. ὁμοίως δὴ τοῖς πρό-
20 τερον δειχθήσεται, ὅτι τὸ Ζ σημεῖον ἐντὸς τῆς ὑπὸ
τῶν ἀσυμπτώτων περιεχομένης γωνίας ἐστί. καὶ ἡ
ΑΖ ἐφάψεται τῶν τομῶν ἀμφοτέρων, καὶ ἡ ΔΖ ἐκ-
βαλλομένη τεμεῖ τὰς τομὰς μεταξὺ τῶν Α, Β κατὰ
τὰ Η, Κ. καὶ ὃν δὴ ἔχει λόγον ἡ ΓΖ πρὸς ΖΒ,
25 ἐχέτω ἡ ΓΔ πρὸς ΔΒ, καὶ ἐπιζευχθεῖσα ἡ ΑΔ ἐκ-
βεβλήσθω· τεμεῖ δὴ τὰς τομὰς κατ' ἄλλο καὶ ἄλλο.
τεμνέτω κατὰ τὰ Ν, Μ· αἱ ἄρα ἀπὸ τοῦ Ζ ἐπὶ τὰ
Ν, Μ ἐφάψονται τῶν τομῶν, καὶ ἔσται ὁμοίως τοῖς

---

3. περιέχουσι] cp, περιέχωσι e corr. V   5. Δ (alt.)]
scripsi; Γ Vp.   25. ΑΒ] p, om. V extr. pag.

angulum *BZΔ* cadet. rursus quoniam hyperbola est
ABΓ, et *AB*, *ΓZ* concurrunt, et puncta concursus
A, *B* punctum concursus *Γ* non continent, punctum *Z*
intra asymptotas sectionis *ABΓ* positum est.[1]) et ei
opposita est *Δ*; itaque recta a *Δ* ad *Z* ducta intra
angulum *AZΓ* cadet; quod absurdum est; nam etiam
in angulum *BZΔ* cadebat. ergo *ΓE* cum neutra sec-
tionum *ABΓ*, *Δ* concurret.

XLVIII.

Si hyperbola alteram oppositarum in uno puncto
contingit, in duobus autem cum ea concurrit, sectio
ei opposita cum opposita non concurret.

sint oppositae *ABΓ*, *Δ*, et hyperbola *AHΓ* in *A*
contingat, in *B*, *Γ* autem secet, et sectioni *AHΓ* op-

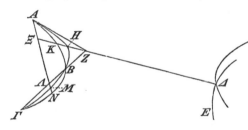

posita sit *E*.
dico, *E* cum
Δ non con-
currere.

nam si fieri
potest, in *Δ*
concurrat,
ducaturque

BΓ et ad *Z* producatur, ab *A* autem *AZ* contingens
ducatur. iam eodem modo, quo antea, demonstra-
bimus, punctum *Z* intra angulum ab asymptotis com-
prehensum positum esse [II, 25]. et *AZ* utramque
sectionem continget, *ΔZ* autem producta sectiones
inter *A*, *B* in *H*, *K* secabit. sitque *ΓZ* : *ZB* = *ΓΔ* : *ΔB*,

---

1) Hic iidem prorsus errores sunt, quos ad prop. XLIII
notauimus. hic quoque *ΓZΔ* in figura codicis V una est recta.

πρότερον διὰ μὲν τὴν ἑτέραν τομήν, ὡς ἡ ΞΔ πρὸς
ΔΖ, ἡ ΞΚ πρὸς ΚΖ, διὰ δὲ τὴν ἑτέραν, ὡς ἡ ΞΔ
πρὸς ΔΖ, ἡ ΞΗ πρὸς ΗΖ· ὅπερ ἀδύνατον. οὐκ ἄρα
ἡ ἀντικειμένη συμπεσεῖται.

5 μθ΄.

Ἐὰν ὑπερβολὴ μιᾶς τῶν ἀντικειμένων ἐφαπτομένη
καθ᾽ ἕτερον αὐτῇ σημεῖον συμπίπτῃ, ἡ ἀντικειμένη
αὐτῇ τῇ ἑτέρᾳ τῶν ἀντικειμένων οὐ συμπεσεῖται κατὰ
πλείονα σημεῖα ἢ ἕν.

10 ἔστωσαν ἀντικείμεναι αἱ ΑΒΓ, ΕΖΗ, καὶ ὑπερ-
βολή τις ἡ ΔΑΓ ἐφαπτέσθω μὲν κατὰ τὸ Α, τεμνέτω

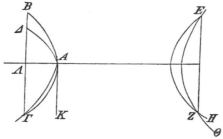

δὲ κατὰ τὸ Γ, καὶ ἔστω τῇ ΔΑΓ ἀντικειμένη ἡ ΕΖΘ.
λέγω, ὅτι οὐ συμπεσεῖται τῇ ἑτέρᾳ ἀντικειμένῃ κατὰ
πλείονα σημεῖα ἢ ἕν.

15 εἰ γὰρ δυνατόν, συμβαλλέτω κατὰ δύο τὰ Ε, Ζ,
καὶ ἐπεζεύχθω ἡ ΕΖ, καὶ διὰ τοῦ Α ἐφαπτομένη τῶν
τομῶν ἤχθω ἡ ΑΚ.

ἤτοι δὴ παράλληλοί εἰσιν ἢ οὔ.

ἔστωσαν πρότερον παράλληλοι, καὶ ἤχθω ἡ διχο-

---

2. διά — 3. ΗΖ] p, om. V. 4. ἡ ἀντικειμένη τῇ ἀντι-
κειμένῃ p.

et ducta $A\varDelta$ producatur; secabit igitur sectiones in alio atque alio puncto. secet in N, M; itaque rectae a Z ad N, M ductae sectiones contingent [prop. I], et eodem modo, quo antea, erit [III, 39; Eucl. V, 16] propter alteram sectionem $\varXi\varDelta : \varDelta Z = \varXi K : KZ$, propter alteram autem $\varXi\varDelta : \varDelta Z = \varXi H : HZ$; quod fieri non potest. ergo sectio opposita non concurret.

XLIX.

Si hyperbola alteram oppositarum contingens in alio quoque puncto cum ea concurrit, sectio ei opposita cum altera oppositarum in pluribus punctis non concurret quam in uno.

sint oppositae $AB\varGamma$, EZH, et hyperbola $\varDelta A\varGamma$ in A contingat, in $\varGamma$ autem secet, sitque $EZ\varTheta$ sectioni $\varDelta A\varGamma$ opposita. dico, eam cum altera oppositarum in pluribus punctis non concurrere quam in uno.

nam si fieri potest, concurrat in duobus E, Z, ducaturque EZ, et per A sectiones contingens ducatur AK.

aut igitur parallelae sunt aut non parallelae.

prius parallelae sint, et diametrus rectam EZ in duas partes aequales diuidens ducatur; ea igitur per A ueniet et diametrus erit sectionum coniugatarum [II, 34]. per $\varGamma$ rectis AK, EZ parallela ducatur $\varGamma A\varDelta B$; ea igitur sectiones in alio atque alio puncto secabit. erit igitur [I def. 4] in altera $\varGamma A = A\varDelta$, in reliqua autem $\varGamma A = AB$. hoc uero fieri non potest.

AK, EZ igitur parallelae ne sint, sed in K concurrant, et $\varGamma\varDelta$ rectae AK parallela ducta cum EZ in N concurrat, AB autem rectam EZ in duas par-

τομοῦσα διάμετρος τὴν ΕΖ· ἥξει ἄρα διὰ τοῦ Α καὶ
ἔσται διάμετρος τῶν δύο συζυγῶν. ἤχθω διὰ τοῦ Γ
παρὰ τὰς ΑΚ, ΕΖ ἡ ΓΔΔΒ· τεμεῖ ἄρα τὰς τομὰς
κατ' ἄλλο καὶ ἄλλο σημεῖον. ἔσται δὴ ἐν μὲν τῇ
5 ἑτέρᾳ ἴση ἡ ΓΔ τῇ ΔΔ, ἐν δὲ τῇ λοιπῇ ἡ ΓΔ τῇ
ΔΒ. τοῦτο δὲ ἀδύνατον.

μὴ ἔστωσαν δὴ παράλληλοι αἱ ΑΚ, ΕΖ, ἀλλὰ
συμπιπτέτωσαν κατὰ τὸ Κ, καὶ ἡ ΓΔ παρὰ τὴν ΑΚ
ἠγμένη συμπιπτέτω τῇ ΕΖ κατὰ τὸ Ν, ἡ δὲ ΑΒ δι-
10 χοτομοῦσα τὴν ΕΖ τεμνέτω τὰς τομὰς κατὰ τὰ Ξ, Ο,
καὶ ἐφαπτόμεναι ἤχθωσαν τῶν τομῶν ἀπὸ τῶν Ξ, Ο
αἱ ΞΠ, ΟΡ. ἔσται ἄρα, ὡς τὸ ἀπὸ ΑΠ πρὸς τὸ
ἀπὸ ΠΞ, τὸ ἀπὸ ΑΡ πρὸς τὸ ἀπὸ ΡΟ, καὶ διὰ τοῦτο
ὡς τὸ ὑπὸ ΔΝΓ πρὸς τὸ ὑπὸ ΕΝΖ, τὸ ὑπὸ ΒΝΓ
15 πρὸς τὸ ὑπὸ ΕΝΖ. ἴσον ἄρα τὸ ὑπὸ ΔΝΓ τῷ ὑπὸ
ΒΝΓ· ὅπερ ἀδύνατον.

ν'.

Ἐὰν ὑπερβολὴ μιᾶς τῶν ἀντικειμένων καθ' ἓν
σημεῖον ἐπιψαύῃ, ἡ ἀντικειμένη αὐτῇ τῇ ἑτέρᾳ τῶν
20 ἀντικειμένων οὐ συμπεσεῖται κατὰ πλείονα σημεῖα
ἢ δύο.

ἔστωσαν ἀντικείμεναι αἱ ΑΒ, ΕΔΗ, καὶ ὑπερβολη
ἡ ΑΓ τῆς ΑΒ ἐφαπτέσθω κατὰ τὸ Α, καὶ ἔστω τῆς
ΑΓ ἀντικειμένη ἡ ΕΔΖ. λέγω, ὅτι ἡ ΕΔΖ τῇ ΕΔΗ
25 οὐ συμπεσεῖται κατὰ πλείονα σημεῖα ἢ δύο.

εἰ γὰρ δυνατόν, συμβαλλέτω κατὰ τρία τὰ Δ, Ε,
Θ, καὶ ἤχθω τῶν ΑΒ, ΑΓ ἐφαπτομένη ἡ ΑΚ, καὶ
ἐπιζευχθεῖσα ἡ ΔΕ ἐκβεβλήσθω, καὶ ἔστωσαν πρότε-

3. ΓΔΔΒ] p, ΓΑΒΔ V.   10. τά] p, τό V.   22. ΕΔΗ]
p, ΔΕΗ V.   24. ΕΔΖ] p, ΔΕΖ V.   ΕΔΖ] p, ΔΕΖ V.
ΕΔΗ] p, ΔΕΗ V.   26. κατά] cp, κατὰ τά V.

tes aequales diuidens sectiones in Ξ, O secet, sectio-
nesque contingentes ab Ξ, O ducantur $\Xi\Pi$, OP. erit

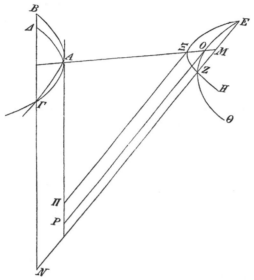

igitur [II, 5; Eucl. VI, 4] $A\Pi^2 : \Pi\Xi^2 = AP^2 : PO^2$;
quare [III, 19]
$$\Delta N \times N\Gamma : EN \times NZ = BN \times N\Gamma : EN \times NZ.$$
ergo $\Delta N \times N\Gamma = BN \times N\Gamma$ [Eucl. V, 9]; quod
fieri non potest.

L.

Si hyperbola alteram oppositarum in uno puncto
contingit [1]), sectio ei opposita cum altera oppositarum
in pluribus punctis non concurret quam in duobus.

sint oppositae AB, $E\Delta H$, et hyperbola $A\Gamma$ sec-
tionem AB in A contingat, sitque sectioni $A\Gamma$ op-

---

1) Sc. ad easdem partes concaua habens; cf. prop. LIV.

ϱον παράλληλοι αἱ ΑΚ, ΔΕ· καὶ τετμήσθω ἡ ΔΕ
δίχα κατὰ τὸ Δ, καὶ ἐπεζεύχθω ἡ ΑΔ. ἔσται δὴ διά-
μετρος ἡ ΑΔ τῶν δύο συζυγῶν καὶ τέμνει τὰς τομὰς
μεταξὺ τῶν Δ, Ε κατὰ τὰ Μ, Ν [ὥστε ἡ ΔΑΕ δίχα
5 τέτμηται κατὰ τὸ Δ]. ἤχθω ἀπὸ τοῦ Θ παρὰ τὴν
ΔΕ ἡ ΘΖΗ· ἔσται δὴ ἐν μὲν τῇ ἑτέρᾳ τομῇ ἴση ἡ
ΘΞ τῇ ΞΖ, ἐν δὲ τῇ ἑτέρᾳ ἴση ἡ ΘΞ τῇ ΞΗ. ὥστε
καὶ ἡ ΞΖ τῇ ΞΗ ἐστιν ἴση· ὅπερ ἀδύνατον.

μὴ ἔστωσαν δὴ αἱ ΑΚ, ΔΕ παράλληλοι, ἀλλὰ
10 συμπιπτέτωσαν κατὰ τὸ Κ, καὶ τὰ λοιπὰ τὰ αὐτὰ γε-
γονέτω, καὶ ἐκ-
βληθεῖσα ἡ ΑΚ
συμπιπτέτω τῇ
ΖΘ κατὰ τὸ Ρ.
15 ὁμοίως δὴ δεί-
ξομεν τοῖς πρό-
τερον, ὅτι ἐστίν,
ὡς τὸ ὑπὸ
ΔΚΕ πρὸς τὸ
20 ἀπὸ ΑΚ, ἐν
μὲν τῇ ΖΔΕ
τομῇ τὸ ὑπὸ
ΖΡΘ πρὸς τὸ
ἀπὸ ΡΑ, ἐν δὲ

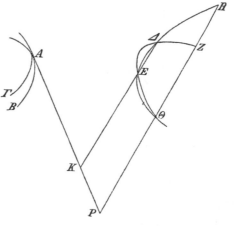

25 τῇ ΗΔΕ τὸ ὑπὸ ΗΡΘ πρὸς τὸ ἀπὸ ΡΑ. τὸ ἄρα ὑπὸ
ΗΡΘ ἴσον τῷ ὑπὸ ΖΡΘ· ὅπερ ἀδύνατον. οὐκ ἄρα ἡ
ΕΔΖ τῇ ΕΔΗ κατὰ πλείονα σημεῖα συμβάλλει ἢ δύο.

---

4. ὥστε] ἐπεί Halley praeeunte Commandino; ego ὥστε
— Δ lin. 5 deleuerim.   6. ΘΖΗ] p, ΘΗΖ V.   7. ἐν —
τῇ ΞΗ] p, om. V.   21. ΖΔΕ] ΞΔΕ V, ΖΔΕΘ p; corr.
Memus.   25. ἀπό] p, om. V.   27. ΕΔΖ] p, ΔΕΖ V.
ΕΔΗ] p, ΔΕΗ V.

posita $E \varDelta Z$. dico, $E \varDelta Z$ cum $E \varDelta H$ in pluribus
punctis non concurrere quam in duobus.

nam si fieri potest, in tribus concurrat $\varDelta$, E, $\varTheta$,
ducaturque sectiones $\varDelta B$, $\varDelta \varGamma$ contingens AK, et ducta

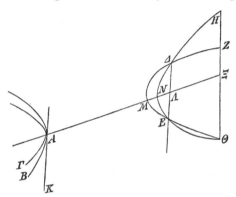

$\varDelta E$ produca-
tur[1]), prius au-
tem parallelae
sint AK, $\varDelta E$;
et $\varDelta E$ in $\varDelta$ in
duas partes ae-
quales secetur,
ducaturque $\varDelta \varDelta$.
$\varDelta \varDelta$ igitur dia-
metrus erit sec-
tionum coniuga-
tarum [II, 34]

sectionesque inter $\varDelta$, E in M, N secat. a $\varTheta$ rectae
$\varDelta E$ parallela ducatur $\varTheta Z H$; itaque erit [I def. 4]
in altera sectione $\varTheta \varXi = \varXi Z$, in altera autem $\varTheta \varXi = \varXi H$.
quare etiam $\varXi Z = \varXi H$; quod fieri non potest.

AK, $\varDelta E$ igitur parallelae ne sint, sed in K con-
currant, et reliqua eadem comparentur, productaque
AK cum $Z \varTheta$ in P concurrat. eodem igitur modo,
quo antea, demonstrabimus, esse [III, 19; Eucl. V, 16]
in sectione $Z \varDelta E$ $\varDelta K \times KE : AK^2 = ZP \times P\varTheta : PA^2$,
in $H \varDelta E$ autem $\varDelta K \times KE : AK^2 = HP \times P\varTheta : PA^2$.
itaque $HP \times P\varTheta = ZP \times P\varTheta$ [Eucl. V, 9]; quod
fieri non potest. ergo $E \varDelta Z$ cum $E \varDelta H$ in pluribus
punctis non concurrit quam in duobus.

---

1) Hoc addidit propter secundam figuram.

να´.

Ἐὰν ὑπερβολὴ ἑκατέρας τῶν ἀντικειμένων ἐφάπτη-
ται, ἡ ἀντικειμένη αὐτῇ οὐδεμιᾷ τῶν ἀντικειμένων
συμπεσεῖται.

5　ἔστωσαν ἀντικείμεναι αἱ A, B, καὶ ὑπερβολὴ ἡ
AB ἑκατέρας αὐτῶν ἐφαπτέσθω κατὰ τὰ A, B, ἀντι-
κειμένη δὲ αὐτῆς ἔστω ἡ E. λέγω, ὅτι ἡ E οὐδετέρᾳ
τῶν A, B συμπεσεῖται.

εἰ γὰρ δυνατόν, συμπιπτέτω τῇ A κατὰ τὸ Δ,
10　καὶ ἤχθωσαν ἀπὸ τῶν A, B ἐφαπτόμεναι τῶν τομῶν·
συμπεσοῦνται δὴ ἀλλήλαις ἐντὸς τῶν ἀσυμπτώτων τῆς
AB τομῆς. συμπιπτέτωσαν κατὰ τὸ Γ, καὶ ἐπεζεύχθω
ἡ ΓΔ· ἡ ἄρα ΓΔ ἐν τῷ μεταξὺ τόπῳ ἔσται τῶν AΓ,
ΓB. ἀλλὰ καὶ μεταξὺ τῶν BΓ, ΓZ ὅπερ ἄτοπον.
15　οὐκ ἄρα ἡ E συμπεσεῖται ταῖς A, B.

νβ´.

Ἐὰν ἑκατέρα τῶν ἀντικειμένων ἑκατέρας τῶν ἀντι-
κειμένων καθ᾽ ἓν ἐφάπτηται ἐπὶ τὰ αὐτὰ τὰ κοῖλα
ἔχουσα, οὐ συμπεσεῖται καθ᾽ ἕτερον σημεῖον.

20　ἐφαπτέσθωσαν γὰρ ἀλλήλων ἀντικείμεναι κατὰ τὰ
A, Δ σημεῖα. λέγω, ὅτι καθ᾽ ἕτερον σημεῖον οὐ συμ-
βάλλουσιν.

εἰ γὰρ δυνατόν, συμβαλλέτωσαν κατὰ τὸ E. ἐπεὶ
οὖν ὑπερβολὴ μιᾶς τῶν ἀντικειμένων ἐφαπτομένη
25　κατὰ τὸ Δ συμπέπτωκε κατὰ τὸ E, ἡ ἄρα AB τῇ
AΓ οὐ συμβάλλει κατὰ πλείονα σημεῖα ἢ ἕν. ἤχθω-
σαν ἀπὸ τῶν A, Δ τῶν τομῶν ἐφαπτόμεναι αἱ AΘ,

---

17. ἑκατέρας τῶν ἀντικειμένων] p, om. V.

LI.

Si hyperbola utramque oppositam contingit, sectio ei opposita cum neutra oppositarum concurret.

sint oppositae *A*, *B*, et hyperbola *AB* in *A*, *B* utramque contingat, ei autem opposita sit *E*. dico, *E* cum neutra sectionum *A*, *B* concurrere.

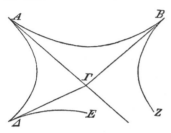

nam si fieri potest, cum *A* in *Δ* concurrat, et ab *A*, *B* rectae ducantur sectiones contingentes; eae igitur intra asymptotas sectionis *AB* inter se concurrent [II,25]. concurrant in *Γ*, ducaturque *ΓΔ*; *ΓΔ* igitur in spatio inter *AΓ*, *ΓB* posito erit. uerum eadem inter *BΓ*, *ΓZ*[1]) cadet; quod absurdum est. ergo *E* cum *A*, *B* non concurret.

LII.

Si utraque opposita utramque oppositam in singulis punctis contingit ad easdem partes concaua habens, in alio puncto non concurret.

nam oppositae in punctis *A*, *Δ* inter se concurrant. dico, eas in nullo alio puncto concurrere.

nam si fieri potest, concurrant in *E*. quoniam igitur hyperbola alteram oppositarum in *Δ* contingens cum ea in *E* concurrit, *AB* cum *AΓ* in pluribus punctis non concurrit quam in uno [prop. XLIX]. ab

---

1) Quia ex II, 33 recta *ΓB* cum sectione *AΔ* non concurrit, h. e. extra *ΔΓ*, quae cum *AΔ* concurrit, cadit.

ΘΔ, καὶ ἐπεζεύχθω ἡ ΑΔ, καὶ διὰ τοῦ Ε παρὰ τὴν
ΑΔ ἤχθω ἡ ΕΒΓ, καὶ ἀπὸ τοῦ Θ δευτέρα διάμετρος
ἤχθω τῶν ἀντικειμένων ἡ ΘΚΛ· τεμεῖ δὴ τὴν ΑΔ
δίχα κατὰ τὸ Κ. καὶ ἑκατέρα ἄρα τῶν ΕΒ, ΕΓ δίχα
5 τέτμηται κατὰ τὸ Δ. ἴση ἄρα ἡ ΒΔ τῇ ΔΓ· ὅπερ
ἀδύνατον. οὐκ ἄρα συμπεσοῦνται κατ᾽ ἄλλο σημεῖον.

νγ´.

Ἐὰν ὑπερβολὴ μιᾶς τῶν ἀντικειμένων κατὰ δύο
σημεῖα ἐφάπτηται, ἡ ἀντικειμένη αὐτῇ τῇ ἑτέρᾳ τῶν
10 ἀντικειμένων οὐ συμπεσεῖται.

ἔστωσαν ἀντικείμεναι αἱ ΑΔΒ, Ε, καὶ ὑπερβολὴ
ἡ ΑΓ τῆς ΑΔΒ ἐφαπτέσθω κατὰ δύο σημεῖα τὰ Α,
Β, καὶ ἔστω ἀντικειμένη τῆς ΑΓ ἡ Ζ. λέγω, ὅτι ἡ Ζ
τῇ Ε οὐ συμπεσεῖται.

15 εἰ γὰρ δυνατόν, συμπιπτέτω κατὰ τὸ Ε, καὶ ἤχθω-
σαν ἀπὸ τῶν Α, Β ἐφαπτόμεναι τῶν τομῶν αἱ ΑΗ,
ΗΒ, καὶ ἐπεζεύχθω ἡ
ΑΒ καὶ ἡ ΕΗ καὶ
ἐκβεβλήσθω· τεμεῖ δὴ
20 κατ᾽ ἄλλο καὶ ἄλλο ση-
μεῖον τὰς τομάς. ἔστω
δὴ ὡς ἡ ΕΗΓΔΘ.
ἐπεὶ οὖν ἐφάπτονται

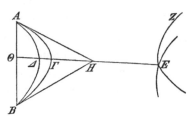

αἱ ΑΗ, ΗΒ, καὶ ἡ ΑΒ τὰς ἀφὰς ἐπέζευξεν, ἔσται ἐν
25 μὲν τῇ ἑτέρᾳ συζυγίᾳ, ὡς ἡ ΘΕ πρὸς ΕΗ, ἡ ΘΔ
πρὸς ΔΗ, ἐν δὲ τῇ ἑτέρᾳ ἡ ΘΓ πρὸς ΓΗ· ὅπερ ἀδύ-
νατον. οὐκ ἄρα ἡ Ζ τῇ Ε συμβάλλει.

A, $\varDelta$ sectiones contingentes ducantur $A\Theta$, $\Theta\varDelta$, ducaturque $A\varDelta$, et per E rectae $A\varDelta$ parallela ducatur

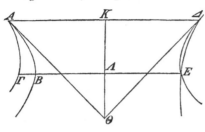

$EB\varGamma$, a Θ autem secunda diametrus oppositarum ducatur $\Theta K\varDelta^1$); ea igitur in K rectam $A\varDelta$ in duas partes aequales secabit [II, 39]. itaque etiam utraque EB, $E\varGamma$ in $\varDelta$ in binas partes aequales secta est [I def. 4]. quare $B\varDelta = \varDelta\varGamma$; quod fieri non potest. ergo in alio puncto non concurrent.

LIII.

Si hyperbola alteram oppositarum in duobus punctis contingit, sectio ei opposita cum altera oppositarum non concurret.

sint oppositae $A\varDelta B, E$, et hyperbola $A\varGamma$ sectionem $A\varDelta B$ in duobus punctis A, B contingat, sitque sectioni $A\varGamma$ opposita Z. dico, Z cum E non concurrere.

nam si fieri potest, in E concurrat, et ab A, B sectiones contingentes ducantur AH, HB, et ducatur AB et EH, quae producatur; sectiones igitur in alio atque alio puncto secabit. uelut sit $EH\varGamma\varDelta\Theta$. quoniam igitur AH, HB contingunt, et AB puncta contactus coniungit, in alteris sectionibus coniugatis erit $\Theta E : EH = \Theta\varDelta : \varDelta H$, in alteris autem
$$\Theta E : EH = \Theta\varGamma : \varGamma H$$

---

1) Aut cum Comm. $\Theta\varDelta K$ scribendum aut figura cum Halleio mutanda (in fig. codicis $\varGamma$, B permutatae sunt). sed omnino haec demonstratio minus recte expressa est.

νδ'.

Ἐὰν ὑπερβολὴ μιᾶς τῶν ἀντικειμένων ἐπιψαύῃ
ἀντεστραμμένα τὰ κυρτὰ ἔχουσα, ἡ ἀντικειμένη αὐτῇ
τῇ ἑτέρᾳ τῶν ἀντικειμένων οὐ συμπεσεῖται.

5 ἔστωσαν ἀντικείμεναι αἱ Α, Β, καὶ τῆς Α τομῆς ἐφ-
απτέσθω ὑπερβολή τις ἡ ΑΔ κατὰ τὸ Α, ἀντικειμένη
δὲ τῆς ΑΔ ἔστω ἡ Ζ. λέγω, ὅτι ἡ Ζ τῇ Β οὐ συμ-
πεσεῖται.

ἤχθω ἀπὸ τοῦ Α ἐφαπτομένη τῶν τομῶν ἡ ΑΓ·
10 ἡ ἄρα ΑΓ διὰ μὲν τὴν ΑΔ οὐ συμπεσεῖται τῇ Ζ,
διὰ δὲ τὴν Α οὐ συμπεσεῖται τῇ Β. ὥστε ἡ ΑΓ
μεταξὺ πεσεῖται τῶν Β, Ζ τομῶν. καὶ φανερόν, ὅτι
ἡ Β τῇ Ζ οὐ συμπεσεῖται.

νε'.

15 Ἀντικείμεναι ἀντικειμένας οὐ τέμνουσι κατὰ πλείο-
να σημεῖα ἢ τέσσαρα.

ἔστωσαν γὰρ ἀντικείμε-
ναι αἱ ΑΒ, ΓΔ καὶ ἕτεραι
ἀντικείμεναι αἱ ΑΒΓΔ, ΕΖ,
20 καὶ τεμνέτω πρότερον ἡ
ΑΒΓΔ τομὴ ἑκατέραν τῶν
ΑΒ, ΓΔ κατὰ τέσσαρα ση-
μεῖα τὰ Α, Β, Γ, Δ ἀντε-
στραμμένα τὰ κυρτὰ ἔχουσα,

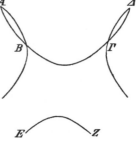

25 ὡς ἐπὶ τῆς πρώτης καταγραφῆς. ἡ ἄρα ἀντικειμένη
τῇ ΑΒΓΔ, τουτέστιν ἡ ΕΖ, οὐδεμιᾷ τῶν ΑΒ, ΓΔ
συμπεσεῖται.

13. τῇ Ζ] cνp, τῇ ιζ V, ut saepius.　16. τέσσαρα] p,
δ V.　19. ΑΒΔΓ p.　21. ΑΒΔΓ p.　23. Γ, Δ] Δ, Γ p.
26. ΑΒΔΓ p.

[III, 39; Eucl. V, 16]; quod fieri non potest. ergo Z cum E non concurrit.

LIV.

Si hyperbola alteram oppositarum contingit partem conuexam aduersam habens, sectio ei opposita cum altera oppositarum non concurret.

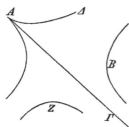

sint oppositae A, B, et sectionem A contingat hyperbola $A\varDelta$ in A, sectioni autem $A\varDelta$ opposita sit Z. dico, Z cum B non concurrere.

ab A sectiones contingens ducatur $A\Gamma$; $A\Gamma$ igitur propter $A\varDelta$ cum Z non concurret, propter A autem cum B non concurret [II, 33]. ergo $A\Gamma$ inter sectiones B, Z cadet; et manifestum est, B cum Z non concurrere.

LV.

Oppositae oppositas in pluribus punctis quam in quattuor non secant.

sint enim oppositae AB, $\Gamma\varDelta$ et aliae oppositae $AB\Gamma\varDelta$[1]), EZ, et prius sectio $AB\Gamma\varDelta$ utramque AB, $\Gamma\varDelta$ in quattuor punctis secet A, B, Γ, $\varDelta$ partem conuexam habens aduersam, ut in prima figura. ergo sectio sectioni $AB\Gamma\varDelta$ opposita, hoc est EZ, cum neutra sectionum AB, $\Gamma\varDelta$ concurret [prop. XLIII].

---

1) In figura codicis V et hic et infra Γ, $\varDelta$ permutatae sunt. unde scriptura codicis p orta est. sed praestat figuram cum Memo mutare.

ἀλλὰ δὴ ἡ ΑΒΓΔ τὴν μὲν ΑΒ τεμνέτω κατὰ τὰ
Δ, Β, τὴν δὲ Γ καθ' ἓν τὸ Γ, ὡς ἔχει ἐπὶ τῆς δευτέρας
καταγραφῆς· ἡ ΕΖ ἄρα τῇ Γ οὐ συμπεσεῖται. εἰ δὲ
τῇ ΑΒ συμβάλλει ἡ ΕΖ, καθ' ἓν μόνον συμβάλλει·
5 εἰ γὰρ κατὰ δύο συμβάλλει τῇ ΑΒ, ἡ ἀντικειμένη
αὐτῇ ἡ ΑΒΓ τῇ ἑτέρᾳ ἀντικειμένῃ τῇ Γ οὐ συμπε-
σεῖται· ὑπόκειται δὲ καθ' ἓν τὸ Γ συμβάλλουσα.

εἰ δέ, ὡς ἔχει ἐπὶ τῆς τρίτης καταγραφῆς, ἡ ΑΒΓ
τὴν μὲν ΑΒΕ τέμνει κατὰ δύο τὰ Α, Β, τῇ δὲ ΑΒΕ
10 συμβάλλει ἡ ΕΖ,
τῇ μὲν Δ οὐ συμ-
πεσεῖται, τῇ δὲ ΑΒΕ
συμπίπτουσα οὐ
συμπεσεῖται κατὰ
15 πλείονα σημεῖα ἢ
δύο.

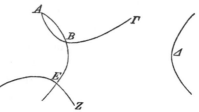

εἰ δέ, ὡς ἔχει ἐπὶ τῆς τετάρτης καταγραφῆς, ἡ
ΑΒΓΔ ἑκατέραν τέμνει καθ' ἓν σημεῖον, ἡ ΕΖ
οὐδετέρᾳ συμπεσεῖται κατὰ δύο σημεῖα. ὥστε διὰ τὰ
20 εἰρημένα καὶ τὰ ἀντίστροφα αὐτῶν αἱ ΑΒΓΔ, ΓΖ
ἀντικειμέναις ταῖς ΒΕ, ΕΖ τομαῖς οὐ συμπεσοῦνται
κατὰ πλείονα σημεῖα ἢ τέσσαρα.

ἐὰν δὲ αἱ τομαὶ ἐπὶ τὰ αὐτὰ τὰ κοῖλα ἔχωσι, καὶ
ἡ ἑτέρα τὴν ἑτέραν τέμνῃ κατὰ τέσσαρα τὰ Α, Β, Γ,
25 Δ, ὡς ἐπὶ τῆς πέμπτης καταγραφῆς, ἡ ΕΖ τῇ ἑτέρᾳ

---

1. ΑΒΓΔ] ΑΒΔ p, ΑΒΓ Halley cum Comm.　　2. Γ]
scripsi, ΓΔ Vp.　　Γ] Δ p.　　3. Γ] ΓΔ p.　　6. ΑΒΓ] vc,
Β e corr. m. 1 V; ΑΒΔ p.　　Γ] ΓΔ p.　　7. Γ] Δ p.　　8.
ΑΒΔ p.　　9. δέ] p, om. V.　　11. Δ] ΓΔ p.　　18. ΑΒΔΓ p.
20. τά] om. Vp, corr. Halley.　　ΑΒΔ, ΓΔΖ p; ΑΒΓΔ, ΕΖ
Halley cum Comm.　　21. ἀντικείμεναι Halley.　　ΕΖ] ΓΖ
Halley cum Comm.　　22. τέσσαρα] p, δ̄ V.

iam uero $AB\Gamma\varDelta$ sectionem AB in A, B secet,
sectionem autem Γ in uno Γ, ut in secunda figura

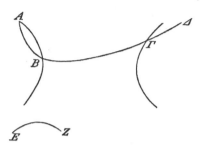

est; itaque EZ cum Γ
non concurret [prop.
XLI]. sin EZ cum
AB concurrit, in uno
puncto solo concurrit.
si enim in duobus cum
AB concurrit, sectio
ei opposita $AB\Gamma$ cum
altera opposita Γ non
concurret [prop. XLIII]; supposuimus autem, eam
in uno puncto Γ concurrere.

sin, ut est in figura tertia, $AB\Gamma$ sectionem ABE
in duobus punctis A, B secat, EZ autem cum ABE
concurrit, cum $\varDelta$ non concurret [prop. XLI], et cum
ABE concurrens in pluribus punctis quam in duobus

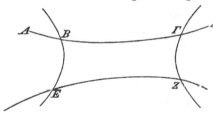

non concurret
[prop. XXXVII].
sin, ut est in
figura quarta,
$AB\Gamma\varDelta$ utramque
in uno puncto se-
cat, EZ cum neu-
tra in duobus punctis concurret [prop. XLII]. ergo
propter ea, quae diximus, et conuersa sectiones $AB\Gamma\varDelta$,
ΓZ cum sectionibus iis oppositis BE, EZ in pluribus
punctis non concurrent quam in quattuor.[1]

---

1) Uerba ὥστε lin. 19 — τέσσαρα lin. 22 inutilia sunt et
suspecta; nam ordo litterarum parum rectus est, nec ἀντί-
στροφα propositionum hic locum habent.

οὐ συμπεσεῖται. οὐδὲ μὴν ἡ EZ οὐ συμπεσεῖται τῇ
ΑΒ· πάλιν γὰρ ἔσται ἡ ΑΒ ταῖς ΑΒΓΔ, EZ ἀντι-
κειμέναις συμπίπτουσα κατὰ πλείονα σημεῖα ἢ τέσ-
σαρα [ἀλλ' οὐδὲ ἡ ΓΔ τῇ EZ συμπέσεῖται].

5 εἰ δέ, ὡς ἔχει ἐπὶ
τῆς ἕκτης καταγραφῆς,
ἡ ΑΒΓΔ τῇ ἑτέρᾳ τομῇ
συμβάλλει κατὰ τρία
σημεῖα, ἡ EZ τῇ ἑτέρᾳ
10 καθ' ἓν μόνον συμ-
πεσεῖται.

κατὶ ἐπὶ τῶν λοιπῶν
τὰ αὐτὰ τοῖς προτέροις
ἐροῦμεν.

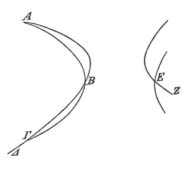

15 ἐπεὶ οὖν κατὰ πάσας τὰς ἐνδεχομένας διαστολὰς
δῆλόν ἐστι τὸ προτεθέν, ἀντικείμεναι ἀντικειμέναις
οὐ συμβάλλουσι κατὰ πλείονα σημεῖα ἢ τέσσαρα.

νς'.

Ἐὰν ἀντικείμεναι ἀντικειμένων καθ' ἓν σημεῖον
20 ἐπιψαύωσιν, οὐ συμπεσοῦνται καὶ κατ' ἄλλα σημεῖα
πλείονα ἢ δύο.

ἔστωσαν ἀντικείμεναι αἱ ΑΒ, ΒΓ καὶ ἕτεραι αἱ
Δ, EZ, καὶ ἡ ΒΓΔ τῆς ΑΒ ἐφαπτέσθω κατὰ τὸ Β,
καὶ ἐχέτωσαν ἀντεστραμμένα τὰ κυρτά, καὶ συμπιπτέτω
25 πρῶτον ἡ ΒΓΔ τῇ ΓΔ κατὰ δύο σημεῖα τὰ Γ, Δ,
ὡς ἐπὶ τοῦ πρώτου σχήματος.

---

1. οὐ (alt.)] om. p.   4. ΓΔ] ΗΘ Halley, ne eaedem lit-
terae bis ponantur, sed potius ἀλλ' — συμπεσεῖται delenda et
in fig. litterae Γ, Δ in opposita.   20. ἐπιψαύωσιν] p, ἐπι-
ψαύουσιν V, et c, sed corr. m. 1.   22. ΒΓ] ΓΔ Halley cum
Comm.   23. Δ] ΒΓ Halley praeeunte Comm.   EZ] cvp,
Z e corr. m. 1 V.

sin sectiones ad easdem partes concaua habent, et altera alteram in quattuor punctis *A*, *B*, *Γ*, *Δ* secat,

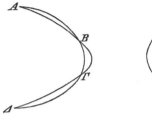

ut in quinta figura, *EZ* cum altera non concurret [prop. XLIV]. iam uero *Z* cum *AB* non concurret *EZ*; ita enim rursus *AB* cum oppositis *ABΓΔ*, *EZ* in pluribus punctis concurret quam in quattuor [prop. XXXVIII].

sin, ut est in figura sexta, *ABΓΔ* cum altera sectione in tribus punctis concurrit, *EZ* cum altera in uno solo concurret [prop. XLVI].

et in reliquis[1]) eadem, quae supra, dicemus.

quoniam igitur in omnibus, quae excogitari possunt, distributionibus adparet propositum, oppositae cum oppositis in pluribus punctis non concurrunt quam in quattuor.

LVI.

Si oppositae oppositas in uno puncto contingunt, in aliis quoque punctis non concurrent pluribus quam duobus.

sint oppositae *AB*, *BΓ* et alterae *Δ*, *EZ*, et *BΓΔ* sectionem *AB* in *B* contingat, habeant autem partem conuexam aduersam; et primum *BΓΔ* cum *ΓΔ* in duobus punctis concurrat *Γ*, *Δ*, ut in figura prima.

---

1) Adsunt praeterea in V duae figurae, sed falsae; significat Apollonius duos illos casus, ubi *ABΓΔ* alteram in duobus, alteram in uno puncto tangit [prop. XLV], et ubi in uno puncto concurrit.

ἐπεὶ οὖν ἡ ΒΓΔ κατὰ δύο τέμνει ἀντεστραμμένα
ἔχουσα τὰ κυρτά, ἡ ΕΖ τῇ ΑΒ οὐ συμπεσεῖται. πά-
λιν ἐπεὶ ἡ ΒΓΔ τῆς ΑΒ ἐφάπτεται
κατὰ τὸ Β ἀντεστραμμένα ἔχουσα τὰ
5 κυρτά, ἡ ΕΖ τῇ ΓΔ οὐ συμπεσεῖται.
ἡ ἄρα ΕΖ οὐδετέρᾳ τῶν ΑΒ, ΓΔ
τομῶν συμπεσεῖται· κατὰ δύο μόνον
ἄρα τὰ Γ, Δ συμβάλλουσιν.

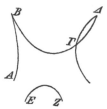

ἀλλὰ δὴ τὴν ΓΔ ἡ ΒΓ τεμνέτω
10 καθ' ἓν σημεῖον τὸ Γ, ὡς ἐπὶ τοῦ δευτέρου σχήματος.
ἡ ἄρα ΕΖ τῇ μὲν ΓΔ οὐ συμπεσεῖται, τῇ δὲ ΑΒ
συμπεσεῖται καθ' ἓν μόνον. εἰ γὰρ κατὰ δύο συμ-
βάλλει ἡ ΕΖ τῇ ΑΒ, ἡ ΒΓ τῇ ΓΔ οὐ συμπεσεῖται·
ὑπόκειται δὲ συμβάλλουσα καθ' ἕν.

15   εἰ δὲ ἡ ΒΓ τῇ Δ τομῇ μὴ συμπίπτῃ, ὡς ἐπὶ τοῦ
τρίτου σχήματος, διὰ μὲν τὰ προειρημένα ἡ ΕΖ τῇ
Δ οὐ συμπεσεῖται, ἡ δὲ ΕΖ τῇ ΑΒ οὐ συμπεσεῖται
κατὰ πλείονα σημεῖα ἢ δύο.

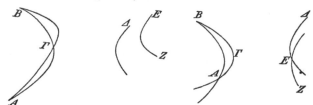

ἐὰν δὲ αἱ τομαὶ ἐπὶ τὰ αὐτὰ τὰ κοῖλα ἔχωσιν, αἱ
20 αὐταὶ ἀποδείξεις ἁρμόσουσι.

κατὰ πάσας οὖν τὰς ἐνδεχομένας διαστολὰς δῆλόν
ἐστιν ἐκ τῶν δεδειγμένων τὸ προτεθέν.

---

7. δύο] p, τὸ β̄ V.   13. ΒΓ] ΒΓΔ Vp, corr. Comm.
17. Δ] ΓΔ Vp, corr. Comm.

quoniam igitur $B\varGamma\varDelta$ in duobus punctis secat partem
conuexam habens aduersam, EZ cum AB non con-
curret [prop. XLI]. rursus quoniam $B\varGamma\varDelta$ sectionem
AB in B contingit partem conuexam habens aduersam,
EZ cum $\varGamma\varDelta$ non concurret [prop. LIV]. EZ igitur cum
neutra sectionum AB, $\varGamma\varDelta$ concurret; ergo in duobus[1])
solis $\varGamma$, $\varDelta$ concurrunt.

iam uero $B\varGamma$ sectionem $\varGamma\varDelta$ in uno puncto $\varGamma$ se-
cet, ut in secunda figura. itaque EZ cum $\varGamma\varDelta$ non
concurret [prop. LIV], cum AB autem in uno solo
concurret. nam si EZ cum AB in duobus concurrit,
$B\varGamma$ cum $\varGamma\varDelta$ non concurret [prop. XLI]; supposuimus
autem, eam in uno concurrere.

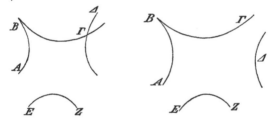

sin $B\varGamma$ cum sectione $\varDelta$ non concurrit, ut in ter-
tia figura, propter ea, quae antea diximus, EZ cum

$\varDelta$ non concurret [prop. LIV],
cum AB autem non concurret
EZ in pluribus punctis quam in
duobus [prop. XXXVII].

sin sectiones concaua ad eas-
dem partes posita habent, eaedem demonstrationes
conuenient [u. propp. XLVIII, XLIX, L].

---

1) Neque enim $B\varGamma\varDelta$ cum $\varGamma\varDelta$ in tribus punctis concurrit
(prop. XXXVII).

νζ'.

Ἐὰν ἀντικείμεναι ἀντικειμένων κατὰ δύο ἐπιψαύωσι, καθ' ἕτερον σημεῖον οὐ συμπεσοῦνται.

ἔστωσαν ἀντικείμεναι αἱ ΑΒ, ΓΔ καὶ ἕτεραι αἱ
5 ΑΓ, ΕΖ καὶ ἐφαπτέσθωσαν πρῶτον, ὡς ἐπὶ τοῦ πρώτου σχήματος, κατὰ τὰ Α, Γ.

ἐπεὶ οὖν ἡ ΑΓ ἑκατέρας τῶν ΑΒ, ΓΔ ἐφάπτεται κατὰ τὰ Α, Γ σημεῖα, ἡ ΕΖ ἄρα οὐδετέρᾳ τῶν ΑΒ, ΓΔ συμπεσεῖται.

10 ἐφαπτέσθωσαν δή, ὡς ἐπὶ τοῦ δευτέρου. ὁμοίως δὴ δειχθήσεται, ὅτι ἡ ΓΔ τῇ ΕΖ οὐ συμπεσεῖται.

ἐφαπτέσθω δή, ὡς ἐπὶ τοῦ τρίτου σχήματος, ἡ μὲν ΓΑ τῆς ΑΒ κατὰ τὸ Α, ἡ δὲ Δ τῆς ΕΖ κατὰ τὸ Ζ. ἐπεὶ οὖν ἡ ΑΓ τῆς ΑΒ ἐφάπτεται ἀντεστραμμένα τὰ

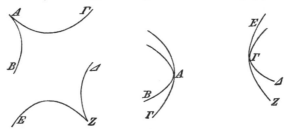

15 κυρτὰ ἔχουσα, ἡ ΕΖ τῇ ΑΒ οὐ συμπεσεῖται. πάλιν ἐπεὶ ἡ ΖΔ τῆς ΕΖ ἐφάπτεται, ἡ ΓΑ τῇ ΔΖ οὐ συμπεσεῖται.

εἰ δὲ ἡ μὲν ΑΓ τῆς ΑΒ ἐφάπτεται κατὰ τὸ Α, ἡ δὲ ΕΓ τῆς ΓΔ κατὰ τo Γ, καὶ ἔχουσιν ἐπὶ τὰ

9. Post ΓΔ del. ἐφάπτεται m. 1 V; non hab. cvp. 12. ἐφαπτέσθωσαν p. ἡ μὲν ΓΑ τῆς ΑΒ] cp, bis V. 19. ΕΓ] ΕΖ Halley cum Comm., ne littera Γ bis ponatur. ΓΔ] ΕΔ Halley cum Comm. Γ] Ε Halley cum Comm. ἔχουσιν] cp, ἔχωσιν V.

ergo in omnibus, quae excogitari possunt, distributio-
nibus propositum ex demonstratis adparet[1]).

LVII.

Si oppositae oppositas in duobus punctis contin-
gunt, in alio puncto non concurrent.

sint oppositae AB, $\Gamma\varDelta$ et alterae $A\Gamma$, EZ, pri-
mum autem, ut in prima figura, in A, Γ contingant.

quoniam igitur $A\Gamma$ utramque AB, $\Gamma\varDelta$ in punctis
A, Γ contingit, EZ cum neutra sectionum AB, $\Gamma\varDelta$
concurret [prop. LI][2]).

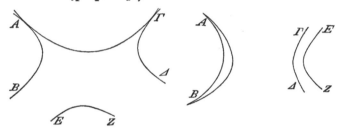

iam contingant, ut in figura secunda. similiter
igitur demonstrabimus, $\Gamma\varDelta$ cum EZ non concurrere
[prop. LIII][3]).

iam uero, sicut in tertia figura, ΓA sectionem AB
in A contingat, $\varDelta$ autem sectionem EZ in Z[4]). quon-
iam igitur $A\Gamma$ contingit AB partem conuexam habens

---

1) Tres figurae ultimae in V deprauatae sunt.
2) Neque uero $A\Gamma$ cum AB, $\Gamma\varDelta$ in pluribus punctis con-
currit (prop. XL).
3) Neque uero AB cum sectione, quam contingit, in plu-
ribus punctis concurret (prop. XXVII).
4) At hoc, monente Commandino, fieri non potest ob
prop. LIV.

αὐτα τὰ κοῖλα, ὡς ἐπὶ τοῦ τετάρτου σχήματος, καθ᾽ ἕτερον οὐ συμπεσοῦνται. οὐδὲ μὴ ἡ ΕΖ τῇ ΑΒ συμπεσεῖται.

κατὰ πάσας οὖν τὰς ἐνδεχομένας διαστολὰς δῆλόν 5 ἐστιν ἐκ τῶν δεδειγμένων τὸ προτεθέν.

---

2. μή] Vp, μήν Halley.   In fine: Ἀπολλωνίου κωνικῶν δ̄ : — ἐκδόσεως Εὐτοκίου Ἀσκαλωνίτου V; seq. una pagina (fol. 160ᵛ) cum figuris huius prop.; deinde: Ἀπολλωνίου κωνικῶν δ̄.

aduersam, *EZ* cum *AB* non concurret. rursus quoniam *ZΔ* contingit *EZ*, *ΓΔ* cum *ΔZ* non concurret.

sin *AΓ* sectionem *AB* in *A* contingit, *EΓ* autem sectionem *ΓΔ* in *Γ*, et concaua ad easdem partes posita habent, ut in quarta figura, in nullo alio puncto concurrent [prop. LII]. neque uero *EZ* cum *AB* concurret [prop. XXXIX].

ergo in omnibus, quae excogitari possunt, distributionibus propositum ex demonstratis adparet.

FRAGMENTA.

Conica.

1. Pappus VII, 30 p. 672 sq. ed. Hultsch:

$$Κωνικῶν \ \bar{η}.$$

Τὰ Εὐκλείδου βιβλία δ̄ κωνικῶν Ἀπολλώνιος ἀνα-
πληρώσας καὶ προσθεὶς ἔτερα δ̄ παρέδωκεν ῆ κωνικῶν   5
τεύχη. Ἀρισταῖος δέ, ὅς γράφει μέχρι τοῦ νῦν ἀνα-
διδόμενα στερεῶν τόπων τεύχη ε̄ συνεχῆ τοῖς κωνικοῖς,
ἐκάλει — καὶ οἱ πρὸ Ἀπολλωνίου — τῶν τριῶν κωνικῶν
γραμμῶν τὴν μὲν ὀξυγωνίου, τὴν δὲ ὀρθογωνίου, τὴν
δὲ ἀμβλυγωνίου κώνου τομήν. ἐπεὶ δ᾽ ἐν ἑκάστῳ τῶν 10
τριῶν τούτων κώνων διαφόρως τεμνομένων αἱ γ̄
γίνονται γραμμαί, διαπορήσας, ὡς φαίνεται, Ἀπολλώ-
νιος, τί δήποτε ἀποκληρώσαντες οἱ πρὸ αὐτοῦ ῆν μὲν
ἐκάλουν ὀξυγωνίου κώνου τομὴν δυναμένην καὶ ὀρθο-
γωνίου καὶ ἀμβλυγωνίου εἶναι, ῆν δὲ ὀρθογωνίου 15
εἶναι δυναμένην ὀξυγωνίου τε καὶ ἀμβλυγωνίου, ῆν
δὲ ἀμβλυγωνίου δυναμένην εἶναι ὀξυγωνίου τε καὶ
ὀρθογωνίου, μεταθεὶς τὰ ὀνόματα καλεῖ τὴν μὲν ὀξυ-
γωνίου καλουμένην ἔλλειψιν, τὴν δὲ ὀρθογωνίου
παραβολήν, τὴν δὲ ἀμβλυγωνίου ὑπερβολήν, ἑκάστην 20
δ᾽ ἀπό τινος ἰδίου συμβεβηκότος· χωρίον γάρ τι παρά
τινα γραμμὴν παραβαλλόμενον ἐν μὲν τῇ ὀξυγωνίου
κώνου τομῇ ἐλλεῖπον γίνεται τετραγώνῳ, ἐν δὲ τῇ

---

6. γέγραφε Hultsch.   μέχρι] τὰ μέχρι Hultsch cum
Halleio.   8. καὶ οἱ πρὸ Ἀπολλωνίου] del. Hultsch.   21. ἀπό
uel γ᾽ ἀπό Hultsch.

ἀμβλυγωνίου ὑπερβάλλον τετραγώνῳ, ἐν δὲ τῇ ὀρθο-
γωνίου οὔτε ἐλλεῖπον οὔθ᾽ ὑπερβάλλον. τοῦτο δ᾽
ἔπαθεν μὴ προσνοήσας, ὅτι κατά τινα μίαν πτῶσιν
τοῦ τέμνοντος ἐπιπέδου τὸν κῶνον καὶ γεννῶντος τὰς
5 τρεῖς γραμμὰς ἐν ἑκάστῳ τῶν κώνων ἄλλη καὶ ἄλλη
τῶν γραμμῶν γίνεται, ἣν ὠνόμασαν ἀπὸ τῆς ἰδιότητος
τοῦ κώνου. ἐὰν γὰρ τὸ τέμνον ἐπίπεδον ἀχθῇ παράλ-
ληλον μιᾷ τοῦ κώνου πλευρᾷ, γίνεται μία μόνη τῶν
τριῶν γραμμῶν ἀεὶ ἡ αὐτή, ἣν ὠνόμασεν ὁ Ἀρισταῖος
10 ἐκείνου τοῦ τμηθέντος κώνου τομήν.

Ὁ δ᾽ οὖν Ἀπολλώνιος, οἷα περιέχει τὰ ὑπ᾽ αὐτοῦ
γραφέντα κωνικῶν η̄ βιβλία, λέγει κεφαλαιώδη θεὶς
προδήλωσιν ἐν τῷ προοιμίῳ τοῦ πρώτου ταύτην·
"περιέχει δὲ τὸ μὲν πρῶτον τὰς γενέσεις τῶν τριῶν
15 τομῶν καὶ τῶν ἀντικειμένων καὶ τὰ ἐν αὐταῖς ἀρχικὰ
συμπτώματα ἐπὶ πλεῖον καὶ καθόλου μᾶλλον ἐξητασμένα
παρὰ τὰ ὑπὸ τῶν ἄλλων γεγραμμένα. τὸ δὲ δεύτερον
τὰ περὶ τὰς διαμέτρους καὶ τοὺς ἄξονας τῶν τομῶν
καὶ τῶν ἀντικειμένων συμβαίνοντα καὶ τὰς ἀσυμ-
20 πτώτους καὶ ἄλλα γενικὴν καὶ ἀναγκαίαν χρείαν παρε-
χόμενα πρὸς τοὺς διορισμούς· τίνας δὲ διαμέτρους ἢ
τίνας ἄξονας καλῶ, εἰδήσεις ἐκ τούτου τοῦ βιβλίου.
τὸ δὲ τρίτον πολλὰ καὶ παντοῖα χρήσιμα πρός τε τὰς
συνθέσεις τῶν στερεῶν τόπων καὶ τοὺς διορισμούς, ὧν
25 τὰ πλείονα καὶ καλὰ καὶ ξένα κατανοήσαντες εὕρομεν
μὴ συντιθέμενον ὑπὸ Εὐκλείδου τὸν ἐπὶ τρεῖς καὶ δ̄
γραμμὰς τόπον, ἀλλὰ μόριόν τι αὐτοῦ καὶ τοῦτο οὐκ
εὐτυχῶς· οὐ γὰρ δυνατὸν ἄνευ τῶν προειρημένων

---

2. τοῦτο δ᾽ ἔπαθεν — 10. τομήν] interpolatori tribuit
Hultsch.   3. προσεννοήσας Hultsch.   μίαν] ἰδίαν Hultsch.
4. τάς] addidi.   6. ὠνόμασεν Hultsch.

τελειωθῆναι τὴν σύνθεσιν. τὸ δὲ δ΄, ποσαχῶς αἱ
τῶν κώνων τομαὶ ἀλλήλαις τε καὶ τῇ τοῦ κύκλου
περιφερείᾳ συμπίπτουσιν καὶ ἐκ περισσοῦ, ὧν οὐδέτερον
ὑπὸ τῶν πρὸ ἡμῶν γέγραπται, κώνου τομὴ κύκλου
περιμερείᾳ κατὰ πόσα σημεῖα συμβάλλει καὶ ἀντικεί- 5
μεναι ἀντικειμέναις κατὰ πόσα σημεῖα συμβάλλουσιν.
τὰ δὲ λοιπὰ δ̄ περιουσιαστικώτερα· ἔστι γὰρ τὸ μὲν
περὶ ἐλαχίστων καὶ μεγίστων ἐπὶ πλεῖον, τὸ δὲ περὶ
ἴσων καὶ ὁμοίων τομῶν, τὸ δὲ διοριστικῶν θεωρημά-
των, τὸ δὲ κωνικῶν προβλημάτων διωρισμένων". 10
Ἀπολλώνιος μὲν ταῦτα.

2. Pappus VII, 42 p. 682, 21:

Ἔχει δὲ τὰ η̄ βιβλία τῶν Ἀπολλωνίου κωνικῶν θεω-
ρήματα ἤτοι διαγράμματα υ̅π̅ξ̅, λήμματα δὲ ἤτοι λαμβα-
νόμενά ἐστιν εἰς αὐτὰ ō. 15

3. Pappus IV, 59 p. 270:

Δοκεῖ δέ πως ἁμάρτημα τὸ τοιοῦτον οὐ μικρὸν
εἶναι τοῖς γεωμέτραις, ὅταν ἐπίπεδον πρόβλημα διὰ
τῶν κωνικῶν ἢ τῶν γραμμικῶν ὑπό τινος εὑρίσκηται,
καὶ τὸ σύνολον, ὅταν ἐξ ἀνοικείου λύηται γένους, 20
οἷόν ἐστιν τὸ ἐν τῷ πέμπτῳ τῶν Ἀπολλωνίου κωνικῶν
ἐπὶ τῆς παραβολῆς πρόβλημα.

4. Eutocius in Archimedem III p. 332 ed. Heiberg:

Τὰ ὅμοια τμήματα τῶν τοῦ κώνου τομῶν Ἀπολ-
λώνιος ὡρίσατο ἐν τῷ ἕκτῳ βιβλίῳ τῶν κωνικῶν, ἐν 25

---

5. κατά — συμβάλλει] del. Hultsch. 13. η̄] Hultsch
cum Halleio, ε̄ codd. 14. ἤτοι (alt.) — 15. αὐτά] del. Hultsch.
21. πέμπτῳ] πρώτῳ Hultsch, sed u. Tannery Mémoires de
la société des sciences physiques et naturelles de Bordeaux,
2ᵉ série V p. 51 sq., qui recte haec ad con. V, 62 rettulit. 25.
ἕκτῳ] def. 7.

οἷς ἀχθεισῶν ἐν ἑκάστῳ παραλλήλων τῇ βάσει ἴσων
τὸ πλῆθος αἱ παράλληλοι καὶ αἱ βάσεις πρὸς τὰς
ἀποτεμνομένας ἀπὸ τῶν διαμέτρων πρὸς ταῖς κορυ-
φαῖς ἐν τοῖς αὐτοῖς λόγοις εἰσὶ καὶ αἱ ἀποτεμνόμεναι
5 πρὸς τὰς ἀποτεμνομένας.

5. Eutocius in Archimedem III p. 332, 11:

Καὶ ὅτι αἱ παραβολαὶ πᾶσαι ὅμοιαί εἰσιν.

6. Eutocius in Archimedem III p. 328, 2 sq.:

Ἐπειδὴ αἱ ΕΘ, ΖΚ παράλληλοί εἰσι καὶ ἴσαι,
10 διάμετροι οὖσαι τῶν ἴσων τμημάτων καὶ ἐφαρμόζουσαι
ἀλλήλαις, ὡς ἐν τῷ ς′ τῶν κωνικῶν δέδεικται.

De duabus mediis proportionalibus.

7. Pappus III, 21 p. 56:

Οὗτοι γὰρ ὁμολογοῦντες στερεὸν εἶναι τὸ πρό-
15 βλημα τὴν κατασκευὴν αὐτοῦ μόνον ὀργανικῶς πεποίην-
ται συμφώνως Ἀπολλωνίῳ τῷ Περγαίῳ, ὃς καὶ τὴν
ἀνάλυσιν αὐτοῦ πεποίηται διὰ τῶν τοῦ κώνου τομῶν.

8. Eutocius in Archimedem III p. 76 sq.:

Ὡς Ἀπολλώνιος.

20 Ἔστωσαν αἱ δοθεῖσαι δύο εὐθεῖαι, ὧν δεῖ δύο
μέσας ἀνάλογον εὑρεῖν, αἱ ΒΑΓ ὀρθὴν περιέχουσαι
γωνίαν τὴν πρὸς τῷ Α. καὶ κέντρῳ μὲν τῷ Β,
διαστήματι δὲ τῷ ΑΓ κύκλου περιφέρεια γεγράφθω
ἡ ΚΘΛ. καὶ πάλιν κέντρῳ τῷ Γ καὶ διαστήματι τῷ
25 ΑΒ κύκλου περιφέρεια γεγράφθω ἡ ΜΘΝ καὶ τεμ-

---

6. Fragm. 5 continuatio est praecedentis et ideo et ipsum
ad Apollonium referendum; est VI, 11.   11. ς′] cfr. VI, 19.
12. Cfr. Conic. V, 52 p. 37, 8 ed. Halley.   16. συμφώνως
κτλ. interpolatori tribuit Hultsch.

νέτω τὴν ΚΘΛ κατὰ τὸ Θ, καὶ ἐπεζεύχθωσαν αἱ
ΘΑ, ΘΒ, ΘΓ. παραλληλόγραμμον ἄρα ἐστὶν τὸ ΒΓ,

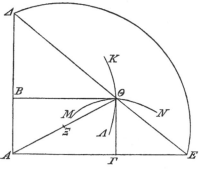

διάμετρος δὲ αὐτοῦ
ἡ ΘΑ. τετμήσθω
δίχα ἡ ΘΑ τῷ Ξ, 5
καὶ κέντρῳ τῷ Ξ γε-
γράφθω κύκλος τέμ-
νων τὰς ΑΒ, ΑΓ
ἐκβληθείσας κατὰ τὰ
Δ, Ε, ὥστε μέντοι 10
τὰ Δ, Ε ἐπ᾽ εὐθείας
εἶναι τῷ Θ· ὅπερ ἂν
γένοιτο κανονίου κινουμένου περὶ τὸ Θ τέμνοντος
τὰς ΑΔ, ΑΕ καὶ παραγομένου ἐπὶ τοσοῦτον, ἄχρις
ἂν αἱ ἀπὸ τοῦ Ξ ἐπὶ τὰ Δ, Ε ἴσαι γένωνται. 15

9. Ioannes Philoponus in Analyt. post. I p. 24 ed.
Ald. 1534:

Τοῦ μέντοι Ἀπολλωνίου τοῦ Περγαίου ἐστὶν εἰς
τοῦτο ἀπόδειξις, ὡς Παρμενίων φησίν, ἣν καὶ ἐκθήσο-
μεν ἔχουσαν οὕτως· 20

δύο δοθεισῶν εὐθειῶν ἀνίσων δύο μέσας ἀναλόγους
εὑρεῖν.

ἔστωσαν δὲ αἱ δοθεῖσαι δύο εὐθεῖαι ἄνισοι αἱ
ΑΒ, ΒΓ καὶ κείσθωσαν, ὥστε ὀρθὴν γωνίαν περιέχειν
τὴν ὑπὸ ΑΒΓ, καὶ συμπεπληρώσθω τὸ ΒΔ παραλληλό- 25
γραμμον, καὶ διάμετρος αὐτοῦ ἤχθω ἡ ΑΓ, καὶ περὶ
τὸ ΑΓΔ τρίγωνον γεγράφθω ἡμικύκλιον τὸ ΑΔΕΓ,
καὶ ἐκβεβλήσθωσαν αἱ ΒΑ καὶ ΒΓ ἐπ᾽ εὐθείας κατὰ
τὰ Ζ, Η, καὶ ἐπεζεύχθω ἡ ΖΗ διὰ τοῦ Δ σημείου

23. δέ] δή?   27. ἡμικύκλους ed. Ald.   29. ἐπιζεύχθω
ed. Ald.

οὕτως, ὥστε τὴν ΖΔ ἴσην εἶναι τῇ ΕΗ· τοῦτο δὲ
ὡς αἴτημα λαμβάνεται ἀναπόδεικτον. φανερὸν δή,
ὅτι καὶ ἡ ΖΕ τῇ ΔΗ ἴση ἐστίν. ἐπεὶ οὖν κύκλου
τοῦ ΑΔΓ εἴληπται σημεῖον ἐκτὸς τὸ Ζ, ἀπὸ δὲ τοῦ
5 Ζ δύο εὐθεῖαι αἱ
ΖΒ, ΖΕ προσ-
πίπτουσαι τέμ-
νουσι τὸν κύκλον
κατὰ τὰ Α, Δ
10 σημεῖα, τὸ ἄρα
ὑπὸ τῶν ΒΖ, ΖΑ
ἴσον ἐστὶ τῷ ὑπὸ
τῶν ΕΖ, ΖΔ. δια
τὰ αὐτὰ δὴ καὶ
15 τὸ ὑπὸ τῶν ΒΗ,

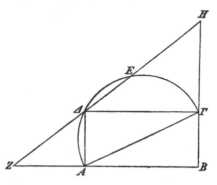

ΗΓ ἴσον ἐστὶ τῷ ὑπὸ τῶν ΔΗ, ΗΕ. ἴσον δὲ το
ὑπὸ τῶν ΔΗ, ΗΕ τῷ ὑπὸ τῶν ΕΖ, ΖΔ· ἴσαι γάρ
εἰσιν ἑκατέρα ἑκατέρᾳ η μὲν ΖΕ τῇ ΔΗ, ἡ δὲ ΖΔ
τῇ ΕΗ· καὶ τὸ ὑπὸ τῶν ΒΖ, ΖΑ ἄρα ἴσον ἐστὶ τῷ
20 ὑπὸ τῶν ΒΗ, ΗΓ. ἔστιν ἄρα, ὡς ἡ ΖΒ πρὸς τὴν
ΒΗ, ἡ ΗΓ πρὸς τὴν ΖΑ. ἀλλ' ὡς ἡ ΖΒ πρὸς
τὴν ΒΗ, οὕτως ἥ τε ΖΑ πρὸς τὴν ΑΔ καὶ ἡ ΔΓ
πρὸς τὴν ΓΗ διὰ τὴν ὁμοιότητα τῶν τριγώνων.
ἴση δὲ ἥ μὲν ΔΓ τῇ ΑΒ, ἡ δὲ ΑΔ τῇ ΒΓ· καὶ
25 ὡς ἄρα ἡ ΑΒ πρὸς τὴν ΓΗ, οὕτως ἡ ΖΑ πρὸς τὴν
ΑΔ. ἦν δὲ καί, ὡς ἡ ΖΒ πρὸς τὴν ΒΗ, τουτέστιν
ἡ ΑΒ πρὸς τὴν ΗΓ, ἡ ΗΓ πρὸς τὴν ΖΑ· καὶ
ὡς ἄρα ἡ ΑΒ πρὸς τὴν ΗΓ, οὕτως ἥ τε ΗΓ πρὸς
τὴν ΖΑ καὶ ἡ ΖΑ πρὸς τὴν ΒΓ. αἱ τέσσαρες ἄρα

In fig. litt. Ζ et Η permutat ed. Ald.

εὐθεῖαι αἱ *AB*, *ΗΓ*, *ΖΑ*, *ΒΓ* ἐφεξῆς ἀνάλογόν εἰσι
[καὶ διὰ τοῦτο ἔσται, ὡς ἡ *AB* πρὸς τὴν *ΒΓ*, οὕτως
ὁ ἀπὸ τῆς *AB* κύβος πρὸς τὸν ἀπὸ τῆς *ΗΓ*. εἰ οὖν
διπλασίων ὑποτεθείη ἡ *AB* τῆς *ΒΓ*, ἔσται καὶ ὁ ἀπὸ
τῆς *AB* κύβος διπλασίων τοῦ ἀπὸ τῆς *ΗΓ*].   5

Opera analytica cetera.

10. Pappus VII, 1 p. 634, 8 sq.:

Γέγραπται δὲ (sc. ἡ ὕλη τοῦ ἀναλυομένου τόπου)
*ὑπὸ τριῶν ἀνδρῶν, Εὐκλείδου τε τοῦ στοιχειωτοῦ
καὶ Ἀπολλωνίου τοῦ Περγαίου καὶ Ἀρισταίου τοῦ* 10
*πρεσβυτέρου, κατὰ ἀνάλυσιν καὶ σύνθεσιν ἔχουσα τὴν
ἔφοδον.*

Enumerantur omnia:

11. Pappus VII, 3 p. 636, 18 sq.:

Τῶν δὲ προειρημένων τοῦ ἀναλυομένου βιβλίων ἡ 15
*τάξις ἐστὶν τοιαύτη· Εὐκλείδου δεδομένων βιβλίον ᾱ,
Ἀπολλωνίου λόγου ἀποτομῆς β̄, χωρίου ἀποτο-
μῆς β̄, διωρισμένης τομῆς δύο, ἐπαφῶν δύο,
Εὐκλείδου πορισμάτων τρία, Ἀπολλωνίου νεύσεων
δύο, τοῦ αὐτοῦ τόπων ἐπιπέδων δύο, κωνικῶν ῆ.* 20

Deinde ordine singula excerpuntur:

De sectione rationis.

12. Pappus VII, 5 p. 640, 4 sq.:

*Τῆς δ' ἀποτομῆς τοῦ λόγου βιβλίων ὄντων β̄
πρότασίς ἐστιν μία ὑποδιῃρημένη, διὸ καὶ μίαν πρότα-* 25
*σιν οὕτως γράφω· διὰ τοῦ δοθέντος σημείου εὐθεῖαν
γραμμὴν ἀγαγεῖν τέμνουσαν ἀπὸ τῶν τῇ θέσει δοθει-
σῶν δύο εὐθειῶν πρὸς τοῖς ἐπ' αὐτῶν δοθεῖσι σημείοις*

λόγον ἐχούσας τὸν αὐτὸν τῷ δοθέντι. τὰς δὲ γραφὰς
διαφόρους γενέσθαι καὶ πλῆθος λαβεῖν συμβέβηκεν
ὑποδιαιρέσεως γενομένης ἕνεκα τῆς τε πρὸς ἀλλήλας
θέσεως τῶν διδομένων εὐθειῶν καὶ τῶν διαφόρων
5 πτώσεων τοῦ διδομένου σημείου καὶ διὰ τὰς ἀναλύσεις
καὶ συνθέσεις αὐτῶν τε καὶ τῶν διορισμῶν. ἔχει γὰρ
τὸ μὲν πρῶτον βιβλίον τῶν λόγου ἀποτομῆς τόπους
ζ, πτώσεις κδ, διορισμοὺς δὲ ε̄, ὧν τρεῖς μέν εἰσιν μέ-
γιστοι, δύο δὲ ἐλάχιστοι, καί ἐστι μέγιστος μὲν κατὰ τὴν
10 τρίτην πτῶσιν τοῦ ε′ τόπου, ἐλάχιστος δὲ κατὰ τὴν
δευτέραν τοῦ ϛ′ τόπου καὶ κατὰ τὴν αὐτὴν τοῦ ζ′
τόπου, μέγιστοι δὲ οἱ κατὰ τὰς τετάρτας τοῦ ϛ′ καὶ
τοῦ ζ′ τόπου. τὸ δὲ δεύτερον βιβλίον λόγου ἀποτο-
μῆς ἔχει τόπους ιδ, πτώσεις δὲ ξ̄γ, διορισμοὺς δὲ τοὺς
15 ἐκ τοῦ πρώτου· ἀπάγεται γὰρ ὅλον εἰς τὸ πρῶτον.
Λήμματα δὲ ἔχει τὰ λόγου ἀποτομῆς κ̄, αὐτὰ δὲ
τὰ δύο βιβλία τῶν λόγου ἀποτομῆς θεωρημάτων ἐστὶν
ρ̄π̄ᾱ, κατὰ δὲ Περικλέα πλειόνων ἢ τοσούτων.

De sectione spatii.

20   13. Pappus VII, 7 p. 640, 26 sq.:

Τῆς δ᾽ ἀποτομῆς τοῦ χωρίου βιβλία μέν ἐστιν
δύο, πρόβλημα δὲ κἂν τούτοις ἓν ὑποδιαιρούμενον
δίς, καὶ τούτων μία πρότασίς ἐστιν τὰ μὲν ἄλλα
ὁμοίως ἔχουσα τῇ προτέρᾳ, μόνῳ δὲ τούτῳ διαφέρουσα
25 τῷ δεῖν τὰς ἀποτεμνομένας δύο εὐθείας ἐν ἐκείνῃ μὲν
λόγον ἐχούσας δοθέντα ποιεῖν, ἐν δὲ ταύτῃ χωρίον
περιεχούσας δοθέν. ῥηθήσεται γὰρ οὕτως· διὰ τοῦ

---

4. δεδομένων Hultsch cum aliis.   5. δεδομένου Hultsch
cum aliis.   6 sq. repetuntur paucis mutatis Papp. VII, 65
p. 702.

δοθέντος σημείου εὐθεῖαν γραμμὴν ἀγαγεῖν τέμνου-
σαν ἀπὸ τῶν δοθεισῶν θέσει δύο εὐθειῶν πρὸς τοῖς
ἐπ᾽ αὐτῶν δοθεῖσι σημείοις χωρίον περιεχούσας ἴσον
τῷ δοθέντι. καὶ αὕτη δὲ διὰ τὰς αὐτὰς αἰτίας τὸ
πλῆθος ἔσχηκε τῶν γραφομένων. ἔχει δὲ τὸ μὲν α΄ 5
βιβλίον χωρίου ἀποτομῆς τόπους ξ, πτώσεις κδ, διο-
ρισμοὺς ξ, ὧν δ μὲν μέγιστοι, τρεῖς δὲ ἐλάχιστοι, καί
ἐστι μέγιστος μὲν κατὰ τὴν δευτέραν πτῶσιν τοῦ
πρώτου τόπου καὶ ὁ κατὰ τὴν πρώτην πτῶσιν τοῦ β΄
τόπου καὶ ὁ κατὰ τὴν β΄ τοῦ δ΄ καὶ ὁ κατὰ τὴν τρίτην 10
τοῦ ϛ΄ τόπου, ἐλάχιστος δὲ ὁ κατὰ τὴν τρίτην
πτῶσιν τοῦ τρίτου τόπου καὶ ὁ κατὰ τὴν δ΄ τοῦ δ΄
τόπου καὶ ὁ κατὰ τὴν πρώτην τοῦ ἕκτου τόπου. τὸ
δὲ δεύτερον βιβλίον τῶν χωρίου ἀποτομῆς ἔχει τόπους
ιγ, πτώσεις δὲ ξ, διορισμοὺς δὲ τοὺς ἐκ τοῦ πρώτου· 15
ἀπάγεται γὰρ εἰς αὐτό.

Θεωρήματα δὲ ἔχει τὸ μὲν πρῶτον βιβλίον μη, τὸ δὲ
δεύτερον ος.

14. Pappus VII, 232 p. 918, 9 sq.:

(problema hoc est: dato ΒΓ a dato Ε rectam 20
EZ ita ducere, ut fiat

ΖΓΗ = ΒΓ)

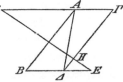

Δοθὲν ἄρα καὶ τὸ ὑπὸ
ΖΓΗ· καὶ δοθέντος τοῦ Ε
εἰς θέσει τὰς ΑΓ, ΓΔ διῆκται 25
εἰς χωρίου ἀποτομήν· θέσει ἄρα ἐστὶν ἡ ΕΖ.

15. Pappus VII, 67 p. 702, 28 sq.:

Ἐπιστήσειεν ἄν τις, διὰ τί ποτε μὲν τὸ λόγου ἀπο-

5 sq. repetuntur paucis mutatis Papp. VII, 66 p. 702. 8.
ὁ κατά p. 702, 21. 9. β΄] Halley, δ΄ codd. 15. ξ] Halley, ξ
codd. 24. καί] καὶ ἀπό Hultsch. 25. εἰς] ἡ ΕΖ εἰς Hultsch.

τομῆς δεύτερον ἔχει τόπους ιδ̄, τὸ δὲ τοῦ χωρίου ῑγ.
ἔχει δὲ διὰ τόδε, ὅτι ὁ ζ' ἐν τῷ τοῦ χωρίου ἀποτομῆς
τόπος παραλείπεται ὡς φανερός· ἐὰν γὰρ αἱ παράλ-
ληλοι ἀμφότεραι ἐπὶ τὰ πέρατα πίπτωσιν, οἷα ἂν διαχθῇ,
5 δοθὲν ἀποτέμνει χωρίον· ἴσον γὰρ γίνεται τῷ ὑπὸ
τῶν μεταξὺ τῶν περάτων καὶ τῆς ἀμφοτέρων τῶν ἐξ
ἀρχῆς τῇ θέσει δοθεισῶν εὐθειῶν συμβολῆς. ἐν δὲ
τῷ λόγου ἀποτομῆς οὐκέτι ὁμοίως. διὰ τοῦτο οὖν
προέχει τόπον ἕνα εἰς τὸ ἕβδομον τοῦ δευτέρου, καὶ
10 τὰ λοιπὰ ὄντα τὰ αὐτά.

De sectione determinata.

16. Pappus VII, 9 p. 642, 19 sq.:

Ἑξῆς τούτοις ἀναδέδονται τῆς διωρισμένης το-
μῆς βιβλία β̄, ὧν ὁμοίως τοῖς πρότερον μίαν πρότα-
15 σιν πάρεστιν λέγειν, διεζευγμένην δὲ ταύτην· τὴν
δοθεῖσαν ἄπειρον εὐθεῖαν ἑνὶ σημείῳ τεμεῖν, ὥστε τῶν
ἀπολαμβανομένων εὐθειῶν πρὸς τοῖς ἐπ' αὐτῆς δοθεῖσι
σημείοις ἤτοι τὸ ἀπὸ μιᾶς τετράγωνον ἢ τὸ ὑπὸ δύο
ἀπολαμβανομένων περιεχόμενον ὀρθογώνιον δοθέντα
20 λόγον ἔχειν ἤτοι πρὸς τὸ ἀπὸ μιᾶς τετράγωνον ἢ πρὸς
τὸ ὑπὸ μιᾶς ἀπολαμβανομένης καὶ τῆς ἔξω δοθείσης
ἢ πρὸς τὸ ὑπὸ δύο ἀπολαμβανομένων περιεχόμενον
ὀρθογώνιον, ἐφ' ὁπότερα χρὴ τῶν δοθέντων σημείων.
καὶ ταύτης ἅτε δὶς διεζευγμένης καὶ περισκελεῖς διορισ-
25 μοὺς ἐχούσης διὰ πλειόνων ἡ δεῖξις γέγονεν ἐξ ἀνάγκης.

---

2. τοῦ] del. Hultsch.   10. αὐτά] coni. Hultsch, ὄντα codd.
Deinde lacuna uidetur esse (uelut τὸ προτέρημα διατηρεῖ).
13. ἑξῆς δέ Hultsch cum al.   ἀναδέδοται Hultsch.   20.
τετράγωνον — 21. μιᾶς] Hultsch cum Simsono, om. codd.   23.
ὁπότερ' ἂν χρῇ Hultsch.

δείκνυσι δὲ ταύτην Ἀπολλώνιος μὲν πάλιν ἐπὶ ψιλῶν
τῶν εὐθειῶν τριβακώτερον πειρώμενος, καθάπερ καὶ
ἐπὶ τοῦ δευτέρου βιβλίου τῶν πρώτων στοιχείων
Εὐκλείδου, καὶ [ταύτην] πάλιν εἰσαγωγικώτερον ἐπανα-
γράφων δείξαντος καὶ εὐφυῶς διὰ τῶν ἡμικυκλίων· 5
ἔχει δὲ τὸ μὲν πρῶτον βιβλίον προβλήματα ͞ϛ, ἐπιτάγ-
ματα ͞ιϛ, διορισμοὺς ͞ε, ὧν μεγίστους μὲν ͞δ, ἐλάχιστον
δὲ ἕνα· καί εἰσιν μέγιστοι μὲν ὅ τε κατὰ τὸ δεύτερον
ἐπίταγμα τοῦ δευτέρου προβλήματος καὶ ὁ κατὰ τὸ γ´
τοῦ δ´ προβλήματος καὶ ὁ κατὰ τὸ τρίτον τοῦ ε´ καὶ 10
ὁ κατὰ τὸ τρίτον τοῦ ἕκτου, ἐλάχιστος δὲ ὁ κατὰ τὸ
τρίτον ἐπίταγμα τοῦ τρίτου προβλήματος. τὸ δὲ δεύτερον
διωρισμένης τομῆς ἔχει προβλήματα τρία, ἐπιτάγματα
͞θ, διορισμοὺς ͞γ, ὧν εἰσιν ἐλάχιστοι μὲν δύο, μέγιστος
δὲ ͞α, καί εἰσιν ἐλάχιστοι μὲν ὅ τε κατὰ τὸ τρίτον 15
τοῦ πρώτου καὶ ὁ κατὰ τὸ τρίτον τοῦ δευτέρου,
μέγιστος δὲ ὁ κατὰ τὸ τρίτον τοῦ τρίτου προβλήματος.

Λήμματα δὲ ἔχει τὸ μὲν πρῶτον βιβλίον ͞κζ, τὸ
δὲ δεύτερον ͞κδ, θεωρημάτων δέ ἐστιν τὰ δύο βιβλία
διωρισμένης τομῆς ͞πγ. 20

17. Pappus VII, 142 p. 798, 11 sq.:

Θ ___Δ_____Η_____Κ   Ἀπῆκται ἄρα εἰς διω-
├───┼──────────┼──────┤   ρισμένης· δεδομένων τριῶν
    Λ ─────────   εὐθειῶν τῶν ΘΔ, ΔΚ, Λ
τεμεῖν τὴν ΔΚ κατὰ τὸ Η καὶ ποιεῖν λόγον τοῦ ὑπὸ 25
ΘΗΚ πρὸς τὸ ὑπὸ Δ, ΗΔ ἴσου πρὸς ἴσον.

---

1. δείκνυσι — 5. ἡμικυκλίων] interpolatori tribuit Hultsch.
1. μὲν πάλιν] corrupta, om. Halley.   4. ταύτην] deleo.   5.
δείξαντος] corruptum, δείξας τε Halley; fort. δεξιῶς τε.   6 sq.
rep. Pappus VII, 119 p. 770.   11. τοῦ ἕκτου — 12. τρίτον]
e VII, 119 add. Halley, om. codd.   14. εἰσιν — 15. καί] addidi
e p. 770, 19 (ubi tamen εἰσιν om.); p. 644, 16 om. codd.   22.
διωρισμένης] διωρισμένην Commandinus, διωρισμένης α´ Hultsch.

Eadem propositio significatur a Pappo VII, 143 p.
802, 8: ἐν γὰρ τῇ διωρισμένῃ δέδεικται μεῖζον et
VII, 144 p. 804, 13: ἐν δὲ τῇ διωρισμένῃ μεῖζον
ἔσται τὸ ὑπὸ ΘΗΚ τοῦ ὑπὸ ΘΤΚ.

De tactionibus.

18. Pappus VII, 11 p. 644, 23 sq.:

Ἑξῆς δὲ τούτοις τῶν ἐπαφῶν ἐστιν βιβλία δύο.
προτάσεις δὲ ἐν αὐτοῖς δοκοῦσιν εἶναι πλείονες, ἀλλὰ
καὶ τούτων μίαν τίθεμεν οὕτως ἔχουσαν ἑξῆς· σημείων
10 καὶ εὐθειῶν καὶ κύκλων τριῶν ὁποιωνοῦν θέσει δο-
θέντων κύκλον ἀγαγεῖν δι' ἑκάστου τῶν δοθέντων ση-
μείων, εἰ δοθείη, ἢ ἐφαπτόμενον ἑκάστης τῶν δοθεισῶν
γραμμῶν. ταύτης διὰ πλήθη τῶν ἐν ταῖς ὑποθέσεσι
δεδομένων ὁμοίων ἢ ἀνομοίων κατὰ μέρος διαφόρους
15 προτάσεις ἀναγκαῖον γίνεσθαι δέκα· ἐκ τῶν τριῶν
γὰρ ἀνομοίων γενῶν τριάδες διάφοροι ἄτακτοι γίνον-
ται ῑ. ἤτοι γὰρ τὰ διδόμενα τρία σημεῖα ἢ τρεῖς
εὐθεῖαι ἢ δύο σημεῖα καὶ εὐθεῖα ἢ δύο εὐθεῖαι καὶ
σημεῖον ἢ δύο σημεῖα καὶ κύκλος ἢ δύο κύκλοι καὶ
20 σημεῖον ἢ δύο εὐθεῖαι καὶ κύκλος ἢ δύο κύκλοι καὶ
εὐθεῖα ἢ σημεῖον καὶ εὐθεῖα καὶ κύκλος ἢ τρεῖς κύκλοι.
τούτων δύο μὲν τὰ πρῶτα δέδεικται ἐν τῷ δ' βιβλίῳ
τῶν πρώτων στοιχείων, διὸ παρίει μὴ γράφων· τὸ μὲν
γὰρ τριῶν δοθέντων σημείων μὴ ἐπ' εὐθείας ὄντων
25 τὸ αὐτό ἐστιν τῷ περὶ τὸ δοθὲν τρίγωνον κύκλον
περιγράψαι, τὸ δὲ γ̄ δοθεισῶν εὐθειῶν μὴ παραλλή-

---

9. ἔχουσαν· ἑξῆς Hultsch („ἑξῆς abundare videtur" adn.).
12. ἢ] addidi.   17. τά] del. Hultsch.   δεδομένα Hultsch
cum aliis.   23. διὸ παρίει μὴ γράφων] scripsi, ὁπερημεν
γράφων codd., ὃ παρεῖμεν γράφειν Hultsch (sed necessario
Apollonius, non Pappus, hos duos casus omisit).

λων οὐσῶν, ἀλλὰ τῶν τριῶν συμπιπτουσῶν, τὸ αὐτό
ἐστιν τῷ εἰς τὸ δοθὲν τρίγωνον κύκλον ἐγγράψαι·
τὸ δὲ δύο παραλλήλων οὐσῶν καὶ μιᾶς ἐμπιπτούσης
ὡς μέρος ὂν τῆς β΄ ὑποδιαιρέσεως προγράφεται ἐν
τούτοις πάντων. καὶ τὰ ἑξῆς ϛ ἐν τῷ πρώτῳ βιβλίῳ, 5
τὰ δὲ λειπόμενα δύο, τὸ δύο δοθεισῶν εὐθειῶν καὶ
κύκλου ἢ τριῶν δοθέντων κύκλων μόνον ἐν τῷ δευ-
τέρῳ βιβλίῳ διὰ τὰς πρὸς ἀλλήλους θέσεις τῶν κύ-
κλων τε καὶ εὐθειῶν πλείονας οὔσας καὶ πλειόνων
διορισμῶν δεομένας. 10

19. Pappus VII, 12 p. 648, 14 sq.:

Ἔχει δὲ τὸ πρῶτον τῶν ἐπαφῶν προβλήματα
ϛ, τὸ δὲ δεύτερον προβλήματα δ. λήμματα δὲ ἔχει
τὰ δύο βιβλία κα, αὐτὰ δὲ θεωρημάτων ἐστὶν ξ.

Pappus VII, 184 p. 852, 13: τὸ πρῶτον τῶν ἐπα- 15
φῶν προβλήματα ἑπτά, τὸ δεύτερον προβλήματα δ.

De inclinationibus.

20. Pappus VII, 27 p. 670, 3 sq.:

Νεύσεων δύο.

Προβλήματος δὲ ὄντος καθολικοῦ τούτου· δύο 20
δοθεισῶν γραμμῶν θέσει θεῖναι μεταξὺ τούτων εὐ-
θεῖαν τῷ μεγέθει δεδομένην νεύουσαν ἐπὶ δοθὲν
σημεῖον, ἐπὶ τούτου τῶν ἐπὶ μέρους διάφορα τὰ ὑπο-
κείμενα ἐχόντων, ἃ μὲν ἦν ἐπίπεδα, ἃ δὲ στερεά, ἃ

---

3. δέ] scripsi (respondet ad μέν p. 112, 22), γάρ codd. (ab
hac igitur propositione incepit liber I Apollonii).   4. ὂν τῆς]
Halley, ὄντος τοῦ codd., ὂν τῆς τοῦ Hultsch cum aliis.   β΄]
Halley, ϛ codd.   16. ἔχει προβλήματα Hultsch.   23. τούτου]
Horsley, ταύτης codd.   24. ἦν] del. Hultsch.

δὲ γραμμικά, τῶν δ᾽ ἐπιπέδων ἀποκληρώσαντες τὰ
πρὸς πολλὰ χρησιμώτερα ἔδειξαν τὰ προβλήματα ταῦτα·

θέσει δεδομένων ἡμικυκλίου τε καὶ εὐθείας πρὸς
ὀρθὰς τῇ βάσει ἢ δύο ἡμικυκλίων ἐπ᾽ εὐθείας ἐχόν-
5 των τὰς βάσεις θεῖναι δοθεῖσαν τῷ μεγέθει εὐθεῖαν
μεταξὺ τῶν δύο γραμμῶν νεύουσαν ἐπὶ γωνίαν ἡμι-
κυκλίου·

καὶ ῥόμβου δοθέντος καὶ ἐπεκβεβλημένης μιᾶς
πλευρᾶς ἁρμόσαι ὑπὸ τὴν ἐκτὸς γωνίαν δεδομένην
10 τῷ μεγέθει εὐθεῖαν νεύουσαν ἐπὶ τὴν ἀντικρὺς γωνίαν·
καὶ θέσει δοθέντος κύκλου ἐναρμόσαι εὐθεῖαν
μεγέθει δεδομένην νεύουσαν ἐπὶ δοθέν.

τούτων δὲ ἐν μὲν τῷ πρώτῳ τεύχει δέδεικται τὸ
ἐπὶ τοῦ ἑνὸς ἡμικυκλίου καὶ εὐθείας ἔχον πτώσεις
15 δ̄ καὶ τὸ ἐπὶ τοῦ κύκλου ἔχον πτώσεις δύο καὶ τὸ
ἐπὶ τοῦ ῥόμβου πτώσεις ἔχον β̄, ἐν δὲ τῷ δευτέρῳ
τεύχει τὸ ἐπὶ τῶν δύο ἡμικυκλίων τῆς ὑποθέσεως
πτώσεις ἐχούσης ῑ, ἐν δὲ ταύταις ὑποδιαιρέσεις πλεί-
ονες διοριστικαὶ ἕνεκα τοῦ δεδομένου μεγέθους τῆς
20 εὐθείας.

21. Pappus VII, 29 p. 672, 15:

Ἔχει δὲ τὰ τῶν νεύσεων βιβλία δύο θεωρήματα
μὲν ἤτοι διαγράμματα ρ̄κ̄ε̄, λήμματα δὲ λ̄η̄.

Pappus VII, 157 p. 820, 18 sq.:

25   Τὸ πρῶτον τῶν νεύσεων ἔχει προβλήματα θ̄, διο-
ρισμοὺς τρεῖς, καί εἰσιν οἱ τρεῖς ἐλάσσονες, ὅ τε κατὰ
τὸ πέμπτον καὶ ὁ κατὰ τὸ ζ᾽ πρόβλημα καὶ ὁ κατὰ
τὸ θ᾽. τὸ δεύτερον νεύσεων ἔχει προβλήματα μ̄ε̄,

---

1. τῶν δ᾽] Halley, τῶν codd.; fort. καὶ τῶν.   22. δύο
βιβλία coni. Hultsch.

διορισμοὺς τρεῖς τόν τε κατὰ τὸ ιζ΄ πρόβλημα καὶ τὸν
κατὰ τὸ ιθ΄ καὶ τὸν κατὰ τὸ κγ΄· καί εἰσιν οἱ τρεῖς
ἐλάσσονες. Cfr. frag. 51.

De locis planis.

22. Pappus VII, 21 p. 660, 17 sq.: 5

Τόπων ἐπιπέδων δύο.

Τῶν τόπων καθόλου οἱ μέν εἰσιν ἐφεκτικοί, οὓς
καὶ Ἀπολλώνιος πρὸ τῶν ἰδίων στοιχείων λέγει, ση-
μείου μὲν τόπον σημεῖον, γραμμῆς δὲ τόπον γραμμήν,
ἐπιφανείας δὲ ἐπιφάνειαν, στερεοῦ δὲ στερεόν, οἱ δὲ 10
διεξοδικοί, ὡς σημείου μὲν γραμμή, γραμμῆς δ᾽ ἐπι-
φάνεια, ἐπιφανείας δὲ στερεόν, οἱ δὲ ἀναστροφικοί,
ὡς σημείου μὲν ἐπιφάνεια, γραμμῆς δὲ στερεόν.

23. Pappus VII, 23 p. 662, 19 sq.:

Οἱ μὲν οὖν ἀρχαῖοι εἰς τὴν τῶν ἐπιπέδων τούτων 15
τόπων τάξιν ἀποβλέποντες ἐστοιχείωσαν· ἧς ἀμελή-
σαντες οἱ μετ᾽ αὐτοὺς προσέθηκαν ἑτέρους, ὡς οὐκ
ἀπείρων τὸ πλῆθος ὄντων, εἰ θέλοι τις προσγράφειν
οὐ τῆς τάξεως ἐκείνης ἐχόμενα. θήσω οὖν τὰ μὲν
προσκείμενα ὕστερα, τὰ δ᾽ ἐκ τῆς τάξεως πρότερα μιᾷ 20
περιλαβὼν προτάσει ταύτῃ·

ἐὰν δύο εὐθεῖαι ἀχθῶσιν ἤτοι ἀπὸ ἑνὸς δεδομένου
σημείου ἢ ἀπὸ δύο καὶ ἤτοι ἐπ᾽ εὐθείας ἢ παράλ-
ληλοι ἢ δεδομένην περιέχουσαι γωνίαν καὶ ἤτοι λόγον
ἔχουσαι πρὸς ἀλλήλας ἢ χωρίον περιέχουσαι δεδομένον, 25

7. οὓς] ὡς Hultsch.   9. γραμμή codd.   10. ἐπι-
φάνεια codd.   11. γραμμή] scripsi, γραμμήν codd.   ἐπι-
φάνεια] scripsi, ἐπιφάνειαν codd.   13. ἐπιφάνεια] scripsi,
ἐπιφάνειαν codd.   15. τούτων] del. Hultsch.   19. οὐ] τὰ
Hultsch.

8*

ἅπτηται δὲ τὸ τῆς μιᾶς πέρας ἐπιπέδου τόπου θέσει
δεδομένου, ἅψεται καὶ τὸ τῆς ἑτέρας πέρας ἐπιπέδου
τόπου θέσει δεδομένου ὁτὲ μὲν τοῦ ὁμογενοῦς, ὁτὲ
δὲ τοῦ ἑτέρου, καὶ ὁτὲ μὲν ὁμοίως κειμένου πρὸς τὴν
5 εὐθεῖαν, ὁτὲ δὲ ἐναντίως. ταῦτα δὲ γίνεται παρὰ τὰς
διαφορὰς τῶν ὑποκειμένων.

24. Pappus VII, 26 p. 666, 14 sq.:

Τὸ δὲ δεύτερον βιβλίον περιέχει τάδε·

ἐὰν ἀπὸ δύο δεδομένων σημείων εὐθεῖαι κλασθῶ-
10 σιν, καὶ ᾖ τὰ ἀπ᾽ αὐτῶν δοθέντι χωρίῳ διαφέροντα,
τὸ σημεῖον ἅψεται θέσει δεδομένης εὐθείας·

ἐὰν δὲ ὦσιν ἐν λόγῳ δοθέντι, ἤτοι εὐθείας ἢ
περιφερείας·

ἐὰν ᾖ θέσει δεδομένη εὐθεῖα καὶ ἐπ᾽ αὐτῆς δοθὲν
15 σημεῖον καὶ ἀπὸ τούτου διαχθεῖσά τις πεπερασμένη,
ἀπὸ δὲ τοῦ πέρατος ἀχθῇ πρὸς ὀρθὰς ἐπὶ τὴν θέσει,
καὶ ᾖ τὸ ἀπὸ τῆς διαχθείσης ἴσον τῷ ὑπὸ δοθείσης
καὶ ἧς ἀπολαμβάνει ἤτοι πρὸς τῷ δοθέντι σημείῳ ἢ
πρὸς ἑτέρῳ δοθέντι σημείῳ ἐπὶ τῆς θέσει δεδομένης,
20 τὸ πέρας τῆσδε ἅψεται θέσει δεδομένης περιφερείας·

ἐὰν ἀπὸ δύο δοθέντων σημείων εὐθεῖαι κλασθῶ-
σιν, καὶ ᾖ τὸ ἀπὸ τῆς μιᾶς τοῦ ἀπὸ τῆς ἑτέρας δο-
θέντι μεῖζον ἢ ἐν λόγῳ, τὸ σημεῖον ἅψεται θέσει
δεδομένης περιφερείας·

25 ἐὰν ἀπὸ ὁσωνοῦν δεδομένων σημείων κλασθῶσιν
εὐθεῖαι πρὸς ἑνὶ σημείῳ, καὶ ᾖ τὰ ἀπὸ πασῶν εἴδη
ἴσα δοθέντι χωρίῳ, τὸ σημεῖον ἅψεται θέσει δεδομέ-
νης περιφερείας·

---

16. θέσει δεδομένην Hultsch cum Halleio.   20. τῆσδε]
τῆς διαχθείσης coni. Hultsch.

ἐὰν ἀπὸ δύο δοθέντων σημείων κλασθῶσιν εὐ-
θεῖαι, ἀπὸ δὲ τοῦ σημείου παρὰ θέσει ἀχθεῖσα εὐθεῖα
ἀπολαμβάνῃ ἀπὸ θέσει δεδομένης εὐθείας πρὸς δο-
θέντι σημείῳ, καὶ ᾖ τὰ ἀπὸ τῶν κεκλασμένων εἴδη
ἴσα τῷ ὑπὸ δοθείσης καὶ τῆς ἀπολαμβανομένης, τὸ 5
πρὸς τῇ κλάσει σημεῖον ἅψεται θέσει δεδομένης περι-
φερείας·

ἐὰν ἐν κύκλῳ θέσει δεδομένῳ δοθέν τι σημεῖον
ᾖ, καὶ δι᾽ αὐτοῦ ἀχθῇ τις εὐθεῖα, καὶ ἐπ᾽ αὐτῆς ληφθῇ
τι σημεῖον ἐκτός, καὶ ᾖ τὸ ἀπὸ τῆς ἄχρι τοῦ δοθέν- 10
τος ἐντὸς σημείου ἴσον τῷ ὑπὸ τῆς ὅλης καὶ τῆς
ἐκτὸς ἀπολαμβανομένης ἤτοι μόνον ἢ τοῦτό τε καὶ τὸ
ὑπὸ τῶν ἐντὸς δύο τμημάτων, τὸ ἐκτὸς σημεῖον ἅψε-
ται θέσει δεδομένης εὐθείας·

καὶ ἐὰν τοῦτο μὲν τὸ σημεῖον ἅπτηται θέσει δεδο- 15
μένης εὐθείας, ὁ δὲ κύκλος μὴ ὑπόκειται, τὰ ἐφ᾽
ἑκάτερα τοῦ δεδομένου σημεῖα ἅψεται θέσει δεδομένης
περιφερείας τῆς αὐτῆς.

Ἔχει δὲ τὰ τόπων ἐπιπέδων δύο βιβλία θεωρή-
ματα ἤτοι διαγράμματα ῥμξ, λήμματα δὲ ῆ. 20

25. Eutocius ad Apollonium I deff.; u. infra. est
libri II prop. 2 apud Pappum; cfr. Studien über Eu-
klid p. 70 sq.

De cochlea.

26. Proclus in Elementa p. 105, 1 sq. ed. Fried- 25
lein:

Τὴν περὶ τὸν κύλινδρον ἕλικα γραφομένην, ὅταν
εὐθείας κινουμένης περὶ τὴν ἐπιφάνειαν τοῦ κυλίν-

---

12. μόνον — τό] Hultsch cum Simsono, μόνῳ ἢ τούτῳ τε
καὶ τῷ codd.

δρου σημεῖον ὁμοταχῶς ἐπ᾽ αὐτῆς κινῆται. γίνεται
γὰρ ἕλιξ, ἧς ὁμοιομερῶς πάντα τὰ μέρη πᾶσιν ἐφαρ-
μόζει, καθάπερ Ἀπολλώνιος ἐν τῷ περὶ τοῦ κοχλίου
γράμματι δείκνυσιν. Cfr. p. 105, 14.

5   27. Pappus VIII, 49 p. 1110, 16 sq.:

Ἐν ᾧ γὰρ χρόνῳ τὸ Α ἐπὶ τὸ Β παραγίνεται
ὁμαλῶς κινούμενον, ἐν τούτῳ καὶ ἡ ΑΒ κατὰ τῆς
ἐπιφανείας τοῦ κυλίνδρου κινηθεῖσα εἰς τὸ αὐτὸ ἀπο-
καθίσταται, καὶ τὸ εἰρημένον φέρεσθαι σημεῖον κατὰ
10 τῆς ΑΒ εὐθείας γράψει τὴν μονόστροφον ἕλικα· τοῦτο
γὰρ Ἀπολλώνιος ὁ Περγεὺς ἀπέδειξεν.

Comparatio dodecaedri et icosaedri.

28. Hypsicles (Elementorum liber XIV qui fertur)
V p. 2, 1 sq. ed. Heiberg:

15 Βασιλείδης ὁ Τύριος, ὦ Πρώταρχε, παραγενηθεὶς
εἰς Ἀλεξάνδρειαν καὶ συσταθεὶς τῷ πατρὶ ἡμῶν διὰ
τὴν ἀπὸ τοῦ μαθήματος συγγένειαν συνδιέτριψεν αὐτῷ
τὸν πλεῖστον τῆς ἐπιδημίας χρόνον. καί ποτε ζητοῦν-
τες τὸ ὑπὸ Ἀπολλωνίου συγγραφὲν περὶ τῆς συγ-
20 κρίσεως τοῦ δωδεκαέδρου καὶ τοῦ εἰκοσαέδρου
τῶν εἰς τὴν αὐτὴν σφαῖραν ἐγγραφομένων, τίνα ἔχει
λόγον πρὸς ἄλληλα, ἔδοξαν ταῦτα μὴ ὀρθῶς γεγρα-
φηκέναι τὸν Ἀπολλώνιον, αὐτοὶ δὲ ταῦτα καθάραντες
ἔγραψαν, ὡς ἦν ἀκούειν τοῦ πατρός. ἐγὼ δὲ ὕστερον
25 περιέπεσον ἑτέρῳ βιβλίῳ ὑπὸ Ἀπολλωνίου ἐκδεδομένῳ
περιέχοντί τινα ἀπόδειξιν περὶ τοῦ προκειμένου, καὶ
μεγάλως ἐψυχαγωγήθην ἐπὶ τῇ τοῦ προβλήματος ζη-
τήσει. τὸ μὲν οὖν ὑπὸ Ἀπολλωνίου ἐκδοθὲν ἔοικε
κοινῇ σκοπεῖν· καὶ γὰρ περιφέρεται δοκοῦν ὕστερον
30 γεγράφθαι φιλοπόνως.

29. Hypsicles p. 6, 19 sq.:[1])

Ὁ αὐτὸς κύκλος περιλαμβάνει τό τε τοῦ δωδε-
καέδρου πεντάγωνον καὶ τὸ τοῦ εἰκοσαέδρου τρίγωνον
τῶν εἰς τὴν αὐτὴν σφαῖραν ἐγγραφομένων. τοῦτο δὲ
γράφεται ὑπὸ μὲν Ἀρισταίου ἐν τῷ ἐπιγραφομένῳ 5
τῶν ε̄ σχημάτων συγκρίσει, ὑπὸ δὲ Ἀπολλωνίου ἐν
τῇ δευτέρᾳ ἐκδόσει τῆς συγκρίσεως τοῦ δωδεκαέδρου
πρὸς τὸ εἰκοσάεδρον, ὅτι ἐστίν, ὡς ἡ τοῦ δωδεκαέ-
δρου ἐπιφάνεια πρὸς τὴν τοῦ εἰκοσαέδρου ἐπιφάνειαν,
οὕτως καὶ αὐτὸ τὸ δωδεκάεδρον πρὸς τὸ εἰκοσάεδρον 10
διὰ τὸ τὴν αὐτὴν εἶναι κάθετον ἀπὸ τοῦ κέντρου
τῆς σφαίρας ἐπὶ τὸ τοῦ δωδεκαέδρου πεντάγωνον καὶ
τὸ τοῦ εἰκοσαέδρου τρίγωνον. γραπτέον δὲ καὶ ἡμῖν
αὐτοῖς.

De irrationalibus inordinatis. 15

30. Proclus in Elementa p. 74, 23 sq.:

Τὰ περὶ τῶν ἀτάκτων ἀλόγων, ἃ ὁ Ἀπολλώ-
νιος ἐπὶ πλέον ἐξειργάσατο.

31. Scholia in Elementa X, 1 p. 414, 12 sq. ed.
Heiberg, quae e commentario Pappi petita esse conieci 20
Studien über Euklid p. 170, demonstraui Videnskaber-
nes Selskabs Skrifter, 6. Raekke, hist.-philos. Afd. II
p. 236 sq. (Hauniae 1888):

Ἐν δὲ τοῖς ἑξῆς περὶ ῥητῶν καὶ ἀλόγων οὐ πα-
σῶν· τινὲς γὰρ αὐτῷ ὡς ἐνιστάμενοι ἐγκαλοῦσιν· 25

---

1) Sicut dubitari nequit, quin etiam sequentium apud
Hypsiclem propositionum multae uel eodem modo uel similiter
apud Apollonium propositae et demonstratae fuerint, ita diffi-
cile est dictu, quae fuerint, quia de genere operis eius nihil
scimus. quare ea tantum recepi, quae diserte ad eum refe-
runtur.

ἀλλὰ τῶν ἁπλουστάτων εἰδῶν, ὧν συντιθεμένων γί-
νονται ἄπειροι ἄλογοι, ὧν τινας καὶ ὁ Ἀπολλώνιος
ἀναγράφει.

32. Pappi commentarius in Elementorum libr. X,
qui Arabice exstat et ex parte a Woepckio (Mémoires
présentées par divers savans à l'académie des sciences
1856. XIV) cum interpretatione Francogallica editus
est, p. 691:

Plus tard le grand Apollonius, dont le génie atteig-
nit au plus haut degré de supériorité dans les mathé-
matiques, ajouta à ces découvertes[1]) d'admirables
théories après bien des efforts et de travaux.

33. Pappus in Elem. X p. 693 ed. Woepcke:

Enfin, Apollonius distingua[2]) les espèces des
irrationnelles ordonnées, et découvrit la science des
quantités appelées (irrationnelles) inordonnées, dont
il produisit un très-grand nombre par des méthodes
exactes.

34. Pappus in Elem. X p. 694 sq.:

Il faut aussi qu'on sache que, non-seulement lors-
qu' on joint ensemble deux lignes rationnelles et
commensurables en puissance, on obtient la droite de
deux noms, mais que trois ou quatre lignes produisent
d'une manière analogue la même chose. Dans le
premier cas, on obtient la droite de trois noms, puis-
que la ligne entière est irrationnelle; et, dans le se-
cond cas, on obtient la droite de quatre noms, et

---

1) Theaeteti de irrationalibus.
2) H. e. ab inordinatis distinxit ut proprium quoddam
genus.

ainsi de suite jusqu' à l'infini. La démonstration [de l'irrationnalité] de la ligne composée de trois lignes rationnelles et commensurables en puissance est exactement la même que la démonstration relative à la combinaison de deux lignes.

Mais il faut recommencer encore et dire que nous pouvons, non-seulement prendre une seule ligne moyenne entre deux lignes commensurables en puissance, mais que nous pouvons en prendre trois ou quatre, et ainsi de suite jusqu'à l'infini, puisque nous pouvons prendre entre deux lignes droites données quelconques autant de lignes que nous voulons, en proportion continue.

Et, de même, dans les lignes formées par addition, nous pouvons, non-seulement construire la droite de deux noms, mais nous pouvons aussi construire celle de trois noms, ainsi que la première et la seconde de trois médiales; puis, la ligne composée de trois droites incommensurables en puissance et telles que l'une d'elles donne avec chacune des deux autres une somme des carrés rationnelle, tandis que le rectangle compris sous les deux lignes est médial, de sorte qu'il en résulte une majeure composée de trois lignes. Et, d'une manière analogue, on obtient la droite qui peut une rationnelle et une médiale, composée de trois droites, et de même celle qui peut deux médiales.

Car, supposons trois lignes rationnelles commensurables en puissance seulement. La ligne composée de deux de ces lignes, à savoir la droite de deux noms, est irrationnelle, et, en conséquence, l'espace compris sous cette ligne et sous la ligne restante est irrationnel,

et, de même, le double de l'espace compris sous ces
deux lignes sera irrationnel. Donc, le carré de la
ligne entière, composée de trois lignes, est irrationnel,
et, conséquemment, la ligne est irrationnelle, et on
l'appelle droite de trois noms.

Et, si l'on a quatres lignes commensurables en
puissance, comme nous l'avons dit, le procédé sera
exactement le même; et on traitera les lignes sui-
vantes d'une manière analogue.

Qu'on ait ensuite trois lignes médiales commen-
surables en puissance, et dont l'une comprenne avec
chacune des deux autres un rectangle rationnel; alors
la droite composée des deux lignes est irrationnelle
et s'appelle la première de deux médiales; la ligne
restante est médiale, et l'espace compris sous ces
deux lignes est irrationnel. Conséquemment, le carré
de la ligne entière est irrationnel. Le reste des autres
lignes se trouve dans les mêmes circonstances. Les
lignes composées s'étendent donc jusqu'à l'infini dans
toutes les espèces formées au moyen de l'addition.

De même, il n'est pas nécessaire que, dans les
lignes irrationnelles formées au moyen de la sous-
traction, nous nous bornions à n'y faire qu'une seule
soustraction, de manière à obtenir l'apotome, ou le
premier apotome de la médiale, ou le second apotome
de la médiale, ou la mineure, ou la droite qui fait
avec une surface rationnelle un tout médial, ou celle
qui fait avec une surface médiale un tout médial;
mais nous pourrons y effectuer deux ou trois ou
quatre soustractions.

Lorsque nous faisons cela, nous démontrons, d'une

manière analogue à ce qui précède, que les lignes restantes sont irrationnelles, et que chacune d'elles est une des lignes formées par soustraction. C'est-à-dire que, si d'une ligne rationnelle nous retranchons une autre ligne rationnelle commensurable à la ligne entière en puissance, nous obtenons pour ligne restante un apotome; et si nous retranchons de cette ligne retranchée et rationnelle, qu' Euclide appelle la congruente, une autre ligne rationnelle qui lui est commensurable en puissance, nous obtenons, comme partie restante, un apotome; de même que, si nous retranchons de la ligne rationnelle et retranchée de cette ligne une autre ligne qui lui est commensurable en puissance, le reste est un apotome. Il en est de même pour la soustraction des autres lignes.

Il est donc alors impossible de s'arrêter, soit dans les lignes formées par addition, soit dans celles formées par soustraction; mais on procède à l'infini, dans celles-là, en ajoutant, et dans celles-ci, en ôtant la ligne retranchée. Et, naturellement, l'infinité des quantités irrationnelles se manifeste par des procédés tels que les précédents, vu que la proportion continue ne s'arrête pas à un nombre déterminé pour les médiales, que l'addition n'a pas de fin pour les lignes formées par addition, et que la soustraction n'arrive pas non plus à un terme quelconque.[1])

---

1) Quid hinc de opere Apollonii concludi possit, exposuit Woepcke p. 706 sqq. uestigia doctrinae Apollonianae fortasse in additamento subditiuo Eucl. Elem. X, 112—115 p. 356—70 exstare, suspicatus sum in ed. Eucl. V p. LXXXV. Pappus tamen sine suspicione X, 115 legit; u. Woepcke p. 702.

35. Pappus in Elem. X p. 701:

Les irrationnelles se divisent premièrement en in-
ordonnées, c'est-à-dire celles qui tiennent de la matière
qu'on appelle corruptible, et qui s'étendent à l'infini;
et, secondement, en ordonnées, qui forment le sujet
limité d'une science, et qui sont aux inordonnées
comme les rationnelles sont aux irrationnelles or-
données. Or Euclide s'occupa seulement des ordonnées
qui sont homogènes aux rationnelles, et qui ne s'en
éloignent pas considérablement; ensuite Apollonius
s'occupa des inordonnées, entre lesquelles et les ration-
nelles la distance est très-grande.

Ὠκυτόκιον.

36. Eutocius in Archimedis dimens. circuli III p.
300, 16 sq.:

Ἰστέον δέ, ὅτι καὶ Ἀπολλώνιος ὁ Περγαῖος ἐν τῷ
Ὠκυτοκίῳ ἀπέδειξεν αὐτὸ [rationem ambitus circuli
ad diametrum] δι᾽ ἀριθμῶν ἑτέρων ἐπὶ τὸ σύνεγγυς
μᾶλλον ἀγαγών.

37. Pappus[1]) II, 22 p. 24, 25 sq.:

Φατέον οὖν τὸν ἐξ ἀρχῆς στίχον

Ἀρτέμιδος κλεῖτε κράτος ἔξοχον ἐννέα κοῦραι
πολλαπλασιασθέντα δι᾽ ἀλλήλων δύνασθαι μυριάδων
πλῆθος τρισκαιδεκαπλῶν ϙϛϛ, δωδεκαπλῶν τξη, ἐν-

---

1) Cum ab imagine operis Apolloniani, quod a Pappo cita-
tur, qualem animo concepi, computatio ab Eutocio significata
minime abhorreat, malui haec fragmenta sub uno titulo con-
iungere quam putare, Apollonium methodum magnos numeros
computandi in duobus operibus exposuisse.

E fragm. 37 adparet, Apollonium initio operis, sine dubio
in praefatione, iocandi causa uersum illum proposuisse et ut

δεκαπλῶν ͵δω, συμφώνως τοῖς ὑπὸ Ἀπολλωνίου κατὰ τὴν μέθοδον ἐν ἀρχῇ τοῦ βιβλίου προγεγραμμένοις.

38. Pappus II, 3 p. 4, 9 sq. (cfr. fragm. 47):

Ἀλλ᾽ ὁ διπλάσιος τοῦ πλήθους τῶν ἐφ᾽ ὧν τὰ Β μὴ μετρείσθω ὑπὸ τετράδος· μετρούμενος ἄρα λείψει δυάδα ἐξ ἀνάγκης· τοῦτο γὰρ προδέδεικται.

39. Pappus II, 1 p. 2, 1 sq.:

* γὰρ αὐτοὺς ἐλάσσονας μὲν εἶναι ἑκατοντάδος, μετρεῖσθαι δὲ ὑπὸ δεκάδος, καὶ δέον ἔστω τὸν ἐξ αὐτῶν στερεὸν εἰπεῖν μὴ πολλαπλασιάσαντα αὐτούς.

40. Pappus II, 2 p. 2, 14 sq.:

Ἔστωσαν δὴ πάλιν ὁσοιδηποτοῦν ἀριθμοὶ ἐφ᾽ ὧν τὰ Β, ὧν ἕκαστος ἐλάσσων μὲν χιλιάδος, μετρείσθω δὲ ὑπὸ ἑκατοντάδος, καὶ δέον ἔστω τὸν ἐξ αὐτῶν στερεὸν εἰπεῖν μὴ πολλαπλασιάσαντα τοὺς ἀριθμούς.

E Pappo p. 4, 3 sq. ad demonstrationem Apollonii haec pertinent: δείκνυται οὖν διὰ τῶν γραμμῶν .... ὁ διὰ τῶν ἐφ᾽ ὧν τὰ Β στερεὸς ἴσος ... τῷ διὰ τῶν ἑκατοντάδων στερεῷ ἐπὶ τὸν ἐκ τῶν πυθμένων στερεόν. Hoc si duplicatam multitudinem numerorum B metitur numerus 4, sin minus (cfr. fragm. 38), ὁ διὰ τῶν ἐφ᾽ ὧν τὰ Β μυριάδες εἰσὶν ϙ ὁμώνυμοι τῷ Ζ

---

exemplum numeri ingentis productum litterarum eius pro numeralibus sumptarum indicasse. deinde methodum, qua tanti numeri computari possint, exposuit. in qua enarranda Pappus propositiones ipsas excerpsit et per numeros confirmauit; demonstrationes ipsius Apollonii, quae in lineis factae erant, h. e. uniuersaliter, sicut in Elem. VII—IX, omisit. hinc adparet, quid in opere Apollonii e commentariis Pappi restituendo secutus sim. cfr. Tannery Mémoires de la soc. des sciences physiques et natur. de Bordeaux, 2ᵉ sér. III p. 352 sq.

γενόμεναι ἐπὶ τὸν E, Pappus p. 4, 16 sq. De Z, E u. fragm. 42.

41. Pappus II, 4 p. 4, 19 sq.:

Ἔστωσαν δύο ἀριθμοὶ οἱ A, B, καὶ ὁ μὲν A ὑπο-
5 κείσθω ἐλάσσων μὲν χιλιάδος, μετρούμενος δὲ ὑπὸ
ἑκατοντάδος, ὁ δὲ B ἐλάσσων μὲν ἑκατοντάδος, με-
τρούμενος δὲ ὑπὸ δεκάδος, ... καὶ δέον ἔστω τὸν ἐξ
αὐτῶν ἀριθμὸν εἰπεῖν μὴ πολλαπλασιάσαντα αὐτούς.

De demonstratione Pappus p. 6, 4: τὸ δὲ γραμμι-
10 κὸν δῆλον ἐξ ὧν ἔδειξεν Ἀπολλώνιος.

42. Pappus II, 5 p. 6, 6 sq.:

Ἐπὶ δὲ τοῦ ιη΄ θεωρήματος. Ἔστω πλῆθος ἀρι-
θμῶν τὸ ἐφ᾿ ὧν τὰ A, ὧν ἕκαστος ἐλάσσων μὲν ἑκα-
τοντάδος, μετρούμενος δὲ ὑπὸ δεκάδος, καὶ ἄλλο πλῆθος
15 ἀριθμῶν τὸ ἐφ᾿ ὧν τὰ B, ὧν ἕκαστος ἐλάσσων μὲν
χιλιάδος, μετρούμενος δὲ ὑπὸ ἑκατοντάδος, καὶ δέον
ἔστω τὸν ἐκ τῶν ἐφ᾿ ὧν τὰ A, B στερεὸν εἰπεῖν μὴ
πολλαπλασιάσαντα αὐτούς.

De demonstratione Pappus p. 6, 19 sq.: καὶ δείκ-
20 νυσιν ὁ Ἀπολλώνιος τὸν ἐκ πάντων τῶν ἐφ᾿ ὧν τὰ
A, B στερεὸν μυριάδων τοσούτων, ὅσαι εἰσὶν ἐν τῷ E
[producto τῶν πυθμένων] μονάδες, ὁμωνύμων τῷ Z
ἀριθμῷ [qui indicat, quoties numerus 4 metiatur sum-
mam multitudinis numerorum A et duplicatae multi-
25 tudinis numerorum B]. De casibus secundo, tertio,
quarto Pappus p. 6, 29 sq.: ἀλλὰ δὴ τὸ πλῆθος τῶν
ἐφ᾿ ὧν τὰ A προσλαβὸν τὸν διπλασίονα τοῦ πλήθους
τῶν ἐφ᾿ ὧν τὰ B μετρούμενον ὑπὸ τετράδος κατα-
λειπέτω πρότερον ἕνα· καὶ συνάγει ὁ Ἀπολλώνιος, ὅτι

---

12. ιη΄] om. codd.

ὁ ἐκ τῶν ἀριθμῶν ἐφ᾽ ὧν τὰ *A*, *B* στερεὸς μυριάδες
εἰσὶν τοσαῦται ὁμώνυμοι τῷ *Z*, ὅσος ἐστὶν ὁ δεκα-
πλασίων τοῦ *E*. ἐὰν δὲ τὸ προειρημένον πλῆθος
μετρούμενον ὑπὸ τετράδος καταλείπῃ δύο, ὁ ἐκ τῶν
ἀριθμῶν στερεὸς τῶν ἐφ᾽ ὧν τὰ *A*, *B* μυριάδες εἰσὶν 5
τοσαῦται ὁμώνυμοι τῷ *Z*, ὅσος ἐστὶν ὁ ἑκατονταπλά-
σιος τοῦ *E* ἀριθμοῦ. ὅταν δὲ τρεῖς καταλειφθῶσιν,
ἴσος ἐστὶν ὁ ἐξ αὐτῶν στερεὸς μυριάσιν τοσαύταις
ὁμωνύμοις τῷ *Z*, ὅσος ἐστὶν ὁ χιλιαπλάσιος τοῦ *E*
ἀριθμοῦ. 10

43. Pappus II, 7 p. 8, 12 sq.:

Ἐπὶ δὲ τοῦ ιθ᾽ θεωρήματος. Ἔστω τις ἀριθμὸς
ὁ *A* ἐλάσσων μὲν ἑκατοντάδος, μετρούμενος δὲ ὑπὸ
δεκάδος, καὶ ἄλλοι ὁσοιδηποτοῦν ἀριθμοὶ ἐλάσσονες
δεκάδος, καὶ δέον ἔστω τὸν ἐκ τῶν *A*, *B*, *Γ*, *Δ*, *E* 15
στερεὸν εἰπεῖν.

Ἔστω γὰρ καθ᾽ ὃν μετρεῖται ὁ *A* ὑπὸ τῆς δεκάδος
ὁ *Z*, τουτέστιν ὁ πυθμὴν τοῦ *A*, καὶ εἰλήφθω ὁ ἐκ
τῶν *Z*, *B*, *Γ*, *Δ*, *E* στερεὸς καὶ ἔστω ὁ *H*· λέγω, ὅτι
ὁ διὰ τῶν *A*, *B*, *Γ*, *Δ*, *E* στερεὸς δεκάκις εἰσὶν οἱ *H*. 20

De demonstratione Pappus p. 8, 27: τὸ δὲ γραμ-
μικὸν ὑπὸ τοῦ Ἀπολλωνίου δέδεικται.

44. Pappus II, 8 p. 10, 1 sq.:

Ἀλλὰ δὴ ἔστωσαν δύο ἀριθμοὶ οἱ *A*, *B*, ὧν ἑκά-
τερος ἐλάσσων μὲν ἑκατοντάδος, μετρούμενος δὲ ὑπὸ 25

Lin. 24 sq. ab Apollonio abiudicat Tannery, sed cfr. p. 128, 7.
contra iure idem Papp. p. 10, 15—30 negat apud Apollonium
fuisse, nec ibi τὸ γραμμικόν citatur; a Pappo additum uidetur,
quo magis gradatim ad fragm. 45 transeatur.

---

15. δεκάδος οἷον οἱ *B*, *Γ*, *Δ*, *E* Hultsch cum aliis.

δεκάδος, τῶν δὲ Γ, Δ, Ε ἕκαστος ἐλάσσων δεκάδος
ἔστω, καὶ δέον ἔστω τὸν ἐκ τῶν Α, Β, Γ, Δ, Ε στε-
ρεὸν εἰπεῖν.

Ἔστωσαν γὰρ τῶν Α, Β πυθμένες οἱ Ζ, Η· λέγω,
5 ὅτι ὁ ἐκ τῶν Α, Β, Γ, Δ, Ε στερεὸς τοῦ ἐκ τῶν Ζ,
Η, Γ, Δ, Ε στερεοῦ ἑκατονταπλάσιός ἐστιν.
De demonstratione Pappus p. 10, 14: τὸ δὲ γραμ-
μικὸν ἐκ τῶν Ἀπολλωνίου.

45. Pappus II, 10 p. 10, 31 sq..

10 Ἀλλὰ δὴ ἔστωσαν πλείους τριῶν οἱ Α, Β, Γ, Δ, Ε
καὶ ἕκαστος ἐλάσσων μὲν ἑκατοντάδος, μετρούμενος δὲ
ὑπὸ δεκάδος, τῶν δὲ Ζ, Η, Θ ἕκαστος ἔστω ἐλάσσων
δεκάδος.

Τὸ πλῆθος τῶν Α, Β, Γ, Δ, Ε πρότερον μετρείσθω
15 ὑπὸ τετράδος κατὰ τὸν Ο, καὶ ἔστωσαν τῶν Α, Β, Γ,
Δ, Ε πυθμένες οἱ Κ, Λ, Μ, Ν, Ξ· ὅτι ὁ ἐκ τῶν
Α, Β, Γ, Δ, Ζ, Η, Θ στερεὸς ἴσος ἐστὶν μυριάσιν ὁμω-
νύμοις τῷ Ο, ὅσαι μονάδες εἰσὶν ἐν τῷ στερεῷ τῷ
ἐκ τῶν Κ, Λ, Μ, Ν ἐπὶ τὸν ἐκ τῶν Ζ, Η, Θ.

20 De casibus secundo, tertio, quarto Pappus p. 12, 20 sq.:
Ἀλλὰ δὴ τὸ πλῆθος τῶν Α, Β, Γ, Δ, Ε μὴ με-
τρείσθω ὑπὸ τετράδος· μετρούμενον δὴ ἤτοι ᾱ ἢ β̄
ἢ γ̄ λείψει. εἰ μὲν οὖν ἕνα λείψει, ἔσται ὁ ἐκ τῶν
Α, Β, Γ, Δ, Ε, Ζ, Η, Θ στερεὸς μυριάδων ὁμωνύμων
25 τῷ Ο, ὅσος ἐστὶν ὁ ἐκ τῶν Κ, Λ, Μ, Ν, Ξ στερεὸς
ἐπὶ τὸν ἐκ τῶν Ζ, Η, Θ καὶ ὁ γενόμενος δεκάκις· εἰ

---

10. πλείους τριῶν] Apollonius scripserat ὁσοιδηποτοῦν.
10 sq. Hultschio suspecta.   24. Ζ, Η, Θ] Hultsch, om.
codd.   25. Ο τοσούτων coni. Hultsch.   Ξ] Hultsch cum
Wallisio, om. codd.   26. καὶ ὁ] del. Hultsch cum Wallisio.

δὲ δύο λείπει, ἑκατοντάκις γενόμενος ὁ εἰρημένος
στερεός. εἰ δὲ τρεῖς λείψει, ὁ ἐκ τῶν K, Δ, M, N, Ξ
ἐπὶ τὸν ἐκ τῶν Z, H, Θ χιλιάκις γενόμενος [ἔσται
μυριάδων τοσούτων ὁμωνύμων τῷ Ο]. τὸ δὲ γραμ-
μικὸν ἐκ τοῦ στοιχείου δῆλον. 5

46. Pappus II, 12 p. 14, 4 sq.:

Ἔστω ὁ μὲν A ἐλάσσων μὲν χιλιάδος, μετρούμενος
δὲ ὑπὸ ἑκατοντάδος, ἕκαστος δὲ τῶν B, Γ, Δ ἐλάσσων
δεκάδος, καὶ δέον ἔστω τὸν ἐκ τῶν A, B, Γ, Δ στε-
ρεὸν εἰπεῖν. 10

Κείσθω γὰρ τοῦ μὲν A πυθμὴν ὁ E, τῷ δὲ ἐκ
τῶν E, B, Γ, Δ στερεῷ ἴσος ὁ Z· ὅτι ὁ ἐκ τῶν A, B,
Γ, Δ στερεὸς ἑκατοντάκις ἐστὶν ὁ Z.

De demonstratione Pappus p. 14, 15: τὸ δὲ γραμ-
μικὸν ἐκ τοῦ στοιχείου. 15

47. Pappus II, 13 p. 14, 16: Ἐπὶ δὲ τοῦ κδ′ θεω-
ρήματος (de producto quotlibet unitatum et quotlibet
centenariorum).

In priore casu nihil de Apollonio sumpsit Pappus,
sed numeros tantum de suo adfert; in altero haec 20
p. 14, 24 sq. (cfr. fragm. 38):

Ἐὰν δὲ τὸ διπλάσιον τοῦ πλήθους τῶν A, B μὴ
μετρῆται ὑπὸ τετράδος, δῆλον, ὅτι μετρούμενον κατὰ
τὸν K λείψει δύο· τοῦτο γὰρ ἀνώτερον ἐδείχθη. διὰ

---

1. λείψει Hultsch. γενόμενος — 2. στερεός] del. Hultsch.
2. ὁ] ὅσων ὁ Hultsch. Ξ] Hultsch cum Wallisio, om.
codd. 3. ἔσται μονάδων τοσούτων μυριάδων Hultsch; malim
delere ἔσται — 4. τῷ Ο. 7 sq. Hultschio suspecta. 11.
τῷ] ὁ Hultsch cum Wallisio. 12. στερεῷ ἴσος] Eberhard
(qui praeterea add. ἔστω), om. codd. 15. στοιχείου δῆλον
Hultsch cum Wallisio.

δὴ τοῦτο ἐκ τῶν *Α*, *Β* καὶ μιᾶς τῶν λειπομένων δύο
ἑκατοντάδων μυριάδες εἰσὶν ἑκατὸν ὁμώνυμοι τῷ *Κ*·
καὶ ἔτι ὁ ἐκ τῶν *Ζ*, *Η*, *Γ*, *Δ*, *Ε* στερεὸς ὁ *Θ* ἐπὶ τὰς
ἑκατὸν μυριάδας ὁμωνύμους τῷ *Κ*. τὸ γραμμικὸν
5 ὡς Ἀπολλώνιος.

48. Pappus II, 14 p. 16, 3:

Ἐπὶ δὲ τοῦ κε΄ θεωρήματος.

Quae sequuntur p. 16, 3 sq. tam corrupta sunt, ut
sensus idoneus sine uiolentia elici non possit. sed
10 cum hic τὸ γραμμικόν Apollonii non citetur, dubito,
an non sit propositio operis Apolloniani, sed lemma
ipsius Pappi. cfr. Tannery l. c. p. 355 sq.

49. Pappus II, 15 p. 16, 17 sq.:

Τὸ δ᾽ ἐπὶ πᾶσι θεώρημα κϛ΄ πρότασιν ἔχει καὶ
15 ἀπόδειξιν τοιαύτην.

Ἔστωσαν δύο ἀριθμοὶ ἢ πλείους οἱ *Α*, *Β*, ὧν
ἕκαστος ἐλάσσων μὲν χιλιάδος, μετρούμενος δὲ ὑπὸ
ἑκατοντάδος, καὶ ἄλλοι ἀριθμοὶ ὁσοιδήποτε οἱ *Γ*, *Δ*, *Ε*,
ὧν ἕκαστος ἐλάσσων μὲν ἑκατοντάδος, μετρούμενος δὲ
20 ὑπὸ δεκάδος, καὶ ἄλλοι πάλιν ὁσοιδηποτοῦν ἀριθμοὶ
οἱ *Ζ*, *Η*, *Θ*, ὧν ἕκαστος ἐλάσσων δεκάδος, καὶ δέον
ἔστω τὸν ἐκ τῶν *Α*, *Β*, *Γ*, *Δ*, *Ε*, *Ζ*, *Η*, *Θ* στερεὸν εἰπεῖν.

ἔστωσαν γὰρ τῶν *Α*, *Β*, *Γ*, *Δ*, *Ε* πυθμένες οἱ
Δ, *Μ*, *Ν*, *Ξ*, *Ο*. ὁ δὴ διπλάσιος τῶν *Α*, *Β* μετὰ τῶν

---

1. *Α*, *Β* καὶ μιᾶς τῶν] dubitans addidi, om. codd. (per *Α*, *Β*
significatur ea pars seriei, cuius multitudo duplicata est 4 *Κ*).
λειπομένων] Bredow, *λ͞μ* codd.   Pro ἐκ — 2. ἑκατοντάδων
Hultsch: ἐκ τοῦ λείπεσθαι δύο, quod deinde delet.   2. ἑκα-
τόν] Hultsch cum Wallisio, χιλίαι codd.   3. ἔτι] scripsi,
ἔστιν codd.   *Ζ*, *Η*] scripsi, *Α*, *Β* codd. (sed u. Papp. p. 14, 22).
Ante ἐπί add. ἴσος τῷ ἐκ τῶν *Ζ*, *Η*, *Γ*, *Δ*, *Ε* στερεῷ Hultsch.
τὰς ἑκατόν] Hultsch et Wallis, χιλιας codd.   24. διπλάσιος
τοῦ πλήθους τῶν Hultsch.   μετά] μετὰ τοῦ Hultsch, καί codd.

Γ, Δ, Ε ἁπλῶς ἀριθμῶν ἤτοι μετρεῖται ὑπὸ τετράδος ἢ οὔ.

μετρείσθω πρότερον ὑπὸ τετράδος κατὰ τὸν Κ, καὶ ὑποτετάχθωσαν τοῖς μὲν Α, Β ἑκατοντάδες αἱ Π, Ρ, τοῖς δὲ Γ, Δ, Ε δεκάδες αἱ Σ, Τ, Υ· καὶ ὁ διπλάσιος 5 ἄρα τῶν Π, Ρ μετὰ τοῦ πλήθους τῶν Σ, Τ, Υ μετρεῖται ὑπὸ τετράδος κατὰ τὸν Κ. καὶ φανερόν, ὅτι ὁ ἐκ τῶν Α, Β, Γ, Δ, Ε στερεὸς ἴσος ἐστὶ τῷ ἐκ τῶν Π, Ρ, Σ, Τ, Υ ἐπὶ τὸν ἐκ τῶν Δ, Μ, Ν, Ξ, Ο. εἰλήφθω δὴ ὁ ἐκ τῶν Δ, Μ, Ν, Ξ, Ο, Ζ, Η, Θ στερεὸς καὶ ἔστω ὁ Φ· 10 ὅτι ὁ ἐκ τῶν Α, Β, Γ, Δ, Ε, Ζ, Η, Θ στερεὸς μυριάδες εἰσὶν τοσαῦται ὁμώνυμοι τῷ Κ, ὅσαι μονάδες εἰσὶν ἐν τῷ Φ. τοῦτο δὲ γραμμικῶς Ἀπολλώνιος ἀπέδειξεν.

Ἐὰν δὲ ὁ διπλάσιος τοῦ πλήθους τῶν Α, Β μετὰ τοῦ πλήθους τῶν Γ, Δ, Ε μὴ μετρῆται ὑπὸ τετράδος, 15 μετρούμενος ἄρα κατὰ τὸν Κ λείψει ἢ ἕνα ἢ δύο ἢ τρεῖς. εἰ μὲν οὖν ἕνα λείψει, ὁ ἐκ τῶν Π, Ρ, Σ, Τ, Υ στερεὸς μυριάδες εἰσὶν δέκα ὁμώνυμοι τῷ Κ, εἰ δὲ δύο, μυριάδες ἑκατὸν ὁμώνυμοι τῷ Κ, εἰ δὲ τρεῖς, μυριάδες χίλιαι ὁμώνυμοι τῷ Κ. καὶ δῆλον ἐκ τῶν 20 γενομένων, ὅτι ὁ ἐκ τῶν Α, Β, Γ, Δ, Ε, Ζ, Η, Θ στερεὸς μυριάδες εἰσὶν τοσαῦται, ὅσος ὁ δεκαπλάσιος τοῦ Φ, ὁμώνυμοι τῷ Κ ἀριθμῷ, ἢ ὅσος ὁ ἑκατονταπλάσιος τοῦ Φ, ὁμώνυμοι τῷ Κ, ἢ ὅσος ὁ χιλιαπλάσιος τοῦ Φ, ὁμώνυμοι τῷ Κ. 25

Τούτου δὴ τοῦ θεωρήματος προτεθεωρημένου πρό-

---

1. ἁπλοῦ ἀριθμοῦ Hultsch. 5. καὶ ὁ — 7. Κ] interpolatori tribuit Hultsch. 6. ἄρα τοῦ πλήθους τῶν Hultsch cum Wallisio. 8. Α — ἐκ τῶν] addidi, om. codd.; post Ο lin. 9 add. ἴσος ἐστὶ τῷ ἐκ τῶν Α, Β, Γ, Δ, Ε στερεῷ Hultsch cum Wallisio. 21. γενομένων] γεγραμμένων Hultsch. 26. τοῦ θεωρήματος] del. Hultsch.

δηλον, πῶς ἔστιν τὸν δοθέντα στίχον πολλαπλασιάσαι
καὶ εἰπεῖν τὸν γενόμενον ἀριθμὸν ἐκ τοῦ τὸν πρῶτον
τῶν ἀριθμῶν, ὃν εἴληφε τὸ πρῶτον τῶν γραμμάτων,
ἐπὶ τὸν δεύτερον ἀριθμόν, ὃν εἴληφε τὸ δεύτερον τῶν
5 γραμμάτων, πολυπλασιασθῆναι καὶ τὸν γενόμενον ἐπὶ
τὸν τρίτον ἀριθμόν, ὃν εἴληφε τὸ τρίτον γράμμα, καὶ
κατὰ τὸ ἑξῆς περαίνεσθαι μέχρι τοῦ διεξοδεύεσθαι τὸν
στίχον, ὡς εἶπεν Ἀπολλώνιος ἐν ἀρχῇ.[1]) κατὰ τὸν
στίχον οὕτως·
10 Ἀρτέμιδος κλεῖτε κράτος ἔξοχον ἐννέα κοῦραι
(τὸ δὲ κλεῖτε φησὶν ἀντὶ τοῦ ὑπομνήσατε).

50. Pappus II, 18 p. 20, 10 sq.:

Ἐὰν ἄρα τοὺς δέκα ἀριθμοὺς [centenarios uersus
illius] διπλασιάσωμεν καὶ τοὺς γενομένους κ̄ προσθῶμεν
15 τοῖς εἰρημένοις ἁπλῶς ἀριθμοῖς ἑπτακαίδεκα,[2]) τὰ γε-
νόμενα ὁμοῦ λ̄ζ ἕξομεν τῶν ὑπ᾽ αὐτοῦ λεγομένων
ἀναλόγων. κἂν τοῖς μὲν δέκα ἀριθμοῖς ὑποτάξωμεν
ἰσαρίθμους δέκα κατὰ τάξιν ἑκατοντάδος, τοῖς δὲ ῑζ
ὁμοίως ὑποτάξωμεν δεκάδας ῑζ, φανερὸν ἐκ τοῦ ἀνώ-
20 τερον λογιστικοῦ θεωρήματος ιβ΄, ὅτι δέκα ἑκατον-
τάδες μετὰ τῶν ῑζ δεκάδων ποιοῦσι μυριάδας ἐνναπλᾶς
δέκα.

---

1) Hic incipere uidetur expositio amplior Pappi eorum,
quae Apollonius initio operis breuiter significauerat.
2) Sc. denariis uersus.

---

3. τῶν ἀριθμῶν] ἀριθμόν Hultsch.   5. πολλαπλασιασθῆναι
Hultsch cum Wallisio.   8. ὡς] ὃν Hultsch.   κατὰ τὸν στίχον]
del. Hultsch.   13. τούς — 17. κἂν] del. Hultsch.   16. λε-
γομένων] Eberhard, γενομένων codd.

De principiis mathematicis.

51. Marinus in Data Euclidis p. 2 ed. Hardy:

Διὸ τῶν ἁπλουστέρως καὶ μιᾷ τινι διαφορᾷ περιγράφειν τὸ δεδομένον προθεμένων οἱ μὲν τεταγμένον, ὡς Ἀπολλώνιος ἐν τῇ περὶ νεύσεων καὶ ἐν τῇ καθόλου 5 πραγματείᾳ.

52. Proclus in Elem. p. 100, 5 sq.[1])

Ἀποδεξώμεθα δὲ καὶ τοὺς περὶ Ἀπολλώνιον λέγοντας, ὅτι γραμμῆς ἔννοιαν μὲν ἔχομεν, ὅταν τὰ μήκη μόνον ἢ τῶν ὁδῶν ἢ τῶν τοίχων ἀναμετρεῖν κελεύω- 10 μεν· οὐ γὰρ προσποιούμεθα τότε τὸ πλάτος, ἀλλὰ τὴν ἐφ᾽ ἓν διάστασιν ἀναλογιζόμεθα, καθάπερ δὴ καί, ὅταν χωρία μετρῶμεν, τὴν ἐπιφάνειαν ὁρῶμεν, ὅταν δὲ φρέατα, τὸ στερεόν· πάσας γὰρ ὁμοῦ τὰς διαστάσεις συλλαβόντες ἀποφαινόμεθα τοσόνδε εἶναι τὸ διάστημα 15 τοῦ φρέατος κατά τε μῆκος καὶ πλάτος καὶ βάθος. αἴσθησιν δὲ αὐτῆς λάβοιμεν ἂν ἀπιδόντες εἰς τοὺς διορισμοὺς τῶν πεφωτισμένων τόπων ἀπὸ τῶν ἐσκιασμένων καὶ ἐπὶ τῆς σελήνης καὶ ἐπὶ τῆς γῆς· τοῦτο γὰρ τὸ μέσον κατὰ μὲν πλάτος ἀδιάστατόν ἐστι, μῆκος 20 δὲ ἔχει τὸ συμπαρεκτεινόμενον τῷ φωτὶ καὶ τῇ σκιᾷ.

53. Proclus in Elem. p. 123, 14 sq.:

Τοῦ μὲν Εὐκλείδου κλίσιν λέγοντος τὴν γωνίαν, τοῦ δὲ Ἀπολλωνίου συναγωγὴν ἐπιφανείας ἢ στερεοῦ πρὸς ἑνὶ σημείῳ ὑπὸ κεκλασμένῃ γραμμῇ ἢ ἐπιφανείᾳ· 25 δοκεῖ γὰρ οὗτος καθόλου πᾶσαν ἀφορίζεσθαι γωνίαν.

---

1) De his fragmentis u. Tannery Bulletin des sciences mathématiques, 2ᵉ série, V p. 124, et cfr. quae monui Philolog. XLIII p. 488. ibidem suspicatus sum, etiam Procl. p. 227, 9 sq. ad Apollonium pertinere.

Cfr. p. 124, 17 sq.: τὴν ἰδιότητα τῆς γωνίας εὑρή-
σομεν συναγωγὴν μὲν οὐκ οὖσαν, ὥσπερ [καὶ] ὁ
Ἀπολλώνιός φησιν, ἐπιφανείας ἢ στερεοῦ; u. etiam
p. 125, 17.

5   54. Proclus in Elem. p. 183, 13 sq.:

Μάτην οὖν τῶν ἀξιωμάτων Ἀπολλώνιος ἐπεχείρησεν
ἀποδείξεις παραδιδόναι. ὀρθῶς γὰρ καὶ ὁ Γεμῖνος
ἐπέστησεν, ὅτι οἱ μὲν καὶ τῶν ἀναποδείκτων ἀποδείξεις
ἐπενόησαν καὶ ἀπὸ ἀγνωστοτέρων μέσων τὰ γνώριμα
10 πᾶσιν κατασκευάζειν ἐπεχείρησαν· ὃ δὴ πέπονθεν ὁ
Ἀπολλώνιος δεικνύναι βουλόμενος, ὅτι ἀληθὲς τὸ
ἀξίωμα τὸ λέγον τὰ τῷ αὐτῷ ἴσα καὶ ἀλλήλοις ἴσα
εἶναι.

Cfr. p. 194, 9: πολλοῦ ἄρα δεήσομεν ἡμεῖς τὸν
15 γεωμέτρην Ἀπολλώνιον ἐπαινεῖν, ὃς καὶ τῶν ἀξιωμά-
των, ὡς οἴεται, γέγραφεν ἀποδείξεις ἀπ᾽ ἐναντίας Εὐ-
κλείδῃ φερόμενος· ὁ μὲν γὰρ καὶ τὸ ἀποδεικτὸν ἐν
τοῖς αἰτήμασι κατηρίθμησεν, ὁ δὲ καὶ τῶν ἀναποδείκ-
των ἐπεχείρησεν ἀποδείξεις εὑρίσκειν.

20   Ipsam demonstrationem Apollonii habet Proclus
p. 194, 20 sq.: ὅτι δὲ καὶ ἡ ἀπόδειξις, ἣν ὁ Ἀπολ-
λώνιος εὑρηκέναι πέπεισται τοῦ πρώτου τῶν ἀξιωμά-
των, οὐδὲν μᾶλλον ἔχει τὸν μέσον τοῦ συμπεράσματος
γνωριμότερον, εἰ μὴ καὶ πλέον ἀμφισβητούμενον, μάθοι
25 τις ἂν ἐπιβλέψας εἰς αὐτὴν καὶ σμικρόν.

ἔστω γάρ, φησί, τὸ Α τῷ Β ἴσον, τοῦτο δὲ τῷ Γ.
λέγω, ὅτι καὶ τὸ Α τῷ Γ ἴσον. ἐπεὶ γὰρ τὸ Α τῷ Β
ἴσον, τὸν αὐτὸν αὐτῷ κατέχει τόπον. καὶ ἐπεὶ τὸ Β

---

2. καί] deleo.   23. τὸν μέσον] sc. ὅρον, τὸ μέσον Friedlein.

τῷ Γ ἴσον, τὸν αὐτὸν καὶ τούτῳ κατέχει τόπον. καὶ
τὸ Α ἄρα τῷ Γ τὸν αὐτὸν κατέχει τόπον· ἴσα ἄρα
ἐστίν.

55. Proclus in Elem. p. 279, 16 sq.:

Ἀπολλώνιος δὲ ὁ Περγαῖος τέμνει τὴν δοθεῖσαν 5
εὐθεῖαν πεπερασμένην δίχα τοῦτον τὸν τρόπον.

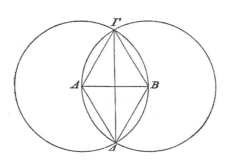

ἔστω, φησίν,
ἡ ΑΒ εὐθεῖα πε-
περασμένη, ἣν δεῖ
δίχα τεμεῖν, καὶ 10
κέντρῳ τῷ Α, δια-
στήματι δὲ τῷ ΑΒ
γεγράφθω κύκλος,
καὶ πάλιν κέντρῳ
τῷ Β, διαστήματι 15
δὲ τῷ ΒΑ ἕτερος
κύκλος, καὶ ἐπεζεύχθω ἡ ἐπὶ τὰς τομὰς τῶν κύκλων
ἡ ΓΔ. αὕτη δίχα τέμνει τὴν ΑΒ εὐθεῖαν.

ἐπεζεύχθωσαν γὰρ αἱ ΓΑ, ΓΒ καὶ αἱ ΔΑ, ΔΒ.
ἴσαι ἄρα εἰσὶν αἱ ΓΑ, ΓΒ· ἑκατέρα γὰρ ἴση τῇ ΑΒ· 20
κοινὴ δὲ ἡ ΓΔ, καὶ ἡ ΔΑ τῇ ΔΒ ἴση διὰ τὰ αὐτά.
ἡ ἄρα ὑπὸ ΑΓΔ γωνία ἴση τῇ ὑπὸ ΒΓΔ· ὥστε δίχα
τέτμηται ἡ ΑΒ διὰ τὸ τέταρτον.

τοιαύτη τίς ἐστιν ἡ κατὰ Ἀπολλώνιον τοῦ προ-
κειμένου προβλήματος [Elem. I, 10] ἀπόδειξις ἀπὸ μὲν 25
τοῦ ἰσοπλεύρου τριγώνου καὶ αὐτὴ ληφθεῖσα, ἀντὶ δὲ
τοῦ λαβεῖν δίχα τεμνομένην τὴν πρὸς τῷ Γ γωνίαν

19. καί — 20. ΓΒ] addidi, om. Friedlein.   23. ἡ] scripsi,
ὁ Friedlein.   24. ἡ] scripsi, καὶ ἡ Friedlein.

δεικνύουσα, ὅτι δίχα τέτμηται, διὰ τὴν ἰσότητα τῶν
βάσεων.

56. Proclus in Elem. p. 282, 8 sq.:

Ἀπολλώνιος δὲ τὴν πρὸς ὀρθὰς ἄγει τὸν τρόπον
5 τοῦτον·

ἐπὶ τῆς ΑΓ τυχὸν τὸ Δ, καὶ ἀπὸ τῆς ΓΒ ἴση
τῇ ΓΔ ἡ ΓΕ, καὶ κέντρῳ τῷ Δ, τῷ δὲ ΕΔ διαστή-
ματι γεγράφθω κύ-
κλος, καὶ πάλιν κέν-
10 τρῳ τῷ Ε, διαστήματι
δὲ τῷ ΔΕ κύκλος
γεγράφθω, καὶ ἀπὸ

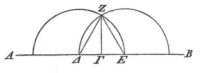

τοῦ Ζ ἐπὶ τὸ Γ ἤχθω. λέγω, ὅτι αὕτη ἐστὶν ἡ πρὸς ὀρθάς.
ἐὰν γὰρ ἐπιζευχθῶσιν αἱ ΖΔ, ΖΕ, ἴσαι ἔσονται.
15 ἴσαι δὲ καὶ αἱ ΔΓ, ΓΕ, καὶ κοινὴ ἡ ΖΓ· ὥστε καὶ αἱ
πρὸς τῷ Γ γωνίαι ἴσαι διὰ τὸ ὄγδοον. ὀρθαὶ ἄρα εἰσίν.

57. Proclus in Elem. p. 335, 16 sq.:

Τὴν δὲ Ἀπολλωνίου δεῖ-
ξιν οὐκ ἐπαινοῦμεν ὡς δεο-
20 μένην τῶν ἐν τῷ τρίτῳ βι-
βλίῳ δεικνυμένων. λαβὼν γὰρ
ἐκεῖνος γωνίαν τυχοῦσαν τὴν
ὑπὸ ΓΔΕ καὶ εὐθεῖαν τὴν
ΑΒ κέντρῳ τῷ Δ, διαστή-
25 ματι δὲ τῷ ΓΔ, γράφει τὴν
ΓΕ περιφέρειαν καὶ ὡσαύ-
τως κέντρῳ τῷ Α, διαστή-

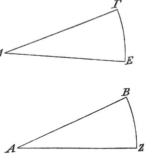

ματι δὲ τῷ ΑΒ τὴν ΖΒ, καὶ ἀπολαβὼν τῇ ΓΕ
ἴσην τὴν ΖΒ ἐπιζεύγνυσι τὴν ΑΖ καὶ ἐπὶ ἴσων περι-

---

2. βάσεων] h. e. ΑΔ, ΔΒ.   13. ἤχθω ἡ ΖΓ Friedlein.

φερειῶν βεβηκυίας τὰς A, Δ γωνίας ἴσας ἀποφαίνει.
δεῖ δὲ προλαβεῖν καί, ὅτι ἡ AB ἴση τῇ ΓΔ, ἵνα καὶ
οἱ κύκλοι ἴσοι ὦσι.

58. Scholium[1]) ad Euclidis Data deff. 13—15:
Τούτους Ἀπολλωνίου φασὶν εἶναι τοὺς τρεῖς ὅρους. 5

Astronomica.

59. Ptolemaeus σύνταξις XII, 1 (II p. 312 sq. ed.
Halma):

Τούτων ἀποδεδειγμένων ἀκόλουθον ἂν εἴη καὶ τὰς
καθ᾽ ἕκαστον τῶν πέντε πλανωμένων γινομένας προ- 10
ηγήσεις ἐλαχίστας τε καὶ μεγίστας ἐπισκέψασθαι καὶ
δεῖξαι καὶ τὰς τούτων πηλικότητας ἀπὸ τῶν ἐκκειμέ-
νων ὑποθέσεων συμφώνους, ὡς ἔνι μάλιστα, γινομένας
ταῖς ἐκ τῶν τηρήσεων καταλαμβανομέναις. εἰς δὲ τὴν
τοιαύτην διάληψιν προαποδεικνύουσι μὲν καὶ οἵ τε 15
ἄλλοι μαθηματικοὶ καὶ Ἀπολλώνιος ὁ Περγαῖος ὡς ἐπὶ
μιᾶς τῆς παρὰ τὸν ἥλιον ἀνωμαλίας, ὅτι, ἐάν τε διὰ
τῆς κατ᾽ ἐπίκυκλον ὑποθέσεως γίνηται, τοῦ μὲν ἐπι-
κύκλου περὶ τὸν ὁμόκεντρον τῷ ζῳδιακῷ κύκλον τὴν
κατὰ μῆκος πάροδον εἰς τὰ ἑπόμενα τῶν ζῳδίων ποι- 20
ουμένου, τοῦ δὲ ἀστέρος ἐπὶ τοῦ ἐπικύκλου περὶ τὸ

---

1) Hoc scholium, quod ad opus Apollonii de principiis
mathematicis referre non dubito — nam ibi sine dubio, sicut
de axiomatis, ita etiam de definitionibus et de uera definiendi
ratione disputauerat —, mecum communicauit H. Menge. ex-
stat in codd. Vatt. gr. 190 et 204 et in cod. Laur. 28, 10, ne
plures.

---

5. τούτου Vat. 190.   Ἀπολλώνιος Vat. 190.   φησίν
Vat. 190.   εἶναί φησι Vat. 204.   τούτους τοὺς τρεῖς ὅρους
Ἀπολλωνίου φασὶν εἶναι Laur. 28, 10.

κέντρον αὐτοῦ τὴν τῆς ἀνωμαλίας ὡς ἐπὶ τὰ ἑπόμενα
τῆς ἀπογείου περιφερείας, καὶ διαχθῇ τις ἀπὸ τῆς
ὄψεως ἡμῶν εὐθεῖα τέμνουσα τὸν ἐπίκυκλον οὕτως
ὥστε τοῦ ἀπολαμβανομένου αὐτῆς ἐν τῷ ἐπικύκλῳ
5 τμήματος τὴν ἡμίσειαν πρὸς τὴν ἀπὸ τῆς ὄψεως ἡμῶν
μέχρι τῆς κατὰ τὸ περίγειον τοῦ ἐπικύκλου τομῆς
λόγον ἔχειν, ὃν τὸ τάχος τοῦ ἐπικύκλου πρὸς τὸ τάχος
τοῦ ἀστέρος, τὸ γινόμενον σημεῖον ὑπὸ τῆς οὕτως
διαχθείσης εὐθείας πρὸς τῇ περιγείῳ περιφερείᾳ τοῦ
10 ἐπικύκλου διορίζει τάς τε ὑπολείψεις καὶ τὰς προηγή-
σεις, ὥστε κατ᾽ αὐτοῦ γινόμενον τὸν ἀστέρα φαντα-
σίαν ποιεῖσθαι στηριγμοῦ· ἐάν τε διὰ τῆς κατ᾽ ἐκ-
κεντρότητα ὑποθέσεως ἡ παρὰ τὸν ἥλιον ἀνωμαλία
συμβαίνῃ τῆς τοιαύτης ἐπὶ μόνων τῶν πᾶσαν ἀπό-
15 στασιν ἀπὸ τοῦ ἡλίου ποιουμένων τριῶν ἀστέρων
προχωρεῖν δυναμένης, τοῦ μὲν κέντρου τοῦ ἐκκέντρου
περὶ τὸ τοῦ ζῳδιακοῦ κέντρον εἰς τὰ ἑπόμενα τῶν
ζῳδίων ἰσοταχῶς τῷ ἡλίῳ φερομένου, τοῦ δὲ ἀστέρος
ἐπὶ τοῦ ἐκκέντρου περὶ τὸ κέντρον αὐτοῦ εἰς τὰ προ-
20 ηγούμενα τῶν ζῳδίων ἰσοταχῶς τῇ τῆς ἀνωμαλίας
παρόδῳ, καὶ διαχθῇ τις εὐθεῖα ἐπὶ τοῦ ἐκκέντρου
κύκλου διὰ τοῦ κέντρου τοῦ ζῳδιακοῦ, τουτέστι τῆς
ὄψεως, οὕτως ἔχουσα ὥστε τὴν ἡμίσειαν αὐτῆς ὅλης
πρὸς τὸ ἔλασσον τῶν ὑπὸ τῆς ὄψεως γινομένων τμη-
25 μάτων λόγον ἔχειν, ὃν τὸ τάχος τοῦ ἐκκέντρου πρὸς
τὸ τάχος τοῦ ἀστέρος, κατ᾽ ἐκεῖνο τὸ σημεῖον γιγνό-
μενος ὁ ἀστήρ, καθ᾽ ὃ τέμνει ἡ εὐθεῖα τὴν περίγειον
τοῦ ἐκκέντρου περιφέρειαν, τὴν τῶν στηριγμῶν φαν-
τασίαν ποιήσεται.

30   De demonstrationibus Apollonii u. Delambre apud
Halma II² p. 19.

Cfr. Procli hypotyposes p. 128 ed. Halma: ἔστι
μὲν οὖν Ἀπολλωνίου τοῦ Περγαίου τὸ εὕρημα, χρῆται
δὲ αὐτῷ ὁ Πτολεμαῖος ἐν τῷ ιβ΄ τῆς συντάξεως.
60. Hippolytus refutat. omnium haeres. IV, 8 p. 66
ed. Duncker:
Καὶ ἀπόστημα δὲ ἀπὸ τῆς ἐπιφανείας τῆς γῆς ἐπὶ
τὸν σεληνιακὸν κύκλον ὁ μὲν Σάμιος Ἀρίσταρχος ἀνα-
γράφει σταδίων .... ὁ δὲ Ἀπολλώνιος μυριάδων ϙ.
De numero aut corrupto aut ab Hippolyto male in-
tellecto u. Tannery Mémoires de la société des sciences 10
physiques et naturelles de Bordeaux, 2ᵉ série, V p. 254.
61. Ptolemaeus Chennus apud Photium cod. CXC
p. 151 b 18 ed. Bekker:
Ἀπολλώνιος δ' ὁ ἐν τοῖς τοῦ Φιλοπάτορος χρόνοις
ἐπ' ἀστρονομίᾳ περιβόητος γεγονὼς ε̄ ἐκαλεῖτο, διότι 15
τὸ σχῆμα τοῦ ε̄ συμπεριφέρεται τῷ τῆς σελήνης, περὶ
ἣν ἐκεῖνος μάλιστα ἠκρίβωτο.

Optica.

62. Fragmentum mathematicum Bobiense ed. Belger
Hermes XVI p. 279 sq. (quae male legerat ille, emendaui 20
Zeitschr. f. Math. u. Phys. XXVIII, hist. Abth. p. 124 sq.):
Οἱ μὲν οὖν παλαιοὶ ὑπέλαβον τὴν ἔξαψιν ποιεῖσθαι
περὶ τὸ κέντρον τοῦ κατόπτρου, τοῦτο δὲ ψεῦδος
Ἀπολλώνιος μάλα δεόντως ..... (ἐν τῷ) πρὸς
τοῖς κατοπτρικοὺς ἔδειξεν, καὶ περὶ τίνα δὲ τόπον 25
ἡ ἐκπύρωσις ἔσται, διασεσάφηκεν ἐν τῷ περὶ τοῦ
πυρίου. ὃν δὲ τρόπον ἀποδεικνύουσιν, οὐ δια......δε,
ὃ καὶ δυσέργως καὶ διὰ μακροτέρων συνίστησιν. οὐ
μὴν ἀλλὰ τὰς μὲν ὑπ' αὐτοῦ κομιζομένας ἀποδείξεις
παρῶμεν. 30

COMMENTARIA ANTIQUA.

I.

PAPPI
LEMMATA IN CONICORUM LIBROS I—IV.

Pappus VII, 233—272 p. 918, 22—952, 23 ed. Hultsch.

Τοῦ α΄. 5

α΄. Ἔστω κῶνος, οὗ βάσις μὲν ὁ ΑΒ κύκλος,
κορυφὴ δὲ τὸ Γ σημεῖον. εἰ μὲν οὖν ἰσοσκελής ἐστιν
ὁ κῶνος, φανερόν, ὅτι πᾶσαι αἱ ἀπὸ τοῦ Γ πρὸς τὸν
ΑΒ κύκλον προσπίπτουσαι εὐθεῖαι ἴσαι ἀλλήλαις εἰσίν,
εἰ δὲ σκαληνός, ἔστω εὑρεῖν, τίς μεγίστη καὶ τίς 10
ἐλαχίστη.

ἤχθω γὰρ ἀπὸ τοῦ Γ σημείου ἐπὶ τὸ τοῦ ΑΒ
κύκλου ἐπίπεδον κάθετος καὶ πιπτέτω πρότερον ἐντὸς

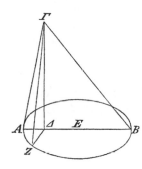

τοῦ ΑΒ κύκλου καὶ ἔστω ἡ ΓΔ,
καὶ εἰλήφθω τὸ κέντρον τοῦ 15
κύκλου τὸ Ε, καὶ ἐπιζευχθεῖσα
ἡ ΔΕ ἐκβεβλήσθω ἐφ᾽ ἑκάτερα
τὰ μέρη ἐπὶ τὰ Α, Β σημεῖα,
καὶ ἐπεζεύχθωσαν αἱ ΑΓ, ΓΒ.
λέγω, ὅτι μεγίστη μέν ἐστιν ἡ 20
ΒΓ, ἐλαχίστη δὲ ἡ ΑΓ πασῶν
τῶν ἀπὸ τοῦ Γ πρὸς τὸν ΑΒ
προσπιπτουσῶν.

προσβεβλήσθω γάρ τις καὶ ἑτέρα ἡ ΓΖ, καὶ ἐπε-
ζεύχθω ἡ ΔΖ· μείζων ἄρα ἐστὶν ἡ ΒΔ τῆς ΔΖ 25

[Eucl. III, 7]. κοινὴ δὲ ἡ ΓΔ, καί εἰσιν αἱ πρὸς τῷ Δ γωνίαι ὀρθαί· μείζων ἄρα ἐστὶν ἡ ΒΓ τῆς ΓΖ. κατὰ τὰ αὐτὰ καὶ ἡ ΓΖ τῆς ΓΑ μείζων ἐστίν· ὥστε μεγίστη μέν ἐστιν ἡ ΓΒ, ἐλαχίστη δὲ ἡ ΓΑ.

5   β'. Ἀλλὰ δὴ πάλιν ἡ ἀπὸ τοῦ Γ κάθετος ἀγομένη πιπτέτω ἐπὶ τῆς περιφερείας τοῦ ΑΒ κύκλου καὶ ἔστω ἡ ΓΔ, καὶ πάλιν ἐπὶ τὸ κέντρον τοῦ κύκλου τὸ Δ ἐπεξεύχθω ἡ ΑΔ καὶ ἐκβεβλήσθω ἐπὶ τὸ Β, 10 καὶ ἐπεξεύχθω ἡ ΒΓ. λέγω, ὅτι μεγίστη μέν ἐστιν ἡ ΒΓ, ἐλαχίστη δὲ ἡ ΑΓ.

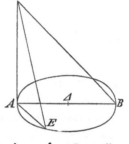

ὅτι μὲν οὖν μείζων ἡ ΓΒ τῆς ΓΑ, φανερόν [Eucl. I, 19]. δι-
15 ήχθω δέ τις καὶ ἑτέρα ἡ ΓΕ, καὶ ἐπεξεύχθω ἡ ΑΕ. ἐπεὶ διάμετρός ἐστιν ἡ ΑΒ, μείζων ἐστὶν τῆς ΑΕ [Eucl. III, 15]. καὶ αὐταῖς πρὸς ὀρθὰς ἡ ΑΓ [Eucl. XI def. 3]· μείζων ἄρα ἐστὶν ἡ ΓΒ τῆς ΓΕ. ὁμοίως καὶ πασῶν. καὶ κατὰ τὰ αὐτὰ μείζων δειχθή-
20 σεται ἡ ΕΓ τῆς ΓΑ. ὥστε μεγίστη μὲν ἡ ΒΓ, ἐλαχίστη δὲ ἡ ΓΑ τῶν ἀπὸ τοῦ Γ σημείου πρὸς τὸν ΑΒ κύκλον προσπιπτουσῶν εὐθειῶν.

γ'. Τῶν αὐτῶν ὑποκειμένων πιπτέτω ἡ κάθετος ἐκτὸς τοῦ κύκλου καὶ ἔστω ἡ ΓΔ, καὶ ἐπὶ τὸ κέντρον
25 τοῦ κύκλου τὸ Ε ἐπιζευχθεῖσα ἡ ΔΕ ἐκβεβλήσθω, καὶ ἐπεξεύχθωσαν αἱ ΑΓ, ΒΓ. λέγω δή, ὅτι μεγίστη μέν ἐστιν ἡ ΒΓ, ἐλαχίστη δὲ ἡ ΑΓ πασῶν τῶν ἀπὸ τοῦ Γ πρὸς τὸν ΑΒ κύκλον προσπιπτουσῶν εὐθειῶν.

ὅτι μὲν οὖν μείζων ἐστὶν ἡ ΒΓ τῆς ΓΑ, φανερόν
30 [Eucl. I, 19]. λέγω δή, ὅτι καὶ πασῶν τῶν ἀπὸ τοῦ Γ

30. δή] δέ Hultsch.

πρὸς τὴν τοῦ ΑΒ κύκλου περιφέρειαν προσπιπτουσῶν.
προσπιπτέτω γάρ τις καὶ ἑτέρα ἡ ΓΖ, καὶ ἐπεζεύχθω

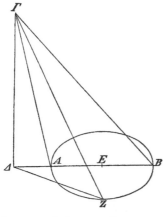

ἡ ΔΖ. ἐπεὶ οὖν διὰ τοῦ
κέντρου ἐστὶν ἡ ΒΔ, μεί-
ζων ἐστὶν ἡ ΔΒ τῆς ΔΖ 5
[Eucl. III, 8]. καί ἐστιν
αὐταῖς ὀρθὴ ἡ ΔΓ, ἐπεὶ
καὶ τῷ ἐπιπέδῳ [Eucl. XI
def. 3]· μείζων ἄρα ἐστὶν
ἡ ΒΓ τῆς ΓΖ. ὁμοίως καὶ 10
πασῶν. μεγίστη μὲν ἄρα
ἐστὶν ἡ ΓΒ· ὅτι δὲ καὶ
ἡ ΑΓ ἐλαχίστη. ἐπεὶ γὰρ
ἐλάσσων ἐστὶν ἡ ΑΔ τῆς
ΔΖ, καί ἐστιν αὐταῖς ὀρθὴ 15
ἡ ΔΓ, ἐλάσσων ἄρα ἐστὶν ἡ ΑΓ τῆς ΓΖ. ὁμοίως
καὶ πασῶν. ἐλαχίστη ἄρα ἐστὶν ἡ ΑΓ, μεγίστη δὲ
ἡ ΒΓ πασῶν τῶν ἀπὸ τοῦ Γ πρὸς τὴν τοῦ ΑΒ
κύκλου περιφέρειαν προσπιπτουσῶν εὐθειῶν.

Εἰς τοὺς κωνικοὺς ὅρους. 20

Ἐὰν ἀπό τινος σημείου πρὸς κύκλου περι-
φέρειαν [I p. 6, 2] εἰκότως ὁ Ἀπολλώνιος προστίθησιν
καὶ ἐφ' ἑκάτερα ἐκβληθῇ [p. 6, 4], ἐπειδήπερ τοῦ
τυχόντος κώνου γένεσιν δηλοῖ. εἰ μὲν γὰρ ἰσοσκελὴς
ὁ κῶνος, περισσὸν ἦν προσεκβάλλειν διὰ τὸ τὴν φε- 25
ρομένην εὐθεῖαν αἰεί ποτε ψαύειν τῆς τοῦ κύκλου
περιφερείας, ἐπειδήπερ πάντοτε τὸ σημεῖον ἴσον ἀφέξειν
ἔμελλεν τῆς τοῦ κύκλου περιφερείας. ἐπεὶ δὲ δύναται

---

23. καί] om. Hultsch.   προσεκβληθῇ Hultsch.

146   COMMENTARIA ANTIQUA.

καὶ σκαληνὸς εἶναι ὁ κῶνος, ἔστιν δέ, ὡς προγέγραπται,
ἐν κώνῳ σκαληνῷ μεγίστη τις καὶ ἐλαχίστη πλευρά,
ἀναγκαίως προστίθησιν τὸ προσεκβεβλήσθω, ἵνα
αἰεὶ προσεκβληθεῖσα ἡ ἐλαχίστη ἀεὶ τῆς μεγίστης
5 αὔξηται προσεκβαλλομένης, ἕως ἴση γένηται τῇ μεγίστῃ
καὶ ψαύσῃ κατ᾽ ἐκεῖνο τῆς τοῦ κύκλου περιφερείας.

δ᾽. Ἔστω γραμμὴ ἡ ΑΒΓ, καὶ θέσει ἡ ΑΓ, πᾶσαι
δὲ αἱ ἀπὸ τῆς γραμμῆς ἐπὶ τὴν ΑΓ κάθετοι ἀγόμεναι
οὕτως ἀγέσθωσαν, ὥστε τὸ ἀπὸ ἑκάστης αὐτῶν τετρά-
10 γωνον ἴσον εἶναι τῷ περιεχομένῳ ὑπὸ τῶν τῆς βάσεως
τμημάτων τῶν ὑφ᾽ ἑκάστης ἀποτμηθέντων. λέγω, ὅτι
κύκλου περιφέρειά ἐστιν ἡ ΑΒΓ, διάμετρος δὲ αὐτῆς
ἐστιν ἡ ΑΓ.

ἤχθωσαν γὰρ ἀπὸ σημείων τῶν Δ, Β, Ε κάθετοι
15 αἱ ΔΖ, ΒΗ, ΕΘ. τὸ μὲν ἄρα ἀπὸ ΔΖ ἴσον ἐστὶν
τῷ ὑπὸ ΑΖΓ, τὸ δὲ ἀπὸ ΒΗ
τῷ ὑπὸ ΑΗΓ, τὸ δὲ ἀπὸ ΕΘ τῷ
ὑπὸ ΑΘΓ. τετμήσθω δὴ δίχα
ἡ ΑΓ κατὰ τὸ Κ, καὶ ἐπεζεύχθω-
20 σαν αἱ ΔΚ, ΚΒ, ΚΕ. ἐπεὶ οὖν

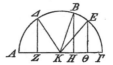

τὸ ὑπὸ ΑΖΓ μετὰ τοῦ ἀπὸ ΖΚ ἴσον ἐστὶν τῷ ἀπο
ΑΚ [Eucl. II, 5], ἀλλὰ τῷ ὑπὸ ΑΖΓ ἴσον ἐστὶν
τὸ ἀπὸ ΔΖ, τὸ ἄρα ἀπὸ ΔΖ μετὰ τοῦ ἀπὸ ΖΚ,
τουτέστιν τὸ ἀπὸ ΔΚ [Eucl. I, 47], ἴσον ἐστὶν τῷ
25 ἀπὸ ΑΚ· ἴση ἄρα ἐστὶν ἡ ΑΚ τῇ ΚΔ. ὁμοίως δὴ
δείξομεν, ὅτι καὶ ἑκατέρα τῶν ΒΚ, ΕΚ ἴση ἐστὶν τῇ
ΑΚ ἢ τῇ ΚΓ· κύκλου ἄρα περιφέρειά ἐστιν ἡ ΑΒΓ

---

3. προσεκβληθῇ Hultsch cum Halleio.   4. ἀεὶ τῆς με-
γίστης et 5. προσεκβαλλομένης del. Halley.   9. ἀγέσθωσαν]
del. Hultsch.   11. τῶν ὑφ᾽] scripsi, ὑφ᾽ codd., ἀφ᾽ Hultsch
cum Halleio.   ἀποτμηθέντων] scripsi, ἀπὸ τῶν τμηθέντων
codd., αὐτῶν τμηθέντων Hultsch cum Halleio.

τοῦ περὶ κέντρον τὸ Κ, τουτέστιν τοῦ περὶ διάμετρον τὴν ΑΓ.

ε'. Τρεῖς παράλληλοι αἱ ΑΒ, ΓΔ, ΕΖ, καὶ διήχθωσαν εἰς αὐτὰς δύο εὐθεῖαι αἱ ΑΗΖΓ, ΒΗΕΔ· ὅτι γίνεται, ὡς τὸ ὑπὸ ΑΒ, ΕΖ πρὸς τὸ ἀπὸ ΓΔ, οὕτως 5 τὸ ὑπὸ ΑΗΖ πρὸς τὸ ἀπὸ ΗΓ τετράγωνον.

ἐπεὶ γάρ ἐστιν [Eucl. VI, 4], ὡς ἡ ΑΒ πρὸς τὴν ΖΕ, τουτέστιν ὡς τὸ ὑπὸ ΑΒ, ΖΕ πρὸς τὸ ἀπὸ ΖΕ,

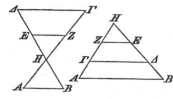 οὕτως ἡ ΑΗ πρὸς τὴν ΗΖ, τουτέστιν τὸ ὑπὸ ΑΗΖ 10 πρὸς τὸ ἀπὸ ΗΖ, ὡς ἄρα τὸ ὑπὸ ΑΒ, ΖΕ πρὸς τὸ ἀπὸ ΖΕ, οὕτως τὸ ὑπὸ ΑΗΖ πρὸς τὸ ἀπὸ ΗΖ.

ἀλλὰ καὶ ὡς τὸ ἀπὸ ΖΕ πρὸς τὸ ἀπὸ ΓΔ, οὕτως ἐστὶν 15 τὸ ἀπὸ ΖΗ πρὸς τὸ ἀπὸ ΗΓ [Eucl. VI, 4]· δι' ἴσου ἄρα ἐστίν, ὡς τὸ ὑπὸ ΑΒ, ΖΕ πρὸς τὸ ἀπὸ ΓΔ τετράγωνον, οὕτως τὸ ὑπὸ ΑΗΖ πρὸς τὸ ἀπὸ ΗΓ τετράγωνον.

ϛ'. Ἔστω, ὡς ἡ ΑΒ πρὸς τὴν ΒΓ, οὕτως ἡ ΑΔ πρὸς τὴν ΔΓ, καὶ τετμήσθω ἡ ΑΓ δίχα κατὰ τὸ Ε 20 σημεῖον· ὅτι γίνεται τὸ μὲν ὑπὸ ΒΕΔ ἴσον τῷ ἀπὸ ΕΓ, τὸ δὲ ὑπὸ ΑΔΓ τῷ ὑπὸ ΒΔΕ, τὸ δὲ ὑπὸ ΑΒΓ τῷ ὑπὸ ΕΒΔ.

ἐπεὶ γάρ ἐστιν, ὡς ἡ ΑΒ πρὸς τὴν ΒΓ, οὕτως ἡ ΑΔ πρὸς τὴν ΔΓ, συνθέντι καὶ τὰ ἡμίση τῶν 25 ἡγουμένων καὶ ἀναστρέψαντί ἐστιν, ὡς ἡ ΒΕ πρὸς τὴν ΕΓ, οὕτως ἡ ΓΕ πρὸς τὴν ΕΔ· τὸ ἄρα ὑπὸ ΒΕΔ ἴσον ἐστὶν τῷ ἀπὸ ΓΕ τετραγώνῳ. κοινὸν ἀφῃρήσθω τὸ ἀπὸ ΕΔ τετράγωνον· λοιπὸν [Eucl. II, 5] ἄρα τὸ

10*

ὑπὸ *ΑΔΓ* ἴσον ἐστὶν τῷ ὑπὸ *ΒΔΕ* [Eucl. II, 3]. ἐπεὶ
δὲ τὸ ὑπὸ *ΒΕΔ* ἴσον ἐστὶν τῷ ἀπὸ *ΕΓ*, ἀμφότερα
ἀφῃρήσθω ἀπὸ τοῦ ἀπὸ τῆς *ΒΕ* τετραγώνου· λοιπὸν
[Eucl. II, 6] ἄρα τὸ ὑπὸ *ΑΒΓ* ἴσον ἐστὶν τῷ ὑπὸ
5 *ΕΒΔ* [Eucl. II, 2]. γίνεται ἄρα τὰ τρία.

ζ'. Τὸ *Α* πρὸς τὸ *Β* τὸν συνημμένον λόγον ἐχέτω
ἔκ τε τοῦ ὃν ἔχει τὸ *Γ* πρὸς τὸ *Δ* καὶ ἐξ οὗ ὃν ἔχει
τὸ *Ε* πρὸς τὸ *Ζ*· ὅτι καὶ τὸ *Γ* πρὸς τὸ *Δ* τὸν συν-
ημμένον λόγον ἔχει ἔκ τε τοῦ ὃν ἔχει τὸ *Α* πρὸς τὸ *Β*
10 καὶ τὸ *Ζ* πρὸς τὸ *Ε*.

τῷ γὰρ τοῦ *Ε* πρὸς τὸ *Ζ* λόγῳ ὁ αὐτὸς πεποιήσθω
ὁ τοῦ *Δ* πρὸς τὸ *Η*. ἐπεὶ οὖν ὁ τοῦ *Α* πρὸς τὸ *Β*
συνῆπται ἔκ τε τοῦ τοῦ *Γ* πρὸς *Δ* καὶ τοῦ τοῖ *Ε*
πρὸς *Ζ*, τουτέστιν τοῦ *Δ* πρὸς τὸ *Η*, ἀλλὰ ὁ συνημ-
15 μένος ἔκ τε τοῦ ὃν ἔχει τὸ *Γ* πρὸς τὸ *Δ* καὶ ἐξ οὗ
ὃν ἔχει τὸ *Δ* πρὸς τὸ *Η* ἐστιν ὁ τοῦ *Γ* πρὸς τὸ *Η*,
ὡς ἄρα τὸ *Α* πρὸς τὸ *Β*, οὕτως τὸ *Γ* πρὸς τὸ *Η*.
ἐπεὶ δὲ τὸ *Γ* πρὸς τὸ *Δ* τὸν συνημμένον λόγον ἔχει
ἔκ τε τοῦ ὃν ἔχει τὸ *Γ* πρὸς τὸ *Η* καὶ ἐξ οὗ ὃν ἔχει
20 τὸ *Η* πρὸς τὸ *Δ*, ἀλλ' ὁ μὲν τοῦ *Γ* πρὸς τὸ *Η* ὁ
αὐτὸς ἐδείχθη τῷ τοῦ *Α* πρὸς τὸ *Β*, ὁ δὲ τοῦ *Η*
πρὸς τὸ *Δ* ἐκ τοῦ ἀνάπαλιν ὁ αὐτός ἐστιν τῷ τοῦ *Ζ*
πρὸς τὸ *Ε*, καὶ τὸ *Γ* ἄρα πρὸς τὸ *Δ* τὸν συνημμένον
λόγον ἔχει ἔκ τε τοῦ ὃν ἔχει τὸ *Α* πρὸς τὸ *Β* καὶ ἐξ
25 οὗ ὃν ἔχει τὸ *Ζ* πρὸς τὸ *Ε*.

η'. Ἔστω δύο παραλληλόγραμμα τὰ *ΑΓ, ΔΖ* ἰσο-
γώνια ἴσην ἔχοντα τὴν *Β* γωνίαν τῇ *Ε* γωνίᾳ· ὅτι
γίνεται, ὡς τὸ ὑπὸ *ΑΒΓ* πρὸς τὸ ὑπὸ *ΔΕΖ*, οὕτως

---

2. ἀμφότερα] ἑκάτερον Hultsch.   13. *Δ*] τὸ *Δ* Hultsch.
14. *Ζ*] τὸ *Ζ* Hultsch cum Halleio.

τὸ ΑΓ παραλληλόγραμμον πρὸς τὸ ΔΖ παραλληλό-
γραμμον.

εἰ μὲν οὖν ὀρθαί εἰσιν αἱ Β, Ε γωνίαι, φανερόν·
εἰ δὲ μή, ἤχθωσαν κάθετοι αἱ ΑΗ, ΔΘ. ἐπεὶ οὖν
ἴση ἐστὶν ἡ μὲν Β γωνία τῇ Ε, ἡ δὲ Η ὀρθὴ τῇ Θ, 5
ἰσογώνιον ἄρα ἐστὶν τὸ ΑΒΗ τρίγωνον τῷ ΔΕΘ

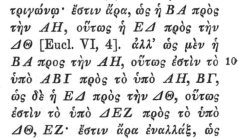

τριγώνῳ· ἔστιν ἄρα, ὡς ἡ ΒΑ πρὸς
τὴν ΑΗ, οὕτως ἡ ΕΔ πρὸς τὴν
ΔΘ [Eucl. VI, 4]. ἀλλ' ὡς μὲν ἡ
ΒΑ πρὸς τὴν ΑΗ, οὕτως ἐστὶν τὸ 10
ὑπὸ ΑΒΙ πρὸς τὸ ὑπὸ ΑΗ, ΒΓ,
ὡς δὲ ἡ ΕΔ πρὸς τὴν ΔΘ, οὕτως
ἐστὶν τὸ ὑπὸ ΔΕΖ πρὸς τὸ ὑπὸ
ΔΘ, ΕΖ· ἔστιν ἄρα ἐναλλάξ, ὡς
τὸ ὑπὸ ΑΒΓ πρὸς τὸ ὑπὸ ΔΕΖ, οὕτως τὸ ὑπὸ ΑΗ, 15
ΒΓ, τουτέστιν τὸ ΑΓ παραλληλόγραμμον, πρὸς τὸ ὑπὸ
ΔΘ, ΕΖ, τουτέστιν πρὸς τὸ ΔΖ παραλληλόγραμμον.

ϑ΄. Ἔστω τρίγωνον τὸ ΑΒΓ, ἔστω δὲ παράλληλος
ἡ ΒΓ τῇ ΔΕ, καὶ τῷ ἀπὸ τῆς ΓΑ ἴσον κείσθω τὸ
ὑπὸ ΖΑΕ· ὅτι, ἐὰν ἐπιζευχ- 20
θῶσιν αἱ ΔΓ, ΒΖ, γίνεται
παράλληλος ἡ ΒΖ τῇ ΔΓ.
τοῦτο δέ ἐστιν φανερόν.
ἐπεὶ γάρ ἐστιν, ὡς ἡ ΖΑ
πρὸς τὴν ΑΓ, οὕτως ἡ ΓΑ 25
πρὸς τὴν ΑΕ, ὡς δὲ ἡ
ΓΑ πρὸς τὴν ΑΕ, οὕτως ἐστὶν ἐν παραλλήλῳ ἡ ΒΑ
πρὸς ΑΔ [Eucl. VI, 4], καὶ ὡς ἄρα ἡ ΖΑ πρὸς ΑΓ,

---

19. τῇ ΒΓ ἡ ΔΕ coni. Hultsch.

οὕτως ἡ ΒΑ πρὸς ΑΔ· παράλληλοι ἄρα εἰσὶν αἱ
ΔΓ, ΒΖ [Eucl. VI, 4].

ι΄. Ἔστω τρίγωνον μὲν τὸ ΑΒΓ, τραπέζιον δὲ τὸ
ΔΕΖΗ, ὥστε ἴσην εἶναι τὴν ὑπὸ ΑΒΓ γωνίαν τῇ
5 ὑπὸ ΔΕΖ γωνίᾳ· ὅτι γίνεται, ὡς τὸ ὑπὸ ΑΒΓ πρὸς
τὸ ὑπὸ συναμφοτέρου τῆς ΔΗ, ΕΖ καὶ τῆς ΔΕ, οὕτως
τὸ ΑΒΓ πρὸς τὸ ΔΕΖΗ.

ἤχθωσαν κάθετοι αἱ ΑΘ, ΔΚ. ἐπεὶ δὲ ἴση ἐστὶν
ἡ μὲν ὑπὸ ΑΒΓ γωνία τῇ ὑπὸ ΔΕΖ γωνίᾳ, ἡ δὲ Θ
10 ὀρθὴ τῇ Κ ὀρθῇ ἴση, ἔστιν ἄρα, ὡς ἡ ΒΑ πρὸς ΑΘ,
οὕτως ἡ ΕΔ πρὸς ΔΚ [Eucl. VI, 4]. ἀλλ᾽ ὡς μὲν
ἡ ΒΑ πρὸς ΑΘ, οὕτως ἐστὶν τὸ ὑπὸ
ΑΒΓ πρὸς τὸ ὑπὸ ΑΘ, ΒΓ, ὡς δὲ
ἡ ΕΔ πρὸς τὴν ΔΚ, οὕτως ἐστὶν τὸ
15 ὑπὸ συναμφοτέρου τῆς ΔΗ, ΕΖ καὶ
τῆς ΔΕ πρὸς τὸ ὑπὸ συναμφοτέρου τῆς
ΔΗ, ΕΖ καὶ τῆς ΔΚ. καί ἐστιν τοῦ
μὲν ὑπὸ ΑΘ, ΒΓ ἥμισυ τὸ ΑΒΓ τρί-
γωνον, τοῦ δὲ ὑπὸ συναμφοτέρου τῆς

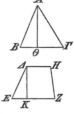

20 ΔΗ, ΕΖ καὶ τῆς ΔΚ ἥμισυ τὸ ΔΕΖΗ τραπέζιον·
ἔστιν ἄρα, ὡς τὸ ὑπὸ ΑΒΓ πρὸς τὸ ὑπὸ συναμφοτέρου
τῆς ΔΗ, ΕΖ καὶ τῆς ΔΕ, οὕτως τὸ ΑΒΓ τρίγωνον
πρὸς τὸ ΔΕΖΗ τραπέζιον.

καὶ ἐὰν ᾖ δὲ τρίγωνον τὸ ΑΒΓ καὶ παραλληλό-
25 γραμμον τὸ ΔΖ, γίνεται, ὡς τὸ ΑΒΓ τρίγωνον πρὸς
τὸ ΔΕΖΗ παραλληλόγραμμον, οὕτως τὸ ὑπὸ ΑΒΓ
πρὸς τὸ δὶς ὑπὸ ΔΕΖ, κατὰ τὰ αὐτά. καὶ φανερὸν
ἐκ τούτων, ὅτι τὸ μὲν ὑπὸ ΑΒΓ, ἐὰν ᾖ παραλληλό-

8. ἐπεὶ οὖν ἴση coni. Hultsch.   24. — p. 151, 4] suspecta
Hultschio.   24. δέ] del. Hultsch.

γϱαμμον τὸ ΔΖ ἴσον τῷ ΑΒΓ τϱιγώνῳ, ἴσον γίνεται τῷ δὶς ὑπὸ ΔΕΖ, ἐπὶ δὲ τοῦ τϱαπεζίου ἴσον γίνεται τῷ ὑπὸ συναμφοτέϱου τῆς ΔΗ, ΕΖ καὶ τῆς ΔΕ· ὅπεϱ ἔδει δεῖξαι.

ια'. Ἔστω τϱίγωνον τὸ ΑΒΓ, καὶ ἐκβληθείσης 5 τῆς ΓΑ διήχθω τις τυχοῦσα ἡ ΔΕ, καὶ αὐτῇ μὲν παϱάλληλος ἤχθω ἡ ΑΗ, τῇ δὲ ΒΓ ἡ ΑΖ· ὅτι γίνεται, ὡς τὸ ἀπὸ ΑΗ τετϱάγωνον πϱὸς τὸ ὑπὸ ΒΗΓ, οὕτως τὸ ὑπὸ ΔΖΘ πϱὸς τὸ ἀπὸ ΖΑ τετϱάγωνον.

κείσθω τῷ μὲν ὑπὸ ΒΗΓ ἴσον τὸ ὑπὸ ΑΗΚ, 10 τῷ δὲ ὑπὸ ΔΖΘ ἴσον τὸ ὑπὸ ΑΖΔ, καὶ ἐπεξεύχθω- σαν αἱ ΒΚ, ΘΔ. ἐπεὶ οὖν ἴση ἐστὶν ἡ Γ γωνία τῇ ὑπὸ ΒΚΗ, ἡ δὲ ὑπὸ ΔΑΔ ἐν κύκλῳ ἴση ἐστὶν τῇ ὑπὸ ΖΘΔ [Eucl.

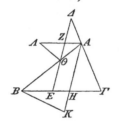

III, 35; III, 21], καὶ ἡ ὑπὸ ΗΚΒ 15 ἄϱα ἴση ἐστὶν τῇ ὑπὸ ΖΘΔ γωνίᾳ. ἀλλὰ καὶ ἡ πϱὸς τῷ Η γωνία ἴση ἐστὶν τῇ πϱὸς τῷ Ζ· ἔστιν ἄϱα, ὡς ἡ ΒΗ πϱὸς τὴν ΗΚ, οὕτως ἡ ΔΖ πϱὸς τὴν ΖΘ [Eucl. VI, 4]. ἐπεὶ δέ ἐστιν, ὡς ἡ ΑΗ 20 πϱὸς τὴν ΗΒ, οὕτως ἡ ΘΕ πϱὸς τὴν ΕΒ, ὡς δὲ ἡ ΘΕ πϱὸς ΕΒ, οὕτως ἐστὶν ἐν παϱαλλήλῳ ἡ ΖΘ πϱὸς ΖΑ [Eucl. VI, 4], ἔστιν ἄϱα, ὡς ἡ ΑΗ πϱὸς τὴν ΗΒ, οὕτως ἡ ΘΖ πϱὸς ΖΑ. ἐπεὶ οὖν ἐστιν, ὡς μὲν ἡ ΑΗ πϱὸς ΗΒ, οὕτως ἡ ΘΖ πϱὸς ΖΑ, ὡς δὲ ἡ ΒΗ πϱὸς ΗΚ, οὕτως 25 ἄλλη τις ἡ ΔΖ πϱὸς τὴν ἡγουμένην τὴν ΖΘ, δι' ἴσου ἄϱα ἐν τεταϱαγμένῃ ἀναλογίᾳ, ὡς ἡ ΑΗ πϱὸς τὴν ΗΚ, οὕτως ἡ ΔΖ πϱὸς τὴν ΖΑ [Eucl. V, 23]. ἀλλ' ὡς

1. ἴσον (pr.)] om. codd., καὶ ἴσον Hultsch cum Halleio. τῷ ΑΒΓ τϱιγώνῳ] Hultsch cum Halleio, om. codd. 4. ἔδει δεῖξαι] : ∾ codd.

μὲν ἡ *AH* πρὸς *HK*, οὕτως ἐστὶν τὸ ἀπὸ *AH* πρὸς
τὸ ὑπὸ *AHK*, τουτέστιν πρὸς τὸ ὑπὸ *BHΓ*, ὡς δὲ
ἡ *ΔZ* πρὸς *ZA*, οὕτως ἐστὶν τὸ ὑπὸ *ΔZA*, τουτέστιν
τὸ ὑπὸ *ΔZΘ*, πρὸς τὸ ἀπὸ *ZA·* ἔστιν ἄρα, ὡς τὸ ἀπὸ
5 *AH* πρὸς τὸ ὑπὸ *BHΓ*, οὕτως τὸ ὑπὸ *ΔZΘ* πρὸς τὸ
ἀπὶ *ZA*.

διὰ δὲ τοῦ συνημμένου. ἐπεὶ ὁ μὲν τῆς *AH*
πρὸς *HB* λόγος ἐστὶν ὁ τῆς *ΘE* πρὸς *EB*, τουτέστιν
ὁ τῆς *ΘZ* πρὸς *ZA* [Eucl. VI, 4], ὁ δὲ τῆς *AH* πρὸς
10 τὴν *HΓ* λόγος ὁ αὐτός ἐστιν τῷ τῆς *ΔE* πρὸς *EΓ*,
τουτέστιν τῷ τῆς *ΔZ* πρὸς *ZA* [Eucl. VI, 4], ὁ ἄρα
συνημμένος ἔκ τε τοῦ ὃν ἔχει ἡ *AH* πρὸς *HB* καὶ
τοῦ ὃν ἔχει ἡ *AH* πρὸς *HΓ*, ὅς ἐστιν ὁ τοῦ ἀπὸ *AH*
πρὸς τὸ ὑπὸ *BHΓ*, ὁ αὐτός ἐστιν τῷ συνημμένῳ ἔκ
15 τε τοῦ τῆς *ΘZ* πρὸς *ZA* καὶ τοῦ τῆς *ΔZ* πρὸς *ZA*,
ὅς ἐστιν ὁ τοῦ ὑπὸ *ΔZΘ* πρὸς τὸ ἀπὸ *ZA* τετράγωνον.

Τοῦ β΄.

α΄. *Δύο* δοθεισῶν τῶν *AB*, *BΓ* καὶ εὐθείας τῆς
ΔE εἰς τὰς *AB*, *BΓ* ἐναρμόσαι εὐθεῖαν ἴσην τῇ *ΔE*
20 καὶ παράλληλον αὐτῇ.

τοῦτο δὲ φανερόν. ἐὰν γὰρ διὰ τοῦ *E* τῇ *AB*
παράλληλον ἀγάγωμεν τὴν *EΓ*, διὰ δὲ
τοῦ *Γ* τῇ *ΔE* παράλληλος ἀχθῇ ἡ *ΓΔ*,
ἔσται διὰ τὸ παραλληλόγραμμον εἶναι τὸ
25 *AΓEΔ* ἡ *AΓ* ἴση τῇ *ΔE* [Eucl. I, 34]
καὶ παράλληλος· καὶ ἐνήρμοσται εἰς τὰς δοθείσας εὐ-
θείας τὰς *AB*, *BΓ*.

β΄. *Ἔστω* δύο τρίγωνα τὰ *ABΓ*, *ΔEZ*, καὶ ἔστω,
ὡς ἡ *AB* πρὸς τὴν *BΓ*, οὕτως ἡ *ΔE* πρὸς *EZ*, καὶ

παράλληλος ἡ μὲν ΑΒ τῇ ΔΕ, ἡ δὲ ΒΓ τῇ ΕΖ· ὅτι
καὶ ἡ ΑΓ τῇ ΔΖ ἐστιν παράλληλος.

ἐκβεβλήσθω ἡ ΒΓ καὶ συμπιπτέτω ταῖς ΔΕ,΄ΔΖ
κατὰ τὰ Η, Θ. ἐπεὶ οὖν ἐστιν, ὡς ἡ ΑΒ πρὸς τὴν

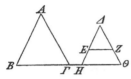

ΒΓ, οὕτως ἡ ΔΕ πρὸς ΕΖ, καί 5
εἰσιν ἴσαι αἱ Β, Ε γωνίαι διὰ τὸ
εἶναι δύο παρὰ δύο, ἴση ἄρα ἐστὶν
καὶ ἡ Γ τῇ Ζ [Eucl. VI, 6], τουτ-
έστιν τῇ Θ [Eucl. I, 29] διὰ τὸ
παραλλήλους εἶναι τὰς ΕΖ, ΗΘ· παράλληλος ἄρα 10
ἐστὶν ἡ ΑΓ τῇ ΔΘ [Eucl. I, 28].

γ΄. Εὐθεῖα ἡ ΑΒ, καὶ ἔστωσαν ἴσαι αἱ ΑΓ, ΔΒ,
καὶ μεταξὺ τῶν Γ, Δ εἰλήφθω τυχὸν σημεῖον τὸ Ε·
ὅτι τὸ ὑπὸ ΑΔΒ μετὰ τοῦ ὑπὸ ΓΕΔ ἴσον ἐστὶν τῷ
ὑπὸ ΑΕΒ. 15

A———————Γ————Z————E——Δ————————B

τετμήσθω ἡ ΓΔ δίχα, ὅπως ἂν ἔχῃ ὡς πρὸς τὸ Ε
σημεῖον, κατὰ τὸ Ζ. καὶ ἐπεὶ τὸ ὑπὸ ΑΔΒ μετὰ τοῦ
ἀπὸ ΖΔ ἴσον ἐστὶν τῷ ἀπὸ ΖΒ [Eucl. II, 5], ἀλλὰ
τῷ μὲν ἀπὸ ΖΔ ἴσον ἐστὶν τὸ ὑπὸ ΓΕΔ μετὰ τοῦ
ἀπὸ ΖΕ [Eucl. II, 5], τῷ δὲ ἀπὸ ΖΒ ἴσον ἐστὶν τὸ 20
ὑπὸ ΑΕΒ μετὰ τοῦ ἀπὸ ΖΕ [Eucl. II, 5], τὸ ἄρα ὑπὸ
ΑΔΒ μετὰ τοῦ ὑπὸ ΓΕΔ καὶ τοῦ ἀπὸ ΖΕ ἴσον ἐστὶν
τῷ τε ὑπὸ ΑΕΒ καὶ τῷ ἀπὸ ΖΕ. κοινὸν ἀφῃρήσθω
τὸ ἀπὸ ΖΕ· λοιπὸν ἄρα τὸ ὑπὸ ΑΔΒ μετὰ τοῦ ὑπὸ
ΓΕΔ ἴσον ἐστὶν τῷ ὑπὸ ΑΕΒ. 25

δ΄. Εὐθεῖα ἡ ΑΒ, καὶ ἔστωσαν ἴσαι αἱ ΑΓ, ΔΒ,
καὶ μεταξὺ τῶν Γ, Δ εἰλήφθω τυχὸν σημεῖον τὸ Ε·

16. ὅπως — 17. σημεῖον] del. Hultsch.

ὅτι τὸ ὑπὸ τῶν ΑΕΒ ἴσον ἐστὶν τῷ τε ὑπὸ τῶν ΓΕΔ
καὶ τῷ ὑπὸ ΔΑΓ.

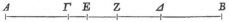

τετμήσθω γὰρ ἡ ΓΔ δίχα, ὅπως ἂν ἔχῃ ὡς πρὸς
τὸ Ε σημεῖον, κατὰ τὸ Ζ· καὶ ὅλη ἄρα ἡ ΑΖ τῇ ΖΒ
5 ἴση ἐστίν. τὸ μὲν ἄρα ὑπὸ ΑΕΒ μετὰ τοῦ ἀπὸ ΕΖ
ἴσον ἐστὶν τῷ ἀπὸ ΑΖ [Eucl. II, 5], τὸ δὲ ὑπὸ ΔΑΓ
μετὰ τοῦ ἀπὸ ΓΖ ἴσον ἐστὶν τῷ ἀπὸ ΑΖ [Eucl. II, 6]·
ὥστε τὸ ὑπὸ ΑΕΒ μετὰ τοῦ ἀπὸ ΕΖ ἴσον ἐστὶν τῷ
ὑπὸ ΔΑΓ καὶ τῷ ἀπὸ ΓΖ. ἀλλὰ τὸ ἀπὸ ΓΖ ἴσον
10 ἐστὶν τῷ τε ὑπὸ ΓΕΔ καὶ τῷ ἀπὸ ΕΖ [Eucl. II, 5]·
καὶ κοινὸν ἀφῃρήσθω τὸ ἀπὸ ΕΖ τετράγωνον· λοιπὸν
ἄρα τὸ ὑπὸ ΑΕΒ ἴσον ἐστὶν τῷ τε ὑπὸ ΓΕΔ καὶ
τῷ ὑπὸ ΔΑΓ.

ε'. Ἔστω δύο τρίγωνα τὰ ΑΒΓ, ΔΕΖ, καὶ ἔστω
15 ἴση ἡ μὲν Γ τῇ Ζ, μείζων δὲ ἡ Β τῆς Ε· ὅτι ἡ ΒΓ
πρὸς ΓΑ ἐλάσ-
σονα λόγον ἔχει
ἤπερ ἡ ΕΖ πρὸς
ΖΔ.

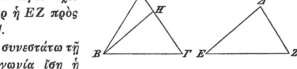

20 συνεστάτω τῇ
Ε γωνίᾳ ἴση ἡ
ὑπὸ ΓΒΗ· ἔστιν δὲ καὶ ἡ Γ τῇ Ζ ἴση· ἔστιν ἄρα,
ὡς ἡ ΒΓ πρὸς ΓΗ, οὕτως ἡ ΕΖ πρὸς ΖΔ [Eucl. VI, 4].
ἀλλὰ ἡ ΒΓ πρὸς τὴν ΓΑ ἐλάσσονα λόγον ἔχει ἤπερ
25 ἡ ΒΓ πρὸς ΓΗ [Eucl. V, 8]· καὶ ἡ ΒΓ ἄρα πρὸς
ΓΑ ἐλάσσονα λόγον ἔχει ἤπερ ἡ ΕΖ πρὸς ΖΔ.

ϛ'. Ἐχέτω δὴ πάλιν ἡ ΒΓ πρὸς ΓΑ μείζονα λόγον

---

3. ὅπως — 4. σημεῖον] del. Hultsch.

ἥπερ ἡ *EZ* πρὸς *ZΔ*, ἴση δὲ ἔστω ἡ *Γ* γωνία τῇ *Z*
ὅτι πάλιν γίνεται ἐλάσσων ἡ *B* γωνία τῆς *E* γωνίας.

ἐπεὶ γὰρ ἡ *ΒΓ* πρὸς *ΓΑ* μείζονα λόγον ἔχει ἥπερ
ἡ *EZ* πρὸς *ZΔ*, ἐὰν ἄρα ποιῶ, ὡς τὴν *ΒΓ* πρὸς

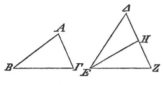

τὴν *ΓΑ*, οὕτως τὴν *EZ* 5
πρός τινα, ἔσται πρὸς
ἐλάσσονα τῆς *ZΔ* [Eucl.
V, 10]. ἔστω πρὸς τὴν *ZH*,
καὶ ἐπεζεύχθω ἡ *EH*. καὶ
περὶ ἴσας γωνίας ἀνάλογόν εἰσιν αἱ πλευραί· ἴση ἄρα 10
ἐστὶν ἡ *B* γωνία τῇ ὑπὸ *ZEH* [Eucl. VI, 6] ἐλάσσονι
οὔσῃ τῆς *E*.

ζ'. Ἔστω ὅμοια τρίγωνα τὰ *ΑΒΓ*, *ΔEZ*, καὶ
διήχθωσαν αἱ *AH*, *ΔΘ* οὕτως, ὥστε εἶναι, ὡς τὸ ὑπὸ
ΒΓΗ πρὸς τὸ ἀπὸ *ΓΑ*, οὕτως τὸ ὑπὸ *EZΘ* πρὸς τὸ 15
ἀπὸ *ZΔ·* ὅτι γίνεται ὅμοιον καὶ τὸ *ΑΗΓ* τρίγωνον
τῷ *ΔΘZ* τριγώνῳ.

ἐπεὶ γάρ ἐστιν, ὡς τὸ ὑπὸ *ΒΓΗ* πρὸς τὸ ἀπὸ *ΓΑ*,
οὕτως τὸ ὑπὸ *EZΘ* πρὸς τὸ ἀπὸ *ZΔ*, ἀλλ' ὁ μὲν τοῦ

ὑπὸ *ΒΓΗ* πρὸς τὸ ἀπὸ *ΓΑ* λόγος συν- 20
ῆπται ἔκ τε τοῦ ὃν ἔχει ἡ *ΒΓ* πρὸς
ΓΑ καὶ τοῦ τῆς *ΗΓ* πρὸς *ΓΑ*, ὁ δὲ
τοῦ ὑπὸ *EZΘ* πρὸς τὸ ἀπὸ *ZΔ* συν-
ῆπται ἔκ τε τοῦ τῆς *EZ* πρὸς *ZΔ* καὶ
τοῦ τῆς *ΘZ* πρὸς *ZΔ*, ὧν ὁ τῆς *ΒΓ* 25
πρὸς *ΓΑ* λόγος ὁ αὐτός ἐστιν τῷ τῆς
EZ πρὸς *ZΔ* [Eucl. VI, 4] διὰ τὴν
ὁμοιότητα τῶν τριγώνων, λοιπὸν ἄρα
ὁ τῆς *ΗΓ* πρὸς *ΓΑ* λόγος ὁ αὐτός ἐστιν τῷ τῆς *ΘZ*
πρὸς *ZΔ*. καὶ περὶ ἴσας γωνίας· ὅμοιον ἄρα ἐστὶν 30
τὸ *ΑΓΗ* τρίγωνον τῷ *ΔZΘ* τριγώνῳ [Eucl. VI, 6].

η'. Διὰ μὲν οὖν τοῦ συνημμένου λόγου, ὡς προ-
γέγραπται, ἔστω δὲ νῦν ἀποδεῖξαι μὴ προσχρησάμενον
τῷ συνημμένῳ λόγῳ.

κείσθω τῷ μὲν ὑπὸ ΒΓΗ ἴσον τὸ ὑπὸ ΑΓΚ·
5 ἔστιν ἄρα, ὡς ἡ ΒΓ πρὸς τὴν ΓΚ, οὕτως ἡ ΑΓ πρὸς
τὴν ΓΗ. τῷ δὲ ὑπὸ ΕΖΘ ἴσον κείσθω τὸ ὑπὸ ΔΖΔ·
ἔστιν ἄρα, ὡς ἡ ΕΖ πρὸς ΖΔ, οὕτως ἡ ΔΖ πρὸς ΖΘ.
ὑπόκειται δέ, ὡς τὸ ὑπὸ ΒΓΗ, τουτ-
έστιν τὸ ὑπὸ ΑΓΚ, πρὸς τὸ ἀπὸ ΑΓ,
10 τουτέστιν ὡς ἡ ΚΓ πρὸς ΓΑ, οὕτως
τὸ ὑπὸ ΕΖΘ, τουτέστιν τὸ ὑπὸ ΔΖΔ,
πρὸς τὸ ἀπὸ ΔΖ, τουτέστιν ἡ ΔΖ
πρὸς ΖΔ. ἀλλὰ καὶ ὡς ἡ ΒΓ πρὸς
ΓΑ, οὕτως ἡ ΕΖ πρὸς ΖΔ [Eucl.
15 VI, 4] διὰ τὴν ὁμοιότητα· καὶ ὡς
ἄρα ἡ ΒΓ πρὸς ΓΚ, οὕτως ἡ ΕΖ
πρὸς ΖΔ [Eucl. V, 22]. ἀλλ’ ὡς μὲν

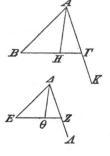

ἡ ΒΓ πρὸς ΓΚ, οὕτως ἐδείχθη ἡ ΑΓ πρὸς ΓΗ, ὡς
δὲ ἡ ΕΖ πρὸς ΖΔ, οὕτως ἡ ΔΖ πρὸς ΖΘ· καὶ ὡς ἄρα
20 ἡ ΑΓ πρὸς ΓΗ, οὕτως ἡ ΔΖ πρὸς ΖΘ. καὶ περὶ ἴσας
γωνίας· ὅμοιον ἄρα ἐστὶν τὸ ΑΓΗ τρίγωνον τῷ ΔΖΘ
τριγώνῳ [Eucl. VI, 6].

ὁμοίως καὶ τὸ ΑΗΒ τῷ ΔΘΕ, ὅτι καὶ τὸ ΑΒΓ
τῷ ΔΕΖ.

25   θ'. Ἔστω ὅμοιον τὸ μὲν ΑΒΓ τρίγωνον τῷ ΔΕΖ
τριγώνῳ, το δὲ ΑΗΒ τῷ ΔΕΘ· ὅτι γίνεται, ὡς τὸ
ὑπὸ ΒΓΗ πρὸς τὸ ἀπο ΓΑ, οὕτως τὸ ὑπὸ ΕΖΘ
πρὸς τὸ ἀπὸ ΔΖ.

23. ὁμοίως — 24. ΔΕΖ] interpolatori tribuit Hultsch.   28.
ΔΖ] ΖΔ Hultsch cum Halleio.

ἐπεὶ γὰρ διὰ τὴν ὁμοιότητα ἴση ἐστὶν ὅλη μὲν
ἡ Α ὅλῃ τῇ Δ, ἡ δὲ ὑπὸ ΒΑΗ τῇ ὑπὸ ΕΔΘ, λοιπὴ
ἄρα ἡ ὑπὸ ΗΑΓ λοιπῇ τῇ ὑπὸ ΘΔΖ
ἐστιν ἴση. ἀλλὰ καὶ ἡ Γ τῇ Ζ· ἔστιν
ἄρα, ὡς ἡ ΗΓ πρὸς τὴν ΓΑ, οὕτως 5
ἡ ΘΖ πρὸς ΖΔ. ἀλλὰ καί, ὡς ἡ
ΒΓ πρὸς τὴν ΓΑ, οὕτως ἦν ἡ ΕΖ
πρὸς ΖΔ· καὶ ὁ συνημμένος ἄρα τῷ
συνημμένῳ ἐστὶν ὁ αὐτός. ἔστιν ἄρα,
ὡς τὸ ὑπὸ ΒΓΗ πρὸς τὸ ἀπὸ ΓΑ, 10
οὕτως τὸ ὑπὸ ΕΖΘ πρὸς τὸ ἀπὸ ΖΔ.

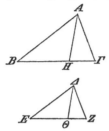

ι′. Ἄλλως μὴ διὰ τοῦ συνημμένου. κείσθω τῷ
μὲν ὑπὸ ΒΓΗ ἴσον τὸ ὑπὸ ΑΓΚ, τῷ δὲ ὑπὸ ΕΖΘ
ἴσον τὸ ὑπὸ ΔΖΔ· ἔσται πάλιν, ὡς μὲν ἡ ΒΓ πρὸς
ΓΚ, οὕτως ἡ ΑΓ πρὸς ΓΗ, ὡς δὲ 15
ἡ ΕΖ πρὸς ΖΔ, οὕτως ἡ ΔΖ πρὸς
ΖΘ. καὶ κατὰ τὰ αὐτὰ τῷ ἐπάνω
δείξομεν, ὅτι ἐστίν, ὡς ἡ ΑΓ πρὸς
ΓΗ, οὕτως ἡ ΔΖ πρὸς ΖΘ· καὶ ὡς
ἄρα ἡ ΒΓ πρὸς ΓΚ, οὕτως ἡ ΕΖ 20
πρὸς ΖΔ. ἀλλὰ καί, ὡς ἡ ΒΓ πρὸς ΓΑ,
οὕτως ἡ ΕΖ πρὸς ΖΔ [Eucl. VI, 4]

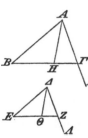

διὰ τὴν ὁμοιότητα· δι′ ἴσου ἄρα ἐστίν, ὡς ἡ ΚΓ
πρὸς ΓΑ, τουτέστιν ὡς τὸ ὑπὸ ΚΓΑ, ὅ ἐστιν τὸ ὑπὸ
ΒΓΗ, πρὸς τὸ ἀπὸ ΑΓ, οὕτως ἡ ΔΖ πρὸς ΖΔ, τουτ- 25
έστιν τὸ ὑπὸ ΔΖΔ, ὅ ἐστιν τὸ ὑπὸ ΕΖΘ, πρὸς τὸ
ἀπὸ ΖΔ· ὅπερ ἔδει δεῖξαι.

ὁμοίως δὴ δείξομεν, καὶ ἐὰν ᾖ, ὡς τὸ ὑπὸ ΒΓΗ
πρὸς τὸ ἀπὸ ΑΓ, οὕτως τὸ ὑπὸ ΕΖΘ πρὸς τὸ ἀπὸ ΖΔ,

---

17. τοῖς ἐπάνω coni. Hultsch.. 27. ἔδει δεῖξαι] :∼ codd.

καὶ ὅμοιον τὸ ΑΒΓ τρίγωνον τῷ ΔΕΖ τριγώνῳ, ὅτι καὶ τὸ ΑΒΗ τρίγωνον τῷ ΔΕΘ τριγώνῳ ὅμοιον.

ια΄. Ἔστω δύο ὅμοια τρίγωνα τὰ ΑΒΓ, ΔΕΖ, καὶ κάθετοι ἤχθω- 5 σαν αἱ ΑΗ, ΔΘ· ὅτι ἐστίν, ὡς τὸ ὑπὸ ΒΗΓ πρὸς τὸ ἀπὸ ΑΗ, οὕτως τὸ ὑπὸ ΕΘΖ πρὸς τὸ ἀπὸ ΘΔ.

τοῦτο δὲ φανερόν, ὅτι ὅμοιον γίνεται τοῖς πρὸ αὐτοῦ.

10 ιβ΄. Ἔστω ἴση ἡ μὲν Β γωνία τῇ Ε, ἐλάσσων δὲ ἡ Α τῆς Δ· ὅτι ἡ ΓΒ πρὸς ΒΑ ἐλάσσονα λόγον ἔχει ἤπερ ἡ ΖΕ πρὸς ΕΔ.

ἐπεὶ γὰρ ἐλάσσων ἡ Α γωνία τῆς Δ, συνεστάτω αὐτῇ ἴση ἡ ὑπὸ 15 ΕΔΗ· ἔστιν ἄρα, ὡς ἡ ΓΒ πρὸς ΒΑ, οὕτως ἡ ΕΗ πρὸς ΕΔ [Eucl. VI, 4]. ἀλλὰ καὶ ἡ ΕΗ πρὸς ΕΔ ἐλάσσονα λόγον ἔχει ἤπερ ἡ ΖΕ πρὸς ΕΔ [Eucl. V, 8]· καὶ ἡ ΓΒ ἄρα 20 πρὸς τὴν ΒΑ ἐλάσσονα λόγον ἔχει ἤπερ ἡ ΖΕ πρὸς τὴν ΕΔ. καὶ πάντα δὲ τὰ τοιαῦτα τῇ αὐτῇ ἀγωγῇ δείξομεν.

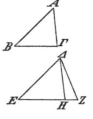

ιγ΄. Ἔστω, ὡς τὸ ὑπὸ ΒΗΓ πρὸς τὸ ἀπὸ ΑΗ, οὕτως τὸ ὑπὸ ΕΘΖ πρὸς τὸ ἀπο ΔΘ, καὶ ἡ μὲν ΒΗ 25 τῇ ΗΓ ἔστω ἴση, ἡ δὲ ΓΗ πρὸς ΗΑ ἐλάσσονα λόγον ἐχέτω ἤπερ ἡ ΖΘ πρὸς ΘΔ· ὅτι μείζων ἐστὶν ἡ ΖΘ τῆς ΘΕ.

ἐπεὶ γὰρ τὸ ἀπὸ ΓΗ πρὸς τὸ ἀπὸ ΗΑ ἐλάσσονα

---

17. ἀλλ᾽ ἐπεὶ ἡ ΕΗ coni. Hultsch.

λόγον ἔχει ἤπερ τὸ ἀπὸ ΖΘ πρὸς τὸ ἀπὸ ΘΔ, ἀλλὰ
τὸ ἀπὸ ΓΗ ἴσον ἐστὶν τῷ ὑπὸ ΒΗΓ, τὸ ἄρα ὑπο
ΒΗΓ πρὸς τὸ ἀπὸ ΑΗ ἐλάσσονα λόγον ἔχει ἤπερ τὸ
ἀπὸ ΖΘ πρὸς τὸ ἀπὸ ΘΔ. ἀλλ' ὡς τὸ ὑπὸ ΒΗΓ

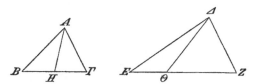

πρὸς τὸ ἀπὸ ΑΗ, οὕτως ὑπέκειτο τὸ ὑπὸ ΕΘΖ πρὸς   5
τὸ ἀπὸ ΘΔ· καὶ τὸ ὑπὸ ΕΘΖ ἄρα πρὸς τὸ ἀπὸ ΘΔ
ἐλάσσονα λόγον ἔχει ἤπερ τὸ ἀπὸ ΖΘ πρὸς τὸ ἀπὸ
ΘΔ. μεῖζον ἄρα ἐστὶν τὸ ἀπὸ ΖΘ τοῦ ὑπὸ ΕΘΖ
[Eucl. V, 10]· ὥστε μείζων ἐστὶν ἡ ΖΘ τῆς ΘΕ.

Τοῦ γ'.   10

α'. Καταγραφὴ ἡ ΑΒΓΔΕΖΗ, ἔστω δὲ ἴση ἡ ΒΗ
τῇ ΗΓ· ὅτι παράλληλός ἐστιν ἡ ΕΖ τῇ ΒΓ.

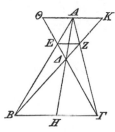

ἤχθω διὰ τοῦ Α τῇ ΒΓ παρ-
άλληλος ἡ ΘΚ, καὶ ἐκβεβλήσθω-
σαν αἱ ΒΖ, ΓΕ ἐπὶ τὰ Κ, Θ σημεῖα.   15
ἐπεὶ οὖν ἴση ἐστὶν ἡ ΒΗ τῇ ΗΓ,
ἴση ἄρα ἐστὶν καὶ ἡ ΘΑ τῇ ΑΚ
[Eucl. VI, 4]. ἔστιν ἄρα, ὡς ἡ ΒΓ
πρὸς τὴν ΘΑ, τουτέστιν ὡς ἡ ΒΕ
πρὸς τὴν ΕΑ [Eucl. VI, 4], οὕτως   20
ἡ ΒΓ πρὸς τὴν ΚΑ [Eucl. V, 7], τουτέστιν ἡ ΓΖ
πρὸς ΖΑ [Eucl. VI, 4]· παράλληλος ἄρα ἐστὶν ἡ ΕΖ
τῇ ΒΓ [Eucl. VI, 2].

β΄. Ἔστω δύο τρίγωνα τὰ ΑΒΓ, ΔΕΖ ἴσας ἔχοντα τὰς Α, Δ γωνίας, ἴσον δὲ ἔστω τὸ ὑπὸ ΒΑΓ τῷ ὑπὸ ΕΔΖ· ὅτι καὶ τὸ τρίγωνον τῷ τριγώνῳ ἐστὶν ἴσον.

ἤχθωσαν κάθετοι αἱ ΒΗ, ΕΘ· ἔστιν ἄρα, ὡς ἡ
5 ΗΒ πρὸς τὴν ΒΑ, οὕτως ἡ ΕΘ πρὸς τὴν ΕΔ [Eucl.

VI, 4]· καὶ ὡς ἄρα τὸ ὑπὸ ΒΗ,
ΑΓ πρὸς τὸ ὑπὸ ΒΑ, ΑΓ, οὕτως
τὸ ὑπὸ ΕΘ, ΔΖ πρὸς τὸ ὑπὸ
ΕΔΖ. ἐναλλάξ, ὡς τὸ ὑπὸ ΒΗ, ΑΓ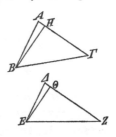
10 πρὸς τὸ ὑπὸ ΕΘ, ΔΖ, οὕτως τὸ
ὑπὸ ΒΑΓ πρὸς τὸ ὑπὸ ΕΔΖ.
ἴσον δέ ἐστιν τὸ ὑπὸ ΒΑΓ τῷ
ὑπὸ ΕΔΖ· ἴσον ἄρα ἐστὶν καὶ τὸ
ὑπὸ ΒΗ, ΑΓ τῷ ὑπὸ ΕΘ, ΔΖ. ἀλλὰ τοῦ μὲν ὑπὸ
15 ΒΗ, ΑΓ ἥμισύ ἐστιν τὸ ΑΒΓ τρίγωνον, τοῦ δὲ ὑπὸ
ΕΘ, ΔΖ ἥμισύ ἐστιν τὸ ΔΕΖ τρίγωνον· καὶ τὸ ΑΒΓ
ἄρα τρίγωνον τῷ ΔΕΖ τριγώνῳ ἴσον ἐστίν.

φανερὸν δή, ὅτι καὶ τὰ διπλᾶ αὐτῶν παραλληλό-
γραμμα ἴσα ἐστίν.

20   γ΄. Τρίγωνον τὸ ΑΒΓ, καὶ παράλληλος ἡ ΔΕ τῇ
ΒΓ· ὅτι ἐστίν, ὡς τὸ ἀπὸ ΒΑ πρὸς τὸ ἀπὸ ΑΔ,
οὕτως τὸ ΑΒΓ τρίγωνον πρὸς τὸ ΑΔΕ τρίγωνον.

ἐπεὶ γὰρ ὅμοιόν ἐστιν τὸ ΑΒΓ
τρίγωνον τῷ ΑΔΕ τριγώνῳ, τὸ ἄρα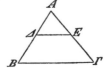
25 ΑΒΓ τρίγωνον πρὸς τὸ ΑΔΕ τρί-
γωνον διπλασίονα λόγον ἔχει ἥπερ
ἡ ΒΑ πρὸς ΑΔ [Eucl. VI, 19]. ἀλλὰ
καὶ τὸ ἀπὸ ΒΑ πρὸς τὸ ἀπὸ ΑΔ διπλασίονα λόγον
ἔχει ἥπερ ἡ ΒΑ πρὸς τὴν ΑΔ· ἔστιν ἄρα, ὡς τὸ ἀπὸ

---

9. ἐναλλάξ — 11. ΕΔΖ] om. Hultsch cum Halleio.

$BΔ$ πρὸς τὸ ἀπὸ $AΔ$, οὕτως τὸ $ABΓ$ τρίγωνον πρὸς τὸ $AΔE$ τρίγωνον.

δ΄. Ἴσαι αἱ AB, $ΓΔ$ καὶ τυχον σημεῖον τὸ E· ὅτι τὸ ὑπὸ $ΓEB$ τοῦ ὑπὸ $ΓAB$ ὑπερέχει τῷ ὑπὸ $ΔEA$.

τετμήσθω ἡ $BΓ$ δίχα τῷ Z· τὸ Z ἄρα διχο- 5
τομία ἐστὶν καὶ τῆς $AΔ$. καὶ ἐπεὶ τὸ ὑπὸ $ΓEB$
μετὰ τοῦ ἀπὸ BZ ἴσον ἐστὶν τῷ ἀπὸ EZ [Eucl.
II, 6], ἀλλὰ καὶ τὸ ὑπὶ $ΔEA$ μετὰ τοῦ ἀπὸ AZ
ἴσον ἐστὶν τῷ ἀπὸ EZ, καί ἐστιν τὸ ἀπὸ AZ
ἴσον τῷ ὑπὸ $ΓAB$ μετα τοῦ ἀπὸ BZ, κοινὸν ἐκ- 10
κεκρούσθω τὸ ἀπὸ BZ· λοιπὸν ἄρα τὸ ὑπὸ $ΓEB$
ἴσον ἐστὶν τῷ τε ὑπὸ $ΓAB$ καὶ τῷ ὑπὸ $ΔEA$.
ὥστε τὸ ὑπὸ $ΓEB$ τοῦ ὑπὸ $ΓAB$ ὑπερέχει τῷ
ὑπὸ $ΔEA$· ὅπερ ἔδει δεῖξαι.

ε΄. Ἐὰν δὲ τὸ σημεῖον ᾖ μεταξὺ τῶν A, B σημείων, 15
τὸ ὑπὸ $ΓEB$ τοῦ ὑπὸ $ΓAB$ ἔλασσον ἔσται τῷ αὐτῷ
χωρίῳ, οὗπέρ ἐστιν κατὰ τὰ αὐτὰ ἡ ἀπόδειξις.

ἐὰν δὲ τὸ σημεῖον ᾖ μεταξὺ τῶν B, $Γ$, τὸ ὑπὸ
$ΓEB$ τοῦ ὑπὸ $AEΔ$ ἔλασσον ἔσται τῷ ὑπὸ $ABΔ$
τῇ αὐτῇ ἀγωγῇ. 20

ϛ΄. Ἴση ἡ AB τῇ $BΓ$, καὶ δύο σημεῖα τὰ $Δ$, E·
ὅτι τὸ τετράκις ἀπὸ τῆς AB τετράγωνον ἴσον ἐστὶν
τῷ δὶς ὑπὸ $AΔΓ$ μετὰ τοῦ δὶς ὑπὸ $AEΓ$ καὶ δὶς τῶν
ἀπὸ $BΔ$, BE τετραγώνων.

A　　　$Δ$　E　B　　　　　$Γ$

τοῦτο δὲ φανερόν· τὸ μὲν γὰρ δὶς ἀπὸ AB διὰ 25
τῶν διχοτομιῶν ἴσον ἐστὶν τῷ τε δὶς ὑπὸ $AΔΓ$ καὶ

9. καί ἐστιν] ἔστιν ἄρα καί coni. Hultsch.　　14. ἔδει
δεῖξαι] :~ codd.

τῷ δὶς ἀπὸ ΔΒ, τὸ δὲ δὶς ἀπὸ ΑΒ ἴσον ἐστὶν τῷ τε δὶς ὑπὸ ΑΕΓ καὶ τῷ δὶς ἀπὸ ΕΒ τετραγώνῳ [Eucl. II, 5].

ζ΄. Ἴση ἡ ΑΒ τῇ ΓΔ, καὶ σημεῖον τὸ Ε· ὅτι τὰ ἀπὸ τῶν ΑΕ, ΕΔ τετράγωνα ἴσα τοῖς ἀπὸ τῶν ΒΕ, ΕΓ 5 τετραγώνοις καὶ τῷ δὶς ὑπὸ τῶν ΑΓΔ.

$$\underset{E}{\vdash}\quad\underset{A}{}\quad\quad\underset{B}{}\quad\quad\underset{Z}{}\quad\quad\underset{\Gamma}{}\quad\quad\underset{\Delta}{\dashv}$$

τετμήσθω δίχα ἡ ΒΓ κατὰ τὸ Ζ. ἐπεὶ οὖν τὸ δὶς ἀπὸ τῆς ΔΖ ἴσον ἐστὶν τῷ τε δὶς ὑπὸ ΑΓΔ καὶ δὶς ἀπὸ ΓΖ [Eucl. II, 5], κοινοῦ προστεθέντος τοῦ δὶς ἀπὸ ΕΖ ἴσον ἐστὶν τό τε δὶς ὑπὸ ΑΓΔ καὶ τὰ δὶς 10 ἀπὸ τῶν ΕΖΓ τοῖς δὶς ἀπὸ τῶν ΔΖ, ΖΕ τετραγώνοις. ἀλλὰ τοῖς μὲν δὶς ἀπὸ τῶν ΔΖ, ΖΕ ἴσα ἐστὶν τὰ ἀπὸ τῶν ΑΕ, ΕΔ τετράγωνα, τοῖς δὲ δὶς ἀπὸ τῶν ΓΖ, ΖΕ ἴσα ἐστὶν τὰ ἀπὸ τῶν ΒΕ, ΕΓ τετράγωνα [Eucl. II, 10]· τὰ ἄρα ἀπὸ τῶν ΑΕ, ΕΔ τετράγωνα 15 ἴσα ἐστὶν τοῖς τε ἀπὸ τῶν ΒΕ, ΕΓ τετραγώνοις καὶ τῷ δὶς ὑπὸ τῶν ΑΓΔ.

η΄. Ἔστω τὸ ὑπὸ ΒΑΓ μετὰ τοῦ ἀπὸ ΓΔ ἴσον τῷ ἀπὸ ΔΑ· ὅτι ἴση ἐστὶν ἡ ΓΔ τῇ ΔΒ.

$$\underset{A}{\vdash}\quad\underset{\Gamma}{}\quad\quad\underset{\Delta}{}\quad\quad\underset{B}{\dashv}$$

κοινὸν γὰρ ἀφῃρήσθω τὸ ἀπὸ ΓΔ· λοιπὸν ἄρα τὸ 20 ὑπὸ ΒΑΓ ἴσον ἐστὶ τοῖς ὑπὸ τῶν ΔΑΓ, ΑΓΔ [Eucl. II, 2; II, 3]. ἐπεὶ δὲ τὸ ὑπὸ ΒΑΓ ἴσον ἐστὶ τῷ ὑπὸ ΔΑΓ καὶ τῷ ὑπὸ ΒΔ, ΑΓ [Eucl. II, 1], κοινὸν ἀφ-ῃρήσθω τὸ ὑπὸ ΔΑΓ· λοιπὸν ἄρα τὸ ὑπὸ ΑΓ, ΔΒ

8. κοινοῦ] Halley, ἀλλὰ κοινοῦ codd., κοινοῦ ἄρα coni. Hultsch.   10. ΕΖΓ] ΓΖ, ΖΕ Hultsch cum Halleio.   19. λοιπόν — 23. ΔΑΓ] om. codd., suppleuit Hultsch praeeunte Halleio (ante τοῖς lin. 20 addunt: τῇ τῶν ἀπὸ ΑΔ, ΔΓ ὑπερ-οχῇ, τουτέστιν).

ἴσον ἐστὶν τῷ ὑπὸ ΔΓΑ. ἴση ἄρα ἐστὶν ἡ ΔΓ τῇ ΔΒ·
ὅπερ ἔδει δεῖξαι.

ϑ'. Ἔστω τὸ ὑπὸ ΑΓΒ μετὰ τοῦ ἀπὸ ΓΔ ἴσον
τῷ ἀπὸ ΔΒ τετραγώνῳ· ὅτι ἴση ἐστὶν ἡ ΑΔ τῇ ΔΒ.

$$A \quad\quad \Gamma \quad\quad \Delta \quad\quad\quad E \quad B$$

κείσθω τῇ ΓΔ ἴση ἡ ΔΕ· τὸ ἄρα ὑπὸ ΓΒΕ μετὰ 5
τοῦ ἀπὸ ΔΕ, τουτέστιν τοῦ ἀπὸ ΓΔ, ἴσον τῷ ἀπὶ
ΔΒ [Eucl. II, 6], τουτέστιν τῷ ὑπὸ ΒΓΔ μετὰ τοῦ
ἀπὸ ΓΔ· ὥστε τὸ ὑπὸ ΓΒΕ ἴσον ἐστὶν τῷ ὑπὸ ΒΓΔ·
ἴση ἄρα ἐστὶν ἡ ΑΓ τῇ ΕΒ. ἀλλὰ καὶ ἡ ΓΔ τῇ ΔΕ·
ὅλη ἄρα ἡ ΑΔ ὅλη τῇ ΔΒ ἴση ἐστίν.   10

ι'. Ἔστω πάλιν τὸ ὑπὸ ΒΑΓ μετὰ τοῖ ἀπὸ ΔΒ
ἴσον τῷ ἀπὸ ΑΔ· ὅτι ἴση ἐστὶν ἡ ΓΔ τῇ ΔΒ.

$$E \quad\quad A \quad\quad \Gamma \quad\quad \Delta \quad\quad B$$

κείσθω τῇ ΔΒ ἴση ἡ ΑΕ. ἐπεὶ οὖν τὸ ὑπὸ ΒΑΓ
μετὰ τοῦ ἀπὸ ΔΒ, τουτέστιν τοῦ ἀπὸ ΕΑ, ἴσον ἐστὶν
τῷ ἀπὸ ΑΔ τετραγώνῳ, κοινὸν ἀφῃρήσθω τὸ ὑπὸ 15
ΔΑΓ· λοιπὸν ἄρα τὸ ὑπὸ ΒΔ, ΑΓ [Eucl. II, 1], τουτ-
έστιν τὸ ὑπὸ ΕΑΓ, μετὰ τοῦ ἀπὸ ΕΑ, ὅ ἐστιν τὸ
ὑπὸ ΓΕΑ [Eucl. II, 3], ἴσον ἐστὶν τῷ ὑπὸ ΑΔΓ
[Eucl. II, 2]. ἴση ἄρα [Eucl. VI, 16; V, 18; V, 9] ἐστὶν
ἡ ΕΑ, τουτέστιν ἡ ΒΔ, τῇ ΔΓ.   20

ια'. Εὐθεῖα ἡ ΑΒ, ἐφ' ἧς γ σημεῖα τὰ Γ, Δ, Ε
οὕτως, ὥστε ἴσην μὲν εἶναι τὴν ΒΕ τῇ ΕΓ, τὸ δὲ
ὑπὸ ΑΕΔ τῷ ἀπὸ ΕΓ· ὅτι γίνεται, ὡς ἡ ΒΑ πρὸς
ΑΓ, οὕτως ἡ ΒΔ πρὸς ΔΓ.

---

2. ὅπερ ἔδει δεῖξαι] o codd.   7. ΒΓΔ] ΕΑΓ codd., ΑΓΒ
Hultsch cum Halleio.   8. ΒΓΔ] ΑΓΒ Hultsch cum Halleio.

ἐπεὶ γὰρ τὸ ὑπὸ ΑΕΔ ἴσον ἐστὶν τῷ ἀπὸ ΕΓ, ἀνάλογον [Eucl. VI, 17] καὶ ἀναστρέψαντι καὶ δὶς τὰ

```
A        Γ   Δ   E        B
├────────┼───┼───┼────────┤
```

ἡγούμενα καὶ διελόντι· ἔστιν ἄρα, ὡς ἡ ΒΑ πρὸς τὴν ΑΓ, οὕτως ἡ ΒΔ πρὸς ΔΓ.

5 ιβ'. Ἔστω πάλιν τὸ ὑπὸ ΒΓΔ ἴσον τῷ ἀπὸ ΓΕ, ἴση δὲ ἡ ΑΓ τῇ ΓΕ· ὅτι τὸ ὑπὸ ΑΒΕ ἴσον ἐστὶν τῷ ὑπὸ ΓΒΔ.

```
A        Γ   Δ   E        B
├────────┼───┼───┼────────┤
```

ἐπεὶ γὰρ τὸ ὑπὸ ΒΓΔ ἴσον ἐστὶν τῷ ἀπὸ ΓΕ, ἀνάλογόν ἐστιν [Eucl. VI, 17], ὡς ἡ ΒΓ πρὸς ΓΕ,
10 τουτέστιν πρὸς τὴν ΓΑ, οὕτως ἡ ΓΕ, τουτέστιν ἡ ΑΓ, πρὸς τὴν ΓΔ· καὶ ὅλη πρὸς ὅλην [Eucl. V, 12] καὶ ἀναστρέψαντι καὶ χωρίου χωρίῳ [Eucl. VI, 16]· τὸ ἄρα ὑπὸ ΑΒΕ ἴσον ἐστὶν τῷ ὑπὸ ΓΒΔ.

φανερὸν δέ, ὅτι καὶ τὸ ὑπὸ ΑΔΕ ἴσον ἐστὶ τῷ
15 ὑπὸ ΒΔΓ· ἐὰν γὰρ ἀφαιρεθῇ τὸ ἀπὸ ΓΔ κοινὸν ἀπὸ τῆς τοῦ ἀπὸ ΓΕ πρὸς τὸ ὑπὸ ΒΓΔ ἰσότητος, γίνεται [Eucl. II, 3; II, 5].

ιγ'. Εἰς δύο παραλλήλους τὰς ΑΒ, ΓΔ διά τε τοῦ αὐτοῦ σημείου τοῦ Ε τρεῖς διήχθωσαν αἱ ΑΕΔ,
20 ΒΕΓ, ΖΕΗ· ὅτι ἐστίν, ὡς τὸ ὑπὸ ΑΕΒ πρὸς τὸ ὑπὸ ΑΖΒ, οὕτως τὸ ὑπὸ ΓΕΔ πρὸς τὸ ὑπὸ ΓΗΔ.

διὰ τοῦ συνημμένου φανερόν· ὡς μὲν γὰρ ἡ ΑΕ πρὸς τὴν ΕΔ, οὕτως ἡ ΑΖ πρὸς τὴν ΗΔ, ὡς δὲ ἡ ΒΕ πρὸς τὴν ΕΓ, οὕτως ἡ ΖΒ πρὸς τὴν ΗΓ [Eucl.
25 VI, 4], καὶ σύγκειται ἐκ τούτων τὰ χωρία· μένει ἄρα.

---

25. μένει] scripsi, μὲν ι codd., γίνεται Hultsch.

ἔστιν δὲ καὶ οὕτως μὴ προσχρησάμενον τῷ συν-
ημμένῳ. ἐπεὶ γάρ ἐστιν, ὡς ἡ *AE* πρὸς τὴν *EB*,
οὕτως ἡ *EΔ* πρὸς τὴν *EΓ* [Eucl. VI, 4],
καὶ ὡς ἄρα τὸ ὑπὸ *AEB* πρὸς τὸ ἀπὸ
EB, οὕτως τὸ ὑπὸ *ΔEΓ* πρὸς τὸ ἀπὸ   5
EΓ. ἀλλὰ καί, ὡς τὸ ἀπὸ *BE* πρὸς τὸ
ἀπὸ *BZ*, οὕτως τὸ ἀπὸ *EΓ* πρὸς τὸ
ἀπὸ *ΓH* [Eucl. VI, 4]· δι' ἴσου ἄρα
ἐστίν, ὡς τὸ ὑπὸ *AEB* πρὸς τὸ ἀπὸ *ZB*, οὕτως τὸ
ὑπὸ *ΓEΔ* πρὸς τὸ ἀπὸ *ΓH*. ἀλλὰ καί, ὡς τὸ ἀπὸ *ZB*   10
πρὸς τὸ ὑπὸ *BZΔ*, οὕτως τὸ ἀπὸ *ΓH* πρὸς τὸ ὑπὸ
ΓHΔ· δι' ἴσου ἄρα ἐστίν, ὡς τὸ ὑπὸ *AEB* πρὸς τὸ
ὑπὸ *AZB*, οὕτως τὸ ὑπὸ *ΓEΔ* πρὸς τὸ ὑπο *ΓHΔ*.

II.

SERENUS.

Serenus de sectione cylindri prop. 16 p. 16 ed.
Halley:

5   *Τούτων οὕτως ἐχόντων φανερόν ἐστιν, ὅτι ἡ ΑΒΓ
τοῦ κυλίνδρου τομὴ ἔλλειψίς ἐστιν· ὅσα γὰρ ἐνταῦθα
τῇ τομῇ ἐδείχθη ὑπάρχοντα, πάντα ὁμοίως καὶ ἐπὶ
τοῦ κώνου τῇ ἐλλείψει ὑπῆρχεν, ὡς ἐν τοῖς Κωνικοῖς
δείκνυται θεωρήματι ιε΄ τοῖς δυναμένοις λέγειν τὴν
10 ἀκρίβειαν τοῦ θεωρήματος, καὶ ἡμεῖς ἐν τοῖς εἰς αὐτὰ
ὑπομνήμασι γεωμετρικῶς ἀπεδείξαμεν.*

---

8. *ὑπῆρχεν*] cod. Cnopolitanus c, *ὑπῆρχον* Halley.   11.
ὑπομνήμασι] c, *ὑπομνήμασιν* Halley.

III.

HYPATIA.

Suidas s. u. Ὑπατία p. 1059 a ed. Bekker:
Ἔγραψεν ... εἰς τὰ κωνικὰ Ἀπολλωνίου ὑπόμνημα.

IV.

EUTOCII
COMMENTARIA IN CONICA.

Εἰς τὸ πρῶτον.

5 Ἀπολλώνιος ὁ γεωμέτρης, ω φίλε ἑταῖρε Ἀνθέμιε, γέγονε μὲν ἐκ Πέργης τῆς ἐν Παμφυλίᾳ ἐν χρόνοις τοῦ Εὐεργέτου Πτολεμαίου, ὡς ἱστορεῖ Ἡράκλειος ὁ τὸν βίον Ἀρχιμήδους γράφων, ὃς καί φησι τὰ κωνικὰ θεωρήματα ἐπινοῆσαι μὲν πρῶτον τὸν Ἀρχιμήδη, τὸν

10 δὲ Ἀπολλώνιον αὐτὰ εὑρόντα ὑπὸ Ἀρχιμήδους μὴ ἐκδοθέντα ἰδιοποιήσασθαι, οὐκ ἀληθεύων κατά γε τὴν ἐμήν. ὅ τε γὰρ Ἀρχιμήδης ἐν πολλοῖς φαίνεται ὡς παλαιοτέρας τῆς στοιχειώσεως τῶν κωνικῶν μεμνημένος, καὶ ὁ Ἀπολλώνιος οὐχ ὡς ἰδίας ἐπινοίας γράφει

15 οὐ γὰρ ἂν ἔφη ἐπὶ πλέον καὶ καθόλου μᾶλλον ἐξειργάσθαι ταῦτα παρὰ τὰ ὑπὸ τῶν ἄλλων γεγραμμένα. ἀλλ' ὅπερ φησὶν ὁ Γεμῖνος ἀληθές ἐστιν, ὅτι οἱ παλαιοὶ κῶνον ὁριζόμενοι τὴν τοῦ ὀρθογωνίου τριγώνου περιφορὰν μενούσης μιᾶς τῶν περὶ

20 τὴν ὀρθὴν εἰκότως καὶ τοὺς κώνους πάντας ὀρθοὺς ὑπελάμβανον γίνεσθαι καὶ μίαν τομὴν ἐν ἑκάστῳ, ἐν

---

4. Εὐτοκίου Ἀσκαλωνίτου εἰς τὸ α΄ τῶν Ἀπολλωνίου κωνικῶν τῆς κατ' αὐτὸν ἐκδόσεως ὑπόμνημα Wp. 6. γέγονε] p,

In librum I.

Apollonius geometra, amicissime mihi Anthemie, ex Perga urbe Pamphyliae oriundus vixit temporibus Ptolemaei Euergetae, ut narrat Heraclius, qui vitam scripsit Archimedis; idem dicit, propositiones conicas primum inuenisse Archimedem, Apollonium autem, cum eas ab Archimede non editas reperisset, sibi adrogasse; sed mea quidem sententia fallitur. nam et adparet, Archimedem saepe elementa conica ut antiquiora commemorare, et Apollonius sua ipsius inuenta se exponere minime profitetur; alioquin non dixisset [I p. 4, 3—5], se ea latius uniuersaliusque exposuisse, quam quae ceteri de iis scripsissent. immo Geminus uerum uidit, ueteres, qui conum definirent ortum circumactione trianguli rectanguli manente altero latere eorum, quae angulum rectum comprehenderent, iure omnes conos rectos fieri putasse et in singulis unam oriri sectionem, in rectangulo eam, quam nunc

---

γέγονεν W.   τῆς ἐν Παμφυλίᾳ] p, in ras. m. 1 W.   7. Ἡράκλειος] p, —ειος W¹.   8. Ἀρχημήδους, ς in ras. m. 1, W, sed corr.   γράφων, ὃς καί] p, —ν ὃς καί W¹.   9. Ἀρχιμήδην p.   10. εὐρώντα W, sed corr.   12. ἐμὴν γνῶσιν p.   15. οὐ] comp. e corr. p.   17. Γεμῖνος] w, Γεμινος W, Γεμίνος p.   18. παλαιοί] p, —οί W¹.   κῶνον] corr. ex λωνιον m. 1 W.   —θογωνίου in ras. m. 1 W.   19. μενούσης μιᾶς] p; —σης μιᾶς W¹ seq. lineola transuersa.   21. γείνεσθαι W.

μὲν τῷ ὀρθογωνίῳ τὴν νῦν καλουμένην παραβολήν,
ἐν δὲ τῷ ἀμβλυγωνίῳ τὴν ὑπερβολήν, ἐν δὲ τῷ ὀξυ-
γωνίῳ τὴν ἔλλειψιν· καὶ ἔστι παρ᾽ αὐτοῖς εὑρεῖν οὕτως
ὀνομαζομένας τὰς τομάς. ὥσπερ οὖν τῶν ἀρχαίων
5 ἐπὶ ἑνὸς ἑκάστου εἴδους τριγώνου θεωρησάντων τὰς
δύο ὀρθὰς πρότερον ἐν τῷ ἰσοπλεύρῳ καὶ πάλιν ἐν
τῷ ἰσοσκελεῖ καὶ ὕστερον ἐν τῷ σκαληνῷ οἱ μετα-
γενέστεροι καθολικὸν θεώρημα ἀπέδειξαν τοιοῦτο· παν-
τὸς τριγώνου αἱ ἐντὸς τρεῖς γωνίαι δυσὶν ὀρθαῖς ἴσαι
10 εἰσίν· οὕτως καὶ ἐπὶ τῶν τοῦ κώνου τομῶν· τὴν μὲν
γὰρ λεγομένην ὀρθογωνίου κώνου τομὴν ἐν ὀρθο-
γωνίῳ μόνον κώνῳ ἐθεώρουν τεμνομένῳ ἐπιπέδῳ ὀρθῷ
πρὸς μίαν πλευρὰν τοῦ κώνου, τὴν δὲ τοῦ ἀμβλυ-
γωνίου κώνου τομὴν ἐν ἀμβλυγωνίῳ γινομένην κώνῳ
15 ἀπεδείκνυσαν, τὴν δὲ τοῦ ὀξυγωνίου ἐν ὀξυγωνίῳ,
ὁμοίως ἐπὶ πάντων τῶν κώνων ἄγοντες τὰ ἐπίπεδα
ὀρθὰ πρὸς μίαν πλευρὰν τοῦ κώνου· δηλοῖ δὲ καὶ
αὐτὰ τὰ ἀρχαῖα ὀνόματα τῶν γραμμῶν. ὕστερον δὲ
Ἀπολλώνιος ὁ Περγαῖος καθόλου τι ἐθεώρησεν, ὅτι
20 ἐν παντὶ κώνῳ καὶ ὀρθῷ καὶ σκαληνῷ πᾶσαι αἱ τομαί
εἰσι κατὰ διάφορον τοῦ ἐπιπέδου πρὸς τὸν κῶνον
προσβολήν· ὃν καὶ θαυμάσαντες οἱ κατ᾽ αὐτὸν γενό-
μενοι διὰ τὸ θαυμάσιον τῶν ὑπ᾽ αὐτοῦ δεδειγμένων
κωνικῶν θεωρημάτων μέγαν γεωμέτρην ἐκάλουν. ταῦτα
25 μὲν οὖν ὁ Γεμῖνος ἐν τῷ ἕκτῳ φησὶ τῆς τῶν μαθη-
μάτων θεωρίας. ὃ δὲ λέγει, σαφὲς ποιήσομεν ἐπὶ τῶν
ὑποκειμένων καταγραφῶν.

ἔστω τὸ διὰ τοῦ ἄξονος τοῦ κώνου τρίγωνον τὸ

---

2. ἐν δέ — ὑπερβολήν] p, mg. W¹.   3. ἔστιν W.   7.
σκαληνῷ] α corr. ex λ m. 1 W.   8. ἀπέδειξαν] p, W¹.   παν-
τός] π corr. ex ν m. 1 W.   10. οὕτω p.   13. δέ] supra

parabolam uocant, in obtusiangulo hyperbolam, in
acutiangulo ellipsim; et sectiones illas apud eos ita
denominatas inuenias. sicut igitur, cum ueteres pro-
positionem de angulis duobus rectis aequalibus in sin-
gulis generibus trianguli inuestigassent, primum in
aequilatero, postea in aequicrurio, deinde uero in sca-
leno, recentiores propositionem uniuersalem demon-
strauerunt talem: cuiusuis trianguli tres anguli in-
teriores duobus rectis aequales sunt [Eucl. I, 32], ita
etiam in coni sectionibus factum est; sectionem enim
rectanguli coni quae uocatur in solo cono rectangulo
perscrutabantur secto plano ad latus coni perpendicu-
lari, sectionem autem coni obtusianguli in cono obtu-
siangulo, sectionem autem acutianguli in acutiangulo
oriri demonstrabant in omnibus conis similiter planis
ad latus coni perpendicularibus ductis; id quod ipsa
nomina linearum illarum antiqua docent. postea uero
Apollonius Pergaeus uniuersaliter inuestigauit, in quo-
uis cono et recto et scaleno omnes sectiones illas oriri
secundum uariam plani ad conum positionem; quem
admirati aequales ob admiranda theoremata conica ab
eo demonstrata magnum geometram adpellabant. haec
igitur Geminus in libro sexto de scientia mathematica;
et quae dicit, nos in figuris infra descriptis illustra-
bimus.

    sit *ABΓ* triangulus per axem coni positus, et a

---

scr. in ras. W¹.   14. ἐν] w, om. Wp.   15. ἀποδείκνυσαν W,
corr. W¹   18. τά] p, om. W.   19. καθόλου — 20. ἐν π—]
p, W¹.   21. εἰσιν W.   23. δεδειγ— in ras. m. 1 W   24.
κωνικῶν] Wp, mg. ἐν ἄλλῳ καθολικῶν m. 1 p, W¹.   25. Γε-
μῖνος] vw, Γεμινος W, Γεμίνος p.

ΑΒΓ, καὶ ἤχθω τῇ ΑΒ ἀπὸ τυχόντος σημείου τοῦ Ε
πρὸς ὀρθὰς ἡ ΔΕ, καὶ τὸ διὰ τῆς ΔΕ ἐπίπεδον ἐκ-
βληθὲν ὀρθὸν πρὸς τὴν ΑΒ τεμνέτω τὸν κῶνον· ὀρθὴ
ἄρα ἐστὶν ἑκατέρα τῶν

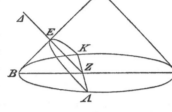

5 ὑπὸ ΑΕΔ, ΑΕΖ γω-
νιῶν. ὀρθογωνίου μὲν
ὄντος τοῦ κώνου καὶ
ὀρθῆς δηλονότι τῆς
ὑπὸ ΒΑΓ γωνίας ὡς
10 ἐπὶ τῆς πρώτης κατα-
γραφῆς δύο ὀρθαῖς ἴσαι
ἔσονται αἱ ὑπὸ ΒΑΓ, ΑΕΖ γωνίαι· ὥστε παράλληλος
ἔσται ἡ ΔΕΖ τῇ ΑΓ. καὶ γίνεται ἐν τῇ ἐπιφανείᾳ
τοῦ κώνου τομὴ ἡ καλουμένη παραβολὴ οὕτω κλη-
15 θεῖσα ἀπὸ τοῦ παράλληλον εἶναι τὴν ΔΕΖ, ἥτις ἐστὶ
κοινὴ τομὴ τοῦ τέμνοντος ἐπιπέδου καὶ τοῦ διὰ τοῦ
ἄξονος τριγώνου, τῇ ΑΓ πλευρᾷ τοῦ τριγώνου.

ἐὰν δὲ ἀμβλυγώνιος ᾖ ὁ κῶνος ὡς ἐπὶ τῆς δευ-
τέρας καταγραφῆς ἀμβλείας δηλονότι οὔσης τῆς ὑπὸ
20 ΒΑΓ, ὀρθῆς δὲ τῆς ὑπὸ ΑΕΖ, δύο ὀρθῶν μείζους
ἔσονται αἱ ὑπὸ ΒΑΓ, ΑΕΖ γωνίαι· ὥστε οὐ συμ-
πεσεῖται ἡ ΔΕΖ τῇ ΑΓ πλευρᾷ ἐπὶ τὰ πρὸς τοῖς Ζ, Γ
μέρη, ἀλλὰ ἐπὶ τὰ πρὸς τοῖς Α, Ε προσεκβαλλομένης
δηλονότι τῆς ΓΑ ἐπὶ τὸ Δ. ποιήσει οὖν τὸ τέμνον
25 ἐπίπεδον ἐν τῇ ἐπιφανείᾳ τοῦ κώνου τομὴν τὴν καλου-
μένην ὑπερβολὴν οὕτω κληθεῖσαν ἀπὸ τοῦ ὑπερβάλ-
λειν τὰς εἰρημένας γωνίας, τουτέστι τὰς ὑπὸ ΑΕΖ,

2. ἐμβληθέν W.   6. ὀρθωγωνίου W, corr. m. 1.   μὲν
οντος] scripsi, μένοντος Wp.   12. ΒΑΓ] ΑΒΓ Wp, corr.
mg. U.   ΑΕΖ] ΔΕΖ Wp, corr. mg. U.   15. ἐστίν W.
17. ἄξωνος W, corr. m. 1.   18. ὡς] p, in spatio 7 litt. m.

puncto aliquo E ad AB perpendicularis ducatur ΔE, planum autem per ΔE ad AB perpendiculare ductum conum secet; itaque anguli $AE\Delta$, AEZ recti sunt. iam si conus rectangulus est et ideo $\llcorner BA\Gamma$ rectus ut in prima figura, erunt $\llcorner BA\Gamma + AEZ$ duobus rectis aequales; quare ΔEZ et $A\Gamma$ parallelae sunt [Eucl. I, 28]. et in superficie coni sectio efficitur parabola quae uocatur, cui hoc nomen inditum est, quia ΔEZ, quae communis sectio est plani secantis triangulique per axem positi, lateri trianguli $A\Gamma$ parallela est.

sin conus obtusiangulus est ut in secunda figura obtuso scilicet posito $\llcorner BA\Gamma$, recto autem AEZ,

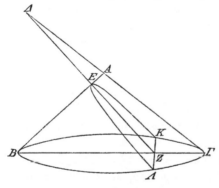

$\llcorner BA\Gamma + AEZ$ duobus rectis maiores erunt; quare ΔEZ et $A\Gamma$ latus ad partes Z, Γ uersus non concurrent, sed ad partes A, E uersus, producta scilicet ΓA ad Δ [Eucl. I altr. 5].

itaque planum secans in superficie coni sectionem efficiet hyperbolam quae uocatur, cui hoc nomen inditum est, quia anguli illi, h. e. AEZ, $BA\Gamma$, duos rectos

rec. W, om. v w. 19. τῆς] corr. ex τοῦ m. 1 p. 20. AEZ] ΔEZ p et W, sed corr. 21. AEZ] om. W in extr. lin., p; corr. U. 22. ΔEZ] AEZ Wp, corr. U. Γ] corr. ex E m. 1 W. 27. τουτέστιν W.

*ΒΑΓ, δύο ὀρθὰς ἢ διὰ τὸ ὑπερβάλλειν τὴν ΔΕΖ
τὴν κορυφὴν τοῦ κώνου καὶ συμπίπτειν τῇ ΓΑ ἐκτός.*

ἐὰν δὲ ὀξυγώνιος ᾖ ὁ κῶνος ὀξείας δηλονότι οὔσης
τῆς ὑπὸ ΒΑΓ, αἱ ΒΑΓ, ΑΕΖ ἔσονται δύο ὀρθῶν
5 ἐλάσσονες· ὥστε αἱ ΕΖ, ΑΓ ἐκβαλλόμεναι συμπεσοῦν-
ται ὁπουδήποτε· προσαυξῆσαι γὰρ δύναμαι τὸν κῶνον.
ἔσται οὖν ἐν τῇ ἐπιφανείᾳ τομή, ἥτις καλεῖται ἔλλει-
ψις, οὕτω κληθεῖσα ἤτοι διὰ τὸ ἐλλείπειν δύο ὀρθαῖς
τὰς προειρημένας γωνίας ἢ διὰ τὸ τὴν ἔλλειψιν κύκλον
10 εἶναι ἐλλιπῆ.

οὕτως μὲν οὖν οἱ παλαιοὶ ὑποθέμενοι τὸ τέμνον
ἐπίπεδον τὸ διὰ τῆς ΔΕΖ πρὸς ὀρθὰς τῇ ΑΒ πλευρᾷ
τοῦ διὰ τοῦ ἄξονος τοῦ κώνου τριγώνου καὶ ἔτι δια-
φόρους τοὺς κώνους ἐθεώρησαν καὶ ἐπὶ ἑκάστου ἰδίαν
15 τομήν· ὁ δὲ Ἀπολλώνιος ὑποθέμενος τὸν κῶνον καὶ
ὀρθὸν καὶ σκαληνὸν τῇ διαφόρῳ τοῦ ἐπιπέδου κλίσει
διαφόρους ἐποίησε τὰς τομάς.

ἔστω γὰρ πάλιν ὡς ἐπὶ τῶν αὐτῶν καταγραφῶν
τὸ τέμνον ἐπίπεδον τὸ ΚΕΛ, κοινὴ δὲ αὐτοῦ τομὴ
20 καὶ τῆς βάσεως τοῦ κώνου ἡ ΚΖΛ, κοινὴ δὲ πάλιν
αὐτοῦ τοῦ ΚΕΛ ἐπιπέδου καὶ τοῦ ΑΒΓ τριγώνου
ἡ ΕΖ, ἥτις καὶ διάμετρος καλεῖται τῆς τομῆς. ἐπὶ
πασῶν οὖν τῶν τομῶν ὑποτίθεται τὴν ΚΛ πρὸς ὀρθὰς
τῇ ΒΓ βάσει τοῦ ΑΒΓ τριγώνου, λοιπὸν δέ, εἰ μὲν

---

4. αἱ ΒΑΓ] om. Wp, corr. U.   5. ἐλάσσονες] —ες ob-
scuro comp. p, ἐλάσσονος W.   ὥστε] scripsi; τε Wp.   8.
ὀρθαῖς] fort. ὀρθῶν.   10. ἐλλειπῆ W.   11. οὕτω p.   14. ἐπί]
ἐπεί Wp, corr. Command. („in").   15. τόν] scripsi; in W in
extr. pag. uacat spatium 8 litt., initio sequentis 10; in p spa-
tium uacat, cuius partem obtinet figura; signum lacunae add. U.
16. κλήσει W.   17. ἐποίησεν W.   22. ΕΖΗ τις W.   23.
πασῶν] scripsi, πλέον Wp, πάντων (!) mg. U.

superant, uel quia $\mathit{\Delta}EZ$ uerticem coni egreditur et cum $\mathit{\Gamma A}$ extra concurrit.

sin conus acutiangulus est acuto scilicet posito $\llcorner BA\mathit{\Gamma}$, $\llcorner BA\mathit{\Gamma} + \mathit{\Delta}EZ$ duobus rectis minores erunt; quare EZ, $A\mathit{\Gamma}$ productae alicubi concurrent [ib.]; nam

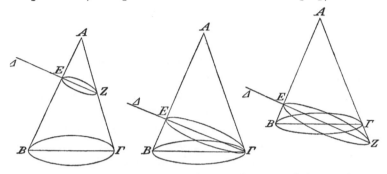

conum augere possumus. itaque in superficie sectio efficietur ellipsis quae uocatur, cui hoc nomen inditum est, aut quia anguli illi duobus rectis minores sunt, aut quia ellipsis circulus est imperfectus.

ita igitur ueteres, cum planum secans per $\mathit{\Delta}EZ$ positum ad AB latus trianguli per axem coni positi perpendiculare et praeterea conos uarie formatos supponerent, etiam in singulis singulas sectiones inuestigauerunt; Apollonius uero, qui conum et rectum et scalenum supposuit, uaria plani inclinatione uarias effecit sectiones.

sit enim rursus ut in iisdem figuris planum secans $KE\mathit{\Delta}$, communis autem eius basisque coni sectio $KZ\mathit{\Delta}$, rursus autem ipsius plani $KE\mathit{\Delta}$ triangulique $AB\mathit{\Gamma}$ sectio communis EZ, quae eadem diametrus sectionis uocatur. iam in omnibus sectionibus $K\mathit{\Delta}$ ad $B\mathit{\Gamma}$

ἡ *EZ* παράλληλος εἴη τῇ *ΑΓ*, παραβολὴν γίνεσθαι
τὴν *ΚΕΔ* ἐν τῇ ἐπιφανείᾳ τοῦ κώνου τομήν, εἰ δὲ
συμπίπτει τῇ *ΑΓ* πλευρᾷ ἡ *EZ* ἐκτὸς τῆς κορυφῆς
τοῦ κώνου ὡς κατὰ τὸ *Δ*, γίνεσθαι τὴν *ΚΕΔ* τομὴν
5 ὑπερβολήν, εἰ δὲ ἐντὸς συμπίπτει τῇ *ΑΓ* ἡ *EZ*, γί-
νεσθαι τὴν τομὴν ἔλλειψιν, ἣν καὶ θυρεὸν καλοῦσιν.
καθόλου οὖν τῆς μὲν παραβολῆς ἡ διάμετρος παρ-
άλληλός ἐστι τῇ μιᾷ πλευρᾷ τοῦ τριγώνου, τῆς δὲ
ὑπερβολῆς ἡ διάμετρος συμπίπτει τῇ πλευρᾷ τοῦ τρι-
10 γώνου ὡς ἐπὶ τὰ πρὸς τῇ κορυφῇ τοῦ κώνου μέρη,
τῆς δὲ ἐλλείψεως ἡ διάμετρος συμπίπτει τῇ πλευρᾷ
τοῦ τριγώνου ὡς ἐπὶ τὰ πρὸς τῇ βάσει μέρη. κἀκεῖνο
δὲ χρὴ εἰδέναι, ὅτι ἡ μὲν παραβολὴ καὶ ἡ ὑπερβολὴ
τῶν εἰς ἄπειρόν εἰσιν αὐξανομένων, ἡ δὲ ἔλλειψις
15 οὐκέτι· πᾶσα γὰρ εἰς αὐτὴν συννεύει ὁμοίως τῷ
κύκλῳ.

πλειόνων δὲ οὐσῶν ἐκδόσεων, ὡς καὶ αὐτός φησιν
ἐν τῇ ἐπιστολῇ, ἄμεινον ἡγησάμην συναγαγεῖν αὐτὰς
ἐκ τῶν ἐμπιπτόντων τὰ σαφέστερα παρατιθέμενος ἐν
20 τῷ ῥητῷ διὰ τὴν τῶν εἰσαγομένων εὐμάρειαν, ἔξωθεν
δὲ ἐν τοῖς συντεταγμένοις σχολίοις ἐπισημαίνεσθαι
τοὺς διαφόρους ὡς εἰκὸς τρόπους τῶν ἀποδείξεων.

φησὶ τοίνυν ἐν τῇ ἐπιστολῇ τὰ πρῶτα τέσσαρα
βιβλία περιέχειν ἀγωγὴν στοιχειώδη· ὧν τὸ μὲν πρῶ-
25 τον περιέχειν τὰς γενέσεις τῶν τριῶν τοῦ κώνου τομῶν
καὶ τῶν καλουμένων ἀντικειμένων καὶ τὰ ἐν αὐταῖς
ἀρχικὰ συμπτώματα. ταῦτα δέ ἐστιν, ὅσα συμ-
βαίνει παρὰ τὴν πρώτην αὐτῶν γένεσιν· ἔχουσι γὰρ
καὶ ἕτερά τινα παρακολουθήματα. τὸ δὲ δεύτερον

---

3. συμπίπτῃ W.   5. συμπίπτῃ W.   6. θυραῖον Wp,
corr. U.   καλοῦσι p.   8. ἔστιν W.   13. χρή] p, χρεί W.

basim trianguli perpendicularem supponit, deinde autem,
si *EZ* rectae *AΓ* parallela sit, sectionem *KEΔ* in
superficie coni parabolam fieri, sin *EZ* cum latere *AΓ*
extra uerticem coni concurrat ut in *Δ*, sectionem *KEΔ*
hyperbolam fieri, sin autem *EZ* cum *AΓ* intra con-
currat, sectionem fieri ellipsim, quam eandem scutum
uocant. uniuersaliter igitur diametrus parabolae uni
lateri trianguli parallela est, hyperbolae autem dia-
metrus cum latere trianguli concurrit ad partes uerticis
coni uersus, ellipsis autem diametrus cum latere tri-
anguli concurrit ad partes basis uersus. et hoc quoque
scire oportet, parabolam hyperbolamque earum linearum
esse, quae in infinitum crescant, ellipsim uero non
esse; ea enim tota in se recurrit sicut circulus.

Sed cum complures exstent editiones, ut ipse in
epistula dicit [I p. 2, 18 sq.], eas in unum cogere
malui clariora ex iis, quae mihi sese obtulerant, in
uerba scriptoris recipiens, ut institutio facilior esset,
uarios autem demonstrandi modos, ut par erat, extra
in scholiis a me compositis indicare.

dicit igitur in epistula, priores quattuor libros in-
stitutionem elementarem continere; quorum primum
origines trium sectionum coni oppositarumque, quae
uocantur, et proprietates earum principales con-
tinere [I p. 4, 1 sq.]. eae uero sunt, quaecunque per
primam illarum originem eueniunt; nam etiam alias
quasdam consequentias habent. alter autem, quae

---

18. ἄμινον W.   19. ἐνπιπτόντων W.   23. φησίν W.   24.
βιβλία] στοιχεῖα p.   περιέχει W.   στοιχειώδη] Halley, στοι-
χείων δι᾽ W p.   25. περιέχει Halley.

Apollonius, ed. Heiberg. II.   12

τὰ παρὰ τὰς διαμέτρους καὶ τοὺς ἄξονας τῶν
τομῶν συμβαίνοντα καὶ τὰς ἀσυμπτώτους καὶ
ἄλλα γενικὴν καὶ ἀναγκαίαν χρείαν παρεχό-
μενα πρὸς τοὺς διορισμούς. ὁ δὲ διορισμὸς ὅτι
5 διπλοῦς ἐστι, παντί που δῆλον, ὁ μὲν μετὰ τὴν ἔκ-
θεσιν ἐφιστάνων, τί ἔστι τὸ ζητούμενον, ὁ δὲ τὴν
πρότασιν οὐ συγχωρῶν καθολικὴν εἶναι, λέγων δέ,
πότε καὶ πῶς καὶ ποσαχῶς δυνατὸν συστῆναι τὸ προ-
τιθέμενον, οἷός ἐστιν ὁ ἐν τῷ εἰκοστῷ δευτέρῳ θεωρή-
10 ματι τοῦ πρώτου βιβλίου τῆς Εὐκλείδου στοιχειώσεως·
ἐκ τριῶν εὐθειῶν, αἵ εἰσιν ἴσαι τρισὶ ταῖς δοθείσαις,
τρίγωνον συστήσασθαι δεῖ δὴ τὰς δύο τῆς λοιπῆς
μείζονας εἶναι πάντη μεταλαμβανομένας, ἐπειδὴ δέ-
δεικται, ὅτι παντὸς τριγώνου αἱ δύο πλευραὶ τῆς
15 λοιπῆς μείζονές εἰσι πάντη μεταλαμβανόμεναι. τὸ δὲ
τρίτον τῶν κωνικῶν περιέχειν φησὶ πολλὰ καὶ παρά-
δοξα θεωρήματα χρήσιμα πρὸς τὰς συνθέσεις
τῶν στερεῶν τόπων. ἐπιπέδους τόπους ἔθος τοῖς
παλαιοῖς γεωμέτραις λέγειν, ὅταν ἐπὶ τῶν προβλημά-
20 των οὐκ ἀφ᾽ ἑνὸς σημείου μόνον, ἀλλ᾽ ἀπὸ πλειόνων
γίνεται τὸ πρόβλημα, οἷον εἰ ἐπιτάξει τις εὐθείας δο-
θείσης πεπερασμένης εὑρεῖν τι σημεῖον, ἀφ᾽ οὗ ἡ
ἀχθεῖσα κάθετος ἐπὶ τὴν δοθεῖσαν μέση ἀνάλογον
γίνεται τῶν τμημάτων, τόπον καλοῦσι τὸ τοιοῦτον·
25 οὐ μόνον γὰρ ἓν σημεῖόν ἐστι τὸ ποιοῦν τὸ πρόβλημα,
ἀλλὰ τόπος ὅλος, ὃν ἔχει ἡ περιφέρεια τοῦ περὶ διά-
μετρον τὴν δοθεῖσαν εὐθεῖαν κύκλου. ἐὰν γὰρ ἐπὶ
τῆς δοθείσης εὐθείας ἡμικύκλιον γραφῇ, ὅπερ ἂν ἐπὶ
τῆς περιφερείας λάβῃς σημεῖον καὶ ἀπ᾽ αὐτοῦ κάθετον

6. ἔστιν W.   9. εἰκοστο W. .   11. τρισίν W.   15.
εἰσιν W.   16. φησίν W.   22. πε— in mg. transit m. 1 W.

diametri axesque sectionum et asymptotae
propria habent aliaque, quae usum generalem
necessariumque ad determinationes praebent
[I p. 4, 5—8]. determinationem uero duplicem esse,
omnibus notum est, alteram, quae post expositionem
declarat, quid quaeratur, alteram, quae propositionem
negat generalem esse definitque, quando quomodo quot
modis propositum construi possit, qualis est in pro-
positione XXII primi libri Elementorum Euclidis: ex
tribus rectis, quae tribus datis aequales sunt, triangu-
lum construere; oportet uero duas reliqua maiores
esse quoquo modo coniunctas, quoniam demonstratum
est, in quouis triangulo duo latera reliquo maiora esse
quoquo modo coniuncta. tertium autem Conicorum
dicit continere [I p. 4, 10—12] plurima et mira theo-
remata ad compositionem locorum solidorum
utilia. loca plana mos est antiquis geometris uocare,
ubi in problematis non uno solo puncto sed compluribus
efficitur propositum; uelut si quis postulat, ut data
recta terminata punctum aliquod inueniatur, unde quae
ad datam perpendicularis ducatur media proportionalis
fiat inter eius partes, hoc locum uocant; nam non
unum solum punctum problema efficit, sed locus totus,
quem obtinet ambitus circuli circum diametrum datam
rectam descripti. nam in data recta semicirculo de-
scripto, quodcunque punctum in ambitu sumitur et
inde recta ad diametrum perpendicularis ducitur, pro-
positum efficit. eodem modo si quis postulat, ut extra

---

24. καλοῦσιν W.   25. ἐστιν W.   26. ἀλλά — p. 180, 5.
πρόβλημα] mg. inf. m. 1 alio atramento p; mg. ὅρα κάτω.
29. λάβεις W.

ἀγάγῃς ἐπὶ τὴν διάμετρον, ποιήσει τὸ προβληθέν.
ὁμοίως δὲ δοθείσης εὐθείας ἐάν τις ἐπιτάξῃ εὑρεῖν
ἐκτὸς αὐτῆς σημεῖον, ἀφ᾽ οὗ αἱ ἐπιζευγνύμεναι ἐπὶ τὰ
πέρατα τῆς εὐθείας ἴσαι ἔσονται ἀλλήλαις, καὶ ἐπὶ
5 τούτου οὐ μόνον ἓν σημεῖόν ἐστι τὸ ποιοῦν τὸ πρόβ-
βλημα, ἀλλὰ τόπος, ὃν ἐπέχει ἡ ἀπὸ τῆς διχοτομίας
πρὸς ὀρθὰς ἀγομένη· ἐὰν γὰρ τὴν δοθεῖσαν εὐθεῖαν
δίχα τεμὼν καὶ ἀπὸ τῆς διχοτομίας πρὸς ὀρθὰς ἀγά-
γῃς, ὃ ἂν ἐπ᾽ αὐτῆς λάβῃς σημεῖον, ποιήσει τὸ ἐπι-
10 ταχθέν.
ὅμοιον γράφει καὶ αὐτὸς Ἀπολλώνιος ἐν τῷ Ἀνα-
λυομένῳ τόπῳ ἐπὶ τοῦ ὑποκειμένου.
δύο δοθέντων [εὐθειῶν] ἐν ἐπιπέδῳ [καὶ] σημείων
καὶ λόγου δοθέντος ἀνίσων εὐθειῶν δυνατόν ἐστιν
15 ἐν τῷ ἐπιπέδῳ γράψαι κύκλον ὥστε τὰς ἀπὸ τῶν
δοθέντων σημείων ἐπὶ τὴν περιφέρειαν τοῦ κύκλου
κλωμένας εὐθείας λόγον ἔχειν τὸν αὐτὸν τῷ δοθέντι.
ἔστω τὰ μὲν δοθέντα σημεῖα τὰ Α, Β, λόγος δὲ
ὁ τῆς Γ πρὸς τὴν Δ μείζονος οὔσης τῆς Γ· δεῖ δὴ
20 ποιῆσαι τὸ ἐπιταχθέν. ἐπεζεύχθω ἡ ΑΒ καὶ ἐκβε-
βλήσθω ἐπὶ τὰ πρὸς τῷ Β μέρη, καὶ γεγονέτω, ὡς ἡ
Δ πρὸς τὴν Γ, ἡ Γ πρὸς ἄλλην τινὰ μείζονα δηλον-
ότι τῆς Δ, καὶ ἔστω, εἰ τύχοι, πρὸς τὴν ΕΔ, καὶ
πάλιν γεγονέτω, ὡς ἡ Ε πρὸς τὴν ΑΒ, ἡ Δ πρὸς
25 τὴν ΒΖ καὶ ἡ Γ πρὸς τὴν Η. φανερὸν δή, ὅτι ἥ
τε Γ μέση ἀνάλογόν ἐστι τῆς ΕΔ καὶ τῆς Δ καὶ ἡ

---

1. ἀγάγεις W.   2. ἐπιτάξει W.   εὑρεῖν] —εῖν e corr. p.
4. τῆς] bis p.   5. ἐστιν W.   6. τόπος, ὃν] τὸ ποσον W,
τὸ ποσόν p; corr. U.   8. καί] fort. delendum.   ἀγάγεις W.
9. ποιήσῃς p.   13. δοθέντων] Halley, δοθεισῶν Wp.   εὐ-
θειῶν] deleo, σημείων Halley.   καί] del. Halley.   σημείων]
U Comm., σημείου Wp, del. Halley.

datam rectam punctum inueniatur, a quo rectae ad
terminos datae rectae ductae inter se aequales sint,
hic quoque non unum solum punctum propositum
efficit, sed locus, quem obtinet recta a puncto medio
perpendicularis ducta; nam si data recta in duas partes
aequales secta a puncto medio perpendicularem duxeris,
quodcunque in ea sumpseris punctum, propositum
efficiet.

simile quiddam in Loco resoluto et ipse Apollo-
nius scribit, ut infra dedimus:

datis duobus in plano punctis et proportione dua-
rum rectarum inaequalium fieri potest, ut in plano
circulus describatur, ita ut rectae a datis punctis ad
ambitum circuli fractae rationem habeant datae ae-
qualem.

sint A, B puncta data, data autem proportio $\Gamma : \Delta$,
ita ut Γ maior sit. oportet igitur propositum efficere.

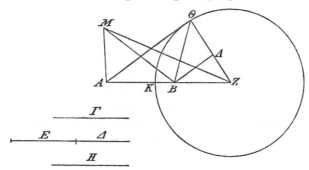

ducatur AB et ad partes B uersus producatur, fiatque,
ut $\Delta : \Gamma$, ita Γ ad aliam aliquam, quae scilicet maior
est quam Δ, sitque ea $E + \Delta$; et rursus fiat
$$E : AB = \Delta : BZ = \Gamma : H.$$

Η τῶν *ΑΖ, ΖΒ.* καὶ κέντρῳ μὲν τῷ *Ζ* διαστήματι
δὲ τῇ *Η* κύκλος γεγράφθω ὁ *ΚΘ.* φανερὸν δή, ὅτι
τέμνει ἡ *ΚΘ* περιφέρεια τὴν *ΑΒ* εὐθεῖαν· ἡ γὰρ *Η*
εὐθεῖα μέση ἀνάλογόν ἐστι τῶν *ΑΖ, ΖΒ.* εἰλήφθω
5 δὴ ἐπὶ τῆς περιφερείας τυχὸν σημεῖον τὸ *Θ,* καὶ ἐπε-
ζεύχθωσαν αἱ *ΘΑ, ΘΒ, ΘΖ.* ἴση ἄρα ἐστὶν ἡ *ΘΖ*
τῇ *Η,* καὶ διὰ τοῦτό ἐστιν, ὡς ἡ *ΑΖ* πρὸς τὴν *ΖΘ,*
ἡ *ΖΘ* πρὸς *ΖΒ.* καὶ περὶ τὴν αὐτὴν γωνίαν τὴν
ὑπὸ *ΘΖΒ* ἀνάλογόν εἰσιν· ὅμοιον ἄρα ἐστὶ τὸ *ΑΖΘ*
10 τῷ *ΘΒΖ* τριγώνῳ, καὶ ἴση ἡ ὑπὸ *ΖΘΒ* γωνία τῇ
ὑπὸ *ΘΑΒ.* ἤχθω δὴ διὰ τοῦ *Β* τῇ *ΑΘ* παράλληλος
ἡ *ΒΔ.* ἐπεὶ οὖν ἐστιν, ὡς ἡ *ΑΖ* πρὸς *ΖΘ,* ἡ *ΘΖ*
πρὸς *ΖΒ,* καὶ ὡς ἄρα πρώτη ἡ *ΑΖ* πρὸς τρίτην τὴν
ΖΒ, τὸ ἀπὸ *ΑΖ* πρὸς τὸ ἀπὸ *ΖΘ.* ἀλλ' ὡς ἡ *ΑΖ*
15 πρὸς *ΖΒ,* ἡ *ΑΘ* πρὸς *ΒΔ·* καὶ ὡς ἄρα τὸ ἀπὸ *ΑΖ*
πρὸς τὸ ἀπὸ *ΖΘ,* ἡ *ΑΘ* πρὸς *ΒΔ.* πάλιν ἐπεὶ ἴση
ἐστὶν ἡ ὑπὸ *ΒΘΖ* τῇ ὑπὸ *ΘΑΒ,* ἔστι δὲ καὶ ἡ ὑπὸ
ΑΘΒ τῇ ὑπὸ *ΘΒΔ* ἴση· ἐναλλὰξ γάρ· καὶ ἡ λοιπὴ
ἄρα τῇ λοιπῇ ἴση ἐστίν, καὶ ὅμοιόν ἐστι τὸ *ΑΘΒ*
20 τῷ *ΒΘΔ,* καὶ ἀνάλογόν εἰσιν αἱ πλευραὶ αἱ περὶ τὰς
ἴσας γωνίας, ὡς ἡ *ΑΘ* πρὸς *ΘΒ,* ἡ *ΘΒ* πρὸς *ΒΔ,*
καὶ ὡς τὸ ἀπὸ *ΑΘ* πρὸς τὸ ἀπὸ *ΘΒ,* ἡ *ΑΘ* πρὸς
ΒΔ. ἦν δὲ καί, ὡς ἡ *ΑΘ* πρὸς *ΒΔ,* τὸ ἀπὸ *ΑΖ*
πρὸς τὸ ἀπὸ *ΖΘ·* ὡς ἄρα τὸ ἀπὸ *ΑΖ* πρὸς τὸ ἀπὸ
25 *ΖΘ,* τὸ ἀπὸ *ΑΘ* πρὸς τὸ ἀπὸ *ΘΒ,* καὶ διὰ τοῦτο, ὡς
ἡ *ΑΖ* πρὸς *ΖΘ,* ἡ *ΑΘ* πρὸς *ΘΒ.* ἀλλ' ὡς ἡ *ΑΖ*
πρὸς *ΖΘ,* ἡ *ΕΔ* πρὸς *Γ* καὶ ἡ *Γ* πρὸς *Δ·* καὶ ὡς
ἄρα ἡ *Γ* πρὸς *Δ,* ἡ *ΑΘ* πρὸς *ΘΒ.* ὁμοίως δὴ δειχ-
θήσονται πᾶσαι αἱ ἀπὸ τῶν *Α, Β* σημείων ἐπὶ τὴν

---

5. ἐπιζεύχθωσαν W, corr. m. 1.   9. ἐστίν W.   14. *ΑΖ* (alt.)]
Z e corr. m. 1 W.   17. *ΘΑΒ*] Θ corr. ex *Β* m. 1 p.   ἔστιν W.

manifestum igitur, esse Γ mediam proportionalem inter $E + \varDelta$ et $\varDelta$, H autem inter AZ et ZB.[1]) et centro Z radio autem H describatur circulus $K\Theta$. manifestum igitur, arcum $K\Theta$ rectam AB secare; nam recta H media proportionalis est inter AZ, ZB. iam in ambitu punctum aliquod sumatur Θ, ducanturque ΘA, ΘB, ΘZ. itaque $\Theta Z = H$; quare $AZ : Z\Theta = Z\Theta : ZB$. et circum eundem angulum ΘZB latera proportionalia sunt; itaque trianguli $AZ\Theta$, ΘBZ similes sunt et $\angle Z\Theta B = \Theta AB$ [Eucl. VI, 6]. iam per B rectae $A\Theta$ parallela ducatur $B\varDelta$. quoniam igitur est
$$AZ : Z\Theta = Z\Theta : ZB,$$
erit etiam [Eucl. V def. 9] $AZ : ZB = AZ^2 : Z\Theta^2$. uerum $AZ : ZB = A\Theta : B\varDelta$ [Eucl. VI, 4]; quare etiam $AZ^2 : Z\Theta^2 = A\Theta : B\varDelta$. rursus quoniam $\angle B\Theta Z = \Theta AB$ et etiam $\angle A\Theta B = \Theta B\varDelta$ [Eucl. I, 29] (alterni enim sunt), etiam reliquus reliquo aequalis est, et triangulus $A\Theta B$ triangulo $B\Theta\varDelta$ similis est et latera aequales angulos comprehendentia proportionalia [Eucl. VI, 4] $A\Theta : \Theta B = \Theta B : B\varDelta$; et $A\Theta^2 : \Theta B^2 = A\Theta : B\varDelta$ [Eucl. V def. 9]. erat autem etiam $A\Theta : B\varDelta = AZ^2 : Z\Theta^2$. quare
$$AZ^2 : Z\Theta^2 = A\Theta^2 : \Theta B^2 \text{ et } AZ : Z\Theta = A\Theta : \Theta B.$$
sed $AZ : Z\Theta = E + \varDelta : \Gamma = \Gamma : \varDelta$ [u. not.]. quare etiam $\Gamma : \varDelta = A\Theta : \Theta B$. iam eodem modo demonstrabimus, omnes rectas a punctis A, B ad

---

1) Erat $E : AB = \varDelta : BZ = \Gamma : H = E + \varDelta : AZ$. itaque $E + \varDelta : \Gamma = AZ : H = \Gamma : \varDelta = H : BZ$.

---

19. $\dot{\varepsilon}\sigma\tau\acute{\iota}\nu$] $\dot{\varepsilon}\sigma\tau\acute{\iota}$ p. $\dot{\varepsilon}\sigma\tau\iota$] $\dot{\varepsilon}\sigma\tau\iota\nu$ W.   20. $B\Theta\varDelta$] B e corr. p. 25. $\varkappa\alpha\acute{\iota}$] seq. lacuna 1 litt. p, $\varkappa\alpha\grave{\iota}$ $\acute{\eta}$ W.

περιφέρειαν τοῦ κύκλου κλώμεναι τὸν αὐτὸν ἔχουσαι
λόγον ταῖς Γ, Δ.

λέγω δή, ὅτι πρὸς ἄλλῳ σημείῳ μὴ ὄντι ἐπὶ τῆς
περιφερείας οὐ γίνεται λόγος τῶν ἀπὸ τῶν Α, Β ση-
5 μείων ἐπ᾽ αὐτὸ ἐπιζευγνυμένων εὐθειῶν ὁ αὐτὸς τῷ
τῆς Γ πρὸς Δ.

εἰ γὰρ δυνατόν, γεγονέτω πρὸς τῷ Μ ἐκτὸς τῆς
περιφερείας· καὶ γὰρ εἰ ἐντὸς ληφθείη, τὸ αὐτὸ ἄτο-
πον συμβήσεται καθ᾽ ἑτέραν τῶν ὑποθέσεων· καὶ
10 ἐπεζεύχθωσαν αἱ ΜΑ, ΜΒ, ΜΖ, καὶ ὑποκείσθω, ὡς
ἡ Γ πρὸς Δ, οὕτως ἡ ΑΜ πρὸς ΜΒ. ἔστιν ἄρα, ὡς
ἡ ΕΔ πρὸς Δ, οὕτως τὸ ἀπὸ ΕΔ πρὸς τὸ ἀπὸ Γ
καὶ τὸ ἀπὸ ΑΜ πρὸς τὸ ἀπὸ ΜΒ. ἀλλ᾽ ὡς ἡ ΕΔ
πρὸς Δ, οὕτως ὑπόκειται ἡ ΑΖ πρὸς ΖΒ· καὶ ὡς
15 ἄρα η ΑΖ πρὸς ΖΒ, τὸ ἀπὸ ΑΜ πρὸς τὸ ἀπὸ ΜΒ.
καὶ διὰ τὰ προδειχθέντα, ἐὰν ἀπὸ τοῦ Β τῇ ΑΜ
παράλληλον ἀγάγωμεν, δειχθήσεται, ὡς ἡ ΑΖ πρὸς
ΖΒ, τὸ ἀπὸ ΑΖ πρὸς τὸ ἀπὸ ΖΜ. ἐδείχθη δὲ καί,
ὡς ἡ ΑΖ πρὸς ΖΒ, τὸ ἀπὸ ΑΖ πρὸς τὸ ἀπὸ ΖΘ.
20 ἴση ἄρα ἡ ΖΘ τῇ ΖΜ· ὅπερ ἀδύνατον.

τόποι οὖν ἐπίπεδοι λέγονται τὰ τοιαῦτα· οἱ δὲ
λεγόμενοι στερεοὶ τόποι τὴν προσωνυμίαν ἐσχήκασιν
ἀπὸ τοῦ τὰς γραμμάς, δι᾽ ὧν γράφονται τὰ κατ᾽
αὐτοὺς προβλήματα, ἐκ τῆς τομῆς τῶν στερεῶν τὴν
25 γένεσιν ἔχειν, οἷαί εἰσιν αἱ τοῦ κώνου τομαὶ καὶ
ἕτεραι πλείους. εἰσὶ δὲ καὶ ἄλλοι τόποι πρὸς ἐπιφά-
νειαν λεγόμενοι, οἳ τὴν ἐπωνυμίαν ἔχουσιν ἀπὸ τῆς
περὶ αὐτοὺς ἰδιότητος.

---

ambitum circuli fractas eandem rationem habere quam
$\Gamma : \varDelta$.

iam dico, ad nullum aliud punctum, quod in am-
bitu non sit, rationem rectarum a punctis A, B ad
id ductarum eandem fieri quam $\Gamma : \varDelta$.

nam si fieri potest, fiat ad M extra ambitum posi-
tum; nam etiam si intra eum sumitur, idem absurdum
euenit per utramque suppositionem; ducanturque MA,
MB, MZ, et supponatur $\Gamma : \varDelta = AM : MB$. itaque

$$E + \varDelta : \varDelta = (E + \varDelta)^2 : \Gamma^2 = AM^2 : MB^2$$

[p. 183 not. 1]. supposuimus autem

$$E + \varDelta : \varDelta = AZ : ZB;$$

quare etiam $AZ : ZB = AM^2 : MB^2$. et eodem modo,
quo supra demonstratum est [p. 182, 11 sq.], si a B
rectae AM parallelam duxerimus, demonstrabimus,
esse $AZ : ZB = AZ^2 : ZM^2$. demonstrauimus autem,
esse etiam $AZ : ZB = AZ^2 : Z\Theta^2$ [p. 182, 13 sq.].
ergo $Z\Theta = ZM$; quod fieri non potest.

plana igitur loca talia uocantur, solida uero quae
uocantur loca nomen inde acceperunt, quod lineae,
per quas problemata ad ea pertinentia soluuntur, e
sectione solidorum originem ducunt, quales sunt coni
sectiones aliaeque complures. sunt autem et alia loca
ad superficiem quae uocantur a proprietate sua ita
denominata.

---

10. MB] M e corr. p.   12. οὕτω p.   14. —ως ὑπόκ. — 17.
ἡ AZ] in ras. m. 1 p.   21. δέ] addidi; om. Wp.   22. προσ-
ονυμίαν W.   25. ἔχειν] ἔχει Wp, corr. U.   26. εἰσίν W.
27. ἐπωνυμίαν] ω corr. ex o m. 1 p, ἐπονυμίαν W.   28.
εἰδιότητος W.

μέμφεται δὲ ἑξῆς τῷ Εὐκλείδῃ οὐχ, ὡς οἴεται
Πάππος καὶ ἕτεροί τινες, διὰ τὸ μὴ εὑρηκέναι δύο
μέσας ἀνάλογον· ὅ τε γὰρ Εὐκλείδης ὑγιῶς εὗρε τὴν
μίαν μέσην ἀνάλογον, ἀλλ᾽ οὐχ ὡς αὐτός φησιν οὐκ
5 εὐτυχῶς, καὶ περὶ τῶν δύο μέσων οὐδὲ ὅλως ἐπεχεί-
ρησε ζητῆσαι ἐν τῇ στοιχειώσει, αὐτὸς ὅ τε Ἀπολλώ-
νιος οὐδὲν περὶ τῶν δύο μέσων ἀνάλογον φαίνεται
ζητῆσαι ἐν τῷ τρίτῳ βιβλίῳ· ἀλλ᾽, ὡς ἔοικεν, ἑτέρῳ
βιβλίῳ περὶ τόπων γεγραμμένῳ τῷ Εὐκλείδῃ ἐπισκήπ-
10 τει, ὅπερ εἰς ἡμᾶς οὐ φέρεται.

τὰ δὲ ἐφεξῆς περὶ τοῦ τετάρτου βιβλίου λεγόμενα σαφῆ
ἐστιν. τὸ δὲ πέμπτον φησὶ περιέχειν τὰ περὶ τῶν ἐλαχίστων
καὶ μεγίστων. ὥσπερ γὰρ ἐπὶ τοῦ κύκλου ἐμάθομεν ἐν
τῇ στοιχειώσει, ὅτι ἔστι τι σημεῖον ἐκτός, ἀφ᾽ οὗ τῶν
15 μὲν πρὸς τὴν κοίλην περιφέρειαν προσπιπτουσῶν με-
γίστη ἐστὶν ἡ διὰ τοῦ κέντρου, τῶν δὲ πρὸς τὴν κυρ-
τὴν ἐλαχίστη ἐστὶν ἡ μεταξὺ τοῦ σημείου καὶ τῆς
διαμέτρου, οὕτως καὶ ἐπὶ τῶν τοῦ κώνου τομῶν ζητεῖ
ἐν τῷ πέμπτῳ βιβλίῳ. τοῦ δὲ ἕκτου καὶ ἑβδόμου καὶ
20 ὀγδόου σαφῶς ἡ πρόθεσις ὑπ᾽ αὐτοῦ εἴρηται. καὶ
ταῦτα μὲν περὶ τῆς ἐπιστολῆς.

Ἀρχόμενος δὲ τῶν ὅρων γένεσιν ὑπογράφει κωνι-
κῆς ἐπιφανείας, ἀλλ᾽ οὐ τὸν τί ἔστι διορισμὸν παρα-
δέδωκεν ἔξεστι δὲ τοῖς βουλομένοις ἐκ τῆς γενέσεως
25 αὐτῆς τὸν ὅρον λαμβάνειν. τὸ δὲ λεγόμενον ὑπ᾽ αὐ-
τοῦ διὰ καταγραφῆς σαφὲς ποιήσομεν·

ἐὰν ἀπό τινος σημείου πρὸς κύκλου περι-
φέρειαν καὶ τὰ ἑξῆς. ἔστω κύκλος ὁ ΑΒ, οὗ κέν-

---

1. ἑξῆς] ἑ- in ras. m. 1 p.   3. ὑγειῶς W.   εὗρεν W.
5. ἐπιχείρησεν mut. in ἐπεχείρησεν m. 1 W.   7. μέσων]
σημείων W p, corr. Comm.   9. τόπωι W.   12. ἔστι p.   12.

deinde uero Euclidem uituperat [I p. 4, 13], non,
ut Pappus et alii quidam putant, quod duas medias
proportionales non inuenerit; nam et Euclides recte
unam mediam proportionalem inuenit, nec ut ille dicit
[I p. 4, 15] „non optime", duasque medias in Elementis
omnino non adgressus est, et Apollonius ipse in tertio
libro de duabus mediis proportionalibus nihil quaerere
uidetur; sed, ni fallor, alium quendam librum ab
Euclide de locis scriptum uituperat, qui nunc non
exstat.

quae deinde de libro quarto dicit, manifesta sunt.
quintum autem de minimis et maximis tractare dicit
[I p. 4, 23]. sicut enim in Elementis [III, 8] in cir-
culo didicimus, esse punctum aliquod extra circulum,
unde quae ad cauam partem ambitus adcidant, earum
maximam esse, quae per centrum ducta sit, rectarum
autem ad conuexam partem ambitus adcidentium
minimam esse, quae inter punctum et diametrum
posita sit, ita similia in sectionibus coni quaerit in
quinto libro. de sexto autem et septimo et octauo
propositum ipse satis clare exposuit. haec de epistula.

Definitiones autem ordiens originem superficiei
conicae describit, sed quae sit, non definit; licet autem
iis, qui uoluerint, ex origine definitionem deriuare.
sed quod dicit, figura manifestum reddemus.

si a puncto aliquo ad ambitum circuli et
quae sequuntur [I p. 6, 2]. sit circulus AB, cuius

φησίν W.   14. στοιχειόσει W, sed corr. m. 1.   τῶν] in ras.
m. 1 W.   15. περιφέρει- in ras. m. 1 W.   18. οὕτω p.
23. τόν] scripsi; τό W p.   ἔστιν W.   διορισμόν] scripsi;
διορισμοῦ W p.   24. ἔξεστιν W.   27—28. ℥ mg. W.

τρον τὸ Γ, καὶ σημεῖόν τι μετέωρον τὸ Δ, καὶ ἐπι-
ζευχθεῖσα ἡ ΔΒ ἐκβεβλήσθω εἰς ἄπειρον ἐφ᾽ ἑκάτερα
μέρη ὡς ἐπὶ τὰ Ε, Ζ. ἐὰν δὴ μένοντος τοῦ Δ ἡ ΔΒ
φέρηται, ἕως ἂν τὸ Β ἐνεχθὲν κατὰ τῆς τοῦ ΑΒ
5 κύκλου περιφερείας ἐπὶ τὸ αὐτὸ πάλιν ἀποκατασταθῇ,
ὅθεν ἤρξατο φέρεσθαι, γεννήσει ἐπιφάνειάν τινα,
ἥτις σύγκειται ἐκ δύο ἐπιφανειῶν ἁπτομένων ἀλλή-
λων κατὰ τὸ Δ, ἣν καὶ καλεῖ κωνικὴν ἐπιφάνειαν.
φησὶ δέ, ὅτι καὶ εἰς ἄπειρον αὔξεται διὰ τὸ καὶ τὴν
10 γράφουσαν αὐτὴν εὐθεῖαν οἷον τὴν ΔΒ εἰς ἄπειρον
ἐκβάλλεσθαι. κορυφὴν δὲ τῆς ἐπιφανείας λέγει τὸ Δ,
ἄξονα δὲ τὴν ΔΓ.

κῶνον δὲ λέγει τὸ περιεχόμενον σχῆμα ὑπό τε τοῦ
ΑΒ κύκλου καὶ τῆς ἐπιφανείας, ἣν μόνη γράφει ἡ
15 ΔΒ εὐθεῖα, κορυφὴν δὲ τοῦ κώνου τὸ Δ, ἄξονα δὲ
τὴν ΔΓ, βάσιν δὲ τὸν ΑΒ κύκλον.

καὶ ἐὰν μὲν ἡ ΔΓ πρὸς ὀρθὰς ᾖ τῷ ΑΒ κύκλῳ,
ὀρθὸν καλεῖ τὸν κῶνον, ἐὰν δὲ μὴ πρὸς ὀρθάς, σκα-
ληνόν· γενήσεται δὲ κῶνος σκαληνός, ὅταν λαβόντες
20 κύκλον ἀπὸ τοῦ κέντρου αὐτοῦ ἀναστήσωμεν εὐθεῖαν
μὴ πρὸς ὀρθὰς τῷ ἐπιπέδῳ τοῦ κύκλου, ἀπὸ δὲ τοῦ
μετεώρου σημείου τῆς ἀνατεθείσης εὐθείας ἐπὶ τὸν
κύκλον ἐπιζεύξωμεν εὐθεῖαν καὶ περιαγάγωμεν τὴν
ἐπιζευχθεῖσαν εὐθεῖαν περὶ τὸν κύκλον τοῦ πρὸς τῷ
25 μετεώρῳ σημείῳ τῆς ἀνατεθείσης μένοντος· τὸ γὰρ
προσληφθὲν σχῆμα κῶνος ἔσται σκαληνός.

2. εἰς] ἐπ᾽ p.   3. δή] δέ Wp, corr. Comm.   ΔΒ] Δ
e corr. m. 1 W.   5. ἀποκατασταθεῖ W.   9. φησίν W.   10.
ΔΒ] p, ΑΒ W.   15. εὐθεῖα] om. p.   τὸ Δ ἄξο- in ras.
m. 1 W.   22. ἀνασταθείσης Halley ut lin. 25.   26. προ-
ληφθέν Wp, corr. vw; fort. περιληφθέν.   In fig. Δ pro
Α W, corr. m. 2.

centrum sit *Γ*, et punctum aliquod sublime *Δ*, ductaque *ΔB* in infinitum producatur in utramque partem
ut ad *E*, *Z*. si igitur manente *Δ*

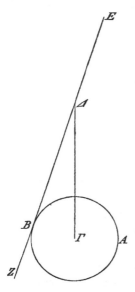

mouebitur *ΔB*, donec *B* per ambitum circuli *AB* circumactum
rursus ad eundem locum perueniat, unde moueri coeptum est,
superficiem quandam efficiet, quae
ex duabus superficiebus inter se
in *Δ* tangentibus composita est,
quam superficiem conicam uocat.
dicit autem [I p. 6, 9 sq.], eam
in infinitum crescere, quod recta
eam describens ut *ΔB* in infinitum producatur. uerticem autem
superficiei punctum *Δ* uocat et
axem *ΔΓ* [I p. 6, 11 sq.].

conum autem uocat [I p. 6,
14 sq.] figuram comprehensam
circulo *AB* et superficie, quam describit recta *ΔB*
sola, uerticem autem coni *Δ*, axem autem *ΔΓ*, basim
autem circulum *AB*.

et si *ΔΓ* ad circulum *AB* perpendicularis est,
conum rectum uocat [I p. 6, 20 sq.], sin perpendicularis non est, obliquum; obliquus autem conus orietur,
si sumpto circulo a centro rectam erexerimus ad
planum circuli non perpendicularem, et a puncto sublimi rectae erectae ad circulum rectam duxerimus
ductamque rectam per circulum circumegerimus manente
eo puncto, quod ad punctum sublime rectae erectae positum est; nam figura ita comprehensa conus erit obliquus.

δῆλον δέ, ὅτι ἡ περιαγομένη εὐθεῖα ἐν τῇ περι-
αγωγῇ μείζων καὶ ἐλάττων γίνεται, κατὰ δέ τινας θέσεις
καὶ ἴση πρὸς ἄλλο καὶ ἄλλο σημεῖον τοῦ κύκλου.
ἀποδείκνυται δὲ τοῦτο οὕτως· ἐὰν κώνου σκαληνοῦ
5 ἀπὸ τῆς κορυφῆς ἐπὶ τὴν βάσιν ἀχθῶσιν εὐθεῖαι,
πασῶν τῶν ἀπὸ τῆς κορυφῆς ἐπὶ τὴν βάσιν ἀχθει-
σῶν εὐθειῶν μία μέν ἐστιν ἐλαχίστη μία δὲ μεγίστη,
δύο δὲ μόναι ἴσαι παρ᾽ ἑκάτερα τῆς ἐλαχίστης καὶ
τῆς μεγίστης, ἀεὶ δὲ ἡ ἔγγιον τῆς ἐλαχίστης τῆς ἀπώ-
10 τερόν ἐστιν ἐλάσσων. ἔστω κῶνος σκαληνός, οὗ βάσις
μὲν ὁ ΑΒΓ κύκλος, κορυφὴ δὲ τὸ Δ σημεῖον. καὶ ἐπεὶ
ἡ ἀπὸ τῆς κορυφῆς τοῦ σκαληνοῦ κώνου ἐπὶ τὸ ὑπο-
κείμενον ἐπίπεδον κάθετος ἀγομένη ἤτοι ἐπὶ τῆς περι-
φερείας τοῦ ΑΒΓΖΗ κύκλου πεσεῖται ἢ ἐκτὸς ἢ ἐν-
15 τός, ἐμπιπτέτω πρότερον ἐπὶ τῆς περιφερείας ὡς ἐπὶ
τῆς πρώτης καταγραφῆς ἡ ΔΕ, καὶ εἰλήφθω τὸ κέν-
τρον τοῦ κύκλου καὶ ἔστω τὸ Κ, καὶ ἀπὸ τοῦ Ε ἐπὶ
τὸ Κ ἐπεζεύχθω ἡ ΕΚ καὶ ἐκβεβλήσθω ἐπὶ τὸ Β, καὶ
ἐπεζεύχθω ἡ ΒΔ, καὶ εἰλήφθωσαν δύο ἴσαι περιφέ-
20 ρειαι παρ᾽ ἑκάτερα τοῦ Ε αἱ ΕΖ, ΕΗ, καὶ παρ᾽
ἑκάτερα τοῦ Β αἱ ΑΒ, ΒΓ, καὶ ἐπεζεύχθωσαν αἱ ΕΖ,
ΕΗ, ΔΖ, ΔΗ, ΕΑ, ΕΓ, ΑΒ, ΒΓ, ΔΑ, ΔΓ. ἐπεὶ οὖν
ἴση ἐστὶν ἡ ΕΖ εὐθεῖα τῇ ΕΗ εὐθείᾳ· ἴσας γὰρ
περιφερείας ὑποτείνουσιν· κοινὴ δὲ καὶ πρὸς ὀρθὰς
25 ἡ ΔΕ, βάσις ἄρα ἡ ΔΖ τῇ ΔΗ ἐστιν ἴση. πάλιν
ἐπεὶ ἡ ΑΒ περιφέρεια τῇ ΒΓ ἐστιν ἴση, καὶ διάμετρος

---

5. ἀπό — ά-] in ras. m. 1 W.   ⟵ mg. W.   9. ἔγ-
γειον W.   15. τῆς] τῆς πρώτης κατά W (e lin. 16).   18. ἐπι-
ζεύχθω W.   20. Ε] e corr. m. 1 p.   ΕΗ] Ε corr. ex Γ p.
22. ΒΓ] ΑΓ Wp, corr. U.   ΔΑ] ΔΑ, ΔΒ Wp; corr.
Comm.   26. ΒΓ] ΔΓ Wp, corr. U.

adparet autem, rectam circumactam in circum-
agendo maiorem et minorem fieri, in quibusdam autem
positionibus etiam aequalem ad diuersa puncta circuli
ductam. quod sic demonstratur:

si a uertice coni obliqui ad basim rectae ducuntur,
omnium rectarum a uertice ad basim ductarum una
minima est, una maxima, duaeque solae aequales ad

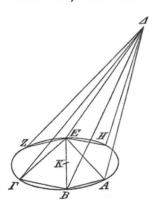

utramque partem minimae et
maximae, semper autem pro-
pior minimae minor est re-
motiore. sit conus obliquus,
cuius basis sit circulus $AB\varGamma$,
uertex autem $\varDelta$ punctum. et
quoniam recta a uertice coni
obliqui ad planum subiacens
perpendicularis ducta aut in
ambitum circuli $AB\varGamma ZH$
ueniet aut extra aut intra,
primum ad ambitum adcidat

ut in prima figura $\varDelta E$, sumaturque centrum circuli et
sit K, ab E autem ad K ducatur EK producaturque ad B,
et ducatur $B\varDelta$, sumantur autem ad utramque partem
puncti E duo arcus aequales EZ, EH et ad utramque
partem puncti B aequales $AB, B\varGamma$, ducanturque EZ,
$EH, \varDelta Z, \varDelta H, EA, E\varGamma, AB, B\varGamma, \varDelta A, \varDelta\varGamma$. quoniam
igitur $EZ = EH$ [Eucl. III, 29] (nam sub aequalibus
arcubus subtendunt), communis autem et perpendicu-
laris $\varDelta E$, erit $\varDelta Z = \varDelta H$ [Eucl. I, 4]. rursus quon-
iam arcus AB arcui $B\varGamma$ aequalis est et BE diametrus,
reliquus arcus $EZ\varGamma$ reliquo EHA aequalis est; quare
etiam $AE = E\varGamma$ [Eucl. III, 29]. $E\varDelta$ autem communis

ἡ ΒΕ, λοιπὴ ἄρα ἡ ΕΖΓ τῇ ΕΗΑ ἐστιν ἴση· ὥστε
καὶ ἡ ΑΕ τῇ ΕΓ. κοινὴ δὲ καὶ πρὸς ὀρθὰς ἡ ΕΔ·
βάσις ἄρα ἡ ΔΑ τῇ ΔΓ ἐστιν ἴση. ὁμοίως δὴ καὶ
πᾶσαι δειχθήσονται αἱ ἴσον ἀπέχουσαι τῆς ΔΕ ἢ τῆς
5 ΔΒ ἴσαι. πάλιν ἐπεὶ τριγώνου τοῦ ΔΕΖ ὀρθή ἐστι
γωνία ἡ ὑπὸ ΔΕΖ, μείζων ἐστὶν ἡ ΔΖ τῆς ΔΕ.
καὶ πάλιν ἐπεὶ μείζων ἐστὶν ἡ ΕΑ εὐθεῖα τῆς ΕΖ,
ἐπεὶ καὶ περιφέρεια ἡ ΕΖΑ τῆς ΕΖ περιφερείας,
κοινὴ δὲ καὶ πρὸς ὀρθὰς ἡ ΔΕ, ἡ ΔΖ ἄρα τῆς ΔΑ
10 ἐλάσσων ἐστίν. διὰ τὰ αὐτὰ καὶ ἡ ΔΑ τῆς ΔΒ
ἐλάσσων ἐστίν. ἐπεὶ οὖν ἡ ΔΕ τῆς ΔΖ ἐλάσσων
ἐδείχθη, ἡ δὲ ΔΖ τῆς ΔΑ, ἡ δὲ ΔΑ τῆς ΔΒ, ἐλα-
χίστη μέν ἐστιν ἡ ΔΕ, μεγίστη δὲ ἡ ΔΒ, ἀεὶ δὲ ἡ
ἔγγιον τῆς ΔΕ τῆς ἀπώτερον ἐλάσσων ἐστίν.

15   ἀλλὰ δὴ ἡ κάθετος πιπτέτω ἐκτὸς τοῦ ΑΒΓΗΖ κύ-
κλου ὡς ἐπὶ τῆς δευτέρας καταγραφῆς ἡ ΔΕ, καὶ
εἰλήφθω πάλιν τὸ κέντρον τοῦ κύκλου τὸ Κ, καὶ ἐπε-
ζεύχθω ἡ ΕΚ καὶ ἐκβεβλήσθω ἐπὶ τὸ Β, καὶ ἐπεζεύχ-
θωσαν αἱ ΔΒ, ΔΘ, καὶ εἰλήφθωσαν δύο ἴσαι περι-
20 φέρειαι παρ' ἑκάτερα τοῦ Θ αἱ ΘΖ, ΘΗ καὶ παρ'
ἑκάτερα τοῦ Β αἱ ΑΒ, ΒΓ, καί ἐπεζεύχθωσαν αἱ ΕΖ,
ΕΗ, ΖΚ, ΗΚ, ΔΖ, ΔΗ, ΑΒ, ΒΓ, ΚΑ, ΚΓ, ΔΚ,
ΔΑ, ΔΓ. ἐπεὶ οὖν ἴση ἐστὶν ἡ ΘΖ περιφέρεια τῇ
ΘΗ, καὶ γωνία ἄρα ἡ ὑπὸ ΘΚΖ τῇ ὑπὸ ΘΚΗ ἐστιν
25 ἴση. ἐπεὶ οὖν ἡ ΖΚ εὐθεῖα τῇ ΚΗ ἐστιν ἴση· ἐκ
κέντρου γάρ· κοινὴ δὲ ἡ ΚΕ, καὶ γωνία ἡ ὑπὸ ΖΚΕ

---

1. ΒΕ] corr. ex ΔΕ m. 1 W, ΔΕ p.   4. αἱ] scripsi,
om. Wp.   5. ἐστιν W.   10. ταῦτά p.   13. ΔΕ] Ē e
corr. p.   15. δή] p, δέ W.   ΑΒΓΗΖ] ΑΒΓΖΗ p.   16.
ΔΕ] Ē e corr. m. 1 p.   19. ΔΒ] Δ corr. ex Β in scribendo W.
ἴσαι] supra scr. m. 1 W.   22. ΔΚ] om. Comm.   23. ΔΑ]
ΔΑ, ΔΒ Wp; corr. Comm.   26. ΚΕ] ΚΘ Wp; corr. Comm.

est et perpendicularis; itaque $\varDelta A = \varDelta\varGamma$. similiter demonstrabimus, omnes rectas, quae a $\varDelta E$ uel $\varDelta B$ aequaliter distent, aequales esse. rursus quoniam trianguli $\varDelta EZ$ angulus $\varDelta EZ$ rectus est, erit $\varDelta Z > \varDelta E$ [Eucl. I, 19]. et rursus quoniam $EA > EZ$, quia etiam arcus $EZA > EZ$ [Eucl. III, 29], et $\varDelta E$ communis est et perpendicularis, erit $\varDelta Z < \varDelta A$ [Eucl. I, 47]. eadem de causa etiam $\varDelta A < \varDelta B$. quoniam igitur demonstrauimus, esse $\varDelta E < \varDelta Z$, $\varDelta Z < \varDelta A$, $\varDelta A < \varDelta B$, minima erit $\varDelta E$, maxima $\varDelta B$, semper autem, quae rectae $\varDelta E$ propior est, minor remotiore.[1])

iam uero perpendicularis extra circulum $AB\varGamma HZ$ cadat ut in secunda figura $\varDelta E$, rursusque sumatur

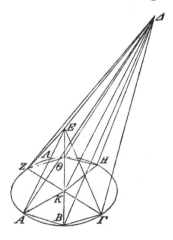

centrum circuli K, et ducatur EK producaturque ad B, et ducantur $\varDelta B$, $\varDelta\varTheta$, sumantur autem ad utramque partem puncti $\varTheta$ duo arcus aequales $\varTheta Z$, $\varTheta H$ et ad utramque partem puncti B aequales AB, $B\varGamma$, ducanturque EZ, EH, ZK, HK, $\varDelta Z$, $\varDelta H$, AB, $B\varGamma$, KA, $K\varGamma$, $\varDelta K$, $\varDelta A$, $\varDelta\varGamma$. quoniam igitur arcus $\varTheta Z = \varTheta H$, erit etiam $\angle \varTheta KZ = \varTheta KH$ [Eucl. II, I27]. quoniam igitur $ZK = KH$ (radii enim sunt), et KE communis est, et $\angle ZKE = HKE$, erit $ZE = HE$

---

1) Nam $\varDelta A = \varDelta\varGamma$. itaque $\varDelta E < \varDelta Z < \varDelta\varGamma < \varDelta B$.

τῇ ὑπὸ ΗΚΕ ἴση, καὶ βάσις ἡ ΖΕ τῇ ΗΕ ἴση. ἐπεὶ
οὖν ἡ ΖΕ εὐθεῖα τῇ ΗΕ ἐστιν ἴση, κοινὴ δὲ καὶ
πρὸς ὀρθὰς ἡ ΕΔ, βάσις ἄρα ἡ ΔΖ τῇ ΔΗ ἐστιν
ἴση. πάλιν ἐπεὶ ἴση ἐστὶν ἡ ΒΑ περιφέρεια τῇ ΒΓ,
5 καὶ γωνία ἄρα ἡ ὑπὸ ΑΚΒ τῇ ὑπὸ ΓΚΒ ἐστιν ἴση·
ὥστε καὶ λοιπὴ εἰς τὰς δύο ὀρθὰς ἡ ὑπὸ ΑΚΕ λοιπῇ
εἰς τὰς δύο ὀρθὰς τῇ ὑπὸ ΓΚΕ ἐστιν ἴση. ἐπεὶ οὖν
ἡ ΑΚ εὐθεῖα τῇ ΓΚ ἐστιν ἴση· ἐκ κέντρου γάρ· κοινὴ
δὲ ἡ ΚΕ, δύο δυσὶν ἴσαι, καὶ γωνία ἡ ὑπὸ ΑΚΕ
10 τῇ ὑπὸ ΓΚΕ· καὶ βάσις ἄρα ἡ ΑΕ τῇ ΓΕ ἐστιν ἴση.
ἐπεὶ οὖν ἴση ἡ ΑΕ εὐθεῖα τῇ ΓΕ, κοινὴ δὲ ἡ ΕΔ
καὶ πρὸς ὀρθάς, βάσις ἄρα ἡ ΔΑ τῇ ΔΓ ἴση. ὁμοί-
ως δὲ καὶ πᾶσαι δειχθήσονται αἱ ἴσον ἀπέχουσαι τῆς
ΔΒ ἢ τῆς ΔΘ ἴσαι. καὶ ἐπεὶ ἡ ΕΘ τῆς ΕΖ ἐστιν
15 ἐλάσσων, κοινὴ δὲ καὶ πρὸς ὀρθὰς ἡ ΕΔ, βάσις ἄρα
ἡ ΔΘ βάσεως τῆς ΔΖ ἐστιν ἐλάσσων. πάλιν ἐπεὶ ἡ
ἀπὸ τοῦ Ε ἐφαπτομένη τοῦ κύκλου πασῶν τῶν πρὸς
τὴν κυρτὴν περιφέρειαν προσπιπτουσῶν μείζων ἐστίν,
ἐδείχθη δὲ ἐν τῷ γ′ τῆς στοιχειώσεως τὸ ὑπὸ ΑΕ,
20 ΕΔ ἴσον τῷ ἀπὸ τῆς ΕΖ, ὅταν ἡ ΕΖ ἐφάπτηται,
ἔστιν ἄρα, ὡς ἡ ΑΕ πρὸς ΕΖ, ἡ ΕΖ πρὸς ΕΔ. μεί-
ζων δέ ἐστιν ἡ ΕΖ τῆς ΕΔ· ἀεὶ γὰρ ἡ ἔγγιον τῆς
ἐλαχίστης τῆς ἀπώτερόν ἐστιν ἐλάσσων· μείζων ἄρα
καὶ ἡ ΑΕ τῆς ΕΖ. ἐπεὶ οὖν ἡ ΕΖ τῆς ΕΑ ἐστιν
25 ἐλάσσων, κοινὴ δὲ καὶ πρὸς ὀρθὰς ἡ ΕΔ, βάσις ἄρα
ἡ ΔΖ τῆς ΔΑ ἐστιν ἐλάσσων. πάλιν ἐπεὶ ἴση ἐστὶν
ἡ ΑΚ τῇ ΚΒ, κοινὴ δὲ ἡ ΚΕ, δύο ἄρα αἱ ΑΚ, ΚΕ
ταῖς ΕΚ, ΚΒ, τουτέστιν ὅλη τῇ ΕΚΒ, εἰσὶν ἴσαι.
ἀλλ' αἱ ΑΚ, ΚΕ τῆς ΑΕ μείζονές εἰσιν· καὶ ἡ ΒΕ

---

1. ΖΕ] ΖΘ p.   ΗΕ] ΗΘ, Η e corr. m. 1, p.   2. ΖΕ]
ΖΘ? p.   ΗΕ] ΗΘ p.   4. ΒΑ] βάσις Wp, corr. Comm.

[Eucl. I, 4]. quoniam igitur $ZE = HE$, et $E\varDelta$ communis perpendicularisque, erit $\varDelta Z = \varDelta H$ [Eucl. I, 4].
rursus quoniam arcus $B\varDelta = B\varGamma$, erit etiam

$$\llcorner A K B = \varGamma K B$$

[Eucl. III, 27]. quare etiam qui reliquus est ad duos
rectos explendos, $\llcorner AKE = \varGamma KE$, qui reliquus est
ad duos rectos explendos. quoniam igitur $AK = \varGamma K$
(radii enim sunt), et communis est KE, duo latera
duobus aequalia sunt, et $\llcorner AKE = \varGamma KE$; quare etiam
$AE = \varGamma E$. quoniam igitur $AE = \varGamma E$, et $E\varDelta$ communis est perpendicularisque, erit $\varDelta A = \varDelta \varGamma$ [Eucl. I, 4].
et similiter demonstrabimus, etiam omnes rectas, quae
a $\varDelta B$ uel $\varDelta \varTheta$ aequaliter distent, aequales esse. et
quoniam $E\varTheta < EZ$, $E\varDelta$ autem communis et perpendicularis, erit $\varDelta \varTheta < \varDelta Z$ [Eucl. I, 47]. rursus quoniam
recta ab E circulum contingens omnibus rectis ad
conuexum ambitum adcidentibus maior est, et in tertio
libro Elementorum [III, 36] demonstratum est, esse
$AE \times E\varDelta = EZ^2$, si EZ contingit, erit [Eucl. VI, 17]
$AE : EZ = EZ : E\varDelta$. uerum $EZ > E\varDelta$ [Eucl. III, 8];
nam semper proxima quaeque minimae minor est
remotiore; itaque etiam $AE > EZ$ [Eucl. V, 14].
quoniam igitur $EZ < E\varDelta$, $E\varDelta$ autem communis et
perpendicularis, erit $\varDelta Z < \varDelta A$ [Eucl. I, 47]. rursus
quoniam $AK = KB$, communis autem KE, duae rectae
AK, KE duabus EK, KB siue toti EKB aequales

---

6. λοιπή — AKE] om. p.   9. AKE] K e corr. p.   10. AE]
E e corr. m. 1 W.   12. $\varDelta\varGamma$] $A\varGamma$ Wp, corr. Comm.   15.
ἐλλάσσων W.   20. τῷ] pvw, τό W.   ὅταν] ὅταν ἡ in extr.
lin. W.   24. EZ] E e corr. p. $E\varDelta$] $E\varDelta$ Wp, corr. Halley.
26. ἐστίν] pvw, ins. m. 2 W.   27. KB] KB ἐστιν W (fort.
recte); ἐστιν del. m. 2.

ἄρα τῆς *ΑΕ* μείζων ἐστίν. πάλιν ἐπεὶ ἡ *ΑΕ* τῆς
ΕΒ ἐστιν ἐλάσσων, κοινὴ δὲ καὶ πρὸς ὀρθὰς ἡ *ΕΔ*,
βάσις ἄρα ἡ *ΔΑ* τῆς *ΒΔ* ἐστιν ἐλάσσων. ἐπεὶ οὖν
ἡ *ΔΘ* τῆς *ΔΖ* ἐστιν ἐλάσσων, ἡ δὲ *ΔΖ* τῆς *ΔΑ*, ἡ
5 δὲ *ΔΑ* τῆς *ΔΒ*, ἐλαχίστη μέν ἐστιν ἡ *ΔΘ*, μεγίστη
δὲ ἡ *ΔΒ*, ἀεὶ δὲ ἡ ἔγγιον καὶ τὰ ἑξῆς.

ἀλλὰ δὴ ἡ κάθετος πιπτέτω ἐντὸς τοῦ *ΑΒΓΗΖ*
κύκλου ὡς ἐπὶ τῆς τρίτης καταγραφῆς ἡ *ΔΕ*, καὶ εἰ-
λήφθω τὸ κέντρον τοῦ κύκλου τὸ *Κ*, καὶ ἐπεζεύχθω
10 ἡ *ΕΚ* καὶ ἐκβεβλήσθω ἐφ' ἑκάτερα τὰ μέρη ἐπὶ τὰ
Β, *Θ*, καὶ ἐπεζεύχθωσαν αἱ *ΔΘ*, *ΔΒ*, καὶ εἰλήφθωσαν
δύο ἴσαι περιφέρειαι παρ' ἑκάτερα τοῦ *Θ* αἱ *ΘΖ*,
ΘΗ καὶ παρ' ἑκάτερα τοῦ *Β* αἱ *ΑΒ*, *ΒΓ*, καὶ ἐπεζεύχ-
θωσαν αἱ *ΕΖ*, *ΕΗ*, *ΖΚ*, *ΗΚ*, *ΔΖ*, *ΔΗ*, *ΚΑ*, *ΚΓ*,
15 *ΕΑ*, *ΕΓ*, *ΔΑ*, *ΔΓ*, *ΑΒ*, *ΒΓ*. ἐπεὶ οὖν ἴση ἡ *ΘΖ*
περιφέρεια τῇ *ΘΗ*, καὶ γωνία ἄρα ἡ ὑπὸ *ΘΚΖ* γωνίᾳ
τῇ ὑπὸ *ΘΚΗ* ἐστιν ἴση. καὶ ἐπεὶ ἴση ἐστὶν ἡ *ΚΖ*
τῇ *ΗΚ*, κοινὴ δὲ ἡ *ΚΕ*, καὶ γωνία ἡ ὑπὸ *ΖΚΕ*
γωνίᾳ τῇ ὑπὸ *ΗΚΕ* ἐστιν ἴση, βάσις ἄρα ἡ *ΖΕ* τῇ
20 *ΗΕ* ἐστιν ἴση. ἐπεὶ οὖν ἡ *ΖΕ* τῇ *ΗΕ* ἐστιν ἴση,
κοινὴ δὲ ἡ *ΔΕ*, καὶ γωνία ἡ ὑπὸ *ΖΕΔ* γωνίᾳ τῇ
ὑπὸ *ΗΕΔ* ἐστιν ἴση, βάσις ἄρα ἡ *ΔΖ* τῇ *ΔΗ* ἐστιν
ἴση. πάλιν ἐπεὶ ἴση ἐστὶν ἡ *ΑΒ* περιφέρεια τῇ *ΒΓ*,
καὶ γωνία ἄρα ἡ ὑπὸ *ΑΚΒ* γωνίᾳ τῇ ὑπὸ *ΓΚΒ*
25 ἐστιν ἴση· ὥστε καὶ λοιπὴ εἰς τὰς δύο ὀρθὰς ἡ ὑπὸ
ΑΚΕ λοιπῇ εἰς τὰς δύο ὀρθὰς τῇ ὑπὸ *ΓΚΕ* ἐστιν
ἴση. ἐπεὶ οὖν ἡ *ΑΚ* τῇ *ΚΓ* ἐστιν ἴση, κοινὴ δὲ ἡ
ΕΚ, καὶ γωνία ἡ ὑπὸ *ΑΚΕ* γωνίᾳ τῇ ὑπὸ *ΓΚΕ*

---

3. *ΔΑ*] e corr. p.   12. αἱ] p, ἡ W (?).   15. *ΔΓ*]
ΔΒ, *ΔΓ* W et e corr. p; corr. Comm.   17. τῇ] τῆς W.

sunt. uerum $AK + KE > AE$ [Eucl. I, 20]; quare
etiam $BE > AE$. rursus quoniam $AE < EB$, $EΔ$
autem communis et perpendicularis, erit $ΔA < BΔ$
[Eucl. I, 47]. quoniam igitur $ΔΘ < ΔZ$, $ΔZ < ΔA$,
$ΔA < ΔB$, minima est $ΔΘ$, maxima autem $ΔB$, et
proxima quaeque cet.

iam uero perpendicularis intra circulum $ABΓHZ$
cadat ut in tertia figura $ΔE$, et sumatur centrum

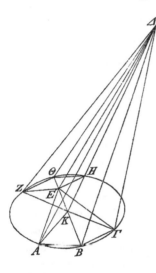

circuli K, ducaturque EK et
ad utramque partem pro-
ducatur ad $B, Θ$, ducanturque
$ΔΘ$, $ΔB$, sumantur autem
ad utramque partem puncti
$Θ$ arcus aequales $ΘZ$, $ΘH$
et ad utramque partem
puncti B aequales AB, $BΓ$,
ducanturque EZ, EH, ZK,
HK, $ΔZ$, $ΔH$, KA, $KΓ$,
EA, $EΓ$, $ΔA$, $ΔΓ$, AB,
$BΓ$. quoniam igitur arcus
$ΘZ = ΘH$, erit etiam
$\angle ΘKZ = ΘKH$
[Eucl. III, 27]. et quoniam
est $KZ = HK$, KE autem
communis, et $\angle ZKE = HKE$, erit $ZE = EH$
[Eucl. I, 4]. quoniam igitur $ZE = HE$, communis
autem $ΔE$, et $\angle ZEΔ = HEΔ$, erit $ΔZ = ΔH$
[Eucl. I, 4]. rursus quoniam arcus $AB = BΓ$, erit

ἐστιν ἴση, βάσις ἄρα ἡ *AE* τῇ *ΓE* ἐστιν ἴση. ἐπεὶ
οὖν ἡ *AE* τῇ *ΓE* ἐστιν ἴση, κοινὴ δὲ ἡ *EΔ*, καὶ
γωνία ἡ ὑπὸ *AEΔ* τῇ ὑπὸ *ΓEΔ* ἴση, βάσις ἄρα ἡ
ΔA τῇ *ΔΓ* ἐστιν ἴση. ὁμοίως δὴ καὶ πᾶσαι δειχ-
5 θήσονται αἱ ἴσον ἀπέχουσαι ἢ τῆς *ΔB* ἢ τῆς *ΔΘ*
ἴσαι. καὶ ἐπεὶ ἐν κύκλῳ τῷ *ABΓ* ἐπὶ τῆς διαμέτρου
εἴληπται σημεῖον τὸ *E* μὴ ὂν κέντρον τοῦ κύκλου,
μεγίστη μὲν ἡ *EB*, ἐλαχίστη δὲ ἡ *EΘ*, ἀεὶ δὲ ἡ ἔγ-
γιον τῆς *EΘ* τῆς ἀπώτερόν ἐστιν ἐλάσσων· ὥστε ἡ
10 *EΘ* τῆς *EZ* ἐστιν ἐλάσσων. καὶ ἐπεὶ ἡ *ΘE* τῆς *ZE*
ἐλάσσων ἐστίν, κοινὴ δὲ καὶ πρὸς ὀρθὰς αὐταῖς ἡ
EΔ, βάσις ἄρα ἡ *ΔΘ* βάσεως τῆς *ΔZ* ἐλάσσων ἐστίν.
πάλιν ἐπεὶ ἡ μὲν *EZ* ἔγγιόν ἐστι τῆς *EΘ*, ἡ δὲ *AE*
πορρωτέρω, ἐλάσσων ἐστὶν ἡ *EZ* τῆς *AE*. ἐπεὶ οὖν
15 ἐλάσσων ἡ *EZ* τῆς *EA*, κοινὴ δὲ καὶ πρὸς ὀρθάς
ἐστιν αὐταῖς ἡ *EΔ*, βάσις ἄρα ἡ *ΔZ* βάσεως τῆς *ΔA*
ἐστιν ἐλάσσων. πάλιν ἐπεὶ ἴση ἡ *AK* τῇ *KB*, κοινὴ
δὲ ἡ *KE*, δύο αἱ *AK*, *KE* δύο ταῖς *BK*, *KE*, τουτ-
έστιν ὅλῃ τῇ *BKE*, εἰσιν ἴσαι. ἀλλ' αἱ *AK*, *KE*
20 τῆς *AE* μείζονές εἰσιν· καὶ ἡ *EB* ἄρα τῆς *EA* μεί-
ζων ἐστίν. πάλιν ἐπεὶ ἡ *EA* τῆς *EB* ἐλάσσων ἐστίν,
κοινὴ δὲ καὶ πρὸς ὀρθὰς αὐταῖς ἡ *EΔ*, βάσις ἄρα ἡ
ΔA βάσεως τῆς *ΔB* ἐστιν ἐλάσσων. ἐπεὶ οὖν ἡ *ΔΘ*
τῆς *ΔZ* ἐλάσσων, ἡ δὲ *ΔZ* τῆς *ΔA*, ἡ δὲ *ΔA* τῆς
25 *ΔB*, ἐλαχίστη μέν ἐστιν ἡ *ΔΘ* καὶ τὰ ἑξῆς.

Πάσης καμπύλης γραμμῆς, ἥτις ἐστὶν ἐν ἑνὶ
ἐπιπέδῳ, διάμετρον καλῶ καὶ τὰ ἑξῆς. τὸ ἐν
ἑνὶ ἐπιπέδῳ εἶπε διὰ τὴν ἕλικα τοῦ κυλίνδρου καὶ

---

4. *ΔΓ*] *AΓ* Wp, corr. Comm.   8. ἡ] p, αἱ W.   *EB*]
e corr. p.   13. *AE*] p, *E* W.   16. *ΔA*] *A* e corr. p.
20. εἰσι p.   26. ⨎ mg. W.   28. εἶπεν W.

etiam $\angle AKB = \Gamma KB$ [Eucl. III, 27]. quare etiam
qui ad duos rectos reliquus est, $\angle AKE = \Gamma KE$, qui
ad duos rectos reliquus est. quoniam igitur $AK = K\Gamma$,
communis autem EK, et $\angle AKE = \Gamma KE$, erit
$AE = \Gamma E$ [Eucl. I, 4]. quoniam igitur $AE = \Gamma E$,
communis autem $E\varDelta$, et $\angle AE\varDelta = \Gamma E\varDelta$, erit
$\varDelta A = \varDelta\Gamma$ [Eucl. I, 4]. iam similiter demonstrabimus,
omnes rectas, quae aut a $\varDelta B$ aut a $\varDelta\Theta$ aequaliter
distent, aequales esse. et quoniam in circulo $AB\Gamma$
in diametro sumptum est punctum E, quod centrum
circuli non est, maxima est EB, minima autem $E\Theta$
et proxima quaeque rectae $E\Theta$ remotiore minor est
[Eucl. III, 7]; erit igitur $E\Theta < EZ$. et quoniam est
$\Theta E < ZE$, $E\varDelta$ autem communis et perpendicularis,
erit $\varDelta\Theta < \varDelta Z$ [Eucl. I, 47]. rursus quoniam EZ
rectae $E\Theta$ propior est, AE autem remotior, erit
$EZ < AE$. quoniam igitur $EZ < EA$, $E\varDelta$ autem
communis et ad eas perpendicularis, erit $\varDelta Z < \varDelta A$
[Eucl. I, 47]. rursus quoniam $AK = KB$, communis
autem KE, erunt $AK + KE = BK + KE = BKE$.
uerum $AK + KE > AE$ [Eucl. I, 20]. quare etiam
$EB > EA$. rursus quoniam $EA < EB$, $E\varDelta$ autem
communis et ad eas perpendicularis, erit $\varDelta A < \varDelta B$
[Eucl. I, 47]. quoniam igitur $\varDelta\Theta < \varDelta Z$, $\varDelta Z < \varDelta A$,
$\varDelta A < \varDelta B$, minima est $\varDelta\Theta$ et quae sequuntur.

Omnis lineae curuae, quae in uno plano po-
sita est, diametrum adpello, et quae sequuntur
[I p. 6, 23]. „in uno plano“ dixit propter spiralem cylindri
et sphaerae; eae enim in uno plano positae non sunt.
quod dicit, hoc est: sit linea curua $AB\Gamma$ et in ea
rectae aliquot parallelae $A\Gamma$, $\varDelta E$, ZH, ΘK et a puncto

τῆς σφαίρας· αὗται γὰρ οὐκ εἰσὶν ἐν ἑνὶ ἐπιπέδῳ. ὃ
δὲ λέγει, τοιοῦτόν ἐστιν· ἔστω καμπύλη γραμμὴ ἡ
ΑΒΓ καὶ ἐν αὐτῇ εὐθεῖαί τινες παράλληλοι αἱ ΑΓ,
ΔΕ, ΖΗ, ΘΚ, καὶ διήχθω ἀπὸ τοῦ Β εὐθεῖα ἡ ΒΔ
5 δίχα αὐτὰς τέμνουσα. φησὶν οὖν, ὅτι τῆς ΑΒΓ γραμ-
μῆς διάμετρον μὲν καλῶ τὴν ΒΔ, κορυφὴν δὲ τὸ Β,
τεταγμένως δὲ ἐπὶ τὴν ΒΔ κατῆχθαι ἑκάστην τῶν
ΑΓ, ΔΕ, ΖΗ, ΘΚ. εἰ δὲ ἡ ΒΔ δίχα καὶ πρὸς
ὀρθὰς τέμνει τὰς παραλλήλους, ἄξων καλεῖται.
10   Ὁμοίως δὲ καὶ δύο καμπύλων γραμμῶν καὶ
τὰ ἑξῆς. ἐὰν γὰρ νοήσωμεν τὰς Α, Β γραμμὰς καὶ
ἐν αὐταῖς τὰς ΓΔ, ΕΖ, ΗΘ, ΚΛ, ΜΝ, ΞΟ παραλ-
λήλους καὶ τὴν ΑΒ διηγμένην ἐφ᾽ ἑκάτερα καὶ τέμ-
νουσαν τὰς παραλλήλους δίχα, τὴν μὲν ΑΒ καλῶ,
15 φησίν, πλαγίαν διάμετρον, κορυφὰς δὲ τῶν γραμμῶν
τὰ Α, Β σημεῖα, τε-
ταγμένως δὲ ἐπὶ τὴν
ΑΒ τὰς ΓΔ, ΕΖ,
ΗΘ, ΚΛ, ΜΝ, ΞΟ.
20 εἰ δὲ δίχα καὶ πρὸς
ὀρθὰς αὐτὰς τέμνει,
ἄξων καλεῖται. ἐὰν
δὲ διαχθεῖσά τις εὐ-

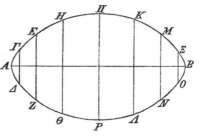

θεῖα ὡς ἡ ΠΡ τὰς ΓΞ, ΕΜ, ΗΚ παραλλήλους
25 τῇ ΑΒ δίχα τέμνει, ὀρθία μὲν διάμετρος καλεῖται ἡ
ΠΡ, τεταγμένως δὲ κατῆχθαι ἐπὶ τὴν ΠΡ διάμετρον
ἑκάστη τῶν ΓΞ, ΕΜ, ΗΚ. εἰ δὲ δίχα καὶ πρὸς
ὀρθὰς αὐτὴν τέμνει, ἄξων ὀρθός, ἐὰν δὲ αἱ ΑΒ, ΠΡ

---

5. τέμνουσαι p.   8. εἰ] ἡ Wp, corr. Comm.   ἡ] scripsi,
om. Wp.   καί] om. Wp, corr. Comm.   12. τὰς] ταῖς Wp,
corr. Comm.   14. Post καλῶ 1 litt. erasa (σ uel ι) W.   25.

B recta *BΔ*, quae eas in binas partes aequales secet. dicit igitur: lineae *ABΓ* diametrum adpello *BΔ*, uer-

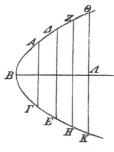

ticem autem *B*, et ad *BΔ* ordinate ductas esse *ΑΓ*, *ΔE*, *ZH*, *ΘK*. sin *BΔ* et in binas partes aequales et ad angulos rectos rectas parallelas secat, axis uocatur.

Similiter uero etiam duarum linearum curuarum, et quae sequuntur [I p. 8, 1].

Si enim fingimus lineas *A*, *B* et in iis parallelas *ΓΔ*, *EZ*, *HΘ*, *KΛ*, *MN*, *ΞO* et *AB* ad utramque partem productam parallelasque in binas partes secantem, *AB*, inquit,

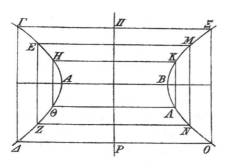

diametrum transuersum adpello, uertices autem linearum *A*, *B* puncta, ordinate autem ad *AB* ductas *ΓΔ*, *EZ*, *HΘ*, *KΛ*, *MN*, *ΞO*. sin et in binas partes et ad angulos rectos eas secat, axis uocatur. sin recta ducta ut *ΠP* rectas *ΓΞ*, *EM*, *HK* rectae *AB* parallelas in binas partes secat, *ΠP* diametrus recta uocatur, et *ΓΞ*, *EM*, *HK* singulae ad diametrum *ΠP* ordinate ductae esse dicuntur. sin eam et in duas partes ae-

---

AB] *A* corr. ex *Δ* m. 1 W.   ὀρθία μέν] ὁ (eras.) ρ̄θ̄ ῑᾱ μ W,
ἡ ρθ ᾱμ̄ p; corr. Comm.

δίχα τέμνουσι τὰς ἀλλήλων παραλλήλους, λέγονται
συζυγεῖς διάμετροι, ἐὰν δὲ δίχα καὶ πρὸς ὀρθάς, συ-
ζυγεῖς ἄξονες ὀνομάζονται.

Εἰς τὸ α΄.

5   Περὶ τῶν διαφόρων καταγραφῶν ἤτοι πτώσεων
τῶν θεωρημάτων τοσοῦτον ἰστέον, ὅτι πτῶσις μέν
ἐστιν, ὅταν τὰ ἐν τῇ προτάσει δεδομένα τῇ θέσει ἢ
δοθέντα· ἡ γὰρ διάφορος αὐτῶν μετάληψις τοῦ αὐτοῦ
συμπεράσματος ὄντος ποιεῖ τὴν πτῶσιν. ὁμοίως δὲ
10 καὶ ἀπὸ τῆς κατασκευῆς μετατιθεμένης γίνεται πτῶσις.
πολλὰς δὲ ἐχόντων τῶν θεωρημάτων πάσαις ἡ αὐτὴ
ἀπόδειξις ἁρμόζει καὶ ἐπὶ τῶν αὐτῶν στοιχείων πλὴν
βραχέων, ὡς ἐξῆς εἰσόμεθα· εὐθὺς γὰρ τὸ πρῶτον
θεώρημα τρεῖς πρώσεις ἔχει διὰ τὸ τὸ λαμβανόμενον
15 σημεῖον ἐπὶ τῆς ἐπιφανείας, τουτέστι τὸ Β, ποτὲ μὲν
εἰς τὴν κατωτέρω ἐπιφάνειαν εἶναι καὶ τοῦτο διχῶς
ἢ ἀνωτέρω τοῦ κύκλου ἢ κατωτέρω, ποτὲ δὲ ἐπὶ τῆς
κατὰ κορυφὴν αὐτῇ ἐπικειμένης. τοῦτο δὲ τὸ θεώρημα
προέθετο ζητῆσαι, ὅτι οὐκ ἐπὶ πάντα δύο σημεῖα ἐπὶ
20 τῆς ἐπιφανείας λαμβανόμενα ἐπιζευγνυμένη εὐθεῖα
ἐπὶ τῆς ἐπιφανείας ἐστίν, ἀλλ᾽ ἡ νεύουσα μόνον ἐπὶ
τὴν κορυφήν, διὰ τὸ καὶ ὑπὸ εὐθείας τὸ πέρας ἐχού-
σης μένον γεγενῆσθαι τὴν κωνικὴν ἐπιφάνειαν. ὅτι
δὲ τοῦτο ἀληθές, τὸ δεύτερον θεώρημα δηλοῖ.

25   ### Εἰς τὸ β΄.

Τὸ δεύτερον θεώρημα τρεῖς ἔχει πτώσεις διὰ τὸ
τὰ λαμβανόμενα σημεῖα τὰ Δ, Ε ἢ ἐπὶ τῆς κατὰ κο-

---

1. τέμνουσιν W.   2. διάμετροι] -οι corr. ex ον W.   Post
ὀρθάς add. οὐ W p, corr. Comm.   11. πολλάς] πολλά W p,
corr. Comm.   13. εἰσόμεθα] ϑ in ras. m. 1 W.   14. τὸ τό]
scripsi, τό W p.   λαμβαννόμενον W.   15. τουτέστιν W.

quales secat et ad angulos rectos, axis rectus uocatur,
et si *AB, ΠP* altera alteri parallelas rectas in binas
partes aequales secant, coniugatae diametri, sin et in
binas partes aequales et ad angulos rectos secant, axes
coniugati nominantur.

In prop. I.

De figuris siue casibus uariis propositionum hoc
sciendum est, casum esse, ubi ea, quae in propositione
data sint, positione sint data; nam uaria eorum con-
iunctio eadem conclusione casum efficit. et similiter
etiam uariata constructione casus efficitur. quamquam
autem multos habent propositiones, omnibus eadem
demonstratio iisdemque litteris congruit praeter minora
quaedam, ut mox adparebit; nam statim prima pro-
positio tres casus habet, quia punctum in superficie
sumptum, hoc est *B*, tum in superficie inferiore est,
et hoc ipsum duobus modis aut supra circulum aut
infra, tum in superficie ei ad uerticem posita. haec
uero propositio quaerendum proposuit, non ad quae-
libet duo puncta in superficie posita ductam rectam
in superficie esse, sed eam tantum, quae per uerticem
cadat, quia superficies conica per rectam terminum
habentem manentem orta est. hoc autem uerum esse,
propositio secunda ostendit.

Ad prop. II.

Propositio secunda tres habet casus, quia puncta
sumpta *Δ, E* aut in superficie ad uerticem posita aut

---

18. αὐτῇ] scripsi, αὐτῆς W p.   21. ἡ νεύουσα] scripsi, ην
ευθυσαν W, ἐν εὐθεῖα p.   23. μένον] μέσον W p, corr.
Comm.   27. -τὰ κο- in ras. m. 1 W.

ρυφὴν εἶναι ἐπιφανείας ἢ ἐπὶ τῆς κάτω διχῶς ἢ
ἐσωτέρω τοῦ κύκλου ἢ ἐξωτέρω. δεῖ δὲ ἐφιστάνειν,
ὅτι τοῦτο τὸ θεώρημα εὑρίσκεται ἔν τισιν ἀντιγρά-
φοις ὅλον διὰ τῆς εἰς ἀδύνατον ἀπαγωγῆς δεδειγ-
5 μένον.

Εἰς τὸ γ'.

Τὸ γ' θεώρημα πτῶσιν οὐκ ἔχει. δεῖ δὲ ἐν αὐτῷ
ἐπιστῆσαι, ὅτι ἡ ΑΒ εὐθεῖά ἐστι διὰ τὸ κοινὴ τομὴ
εἶναι τοῦ τέμνοντος ἐπιπέδου καὶ τῆς ἐπιφανείας τοῦ
10 κώνου, ἥτις ὑπὸ εὐθείας ἐγράφη τὸ πέρας ἐχούσης
μένον πρὸς τῇ κορυφῇ τῆς ἐπιφανείας. οὐ γὰρ πᾶσα
ἐπιφάνεια ὑπὸ ἐπιπέδου τεμνομένη τὴν τομὴν ποιεῖ
εὐθεῖαν, οὐδὲ αὐτὸς ὁ κῶνος, εἰ μὴ διὰ τῆς κορυφῆς
ἔλθῃ τὸ τέμνον ἐπίπεδον.

15 Εἰς τὸ δ'.

Αἱ πτώσεις τούτου τοῦ θεωρήματος τρεῖς εἰσιν ὥσπερ
καὶ τοῦ πρώτου καὶ δευτέρου.

Εἰς τὸ ε'.

Τὸ πέμπτον θεώρημα πτῶσιν οὐκ ἔχει. ἀρχόμενος
20 δὲ τῆς ἐκθέσεώς φησιν· τετμήσθω ὁ κῶνος ἐπι-
πέδῳ διὰ τοῦ ἄξονος ὀρθῷ πρὸς τὴν βάσιν.
ἐπειδὴ δὲ ἐν τῷ σκαληνῷ κώνῳ κατὰ μίαν μόνον
θέσιν τὸ διὰ τοῦ ἄξονος τρίγωνον ὀρθόν ἐστι πρὸς
τὴν βάσιν, τοῦτο ποιήσομεν οὕτως· λαβόντες τὸ κέν-
25 τρον τῆς βάσεως ἀναστήσομεν ἀπ' αὐτοῦ τῷ ἐπιπέδῳ
τῆς βάσεως πρὸς ὀρθὰς καὶ δι' αὐτῆς καὶ τοῦ ἄξονος
ἐκβάλλοντες ἐπίπεδον ἕξομεν τὸ ζητούμενον· δέδεικται

---

7. δεῖ] e corr. p.   Post δέ del. ἡ ΑΒ εὐθεῖά ἐστι p.
8. ἐστιν W.   17. καί (pr.)] αἱ p.   18. Εἰς τό] mg.

in inferiore sunt et quidem duobus modis, aut intra circulum aut extra. animaduertendum autem, hanc propositionem in nonnullis exemplaribus totam per reductionem in absurdum demonstratam inueniri.

Ad prop. III.

Propositio tertia casum non habet. in ea autem animaduertendum est, *AB* rectam esse, quia communis est sectio plani secantis et superficiei coni, quae a recta descripta est terminum ad uerticem superficiei manentem habente. neque enim omnis superficies plano secta sectionem efficit rectam, nec ipse conus, nisi planum secans per uerticem uenit.

Ad prop. IV.

Casus huius propositionis tres sunt ut etiam primae et secundae.

Ad prop. V.

Propositio quinta casum non habet. expositionem autem exordiens dicit [I p. 18, 4]: per axem secetur plano ad basim perpendiculari. quoniam autem in cono obliquo triangulus per axem positus in una sola positione ad basim perpendicularis est, hoc ita efficiemus: sumpto centro basis ab eo rectam ad planum basis perpendicularem erigemus et per eam axemque ducto plano habebimus, quod quaeritur; nam in XI. libro Elementorum Euclidis [XI, 18] demonstratum

---

m. 1 W.   21. ἄξονος] corr. ex ἄξωνος m. 1 W.   23. ἔστιν W.   24. οὕτως] οὕτῳ in extr. lin. W, οὕτω p.

γὰρ ἐν τῷ ια΄ τῆς Εὐκλείδου στοιχειώσεως, ὅτι, ἐὰν
εὐθεῖα ἐπιπέδῳ τινὶ πρὸς ὀρθὰς ᾖ, καὶ πάντα τὰ δι᾽
αὐτῆς ἐπίπεδα τῷ αὐτῷ ἐπιπέδῳ πρὸς ὀρθὰς ἔσται.
τὸν δὲ κῶνον σκαληνὸν ὑπέθετο, ἐπειδὴ ἐν τῷ ἰσοσκε-
5 λεῖ τὸ παράλληλον τῇ βάσει ἐπίπεδον τῷ ὑπεναντίως
ἠγμένῳ τὸ αὐτό ἐστιν.

ἔτι φησίν· τετμήσθω δὲ καὶ ἑτέρῳ ἐπιπέδῳ
πρὸς ὀρθὰς μὲν τῷ διὰ τοῦ ἄξονος τριγώνῳ,
ἀφαιροῦντι δὲ πρὸς τῇ κορυφῇ τρίγωνον ὅμοιον
10 μὲν τῷ ΑΒΓ τριγώνῳ, ὑπεναντίως δὲ κείμενον.
τοῦτο δὲ γίνεται οὕτως· ἔστω τὸ διὰ τοῦ ἄξονος τρί-
γωνον τὸ ΑΒΓ, καὶ εἰλήφθω ἐπὶ τῆς ΑΒ τυχὸν ση-
μεῖον τὸ Η, καὶ συνεστάτω πρὸς τῇ ΑΗ εὐθείᾳ καὶ
τῷ πρὸς αὐτῇ σημείῳ τῷ Η τῇ ὑπὸ ΑΓΒ γωνίᾳ ἴση
15 ἡ ὑπὸ ΑΗΚ· τὸ ΑΗΚ ἄρα τρίγωνον τῷ ΑΒΓ ὅμοιον
μέν ἐστιν, ὑπεναντίως δὲ κείμενον. εἰλήφθω δὴ ἐπὶ
τῆς ΗΚ τυχὸν σημεῖον τὸ Ζ, καὶ ἀπο τοῦ Ζ τῷ τοῦ
ΑΒΓ τριγώνου ἐπιπέδῳ πρὸς ὀρθὰς ἀνεστάτω ἡ ΖΘ,
καὶ ἐκβεβλήσθω τὸ διὰ τῶν ΗΚ, ΘΖ ἐπίπεδον. τοῦτο
20 δὴ ὀρθόν ἐστι πρὸς τὸ ΑΒΓ τρίγωνον διὰ τὴν ΖΘ
καὶ ποιοῦν τὸ προκείμενον.

ἐν τῷ συμπεράσματί φησιν, ὅτι διὰ τὴν ὁμοιότητα
τῶν ΔΖΗ, ΕΖΚ τριγώνων ἴσον ἐστὶ τὸ ὑπὸ ΔΖΕ
τῷ ὑπὸ ΗΖΚ. δυνατὸν δέ ἐστι τοῦτο δεῖξαι καὶ
25 δίχα τῆς τῶν τριγώνων ὁμοιότητος λέγοντα, ὅτι, ἐπειδὴ

---

4. ἰσοσκελῆ W. 8. ὀρθάς] inter ϱ et ϑ ras. W. 17.
τοῦ (alt.)] om. Wp, corr. Halley. 20. δή] δέ Wp, corr.
Halley cum Comm. ἐστιν W. τό] corr. ex τῷ m. 1 W.
ΑΒΓ] in mg. transit m. 1 W. 23. ἐστίν W. 24. ἐστιν W.
25. ὁμοιότητος, −τητος in ras. m. 1, W. ὅτι] p, comp.
supra scr. m. 1 W.

est, si recta ad planum aliquod perpendicularis sit,
etiam omnia plana, quae per eam ducantur, ad idem
planum perpendicularia esse. obliquum uero conum
supposuit, quia in recto planum basi parallelum idem
est atque id, quod e contrario ducitur.

praeterea dicit [I p. 18, 6]: secetur autem etiam
alio plano ad triangulum per axem positum
perpendiculari, quod ad uerticem abscindat
triangulum similem triangulo $AB\Gamma$, sed e con-

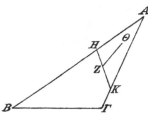

trario positum. hoc uero
ita fit: sit $AB\Gamma$ triangulus
per axem positus, et in AB
sumatur punctum aliquod H,
ad AH autem rectam et H
punctum in ea positum an-
gulo $A\Gamma B$ aequalis con-
struatur $\angle AHK$ [Eucl. I, 23]; itaque triangulus
AHK triangulo $AB\Gamma$ similis est, sed e contrario
positus. iam in HK punctum aliquod sumatur Z, et
a Z ad planum trianguli $AB\Gamma$ perpendicularis eriga-
tur $Z\Theta$, ducaturque planum per HK, $Z\Theta$. hoc igitur
propter $Z\Theta$ ad triangulum $AB\Gamma$ perpendiculare est
et propositum efficit.

in conclusione dicit [I p. 18, 27 sq.], propter si-
militudinem triangulorum $\varDelta ZH$, EZK esse
$$\varDelta Z \times ZE = HZ \times ZK.$$
fieri autem potest, ut hoc etiam similitudine triangu-
lorum non usi demonstremus ita ratiocinantes: quon-
iam uterque angulus AKH, $A\varDelta E$ angulo ad B posito

In fig. Z m. rec. W.

ἑκατέρα τῶν ὑπὸ *ΑΚΗ, ΑΔΕ* γωνιῶν ἴση ἐστὶ τῇ
πρὸς τῷ *Β*, ἐν τῷ αὐτῷ τμήματί εἰσι τοῦ περιλαμ-
βάνοντος κύκλου τὰ *Δ, Η, Ε, Κ* σημεῖα. καὶ ἐπειδὴ
ἐν κύκλῳ δύο εὐθεῖαι αἱ *ΔΕ, ΗΚ* τέμνουσιν ἀλλή-
5 λας κατὰ τὸ *Ζ*, τὸ ὑπὸ *ΔΖΕ* ἴσον ἐστὶ τῷ ὑπὸ
ΗΖΚ.

ὁμοίως δὴ δειχθήσεται, ὅτι καὶ πᾶσαι αἱ ἀπὸ τῆς
ΗΘ γραμμῆς ἐπὶ τὴν *ΗΚ* κάθετοι ἀγόμεναι ἴσον δύ-
νανται τῷ ὑπὸ τῶν τμημάτων. κύκλος ἄρα ἐστὶν ἡ
10 τομή, διάμετρος δὲ αὐτοῦ ἡ *ΗΚ.* καὶ δυνατὸν μέν
ἐστιν ἐπιλογίσασθαι τοῦτο διὰ τῆς εἰς ἀδύνατον ἀπα-
γωγῆς. εἰ γὰρ ὁ περὶ τὴν *ΚΗ* γραφόμενος κύκλος
οὐχ ἥξει διὰ τοῦ *Θ* σημείου, ἔσται τὸ ὑπὸ τῶν *ΚΖ*,
ΖΗ ἴσον ἤτοι τῷ ἀπὸ μείζονος τῆς *ΖΘ* ἢ τῷ ἀπὸ
15 ἐλάσσονος· ὅπερ οὐχ ὑπόκειται. δείξομεν δὲ αὐτὸ καὶ
ἐπ᾽ εὐθείας.

ἔστω τις γραμμὴ ἡ *ΗΘ*, καὶ ὑποτεινέτω αὐτὴν ἡ
ΗΚ, εἰλήφθω δὲ καὶ ἐπὶ τῆς γραμμῆς τυχόντα σημεῖα
τὰ *Θ, Ο*, καὶ ἀπ᾽ αὐτῶν ἐπὶ τὴν *ΗΚ* κάθετοι ἤχθω-
20 σαν αἱ *ΘΖ, ΟΠ*, καὶ ἔστω τὸ μὲν ἀπὸ *ΖΘ* ἴσον τῷ
ὑπὸ *ΗΖΚ*, τὸ δὲ ἀπὸ *ΟΠ* τῷ ὑπὸ *ΗΠΚ* ἴσον. λέγω,
ὅτι κύκλος ἐστὶν ἡ *ΗΘΟΚ* γραμμή. τετμήσθω γὰρ
ἡ *ΗΚ* δίχα κατὰ τὸ *Ν*, καὶ ἐπεζεύχθωσαν αἱ *ΝΘ,*
ΝΟ. ἐπεὶ οὖν εὐθεῖα ἡ *ΗΚ* τέτμηται εἰς μὲν ἴσα
25 κατὰ τὸ *Ν*, εἰς δὲ ἄνισα κατὰ τὸ *Ζ*, τὸ ὑπὸ *ΗΖΚ*
μετὰ τοῦ ἀπὸ *ΝΖ* ἴσον ἐστὶ τῷ ἀπὸ *ΝΚ.* τὸ δὲ

---

1. *ΑΔ* Ε] Ε e corr. W.   ἐστίν W.   2. Β] Π W p, corr.
Comm.   εἰσιν W.   5. ἐστίν W.   6. *ΗΖΚ*] *ΖΗΚ* p et
corr. ex *ΖΕΚ* m. 1 W; corr. Comm.   7. αἱ] addidi, om. W p.
8. *ΗΘ*] Θ e corr. p, *ΗΘΚ* Halley cum Comm.   10. αὐτῷ? p.
11. ἐπιλοήσασθαι p (nisi forte γι ita scriptae, ut litterae *Η*
similes sint).   13. οὐ W.   14. τῷ] τό W.   *ΖΘ*] ΘΗ p.

aequalis est, in eodem segmento circuli puncta $\varDelta$, H, E, K comprehendentis positi sunt. et quoniam in circulo duae rectae $\varDelta E$, HK inter se secant in Z, erit $\varDelta Z \times ZE = HZ \times ZK$ [Eucl. III, 35].

iam similiter demonstrabimus, etiam omnes rectas a linea $H\Theta$ ad HK perpendiculares ductas quadratas aequales esse rectangulo partium. ergo sectio circulus est, cuius diametrus est HK [I p. 20, 3 sq.]. et fieri potest, ut hoc per reductionem ad absurdum intellegatur. si enim circulus circum KH descriptus per punctum Θ non ueniet, $KZ \times ZH$ aequale erit quadrato aut rectae maioris quam $Z\Theta$ aut minoris; quod contra hypotbesim est. uerum idem directa uia demonstrabimus.

sit linea $H\Theta$, et sub ea subtendat HK, sumantur autem etiam in linea puncta aliqua Θ, O, et ab iis ad HK perpendiculares ducantur ΘZ, $O\Pi$, sitque $Z\Theta^2 = HZ \times ZK$, $O\Pi^2 = H\Pi \times \Pi K$. dico, lineam

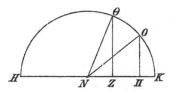

$H\Theta O K$ circulum esse. nam HK in N in duas partes aequales secetur, ducanturque $N\Theta$, NO. quoniam igitur recta HK in N in partes aequales secta est, in Z autem in inaequales, erit

$$HZ \times ZK + NZ^2 = NK^2$$

[Eucl. II, 5]. supposuimus autem, esse $HZ \times ZK = \Theta Z^2$;

$\grave{\alpha}\pi\acute{o}$] corr. ex $\check{\alpha}\pi\omega$ in scribendo W.   17. $H\Theta$] $H\Theta K$ Halley cum Comm.   18. $\tau\nu\chi\grave{o}\nu$ $\tau\acute{\alpha}$ W.   19. HK] EK Wp, corr. Halley cum Comm.   21. $H\Pi K$] Π corr. ex Θ p.   22. $\mathring{\eta}$] insert. m. 1 p. $H\Theta O K$] e corr. m. 1 p; O supra scr. m. 1 W, post K ras. parua.   23. $N\Theta$] uel $H\Theta$ W, $H\Theta$ p.   26. $\dot{\epsilon}\sigma\tau\acute{\iota}\nu$ W.

ὑπὸ ΗΖΚ ἴσον ὑπόκειται τῷ ἀπὸ ΘΖ· τὸ ἄρα ἀπὸ
ΘΖ μετὰ τοῦ ἀπὸ ΝΖ ἴσον ἐστὶ τῷ ἀπὸ ΝΚ. ἴσα
δέ ἐστι τὰ ἀπὸ ΘΖ, ΖΝ τῷ ἀπὸ ΝΘ· ὀρθὴ γάρ ἐστιν
ἡ πρὸς τῷ Ζ· τὸ ἄρα ἀπὸ ΝΘ ἴσον ἐστὶ τῷ ἀπὸ ΝΚ.
5 ὁμοίως δὴ δείξομεν, ὅτι καὶ τὸ ἀπὸ ΝΟ ἴσον ἐστὶ
τῷ ἀπὸ ΝΚ. κύκλος ἄρα ἐστὶν ἡ ΗΘΚ γραμμή, διά-
μετρος δὲ αὐτοῦ ἡ ΗΚ.

δυνατὸν δέ ἐστι τὰς ΔΕ, ΗΚ διαμέτρους ποτὲ
μὲν ἴσας, ποτὲ δὲ ἀνίσους εἶναι, οὐδέποτε μέντοι δίχα
10 τέμνουσιν ἀλλήλας. ἤχθω γὰρ διὰ τοῦ Κ τῇ ΒΓ
παράλληλος ἡ ΝΚ. ἐπεὶ οὖν μείζων ἐστὶν ἡ ΒΑ τῆς
ΑΓ, μείζων ἄρα καὶ ἡ ΝΑ τῆς ΑΚ. ὁμοίως δὲ καὶ
ἡ ΚΑ τῆς ΑΗ διὰ τὴν ὑπεναντίαν τομήν. ὥστε ἡ
τῇ ΑΚ ἀπὸ τῆς ΑΝ ἴση λαμβανομένη μεταξὺ πίπτει
15 τῶν Η, Ν σημείων. πιπτέτω ὡς ἡ ΑΞ· ἡ ἄρα διὰ
τοῦ Ξ τῇ ΒΓ παράλληλος ἀγομένη τέμνει τὴν ΗΚ.
τεμνέτω ὡς ἡ ΞΟΠ. καὶ ἐπεὶ ἴση ἐστὶν ἡ ΞΑ τῇ
ΑΚ, ὡς δὲ ἡ ΞΑ πρὸς ΑΠ, ἡ ΚΑ πρὸς ΑΗ διὰ
τὴν ὁμοιότητα τῶν ΗΚΑ, ΞΑΠ τριγώνων, ἡ ΑΗ
20 τῇ ΑΠ ἐστιν ἴση καὶ λοιπὴ ἡ ΗΞ τῇ ΠΚ. καὶ ἐπεὶ
αἱ πρὸς τοῖς Ξ, Κ γωνίαι ἴσαι εἰσίν· ἑκατέρα γὰρ
αὐτῶν ἴση ἐστὶ τῇ Β· εἰσὶ δὲ καὶ αἱ πρὸς τῷ Ο ἴσαι·
κατὰ κορυφὴν γάρ· ὅμοιον ἄρα ἐστὶ τὸ ΞΗΟ τρίγω-
νον τῷ ΠΟΚ τριγώνῳ. καὶ ἴση ἐστὶν ἡ ΗΞ τῇ
25 ΠΚ· ὥστε καὶ ἡ ΞΟ τῇ ΟΚ καὶ ἡ ΗΟ τῇ ΟΠ καὶ

1. ΗΖΚ] Η supra scr. m. 1 W.   2. ἐστίν W.   3.
ἐστιν W.   ΝΘ] Θ corr. in scribendo W.   4. ἐστίν W.
5. ΝΟ] ΝΘ p.   ἐστίν W.   6. ΗΘΚ] ΝΘΚ p.   8.
ἐστιν W.   10. — mg. m. 1 W.   11. ΗΚ p.   12. ΝΑ]
ΜΑ Wp, corr. Comm.   16. Ξ] corr. ex Ζ in scrib. W.
20. τῇ ΑΠ] om. Wp, corr. Comm.   ἡ ΗΞ] p, ἡ Ξ W.
22. ἐστίν W.   εἰσίν W.   τῷ] p, τό W.   23. ἐστίν W.
25. ΗΟ] ΝΟ p.

itaque $\Theta Z^2 + NZ^2 = NK^2$. uerum $\Theta Z^2 + ZN^2 = N\Theta^2$ [Eucl. I, 47]; angulus enim ad Z positus rectus est; itaque $N\Theta^2 = NK^2$. iam eodem modo demonstrabimus, esse etiam $NO^2 = NK^2$. ergo linea $H\Theta K$ circulus est et HK eius diametrus.

fieri autem potest, ut diametri $\varDelta E$, HK tum aequales tum inaequales sint, sed numquam inter se in binas partes aequales secant. ducatur enim per K rectae $B\varGamma$ parallela NK.

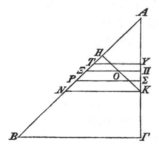

quoniam igitur $BA > A\varGamma$, erit etiam $NA > AK$ [Eucl. VI, 2; V, 14]. et eadem ratione propter sectionem contrariam $KA > AH$. quare quae ab AN rectae AK aequalis aufertur, inter puncta H, N cadit. cadat ut $A\varXi$. itaque quae per $\varXi$ rectae $B\varGamma$ parallela ducitur, rectam HK secat. secet ut $\varXi O\varPi$. et quoniam est $\varXi A = AK$, et propter similitudinem triangulorum HKA, $\varXi A\varPi$ est $\varXi A : A\varPi = KA : AH$ [Eucl. VI, 4], erit

$$AH = A\varPi \text{ [Eucl. V, 9]},$$

et quae relinquitur $H\varXi = \varPi K$. et quoniam anguli ad $\varXi, K$ positi aequales sunt (nam uterque angulo B aequalis est), et etiam anguli ad O positi aequales [Eucl. I, 15] (nam ad uerticem sunt inter se), similes erunt trianguli $\varXi HO$, $\varPi OK$. et $H\varXi = \varPi K$; quare etiam $\varXi O = OK$, $HO = O\varPi$, $HK = \varXi\varPi$. et manifestum est, si inter N, $\varXi$ punctum sumatur uelut P, et per P

In fig. O deest in W.

ὅλη ἡ ΗΚ τῇ ΞΠ. καὶ φανερόν, ὅτι, ἐὰν μεταξὺ
τῶν Ν, Ξ ληφθῇ τι σημεῖον ὡς τὸ Ρ, καὶ διὰ τοῦ Ρ
τῇ ΝΚ παράλληλος ἀχθῇ ἡ ΡΣ, μείζων ἔσται τῆς ΞΠ
καὶ διὰ τοῦτο καὶ τῆς ΗΚ, ἐὰν δὲ μεταξὺ τῶν Η, Ξ
5 ληφθῇ τι σημεῖον οἷον τὸ Τ, καὶ δι' αὐτοῦ παράλλη-
λος ἀχθῇ ἡ ΤΥ, ἐλάττων ἔσται τῆς ΞΠ καὶ τῆς ΚΗ.
καὶ ἐπεὶ ἡ ὑπὸ ΞΠΚ γωνία μείζων ἐστὶ τῆς ὑπὸ
ΑΞΠ, ἴση δὲ ἡ ὑπὸ ΟΠΚ τῇ ὑπὸ ΟΗΞ, μείζων
ἄρα καὶ ἡ ὑπὸ ΟΗΞ τῆς ὑπὸ ΗΞΟ. ἡ ΞΟ ἄρα τῆς
10 ΟΗ μείζων καὶ διὰ τοῦτο καὶ ἡ ΚΟ τῆς ΟΠ. ἐὰν
δέ ποτε ἡ ἑτέρα αὐτῶν δίχα διαιρεθῇ, ἡ λοιπὴ εἰς
ἄνισα τμηθήσεται.

Εἰς τὸ ς΄.

Προσέχειν χρή, ὅτι οὐ μάτην πρόσκειται ἐν τῇ
15 προτάσει τὸ δεῖν τὴν ἀγομένην εὐθεῖαν ἀπὸ τοῦ ἐν
τῇ ἐπιφανείᾳ σημείου παράλληλον μιᾷ τινι τῶν ἐν τῇ
βάσει εὐθειῶν πρὸς ὀρθὰς οὔσῃ πάντως τῇ βάσει τοῦ
διὰ τοῦ ἄξονος τριγώνου ἄγεσθαι παράλληλον· τού-
του γὰρ μὴ ὄντος οὐ δυνατόν ἐστιν αὐτὴν δίχα τέμ-
20 νεσθαι ὑπὸ τοῦ διὰ τοῦ ἄξονος τριγώνου· ὅπερ ἐστὶ
φανερον ἐκ τῆς ἐν τῷ ῥητῷ καταγραφῆς. εἰ γὰρ ἡ
ΜΝ, ᾗτινι παράλληλός ἐστιν ἡ ΔΖΗ, μὴ πρὸς ὀρθὰς
εἴη τῇ ΒΓ, δῆλον, ὅτι οὐδὲ δίχα τέμνεται οὐδὲ ἡ
ΚΔ. καὶ διὰ τῶν αὐτῶν λόγων συνάγεται, οτι ἐστίν,
25 ὡς ἡ ΚΘ πρὸς ΘΔ, οὕτως ἡ ΔΖ πρὸς ΖΗ· καὶ ἡ
ΔΗ ἄρα εἰς ἄνισα τμηθήσεται κατὰ τὸ Ζ.

δυνατὸν δὲ κατωτέρω τοῦ κύκλου καὶ ἐπὶ τῆς
κατὰ κορυφὴν ἐπιφανείας τὰ αὐτὰ δείκνυσθαι.

---

7. ΞΠΚ] Π e corr. m. 1 W.   ἐστίν W.   8. ΟΠΚ]
Ο insert. m. 1 W.   ΟΗΞ] ΗΞ p et Ξ in ras. m. 1 W;

rectae NK parallela ducatur $P\Sigma$, esse $P\Sigma > \Xi\Pi$
et ideo $P\Sigma > HK$, sin inter H, Ξ punctum sumatur
uelut T, et per id parallela ducatur TT, esse
$TT < \Xi\Pi$ et $TT < KH$. et quoniam est

$$L\ \Xi\Pi K > A\Xi\Pi,$$

et $L\ O\Pi K = OH\Xi$, erit etiam $L\ OH\Xi > H\Xi O$. ita-
que $\Xi O > OH$ [Eucl. I, 19] et ideo etiam $KO > O\Pi$.
et si quando altera diametrorum in duas partes
aequales diuisa erit, reliqua in partes inaequales seca-
bitur.

Ad prop. VI.

Animaduertere oportet, non sine causa in propo-
sitione adiici [I p. 20, 12 sq.], rectam a puncto in
superficie posito parallelam ductam rectae alicui in
basi positae omnino rectae ad basim trianguli per
axem positi perpendiculari parallelam duci oportere;
nam si hoc non ita est, fieri non potest, ut a trian-
gulo per axem posito in duas partes aequales secetur;
quod in figura in uerbis Apollonii posita adparet.
nam si MN, cui parallela est ΔZH, ad rectam $B\Gamma$
perpendicularis non est, adparet, ne $K\Delta$ quidem in
duas partes aequales secari. et eadem ratione conclu-
dimus, esse $K\Theta : \Theta\Delta = \Delta Z : ZH$ [I p. 22, 20 sq.].
ergo etiam ΔH in Z in partes inaequales secabitur.

fieri autem potest, ut et infra circulum et in super-
ficie ad uerticem posita idem demonstretur.

---

corr. Comm.   9. $H\Xi O$] $N\Xi O$ p.   10. KO] ΞO Halley
cum Comm.   15. ἐν] ε̄ W p.   20. ἐστίν W.   28. δεῖ- e
corr. p.

Εἰς τὸ ζ'.

Τὸ ζ' θεώρημα πτώσεις ἔχει τέσσαρας· ἢ γὰρ οὐ συμβάλλει ἡ ΖΗ τῇ ΑΓ ἢ συμβάλλει τριχῶς ἢ ἐκτὸς τοῦ κύκλου ἢ ἐντὸς ἢ ἐπὶ τοῦ Γ σημείου.

5   Μετὰ τὸ ι'.

Χρὴ ἐπιστῆσαι, ὅτι τὰ ῑ ταῦτα θεωρήματα ἀλλή-
λων ἔχονται. ἀλλὰ τὸ πρῶτον ἔχει, ὅτι αἱ ἐν τῇ ἐπι-
φανείᾳ εὐθεῖαι νεύουσαι ἐπὶ τὴν κορυφὴν ἐν ταύτῃ
μένουσιν, τὸ δὲ δεύτερον τὸ ἀνάπαλιν, τὸ δὲ τρίτον
10 ἔχει τὴν διὰ τῆς κορυφῆς τοῦ κώνου τομήν, τὸ δὲ
τέταρτον τὴν παράλληλον τῇ βάσει, τὸ πέμπτον τὴν
ὑπεναντίαν, τὸ ἕκτον ὡσανεὶ προλαμβάνεται τοῦ ἑβ-
δόμου δεικνύον, ὅτι καὶ πρὸς ὀρθὰς ὀφείλει πάντως
εἶναι τῇ διαμέτρῳ τοῦ κύκλου ἡ κοινὴ τομὴ αὐτοῦ
15 καὶ τοῦ τέμνοντος ἐπιπέδου, καὶ ὅτι τούτου οὕτως
ἔχοντος αἱ παράλληλοι αὐτῇ διχοτομοῦνται ὑπὸ τοῦ
τριγώνου, τὸ δὲ ἕβδομον τὰς ἄλλας τρεῖς τομὰς ἔδειξε
καὶ τὴν διάμετρον καὶ τὰς ἐπ' αὐτὴν καταγομένας
παραλλήλους τῇ ἐν τῇ βάσει εὐθείᾳ. ἐν δὲ τῷ ὀγδόῳ
20 δείκνυσιν, ὅπερ ἐν τοῖς προλεγομένοις εἴπομεν, ὅτι
ἡ παραβολὴ καὶ ἡ ὑπερβολὴ τῶν εἰς ἄπειρόν εἰσιν
αὐξομένων, ἐν δὲ τῷ ἐνάτῳ, ὅτι ἡ ἔλλειψις συννεύ-
ουσα εἰς ἑαυτὴν ὁμοίως τῷ κύκλῳ διὰ τὸ τὸ τέμνον
ἐπίπεδον συμπίπτειν ἀμφοτέραις ταῖς πλευραῖς τοῦ
25 τριγώνου οὐκ ἔστι κύκλος· κύκλους γὰρ ἐποίουν ἥ τε
ὑπεναντία τομὴ καὶ ἡ παράλληλος· καὶ δεῖ ἐπιστῆσαι,
ὅτι ἡ διάμετρος τῆς τομῆς ἐπὶ μὲν τῆς παραβολῆς

---

2. τέσσαρας] corr. ex τέσσαρες m. 2 W.   4. Γ] τρίτον
Wp, corr. Comm.   7. πρῶτον] α' p et similiter saepius.

Ad prop. VII.

Propositio VII quattuor casus habet; nam ZH cum $A\Gamma$ aut non concurrit aut concurrit et hoc quidem tribus modis, aut extra circulum aut intra aut in puncto Γ.

Post prop. X.

Animaduertendum, has X propositiones inter se coniunctas esse. prima autem continet, rectas in superficie positas, quae ad uerticem cadant, in ea manere, secunda contrarium; tertia uero sectionem per uerticem coni continet, quarta sectionem basi parallelam, quinta sectionem contrariam; sexta quasi lemma est septimae demonstrans, communem sectionem circuli planique secantis omnino ad diametrum perpendicularem esse oportere, et si hoc ita sit, rectas ei parallelas a triangulo in binas partes aequales secari; septima reliquas tres sectiones monstrauit et diametrum rectasque ad eam ductas rectae in basi positae parallelas. in octaua autem demonstrat, quod nos in prooemio [p. 176, 12 sq.] diximus, parabolam hyperbolamque earum linearum esse, quae in infinitum crescant; in nona autem ellipsim, quamquam in se recurrat sicut circulus, quia planum secans cum utroque latere trianguli concurrat, circulum non esse; circulos enim et sectio contraria et parallela efficiebant; et animad-

---

9. $\tau\acute{o}$ (alt.)] supra scr. m. 1 W.   12. $\pi\varrho o\sigma\lambda\alpha\mu\beta\acute{\alpha}\nu\varepsilon\tau\alpha\iota$ W, et p, sed corr. m. 1. $\dot{\varepsilon}\beta\delta\acute{o}\mu ov$] $\dot{\varepsilon}\beta\delta\acute{o}\mu ov$ $o\dot{v}$ W, ζ' $o\dot{v}$ p; corr. Comm.   13. $\acute{o}\varphi\acute{\iota}\lambda\varepsilon\iota$ W.   14. $\tau o\mu\acute{\eta}$] corr. ex $\tau\omega\mu\acute{\eta}$ in scrib. W.   17. $\ddot{\varepsilon}\delta\varepsilon\iota\xi\varepsilon v$ W.   23. $\tau\grave{o}$ $\tau\acute{o}$] scripsi, $\tau\acute{o}$ W p. 25. $\ddot{\varepsilon}\sigma\tau\iota v$ W.   27. (in mg. m. 1 W.

τὴν μίαν πλευρὰν τοῦ τριγώνου τέμνει καὶ τὴν βάσιν,
ἐπὶ δὲ τῆς ὑπερβολῆς τήν τε πλευρὰν καὶ τὴν ἐπ᾿
εὐθείας τῇ λοιπῇ πλευρᾷ ἐκβαλλομένην πρὸς τῇ κο-
ρυφῇ, ἐπὶ δὲ τῆς ἐλλείψεως καὶ ἑκατέραν τῶν πλευ-
5 ρῶν καὶ τὴν βάσιν. τὸ δὲ δέκατον ἁπλούστερον μέν
τις ἐπιβάλλων ἴσως ἂν οἰηθείη ταὐτὸν εἶναι τῷ δευ-
τέρῳ, τοῦτο μέντοι οὐχ ὡς ἔχει· ἐκεῖ μὲν γὰρ ἐπὶ
πάσης τῆς ἐπιφανείας ἔλεγε λαμβάνεσθαι τὰ δύο
σημεῖα, ἐνταῦθα δὲ ἐπὶ τῆς γενομένης γραμμῆς. ἐν
10 δὲ τοῖς ἑξῆς τρισὶν ἀκριβέστερον ἑκάστην τῶν τομῶν
τούτων διακρίνει μετὰ τοῦ λέγειν καὶ τὰ ἰδιώματα
αὐτῶν τὰ ἀρχικά.

Εἰς τὸ ια΄.

Πεποιήσθω, ὡς τὸ ἀπὸ ΒΓ πρὸς τὸ ὑπο
15 ΒΑΓ, οὕτως ἡ ΘΖ πρὸς ΖΑ· σαφὲς μέν ἐστι τὸ
λεγόμενον, πλὴν εἴ τις καὶ ὑπομνησθῆναι βούλεται.
ἔστω τῷ ὑπὸ ΒΑΓ ἴσον τὸ ὑπὸ ΟΠΡ, τῷ δὲ ἀπὸ
ΒΓ ἴσον παρὰ τὴν ΠΡ παραβληθὲν πλάτος ποιείτω
τὴν ΠΣ, καὶ γεγονέτω, ὡς ἡ ΟΠ πρὸς ΠΣ, ἡ ΑΖ
20 πρὸς ΖΘ· γέγονεν ἄρα τὸ ζητούμενον. ἐπεὶ γάρ ἐστιν,
ὡς ἡ ΟΠ πρὸς ΠΣ, ἡ ΑΖ πρὸς ΖΘ, ἀνάπαλιν ὡς
ἡ ΣΠ πρὸς ΠΟ, ἡ ΘΖ πρὸς ΖΑ. ὡς δὲ ἡ ΣΠ
πρὸς ΠΟ, τὸ ΣΡ πρὸς ΡΟ, τουτέστι τὸ ἀπὸ ΒΓ
πρὸς τὸ ὑπὸ ΒΑΓ. τοῦτο χρησιμεύει καὶ τοῖς ἑξῆς
25 δύο θεωρήμασιν.

---

4. δέ] supra scr. p.   7. ἐπί] π e corr. m. 1 p.   8.
ἔλεγε λαμ-] pW¹ (ἔλεγεν W¹).   10. τοῖς ἑξῆς τρι-] pW¹.
14. πεποιήσθω] p, η in ras. m. 2 W.   15. ἔστιν W.   17.
τῷ (pr.)] corr. ex τό W¹.   18. ΠΡ] Π e corr. m. 1 W.   19.
ΠΣ (pr.)] Σ in ras. m. rec. W.   ΟΠ] Ο corr. ex Θ W.
21. ΟΠ] Ο corr. ex Θ W.   22. ΣΠ] Σ e corr. W.   ΠΟ]

uertendum est, diametrum sectionis in parabola
alterum latus trianguli basimque secare, in hyperbola
autem et latus et rectam in altero latere ad uerticem
uersus producto positam, in ellipsi autem et utrum-
que latus et basim. decimam uero, qui obiter intuitus
erit, fortasse eandem ac secundam esse putauerit; sed
minime ita est; illic enim duo puncta in tota super-
ficie sumi posse dicebat, hic uero in linea orta. in
tribus autem deinde sequentibus propositionibus unam-
quamque harum sectionum diligentius distinguit pro-
prietates simul principales earum indicans.

Ad prop. XI.

Fiat $B\Gamma^2 : BA \times A\Gamma = \Theta Z : ZA$ [I p. 38, 24—25]:
manifestum quidem, quod dicitur, nisi si quis admoneri
uelit. sit

$$O\Pi \times \Pi P = BA \times A\Gamma,$$

et spatium quadrato $B\Gamma^2$
aequale ad ΠP adplicatum
latitudinem efficiat $\Pi\Sigma$, fiat-
que $O\Pi : \Pi\Sigma = AZ : Z\Theta$;
itaque effectum est, quod
quaeritur. nam quoniam est $O\Pi : \Pi\Sigma = AZ : Z\Theta$,
e contrario erit [Eucl. V, 7 coroll.]

$$\Sigma\Pi : \Pi O = \Theta Z : ZA.$$

est autem

$\Sigma\Pi : \Pi O = \Sigma P : PO$ [Eucl. VI, 1] $= B\Gamma^2 : BA \times A\Gamma$.
hoc etiam in duabus, quae sequuntur, propositionibus
[I p. 44, 11; 50, 6] utile est.

O e corr. W. $\Sigma\Pi$] Σ e corr. W.   23. PO] O e corr. W.
τουτέστιν W. $B\Gamma$] B e corr. p.

Τὸ δὲ ἀπὸ τῆς ΒΓ πρὸς τὸ ὑπὸ ΒΑΓ λόγον
ἔχει τὸν συγκείμενον ἐκ τοῦ ὃν ἔχει ἡ ΒΓ πρὸς
ΓΑ καὶ ἡ ΒΓ πρὸς ΒΑ· δέδεικται μὲν ἐν τῷ ἕκτῳ
βιβλίῳ τῆς στοιχειώσεως ἐν τῷ εἰκοστῷ τρίτῳ θεωρή-
5 ματι, ὅτι τὰ ἰσογώνια παραλληλόγραμμα πρὸς ἄλληλα
λόγον ἔχει τὸν συγκείμενον ἐκ τῶν πλευρῶν· ἐπεὶ δὲ
ἐπακτικώτερον μᾶλλον καὶ οὐ κατὰ τὸν ἀναγκαῖον
τρόπον ὑπὸ τῶν ὑπομνηματιστῶν ἐλέγετο, ἐζητήσαμεν
αὐτὸ καὶ γέγραπται ἐν τοῖς ἐκδεδομένοις ἡμῖν εἰς τὸ
10 τέταρτον θεώρημα τοῦ δευτέρου βιβλίου τῶν Ἀρχιμή-
δους περὶ σφαίρας καὶ κυλίνδρου καὶ ἐν τοῖς σχολίοις τοῦ
πρώτου βιβλίου τῆς Πτολεμαίου συντάξεως· οὐ χεῖρον
δὲ καὶ ἐνταῦθα τοῦτο γραφῆναι διὰ τὸ μὴ πάντως τοὺς
ἀναγινώσκοντας κἀκείνοις ἐντυγχάνειν, καὶ ὅτι σχεδὸν
15 τὸ ὅλον σύνταγμα τῶν κωνικῶν κέχρηται αὐτῷ.

λόγος ἐκ λόγων συγκεῖσθαι λέγεται, ὅταν αἱ τῶν
λόγων πηλικότητες ἐφ' ἑαυτὰς πολλαπλασιασθεῖσαι ποι-
ῶσί τινα, πηλικότητος δηλονότι λεγομένης τοῦ ἀριθ-
μοῦ, οὗ παρώνυμός ἐστιν ὁ λόγος. ἐπὶ μὲν οὖν τῶν
20 πολλαπλασίων δυνατόν ἐστιν ἀριθμὸν ὁλόκληρον εἶναι
τὴν πηλικότητα, ἐπὶ δὲ τῶν λοιπῶν σχέσεων ἀνάγκη
τὴν πηλικότητα ἀριθμὸν εἶναι καὶ μόριον ἢ μόρια, εἰ μὴ
ἄρα τις ἐθέλοι καὶ ἀρρήτους εἶναι σχέσεις, οἷαί εἰσιν
αἱ κατὰ τὰ ἄλογα μεγέθη. ἐπὶ πασῶν δὲ τῶν σχέσεων
25 δῆλον, ὅτι αὐτὴ ἡ πηλικότης πολλαπλασιαζομένη ἐπὶ
τὸν ἐπόμενον ὅρον τοῦ λόγου ποιεῖ τὸν ἡγούμενον.

ἔστω τοίνυν λόγος ὁ τοῦ Α πρὸς τὸν Β, καὶ εἰ-

---

2. ΒΓ] Γ e corr. m. 1 W.   3. ΓΑ — πρός] addidi;
om. Wp (pro ΒΑ Halley scr. ΓΑ).   4. τῆς] τῆ W.   ἐν] e
corr. p.   5. ὅτι] pw, ὅτ seq. ras. 1 litt. W.   10. Ἀρχιμή-
δους] vw, Ἀρχι seq. ras. 5 — 6 litt. W et seq. lac. p.   13.

Et est

$$B\Gamma^2 : BA \times A\Gamma = (B\Gamma : \Gamma A) \times (B\Gamma : BA)$$

[I p. 40, 8—10]: in propositione XXIII sexti libri Elementorum demonstratum est, parallelogramma aequiangula inter se rationem ex rationibus laterum compositam habere; quoniam autem hoc per inductionem magis neque satis stricte a commentatoribus exponebatur, nos de ea re quaesiuimus et scriptum est in commentariis, quae edidimus ad quartam propositionem libri alterius Archimedis de sphaera et cylindro [Archimedis op. III p. 140 sq.] et in scholiis primi libri compositionis Ptolemaei; uerum satius esse duximus hic quoque idem exponere, quia non omnino iis, qui haec legent, illi quoque libri ad manum sunt, et quia totum paene opus conicorum eo utitur.

ratio ex rationibus composita esse dicitur, ubi rationum quantitates inter se multiplicatae rationem quandam efficiunt, quantitas autem is dicitur numerus, a quo ratio denominatur. in multiplis igitur fieri potest, ut quantitas sit totus aliquis numerus, in reliquis uero rationibus necesse est, quantitatem numerum esse cum parte uel partibus, nisi quis etiam irrationales rationes esse statuerit, quales sunt magnitudinum irrationalium. uerum in omnibus rationibus manifestum est, ipsam quantitatem in terminum sequentem proportionis multiplicatam praecedentem efficere.

sit igitur proportio $A : B$, et sumatur medius

γραφεῖναι W.   16—17. ᵪᵪ mg. W.   17. πολλαπλασθεῖσαι W.

ποιῶσι] p, ωσιν post ras. 3 litt. W.   21. τήν] p, om. W.

λήφθω τις αὐτῶν μέσος, ὡς ἔτυχεν, ὁ Γ, καὶ ἔστω
τοῦ Α, Γ λόγου πηλικότης ὁ Δ, τοῦ δὲ Γ, Β ὁ Ε,
καὶ ὁ Δ τὸν Ε πολλαπλασιάσας τὸν Ζ ποιείτω. λέγω,
ὅτι τοῦ λόγου τῶν Α, Β πηλικότης ἐστὶν ὁ Ζ, τουτ-
5 έστιν ὅτι ὁ Ζ τὸν Β πολλαπλασιάσας τὸν Α ποιεῖ.
ὁ δὴ Ζ τὸν Β πολλαπλασιάσας τὸν Η ποιείτω. ἐπεὶ
οὖν ὁ Δ τὸν μὲν Ε πολλαπλασιάσας τὸν Ζ πεποίηκεν,
τὸν δὲ Γ πολλαπλασιάσας τὸν Α πεποίηκεν, ἔστιν
ἄρα, ὡς ὁ Ε πρὸς τὸν Γ, ὁ Ζ πρὸς τὸν Δ. πάλιν
10 ἐπεὶ ὁ Β τὸν Ε πολλαπλασιάσας τὸν Γ πεποίηκεν,
τὸν δὲ Ζ πολλαπλασιάσας τὸν Η πεποίηκεν, ἔστιν
ἄρα, ὡς ὁ Ε πρὸς τὸν Ζ, ὁ Γ πρὸς τὸν Η. ἐναλλάξ,
ὡς ὁ Ε πρὸς τὸν Γ, ὁ Ζ πρὸς τὸν Η. ἦν δέ, ὡς
ὁ Ε πρὸς τὸν Γ, ὁ Ζ πρὸς τὸν Α· ἴσος ἄρα ὁ Η
15 τῷ Α. ὥστε ὁ Ζ τὸν Β πολλαπλασιάσας τὸν Α
πεποίηκεν.

μὴ ταραττέτω δὲ τοὺς ἐντυγχάνοντας τὸ διὰ τῶν
ἀριθμητικῶν δεδεῖχθαι τοῦτο· οἵ τε γὰρ παλαιοὶ κέ-
χρηνται ταῖς τοιαύταις ἀποδείξεσι μαθηματικαῖς μᾶλλον
20 οὔσαις ἢ ἀριθμητικαῖς διὰ τὰς ἀναλογίας, καὶ ὅτι
τὸ ζητούμενον ἀριθμητικόν ἐστιν. λόγοι γὰρ καὶ
πηλικότητες λόγων καὶ πολλαπλασιασμοὶ τοῖς ἀριθμοῖς
πρώτως ὑπάρχουσι καὶ δι᾽ αὐτῶν τοῖς μεγέθεσι, κατὰ
τὸν εἰπόντα· ταῦτα γὰρ τὰ μαθήματα δοκοῦντι εἶμεν
25 ἀδελφά.

---

4. τῶν] corr. ex τόν in scrib. W   7. πεποίηκε p.   10.
πεποίηκε p.   16. πεποίηκε p.   Mg. διότι τὸ Ζ πρὸς τὸ Δ
καὶ Η λόγον τὸν αὐτὸν ἔχει τοῦ Ε πρὸς τὸ Γ, τὰ δὲ ἔχοντα
πρὸς [τὸ αὐτὸ] τὸν αὐτὸν λόγον ἴσα m. 1 W (τὸ αὐτό om.,
ἴσα comp. m. 2) et p (τὸ αὐτό om., add. mg. ἔξω ἦν σχόλιον).
18. δεδεῖχθαι] p, δεδ ras. 3 litt. θαι W, δεδόσθαι w.   19.
ἀποδείξεσιν W.   20. ὅτι] fort. αὐτό.   23. ὑπάρχουσιν W.

eorum numerus aliquis Γ, sitque proportionis $A : \Gamma$
quantitas $\varDelta$, proportionis autem $\Gamma : B$ quantitas E,
et sit

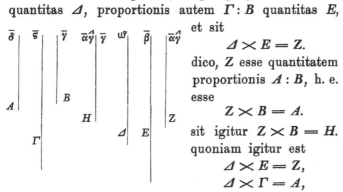

$$\varDelta \times E = Z.$$

dico, Z esse quantitatem
proportionis $A : B$, h. e.
esse

$$Z \times B = A.$$

sit igitur $Z \times B = H.$
quoniam igitur est

$$\varDelta \times E = Z,$$
$$\varDelta \times \Gamma = A,$$

erit [Eucl. VII, 17] $E : \Gamma = Z : A.$ rursus quoniam
est $B \times E = \Gamma$, $B \times Z = H$, erit [ib.] $E : Z = \Gamma : H.$
permutando $E : \Gamma = Z : H.$ erat autem $E : \Gamma = Z : A$;
quare $H = A.$ ergo $Z \times B = A.$

ne offendat autem eos, qui legent, quod hoc arith-
metice demonstratum est; nam et antiqui eius modi
demonstrationibus usi sunt, quippe quae mathematicae
potius quam arithmeticae sint propter proportiones,
et quod quaeritur, arithmeticum esse constat. nam
rationes quantitatesque rationum et multiplicationes
proprie ad numeros pertinent et propter eos ad magni-
tudines, quod ipsum censuit, qui[1]) dixit: nam haec
mathematica inter se cognata uidentur esse.

Vp in linea H habent numeros $\bar{\alpha}\hat{\beta}$ et inter H et $\varDelta$ nu-
merum $\bar{\gamma}$, sed scribendum ut supra (h. e. $1\frac{1}{3} \times 3$). in $\varDelta$ pro
uϑ ($\frac{2}{3}$) habent $\hat{\bar{o}}$

---

1) Archytas Tarentinus; u. Nicomachus arithm. I, 3, 4.

Εἰς τὸ ιγ'.

Δεῖ σημειώσασθαι, ὅτι τοῦτο τὸ θεώρημα τρεῖς ἔχει καταγραφάς, ὡς καὶ πολλάκις εἴρηται ἐπὶ τῆς ἐλλείψεως· ἡ γὰρ ΔΕ ἢ ἀνωτέρω τοῦ Γ συμπίπτει
5 τῇ ΑΓ ἢ κατ' αὐτοῦ τοῦ Γ ἢ ἐξωτέρω ἐκβαλλομένη τῇ ΑΓ συμπίπτει.

Εἰς τὸ ιδ'.

Δυνατὸν ἦν καὶ οὕτως δεῖξαι, ὅτι, ὡς τὸ ἀπὸ ΑΣ πρὸς τὸ ὑπὸ ΒΣΓ, οὕτως τὸ ἀπὸ ΑΤ πρὸς τὸ ὑπὸ
10 ΞΤΟ.

ἐπεὶ γὰρ παράλληλός ἐστιν ἡ ΒΓ τῇ ΞΟ, ἔστιν, ὡς ἡ ΓΣ πρὸς ΣΑ, ἡ ΞΤ πρὸς ΤΑ, καὶ διὰ τὰ αὐτά, ὡς ἡ ΑΣ πρὸς ΣΒ, ἡ ΑΤ πρὸς ΤΟ· δι' ἴσου ἄρα, ὡς ἡ ΓΣ πρὸς ΣΒ, ἡ ΞΤ πρὸς ΤΟ. καὶ ὡς
15 ἄρα τὸ ἀπὸ ΓΣ πρὸς τὸ ὑπὸ ΓΣΒ, τὸ ἀπὸ ΞΤ πρὸς τὸ ὑπὸ ΞΤΟ. ἔστι δὲ διὰ τὴν ὁμοιότητα τῶν τριγώνων, ὡς τὸ ἀπὸ ΑΣ πρὸς τὸ ἀπὸ ΣΓ, τὸ ἀπὸ ΑΤ πρὸς τὸ ἀπὸ ΞΤ· δι' ἴσου ἄρα, ὡς τὸ ἀπὸ ΑΣ πρὸς τὸ ὑπὸ ΒΣΓ, τὸ ἀπὸ ΑΤ πρὸς τὸ ὑπὸ ΞΤΟ.
20 καί ἐστιν, ὡς μὲν τὸ ἀπὸ ΑΣ πρὸς τὸ ὑπὸ ΒΣΓ, ἡ ΘΕ πρὸς ΕΠ, ὡς δὲ τὸ ἀπὸ ΑΤ πρὸς τὸ ὑπὸ ΞΤΟ, ἡ ΘΕ πρὸς ΘΡ· καὶ ὡς ἄρα ἡ ΘΕ πρὸς ΕΠ, ἡ ΕΘ πρὸς ΘΡ. ἴση ἄρα ἐστὶν ἡ ΕΠ τῇ ΘΡ.

πτῶσιν μὲν οὖν οὐκ ἔχει, φανερὸς δέ ἐστιν ὁ
25 σκοπὸς συνεχὴς ὢν τοῖς πρὸ αὐτοῦ τρισίν· ὁμοίως γὰρ ἐκείνοις τὴν διάμετρον τῶν ἀντικειμένων ζητεῖ τὴν ἀρχικὴν καὶ τὰς παρ' ἃς δύνανται.

---

1. ιγ´] w, γ e corr. W, ι e corr. p.   4. ἐλλίψεως W.   8. ΑΣ] Α e corr. W.   9. οὕτω p.   10. ΞΤΟ] ΖΤ Wp, corr. Comm.   11. ΞΟ] ΖΟ Wp, corr. Comm.   13. ΤΟ] τὸν W,

Ad prop. XIII.

Animaduertendum, hanc propositionem tres figuras habere, ut iam saepe in ellipsi diximus; nam ΔE aut supra Γ cum $A\Gamma$ concurrit aut in ipso Γ aut extra cum $A\Gamma$ producta concurrit.

Ad prop. XIV.

Poterat sic quoque demonstrari, esse

$A\Sigma^2 : B\Sigma \times \Sigma\Gamma = AT^2 : \Xi T \times TO$ [I p. 58, 2—3]:

nam quoniam $B\Gamma$ rectae ΞO parallela est, erit

$\Gamma\Sigma : \Sigma A = \Xi T : TA$ et eadem de causa

$A\Sigma : \Sigma B = AT : TO$ [cfr. I p. 56, 24—27].

ex aequo igitur $\Gamma\Sigma : \Sigma B = \Xi T : TO$. quare etiam $\Gamma\Sigma^2 : \Gamma\Sigma \times \Sigma B = \Xi T^2 : \Xi T \times TO$. uerum propter similitudinem triangulorum est [Eucl. VI, 4]

$$A\Sigma^2 : \Sigma\Gamma^2 = AT^2 : \Xi T^2;$$

itaque ex aequo $A\Sigma^2 : B\Sigma \times \Sigma\Gamma = AT^2 : \Xi T \times TO$.

est autem $A\Sigma^2 : B\Sigma \times \Sigma\Gamma = \Theta E : E\Pi$ et

$$AT^2 : \Xi T \times TO = \Theta E : \Theta P.$$

quare etiam $\Theta E : E\Pi = E\Theta : \Theta P$. ergo $E\Pi = \Theta P$ [cfr. I p. 58, 3—7].

casum non habet, et propositum satis adparet, cum adfine sit tribus, quae antecedunt; nam eodem modo, quo illae, diametrum principalem oppositarum para- metrosque quaerit.

$\tau`$ p, corr. Comm.   14. TO] τὸ $\Gamma\Sigma$ W, τὸ $\Sigma\Gamma$ p, corr. Comm.   15. τὸ ἀπό (alt.)] in ras m. 1 W.   16. Post ὑπό rep. $T'\Sigma B$ (B corr. ex Σ p) τὸ ἀπὸ ΞT πρὸς τὸ ὑπό Wp, corr. Comm. ΞTO] ΞT Wp, corr. Comm.   ἔστιν W.   21. ΘE] $\Theta\Sigma$ Wp, corr. Comm.   22. ΞTO, ἡ ΘE] ΞT ὁ $H\Theta E$ Wp, corr. Comm.   23. $E\Theta$] E e corr. m. 1 p. $E\Pi$] $\Theta\Pi$ Wp, corr. Comm.

Εἰς τὸ ιϛ'.

Ἴσον ἄρα τὸ ὑπὸ *BKA* τῷ ὑπὸ *AΔB·* ἴση
ἄρα ἐστὶν ἡ *KA* τῇ *BΔ·* ἐπεὶ γὰρ τὸ ὑπὸ *BKA*
τῷ ὑπὸ *AΔB* ἐστιν ἴσον, ἀνάλογον ἔσται, ὡς ἡ *KB*
5 πρὸς *AΔ*, ἡ *AB* πρὸς *AK*. καὶ ἐναλλάξ, ὡς ἡ *KB*
πρὸς *BΔ*, ἡ *ΔA* πρὸς *AK·* καὶ συνθέντι, ὡς ἡ *KΔ*
πρὸς *AB*, ἡ *AK* πρὸς *KA·* ἴση ἄρα ἡ *KA* τῇ *BΔ*.

δεῖ ἐπιστῆσαι, ὅτι ἐν τῷ πεντεκαιδεκάτῳ καὶ ἑκ-
καιδεκάτῳ θεωρήματι σκοπὸν ἔσχε ζητῆσαι τὰς καλου-
10 μένας δευτέρας καὶ συζυγεῖς διαμέτρους τῆς ἐλλείψεως
καὶ τῆς ὑπερβολῆς ἤτοι τῶν ἀντικειμένων· ἡ γὰρ
παραβολὴ οὐκ ἔχει τοιαύτην διάμετρον. παρατηρητέον
δέ, ὅτι αἱ μὲν τῆς ἐλλείψεως διάμετροι ἐντὸς ἀπολαμ-
βάνονται, αἱ δὲ τῆς ὑπερβολῆς καὶ τῶν ἀντικειμένων
15 ἐκτός. καταγράφοντας δὲ δεῖ τὰς μὲν παρ' ἃς δύναν-
ται ἤτοι τὰς ὀρθίας πλευρὰς πρὸς ὀρθὰς τάττειν καὶ
δηλονότι καὶ τὰς παραλλήλους αὐταῖς, τὰς δὲ τεταγ-
μένως καταγομένας καὶ τὰς δευτέρας διαμέτρους οὐ
πάντως· μάλιστα γὰρ ἐν ὀξείᾳ γωνίᾳ δεῖ κατάγειν
20 αὐτάς, ἵνα σαφεῖς ὦσιν τοῖς ἐντυγχάνουσιν ἕτεραι
οὖσαι τῶν παραλλήλων τῇ ὀρθίᾳ πλευρᾷ.

Μετὰ τὸ ἑκκαιδέκατον θεώρημα ὅρους ἐκτίθεται
περὶ τῆς καλουμένης δευτέρας διαμέτρου τῆς ὑπερ-
βολῆς καὶ τῆς ἐλλείψεως, οὓς διὰ καταγραφῆς σαφεῖς
25 ποιήσομεν.

ἔστω ὑπερβολὴ ἡ *AB*, διάμετρος δὲ αὐτῆς ἔστω
ἡ *ΓBΔ*, παρ' ἣν δὲ δύνανται αἱ ἐπὶ τὴν *BΓ* κατ-

___

7. *KA* (alt.)] *KΘ* W et p (*Θ* e corr. m. 1); corr. Comm.
(ak). 8. ἐκκεδεκάτῳ W. 9. ἔσχεν W. 12. Mg. (ᴀ m. 1 W.

Ad prop. XVI.

Quare $BK \times KA = A\Delta \times \Delta B$; itaque est
$KA = B\Delta$ [I p. 66, 9—11]: quoniam enim
$$BK \times KA = A\Delta \times \Delta B,$$
erit $KB : A\Delta = \Delta B : AK$. et permutando
$$KB : B\Delta = \Delta A : AK;$$
et componendo $KA : \Delta B = AK : KA$; ergo $KA = B\Delta$.

animaduertendum, in quinta decima et sexta decima propositionibus ei propositum fuisse diametros alteras et coniugatas, quae uocantur, ellipsis hyperbolaeque siue oppositarum quaerere; parabola enim talem diametrum non habet. obseruandum autem, diametros ellipsis intus comprehendi, hyperbolae uero oppositarumque extra. in figuris autem describendis oportet parametros siue recta latera perpendiculares collocari et, ut per se intellegitur, etiam rectas iis parallelas, rectas autem ordinate ductas diametrosque alteras non semper; melius enim in angulo acuto ducuntur, ut iis, qui legent, statim adpareat, eas alias esse ac rectas lateri recto parallelas.

Post propositionem sextam decimam de diametro altera, quae uocatur, hyperbolae et ellipsis definitiones exponit [I p. 66, 16 sq.], quas per figuram explicabimus.

sit AB hyperbola, diametrus autem eius sit $\Gamma B\Delta$, BE autem parametrus diametri $B\Gamma$. adparet igitur,

---

13. ἐλλείψεως] corr. ex ἐλλήψεως m. 2 W.   18. δευτέρας] β´ p.   21. ὀρθίᾳ] ὀρθεῖαι W.   24—25. -εῖς ποι- in ras. m. 1 W.

ἀγόμεναι ἡ ΒΕ. φανερὸν οὖν, ὅτι ἡ μὲν ΒΓ εἰς ἄπει-
ρον αὔξεται διὰ τὴν τομήν, ὡς δέδεικται ἐν τῷ ὀγδόῳ
θεωρήματι, ἡ δὲ ΒΔ, ἥτις ἐστὶν ἡ ὑποτείνουσα τὴν
ἐκτὸς τοῦ διὰ τοῦ ἄξονος τριγώνου γωνίαν πεπέρασ-
5 ται. ταύτην δὴ διχοτομοῦντες κατὰ τὸ Ζ καὶ ἀγα-
γόντες ἀπὸ τοῦ Α τεταγμένως κατηγμένην τὴν ΑΗ,
διὰ δὲ τοῦ Ζ τῇ ΑΗ παράλληλον τὴν ΘΖΚ καὶ ποι-
ήσαντες τὴν ΘΖ τῇ ΖΚ ἴσην, ἔτι μέντοι καὶ τὸ ἀπὸ
ΘΚ ἴσον τῷ ὑπὸ ΔΒΕ, ἕξομεν τὴν ΘΚ δευτέραν διά-
10 μετρον. τοῦτο γὰρ δυνατὸν διὰ τὸ τὴν ΘΚ ἐκτὸς
οὖσαν τῆς τομῆς εἰς ἄπειρον ἐκβάλλεσθαι καὶ δυνα-
τὸν εἶναι ἀπὸ τῆς ἀπείρου προτεθείσῃ εὐθείᾳ ἴσην
ἀφελεῖν. τὸ δὲ Ζ κέντρον καλεῖ, τὴν δὲ ΖΒ καὶ τὰς
ὁμοίως αὐτῇ ἀπὸ τοῦ Ζ πρὸς τὴν τομὴν φερομένας ἐκ
15 τοῦ κέντρου.

ταῦτα μὲν ἐπὶ τῆς ὑπερβολῆς καὶ τῶν ἀντικειμέ-
νων· καὶ φανερόν, ὅτι πεπερασμένη ἐστὶν ἑκατέρα τῶν
διαμέτρων, ἡ μὲν πρώτη αὐτόθεν ἐκ τῆς γενέσεως
τῆς τομῆς, ἡ δὲ δευτέρα, διότι μέση ἀνάλογόν ἐστι
20 πεπερασμένων εὐθειῶν τῆς τε πρώτης διαμέτρου καὶ
τῆς παρ᾽ ἣν δύνανται αἱ καταγόμεναι ἐπ᾽ αὐτὴν τε-
ταγμένως.

ἐπὶ δὲ τῆς ἐλλείψεως οὔπω δῆλον τὸ λεγόμενον.
ἐπειδὴ γὰρ εἰς ἑαυτὴν συννεύει, καθάπερ ὁ κύκλος,
25 καὶ ἐντὸς ἀπολαμβάνει πάσας τὰς διαμέτρους καὶ
ὡρισμένας αὐτὰς ἀπεργάζεται· ὥστε οὐ πάντως ἐπὶ
τῆς ἐλλείψεως ἡ μέση ἀνάλογον τῶν τοῦ εἴδους πλευ-
ρῶν καὶ διὰ τοῦ κέντρου τῆς τομῆς ἀγομένη καὶ ὑπὸ
τῆς διαμέτρου διχοτομουμένη ὑπὸ τῆς τομῆς περατοῦται

---

4. ἄξωνος W. 9. ὑπό] ἀπό p. 19. ἐστιν W. 23.
οὔπω] οὔτω? 26. οὐ] del. Comm.

$B\,\varGamma$ propter sectionem in infinitum crescere, sicut in propositione octaua demonstratum est, $B\varDelta$ autem, quae sub angulo exteriore trianguli per axem positi subtendat, terminatam

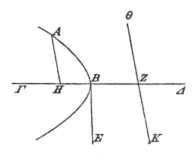

esse. hac igitur in Z in duas partes aequales diuisa, ab A autem $A\,H$ ordinate ducta et per Z rectae $A\,H$ parallela ducta $\varTheta Z K$ et sumpta $\varTheta Z$ rectae $Z K$ aequali praetereaque sumpto

$$\varTheta K^{2} = \varDelta B \times B E,$$

habebimus alteram diametrum $\varTheta K$. hoc enim fieri potest, quia $\varTheta K$, quae extra sectionem est, in infinitum produci potest, et quia ab infinita recta rectam datae aequalem abscindere possumus. Z autem centrum uocat et $Z B$ easque, quae similiter a Z ad sectionem ducuntur, radios.

haec quidem in hyperbola oppositisque; et adparet, utramque diametrum terminatam esse, priorem statim ex origine sectionis, alteram autem, quod media sit proportionalis inter rectas terminatas, priorem scilicet diametrum et parametrum rectarum ad illam ordinate ductarum.

in ellipsi uero nondum constat propositum. quoniam enim sicut circulus in se recurrit, omnes diametros intra se comprehendit et determinat; quare in ellipsi media inter latera figurae proportionalis per centrum sectionis ducta et a diametro in duas partes aequales secta non semper a sectione determinatur. fieri autem

δυνατὸν δὲ αὐτὴν συλλογίζεσθαι δι᾽ αὐτῶν τῶν εἰρη-
μένων ἐν τῷ πεντεκαιδεκάτῳ θεωρήματι. ἐπεὶ γάρ, ὡς
ἐκεῖ δέδεικται, αἱ ἐπὶ τὴν ΔΕ καταγόμεναι παράλληλοι
τῇ ΑΒ δύνανται τὰ παρακείμενα παρὰ τὴν τρίτην αὐταῖς
5 ἀνάλογον γινομένην, τουτέστι τὴν ΖΔ, ἔστιν, ὡς ἡ ΔΕ
πρὸς τὴν ΑΒ, ἡ ΑΒ πρὸς ΔΖ· ὥστε μέση ἀνάλογόν
ἐστιν ἡ ΑΒ τῶν ΕΔ, ΔΖ. καὶ διὰ τοῦτο καὶ αἱ κατα-
γόμεναι ἐπὶ τὴν ΑΒ παράλληλοι τῇ ΔΕ δυνήσονται τὰ
παρὰ τὴν τρίτην ἀνάλογον παρακείμενα τῶν ΔΕ, ΑΒ,
10 τουτέστι τὴν ΑΝ. διὰ δὴ τοῦτο μέση ἀνάλογον γίνε-
ται ἡ ΔΕ δευτέρα διάμετρος τῶν ΒΑ, ΑΝ τοῦ εἴδους
πλευρῶν.

δεῖ δὲ εἰδέναι καὶ τοῦτο διὰ τὸ εὔχρηστον τῶν
καταγραφῶν· ἐπεὶ γὰρ ἄνισοί εἰσιν αἱ ΑΒ, ΔΕ διά-
15 μετροι ἐν μόνῳ γὰρ τῷ κύκλῳ ἴσαι εἰσίν· δῆλον, ὅτι
ἡ μὲν πρὸς ὀρθὰς
ἀγομένη τῇ ἐλάσσονι
αὐτῶν ὡς ἐνταῦθα ἡ
ΔΖ ἅτε τρίτη ἀνά-
20 λογον οὖσα τῶν ΔΕ,
ΑΒ μείζων ἐστὶν ἀμ-
φοῖν, ἡ δὲ πρὸς ὀρ-

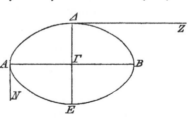

θὰς ἀγομένη τῇ μείζονι ὡς ἐνταῦθα ἡ ΑΝ διὰ τὸ τρίτην
ἀνάλογον εἶναι τῶν ΑΒ, ΔΕ ἐλάσσων ἐστὶν ἀμφοῖν·
25 ὥστε καὶ συνεχῶς εἶναι τὰς τέσσαρας ἀνάλογον· ὡς γὰρ
ἡ ΑΝ πρὸς ΔΕ, ἡ ΔΕ πρὸς ΑΒ καὶ ἡ ΑΒ πρὸς ΔΖ.

Εἰς τὸ ιζ´.

Ὁ μὲν Εὐκλείδης ἐν τῷ πεντεκαιδεκάτῳ θεωρήματι
τοῦ τρίτου βιβλίου τῆς στοιχειώσεως ἔδειξεν, ὅτι ἡ

5. τουτέστιν W. τήν] τῆι W, τῆ p, corr. Halley. ΖΔ]
Δ e corr. p. 8. ΑΒ] Α e corr. in scrib. W. 10. τουτ-

potest, ut per ea ipsa, quae in propositione quinta
decima dicta sunt, computetur. nam quoniam, ut ibi
demonstratum est, rectae ad $\varDelta E$ rectae AB parallelae
ductae quadratae aequales sunt spatiis ad tertiam
earum proportionalem, hoc est ad $Z\varDelta$, adplicatis, erit
$\varDelta E : AB = AB : \varDelta Z$; quare AB inter $E\varDelta$, $\varDelta Z$
media est proportionalis. qua de causa etiam rectae
ad AB rectae $\varDelta E$ parallelae ductae quadratae aequales
erunt spatiis ad tertiam rectarum $\varDelta E$, AB proportio-
nalem, hoc est ad AN, adplicatis. qua de causa $\varDelta E$
altera diametrus media est proportionalis inter $B\varDelta$,
AN latera figurae.

sciendum autem hoc quoque, quod ad figuras de-
scribendas utile est; quoniam enim diametri AB, $\varDelta E$
inaequales sunt (nam in solo circulo sunt aequales),
manifestum est, rectam ad minorem earum perpendi-
cularem ductam ut hic $\varDelta Z$, quippe quae tertia sit
proportionalis rectarum $\varDelta E$, AB, maiorem esse utra-
que, rectam autem ad maiorem perpendicularem ductam
ut hic AN, quippe quae tertia sit proportionalis
rectarum AB, $\varDelta E$, minorem utraque [Eucl. V, 14];
quare etiam deinceps proportionales sunt quattuor
illae rectae; nam $AN : \varDelta E = \varDelta E : AB = AB : \varDelta Z$.

Ad prop. XVII.

Euclides in propositione quinta decima[1]) tertii
libri Elementorum demonstrauit, rectam, quae ad

---

1) Est Elem. III, 16.

ἐστιν W.   μέση] μέν Wp, corr. Comm.   20. τῶν] om. p.
$\varDelta E$] $\varDelta$ e corr. in scrib. W.   23. Post τρίτην del. εἶναι p.
26. AN] N e corr. p.

πρὸς ὀρθὰς ἀγομένη ἀπ᾽ ἄκρας τῆς διαμέτρου ἐκτός
τε πίπτει καὶ ἐφάπτεται τοῦ κύκλου, ὁ δὲ Ἀπολλώνιος
ἐν τούτῳ καθολικόν τι δείκνυσι δυνάμενον ἐφαρμό-
σαι ταῖς τρισὶ τοῦ κώνου καὶ τῷ κύκλῳ.

5 τοσοῦτον διαφέρει ὁ κύκλος τῶν τοῦ κώνου το-
μῶν, ὅτι ἐπ᾽ ἐκείνου μὲν αἱ τεταγμένως κατηγμέναι
πρὸς ὀρθὰς ἄγονται τῇ διαμέτρῳ· οὐδὲ γὰρ ἄλλαι
εὐθεῖαι παράλληλοι ἑαυταῖς ὑπὸ τῆς διαμέτρου τοῦ
κύκλου διχοτομοῦνται· ἐπὶ δὲ τῶν τριῶν τομῶν οὐ
10 πάντως πρὸς ὀρθὰς ἄγονται, εἰ μὴ ἐπὶ μόνους τοὺς
ἄξονας.

Εἰς τὸ ιη΄

Ἔν τισιν ἀντιγράφοις τὸ θεώρημα τοῦτο ἐπὶ μόνης
παραβολῆς καὶ ὑπερβολῆς ἐστιν, κάλλιον δὲ καθολι-
15 κώτερον ἔχειν τὴν πρότασιν, εἰ μὴ ὅτι τὸ ἐπὶ τῆς
ἐλλείψεως ἐκείνοις ὡς ἀναμφίβολον παραλέλειπται· ἡ
γὰρ ΓΔ ἐντὸς οὖσα τῆς τομῆς πεπερασμένης οὔσης
καὶ αὐτὴ κατ᾽ ἀμφότερα τέμνει τὴν τομήν.

δεῖ δὲ ἐπιστῆσαι, ὅτι, κἂν ἡ ΑΖΒ τέμνῃ τὴν το-
20 μήν, ἡ αὐτὴ ἀπόδειξις ἁρμόζει.

Εἰς τὸ κ΄.

Ἀπὸ τούτου τοῦ θεωρήματος ἀρχόμενος ἐφεξῆς ἐν
πᾶσι τὰ συμπτώματα τῆς παραβολῆς αὐτῇ δείκνυσιν
ὑπάρχοντα καὶ οὐκ ἄλλῃ τινί, ὡς ἐπὶ τὸ πολὺ δὲ τῇ
25 ὑπερβολῇ καὶ τῇ ἐλλείψει καὶ τῷ κύκλῳ τὰ αὐτὰ δείκ-
νυσιν ὑπάρχοντα.

ἐπειδὴ δὲ οὐκ ἄχρηστον φαίνεται τοῖς τὰ μηχα-

---

3. δείκνυσι] scripsi praeeunte Comm., δεικνύς Wp. 4.
ταῖς] fort. ταῖς τε. τρισίν W. κώνου] κώνου τομαῖς Halley

diametrum in termino perpendicularis erigatur, extra
circulum cadere eumque contingere, Apollonius uero
hic propositionem uniuersalem demonstrat, quae simul
de tribus coni sectionibus et de circulo ualet.

hoc tantum circulus a sectionibus coni differt, quod in
eo rectae ordinate ductae ad diametrum perpendiculares
ducuntur; neque enim aliae rectae inter se parallelae
a diametro circuli in binas partes aequales secantur;
in tribus uero sectionibus non semper perpendiculares
ducuntur, sed ad axes solos.

Ad prop. XVIII.

In nonnullis codicibus haec propositio in sola
parabola hyperbolaque demonstratur, sed melius est,
propositionem uniuersaliorem esse, nisi quod illi de
ellipsi, quod ibi res dubia non sit, mentionem non
fecerunt. nam $\Gamma\varDelta$, quae intra sectionem terminatam
posita est, per se sectionem ab utraque parte secat.

animaduertendum autem, eandem demonstrationem
quadrare, etiam si $A Z B$ sectionem secet.

Ad prop. XX.

Ab hac propositione incipiens deinceps in omnibus
proprietates parabolae ei soli adcidere demonstrat nec
ulli alii, plerumque uero hyperbolae, ellipsi, circulo
eadem adcidere demonstrat.

quoniam autem iis, qui mechanica scribunt, propter

---

praeeunte Comm.   6. (ᴀ mg. m. 1 W.   13. τοῦτο] supra
scr. m. 1 p.   14. ἐστι p.   15. μή] scripsi, καί W p.   τό]
om. p in extr. lin.   16. ἀναμφίβολον] scripsi, ἀμφίβολον W p,
οὐκ ἀμφίβολον Halley cum Comm.   18. αὐτή] αὐ- e corr. in
scrib. p.   19. τέμνῃ] e corr. p, τέμνει W.   23. πᾶσιν W.
αὐτῇ] p, αὗτη W.

νικὰ γράφουσι διὰ τὴν ἀπορίαν τῶν ὀργάνων καὶ
πολλάκις διὰ συνεχῶν σημείων γράφειν τὰς τοῦ κώ-
νου τομὰς ἐν ἐπιπέδῳ, διὰ τούτου τοῦ θεωρήματος
ἔστι πορίσασθαι συνεχῆ σημεῖα, δι' ὧν γραφήσεται η
5 παραβολὴ κανόνος παραθέσει. ἐὰν γὰρ ἐκθῶμαι εὐ-
θεῖαν ὡς τὴν ΑΒ καὶ ἐπ' αὐτῆς λάβω συνεχῆ σημεῖα
ὡς τὰ Ε, Ζ καὶ ἀπ' αὐτῶν πρὸς ὀρθὰς τῇ ΑΒ καὶ
ποιήσω ὡς τὰς ΕΓ, ΖΔ λαβὼν ἐπὶ τῆς ΕΓ τυχὸν
σημεῖον τὸ Γ, εἰ μὲν εὐρυτέραν βουληθείην ποιῆσαι
10 παραβολήν, πόρρω τοῦ Ε, εἰ δὲ στενωτέραν, ἐγγύτε-
ρον, καὶ ποιήσω, ὡς τὴν ΑΕ πρὸς ΑΖ, τὸ ἀπὸ ΕΓ
πρὸς τὸ ἀπὸ ΖΔ, τὰ Γ, Δ σημεῖα ἐπὶ τῆς τομῆς
ἔσται. ὁμοίως δὲ καὶ ἄλλα ληψόμεθα, δι' ὧν γραφή-
σεται ἡ παραβολή.

15   Εἰς τὸ κα'.

Τὸ θεώρημα σαφῶς ἔκκειται καὶ πτῶσιν οὐκ ἔχει·
δεῖ μέντοι ἐπιστῆσαι, ὅτι ἡ παρ' ἣν δύνανται, τουτ-
έστιν ἡ ὀρθία πλευρά, ἐπὶ τοῦ κύκλου ἴση ἐστὶ τῇ
διαμέτρῳ. εἰ γάρ ἐστιν, ὡς τὸ ἀπὸ ΔΕ πρὸς τὸ ὑπὸ
20 ΑΕΒ, ἡ ΓΑ πρὸς ΑΒ, ἴσον δὲ τὸ ἀπὸ ΔΕ τῷ ὑπὸ
ΑΕΒ ἐπὶ τοῦ κύκλου μόνου, ἴση ἄρα καὶ ἡ ΓΑ
τῇ ΑΒ.

δεῖ δὲ καὶ τοῦτο εἰδέναι, ὅτι αἱ καταγόμεναι ἐν
τῇ τοῦ κύκλου περιφερείᾳ πρὸς ὀρθάς εἰσι πάντως
25 τῇ διαμέτρῳ καὶ ἐπ' εὐθείας γίνονται ταῖς παραλλή-
λοις τῇ ΑΓ.

διὰ δὲ τούτου τοῦ θεωρήματος τῷ αὐτῷ τρόπῳ
τοῖς ἐπὶ τῆς παραβολῆς εἰρημένοις προσέχοντες γρά-

---

1. γράφουσιν W.   ἀπορίαν] p, corr. ex ἀπορείαν m. 1 W.
4. ἔστιν W.   7. τῇ] τήν Wp, corr. Comm.   καὶ ποιήσω] fort.
δύο ἀναστήσω.   8. ΖΔ] Ζ Wp, corr. Comm.   ΕΓ] ΕΤ Wp,

penuriam instrumentorum non inutile uidetur interdum
etiam per puncta continua coni sectiones in plano
describere, per hanc propositionem fieri potest, ut
continua puncta comparentur, per quae parabola de-
scribatur regula adposita. si enim rectam posuero ut
AB [u. fig. I p. 73] in eaque puncta continua sump-
sero ut E, Z et ab iis ad rectam AB perpendiculares
erexero ut $E\Gamma$, $Z\varDelta$ sumpto in $E\Gamma$ puncto aliquo Γ,
si parabolam latiorem efficere uoluero, ab E remoto,
sin angustiorem, propius, et fecero

$$E\Gamma^2 : Z\varDelta^2 = AE : AZ,$$

puncta Γ, $\varDelta$ in sectione erunt. et similiter alia quo-
que sumemus, per quae parabola describetur.

Ad prop. XXI.

Propositio satis clare exposita est nec casum habet;
animaduertendum autem, parametrum siue latus rectum
in circulo diametro aequalem esse. nam si

$$\varDelta E^2 : AE \times EB = \Gamma A : AB$$

et in solo circulo $\varDelta E^2 = AE \times EB$, erit etiam
$\Gamma A = AB$.

sciendum autem hoc quoque, rectas in ambitu cir-
culi ordinate ductas omnino perpendiculares esse ad
diametrum et positas in productis rectis rectae $A\Gamma$
parallelis.

per hanc uero propositionem eadem ratione usi,
quam in parabola commemorauimus [ad prop. XX],

---

corr. Comm.   10. E] A Wp, corr. Comm.   13. $\lambda\eta\psi\omega\mu\varepsilon\vartheta\alpha$ W,
sed corr. m. 1.   18. $\mathring{\eta}$] addidi, om. Wp. $\dot{\varepsilon}\sigma\tau\dot{\imath}\nu$ W.   19.
$\dot{\varepsilon}\sigma\tau\iota$ p.   20. $\dot{\alpha}\pi\dot{o}$] om. Wp, corr. Comm.   28. $\gamma\varrho\dot{\alpha}\varphi o\mu\varepsilon\nu$]
fort. $\gamma\varrho\dot{\alpha}\varphi o\mu\varepsilon\nu$.

φομεν ὑπερβολὴν καὶ ἔλλειψιν κανόνος παραθέσει. ἐκκείσθω γὰρ εὐθεῖα ἡ ΑΒ καὶ προσεκβεβλήσθω ἐπ᾽ ἄπειρον ἐπὶ τὸ Η, καὶ ἀπὸ τοῦ Α ταύτῃ πρὸς ὀρθὰς ἤχθω ἡ ΑΓ, καὶ ἐπεζεύχθω ἡ ΒΓ καὶ ἐκβεβλήσθω,
5 καὶ εἰλήφθω τινὰ σημεῖα ἐπὶ τῆς ΑΗ τὰ Ε, Η, καὶ ἀπὸ τῶν Ε, Η τῇ ΑΓ παράλληλοι ἤχθωσαν αἱ ΕΘ, ΗΚ, καὶ γινέσθω τῷ μὲν ὑπὸ ΑΗΚ ἴσον τὸ ἀπὸ ΖΗ, τῷ δ᾽ ὑπὸ ΑΕΘ ἴσον τὸ ἀπὸ ΔΕ· διὰ γὰρ τῶν Α, Δ, Ζ ἥξει ἡ ὑπερβολή. ὁμοίως δὲ κατασκευάσο-
10 μεν καὶ τὰ ἐπὶ τῆς ἐλλείψεως.

Εἰς τὸ κγ'.

Δεῖ ἐπιστῆσαι, ὅτι ἐν τῇ προτάσει δύο διαμέτρους λέγει οὐχ ἁπλῶς τὰς τυχούσας, ἀλλὰ τὰς καλουμένας συζυγεῖς, ὧν ἑκατέρα παρὰ τεταγμένως κατηγμένην
15 ἧκται καὶ μέσον λόγον ἔχει τῶν τοῦ εἴδους πλευρῶν τῆς ἑτέρας διαμέτρου, καὶ διὰ τοῦτο δίχα τέμνουσι τὰς ἀλλήλων παραλλήλους, ὡς δέδεικται ἐν τῷ ιε' θεω-ρήματι. εἰ γὰρ μὴ οὕτως ληφθῇ, συμβήσεται τὴν μεταξὺ εὐθεῖαν τῶν δύο διαμέτρων τῇ ἑτέρᾳ αὐτῶν
20 παράλληλον εἶναι· ὅπερ οὐχ ὑπόκειται.

ἐπειδὴ δὲ τὸ Η ἔγγιόν ἐστι τῆς διχοτομίας τῆς ΑΒ ἤπερ τὸ Θ, καί ἐστι τὸ μὲν ὑπο ΒΗΑ μετὰ τοῦ ἀπὸ ΗΜ ἴσον τῷ ἀπὸ ΑΜ, τὸ δὲ ὑπὸ ΑΘΒ μετὰ

---

1. ἔλλιψιν W.   5. Η] e corr. p.   6. Η] e corr. p. τῇ ΑΓ] mg. p.   ΕΘ] corr. ex ΕΗ in scrib. W.   7. ΗΚ] ΝΚ p.   τῷ] scripsi, τό Wp.   τό] W, τῷ p.   ἀπό] om. Wp, corr. Comm.   8. τῷ] scripsi, τό Wp.   τό] W, τῷ p. 16. τέμνουσιν W.   17. ιε'] om. Wp, corr. Halley (δεκάτῳ πέμπτῳ).   18. οὕτω in extr. linea W, p.   21. δέ] om. p. ἔγγιον] ι corr. ex ει m. 2 W.   ἔστιν W.   22. ΑΒ] Β e corr. p, ΑΜ W.   ἐστιν W.   ΒΗΑ] ΒΑΗ Wp, corr. Comm. 23. ΗΜ] ΗΒ p.   ΑΜ] ΑΒ p.

hyperbolam ellipsimque regula adposita describimus. ponatur enim recta AB et in infinitum producatur

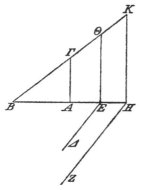

ad H, ab A autem ad eam perpendicularis ducatur $A\Gamma$, ducaturque $B\Gamma$ et producatur, in AH autem puncta aliqua sumantur E, H, et ab E, H rectae $A\Gamma$ parallelae ducantur $E\Theta$, HK, fiatque $ZH^2 = AH \times HK$, $\Delta E^2 = AE \times E\Theta$; tum enim hyperbola per A, Δ, Z ueniet. similiter autem etiam in ellipsi faciemus.

Ad prop. XXIII.

Animaduertendum, duas diametros, quas in propositione nominet, quaslibet duas non esse, sed coniugatas, quae uocentur, quarum utraque rectae ordinate ductae parallela ducta est et media proportionalis est inter latera figurae alterius diametri; quare altera alterius parallelas in binas partes aequales secat, ut in propositione XV demonstratum est. nam si ita non sumpserimus, fieri poterit, ut recta inter duas diametros posita alteri earum parallela sit; quod contra hypothesim est.

quoniam autem H puncto medio rectae AB propius est quam Θ, et

$$BH \times HA + HM^2 = AM^2 = A\Theta \times \Theta B + \Theta M^2$$

[Eucl. II, 5], uerum $\Theta M^2 > HM^2$, erit

$$BH \times HA > B\Theta \times \Theta A \text{ [I p. 78, 10—11]}.$$

Figura corrupta est in W, imperfecta in p.

τοῦ ἀπὸ ΘΜ ἴσον τῷ αὐτῷ, τὸ δὲ ἀπὸ ΘΜ τοῦ ἀπὸ
ΗΜ μεῖζον, τὸ ἄρα ὑπὸ ΒΗΑ μεῖζον τοῦ ὑπὸ ΒΘΑ.

Εἰς τὸ κε΄.

Ἔν τισι φέρεται καὶ αὔτη ἡ ἀπόδειξις·

5   εἰλήφθω τι σημεῖον ἐπὶ τῆς τομῆς τὸ Θ, καὶ ἐπε-
ζεύχθω ἡ ΖΘ· ἡ ΖΘ ἄρα ἐκβαλλομένη συμπίπτει τῇ
ΔΓ· ὥστε καὶ ἡ ΖΕ. πάλιν δὴ εἰλήφθω, καὶ ἐπε-
ζεύχθω ἡ ΚΖ καὶ ἐκβεβλήσθω· συμπεσεῖται δὴ τῇ ΒΑ
ἐκβαλλομένῃ· ὥστε καὶ ἡ ΖΗ.

10   ### Εἰς τὸ κϛ΄.

Τὸ θεώρημα τοῦτο πτώσεις ἔχει πλείους, πρῶτον
μέν, ὅτι ἡ ΕΖ ἢ ἐπὶ τὰ κυρτὰ μέρη τῆς τομῆς λαμ-
βάνεται ὡς ἐνταῦθα ἢ ἐπὶ τὰ κοῖλα, ἔπειτα, ὅτι ἡ
ἀπὸ τοῦ Ε παρὰ τεταγμένως κατηγμένην ἔσω μὲν
15 καθ᾽ ἓν σημεῖον συμβάλλει ἀδιαφόρως τῇ διαμέτρῳ
ἀπείρῳ οὔσῃ, ἔξω δὲ οὔσα καὶ μάλιστα ἐπὶ τῆς ὑπερ-
βολῆς ἔχει θέσιν ἢ ἐξωτέρω τοῦ Β ἢ ἐπὶ τοῦ Β ἢ
μεταξὺ τῶν Α, Β.

Εἰς τὸ κζ΄.

20   Ἔν τισιν ἀντιγράφοις τοῦ κζ΄ θεωρήματος φέρεται
τοιαύτη ἀπόδειξις·

ἔστω παραβολή, ἧς διάμετρος ἡ ΑΒ, καὶ ταύτην
τεμνέτω εὐθεῖά τις ἡ ΗΔ ἐντὸς τῆς τομῆς. λέγω,

1. ΘΜ] ΘΒ p. ΘΜ] ΘΒ p.   2. ΗΜ e corr. p.   3.
κε΄] supra ε scr. β m. 1 p.   4. τισιν W.   7. ΔΓ] Δ corr.
ex Γ in scrib. W.   9. ἡ] scripsi, τῇ Wp.   10. κϛ΄] ϛ e
corr. m. 1 p.   12. ἤ] om. p.   14. τε-] in ras. ante ras.
2—3 litt. W.   ἔσω] scripsi, ἔως Wp.   15. ἀδιαφόρως]
scripsi, διαφόρως Wp.   17. θέσιν] comp. p, θέσει W.   ἢ
ἐπί — 18. μεταξύ] in ras. p.   19. Εἰς τὸ κζ΄] καὶ τοῦτο

Ad prop. XXV.

In quibusdam codicibus haec quoque fertur demonstratio:

sumatur in sectione punctum aliquod Θ, ducaturque ZΘ; ZΘ igitur producta cum ΔΓ concurrit

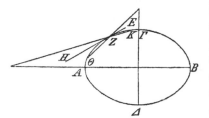

[prop. XXIII]; quare etiam Z E. rursus punctum sumatur, ducaturque KZ et producatur; concurret igitur cum BA producta. quare etiam ZH.

Ad prop. XXVI.

Haec propositio complures habet casus, primum quod EZ aut ad partes conuexas sectionis sumitur sicut hic aut ad concauas, deinde quod recta ab E ordinate ducta intus quidem indifferenter in uno aliquo puncto cum diametro concurrit, quae infinita est, extra uero posita, maxime in hyperbola, aut extra B aut in ipso B aut inter A, B cadere potest.

Ad prop. XXVII.

In quibusdam codicibus haec fertur demonstratio propositionis XXVII:

sit parabola, cuius diametrus sit AB, secetque eam recta aliqua HΔ intra sectionem posita. dico,

Εὐτοκίου p.   κζ'] κβ, β mut. in ε (euan.), W; corr. Comm.
20. φέρεται] φέρεται ἡ p, εϱ euan.   22. παϱαβολῆς p.   ῆϛ]
om. p.

ὅτι ἡ ΗΔ ἐκβαλλομένη ἐφ᾽ ἑκάτερα τὰ μέρη συμπεσεῖται τῇ τομῇ.

ἤχθω γάρ τις διὰ τοῦ Α παρατεταγμένως ἡ ΑΕ· ἡ ΑΕ ἄρα ἐκτὸς πεσεῖται τῆς τομῆς.

5 ἤτοι δὴ ἡ ΗΔ τῇ ΑΕ παράλληλός ἐστιν ἢ οὔ.

εἰ μὲν οὖν παράλληλός ἐστιν, αὐτὴ τεταγμένως κατῆκται· ὥστε ἐκβαλλομένη ἐφ᾽ ἑκάτερα, ἐπεὶ δίχα τέμνεται ὑπὸ τῆς διαμέτρου, συμπεσεῖται τῇ τομῇ.

μὴ ἔστω δὴ παράλληλος τῇ ΑΕ, ἀλλὰ ἐκβαλλομένη 10 συμπιπτέτω τῇ ΑΕ κατὰ τὸ Ε ὡς ἡ ΗΔΕ.

ὅτι μὲν οὖν τῇ τομῇ ἐπὶ τὰ ἕτερα μέρη συμπίπτει, ἐφ᾽ ἃ ἐστι τὸ Ε, δῆλον· εἰ γὰρ τῇ ΑΕ συμβάλλει, πολὺ πρότερον τεμεῖ τὴν τομήν.

λέγω, ὅτι καὶ ἐπὶ τὰ ἕτερα μέρη ἐκβαλλομένη συμ- 15 πίπτει τῇ τομῇ.

ἔστω γὰρ παρ᾽ ἣν δύνανται ἡ ΜΑ, καὶ ἐκβεβλήσθω ἐπ᾽ εὐθείας αὐτῇ ἡ ΑΖ· ἡ ΜΑ ἄρα τῇ ΑΒ πρὸς ὀρθάς ἐστιν. πεποιήσθω, ὡς τὸ ἀπὸ ΑΕ πρὸς τὸ ΑΕΔ τρίγωνον, οὕτως ἡ ΜΑ πρὸς ΑΖ, καὶ διὰ 20 τῶν Μ, Ζ τῇ ΑΒ παράλληλοι ἤχθωσαν αἱ ΖΚ, ΜΝ· τετραπλεύρου οὖν ὄντος τοῦ ΛΑΔΗ καὶ θέσει οὔσης τῆς ΛΑ ἤχθω τῇ ΛΑ παράλληλος ἡ ΓΚΒ ἀποτέμνουσα τὸ ΓΚΗ τρίγωνον τῷ ΛΑΔΗ τετραπλεύρῳ ἴσον, καὶ διὰ τοῦ Β τῇ ΖΑΜ παράλληλος ἤχθω ἡ 25 ΞΒΝ. καὶ ἐπεί ἐστιν, ὡς τὸ ἀπὸ ΑΕ πρὸς τὸ ΑΕΔ τρίγωνον, ἡ ΜΑ πρὸς ΑΖ, ἀλλ᾽ ὡς μὲν τὸ ἀπὸ ΑΕ πρὸς τὸ ΑΕΔ τρίγωνον, τὸ ἀπὸ ΓΒ πρὸς τὸ ΔΓΒ τρίγωνον· παράλληλος γάρ ἐστιν ἡ ΑΕ τῇ ΓΒ, καὶ ἐπιζευγνύουσιν αὐτὰς αἱ ΓΕ, ΑΒ· ὡς δὲ ἡ ΜΑ πρὸς

6. αὐτή] scripsi, αὔτη Wp.   9. μή] addidi, om. Wp; post δή add. Halley cum Comm.   13. πρότερον] corr. ex

rectam *HΔ* productam in utramque partem cum sectione concurrere.

ducatur enim per *A* ordinate recta *AE*; *AE* igitur extra sectionem cadet [I, 17].

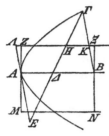

aut igitur parallela erit *HΔ* rectae *AE* aut non erit.

si igitur parallela est, et ipsa ordinate ducta est; quare in utramque partem producta, quoniam a diametro in duas partes aequales secatur [I def. 5], cum sectione concurret [prop. XIX].

ne sit igitur rectae *AE* parallela, sed producta cum *AE* in *E* concurrat, ut *HΔE*.

hanc igitur in altera parte, in qua est *E*, cum sectione concurrere, manifestum est; nam siquidem cum *AE* concurrit, multo prius sectionem secabit.

dico, eam etiam ad alteram partem productam cum sectione concurrere.

sit enim *MA* parametrus, et in ea producta posita sit *AZ*; *MA* igitur ad *AB* perpendicularis est. fiat $MA : AZ = AE^2 : \triangle AEΔ$, et per *M*, *Z* rectae *AB* parallelae ducantur *ZK*, *MN*; itaque cum *ΔAΔH* quadrilaterum sit et *ΔA* positione data, ducatur rectae *ΔA* parallela *ΓKB* triangulum *ΓKH* abscindens quadrilatero *ΔAΔH* aequalem, et per *B* rectae *ZAM* parallela ducatur *ΞBN*. et quoniam est

$$AE^2 : AEΔ = MA : AZ,$$

uerum [Eucl. VI, 19] $AE^2 : AEΔ = \Gamma B^2 : Δ\Gamma B$; nam

---

*ΑΖ, τὸ ΑΜΝΒ παραλληλόγραμμον πρὸς τὸ ΑΞ παραλ-
ληλόγραμμον, ὡς ἄρα τὸ ἀπὸ ΓΒ πρὸς τὸ ΓΔΒ τρί-
γωνον, οὕτως τὸ ΑΜΝΒ παραλληλόγραμμον πρὸς τὸ
ΑΖΞΒ παραλληλόγραμμον· ἐναλλάξ, ὡς τὸ ἀπὸ ΓΒ πρὸς*
5 *τὸ ΑΜΝΒ παραλληλόγραμμον, οὕτως τὸ ΓΔΒ τρίγωνον
πρὸς τὸ ΑΖΞΒ παραλληλόγραμμον. ἴσον δέ ἐστι τὸ
ΖΑΒΞ παραλληλόγραμμον τῷ ΓΒΔ τριγώνῳ· ἐπεὶ γὰρ
τὸ ΓΗΚ τρίγωνον τῷ ΑΛΗΔ τετραπλεύρῳ ἐστὶν ἴσον,
κοινὸν δὲ τὸ ΗΔΒΚ τετράπλευρον, τὸ ΔΑΒΚ παραλληλό-*
10 *γραμμον τῷ ΓΔΒ τριγώνῳ ἐστὶν ἴσον· τὸ δὲ ΔΑΒΚ
παραλληλόγραμμον τῷ ΖΑΒΞ παραλληλογράμμῳ ἐστὶν
ἴσον· ἐπὶ γὰρ τῆς αὐτῆς βάσεώς ἐστι τῆς ΑΒ καὶ ἐν
ταῖς αὐταῖς παραλλήλοις ταῖς ΑΒ, ΖΚ. ἴσον ἄρα
ἐστὶ τὸ ΓΔΒ τρίγωνον τῷ ΞΖΑΒ παραλληλογράμμῳ·*
15 *ὥστε καὶ τὸ ἀπὸ ΓΒ τῷ ΑΜΝΒ παραλληλογράμμῳ
ἐστὶν ἴσον. τὸ δὲ ΜΑΒΝ παραλληλόγραμμον ἴσον
ἐστὶ τῷ ὑπὸ ΜΑΒ· ἡ γὰρ ΜΑ πρὸς ὀρθάς ἐστι τῇ
ΑΒ· τὸ ἄρα ὑπὸ ΜΑΒ ἴσον ἐστὶ τῷ ἀπὸ ΓΒ. καί
ἐστιν ἡ ΜΑ ὀρθία τοῦ εἴδους πλευρά, ἡ δὲ ΑΒ διά-*
20 *μετρος, καὶ ἡ ΓΒ τεταγμένως· παράλληλος γάρ ἐστι
τῇ ΑΕ· τὸ Γ ἄρα πρὸς τῇ τομῇ ἐστιν. ἡ ΔΗΓ ἄρα
συμβάλλει τῇ τομῇ κατὰ τὸ Γ· ὅπερ ἔδει δεῖξαι.*

σχόλια εἰς τὸ προτεθὲν θεώρημα.

πεποιήσθω δή, ὡς τὸ ἀπὸ ΑΕ πρὸς τὸ ΑΕΔ
25 *τρίγωνον, ἡ ΜΑ πρὸς ΑΖ] τοῦτο δέδεικται ἐν
σχολίῳ τοῦ ια' θεωρήματος. ἀναγράψας γὰρ τὸ ἀπο
ΑΕ καὶ παρὰ τὴν πλευρὰν αὐτοῦ τῷ ΑΕΔ τριγώνῳ
ἴσον παραβαλὼν ἔξω τὸ ζητούμενον.*

AE, ΓB parallelae sunt, et ΓE, AB eas iungunt; et
[Eucl. VI, 1] $MA : AZ = AMNB : A\Xi$, erit

$$\Gamma B^2 : \Gamma \Delta B = AMNB : AZ\Xi B.$$

permutando $\Gamma B^2 : AMNB = \Gamma \Delta B : AZ\Xi B$. est
autem $ZAB\Xi = \Gamma B\Delta$; quoniam enim $\Gamma HK = A\Delta H\Delta$,
commune autem quadrilaterum $H\Delta BK$, erit

$$\Delta ABK = \Gamma \Delta B;$$

est autem $\Delta ABK = ZAB\Xi$ [Eucl. I, 35]; nam in
eadem basi AB et in iisdem parallelis AB, ZK posita
sunt; ergo $\Gamma \Delta B = \Xi ZAB$. quare etiam $\Gamma B^2 = AMNB$.
uerum $MABN = MA \times AB$; MA enim ad AB
perpendicularis est; itaque $MA \times AB = \Gamma B^2$. et
MA latus rectum est figurae, AB autem diametrus,
et ΓB ordinate ducta; nam rectae AE parallela est;
ergo punctum Γ ad sectionem positum est [prop. XI].
ergo $\Delta H\Gamma$ cum sectione in Γ concurrit; quod erat
demonstrandum.

Ad propositionem propositam scholia.

Fiat igitur $MA : AZ = AE^2 : AE\Delta$ p. 238, 18—19]
hoc in scholio propositionis XI demonstratum est
[u. supra p. 216]. descripto enim quadrato AE^2 et ad
latus eius spatio adplicato triangulo $AE\Delta$ aequali
habebo, quod quaerimus.

ἐστιν W.   7. $ZAB\Xi$] e corr. p, mut. in ΞABZ m. rec. W.
8. $A\Delta H\Delta$] Halley, $A\Delta\Delta H$ W p.   9. ΔABK] ΔAB W p,
corr. Comm.   11. παραλληλογράμμῳ] comp. p, παραλληλό-
γραμμον W.   12. ἐστιν W. AB] p, $A\Delta$ W.   13. ZK] p,
ZH W.   14. ἐστίν W.   17. ἐστι] ἐστιν W.   18. ἐστίν W.
20. ἐστιν W.   24. τό (alt.)] τὸ ἀπό W p, corr. Comm.   26.
ια΄] e corr. p.   γάρ] om. p.   27. τῷ] p, τό W.   28.
παραραβαλών W.

εἰς τὸ αὐτό.

τετραπλεύρου ὄντος τοῦ ΛΑΔΗ ἤχθω τῇ ΛΑ
παράλληλος ἡ ΓΚΒ ἀποτέμνουσα τὸ ΓΗΚ τρί-
γωνον τῷ ΛΑΔΗ τετραπλεύρῳ ἴσον] τοῦτο δὲ
5 ποιήσομεν οὕτως· ἐὰν γάρ, ὡς ἐν τοῖς στοιχείοις ἐμά-
θομεν, τῷ δοθέντι εὐθυγράμμῳ τῷ ΛΑΔΗ τετρα-
πλεύρῳ ἴσον καὶ ἄλλῳ τῷ δοθέντι τῷ ΑΕΔ τριγώνῳ
ὅμοιον τὸ αὐτὸ συστησώμεθα τὸ ΣΤΥ, ὥστε ὁμόλογον
εἶναι τὴν ΣΥ τῇ ΑΔ, καὶ ἀπολάβωμεν τῇ μὲν ΣΥ
10 ἴσην τὴν ΗΚ, τῇ δὲ ΤΥ ἴσην τὴν ΗΓ, καὶ ἐπιζεύ-
ξωμεν τὴν ΓΚ, ἔσται τὸ ζητούμενον. ἐπεὶ γὰρ ἡ
πρὸς τῷ Υ γωνία ἴση ἐστὶ τῇ Δ, τουτέστι τῇ Η, διὰ
τοῦτο ἴσον καὶ ὅμοιον τὸ ΓΗΚ τῷ ΣΤΥ. καὶ ἴση
ἡ Γ γωνία τῇ Ε, καί εἰσιν ἐναλλάξ· παράλληλος ἄρα
15 ἐστὶν ἡ ΓΚ τῇ ΑΕ.

φανερὸν δή, ὅτι, ὅταν ἡ ΑΒ ἄξων ἐστίν, ἡ ΜΑ
ἐφάπτεται τῆς τομῆς, ὅταν δὲ μὴ ἄξων, τέμνει, εἰ
πρὸς ὀρθὰς ἄγεται πάντως τῇ διαμέτρῳ.

Εἰς τὸ κη΄.

20 Ὅτι, κἂν ἡ ΓΔ τέμνῃ τὴν ὑπερβολήν, τὰ αὐτὰ
συμβήσεται, ὥσπερ ἐπὶ τοῦ ὀκτωκαιδεκάτου.

Εἰς τὸ λ΄.

Καὶ ὡς ἄρα ἐπὶ μὲν τῆς ἐλλείψεως συνθέντι,
ἐπὶ δὲ τῶν ἀντικειμένων ἀνάπαλιν καὶ ἀνα-

---

5. στοιχείοις] w, στυχίοις e corr. W, σχολίοις p.   6. τῷ (pr.)]
ἐν τῷ Wp, corr. Comm.   7. ΑΘΔ p.   8. τὸ αὐτό] τῷ
αὐτῷ Wp, corr. Halley.   συστησώμεθα] scripsi, συστησόμεθα
Wp.   9. ΕΥ p.   τῇ (alt.)] τήν Wp, corr. Comm.   ΕΥ p.
10. τήν] τῇ Wp, corr. Comm.   Post ΗΚ del. τὴν δὲ τυ

Ad eandem.

Cum *Δ Δ Δ H* quadrilaterum sit, ducatur rectae *ΔΔ* parallela *ΓΚΒ* triangulum *ΓΗΚ* abscindens quadrilatero *ΔΔΔΗ* aequalem p. 238, 21—24]. hoc uero ita efficiemus. si enim, ut in Elementis [VI, 25] didicimus, datae figurae rectilineae, quadrilatero *ΔΑΔΗ*, aequalem et alii figurae datae, triangulo *ΑΕΔ*, similem eandem figuram construxerimus *ΣΤΥ*, ita ut *ΣΥ* lateri *ΑΔ* respondeat, et posuerimus *ΗΚ = ΣΥ*, *ΗΓ = ΤΥ*, et duxerimus *ΓΚ*, effectum erit, quod quaerimus. quoniam enim *∠ Υ = Δ = Η*, erit *ΓΗΚ ≅ ΣΤΥ* [Eucl. I, 4]. et *∠ Γ = Ε*, et alterni sunt; itaque [Eucl. I, 27] *ΓΚ*, *ΑΕ* parallelae sunt.

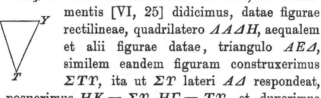

manifestum igitur, si *ΑΒ* axis sit, rectam *ΜΑ* sectionem contingere, sin non axis, secare, si quidem semper ad diametrum perpendicularis ducitur.

Ad prop. XXVIII.

Etiamsi *ΓΔ* hyperbolam secat, eadem adcident, sicut in prop. XVIII [u. supra p. 230, 19].

Ad prop. XXX.

Quare etiam, in ellipsi componendo, in oppositis autem e contrario et conuertendo

---

ἴσην τὴν τῇ ῆϰ p.   τῇ] τήν W p, corr. Halley.   τήν] W, τῇ? p.   12. τῷ] p, corr. ex τό W   ἐστίν W.   τουτέστιν W.   14. Γ] ΑΓ W p, corr. Comm.   16. δή] δέ Halley cum Comm.   17. εἰ] scripsi, om. W p.   23. ἐλλίψεως W.

16*

στρέψαντι] ἐπὶ μὲν οὖν τῆς ἐλλείψεως ἐροῦμεν·
ἐπειδή ἐστιν, ὡς τὸ ὑπὸ *ΑΖΒ* πρὸς τὸ ἀπὸ *ΔΖ*, τὸ
ὑπὸ *ΑΗΒ* πρὸς τὸ ἀπὸ *ΗΕ*, ὡς δὲ τὸ ἀπὸ *ΔΖ* πρὸς
τὸ ἀπὸ *ΖΓ*, τὸ ἀπὸ *ΕΗ* πρὸς τὸ ἀπὸ *ΗΓ*, δι᾽ ἴσου,
5 ὡς τὸ ὑπὸ *ΑΖΒ* πρὸς τὸ ἀπὸ *ΖΓ*, τὸ ὑπὸ *ΑΗΒ*
πρὸς τὸ ἀπὸ *ΗΓ*· συνθέντι, ὡς τὸ ὑπὸ *ΑΖΒ* μετὰ
τοῦ ἀπὸ *ΖΓ* πρὸς τὸ ἀπὸ *ΖΓ*, τουτέστι τὸ ἀπὸ *ΑΓ*
πρὸς τὸ ἀπὸ *ΓΖ*· ἡ γὰρ *ΑΒ* τέτμηται εἰς μὲν ἴσα
κατὰ τὸ *Γ*, εἰς δὲ ἄνισα κατὰ τὸ *Ζ*· οὕτως τὸ ἀπὸ
10 *ΓΒ* πρὸς τὸ ἀπὸ *ΓΗ*· καὶ ἐναλλάξ, ὡς τὸ ἀπὸ *ΑΓ*
πρὸς τὸ ἀπὸ *ΓΒ*, τὸ ἀπὸ *ΖΓ* πρὸς τὸ ἀπὸ *ΓΗ*. ἐπὶ
δὲ τῶν ἀντικειμένων· ἐπεί ἐστιν, ὡς τὸ ὑπὸ *ΒΖΔ*
πρὸς τὸ ἀπὸ *ΖΓ*, τὸ ὑπὸ *ΑΗΒ* πρὸς τὸ ἀπὸ *ΓΗ*,
διότι δι᾽ ἴσου, ἀνάπαλιν, ὡς τὸ ἀπὸ *ΖΓ* πρὸς τὸ ὑπὸ
15 *ΒΖΔ*, τὸ ἀπὸ *ΓΗ* πρὸς τὸ ὑπὸ *ΑΗΒ*· ἀναστρέψαντι,
ὡς τὸ ἀπο *ΖΓ* πρὸς τὸ ἀπὸ *ΓΑ*, τὸ ἀπὸ *ΗΓ* πρὸς
τὸ ἀπὸ *ΓΒ*· εὐθεῖα γάρ τις ἡ *ΑΒ* τέτμηται δίχα κατὰ
τὸ *Γ*, καὶ πρόσκειται ἡ *ΖΔ*, καὶ τὸ ὑπὸ *ΒΖΔ* μετὰ
τοῦ ἀπὸ *ΑΓ* ἴσον ἐστὶ τῷ ἀπὸ *ΓΖ*, ὥστε τὸ ἀπὸ *ΓΖ*
20 τοῦ ὑπὸ *ΒΖΔ* ὑπερέχει τῷ ἀπὸ *ΑΓ*, καὶ καλῶς εἴρη-
ται τὸ ἀναστρέψαντι.

Εἰς τὸ λα´.

Διελόντι τὸ ἀπὸ *ΓΒ* πρὸς τὸ ὑπὸ *ΑΗΒ* μεί-
ζονα λόγον ἔχει ἤπερ τὸ ἀπὸ *ΓΒ* πρὸς τὸ ὑπὸ
25 *ΑΘΒ*] ἐπεὶ γὰρ εὐθεῖα ἡ *ΑΒ* τέτμηται δίχα κατὰ τὸ
Γ, καὶ πρόσκειται αὐτῇ ἡ *ΒΗ*, τὸ ὑπὸ *ΑΗΒ* μετὰ
τοῦ ἀπὸ *ΓΒ* ἴσον ἐστὶ τῷ ἀπὸ *ΓΗ*· ὥστε τὸ ἀπὸ *ΓΗ*
τοῦ ὑπὸ *ΑΗΒ* ὑπερέχει τῷ ἀπὸ *ΓΒ*. διὰ δὲ τὴν

---

2. *ΖΔ* p. 3. Ante *ΔΖ* ras. 1 litt. p. 7. *ΖΓ* (pr.)]
in ras. W. τουτέστιν W. 9. οὕτω p. 10. *ΑΓ* — 11.

I p. 92, 9—10] in ellipsi igitur dicemus: quoniam est

$$AZ \times ZB : \Delta Z^2 = AH \times HB : HE^2 \ \text{[I p. 92, 2]}$$

et
$$\Delta Z^2 : Z\Gamma^2 = EH^2 : H\Gamma^2,$$

ex aequo erit

$$AZ \times ZB : Z\Gamma^2 = AH \times HB : H\Gamma^2.$$

componendo $AZ \times ZB + Z\Gamma^2 : Z\Gamma^2$ (h. e. $A\Gamma^2 : \Gamma Z^2$ [Eucl. II, 5]; nam AB in Γ in partes aequales, in Z autem in inaequales secta est) $= \Gamma B^2 : \Gamma H^2$; et permutando $A\Gamma^2 : \Gamma B^2 = Z\Gamma^2 : \Gamma H^2$. in oppositis uero ita: quoniam est $BZ \times ZA : Z\Gamma^2 = AH \times HB : \Gamma H^2$, quia ex aequo sunt, e contrario erit

$$Z\Gamma^2 : BZ \times ZA = \Gamma H^2 : AH \times HB.$$

conuertendo $Z\Gamma^2 : \Gamma A^2 = H\Gamma^2 : \Gamma B^2$; nam recta aliqua AB in Γ in duas partes aequales secta est, et adiecta est ZA, et $BZ \times ZA + A\Gamma^2 = \Gamma Z^2$ [Eucl. II, 6], quare $\Gamma Z^2 \div BZ \times ZA = A\Gamma^2$, et recte dictum est conuertendo.

Ad prop. XXXI.

Dirimendo $\Gamma B^2 : AH \times HB > \Gamma B^2 : A\Theta \times \Theta B$ I p. 94, 13—15] quoniam enim recta AB in Γ in duas partes aequales secta est, et ei adiecta est BH, erit [Eucl. II, 6] $AH \times HB + \Gamma B^2 = \Gamma H^2$; quare $\Gamma H^2 \div AH \times HB = \Gamma B^2$. eadem autem de causa

---

αὐτὴν αἰτίαν καὶ τὸ ἀπὸ ΓΘ τοῦ ὑπὸ ΑΘΒ ὑπερέχει
τῷ ἀπὸ ΓΒ· ὥστε ὀρθῶς εἴρηται τὸ διελόντι.

Εἰς τὸ λβ'.

Ἐν τῷ ἑπτακαιδεκάτῳ θεωρήματι ἁπλούστερον
5 ἔδειξεν, ὅτι ἡ διὰ τῆς κορυφῆς παρὰ τὴν κατηγμένην
τεταγμένως ἀγομένη ἐφάπτεται, ἐνταῦθα δὲ τὸ ἐν τοῖς
στοιχείοις ἐπὶ τοῦ κύκλου μόνου δεδειγμένον καθολι-
κώτερον ἐπὶ πάσης κώνου τομῆς ὑπάρχον ἐπιδείκνυσι.

δεῖ μέντοι ἐπιστῆσαι, ὅπερ κἀκεῖ ἐδείχθη, ὅτι καμ-
10 πύλην μὲν ἴσως γραμμὴν οὐδὲν ἄτοπόν ἐστιν ἐμπί-
πτειν μεταξὺ τῆς εὐθείας καὶ τῆς τομῆς, εὐθεῖαν δὲ
ἀμήχανον· τεμεῖ γὰρ αὕτη τὴν τομὴν καὶ οὐκ ἐφά-
ψεται· δύο γὰρ ἐφαπτομένας εὐθείας κατὰ τοῦ αὐτοῦ
σημείου εἶναι ἀδύνατον.

15 πολυτρόπως δεδειγμένου τούτου τοῦ θεωρήματος
ἐν διαφόροις ἐκδόσεσιν ἡμεῖς τὴν ἀπόδειξιν ἁπλου-
στέραν καὶ σαφεστέραν ἐποιήσαμεν.

Εἰς τὸ λδ'.

Δεῖ ἐπιστῆσαι, ὅτι ἡ ΓΔ κατηγμένη ἐπὶ τὴν διά-
20 μετρον ἐπὶ μὲν τῆς ὑπερβολῆς τὰς ΔΒ, ΔΑ ὁρίζουσα
τὴν ΒΑ καταλιμπάνει ὀφείλουσαν τμηθῆναι εἰς τὸν
τῶν ΒΔΑ λόγον, ἐπὶ δὲ τῆς ἐλλείψεως καὶ τοῦ κύ-
κλου ἀνάπαλιν τὴν ΒΑ τέμνουσα εἰς ὡρισμένον λόγον
τὸν τῶν ΒΔΑ ἐπιζητεῖν ἡμᾶς ποιεῖ τὸν τῶν ΒΕ,
25 ΕΑ· οὐδὲν γὰρ δυσχερὲς λόγου δοθέντος ἴσον αὐτῷ
πορίσασθαι.

---

2. τό] τῷ W.   6. τό] om. p.   τοῖς] comp. p, τοῖ W.
7. μόνον p.   9. ⓗ mg. W.   10. ἄτοπόν] corr. ex ἄτω-

etiam $\Gamma\Theta^2 \div A\Theta \times \Theta B = \Gamma B^2$. ergo recte dictum
est dirimendo.

Ad prop. XXXII.

In prop. XVII simplicius demonstrauit, rectam per
uerticem rectae ordinate ductae parallelam ductam
contingere, hic uero, quod in Elementis [III, 16] de
solo circulo demonstratum est, uniuersalius de omni
coni sectione ualere ostendit.

animaduertendum uero, quod ibi quoque [Eucl.
III, 16] demonstratum est, fortasse fieri posse, ut
curua linea inter rectam sectionemque cadat, ut recta
autem sic cadat, fieri non posse; ea enim sectionem
secabit, non continget; neque enim fieri potest, ut in
eodem puncto duae rectae contingant.

cum haec propositio in uariis editionibus multis
modis demonstraretur, nos demonstrationem simplici-
orem et clariorem fecimus.

Ad prop. XXXIV.

Animaduertendum, rectam $\Gamma\Delta$ ad diametrum or-
dinate ductam in hyperbola rectas ΔB, ΔA de-
terminantem rectam BA relinquere secundum rationem
$B\Delta : \Delta A$ secandam, in ellipsi autem circuloque rursus
rectam BA secundum rationem determinatam $B\Delta : \Delta A$
secantem nobis rationem $BE : EA$ quaerendam relin-
quere; neque enim difficile est, data ratione aliam
aequalem parare.

$\pi o\nu$ W.   12. $\tau\acute{\epsilon}\mu\epsilon\iota$ W.   16. $\dot{\alpha}\pi\acute{o}\delta\epsilon\iota\xi\iota\nu$] addidi, om. W p.
19. $\delta\epsilon\hat{\iota}$] e corr. p.   24. $\tau\acute{o}\nu$ (pr.)] corr. ex $\tau\tilde{\omega}\nu$ p. $\dot{\epsilon}\pi\iota$-
$\zeta\eta\tau\epsilon\hat{\iota}\nu$] corr. ex $\dot{\epsilon}\pi\iota\zeta\eta\tau\tilde{\omega}\nu$? p.

δεῖ μέντοι εἰδέναι, ὅτι καθ' ἑκάστην τομὴν κατα-
γραφαί εἰσι δύο τοῦ Ζ σημείου ἢ, ἐσωτέρω τοῦ Γ
λαμβανομένου ἢ ἐξωτέρω· ὥστε εἶναι τὰς πάσας πτώ-
σεις ἕξ.

5   χρῆται δὲ καὶ δύο λήμμασιν, ἅπερ ἑξῆς γράψομεν.

μεῖζον ἄρα τὸ ὑπὸ ΑΝΞ τοῦ ὑπὸ ΑΟΞ· ἡ
ΝΟ ἄρα πρὸς ΞΟ μείζονα λόγον ἔχει ἤπερ ἡ
ΟΑ πρὸς ΑΝ] ἐπεὶ γὰρ τὸ ὑπὸ ΑΝ, ΝΞ μεῖζόν
ἐστι τοῦ ὑπὸ ΑΟ, ΟΞ, γινέσθω τῷ ὑπὸ ΑΝ, ΝΞ
10 ἴσον τὸ ὑπὸ τῆς ΑΟ καὶ ἄλλης τινὸς τῆς ΞΠ, ἥτις
μείζων ἔσται τῆς ΞΟ· ἔστιν ἄρα, ὡς ἡ ΟΑ πρὸς ΑΝ,
ἡ ΝΞ πρὸς ΞΠ. ἡ δὲ ΝΞ πρὸς ΞΟ μείζονα λόγον
ἔχει ἤπερ πρὸς τὴν ΞΠ· καὶ ἡ ΟΑ ἄρα πρὸς ΑΝ
ἐλάττονα λόγον ἔχει ἤπερ ἡ ΝΞ πρὸς ΞΟ.

15 φανερὸν δὴ καὶ τὸ ἀνάπαλιν, ὅτι, κἂν ἡ ΝΞ πρὸς
ΞΟ μείζονα λόγον ἔχῃ ἤπερ ἡ ΟΑ πρὸς ΑΝ, τὸ ὑπὸ
ΞΝ, ΝΑ μεῖζόν ἐστι τοῦ ὑπὸ ΑΟ, ΟΞ.

γινέσθω γάρ, ὡς ἡ ΟΑ πρὸς ΑΝ, οὕτως ἡ ΝΞ
πρὸς μείζονα δηλονότι τῆς ΞΟ ὡς τὴν ΞΠ· τὸ ἄρα
20 ὑπὸ ΞΝ, ΝΑ ἴσον ἐστὶ τῷ ὑπὸ ΑΟ, ΞΠ· ὥστε μεῖ-
ζόν ἐστι τὸ ὑπὸ ΞΝ, ΝΑ τοῦ ὑπὸ ΑΟ, ΟΞ.

εἰς τὸ αὐτό.

ἀλλ' ὡς μὲν τὸ ὑπὸ ΒΚ, ΑΝ πρὸς τὸ ἀπὸ
ΓΕ, τὸ ὑπὸ ΒΔΑ πρὸς τὸ ἀπὸ ΕΔ] ἐπεὶ οὖν διὰ

---

2. εἰσιν W. ἐσωτέρω] p, ἐσωτέρου W. 5. δύο] δυσί p.
6—8. Ξ mg. W. 6. τό] τοῦ W, τ p, corr. Comm. ΑΝΞ]
Comm., ΑΗΞ Wp. τοῦ] τ seq. lac. 2 litt. p. 8. ΟΑ]
corr. ex ΘΑ W. τό] τοῦ Wp, corr. Comm. 9. ἐστιν W.
τοῦ] τ seq. lac. p. 12. ΞΟ] corr. ex ΞΘ W. 13. ἄρα] om.
Wp, corr. Comm. 14. ἐλάττονα] μείζονα Wp, corr. Comm.
15. δή] e corr. p. 16. ἔχῃ] Halley, ἔχει Wp. 17. ἐστιν W.

sciendum autem, in singulis sectionibus binas figuras esse, prout punctum Z intra Γ aut extra Γ sumatur; quare omnino sex sunt casus.

utitur autem duobus lemmatis, quae iam infra perscribemus.

quare $AN \times N\Xi > AO \times O\Xi$; itaque

$N\Xi : \Xi O > OA : AN$ I p. 102, 24—26]

quoniam enim $AN \times N\Xi > AO \times O\Xi$, fiat

$$AO \times \Xi\Pi = AN \times N\Xi,$$

$\Xi\Pi$ maiore sumpta quam ΞO; itaque

$$OA : AN = N\Xi : \Xi\Pi.$$

uerum $N\Xi : \Xi O > N\Xi : \Xi\Pi$ [Eucl. V, 8]; ergo etiam $OA : AN < N\Xi : \Xi O.$[1])

manifestum iam rursus, si

$$N\Xi : \Xi O > OA : AN,$$

esse $\Xi N \times NA > AO \times O\Xi$.

fiat enim $N\Xi : \Xi\Pi = OA : AN$, $\Xi\Pi$ sumpta maiore quam ΞO [Eucl. V, 8]. itaque $\Xi N \times NA = AO \times \Xi\Pi$. ergo $\Xi N \times NA > AO \times O\Xi$.

Ad eandem.

Est autem $BK \times AN : \Gamma E^2 = B\Delta \times \Delta A : E\Delta^2$ I p. 104, 2—4] quoniam, quia AN, $E\Gamma$, KB parallelae

---

1) Cum coniectura Commandini lin. 14 parum sit probabilis, nec alia melior reperiri possit, crediderim, Eutocium ipsum errore μείζονα scripsisse.

In fig. pro O bis Θ W, om. p.

---

20. $\Xi\Pi \cdot$ ὥστε] scripsi; $\bar{\xi}$ πῶς τέ Wp. 21. ἐστιν W. $O\Xi$] O e corr. W. 23. τὸ ἀπὸ ΓE] p, τὸν $\overline{\alpha\varepsilon\gamma}$ W. 24. οὖν] γάρ?

τὸ παραλλήλους εἶναι τὰς ΑΝ, ΕΓ, ΚΒ ἐστιν, ὡς ἡ
ΑΝ πρὸς ΕΓ, ἡ ΑΔ πρὸς ΔΕ, ὡς δὲ ἡ ΕΓ πρὸς
ΚΒ, ἡ ΕΔ πρὸς ΔΒ, δι' ἴσου ἄρα, ὡς ἡ ΑΝ πρὸς
ΚΒ, ἡ ΑΔ πρὸς ΔΒ· καὶ ὡς ἄρα τὸ ἀπὸ ΑΝ πρὸς
5 τὸ ὑπὸ ΑΝ, ΚΒ, τὸ ἀπὸ ΑΔ πρὸς τὸ ὑπὸ ΑΔΒ.
ὡς δὲ τὸ ἀπὸ ΕΓ πρὸς τὸ ἀπὸ ΑΝ, τὸ ἀπὸ ΕΔ
πρὸς τὸ ἀπὸ ΔΑ· δι' ἴσου ἄρα, ὡς τὸ ἀπὸ ΕΓ πρὸς
τὸ ὑπὸ ΑΝ, ΚΒ, τὸ ἀπὸ ΕΔ πρὸς τὸ ὑπὸ ΑΔΒ·
καὶ ἀνάπαλιν, ὡς τὸ ὑπὸ ΚΒ, ΑΝ πρὸς τὸ ἀπὸ ΕΓ,
10 τὸ ὑπὸ ΒΔΑ πρὸς τὸ ἀπὸ ΕΔ.

Εἰς τὸ λζ'.

Διὰ τούτων τῶν θεωρημάτων φανερόν, ὅπως ἐστὶ
δυνατὸν διὰ τοῦ δοθέντος σημείου ἐπὶ τῆς διαμέ-
τρου καὶ τῆς κορυφῆς τῆς τομῆς ἐφαπτομένην ἀγαγεῖν.

15 Εἰς τὸ λη'.

Ἔν τισιν ἀντιγράφοις τὸ θεώρημα τοῦτο ἐπὶ μόνης
τῆς ὑπερβολῆς εὑρίσκεται δεδειγμένον, καθολικῶς δὲ
ἐνταῦθα δέδεικται· τὰ γὰρ αὐτὰ συμβαίνει καὶ ἐπὶ
τῶν ἄλλων τομῶν. καὶ τῷ Ἀπολλωνίῳ δὲ δοκεῖ μὴ
20 μόνον τὴν ὑπερβολήν, ἀλλὰ καὶ τὴν ἔλλειψιν ἔχειν
δευτέραν διάμετρον, ὡς πολλάκις αὐτοῦ ἠκούσαμεν ἐν
τοῖς προλαβοῦσιν.

καὶ ἐπὶ μὲν τῆς ἐλλείψεως πτῶσιν οὐκ ἔχει, ἐπὶ
δὲ τῆς ὑπερβολῆς τρεῖς· τὸ γὰρ Ζ σημεῖον, καθ' ὃ
25 συμβάλλει ἡ ἐφαπτομένη τῇ δευτέρᾳ διαμέτρῳ, ἢ κατω-

---

3. πρός (pr.)] bis p.   5. ὑπό (pr.)] ἀπό W p, corr. Comm.
ΑΝ] ΑΗ? p.   Post πρός del. ΔΒ καὶ ὡς ἄρα τὸ ἀπὸ
ΑΝ p.   8. ὑπό (alt.)] corr. ex ἀπό W.   ΑΔΒ] Α e corr. W.

sunt, est $AN : E\Gamma = A\varDelta : \varDelta E$, $E\Gamma : KB = E\varDelta : \varDelta B$
[Eucl. I, 29; VI, 4], ex aequo erit $AN : KB = A\varDelta : \varDelta B$;
quare $AN^2 : AN \times KB = A\varDelta^2 : A\varDelta \times \varDelta B$. est
autem [Eucl. VI, 4] $E\Gamma^2 : AN^2 = E\varDelta^2 : \varDelta A^2$; ex
aequo igitur $E\Gamma^2 : AN \times KB = E\varDelta^2 : A\varDelta \times \varDelta B$;
et e contrario $KB \times AN : E\Gamma^2 = B\varDelta \times \varDelta A : E\varDelta^2$.

Ad prop. XXXVII.

Per haec theoremata[1]) manifestum est, quo modo
fieri possit, ut per datum punctum diametri[2]) et per
uerticem[3]) sectionis recta contingens ducatur.

Ad prop. XXXVIII.

In nonnullis codicibus haec propositio de sola
hyperbola demonstrata reperitur, hic autem uniuer-
saliter demonstrata est; nam eadem etiam in reliquis
sectionibus adcidunt. et Apollonio quoque non modo
hyperbola, sed etiam ellipsis alteram diametrum
habere uidetur, sicut in praecedentibus saepius ab eo
audiuimus.

et in ellipsi casum non habet, in hyperbola autem
tres; nam punctum Z, in quo recta contingens cum altera
diametro concurrit, aut infra $\varDelta$ positum est aut in $\varDelta$ aut
supra $\varDelta$, et ea de causa Θ et ipsum tres habebit positiones,

---

1) Propp. XXXVII—VIII; cfr. I p. 118, 1 sq.
2) Per aequationem $ZH \times H\Theta = H\Gamma^2$, unde datis rectis
ZH, $H\Gamma$ inueniri potest $H\Theta$ et ita E.
3) Per aequationem $H\Theta \times \Theta Z : \Theta E =$ latus rectum : trans-
uersum, unde dato uertice E et ideo datis $E\Theta$ et $H\Theta$ inueniri
potest ΘZ et punctum Z.

---

10. $B\varDelta A$] A e corr. p.   17. $\varepsilon\dot{v}\varrho\acute{\iota}$-] e corr. p.   25. $\varkappa\alpha\tau\omega$-
$\tau\acute{\varepsilon}\varrho\omega\iota$ W, ut saepius.

τέρω τοῦ Δ ἐστιν ἢ ἐπὶ τοῦ Δ ἢ ἀνωτέρω τοῦ Δ,
καὶ διὰ τοῦτο τὸ Θ ὁμοίως αὐτῷ τρεῖς ἕξει τόπους,
καὶ προσεκτέον, ὅτι, εἴτε κατωτέρω πέσῃ τὸ Ζ τοῦ Δ,
καὶ τὸ Θ τοῦ Γ ἔσται κατωτέρω, εἴτε τὸ Ζ ἐπὶ τὸ Δ,
5 καὶ τὸ Θ ἐπὶ τὸ Γ, εἴτε ἀνωτέρω τὸ Ζ τοῦ Δ, καὶ
τὸ Θ τοῦ Γ ἔσται ἀνωτέρω.

Εἰς τὸ μα'.

Τὸ θεώρημα τοῦτο ἐπὶ μὲν τῆς ὑπερβολῆς πτῶσιν
οὐκ ἔχει, ἐπὶ δὲ τῆς ἐλλείψεως, ἐὰν ἡ καταγομένη ἐπὶ
10 τὸ κέντρον πίπτῃ, τὰ δὲ λοιπὰ γένηται τὰ αὐτά, τὸ
ἀπὸ τῆς κατηγμένης εἶδος ἴσον ἔσται τῷ ἀπὸ τῆς ἐκ
τοῦ κέντρου εἴδει.

ἔστω γὰρ ἔλλειψις, ἧς διάμετρος ἡ ΑΒ, κέντρον
τὸ Δ, καὶ κατήχθω τεταγμένως ἡ ΓΔ, καὶ ἀναγε-
15 γράφθω ἀπό τε τῆς ΓΔ καὶ τῆς ΑΔ εἴδη ἰσογώνια
τὰ ΑΖ, ΔΗ, ἐχέτω δὲ ἡ ΔΓ πρὸς ΓΗ τὸν συγκεί-
μενον λόγον ἔκ τε τοῦ ὃν ἔχει ἡ ΑΔ πρὸς ΔΖ καὶ
τοῦ ὃν ἔχει ἡ ὀρθία πρὸς τὴν πλαγίαν.

λέγω, ὅτι τὸ ΑΖ ἴσον ἐστὶ τῷ ΔΗ.
20 ἐπεὶ γὰρ ἐν τῷ ῥητῷ δέδεικται, ὡς τὸ ἀπὸ ΑΔ
πρὸς τὸ ΑΖ, οὕτως τὸ ὑπὸ ΑΔΒ πρὸς τὸ ΔΗ, φημί,
ὅτι καὶ ἐναλλάξ, ὡς τὸ ἀπὸ ΑΔ πρὸς τὸ ὑπὸ ΑΔΒ,
οὕτως τὸ ΑΖ πρὸς τὸ ΔΗ. ἴσον δὲ τὸ ἀπὸ ΑΔ τῷ
ὑπὸ ΑΔΒ· ἴσον ἄρα καὶ τὸ ΑΖ τῷ ΔΗ.

25 ### Εἰς τὸ μβ'.

Τὸ θεώρημα τοῦτο ἔχει πτώσεις ι̅α̅, μίαν μὲν, εἰ
ἐσωτέρω λαμβάνοιτο τὸ Δ τοῦ Γ· δῆλον γάρ, ὅτι καὶ

---

6. ἀνωτέρω] corr. ex ἀνοτέρω W.   10. πίπτῃ, τά] in
ras. W.   13. διάμετρος] corr. ex διάμετρον W, comp. p.
κέντρον δέ Halley.   16. ΔΗ, ΑΖ Comm.   18. ὅν] in

et animaduertendum est, siue Z infra $\varDelta$ cadat, etiam Θ infra $\varGamma$ positum esse, siue in $\varDelta$ cadat Z, etiam Θ in $\varGamma$, siue Z supra $\varDelta$, etiam Θ supra $\varGamma$ positum esse.[1])

Ad prop. XLI.

Haec propositio in hyperbola casum non habet, in ellipsi autem, si recta ordinate ducta in centrum cadit, reliqua autem eadem fiunt, figura in recta ordinate ducta descripta aequalis erit figurae in radio descriptae.

sit enim ellipsis, cuius diametrus sit AB, centrum $\varDelta$, et ordinate ducatur $\varGamma\varDelta$, describanturque et in

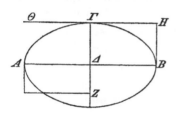

$\varGamma\varDelta$ et in $A\varDelta$ figurae aequiangulae AZ, $\varDelta H$, habeat autem $\varDelta\varGamma : \varGamma H$ rationem compositam ex ratione $A\varDelta : \varDelta Z$ et ea, quam habet latus rectum ad transuersum.

dico, esse $AZ = \varDelta H$.

nam quoniam in uerbis Apollonii [I p. 126, 7—8] demonstratum est, esse $A\varDelta^2 : AZ = A\varDelta \times \varDelta B : \varDelta H$, dico, etiam permutando esse
$$A\varDelta^2 : A\varDelta \times \varDelta B = AZ : \varDelta H.$$
uerum $A\varDelta^2 = A\varDelta \times \varDelta B$; ergo etiam $AZ = \varDelta H$.

Ad prop. XLII.

Haec propositio XI casus habet, unum, si $\varDelta$ intra $\varGamma$ sumitur; manifestum enim, etiam parallelas intra

---

1) Quia $ZH : H\varGamma = H\varGamma : H\Theta$ et $H\varGamma = H\varDelta$.

αἱ παράλληλοι ἐσωτέρω πεσοῦνται τῶν ΑΓΘ. ἑτέρας
δὲ πέντε οὕτως· ἐὰν τὸ Δ ἐξωτέρω ληφθῇ τοῦ Γ, ἡ
μὲν ΔΖ παράλληλος δηλονότι ἐξωτέρω πεσεῖται τῆς
ΘΓ, ἡ δὲ ΔΕ ἢ μεταξὺ τῶν Α, Β ἢ ἐπὶ τὸ Β ἢ με-
5 ταξὺ τῶν Β, Θ ἢ ἐπὶ τὸ Θ ἢ ἐξωτέρω τοῦ Θ· τοῦ
γὰρ Α ἐξωτέρω πεσεῖν αὐτὴν ἀδύνατον, ἐπειδὴ τὸ Δ
ἐξωτέρω ἐστὶ τοῦ Γ καὶ δηλονότι καὶ ἡ δι' αὐτοῦ
παράλληλος ἀγομένη τῇ ΑΓ. ἐὰν δὲ τὸ Δ ἐπὶ τὰ
ἕτερα μέρη ληφθῇ τῆς τομῆς, ἢ ἀμφότεραι αἱ παράλ-
10 ληλοι μεταξὺ τῶν Θ, Β περατωθήσονται, ἢ ἡ μὲν ΔΖ
ἐσωτέρω τοῦ Θ, τὸ δὲ Ε ἐπὶ τὸ Θ, ἢ τῆς ΔΖ ὡσαύ-
τως μενούσης τὸ Ε ἐξωτέρω τοῦ Θ ἐλεύσεται· τοῦ δὲ
Ε πάλιν ἐξωτέρω πίπτοντος τὸ Ζ ἢ ἐπὶ τὸ Θ πεσεῖται,
ὡς εἶναι τὴν ΓΘΔ μίαν εὐθεῖαν, εἰ καὶ μὴ σώζεται
15 κυρίως τότε τὸ τῆς παραλλήλου ἰδίωμα, ἢ ἐξωτέρω
τοῦ Θ. δεῖ δὲ ἐπὶ τῆς ἀποδείξεως τῶν τελευταίων
πέντε πτώσεων τὴν ΔΖ ἐκβάλλειν ἕως τῆς τομῆς καὶ
τῆς ΗΓ παραλλήλου καὶ οὕτως ποιεῖσθαι τὴν ἀπό-
δειξιν.

20 δυνατὸν δὲ καὶ ἄλλην μίαν καταγραφὴν ἐπινοεῖν
ἐκ τούτων, ὅταν δὴ λαμβανομένου ἑτέρου σημείου αἱ
ἐξ ἀρχῆς εὐθεῖαι ποιῶσι τὸ λεγόμενον, ἀλλὰ τοῦτο
θεώρημα μᾶλλόν ἐστιν ἢ πτῶσις.

Εἰς τὸ μγʹ.

25 Ἔν τισι φέρεται ἀπόδειξις τοῦ θεωρήματος τούτου
τοιαύτη·

---

1. αἱ] addidi, om. Wp.　2. οὕτω p.　5. τό] τῷ W.　7.
ἐξωτέρω] Halley, ἐσωτέρω Wp.　ἐστίν W.　8. ἐάν] p, ἐν W.
10. ἢ] om. Wp, corr. Comm.　11. Ε] om. Wp, corr. Comm.
ΔΖ] Δ e corr. W.　18. οὕτω p.　ἀπόδειξιν] corr. ex

AΓ, *ΓΘ* cadere; alios autem quinque hoc modo: si
Δ extra *Γ* sumitur, parallela *ΔZ*, ut adparet, extra
ΘΓ cadet, *ΔE* autem aut inter *A*, *B* cadet aut in
B aut inter *B*, *Θ* aut in *Θ* aut extra *Θ*; neque enim
fieri potest, ut extra *A* cadat, quoniam *Δ* extra *Γ*
positum est et, ut adparet, etiam recta per id rectae
AΓ parallela ducta. sin *Δ* ad alteram partem sectionis
sumitur, aut utraque parallela inter *Θ*, *B* terminabitur,
aut *ΔZ* intra *Θ*, *E* autem in *Θ*, aut *ΔZ* in eadem
positione manente *E* extra *Θ* cadet; rursus puncto
E extra *Θ* cadente *Z* aut in *Θ* cadet, ita ut *ΓΘΔ*
una sit recta, quamquam ita proprietas parallelae
non prorsus seruatur, aut extra *Θ*. oportet autem
in quinque ultimis casibus demonstrandis rectam *ΔZ*
usque ad sectionem parallelamque *HΓ* producere et
ita demum demonstrationem perficere.

fieri autem potest, ut ex his alia quaedam figura
fingatur, ubi scilicet sumpto alio puncto rectae ab
initio sumptae efficiant[1]), quod quaerimus; sed haec
propositio est potius quam casus.

Ad prop. XLIII.

In nonnullis codicibus demonstratio huius propo-
sitionis haec fertur:

---

1) Haec non satis intellego. fortasse scr. lin. 21 δὴ μή,
ita ut significetur propositio *AΘΓ* = *BΓ*; cfr. infra p. 258, 19 sq.

ἀπώδειξιν W. 22. ποιῶσιν W. τοῦτο] τοῦτο τό Wp, corr.
Halley. 23. μᾶλλόν] scripsi, ἔστω Wp (permutatis λλ᾿ et ω),
om. Comm. ἤ] scripsi, ἡ Wp, οὐ Comm. 25. τισιν W.

ἐπεὶ γὰρ ἴσον ἐστὶ τὸ ὑπὸ ΖΓΔ τῷ ἀπὸ ΓΒ, ἔστιν
ἄρα, ὡς ἡ ΖΓ πρὸς ΓΒ, ἡ ΓΒ πρὸς ΓΔ· καὶ ὡς
ἄρα τὸ ἀπὸ τῆς ΓΖ εἶδος πρὸς τὸ ἀπὸ τῆς ΓΒ εἶδος,
οὕτως ἡ ΖΓ πρὸς τὴν ΓΔ ἀλλ᾽ ὡς μὲν τὸ ἀπὸ ΖΓ
5 πρὸς τὸ ἀπὸ ΓΒ, τὸ ΕΖΓ τρίγωνον πρὸς τὸ ΔΓΒ
τρίγωνον, ὡς δὲ ἡ ΖΓ πρὸς ΓΔ, τὸ ΕΖΓ τρίγωνον
πρὸς τὸ ΕΓΔ τρίγωνον· ὡς ἄρα τὸ ΕΓΖ τρίγωνον
πρὸς τὸ ΒΑΓ τρίγωνον, τὸ ΕΓΖ πρὸς τὸ ΕΓΔ τρί-
γωνον. ἴσον ἄρα τὸ ΕΓΔ τρίγωνον τῷ ΒΓΔ. καὶ
10 ὡς ἄρα ἐπὶ μὲν τῆς ὑπερβολῆς ἀναστρέψαντι, ἐπὶ δὲ
τῆς ἐλλείψεως ἀνάπαλιν καὶ διελόντι, [ὡς] τὸ ΕΖΓ
τρίγωνον πρὸς τὸ ΕΔΒΖ τετράπλευρον, οὕτως τὸ
ΕΓΖ πρὸς τὸ ΕΔΖ τρίγωνον· ἴσον ἄρα τὸ ΕΔΖ
τρίγωνον τῷ ΕΔΒΖ τετραπλεύρῳ. καὶ ἐπεί ἐστιν,
15 ὡς τὸ ἀπὸ ΓΖ πρὸς τὸ ἀπὸ ΓΒ, τὸ ΕΓΖ πρὸς τὸ
ΑΓΒ τρίγωνον, ἐπὶ μὲν τῆς ὑπερβολῆς διελόντι, ἐπὶ
δὲ τῆς ἐλλείψεως ἀνάπαλιν καὶ ἀναστρέψαντι καὶ ἀνά-
παλίν ἐστιν, ὡς τὸ ὑπὸ ΑΖΒ πρὸς τὸ ἀπὸ ΒΓ, τὸ
ΕΔΒΖ τετράπλευρον πρὸς τὸ ΒΑΓ τρίγωνον. ὁμοίως
20 δὲ καί, ὡς τὸ ἀπὸ ΓΒ πρὸς τὸ ὑπὸ ΑΚΒ, οὕτως τὸ
ΑΓΒ τρίγωνον πρὸς τὸ ΜΑΒΚ τετράπλευρον· δι᾽
ἴσου ἄρα, ὡς τὸ ὑπὸ ΑΖΒ πρὸς τὸ ὑπὸ ΑΚΒ, τὸ
ΕΔΒΖ τετράπλευρον πρὸς τὸ ΑΒΚΜ. ὡς δὲ τὸ
ὑπὸ ΑΖΒ πρὸς τὸ ὑπὸ ΑΚΒ, τὸ ἀπὸ ΕΖ πρὸς τὸ
25 ἀπὸ ΗΚ, ὡς δὲ τὸ ἀπὸ ΕΖ πρὸς τὸ ἀπὸ ΗΚ, τὸ
ΕΔΖ τρίγωνον πρὸς τὸ ΗΘΚ τρίγωνον· καὶ ὡς ἄρα
τὸ ΕΔΖ πρὸς τὸ ΗΘΚ, τὸ ΕΔΒΖ τετράπλευρον
πρὸς τὸ ΜΑΒΚ. ἐναλλάξ, ὡς τὸ ΕΔΖ πρὸς τὸ
ΕΔΒΖ, οὕτως τὸ ΗΘΚ πρὸς τὸ ΜΑΒΚ. ἴσον δὲ

---

1. ἐστί] ἐστίν W.   4. ΖΓ (alt.)] τῆς ΖΓ p.   5. ΑΓΒ]
ΑΓΒ corr. ex ΑΒΓ W; corr. Comm.   ΑΓΒ — 7. πρὸς τό]

quoniam enim est $Z\Gamma\times\Gamma\varDelta=\Gamma B^2$ [prop XXXVII],
erit [Eucl. VI, 17] $Z\Gamma:\Gamma B=\Gamma B:\Gamma\varDelta$; quare etiam,
ut figura in ΓZ descripta ad figuram in ΓB descriptam,
ita $Z\Gamma:\Gamma\varDelta$ [Eucl. VI, 19 coroll.]. est autem [Eucl.
VI, 19] $Z\Gamma^2:\Gamma B^2=EZ\Gamma:\varDelta\Gamma B$ et [Eucl. VI, 1]
$Z\Gamma:\Gamma\varDelta=EZ\Gamma:E\Gamma\varDelta$; itaque
$$E\Gamma Z:B\varDelta\Gamma=E\Gamma Z:E\Gamma\varDelta.$$
quare $E\Gamma\varDelta=B\Gamma\varDelta$ [Eucl. V, 9][1]). itaque etiam in
hyperbola conuertendo, in ellipsi autem e contrario
et dirimendo $EZ\Gamma:E\varDelta BZ=E\Gamma Z:E\varDelta Z$; quare
$E\varDelta Z=E\varDelta BZ$. et quoniam est
$$\Gamma Z^2:\Gamma B^2=E\Gamma Z:\varDelta\Gamma B,$$
erit in hyperbola dirimendo, in ellipsi autem e con-
trario et conuertendo et e contrario
$$AZ\times ZB:B\Gamma^2=E\varDelta BZ:B\varDelta\Gamma.$$
similiter autem etiam $\Gamma B^2:AK\times KB=\varDelta\Gamma B:M\varDelta BK$;
ex aequo igitur
$$AZ\times ZB:AK\times KB=E\varDelta BZ:\varDelta BKM.$$
uerum $AZ\times ZB:AK\times KB=EZ^2:HK^2$ [prop. XXI]
$$=E\varDelta Z:H\Theta K \text{ [Eucl. VI, 19]; quare etiam}$$
$$E\varDelta Z:H\Theta K=E\varDelta BZ:M\varDelta BK.$$

---

1. Uerba $\emph{ἴσον}$ — $B\Gamma\varDelta$ lin. 9 superflua sunt.

---

om. p. 8. $B\varDelta\Gamma$] $B\varDelta\Gamma$ p et $\varDelta$ e corr. W; lcb Comm.,
$B\Gamma\varDelta$ Halley. $E\Gamma\varDelta$] $A\Gamma\varDelta$ Wp, corr. Comm. 9. τρίγωνον]
corr. ex τριγώνων W. $B\Gamma\varDelta$] $B\Gamma A$ W et Γ e corr. p, corr.
Halley, lcb Comm. καὶ ὡς] ἔστιν Halley. 11. ὡς] deleo;
καὶ ἔτι ἀνάπαλιν ὡς Comm., Halley; καὶ ἀνάπαλιν mg. m. 2 U.
12. οὕτω p. 14. $E\varDelta B\varDelta$ p. 16. $\varDelta\Gamma B$] $A\Gamma B$ Wp, corr.
Comm. 19. $E\varDelta BZ$] $EAZB$ Wp, corr. Comm. 20. δέ] e
corr. p. οὕτω p. 21. $M\varDelta BK$] $M\varDelta KB$ Wp, corr. Comm.
23. $\varDelta BKM$] scripsi praeeunte Comm., $\varDelta BKM$ Wp. 29.
οὕτω p.

τὸ ΕΔΖ τῷ ΕΛΒΖ ἐδείχθη· ἴσον ἄρα καὶ τὸ ΗΘΚ
τῷ ΜΛΒΚ τετραπλεύρῳ. τὸ ἄρα ΜΓΚ τρίγωνον
τοῦ ΗΘΚ διαφέρει τῷ ΛΒΓ.

ἐπιστῆσαι δεῖ ταύτῃ τῇ δείξει· ὀλίγην γὰρ ἀσάφειαν
5 ἔχει ἐν ταῖς ἀναλογίαις τῆς ἐλλείψεως· ἵνα τὰ διὰ
τὴν συντομίαν τοῦ ῥητοῦ ὁμοῦ λεγόμενα διῃρημένως
ποιήσωμεν, οἷον — φησὶ γάρ· ἐπεί ἐστιν, ὡς τὸ ἀπὸ
ΖΓ πρὸς τὸ ἀπὸ ΓΒ, τὸ ΕΓΖ τρίγωνον πρὸς τὸ
ΛΒΓ, ἀνάπαλιν καὶ ἀναστρέψαντι καὶ ἀνάπαλιν
10 — ὡς τὸ ἀπὸ ΒΓ πρὸς τὸ ἀπὸ ΓΖ, τὸ ΛΒΓ πρὸς
τὸ ΕΖΓ· ἀναστρέψαντι, ὡς τὸ ἀπὸ ΒΓ πρὸς τὸ ὑπὸ
ΑΖΒ, τουτέστιν ἡ ὑπεροχὴ τοῦ ἀπὸ ΓΒ πρὸς τὸ ἀπὸ
ΓΖ διὰ τὸ διχοτομίαν εἶναι τὸ Γ τῆς ΑΒ, οὕτως τὸ
ΛΒΓ τρίγωνον πρὸς τὸ ΛΒΖΕ τετράπλευρον· ἀνά-
15 παλιν, ὡς τὸ ὑπὸ ΑΖΒ πρὸς τὸ ἀπὸ ΒΓ, τὸ ΕΛΒΖ
τετράπλευρον πρὸς τὸ ΛΒΓ τρίγωνον.

ἔχει δὲ πτώσεις ἐπὶ μὲν τῆς ὑπερβολῆς ῑα, ὅσας
εἶχε καὶ τὸ πρὸ αὐτοῦ ἐπὶ τῆς παραβολῆς, καὶ ἄλλην
μίαν, ὅταν τὸ ἐπὶ τοῦ Η λαμβανόμενον σημεῖον ταὐ-
20 τὸν ᾖ τῷ Ε· τότε γὰρ συμβαίνει τὸ ΕΔΖ τρίγωνον
μετὰ τοῦ ΛΒΓ ἴσον εἶναι τῷ ΓΕΖ· δέδεικται μὲν
γὰρ τὸ ΕΔΖ τρίγωνον ἴσον τῷ ΛΒΖΕ τετραπλεύρῳ,
το δὲ ΛΒΖΕ τοῦ ΓΖΕ τριγώνου διαφέρει τῷ ΛΒΓ.
ἐπὶ δὲ τῆς ἐλλείψεως ἢ ταὐτόν ἐστι τὸ Η τῷ Ε ἢ
25 ἐσωτέρω λαμβάνεται τοῦ Ε· καὶ δῆλον, ὅτι ἀμφότεραι
αἱ παράλληλοι μεταξὺ πεσοῦνται τῶν Δ, Ζ, ὡς ἔχει

---

1. ΕΛΒΖ] Λ in ras. W.   τό] mut. in τῷ W, τῷ p.   2.
τῷ ΜΛΒΚ] om. Wp, corr. Comm.   τὸ ἄρα] om. W initio
lin., lac. 3 litt. p, corr. Comm.   ΜΓΚ] ΜΓΛ Wp, corr.
Comm.   3. ΗΘΚ] Θ e corr. W.   ΛΒΓ] scripsi, ΛΒΓ Wp.
6. τήν] e corr. p.   7. ποιήσωμεν] corr. ex ποιήσομεν W.
φησίν Wp.   γάρ] om. Halley.   9. ΛΒΓ] Λ e corr. W.

permutando $E\varDelta Z : E\varLambda BZ = H\Theta K : M\varLambda BK$. demonstrauimus autem $E\varDelta Z = E\varLambda BZ$; quare etiam $H\Theta K = M\varLambda BK$. ergo $M\varGamma K = \varLambda B\varGamma \pm H\Theta K^{1}$).

In hanc demonstrationem inquirendum est (est enim in proportionibus ellipsis subobscura), ut, quae propter breuitatem uerborum Apollonii coniunguntur, explicemus, uelut[2]) (dicit enim: quoniam est

$$Z\varGamma^{2} : \varGamma B^{2} = E\varGamma Z : \varLambda B\varGamma,$$

e contrario et conuertendo et e contrario [u. supra p. 256, 17]) $B\varGamma^{2} : \varGamma Z^{2} = \varLambda B\varGamma : EZ\varGamma$; conuertendo $B\varGamma^{2} : \varLambda Z \times ZB$ (hoc est $\varGamma B^{2} \div \varGamma Z^{2}$ [Eucl. II, 5], quia $\varGamma$ punctum medium est rectae $\varLambda B$) $= \varLambda B\varGamma : \varLambda BZE$; e contrario

$$\varLambda Z \times ZB : B\varGamma^{2} = E\varLambda BZ : \varLambda B\varGamma.$$

Habet autem in hyperbola XI casus, quot habuit etiam propositio praecedens in parabola, et unum alium, ubi punctum in H sumptum idem est ac E; ita enim sequitur, esse $E\varDelta Z + \varLambda B\varGamma = \varGamma EZ$; demonstrauimus enim, esse $E\varDelta Z = \varLambda BZE$, et

$$\varLambda BZE = \varGamma ZE \div \varLambda B\varGamma.$$

in ellipsi autem aut idem est H ac E aut intra E sumitur; et manifestum, ita utramque parallelam inter

---

1) Scriptum oportuit lin. 3 $\tau\tilde{\omega}$ $H\Theta K$ $\delta\iota\alpha\varphi\acute{\epsilon}\varrho\epsilon\iota$ $\tau o\tilde{\upsilon}$ $\varLambda B\varGamma$.
2) $o\acute{\iota}o\nu$ lin. 7 sanum uix est.

Post $\mathring{\alpha}\nu\mathring{\alpha}\pi\alpha\lambda\iota\nu$ (alt.) add. $\mathring{\epsilon}\sigma\tau\iota$ $\gamma\mathring{\alpha}\varrho$ $\mathring{\alpha}\nu\mathring{\alpha}\pi\alpha\lambda\iota\nu$ Halley cum Comm., fort. recte. 10. $\varLambda B\varGamma$] $\varLambda B\varGamma$ Wp, corr. Halley; lcb Comm. 13. $o\mathring{\upsilon}\tau\omega$ p. 18. $\epsilon\mathring{\iota}\chi\epsilon\nu$ W. 19. $\mathring{o}\tau\alpha\nu$] om. Wp, corr. Halley cum Comm. 22. Post $\tau\varrho\acute{\iota}\gamma\omega\nu o\nu$ del. $\mu\epsilon\tau\mathring{\alpha}$ $\tauo\acute{\upsilon}\tau o\upsilon$ $\overline{\lambda\beta\gamma}$ $\mathring{\iota}\sigma o\nu$ $\epsilon\mathring{\iota}\nu\alpha\iota$ p. 23. $\delta\acute{\epsilon}$] $\overline{\varLambda E}$ W. $\tau o\tilde{\upsilon}$ $\varGamma ZE$] scripsi; om. Wp, $\tau o\tilde{\upsilon}$ $\varGamma EZ$ Halley cum Comm. $\tau\varrho\iota\gamma\acute{\omega}\nu o\nu$] $\overset{\omega}{\nabla}$ p. $\cdot \varLambda B\varGamma$ p. 24. $\mathring{\epsilon}\sigma\tau\iota\nu$ W.

ἐν τῷ ῥητῷ. εἰ δὲ ἐξωτέρω ληφθῇ τὸ H τοῦ E, καὶ
ἡ ἀπ᾽ αὐτοῦ τῇ EZ παράλληλος μεταξὺ πέσῃ τῶν Z,
Γ, τὸ Θ σημεῖον ποιεῖ πτώσεις πέντε· ἢ γὰρ μεταξὺ
τῶν Δ, B πίπτει ἢ ἐπὶ τὸ B ἢ μεταξὺ τῶν B, Z ἢ
5 ἐπὶ τὸ Z ἢ μεταξὺ τῶν Z, Γ. ἐὰν δὲ ἡ διὰ τοῦ H
τῇ κατηγμένῃ παράλληλος ἐπὶ τὸ Γ κέντρον πίπτῃ,
τὸ Θ πάλιν σημεῖον ποιήσει ἄλλας πέντε πτώσεις
ὡσαύτως· καὶ δεῖ ἐπὶ τούτῳ σημειώσασθαι, ὅτι τὸ
ὑπὸ τῶν παραλλήλων ταῖς EΔ, EZ γιγνόμενον τρί-
10 γωνον ἴσον γίνεται τῷ ΑBΓ τριγώνῳ· ἐπεὶ γάρ ἐστιν,
ὡς τὸ ἀπὸ EZ πρὸς τὸ ἀπὸ HΓ, τὸ EΔZ τρίγωνον
πρὸς τὸ HΘΓ· ὅμοια γάρ· ὡς δὲ τὸ ἀπὸ EZ πρὸς
τὸ ἀπὸ HΓ, τὸ ὑπὸ BZA πρὸς τὸ ὑπὸ BΓA, τουτ-
έστι τὸ ἀπὸ BΓ, ὡς ἄρα τὸ EΔZ τρίγωνον πρὸς τὸ
15 HΘΓ, τὸ ὑπὸ BZA πρὸς τὸ ἀπὸ BΓ. ὡς δὲ τὸ ὑπὸ
BZA πρὸς τὸ ἀπὸ BΓ, οὕτως ἐδείχθη ἔχον τὸ ΑBZE
τετράπλευρον πρὸς τὸ ΑBΓ τρίγωνον· καὶ ὡς ἄρα τὸ
EΔZ τρίγωνον πρὸς τὸ HΘΓ, τὸ ΑBZE τετράπλευ-
ρον πρὸς τὸ ΑBΓ τρίγωνον. καὶ ἐναλλάξ. καὶ ἄλλως δὲ
20 ταύτας δυνατὸν δεῖξαι λέγοντας, ὅτι ἐπὶ τῶν διπλασίων
αὐτῶν παραλληλογράμμων ταῦτα δέδεικται ἐν τῷ σχο-
λίῳ τοῦ μα´ θεωρήματος.

ἐὰν δὲ ἡ διὰ τοῦ H τῇ EZ παράλληλος ἀγομένη
μεταξὺ πέσῃ τῶν Γ, Α, ἐκβληθήσεται μέν, ἕως ὅτε ἡ
25 ΓE αὐτῇ συμπέσῃ, τὸ δὲ Θ σημεῖον ποιήσει πτώσεις

---

1. ληφθῇ] scripsi, λειφθῇ W, ληφθείη p, m. 2 W.　　3.
Θ] O Wp, corr. Comm.　　4. B ἤ] βη W.　　5. τό] corr. ex
τῷ W.　　ἤ] ins. m. 1 W.　　6. πίπτῃ] scripsi, πίπτει Wp.
13. ὑπό (alt.)] om. Wp, corr. Comm.　　τουτέστιν W.　　16.
ΑBZE] Α corr. ex Α W, ΑBZE p.　　18. τετράπλευρον]-άπλευ-
in ras. W.　　19. ΑBΓ] ΑBΓ Wp, corr. Comm.　　21. ἐν τῷ] p,
ὄντως W.　　σχολίῳ] comp. p, ⁀ W.　　23. H] in ras. W.

$\varDelta$, Z cadere, sicut apud Apollonium est. sin H
extra E sumitur, et recta ab eo rectae EZ parallela
ducta inter Z, $\varGamma$ cadit, punctum $\varTheta$ quinque casus
efficit; aut enim inter $\varDelta$, B cadit aut in B aut inter
B, Z aut in Z aut inter Z, $\varGamma$. sin recta per H
ordinatae parallela ducta in $\varGamma$ centrum cadit, rursus
punctum $\varTheta$ quinque alios casus efficiet eodem modo;
et hic animaduertendum, triangulum a rectis $E\varDelta$, EZ
rectis parallelis effectum aequalem fieri triangulo $\varDelta B\varGamma$;
nam quoniam est $EZ^2 : H\varGamma^2 = E\varDelta Z : H\varTheta\varGamma$ [Eucl.
VI, 19]; nam similes sunt; et

$$EZ^2 : H\varGamma^2 = BZ \times ZA : B\varGamma \times \varGamma A \quad \text{[prop. XXI]}$$
$$= BZ \times ZA : B\varGamma^2, \text{ erit}$$
$$E\varDelta Z : H\varTheta\varGamma = BZ \times ZA : B\varGamma^2.$$

demonstrauimus autem, esse

$$BZ \times ZA : B\varGamma^2 = \varDelta BZE : \varDelta B\varGamma;$$

quare etiam $E\varDelta Z : H\varTheta\varGamma = \varDelta BZE : \varDelta B\varGamma$. et permu-
tando.[1]) uerum hos casus[2]) aliter quoque demonstrare

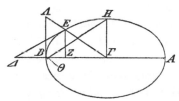

possumus dicentes, haec
in scholio ad prop. XLI
[supra p. 252] de paralle-
logrammis demonstrata
esse, quae his triangulis
duplo maiora sunt.

sin recta per H rectae EZ parallela ducta inter
$\varGamma$, A cadit, producetur, donec $\varGamma E$ cum ea concurrat,

---

1) Et $E\varDelta Z = \varDelta BZE$, ut supra demonstrauimus.
2) Sc. ubi recta per H ducta in centrum ellipsis cadit.

Fig. in W parum recte descripta est.

262 COMMENTARIA ANTIQUA.

ζ̄· ἢ γὰρ μεταξὺ τῶν Β, Δ ἢ ἐπὶ τὸ Β πίπτει ἢ με-
ταξὺ τῶν Β, Ζ ἢ ἐπὶ τὸ Ζ ἢ μεταξὺ τῶν Ζ, Γ ἢ
ἐπὶ τὸ Γ ἢ μεταξὺ τῶν Γ, Α· καὶ ἐπὶ τούτων τῶν
πτώσεων συμβαίνει τὴν διαφορὰν τῶν ΑΒΓ, ΗΘΚ
5 τριγώνων κατωτέρω συνίστασθαι τῆς ΑΒ εὐθείας ὑπὸ
τῆς ΑΓ ἐκβαλλομένης.

ἐὰν δὲ τὸ Η ἐπὶ τὰ ἕτερα μέρη ληφθῇ τῆς τομῆς,
καὶ ἡ ἀπὸ τοῦ Η τῇ ΕΖ παράλληλος μεταξὺ πίπτῃ
τῶν Β, Ζ, ἐκβληθήσεται μὲν διὰ τὴν ἀπόδειξιν, ἕως
10 οὗ τέμη τὴν ΑΓ, τὸ δὲ Θ σημεῖον ποιήσει πτώσεις
ζ̄ ἢ μεταξὺ ὂν τῶν Β, Ζ ἢ ἐπὶ τὸ Ζ πῖπτον ἢ μεταξὺ
τῶν Ζ, Γ ἢ ἐπὶ τὸ Γ ἢ μεταξὺ τῶν Γ, Α ἢ ἐπὶ τὸ
Α ἢ ἐξωτέρω τοῦ Α. ἐὰν δὲ ἡ ἀπὸ τοῦ Η τῇ ΕΖ
παράλληλος ἐπὶ τὸ Ζ πίπτῃ, ὥστε μίαν εὐθεῖαν εἶναι
15 τὴν ΕΖΗ, τὸ Θ σημεῖον ποιήσει πτώσεις ε̄· ἢ γὰρ
μεταξὺ τῶν Ζ, Γ πεσεῖται ἢ ἐπὶ τὸ Γ ἢ μεταξὺ τῶν
Γ, Α ἢ ἐπὶ τὸ Α ἢ ἐξωτέρω τοῦ Α. ἐὰν δὲ ἡ ΗΚ
μεταξὺ πίπτῃ τῶν Ζ, Γ, τὸ Θ ποιήσει πτώσεις ε̄· ἢ
γὰρ μεταξὺ τῶν Ζ, Γ πεσεῖται ἢ ἐπὶ τὸ Γ ἢ μεταξὺ
20 τῶν Γ, Α ἢ ἐπὶ τὸ Α ἢ ἐξωτέρω τοῦ Α. ἐὰν δὲ ἡ
ΗΚ ἐπὶ τὸ Γ κέντρον πίπτῃ, τὸ Θ σημεῖον ποιήσει
πτώσεις τρεῖς ἢ μεταξὺ πῖπτον τῶν Γ, Α ἢ ἐπὶ τὸ
Α ἢ ἐξωτέρω τοῦ Α· καὶ ἐπὶ τούτων τῶν πτώσεων
συμβήσεται πάλιν τὸ ΗΘΚ τρίγωνον ἴσον γίνεσθαι
25 τῷ ΑΒΓ τριγώνῳ. ἐὰν δὲ ἡ ΗΚ μεταξὺ πίπτῃ τῶν
Γ, Α, τὸ Θ σημεῖον ἢ μεταξὺ τῶν Γ, Α πεσεῖται ἢ
ἐπὶ τὸ Α ἢ ἐξωτέρω τοῦ Α.

συμβαίνει οὖν ἐπί τινος ἐλλείψεως τὰς πάσας πτώ-
σεις εἶναι μβ̄ καὶ ἐπὶ τῆς τοῦ κύκλου δὲ περιφερείας

5. τῆς] scripsi, τάς Wp.   6. ΑΓ] scripsi, ΑΒ Wp.   8.
πίπτῃ] scripsi, πίπτει Wp.   10. ΑΓ] ΑΓ p.   11. ὂν —

et punctum Θ casus VII efficiet; aut enim inter B, $\varDelta$ cadit aut in B aut inter B, Z aut in Z aut inter Z, Γ aut in Γ aut inter Γ, A. et in his casibus adcidit, ut differentia triangulorum $\varDelta B \Gamma$, $H\Theta K$ infra rectam AB a recta $\varDelta \Gamma$ producta construatur.

sin H ad alteram partem sectionis sumitur, et recta ab H rectae EZ parallela inter B, Z cadit, demonstrationis causa producetur, donec rectam $\varDelta \Gamma$ secet, punctum Θ autem casus efficiet VII aut inter B, Z positum aut in Z cadens aut inter Z, Γ aut in Γ aut inter Γ, A aut in A aut extra A. sin recta ab H rectae EZ parallela in Z cadit, ita ut EZH una sit recta, punctum Θ casus V efficiet; nam aut inter Z, Γ cadet aut in Γ aut inter Γ, A aut in A aut extra A. sin HK inter Z, Γ cadit, Θ casus V efficiet; aut enim inter Z, Γ cadet aut in Γ aut inter Γ, A aut in A aut extra A. sin HK in Γ centrum cadit, punctum Θ tres casus efficiet aut inter Γ, A cadens aut in A aut extra A; et in his casibus rursus adcidet, ut sit $H\Theta K = \varDelta B \Gamma$. sin HK inter Γ, A cadit, punctum Θ aut inter Γ, A cadet aut in A aut extra A.

adcidit igitur, ut in ellipsi omnino XLII sint casus et in ambitu quoque circuli totidem, ita ut casus huius propositionis omnino sint XCVI.

μεταξύ] om. p.   14. πίπτῃ] corr. ex πίπτει p.   18. μεταξύ — 21. HK] om. p.   19. ἤ (alt.)] om. W, corr. Comm.   20. τό] τῶι W.   22. τό] p, τῶν W.   25. ΑΒΓ] ΑΒ Wp, corr. Comm.   26. τῶν — πεσεῖ-] in ras. W.   27. τό] p, τῶι W. ἤ] p, om. W.   28. τινος] τῆς?

τοσαύτας, ὡς εἶναι τὰς πάσας πτώσεις τούτου τοῦ
θεωρήματος ϛϛ.

Εἰς τὸ μδ'.

Ἐπεὶ οὖν ἀντικείμεναί εἰσιν αἱ ΖΑ, ΒΕ,
5 ὧν διάμετρος ἡ ΑΒ, ἡ δὲ διὰ τοῦ κέντρου ἡ
ΖΓΕ καὶ ἐφαπτόμεναι τῶν τομῶν αἱ ΖΗ, ΔΕ,
παράλληλός ἐστιν ἡ ΖΗ τῇ ΕΔ] ἐπεὶ γὰρ ὑπερβολή
ἐστιν ἡ ΑΖ καὶ ἐφαπτομένη ἡ ΖΗ καὶ κατηγμένη ἡ
ΖΟ, ἴσον ἐστὶ τὸ ὑπὸ ΟΓΗ τῷ ἀπὸ ΓΑ διὰ τὸ λζ'
10 θεώρημα· ὁμοίως δὴ καὶ τὸ ὑπὸ ΞΓΔ τῷ ὑπὸ ΓΒ
ἐστιν ἴσον. ἔστιν ἄρα, ὡς τὸ ὑπὸ ΟΓΗ πρὸς τὸ ἀπὸ
ΑΓ, οὕτως τὸ ὑπὸ ΞΓΔ πρὸς τὸ ἀπὸ ΒΓ, καὶ ἐναλ-
λάξ, ὡς τὸ ὑπὸ ΟΓΗ πρὸς τὸ ὑπὸ ΞΓΔ, τὸ ἀπὸ ΑΓ
πρὸς τὸ ἀπὸ ΓΒ. ἴσον δὲ τὸ ἀπὸ ΑΓ τῷ ἀπὸ ΓΒ·
15 ἴσον ἄρα καὶ τὸ ὑπὸ ΟΓΗ τῷ ὑπὸ ΞΓΔ. καί ἐστιν ἡ
ΟΓ τῇ ΓΞ ἴση· καὶ ἡ ΗΓ ἄρα τῇ ΓΔ ἐστιν ἴση· ἔστι
δὲ καὶ ἡ ΖΓ τῇ ΓΕ διὰ τὸ λ'· αἱ ἄρα ΖΓΗ ἴσαι εἰσὶ
ταῖς ΕΓΔ. καὶ γωνίας ἴσας περιέχουσι τὰς πρὸς τῷ Γ·
κατὰ κορυφὴν γάρ. ὥστε καὶ ἡ ΖΗ τῇ ΕΔ ἐστιν ἴση
20 καὶ ἡ ὑπὸ ΓΖΗ γωνία τῇ ὑπὸ ΓΕΔ. καί εἰσιν ἐναλλάξ·
παράλληλος ἄρα ἐστὶν ἡ ΖΗ τῇ ΕΔ.

αἱ πτώσεις αὐτοῦ ιβ εἰσιν, καθάπερ ἐπὶ τῆς ὑπερ-
βολῆς ἐν τῷ μγ' ἔχει, καὶ ἡ ἀπόδειξις ἡ αὐτή.

Εἰς τὸ με'.

25 Ἐπιστῆσαι χρὴ τῷ θεωρήματι τούτῳ πλείους ἔχοντι
πτώσεις. ἐπὶ μὲν γὰρ τῆς ὑπερβολῆς ἔχει κ̄· τὸ γὰρ

3. Hic Εἰς τὸ με' l. 24 — p. 266, 24 hab. W.   7. τῇ]
scripsi, τῆς Wp.   9. ΖΟ] ΖΘ Wp, corr. Comm.   ΟΓΗ]
ΘΓΗ Wp, corr. Comm.   10. δέ Halley cum Comm.   ὑπὸ
(alt.)] ἀπὸ p.   11. ΟΓΗ] ΘΓΗ Wp, corr. Comm.   12.

Ad prop. XLIV.

Quoniam igitur ZA, BE oppositae sunt, quarum diametrus est AB, recta autem per centrum ducta $Z\varGamma E$, sectionesque contingentes ZH, $\varDelta E$, rectae $\varDelta E$ parallela est ZH I p. 134, 21—24] quoniam enim AZ hyperbola est et contingens ZH et ordinate ducta ZO, erit propter prop. XXXVII $O\varGamma \times \varGamma H = \varGamma \varDelta^2$. iam eodem modo etiam

$$\varXi\varGamma \times \varGamma\varDelta = \varGamma B^2.$$

itaque $O\varGamma \times \varGamma H : A\varGamma^2 = \varXi\varGamma \times \varGamma\varDelta : B\varGamma^2$, et permutando $O\varGamma \times \varGamma H : \varXi\varGamma \times \varGamma\varDelta = A\varGamma^2 : \varGamma B^2$. uerum

$$A\varGamma^2 = \varGamma B^2;$$

itaque etiam $O\varGamma \times \varGamma H = \varXi\varGamma \times \varGamma\varDelta$. est autem $O\varGamma = \varGamma\varXi$ [prop. XXX]; quare etiam $H\varGamma = \varGamma\varDelta$. est autem etiam propter prop. XXX $Z\varGamma = \varGamma E$; itaque $Z\varGamma$, $\varGamma H$ rectis $E\varGamma$, $\varGamma\varDelta$ aequales sunt. et angulos ad $\varGamma$ positos aequales comprehendunt; ad uerticem enim inter se positi sunt; itaque [Eucl. I, 4] $ZH = E\varDelta$ et $\angle \varGamma ZH = \varGamma E\varDelta$. et sunt alterni; ergo ZH, $E\varDelta$ parallelae sunt [Eucl. I, 27].

Casus huius propositionis XII sunt, sicut in hyperbola in prop. XLIII se habet, et demonstratio eadem est.

Ad prop. XLV.

Inquirendum est in hanc propositionem, quae complures habeat casus. in hyperbola enim XX habet;

ἀντὶ τοῦ B λαμβανόμενον σημεῖον ἢ ταὐτόν ἐστι τῷ
Α ἢ ταὐτὸν τῷ Γ· τότε γὰρ συμβαίνει τὸ ἀπὸ τῆς ΑΘ
τρίγωνον ὅμοιον τῷ ΓΔΔ ταὐτὸν εἶναι τῷ ἀπο-
τεμνομένῳ τριγώνῳ ὑπὸ τῶν παραλλήλων ταῖς ΔΔΓ.
5 ἐὰν δὲ μεταξὺ ληφθῇ τὸ B σημεῖον τῶν Α, Γ, καὶ
τὰ Δ, Δ ἀνωτέρω ὦσι τῶν περάτων τῆς δευτέρας
διαμέτρου, γίνονται πτώσεις τρεῖς· τὰ γὰρ Ζ, Ε
ἢ ἀνωτέρω τῶν περάτων φέρονται ἢ ἐπ᾿ αὐτὰ ἢ
κατωτέρω. ἐὰν δὲ τὰ Δ, Δ ἐπὶ τὰ πέρατα ὦσι τῆς
10 δευτέρας διαμέτρου, τὰ Ζ, Ε κατωτέρω ἐνεχθήσονται.
ὁμοίως δὲ καὶ † ἐὰν ἐξωτέρω ληφθῇ τοῦ Γ τὸ B,
[καὶ] ἡ ΘΓ ἐπὶ τὸ Γ ἐκβληθήσεται, συμβαίνει δὲ οὕτως
γίνεσθαι ἄλλας πτώσεις τρεῖς· τοῦ γὰρ Δ σημείου ἢ
ἀνωτέρω φερομένου τοῦ πέρατος τῆς δευτέρας διαμέ-
15 τρου ἢ ἐπ᾿ αὐτὸ ἢ κατωτέρω καὶ τὸ Ζ ὁμοίως φερό-
μενον ποιήσει τὰς τρεῖς πτώσεις. ἐὰν δὲ ἐπὶ τὰ ἕτερα
μέρη τῆς τομῆς ληφθῇ τὸ B σημεῖον, ἡ μὲν ΓΘ
ἐκβληθήσεται ἐπὶ τὸ Θ διὰ τὴν ἀπόδειξιν, αἱ δὲ ΒΖ,
ΒΕ ποιοῦσι πτώσεις τρεῖς, ἐπειδὴ τὸ Δ ἐπὶ τὸ πέρας
20 φέρεται τῆς δευτέρας διαμέτρου ἢ ἀνωτέρω ἢ κατωτέρω.

ἐπὶ δὲ τῆς ἐλλείψεως καὶ τῆς τοῦ κύκλου περιφερείας
οὐδὲν ποικίλον ἐροῦμεν, ἀλλὰ ὅσα ἐν τῷ προλαβόντι
θεωρήματι ἐλέχθη· ὡς εἶναι τὰς πτώσεις τοῦ θεωρή-
ματος τούτου ϱδ.

---

2. Α] scripsi, Δ Wp.   τότε γάρ] καὶ τότε Halley cum
Comm.; fort. τότε δέ.   6. Α] Ζ Wp, corr. Comm.   ὦσιν W.
7. Ε] Ε, Η Wp, corr. Comm.   8. ἤ (tert.)] om. Wp, corr.
Comm.   9. ὦσιν W.   11. Β] corr. ex Θ W.   12. καί]
deleo.   Γ] Wp, Η Halley.   οὕτω p.   13. Δ] corr. ex
Δ W.   18. Θ] Η Halley.   19. ποιοῦσιν W.   τὸ Δ] τὰ
Ζ, Ε Halley cum Comm.   21. ἐπὶ δέ] addidi, om. Wp.   23.
ἐλέχθη] scripsi, λεχθῇ Wp.   24. ϱδ] scripsi, ϱ Wp.

nam punctum, quod pro B sumitur, aut idem est ac
A aut idem ac Γ; ita[1]) enim sequitur, triangulum in
$A\Theta$ descriptum triangulo $\Gamma\varDelta\varLambda$ similem eundem esse
ac triangulum a rectis abscisum rectis $\varDelta\varLambda$, $\varLambda\Gamma$
parallelis. sin punctum B inter A, Γ sumitur, et
puncta $\varDelta$, $\varLambda$ supra terminos alterius diametri posita
sunt, tres casus efficiuntur; nam Z, E aut supra
terminos cadunt aut in eos aut infra. sin $\varDelta$, $\varLambda$ in
terminis alterius diametri posita sunt, Z, E infra
cadent. similiter uero ....[2]) si B extra Γ sumitur,
$\Theta\Gamma$ ad Γ uersus producetur; ita autem adcidit, ut
tres alii efficiantur casus; nam puncto $\varDelta$ aut supra
terminum alterius diametri cadente aut in eum aut
infra eum etiam Z similiter cadens tres illos casus
efficiet. sin ad alteram partem sectionis sumitur
punctum B, $\Gamma\Theta$ propter demonstrationem ad Θ uersus
producetur, BZ, BE autem tres casus efficiunt,
quoniam $\varLambda$ in terminum alterius diametri cadit aut
supra aut infra.

in ellipsi uero et ambitu circuli singula non
dicemus, sed ea tantum, quae in propositione praece-
denti[3]) dicta sunt. quare casus huius propositionis
CIV sunt.

---

1) H. e. si B in A cadit. quare litteras A, Γ lin. 2 per-
mutauerunt Comm. Halley.

2) Hic deest casus, ubi $\varDelta$, $\varLambda$ infra terminos cadunt; tum
etiam Z, E infra cadunt. omnino omnes XX casus non enume-
rantur nec probabiliter restitui possunt, quia diuisiones Eutocii
parum perspicuae sunt.

3) Immo prop. XLIII. cum ibi in ellipsi XLII casus enu-
merentur, hic quoque in ellipsi circuloque LXXXIV statuendi
sunt. quare, si numerus XX supra p. 264, 26 in hyperbola pro-
positus uerus est, adparet hic lin. 24 $\overline{\varrho\delta}$ scribendum esse.

δύναται δὲ τὰ τῆς προτάσεως δείκνυσθαι καὶ ἐπὶ
ἀντικειμένων.

Εἰς τὸ μϚ'.

Τοῦτο τὸ θεώρημα πτώσεις ἔχει πλείους, ἃς δείξο-
5 μεν προσέχοντες ταῖς πτώσεσι τοῦ μβ'.

ὑποδείγματος δὲ χάριν, ἐὰν τὸ Ζ ἐπὶ τὸ Β πίπτοιτο,
αὐτόθεν ἐροῦμεν· ἐπεὶ τὸ ΒΔΔ ἴσον ἐστὶ τῷ ΘΒΔΜ,

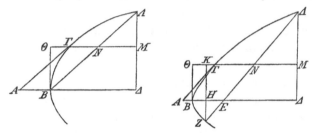

κοινὸν ἀφῃρήσθω τὸ ΝΜΔΒ· λοιπὸν ἄρα τὸ ΔΝΜ
τῷ ΝΘΒ ἐστιν ἴσον.

10 ἐπὶ δὲ τῆς λοιπῆς ἐροῦμεν· ἐπειδὴ τὸ ΔΕΔ τῷ
ΘΒΔΜ ἐστιν ἴσον, τουτέστι τῷ ΚΗΔΜ καὶ τῷ ΗΖΕ,
τουτέστι τῷ ΖΚΝ καὶ τῷ ΝΕΔΜ, κοινὸν ἀφῃρήσθω
τὸ ΝΕΔΜ· καὶ λοιπὸν ἄρα τὸ ΔΝΜ τῷ ΚΖΝ ἴσον.

Εἰς τὸ μζ'.

15 Τοῦτο τὸ θεώρημα ἐπὶ μὲν τῆς ὑπερβολῆς πτώσεις
ἔχει, ὅσας τὸ πρὸ αὐτοῦ ἐπὶ τῆς παραβολῆς εἶχεν, τὰς

4. ἃς] addidi, om. Wp.   δείξομεν δέ Halley cum Comm.
5. πτώσεσιν W.   6. πίπτοιτο] p, corr. ex πίπτειτο W.   7.
ἐροῦμεν] ἐροῦ p.   ἐπεί] ἐπί Wp, corr. Comm.   ΒΔΔ] ΒΔΔ
Wp, corr. Comm.   ἐστίν W.   τῷ] τό Wp, corr. Comm.
ΘΒΔΜ] ΟΒΔΜ Wp, corr. Comm.   8. ΝΜΔΒ] ΝΜΔΔΒ
Wp, corr. Comm.   10. ἐπί] -ί in ras. W.   δέ] -έ in ras. W.
ΔΕΔ] Δ e corr. p.   11. τουτέστιν W.   12. τουτέστιν W.
13. καί] p, καὶ αί W, om. Comm.   λοιπόν] -ό- e corr. W.
ἄρα] addidi cum Comm., om. Wp.   ΔΝΜ] ΑΝΜ Wp,
corr. Comm.   ΚΖΝ] Ν ins. m. 1 W, ΚΖΗ p.

propositio autem etiam de oppositis demonstrari potest.

Ad prop XLVI.

Haec propositio complures habet casus, quos demonstrabimus ad casus propositionis XLII animaduertentes.

exempli autem gratia, si Z in B cadit, statim dicemus: quoniam est [prop. XLII] $B\varDelta\varDelta = \varTheta B\varDelta M$, auferatur, quod commune est, $NM\varDelta B$; itaque, qui relinquitur, triangulus $\varDelta NM = N\varTheta B$.

in reliqua autem figura dicemus: quoniam

$$\varDelta E\varDelta = \varTheta B\varDelta M \text{ [prop. XLII]}$$
$$= KH\varDelta M + HZE = ZKN + NE\varDelta M,$$

auferatur, quod commune est, $NE\varDelta M$; erit igitur etiam, qui relinquitur, triangulus $\varDelta NM = KZN$.

Ad prop. XLVII.

Haec propositio in hyperbola totidem habet casus, quot praecedens in parabola habuit, demonstrationes

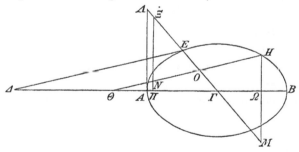

autem eorum efficiemus ad casus propositionis XLIII animaduertentes, et in ellipsi quoque demonstrationes

---

In Fig. 1 om.' $\varDelta$ W, pro N hab. H W.
In Fig. 3 pro $\varDelta$ hab. A, pro E hab. O, O et N om. W.

δὲ ἀποδείξεις αὐτῶν ποιησόμεθα προσέχοντες ταῖς
πτώσεσι τοῦ μγ' θεωρήματος, καὶ ἐπὶ τῆς ἐλλείψεως
δὲ τὰς ἀποδείξεις ἐκ τῶν πτώσεων τοῦ μγ', οἷον ἐπὶ
τῆς ὑποκειμένης καταγραφῆς τοῦ Η σημείου ἐκτὸς
5 εἰλημμένου, ἐπειδὴ ἴσον ἐστὶ τὸ ΔΑΓ τρίγωνον τοῖς
ΘΗΩ, ΩΓΜ, τουτέστι τοῖς ΟΘΓ, ΟΗΜ τριγώνοις,
τῷ δὲ ΔΑΓ ἴσον ἐστὶ τό τε ΞΠΓ τρίγωνον καὶ τὸ
ΔΑΠΞ τετράπλευρον, τουτέστι τὸ ΝΘΠ τρίγωνον
διὰ τὰ δεδειγμένα ἐν τῷ μγ' θεωρήματι, καὶ τὰ ΞΠΓ,
10 ΝΘΠ ἄρα τρίγωνα ἴσα ἐστὶ τοῖς ΟΘΓ, ΟΜΗ τρι-
γώνοις. κοινὸν ἀφῃρήσθω τὸ ΘΟΓ τρίγωνον· λοιπὸν
ἄρα τὸ ΞΟΝ τῷ ΗΟΜ ἴσον ἐστίν. καὶ παράλληλος
ἡ ΝΞ τῇ ΜΗ· ἴση ἄρα ἡ ΝΟ τῇ ΟΗ.

Εἰς τὸ μη'.

15 Καὶ τούτου αἱ πτώσεις ὡσαύτως ἔχουσι τοῖς προειρη-
μένοις ἐπὶ τοῦ μζ' κατὰ τὴν τῆς ὑπερβολῆς κατα-
γραφήν.

Εἰς τὸ μθ'.

Λοιπὸν ἄρα τὸ ΚΔΝ τρίγωνον τῷ ΔΔΠΓ
20 παραλληλογράμμῳ ἐστὶν ἴσον. καὶ ἴση ἐστὶν ἡ
ὑπὸ ΔΔΠ γωνία τῇ ὑπὸ ΚΔΝ γωνίᾳ· διπλάσιον
ἄρα ἐστὶ τὸ ὑπὸ ΚΔΝ τοῦ ὑπὸ ΔΔΓ] ἐκκείσθω
γὰρ χωρὶς τὸ ΚΔΝ τρίγωνον καὶ τὸ ΔΔΠΓ παραλ-

---

2. πτώσεσιν W.   5. ἐστίν W.   6. τουτέστιν W.   7.
τῷ] scripsi, τό Wp.   δέ] γάρ Wp, corr. Halley.   ἐστίν W.
τό] W, τῷ p.   ΖΠΓ p.   τρίγωνον] scripsi, τριγώνῳ Wp.
τό] W, τῷ p.   8. τετράπλευρον] W, comp. p.   τουτέστιν W.
10. ἐστίν W.   ΟΜΗ] ΟΜ W, ΟΔΔ p, corr. Comm.   12.
ΗΟΜ] ΗΘΜ Wp, corr. Halley, mog Comm.   13. ΟΗ] ΘΗ
Wp, corr. Comm.   15. ἔχουσιν W.   22. ἐστίν W.   23.
ΔΔΠΓ] ΔΔΠΤ Wp, corr. Comm.

efficiemus e casibus propositionis XLIII, uelut in figura infra descripta puncto H extra E sumpto, quoniam est [prop. XLIII]

$$\varDelta\varLambda\varGamma = \varTheta H\varOmega + \varOmega\varGamma M = O\varTheta\varGamma + OHM,$$

et $\varXi\varPi\varGamma + \varDelta\varLambda\varPi\varXi = \varDelta\varLambda\varGamma = \varXi\varPi\varGamma + N\varTheta\varPi$ propter ea, quae in prop. XLIII demonstrata sunt [u. supra p. 258, 2], erit etiam $\varXi\varPi\varGamma + N\varTheta\varPi = O\varTheta\varGamma + OMH$. auferatur, qui communis est, triangulus $\varTheta O\varGamma$; erit igitur, qui relinquitur, triangulus $\varXi ON = HOM$. et $N\varXi$, MH parallelae sunt; ergo $NO = OH$.

Ad prop. XLVIII.

Huius quoque propositionis casus eodem modo se habent atque ii, quos in prop. XLVII in figura hyperbolae explicauimus.

Ad prop. XLIX.

Erit igitur $K\varLambda N = \varDelta\varLambda\varPi\varGamma$. est autem $\angle \varDelta\varLambda\varPi = \angle K\varLambda N$; itaque erit

$$K\varLambda \times \varLambda N = 2\varDelta\varLambda \times \varLambda\varGamma \text{ I p. 148, 3—6]}$$

seorsum enim describantur triangulus $K\varLambda N$ et

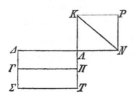

parallelogrammum $\varDelta\varLambda\varPi\varGamma$. et quoniam est $K\varLambda N = \varDelta\varPi$, per N rectae $\varLambda K$ parallela ducatur NP, per K autem rectae $\varLambda N$ parallela KP; parallelogrammum igitur est $\varLambda P$ et $= 2K\varLambda N$ [Eucl. I, 34]; quare etiam $\varLambda P = 2\varDelta\varPi$. iam $\varDelta\varGamma$, $\varDelta\varPi$ ad $\varSigma$, T producantur, et ponatur $\varGamma\varSigma = \varDelta\varGamma$,

---

Figura est codicis W, nisi quod ibi ducta est $\varLambda P$; pro $\varPi$ hab. K; K corr. m. rec. ex M.

λελόγραμμον. καὶ ἐπεὶ ἴσον ἐστὶ τὸ ΚΑΝ τρίγωνον
τῷ ΔΠ παραλληλογράμμῳ, ἤχθω διὰ τοῦ Ν τῇ ΔΚ
παράλληλος ἡ ΝΡ, διὰ δὲ τοῦ Κ τῇ ΔΝ ἡ ΚΡ·
παραλληλόγραμμον ἄρα ἐστὶ τὸ ΔΡ καὶ διπλάσιον τοῦ
5 ΚΑΝ τριγώνου· ὥστε καὶ τοῦ ΔΠ παραλληλογράμμου.
ἐκβεβλήσθωσαν δὴ αἱ ΔΓ, ΔΠ ἐπὶ τὰ Σ, Τ, καὶ
κείσθω τῇ ΔΓ ἴση ἡ ΓΣ, τῇ δὲ ΔΠ ἡ ΠΤ, καὶ
ἐπεζεύχθω ἡ ΣΤ· παραλληλόγραμμον ἄρα ἐστὶ τὸ ΔΤ
διπλάσιον τοῦ ΔΠ· ὥστε ἴσον τὸ ΔΡ τῷ ΔΣ. ἔστι δὲ
10 αὐτῷ καὶ ἰσογώνιον διὰ τὸ τὰς πρὸς τῷ Δ γωνίας κατὰ
κορυφὴν οὔσας ἴσας εἶναι· τῶν δὲ ἴσων καὶ ἰσογωνίων
παραλληλογράμμων ἀντιπεπόνθασιν αἱ περὶ τὰς ἴσας
γωνίας πλευραί· ἔστιν ἄρα, ὡς ἡ ΚΔ πρὸς ΔΤ,
τουτέστι πρὸς ΔΣ, ἡ ΔΔ πρὸς ΔΝ, καὶ τὸ ὑπὸ ΚΔΝ
15 ἴσον ἐστὶ τῷ ὑπὸ ΔΔΣ. καὶ ἐπεὶ διπλῆ ἐστιν ἡ ΔΣ
τῆς ΔΓ, τὸ ὑπὸ ΚΔΝ διπλάσιόν ἐστι τοῦ ΔΔΓ.

ἐὰν δὲ ἡ μὲν ΔΓ τῇ ΔΠ ἐστι παράλληλος, ἡ δὲ
ΓΠ τῇ ΔΔ μή ἐστι παράλληλος, τραπέζιον μὲν δηλονό-
τι ἐστὶ τὸ ΔΓΠΔ, καὶ οὕτως δέ φημι, ὅτι τὸ ὑπο
20 ΚΔΝ ἴσον ἐστὶ τῷ ὑπὸ ΔΔ καὶ συναμφοτέρου τῆς
ΓΔ, ΔΠ. ἐὰν γὰρ τὸ μὲν ΔΡ ἀναπληρωθῇ, ὡς
προείρηται, ἐκβληθῶσι δὲ καὶ αἱ ΔΓ, ΔΠ, καὶ τεθῇ
τῇ μὲν ΔΠ ἴση ἡ ΓΣ, τῇ δὲ ΔΓ ἡ ΠΤ, καὶ ἐπι-
ζευχθῇ ἡ ΣΤ, παραλληλόγραμμον ἔσται τὸ ΔΤ δι-
25 πλάσιον τοῦ ΔΠ, καὶ ἡ ἀπόδειξις ἡ αὐτὴ ἁρμόσει.
χρησιμεύσει δὲ τοῦτο εἰς τὸ ἐξῆς.

Εἰς τὸ ν′.

Αἱ πτώσεις τούτου τοῦ θεωρήματος ὡσαύτως ἔχουσι
ταῖς τοῦ μγ′, ὁμοίως δὲ καὶ ἐπὶ τοῦ να′.

---

1. ἐστίν W.　τρίγωνον] om. p.　2. ΔΠ] ΑΠ Wp,
corr. Comm.　4. ἐστίν W.　5. ΚΑΝ] Α supra scr. m. 1 W.

$\Pi T = \varDelta \Pi$, ducaturque $\varSigma T$; $\varDelta T$ igitur parallelogrammum est et $= 2 \varDelta \Pi$ [Eucl. VI, 1]; quare $\varDelta P = \varDelta \varSigma$. uerum etiam aequiangula sunt, quia anguli ad $\varDelta$ aequales sunt ad uerticem inter se positi; in parallelogrammis autem aequalibus et aequiangulis latera aequales angulos comprehendentia in contraria proportione sunt [Eucl. VI, 14]; itaque

$$KA : \varDelta T = \varDelta \varDelta : \varDelta N = KA : \varDelta \varSigma$$

et $KA \times \varDelta N = \varDelta \varDelta \times \varDelta \varSigma$. et quoniam $\varDelta \varSigma = 2 \varDelta \varGamma$, erit $KA \times \varDelta N = 2 \varDelta \varDelta \times \varDelta \varGamma$.

sin $\varDelta \varGamma$ rectae $\varDelta \Pi$ parallela est, $\varGamma \Pi$ autem rectae $\varDelta \varDelta$ non parallela, trapezium adparet esse $\varDelta \varGamma \Pi \varDelta$, sed sic quoque dico, esse

$$KA \times \varDelta N = \varDelta \varDelta \times (\varGamma \varDelta + \varDelta \Pi).$$

nam si $\varDelta P$ expletur, sicut antea dictum est, et $\varDelta \varGamma$, $\varDelta \Pi$ producuntur, poniturque $\varGamma \varSigma = \varDelta \Pi$, $\Pi T = \varDelta \varGamma$, et ducitur $\varSigma T$, $\varDelta T$ parallelogrammum erit et $= 2 \varDelta \Pi$, et eadem ualebit demonstratio. hoc uero in sequentibus [I p. 152, 14] utile erit.

Ad prop. L.

Casus huius propositionis eodem modo se habent atque in prop. XLIII, et similiter etiam in prop. LI.

---

6. $\varDelta \varGamma, \varDelta \Pi$] e corr. p; $\varDelta \varDelta$, $\varGamma \Pi$ W.   7. $\varGamma \varSigma$] p?, $\varGamma E$ W. $\delta \acute{\epsilon}$] $\varDelta E$ W. $\varDelta \Pi$ $\mathring{\eta}$] e corr. p.   8. $\dot{\epsilon}\sigma\tau\acute{\iota}\nu$ W.   9. $\tau\acute{o}$] $\tau\overset{\omega}{o}$ p. $\ddot{\epsilon}\sigma\tau\iota\nu$ W.   14. $\tau o \upsilon \tau \acute{\epsilon}\sigma\tau\iota\nu$ W.   15. $\dot{\epsilon}\sigma\tau\acute{\iota}\nu$ W. $\varDelta \varSigma$] $\varDelta \varSigma$ Wp, corr. Comm.   16. KAN] KAH p. $\dot{\epsilon}\sigma\tau\iota$] $\dot{\epsilon}\sigma\tau\iota\nu$, ι in ras., W. $\varDelta \varDelta \varGamma$] $\varDelta \varDelta \varGamma$ Wp, corr. Comm.   17. $\dot{\epsilon}\sigma\tau\iota\nu$ W. $\mathring{\eta}$ — 18. $\pi\alpha\varrho\acute{\alpha}\lambda\lambda\eta\lambda o\varsigma$] om. p.   18. $\varDelta \varDelta$] $\varDelta \varDelta$ W, corr. Halley; dl Comm. $\dot{\epsilon}\sigma\tau\iota\nu$ W. $\tau\varrho\alpha\pi\acute{\epsilon}\zeta\epsilon\iota o\nu$ W.   19. $\dot{\epsilon}\sigma\tau\acute{\iota}\nu$ W. $\varDelta \varGamma \Pi \varDelta$] $\varDelta \varGamma \Pi \varDelta$ Wp, corr. Comm. $o\ddot{\upsilon}\tau\omega$ p.   20. $\dot{\epsilon}\sigma\tau\acute{\iota}\nu$ W. 21. $\dot{\epsilon}\acute{\alpha}\nu$ — 22. $\varDelta \Pi$] om. p.   22. $\dot{\epsilon}\varkappa\beta\lambda\eta\vartheta\tilde{\omega}\sigma\iota\nu$ W. $\varDelta \varGamma$] corr. ex $\varDelta$ m. 1 W.   23. $\varGamma \varSigma$] $\varGamma O$ Wp, corr. Comm.   28. $\ddot{\epsilon}\chi o\upsilon\sigma\iota\nu$ W.

Εἰς τὸν ἐπίλογον.

Τὴν ἐκ τῆς γενέσεως διάμετρον λέγει τὴν
γεναμένην ἐν τῷ κώνῳ κοινὴν τομὴν τοῦ τέμνοντος
ἐπιπέδου καὶ τοῦ διὰ τοῦ ἄξονος τριγώνου· ταύτην
5 δὲ καὶ ἀρχικὴν διάμετρον λέγει. καί φησιν, ὅτι πάντα
τὰ δεδειγμένα συμπτώματα τῶν τομῶν ἐν τοῖς προειρη-
μένοις θεωρήμασιν ὑποθεμένων ἡμῶν τὰς ἀρχικὰς
διαμέτρους συμβαίνειν δύνανται καὶ τῶν ἄλλων πασῶν
διαμέτρων ὑποτιθεμένων.

10   *Εἰς τὸ νδ'.*

Καὶ ἀνεστάτω ἀπὸ τῆς ΑΒ ἐπίπεδον ὀρθὸν
πρὸς τὸ ὑποκείμενον ἐπίπεδον, καὶ ἐν αὐτῷ
περὶ τὴν ΑΒ γεγράφθω κύκλος ὁ ΑΕΒΖ, ὥστε
τὸ τμῆμα τῆς διαμέτρου τοῦ κύκλου τὸ ἐν τῷ
15 ΑΕΒ τμήματι πρὸς τὸ τμῆμα τῆς διαμέτρου τὸ
ἐν τῷ ΑΖΒ τμήματι μὴ μείζονα λόγον ἔχειν
τοῦ ὃν ἔχει ἡ ΑΒ πρὸς ΒΓ] ἔστωσαν δύο εὐθεῖαι
αἱ ΑΒ, ΒΓ, καὶ δέον ἔστω περὶ τὴν ΑΒ κύκλον
γράψαι, ὥστε τὴν διάμετρον αὐτοῦ τέμνεσθαι ὑπὸ τῆς
20 ΑΒ οὕτως, ὥστε τὸ πρὸς τῷ Γ μέρος αὐτῆς πρὸς τὸ
λοιπὸν μὴ μείζονα λόγον ἔχειν τοῦ τῆς ΑΒ πρὸς ΒΓ.

ὑποκείσθω μὲν νῦν τὸν αὐτόν, καὶ τετμήσθω ἡ
ΑΒ δίχα κατὰ τὸ Δ, καὶ δι' αὐτοῦ πρὸς ὀρθὰς τῇ
ΑΒ ἤχθω ἡ ΕΔΖ, καὶ γεγονέτω, ὡς ἡ ΑΒ πρὸς

---

3. γεναμένην] W, γενομένην p.   5. διάμετρον] p, m. rec.
W, καὶ ἄμετρον m. 1 W.   9. ὑποτιθεμένων] scripsi, ὑπο-
θεμένων Wp.   14. τοῦ] addidi, om. Wp.   15. τό (alt.)] τά
Wp, corr. Halley.   16. ΑΖΒ] ΑΒΖ Wp, corr. Comm.   μή]
om. Wp, corr. Comm.   20. τῷ] scripsi, τό Wp.   21. ΑΒ]
Β e corr. p.   22. μὲν νῦν] v, μενων W (μὲν οὖν?), με νῦν p.
αὐτὸν ἔχειν Halley cum Comm.

Ad epilogum [I p. 158, 1—15].

Diametrum originalem uocat [I p. 158, 2] sectionem in cono factam communem plani secantis triangulique per axem positi; hanc autem etiam diametrum principalem uocat [I p. 158, 14]. et dicit, omnes proprietates sectionum, quae in propositionibus praecedentibus demonstratae sint supponentibus nobis diametros originales, etiam omnibus aliis diametris suppositis euenire posse.

Ad prop. LIV.

Et in AB planum ad planum subiacens perpendiculare erigatur, et in eo circum AB circulus describatur $AEBZ$, ita ut pars dia- metri circuli in segmento AEB posita ad partem diametri in AZB positam maiorem rationem non habeat quam $AB : B\Gamma$ I p. 166, 24 — 168, 2] sint duae rectae AB, $B\Gamma$, et opor- teat circum AB circulum describere, ita ut dia- metrus eius ab AB sic secetur, ut pars eius ad Γ posita ad reliquam ratio- nem habeat non maiorem quam $AB : B\Gamma$.

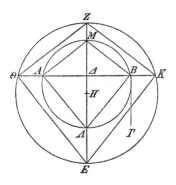

supponatur nunc eandem habere, et AB in duas partes aequales secetur in $\varDelta$, et per id ad AB perpen-

---

In fig. E m. rec. W, pro B hab. E e corr.

ΒΓ, ἡ ΕΔ πρὸς ΔΖ, καὶ δίχα τετμήσθω ἡ ΕΖ·
δῆλον δή, ὅτι, εἰ μὲν ἡ ΑΒ τῇ ΒΓ ἐστιν ἴση καὶ ἡ
ΕΔ τῇ ΔΖ, διχοτομία ἔσται τῆς ΕΖ τὸ Δ, εἰ δὲ ἡ
ΑΒ τῆς ΒΓ μείζων καὶ ἡ ΕΔ τῆς ΔΖ, ἡ διχοτομία
5 κατωτέρω ἐστὶ τοῦ Δ, εἰ δὲ ἡ ΑΒ τῆς ΒΓ ἐλάσσων,
ἀνωτέρω.

ἔστω δὲ νῦν τέως κατωτέρω ὡς τὸ Η, καὶ κέντρῳ
τῷ Η διαστήματι τῷ ΗΖ κύκλος γεγράφθω· δεῖ δὴ
διὰ τῶν Α, Β σημείων ἥξειν ἢ ἐσωτέρω ἢ ἐξωτέρω.
10 καὶ εἰ μὲν διὰ τῶν Α, Β σημείων ἔρχοιτο, γεγονὸς
ἂν εἴη τὸ ἐπιταχθέν· ὑπερπιπτέτω δὲ τὰ Α, Β, καὶ
ἐκβληθεῖσα ἐφ᾽ ἑκάτερα ἡ ΑΒ συμπιπτέτω τῇ περιφερείᾳ
κατὰ τὰ Θ, Κ, καὶ ἐπεζεύχθωσαν αἱ ΖΘ, ΘΕ, ΕΚ, ΚΖ,
καὶ ἤχθω διὰ τοῦ Β τῇ μὲν ΖΚ παράλληλος ἡ ΜΒ,
15 τῇ δὲ ΚΕ ἡ ΒΔ, καὶ ἐπεζεύχθωσαν αἱ ΜΑ, ΑΔ·
ἔσονται δὴ καὶ αὐταὶ παράλληλοι ταῖς ΖΘ, ΘΕ διὰ τὸ
ἴσην εἶναι τὴν μὲν ΑΔ τῇ ΔΒ, τὴν δὲ ΔΘ τῇ ΔΚ
καὶ πρὸς ὀρθὰς εἶναι τὴν ΖΔΕ τῇ ΘΚ. καὶ ἐπεὶ ὀρθή
ἐστιν ἡ πρὸς τῷ Κ γωνία, καὶ παράλληλοι αἱ ΜΒΔ
20 ταῖς ΖΚΕ, ὀρθὴ ἄρα καὶ ἡ πρὸς τῷ Β· διὰ τὰ αὐτὰ
δὴ καὶ ἡ πρὸς τῷ Α. ὥστε ὁ περὶ τὴν ΜΔ κύκλος
γραφόμενος ἥξει διὰ τῶν Α, Β. γεγράφθω ὡς ὁ
ΜΑΔΒ. καὶ ἐπεὶ παράλληλός ἐστιν ἡ ΜΒ τῇ ΖΚ,
ἔστιν, ὡς ἡ ΖΔ πρὸς ΔΜ, ἡ ΚΔ πρὸς ΔΒ. ὁμοίως
25 δὴ καί, ὡς ἡ ΚΔ πρὸς ΔΒ, ἡ ΕΔ πρὸς ΔΔ. καὶ

---

3. δέ] δή p.   4. ΕΔ] ΣΔ Wp, corr. Comm.   5. ἐστίν,
-ίν in ras., W.   8. τῷ (pr.)] p, τό W.   9. ἥξειν — 10. ση-
μείων] om. p.   9. ἥξειν] ἥξει W, corr. Comm.; fort. ἥξει
retinendum et pro δεῖ lin. 8 scrib. ἤτοι.   17. τῇ] p, τήν W.
ΔΒ] ΔΕ Wp, corr. Comm.   δέ] p, ΔΕ W.   18. ΖΔΕ]
scripsi, ΔΖΕ Wp, ΕΔΖ Halley cum Comm.   19. ΜΒΔ]
scripsi, ΜΒΔ Wp, ΜΒ, ΒΔ Halley cum Comm.   22. Β] Γ'

dicularis ducatur $E\varDelta Z$, et fiat $E\varDelta : \varDelta Z = AB : B\varGamma$, seceturque EZ in duas partes aequales; manifestum igitur, si $AB = B\varGamma$ et $E\varDelta = \varDelta Z$, punctum $\varDelta$ esse medium rectae EZ, sin $AB > B\varGamma$ et $E\varDelta > \varDelta Z$, punctum medium infra $\varDelta$ positum esse, sin $AB < B\varGamma$, supra $\varDelta$.

nunc autem infra sit positum ut H, et centro H radio HZ circulus describatur; is igitur aut per puncta A, B ueniet aut intra ea aut extra. iam si per puncta A, B uenerit, effectum erit, quod propositum est; cadat uero extra A, B, et AB ad utramque partem producta cum ambitu in Θ, K concurrat, ducanturque $Z\Theta, \Theta E, EK, KZ$, per B autem rectae ZK parallela ducatur MB, rectae KE autem parallela $B\varDelta$, ducanturque $MA, A\varDelta$; eae igitur et ipsae rectis $Z\Theta, \Theta E$ parallelae erunt, quia $A\varDelta = \varDelta B$, $\varDelta\Theta = \varDelta K$, et $Z\varDelta E$ ad ΘK perpendicularis [Eucl. I, 4]. et quoniam angulus ad K positus rectus est, et MB, $B\varDelta$ rectis ZK, KE parallelae, erit etiam angulus ad B positus rectus; eadem de causa etiam angulus ad A positus rectus est. quare circulus circum $M\varDelta$ descriptus per A, B ueniet [Eucl. III, 31]. describatur ut $MA\varDelta B$. et quoniam MB, ZK parallelae sunt, erit [Eucl. VI, 4] $Z\varDelta : \varDelta M = K\varDelta : \varDelta B$. iam eodem modo erit $K\varDelta : \varDelta B = E\varDelta : \varDelta\varDelta$.[1]) et permutando $E\varDelta : \varDelta Z = \varDelta\varDelta : \varDelta M = AB : B\varGamma$.

---

1) Post $\varDelta\varDelta$ lin. 25 excidisse uidentur haec fere: ἔστιν ἄρα, ὡς ἡ $Z\varDelta$ πρὸς $\varDelta M$, ἡ $E\varDelta$ πρὸς $\varDelta\varDelta$.

W p, corr. Comm.   23. $MA\varDelta B$] $MAAB$ W p, corr. Comm. 25. $\varDelta B$] B e corr. m. 1 W. $\varDelta\varDelta$] AA W p, corr. Comm.

ἐναλλάξ, ὡς ἡ ΕΔ πρὸς ΔΖ, τουτέστιν ἡ ΑΒ πρὸς
ΒΓ, ἡ ΔΔ πρὸς ΔΜ.

ὁμοίως δέ, κἂν ὁ γραφόμενος περὶ τὴν ΖΕ κύκλος
τέμνοι τὴν ΑΒ, τὸ αὐτὸ δειχθήσεται.

5   Εἰς τὸ νε΄.

Καὶ ἐπὶ τῆς ΑΔ γεγράφθω ἡμικύκλιον τὸ
ΑΖΔ, καὶ ἤχθω τις εἰς τὸ ἡμικύκλιον παράλ
ληλος τῇ ΑΘ ἡ ΖΗ ποιοῦσα τὸν τοῦ ἀπὸ ΖΗ
πρὸς τὸ ὑπὸ ΔΗΑ λόγον τὸν αὐτὸν τῷ τῆς ΓΑ
10 πρὸς τὴν διπλασίαν τῆς ΑΔ] ἔστω ἡμικύκλιον τὸ
ΑΒΓ ἐπὶ διαμέτρου τῆς ΑΓ, ὁ δὲ δοθεὶς λόγος ὁ τῆς
ΕΖ πρὸς ΖΗ, καὶ δέον ἔστω ποιῆσαι τὰ προκείμενα.

κείσθω τῇ ΕΖ ἴση ἡ ΖΘ, καὶ τετμήσθω ἡ ΘΗ
δίχα κατὰ τὸ Κ, καὶ ἤχθω ἐν τῷ ἡμικυκλίῳ τυχοῦσα
15 εὐθεῖα ἡ ΓΒ ἐν γωνίᾳ τῇ ὑπὸ ΑΓΒ, καὶ ἀπὸ τοῦ
Δ κέντρου ἤχθω ἐπ᾽ αὐτὴν κάθετος ἡ ΔΣ καὶ ἐκβλη
θεῖσα συμβαλλέτω τῇ περιφερείᾳ κατὰ τὸ Ν, καὶ διὰ
τοῦ Ν τῇ ΓΒ παράλληλος ἤχθω ἡ ΝΜ· ἐφάψεται
ἄρα τοῦ κύκλου. καὶ πεποιήσθω, ὡς ἡ ΖΘ πρὸς ΘΚ,
20 ἡ ΜΞ πρὸς ΞΝ, καὶ κείσθω τῇ ΞΝ ἴση ἡ ΝΟ, καὶ
ἐπεξεύχθωσαν αἱ ΔΞ, ΔΟ τέμνουσαι τὸ ἡμικύκλιον
κατὰ τὰ Π, Ρ, καὶ ἐπεξεύχθω ἡ ΠΡΔ.

ἐπεὶ οὖν ἴση ἐστὶν ἡ ΞΝ τῇ ΝΟ, κοινὴ δὲ καὶ
πρὸς ὀρθὰς ἡ ΝΔ, ἴση ἄρα καὶ ἡ ΔΟ τῇ ΔΞ. ἔστι
25 δὲ καὶ ἡ ΔΠ τῇ ΔΡ· καὶ λοιπὴ ἄρα ἡ ΠΟ τῇ ΡΞ

<hr>

1. ΔΖ, τουτέστιν] scripsi, ΔΖΤ οὔτε ἐστίν Wp.   2. ΔΔ]
ΑΔ Wp, corr. Comm.   4. τέμνοι] Wp.   5. νε΄] in ras.
plur. litt. W.   9. τῷ] in ras. m. 1 W.   15. ΑΓΒ] e corr. p.
16. ΔΣ] scripsi, ΔΕ Wp.   22. Ρ, Π Comm.   23. ΝΟ]
ΝΘ Wp, corr. Comm.   24. ΝΔ] ΜΔ Wp, corr. Comm.
ἔστιν W.   25. τῇ (pr.)] ἴση τῇ Halley.

et similiter etiam, si circulus circum ZE descriptus rectam AB secat, idem demonstrabitur.

Ad prop. LV.

Et in $A\varDelta$ semicirculus describatur $AZ\varDelta$, ad semicirculum autem recta ducatur ZH rectae $A\varTheta$ parallela, quae faciat

$$ZH^2 : \varDelta H \times HA = \varGamma A : 2A\varDelta \text{ I p. } 172, 8{-}12]$$

sit $AB\varGamma$ semicirculus in diametro $A\varGamma$, data autem ratio $EZ:ZH$, et oporteat efficere, quod propositum est.

ponatur $Z\varTheta = EZ$, et $\varTheta H$ in K in duas partes aequales secetur, ducaturque in semicirculo recta aliqua $\varGamma B$ in angulo $A\varGamma B$, et ab A centro ad eam

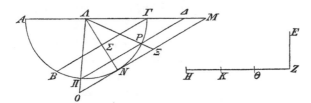

perpendicularis ducatur $A\varSigma$ productaque cum ambitu in N concurrat, et per N rectae $\varGamma B$ parallela ducatur NM; ea igitur circulum continget [Eucl. III, 16 coroll.]. et fiat $M\varXi : \varXi N = Z\varTheta : \varTheta K$, ponaturque $NO = \varXi N$, et ducantur $A\varXi$, AO semicirculum in $\varPi$, P secantes, ducaturque $\varPi P\varDelta$.

quoniam igitur $\varXi N = NO$, communis autem et perpendicularis $N A$, erit etiam $AO = A\varXi$ [Eucl. I, 4]. uerum etiam $A\varPi = AP$; quare etiam reliqua $\varPi O = P\varXi$.

In fig. pro $\varSigma$ hab. E W, pro $\varPi$ hab. H (hoc corr. w).

ἐστιν ἴση. παράλληλος ἄρα ἐστὶν ἡ ΠΡΔ τῇ ΜΟ.
καί ἐστιν, ὡς ἡ ΖΘ πρὸς ΘΚ, ἡ ΜΞ πρὸς ΝΞ· ὡς
δὲ ἡ ΘΚ πρὸς ΘΗ, ἡ ΝΞ πρὸς ΞΟ· δι᾽ ἴσου ἄρα,
ὡς ἡ ΘΖ πρὸς ΘΗ, ἡ ΜΞ πρὸς ΞΟ· ἀνάπαλιν, ὡς
5 ἡ ΗΘ πρὸς ΘΖ, ἡ ΟΞ πρὸς ΞΜ· συνθέντι, ὡς ἡ
ΗΖ πρὸς ΖΘ, τουτέστι πρὸς ΖΕ, ἡ ΟΜ πρὸς ΜΞ,
τουτέστιν ἡ ΠΔ πρὸς ΔΡ. ὡς δὲ ἡ ΠΔ πρὸς ΔΡ,
τὸ ὑπὸ ΠΔΡ πρὸς τὸ ἀπὸ ΔΡ, ἴσον δὲ τὸ ὑπὸ ΠΔΡ
τῷ ὑπὸ ΑΔΓ· ὡς ἄρα ἡ ΗΖ πρὸς ΖΕ, τὸ ὑπὸ ΑΔΓ
10 πρὸς τὸ ἀπὸ ΔΡ. ἀνάπαλιν ἄρα, ὡς ἡ ΕΖ πρὸς ΖΗ,
τὸ ἀπὸ ΔΡ πρὸς τὸ ὑπὸ ΑΔΓ.

Εἰς τὸ νη´.

Καὶ ἐπὶ τῆς ΑΕ γεγράφθω ἡμικύκλιον τὸ
ΑΕΖ, καὶ τῇ ΑΔ παράλληλος ἤχθω ἐν αὐτῷ ἡ
15 ΖΗ λόγον ποιοῦσα τὸν τοῦ ἀπὸ ΖΗ πρὸς τὸ
ὑπὸ ΑΗΕ τὸν τῆς ΓΑ πρὸς τὴν διπλασίαν τῆς
ΑΕ] ἔστω ἡμικύκλιον τὸ ΑΒΓ καὶ ἐν αὐτῷ εὐθεῖά
τις ἡ ΑΒ, καὶ κείσθωσαν δύο εὐθεῖαι ἄνισοι αἱ ΔΕ,
ΕΖ, καὶ ἐκβεβλήσθω ἡ ΕΖ ἐπὶ τὸ Η, καὶ τῇ ΔΕ
20 ἴση κείσθω ἡ ΖΗ, καὶ τετμήσθω ὅλη ἡ ΕΗ δίχα
κατὰ τὸ Θ, καὶ εἰλήφθω τὸ κέντρον τοῦ κύκλου
τὸ Κ, καὶ ἀπ᾽ αὐτοῦ κάθετος ἐπὶ τὴν ΑΒ ἤχθω
καὶ συμβαλλέτω τῇ περιφερείᾳ κατὰ τὸ Δ, καὶ διὰ
τοῦ Δ τῇ ΑΒ παράλληλος ἤχθω ἡ ΔΜ, καὶ ἐκβλη-

---

1. ἡ — 2. ἐστιν] om. Wp, corr. Halley cum Comm. 3.
ΘΗ] ΘΝ p. 4. ΘΗ] ΘΝ p. ΞΟ] corr. ex ΞΑ W.
ἀνάπαλιν] διὸ πάλιν Wp, corr. Comm. 5. ΗΘ] corr. ex
ΘΖ m. 1 W. ΘΖ] Ζ in ras. W. ΟΞ] Ο in ras. W. 6.
τουτέστιν W. ΟΜ] ΘΜ Wp, corr. Comm. 11. ΑΔΓ]
ΔΑΓ Wp, corr. Comm. 12. νη´] om. Wp. 15. ποιοῦσα]
ποι- in ras. W. 16. τὸν τῆς] τὸν αὐτὸν τῷ τῆς Halley cum
Comm. 19. τό] p, τῷ W. 22. τό] p, τῷ W. 23. Δ]
e corr. m. 2 W.

itaque $\Pi P \varDelta$ rectae MO parallela[1]) est [Eucl. VI, 2].
et est $Z\Theta:\Theta K = M\Xi:N\Xi$; uerum $\Theta K:\Theta H = N\Xi:\Xi O$;
ex aequo igitur $\Theta Z:\Theta H = M\Xi:\Xi O$; e contrario
$H\Theta:\Theta Z = O\Xi:\Xi M$; componendo
$$HZ:Z\Theta = OM:M\Xi = HZ:ZE = \Pi\varDelta:\varDelta P.$$
uerum $\Pi\varDelta:\varDelta P = \Pi\varDelta \times \varDelta P:\varDelta P^2$, et
$$\Pi\varDelta \times \varDelta P = A\varDelta \times \varDelta\Gamma \text{ [Eucl. III, 36].}$$
itaque $HZ:ZE = A\varDelta \times \varDelta\Gamma:\varDelta P^2$. ergo e contrario
$EZ:ZH = \varDelta P^2:A\varDelta \times \varDelta\Gamma$.

Ad prop. LVIII.

In AE autem semicirculus describatur AEZ,
et in eo rectae $A\varDelta$ parallela ducatur ZH, quae

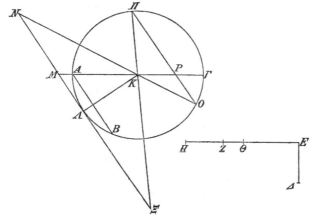

efficiat $ZH^2:AH \times HE = \Gamma A:2AE$ I p. 182,
19—22] sit ABT semicirculus et in eo recta aliqua

---

1) Fort. post MO lin. 1 praeterea addendum: ὥστε καὶ τῇ $B\Gamma$.

In fig. multae litterae renouatae in W; pro N hab. A,
pro Π autem M, pro O Θ, pro M N; K et P om.

θεῖσα ἡ ΚΑ συμβαλλέτω τῇ ΛΜ κατὰ τὸ Μ, καὶ
πεποιήσθω, ὡς ἡ ΘΖ πρὸς ΖΗ, ἡ ΛΜ πρὸς ΜΝ,
καὶ τῇ ΛΝ ἴσῃ ἔστω ἡ ΛΞ, καὶ ἐπεζεύχθωσαν αἱ
ΝΚ, ΚΞ καὶ ἐκβεβλήσθωσαν, καὶ ἀναπληρωθεὶς ὁ
5 κύκλος τεμνέτω αὐτὰς κατὰ τὰ Π, Ο, καὶ ἐπεζεύχθω
ἡ ΟΡΠ.

ἐπεὶ οὖν ἐστιν, ὡς ἡ ΖΘ πρὸς ΖΗ, ἡ ΛΜ πρὸς
ΜΝ, συνθέντι, ὡς ἡ ΘΗ πρὸς ΗΖ, ἡ ΛΝ πρὸς
ΝΜ· ἀνάπαλιν, ὡς ἡ ΖΗ πρὸς ΗΘ, ἡ ΝΜ πρὸς ΝΛ,
10 ὡς δὲ ἡ ΖΗ πρὸς ΗΕ, ἡ ΜΝ πρὸς ΝΞ· διελόντι,
ὡς ἡ ΖΗ πρὸς ΖΕ, ἡ ΝΜ πρὸς ΜΞ. καὶ ἐπεὶ ἴση
ἐστὶν ἡ ΝΛ τῇ ΛΞ, κοινὴ δὲ καὶ πρὸς ὀρθὰς ἡ ΛΚ,
ἴση ἄρα καὶ ἡ ΚΝ τῇ ΚΞ. ἔστι δὲ καὶ ἡ ΚΟ τῇ
ΚΠ ἴση· παράλληλος ἄρα ἡ ΝΞ τῇ ΟΠ. ὅμοιον
15 ἄρα τὸ ΚΜΝ τρίγωνον τῷ ΟΚΡ τριγώνῳ καὶ τὸ
ΚΜΞ τῷ ΠΡΚ. ἔστιν ἄρα, ὡς ἡ ΚΜ πρὸς ΚΡ,
ἡ ΜΝ πρὸς ΡΟ. ἀλλὰ καί, ὡς αὐτὴ ἡ ΚΜ πρὸς ΚΡ,
ἡ ΜΞ πρὸς ΠΡ· καὶ ὡς ἄρα ἡ ΝΜ πρὸς ΡΟ, ἡ ΜΞ
πρὸς ΠΡ· καὶ ἐναλλάξ, ὡς ἡ ΝΜ πρὸς ΜΞ, ἡ ΟΡ
20 πρὸς ΡΠ. ἀλλ᾽ ὡς μὲν ἡ ΝΜ πρὸς ΜΞ, ἡ ΗΖ
πρὸς ΖΕ, τουτέστιν ἡ ΔΕ πρὸς ΕΖ, ὡς δὲ ἡ ΟΡ
πρὸς ΡΠ, τὸ ἀπὸ ΟΡ πρὸς τὸ ὑπὸ ΟΡΠ· καὶ ὡς ἄρα
ἡ ΔΕ πρὸς ΕΖ, τὸ ἀπὸ ΟΡ πρὸς τὸ ὑπὸ ΟΡΠ. ἴσον
δὲ τὸ ὑπὸ ΟΡΠ τῷ ὑπὸ ΑΡΓ. ὡς ἄρα ἡ ΔΕ πρὸς
25 ΕΖ, τὸ ἀπὸ ΟΡ πρὸς τὸ ὑπὸ ΑΡΓ.

---

3. ἔστω] -ω in ras. W.   5. Ο, Π Halley cum Comm.
10. δέ] ἄρα?   12. ΛΞ] ΛΖ Wp, corr. Comm.   13. ἔστιν W.
15. ΚΜΝ] ΚΜ Wp, corr. Comm.   τῷ] corr. ex τό W.   17.
αὐτή] ἡ αὐτή?   18. ΝΜ] ΗΜ Wp, corr. Halley, mn Comm.
20. ΗΖ] p, Ζ W.   25. ΑΡΓ] ΑΡΟ Wp, corr. Comm.

AB, ponanturque duae rectae inaequales $\varDelta E$, EZ, et EZ ad H producatur, ponaturque $ZH = \varDelta E$, et tota EH in $\varTheta$ in duas partes aequales secetur, centrum autem circuli sumatur K, et a K ad AB perpendicularis ducatur et cum ambitu in $\varDelta$ concurrat, per $\varDelta$ autem rectae AB parallela ducatur $\varDelta M$, productaque $K\varDelta$ cum $\varDelta M$ in M concurrat, et fiat

$$\varTheta Z : ZH = \varDelta M : MN,$$

sitque $\varDelta \varXi = \varDelta N$, ducanturque NK, $K\varXi$ et producantur, circulusque expletus eas in $\varPi$, O secet, ducaturque $OP\varPi$.

quoniam igitur $Z\varTheta : ZH = \varDelta M : MN$, componendo est $\varTheta H : HZ = \varDelta N : NM$; e contrario

$$ZH : H\varTheta = NM : N\varDelta$$

et $ZH : HE = MN : N\varXi$; dirimendo

$$ZH : ZE = NM : M\varXi.$$

et quoniam $N\varDelta = \varDelta \varXi$, communis autem et perpendicularis $\varDelta K$, erit etiam [Eucl. I, 4] $KN = K\varXi$. uerum etiam $KO = K\varPi$; parallelae igitur sunt $N\varXi$, $O\varPi$. itaque similes sunt trianguli KMN, OKP et $KM\varXi$, $\varPi PK$ [Eucl. I, 29; I, 15]. quare

$$KM : KP = MN : PO \text{ [Eucl. VI, 4]}.$$

est autem etiam $KM : KP = M\varXi : \varPi P$ [ib.]; quare etiam $NM : PO = M\varXi : \varPi P$, et permutando

$$NM : M\varXi = OP : P\varPi.$$

uerum $NM : M\varXi = HZ : ZE = \varDelta E : EZ$ et

$$OP : P\varPi = OP^2 : OP \times P\varPi;$$

quare etiam $\varDelta E : EZ = OP^2 : OP \times P\varPi$. est autem $OP \times P\varPi = AP \times P\varGamma$ [Eucl. III, 35]. ergo

$$\varDelta E : EZ = OP^2 : AP \times P\varGamma.$$

Εἴρηται μὲν ἐν τοῖς μετὰ τὸ ι΄ θεώρημα σχολίοις
ὁ σκοπὸς τῶν ιγ πρώτων θεωρημάτων καὶ ἐν τοῖς
εἰς τὸ ἑκκαιδέκατον ὁ τῶν ἑξῆς τριῶν, δεῖ δὲ εἰδέναι,
ὅτι ἐν μὲν τῷ ιζ΄ φησίν, ὅτι ἡ διὰ τῆς κορυφῆς
5 παρὰ τεταγμένως κατηγμένην ἀγομένη ἐκτὸς πίπτει,
ἐν δὲ τῷ ιη΄ φησίν, ὅτι ἡ παράλληλος τῇ ὁπωσοῦν
ἐφαπτομένη ἐντὸς τῆς τομῆς ἀγομένη τεμεῖ τὴν τομήν,
ἐν τῷ ιθ΄, ὅτι ἡ ἀπό τινος σημείου τῆς διαμέτρου
παρὰ τεταγμένως κατηγμένην συμπίπτει τῇ τομῇ, ἐν
10 τῷ κ΄ καὶ κα΄ τὰς καταγομένας ζητεῖ τῶν τομῶν, ὅπως
ἔχουσι πρὸς ἀλλήλας καὶ τὰ τῆς διαμέτρου ὑπ᾽ αὐτῶν
γινόμενα τμήματα, ἐν τῷ κβ΄ καὶ κγ΄ λέγει περὶ τῆς
εὐθείας τῆς κατὰ δύο σημεῖα τῇ τομῇ συμπιπτούσης,
ἐν τῷ κδ΄ καὶ κε΄ περὶ τῆς εὐθείας τῆς καθ᾽ ἓν τῇ
15 τομῇ συμπιπτούσης, τουτέστιν ἐφαπτομένης, ἐν τῷ κϛ΄
περὶ τῆς ἀγομένης παραλλήλου τῇ διαμέτρῳ τῆς παρα-
βολῆς καὶ τῆς ὑπερβολῆς, ἐν τῷ κζ΄ περὶ τῆς τεμνούσης
τὴν διάμετρον τῆς παραβολῆς, ὅτι κατ᾽ ἀμφότερα μέρη
συμπίπτει τῇ τομῇ, ἐν τῷ κη΄ περὶ τῆς ἀγομένης
20 παραλλήλου τῇ ἐφαπτομένῃ μιᾶς τῶν ἀντικειμένων,
ἐν τῷ κθ΄ περὶ τῆς διὰ τοῦ κέντρου τῶν ἀντικειμένων
ἐκβαλλομένης, ἐν τῷ λ΄ φησιν, ὅτι διχοτομεῖται ἡ διὰ
τοῦ κέντρου ἐκβαλλομένη τῆς ἐλλείψεως καὶ τῶν ἀντικει-
μένων, ἐν τῷ λα΄ φησίν, ὅτι ἐπὶ τῆς ὑπερβολῆς ἡ
25 ἐφαπτομένη τὴν διάμετρον τέμνει μεταξὺ τῆς κορυφῆς
καὶ τοῦ κέντρου, ἐν τῷ λβ΄ καὶ γ΄ καὶ δ΄ καὶ ε΄ καὶ
ϛ΄ περὶ τῶν ἐφαπτομένων ποιεῖται τὸν λόγον, ἐν τῷ

---

1. τό] e corr. W.   7. ἐφαπτομένη] scripsi, ἐφησαπτο-
μένη Wp, ἁπτομένη Halley (et ita debuit dici).   τέμη p.
8. ιθ΄] e corr. p.   ὅτι] om. Wp, corr. Halley.   9. κατ-
ηγμένη Halley.   10. κα΄] α e corr. p.   τάς] om. p.   11.

In scholiis post prop. X [supra p. 214] dictum est,
quid XIII primis theorematis sit propositum, et in
scholiis ad prop. XVI [supra p. 222, 24 et p.
224], quid tribus sequentibus propositum, sciendum autem, in
prop. XVII eum dicere, rectam per uerticem rectae
ordinate ductae parallelam ductam extra cadere, in
prop. XVIII autem dicit, rectam rectae quoquo modo
tangenti intra sectionem parallelam ductam sectionem
secare, in prop. XIX autem, rectam ab aliquo puncto
diametri rectae ordinate ductae parallelam cum
sectione concurrere, in propp. XX et XXI quaerit,
quo modo rectae in sectionibus ordinate ductae inter
se et ad partes diametri ab iis effectas se habeant,
in propp. XXII et XXIII de recta loquitur, quae
cum sectione in duobus punctis concurrit, in
propp. XXIV—XXV de recta, quae cum sectione in
uno puncto concurrit siue contingit, in prop. XXVI
de recta diametro parabolae hyperbolaeque parallela
ducta, in prop. XXVII rectam diametrum parabolae
secantem utrimque cum sectione concurrere, in
prop. XXVIII de recta, quae rectae alterutram oppo-
sitarum contingenti parallela ducitur, in prop. XXIX
de recta per centrum oppositarum producta, in
prop. XXX dicit, rectam per centrum ellipsis oppo-
sitarumque productam in duas partes aequales secari,
in prop. XXXI dicit, in hyperbola rectam contingentem
inter uerticem centrumque diametrum secare, in
propp. XXXII, XXXIII, XXXIV, XXXV, XXXVI de

ἔχουσιν W.   17. τεμνούσης] p, τεμούσης W.   19. τομῇ]
τό͂ p, τό W.   26. γ΄] e corr. p.

λζ΄ περὶ τῶν ἐφαπτομένων καὶ τῶν ἀπὸ τῆς ἁφῆς
κατηγμένων τῆς ἐλλείψεως καὶ τῆς ὑπερβολῆς, ἐν τῷ
λη΄ περὶ τῶν ἐφαπτομένων τῆς ὑπερβολῆς καὶ τῆς
ἐλλείψεως, ὅπως ἔχουσι πρὸς τὴν δευτέραν διάμετρον,
5 ἐν τῷ λθ΄ καὶ μ΄ περὶ τῶν αὐτῶν ποιεῖται τὸν λόγον
τοὺς συγκειμένους ἐκ τούτων λόγους ἐπιζητῶν, ἐν τῷ
μα΄ περὶ τῶν ἀναγραφομένων παραλληλογράμμων ἀπὸ
τῆς κατηγμένης καὶ τῆς ἐκ τοῦ κέντρου τῆς ὑπερβολῆς
καὶ τῆς ἐλλείψεως, ἐν τῷ μβ΄ ἐπὶ τῆς παραβολῆς λέγει
10 ἴσον εἶναι τὸ ὑπὸ τῆς ἐφαπτομένης καὶ τῆς κατηγμένης
καταλαμβανόμενον τρίγωνον τῷ ἰσοϋψεῖ αὐτῷ παραλ-
ληλογράμμῳ, ἡμίσειαν δ᾽ ἔχοντι βάσιν, ἐν τῷ μγ΄
ἐπὶ τῆς ὑπερβολῆς καὶ τῆς ἐλλείψεως ζητεῖ, πῶς
ἔχουσι πρὸς ἄλληλα τὰ ὑπὸ τῶν ἐφαπτομένων καὶ
15 τῶν κατηγμένων ἀπολαμβανόμενα τρίγωνα, ἐν τῷ
μδ΄ τὸ αὐτὸ ἐν ταῖς ἀντικειμέναις, ἐν τῷ με΄ τὸ
αὐτὸ ἐπὶ τῆς δευτέρας διαμέτρου τῆς ὑπερβολῆς
καὶ τῆς ἐλλείψεως, ἐν τῷ μς΄ περὶ τῶν μετὰ τὴν
ἀρχικὴν διάμετρον τῆς παραβολῆς ἑτέρων, ἐν τῷ μζ΄
20 περὶ τῶν ἑτέρων διαμέτρων τῆς ὑπερβολῆς καὶ τῆς
ἐλλείψεως, ἐν τῷ μη΄ περὶ τῶν ἑτέρων διαμέτρων τῶν
ἀντικειμένων, ἐν τῷ μθ΄ περὶ τῶν παρ᾽ ἃς δύνανται
αἱ καταγόμεναι ἐπὶ τὰς ἑτέρας διαμέτρους τῆς παρα-
βολῆς, ἐν τῷ ν΄ περὶ τοῦ αὐτοῦ τῆς ὑπερβολῆς καὶ
25 τῆς ἐλλείψεως, ἐν τῷ να΄ περὶ τοῦ αὐτοῦ τῶν ἀντικει-
μένων. ταῦτα εἰπὼν καὶ προσθεὶς τοῖς εἰρημένοις

---

4. ἔχουσιν W.   11. καταλαμβανόμενον] Halley, κατα-
λαμβάνον W p.   14. ἔχουσιν W.   17. ἐπί] e corr. p.

contingentibus loquitur, in prop. XXXVII de contingentibus et de rectis, quae a puncto contactus in ellipsi hyperbolaque ordinate ducuntur, in prop. XXXVIII de rectis hyperbolam ellipsimque contingentibus, quo modo ad alteram diametrum se habeant, in propp. XXXIX et XL de iisdem loquitur rationes ex iis compositas quaerens, in prop. XLI de parallelogrammis in recta ordinate ducta radioque hyperbolae ellipsisque descriptis, in prop. XLII in parabola dicit triangulum a contingenti et recta ordinate ducta comprehensum aequalem esse parallelogrammo, quod eandem altitudinem habeat, basim autem dimidiam, in prop. XLIII in hyperbola ellipsique quaerit, quo modo trianguli a contingentibus rectisque ordinate ductis abscisi inter se habeant, in prop. XLIV idem in oppositis, in prop. XLV idem in altera diametro hyperbolae ellipsisque, in prop. XLVI de ceteris diametris parabolae praeter principalem, in prop. XLVII de ceteris diametris hyperbolae ellipsisque, in prop. XLVIII de ceteris diametris oppositarum, in prop. XLIX de parametris ceterarum diametrorum parabolae, in prop. L de eodem in hyperbola ellipsique, in prop. LI de eodem in oppositis. his dictis et epilogo quodam dictis adiecto [I p. 158] in propp. LII et LIII problema demonstrat, quo modo fieri possit, ut in plano parabola describatur, in propp. LIV

---

19. ἀρχικήν] p, ἀρχήν W.   21. τῶν (alt)] Halley, om. p et extr. lin. W.

ἐπίλογόν τινα ἐν τῷ νβ΄ καὶ νγ΄ δεικνύει πρόβλημα,
ὡς δυνατὸν ἐν ἐπιπέδῳ γράψαι τὴν παραβολήν, ἐν
τῷ νδ΄ καὶ νε΄ λέγει, πῶς δεῖ γράψαι τὴν ὑπερβολήν,
ἐν τῷ νς΄ καὶ νζ΄ καὶ νη΄, πῶς δεῖ γράψαι τὴν ἔλλειψιν,
5 ἐν τῷ νϑ΄ λέγει, πῶς δεῖ γράφειν ἀντικειμένας, ἐν
τῷ ξ΄ περὶ τῶν συζύγων ἀντικειμένων.

---

4. καί] bis (comp.) p.   νζ΄] ξ e corr. p.   νη΄] η e corr. p.
In fine: πεπλήρωται σὺν θεῷ τὸ ὑπόμνημα τοῦ ᾱ βιβλίου
τῶν κωνικῶν W p.

et LV dicit, quo modo hyperbola describenda sit, in
propp. LVI, LVII, LVIII, quo modo ellipsis de-
scribenda sit, in prop. LIX dicit, quo modo op-
positae describendae sint, in prop. LX de oppositis
coniugatis.

———————

Εἰς τὸ δεύτερον.

Ἀρχόμενος τοῦ β' βιβλίου τῶν Κωνικῶν, ὧ φίλτατέ
μοι Ἀνθέμιε, τοσοῦτον οἶμαι δεῖν προειπεῖν, ὅτι τοσαῦτα
μόνα εἰς αὐτὸ γράφω, ὅσα ἂν μὴ ᾖ δυνατὸν διὰ
5 τῶν ἐν τῷ πρώτῳ βιβλίῳ νοηθῆναι.

Εἰς τὸ α'.

Τὸ πρῶτον θεώρημα πτῶσιν οὐκ ἔχει, εἰ μὴ
ἄρα .... τοῦτο γὰρ τῇ καταγραφῇ διαφορὰν οὐ ποιεῖ·
αἱ γὰρ ΔΓ, ΓΕ ἀσύμπτωτοί τέ εἰσι τῇ τομῇ καὶ αἱ
10 αὐταὶ διαμένουσι κατὰ πᾶσαν διάμετρον καὶ ἐφαπτο-
μένην.

Εἰς τὸ β'.

Τοῦτο τὸ θεώρημα πτῶσιν οὐκ ἔχει. ἡ μέντοι ΒΘ
πάντως τεμεῖ τὴν τομὴν κατὰ δύο σημεῖα. ἐπεὶ γὰρ
15 παράλληλός ἐστι τῇ ΓΔ, συμπεσεῖται τῇ ΓΘ· ὥστε
πρότερον τῇ τομῇ συμπεσεῖται.

Εἰς τὸ ια'.

Ἔν τισιν ἀντιγράφοις τὸ θεώρημα τοῦτο ἄλλως
δείκνυται.

---

1. Εὐτοκίου Ἀσκαλωνίτου εἰς τὸ δεύτερον (β' p) τῶν Ἀπολ-
λωνίου κωνικῶν τῆς κατ' αὐτὸν ἐκδόσεως ὑπόμνημα Wp.   4.
ὅσα] scripsi, ὡς Wp.   μή] addidi, om. Wp.   8. Post ἄρα

In librum II.

Alterum librum Conicorum ordiens, Anthemie amicissime, hoc praemittendum censeo, me ea sola ad eum adnotare, quae ex iis, quae in librum primum scripta sint, non possint intellegi.

Ad prop. I.

Propositio prima casum non habet, nisi quod *AB* non semper axis est; hoc autem ad figuram nihil interest   nam *ΔΓ*, *ΓE* asymptotae sunt sectionis et eaedem manent qualibet diametro contingentique sumpta.

Ad prop. II.

Haec propositio casum non habet. *BΘ* uero semper sectionem in duobus punctis secabit; nam quoniam rectae *ΓΔ* parallela est, cum *ΓΘ* concurret; quare prius cum sectione concurret.

Ad prop. XI.

In quibusdam codicibus haec propositio aliter demonstratur.

---

magnam lacunam hab. Wp; explenda sic fere: ὅτι ἡ *AB* οὐ πάντως ἄξων ἐστίν.   γάρ] fort. scr. δέ.   9. εἰσιν Wp.   τῇ] scripsi, ἐν τῇ Wp.   αἱ] addidi, om. Wp.   10. διαμένουσιν W.   15. *ΓΔ*] *EΘ* Wp, corr. Comm.   18. τισιν] p, τοῖς W.

Ἔστω ὑπερβολή, ἧς ἀσύμπτωτοι αἱ ΑΒ, ΒΓ, καὶ
ἐκβεβλήσθω ἐπ᾽ εὐθείας ἡ ΒΕΔ, καὶ ἤχθω τις ἡ ΕΖ,
ὡς ἔτυχεν, τέμνουσα τὰς ΔΒ, ΒΑ. λέγω, ὅτι συμ-
πεσεῖται τῇ τομῇ.

5 εἰ γὰρ δυνατόν, μὴ συμπιπτέτω, καὶ διὰ τοῦ Β τῇ
ΕΖ παράλληλος ἤχθω ἡ ΒΗ. ἡ ΒΗ ἄρα διάμετρός
ἐστι τῆς τομῆς. καὶ παραβεβλήσθω παρὰ τὴν ΕΖ τῷ
ἀπὸ ΒΗ ἴσον παραλληλόγραμμον ὑπερβάλλον εἴδει
τετραγώνῳ καὶ ποιείτω τὸ ὑπὸ ΕΘΖ, καὶ ἐπεζεύχθω
10 ἡ ΘΒ καὶ ἐκβεβλήσθω· συμπεσεῖται δὴ τῇ τομῇ.
συμπιπτέτω κατὰ τὸ Κ, καὶ διὰ τοῦ Κ τῇ ΒΗ παράλ-
ληλος ἤχθω ἡ ΚΑΔ. τὸ ἄρα ὑπὸ ΔΚΑ ἴσον ἐστὶ
τῷ ἀπὸ ΒΗ· ὥστε καὶ τῷ ὑπὸ ΕΘΖ· ὅπερ ἄτοπον,
ἐπείπερ ἡ ΑΔ παράλληλός ἐστι τῇ ΕΘ. ἡ ΕΖ ἄρα
15 συμπεσεῖται τῇ τομῇ.

φανερὸν δή, ὅτι καὶ καθ᾽ ἓν μόνον σημεῖον· παράλ-
ληλος γάρ ἐστι τῇ ΒΗ διαμέτρῳ.

Εἰς τὸ ιβ′.

Ηὑρέθη ἔν τισιν ἀντιγράφοις τοῦτο τὸ θεώρημα
20 δεικνύμενον διὰ δύο παραλλήλων ἀγομένων τῇ ἐφαπτο-
μένῃ, μιᾶς μὲν διὰ τοῦ Δ, ἑτέρας δὲ διὰ τοῦ Η· καὶ
ἡ ἀπόδειξις διὰ συνθέσεως λόγων ἐδείκνυτο. ἐπελεξά-

---

1. ὑπερβολή — ΒΓ] om. Wp magna lacuna relicta; sup-
pleuit Comm. 3. ἔτυχε p. 7. ἐστιν W. 8. ὑπερβάλλον]
corr. ex ὑπερβάλλων m. 1 W. 12. ἐστίν W. 13. ΒΗ]
ΔΗ Wp, corr. Comm. 14. παράλληλός ἐστι τῇ ΕΘ] sup-
pleui, lacunam magnam hab. Wp; „post haec uerba in graeco
codice nonnulla desiderantur, qualia fortasse haec sunt: linea
enim dk maior est quam eh et ka maior quam hf“ Comm.
fol. 47ᵛ omissis uerbis ἐπείπερ ἡ ΑΔ. ἡ ΕΖ ἄρα] suppleui
praeeunte Comm., om. Wp in lac. 15. συμπεσεῖται] πεσεῖται

Sit hyperbola, cuius asymptotae sint AB, $B\Gamma$, et $BE\varDelta$ in directum producatur, ducaturque recta aliqua

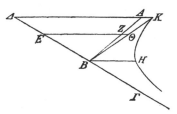

EZ quolibet modo rectas $\varDelta B$, BA secans. dico, eam cum sectione concurrere.

nam si fieri potest, ne concurrat, et per B rectae EZ parallela ducatur BH. BH igitur diametrus est sectionis. et rectae EZ quadrato BH^2 aequale parallelogrammum adplicetur figura quadrata excedens [Eucl. VI, 29] et efficiat $E\Theta \times \Theta Z$, ducaturque ΘB et producatur; concurret igitur cum sectione [prop. II]. concurrat in K, et per K rectae BH parallela ducatur $KA\varDelta$. itaque erit $\varDelta K \times KA = BH^2$ [prop. XI]; quare etiam $\varDelta K \times KA = E\Theta \times \Theta Z$; quod absurdum est, quoniam $A\varDelta$ rectae $E\Theta$ parallela est. ergo EZ cum sectione concurret.

iam manifestum est, eam etiam in uno puncto solo concurrere [I, 26]; nam diametro BH parallela est.

Ad prop. XII.

In nonnullis codicibus haec propositio demonstrata reperiebatur duabus rectis contingenti parallelis ductis, altera per $\varDelta$, altera per H; et demonstratio per

---

In fig. H om. W.

W p, corr. Comm.   τομῇ] p, τοτμῆι W.   17. ἐστιν W.   19. εὑρέϑη p.   21. H] e corr. m. 1 W.

μεθα δὲ ταύτην τὴν κατασκευὴν ὡς τὰ αὐτὰ δεικνῦσαν ἁπλουστέρως.

ἔχει δὲ καὶ πτώσεις ἕξ· τῶν γὰρ ΕΔΖ ἀχθεισῶν τὸ Ε σημεῖον ἢ μεταξὺ ἔσται τῶν Θ,Β ἢ ἐπὶ τοῦ Β 5 ἢ ἔξω τοῦ Β, ὡς γίνονται τρεῖς, καὶ ὁμοίως ἐπὶ τοῦ Ζ ἄλλαι τρεῖς.

Εἰς τὸ ιδ΄.

Ἔν τισιν ἀντιγράφοις ηὑρέθη ἄλλως δεικνύμενον, ὅτι παντὸς τοῦ δοθέντος διαστήματος εἰς ἔλαττον 10 ἀφικνοῦνται διάστημα.

τῶν γὰρ αὐτῶν ὑποκειμένων εἰλήφθω τοῦ δοθέντος διαστήματος ἔλαττον τὸ ΕΚ, καὶ πεποιήσθω, ὡς ἡ ΚΕ πρὸς ΕΘ, ἡ ΘΑ πρὸς ΑΛ, καὶ διὰ τοῦ Λ τῇ ΕΖ παράλληλος ἡ ΜΛΒ. ἐπεὶ οὖν ἡ ΞΒ μείζων ἐστὶ 15 τῆς ΛΒ, ἡ ΞΒ ἄρα πρὸς ΘΖ μείζονα λόγον ἔχει ἥπερ ἡ ΛΒ πρὸς ΘΖ. ὡς δὲ ἡ ΞΒ πρὸς ΘΖ, ἡ ΘΕ πρὸς ΜΞ διὰ τὸ ἴσον εἶναι τὸ ὑπὸ ΖΘΕ τῷ ὑπὸ ΒΞΜ· καὶ ἡ ΘΕ ἄρα πρὸς ΜΞ μείζονα λόγον ἔχει ἥπερ ἡ ΛΒ πρὸς ΖΘ. ἀλλ᾽ ὡς μὲν ἡ ΛΒ πρὸς ΖΘ, ἡ 20 ΛΑ πρὸς ΑΘ, ὡς δὲ ἡ ΛΑ πρὸς ΑΘ, ἡ ΘΕ πρὸς ΕΚ· καὶ ἡ ΘΕ ἄρα πρὸς ΜΞ μείζονα λόγον ἔχει ἥπερ ἡ ΘΕ πρὸς ΕΚ. ἐλάσσων ἄρα ἡ ΞΜ τῆς ΚΕ.

Ηὑρέθησαν δὲ ἔν τισι καὶ ταῦτα τὰ θεωρήματα

---

1. Post κατασκευήν magnam lacunam hab. Wp, fort. propter figuram scholii praecedentis, quam hic hab. W.   3. καί] om. p.   ΕΔΖ] scripsi, ΕΖ ἢ W, ΕΖΗ p.   4. Ε] scripsi, Θ Wp.   Θ] scripsi, Ε Wp. Emendatio litterarum admodum incerta, quia non constat, quid Eutocius in diuisione secutus sit.   5. γίνεσθαι p.   6. ἄλλας p.   7. ιδ΄] p, m. rec. W, ια΄ m. 1 W.   8. εὑρέθη p.   9. εἰς] εἰ p.   11. ἠλήφθω W.   14. ΜΛΒ] scripsi, ΛΜΒ W et, Β e corr., p; mxlb Comm.   μείζων — 15. ΞΒ] addidi, om. Wp.

compositionem rationum perficiebatur. elegimus autem
hanc constructionem, quia eadem simplicius ostendit.

habet autem etiam casus sex; nam ductis rectis
$E\varDelta$, $\varDelta Z$ punctum E aut inter Θ, B erit positum
aut in B aut extra B, ita ut tres casus oriantur, et
similiter in Z aliae tres.

Ad prop. XIV.

In nonnullis codicibus aliter reperiebatur demon-
stratum, eas ad distantiam omni data distantia
minorem peruenire.

nam iisdem suppositis data distantia minor sumatur
EK, fiatque $\Theta A : A\varDelta = KE : E\Theta$, et per $\varDelta$ rectae
EZ parallela $M\varDelta B$. quoniam
igitur $\varXi B > \varDelta B$, erit
$$\varXi B : \Theta Z > \varDelta B : \Theta Z$$
[Eucl. V, 8]. est autem
$$\varXi B : \Theta Z = \Theta E : M\varXi,$$
quia $Z\Theta \times \Theta E = B\varXi \times \varXi M$
[prop. X]; quare etiam
$$\Theta E : M\varXi > \varDelta B : Z\Theta.$$
est autem $\varDelta B : Z\Theta = \varDelta A : A\Theta$ [Eucl. VI, 4] et
$\varDelta A : A\Theta = \Theta E : EK$. itaque etiam $\Theta E : M\varXi > \Theta E : EK$.
ergo $\varXi M < KE$ [Eucl. V, 10].

In nonnullis autem codicibus hae quoque propo-

Fig. in W paullo aliter descripta est ducta inter EZ, MB
iis parallela $\varDelta N$ et ab N ad MB recta. litt. E, $\varXi$, K om. W.

---

15. ἄρα] del. Halley cum Comm. ΘZ] OZ Wp, corr.
Comm.   16. ΘZ (alt.)] p, e corr. W.   19. $Z\Theta$ (pr.)] scripsi,
$E\varXi\Theta$ Wp, hf Comm. $\varDelta B$] AB? p.   21. καί — 22. EK]
om. p.   21. ἄρα] om. W, corr. Halley.   23. εὑρέϑησαν p.
τισιν W.   καί] ἀντιγράφοις p.

ἐγγεγραμμένα, ἅπερ ὡς περιττὰ ἀφῃρέθη ὑφ᾽ ἡμῶν·
δεδειγμένου γὰρ τούτου, ὅτι αἱ ἀσύμπτωτοι ἔγγιον
προσάγουσι τῇ τομῇ καὶ παντὸς τοῦ δοθέντος εἰς
ἔλαττον ἀφικνοῦνται, περιττὸν ἦν ταῦτα ζητεῖν. ἀμέλει
5 οὐδὲ ἀποδείξεις ἔχουσί τινας, ἀλλὰ διαφορὰς κατα-
γραφῶν. ἵνα δὲ τοῖς ἐντυγχάνουσι τὴν ἡμέραν δήλην
ποιήσωμεν, ἐκκείσθω ἐνταῦθα τὰ ὡς περιττὰ ἀφῃρημένα.

Εἴ τινές εἰσιν ἀσύμπτωτοι τῇ τομῇ ἕτεραι τῶν
προειρημένων, ἔγγιόν εἰσιν αἱ προειρημέναι τῇ τομῇ.
10 ἔστω ὑπερβολή, ἧς ἀσύμπτωτοι αἱ ΓΑ, ΑΔ. λέγω,
ὅτι, εἴ τινές εἰσιν ἀσύμπτωτοι τῇ τομῇ, ἐκείνων ἔγγιόν
εἰσιν αἱ ΓΑ, ΑΔ.

ὅτι μὲν οὖν, ὡς ἐπὶ τῆς πρώτης καταγραφῆς, οὐ
δύνανται αἱ ΕΖΗ ἀσύμπτωτοι εἶναι, φανερόν, ὥστε
15 εἶναι παράλληλον τὴν μὲν ΕΖ τῇ ΓΑ, τὴν δὲ ΖΗ
τῇ ΑΔ· δέδεικται γάρ, ὅτι συμπεσοῦνται τῇ τομῇ·
ἐν γὰρ τῷ ἀφοριζομένῳ τόπῳ ὑπὸ τῶν ἀσυμπτώτων
καὶ τῆς τομῆς εἰσιν.

εἰ δέ, ὡς ἐπὶ τῆς δευτέρας πτώσεώς εἰσιν, ἀσύμ-
20 πτωτοι αἱ ΕΖ, ΖΗ παράλληλοι οὖσαι ταῖς ΓΑ, ΑΔ,
ἔγγιον μᾶλλόν εἰσιν αἱ ΓΑ, ΑΔ τῆς τομῆς ἤπερ αἱ
ΕΖ, ΖΗ.

εἰ δέ, ὡς ἐπὶ τῆς τρίτης πτώσεως, καὶ οὕτως αἱ
μὲν ΓΑ, ΑΔ, ἐὰν ἐκβληθῶσιν εἰς ἄπειρον, ἐγγίζουσι

---

3. προσάγουσιν W.   5. ἔχουσιν W.   6. ἐντυγχάνου-
σιν W.   ἡμέραν] W, ἡμε seq. lac. p, ἡμετέραν γνώμην
Halley praeeunte Commandino; sed puto prouerbium esse de
opera superflua.   7. ἐκκείσθω] p, ἐκείσθω W.   10. ΓΑ, ΑΔ]
ΓΔ, ΑΔ Wp, corr. Comm.   11. ὅτι εἴ] in ras. m. 1 W.
εἰσιν ἄλλαι Halley cum Comm.   12. ΓΑ] ΓΔ Wp, corr.
Comm.   13. ὡς] comp. p, comp. supra scr. m. 1 W.   21.
ἤπερ] εἴπερ p.   24. ἐγγίζουσι] scripsi, ἔγγι (ι in ras., seq.
lac. 1 litt.) αιουσιν W, ἔγγιαι οὖσαι p.

sitiones perscriptae reperiebantur, quae ut superfluae
a nobis remotae sunt; nam hoc demonstrato, asym-
ptotas ad sectionem propius adcedere et ad distantiam
omni data distantia minorem peruenire, superfluum
erat haec quaerere. scilicet ne demonstrationes quidem
habent, sed differentias figurarum. sed ut legentibus
lucem claram reddamus, hic collocentur, quae ut
superflua remota sunt.

Si quae asymptotae sunt sectionis aliae atque eae,
quas diximus supra, hae, quas supra diximus, sectioni
propiores sunt.

sit hyperbola, cuius asymptotae sint ΓA, $A\Delta$.
dico, si quae asymptotae sint sectionis, ΓA, $A\Delta$ iis
propiores esse.

iam ut in prima figura EZ, ZH asymptotas esse
non posse, manifestum, ita scilicet, ut EZ rectae ΓA
parallela sit, ZH autem rectae $A\Delta$; nam demon-
stratum est [prop. XIII], eas cum sectione concurrere;
sunt enim in spatio positae, quod asymptotis sectio-
neque continetur.

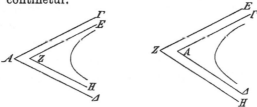

sin, ut in secundo sunt casu, asymptotae sunt
EZ, ZH rectis ΓA, $A\Delta$ parallelae, ΓA, $A\Delta$ sectioni
propiores sunt quam EZ, ZH.

In fig. 2 Γ om. W, E in ras. hab.; figuras primas nu-
meris α'' β'' γ'' δ'' notat W.

τῆς τομῆς καὶ εἰς ἔλαττον διάστημα παντὸς τοῦ δοθέντος
ἀφικνοῦνται, αἱ δὲ ΕΖΗ κατὰ μὲν τὸ Ζ καὶ τὰ ἐγγὺς
αὐτοῦ ἐντὸς ὄντα τῆς γωνίας σύνεγγύς εἰσι τῆς τομῆς,
ἐκβληθεῖσαι δὲ ἀφίστανται τῆς τομῆς μᾶλλον· παντὸς
5 γὰρ τοῦ δοθέντος, ὃ νῦν ἀφεστήκασιν, ἔστιν ἔλασσον.

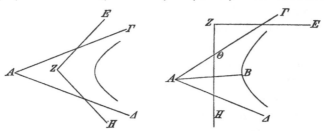

ἔστωσαν δὴ πάλιν, ὡς ἐπὶ τῆς τετάρτης καταγραφῆς,
ἀσύμπτωτοι αἱ ΕΖ, ΖΗ· φανερὸν δὴ καὶ οὕτως, ὅτι
ἡ μὲν ΓΑ ἔγγιόν ἐστι τῆς τομῆς ἥπερ ἡ ΕΖ, ἐάν τε
ἡ ΕΖ τῇ ΓΑ παράλληλός ἐστιν, ἐάν τε συμπίπτῃ τῇ ΓΑ.
10 καὶ ἐὰν μὲν ἡ σύμπτωσις ἀνώτερον ᾖ τῆς διὰ τοῦ Ζ
ἐφαπτομένης τῆς τομῆς, τέμνει τὴν τομήν, ἐὰν δὲ ἡ
σύμπτωσις ἐν τῷ μεταξὺ τόπῳ ᾖ τῆς τε ἐφαπτομένης
καὶ τῆς γωνίας, ὥσπερ καὶ ἡ ΖΗ, κατὰ τὰ αὐτὰ τῷ
ἐπάνω ἡ ΘΗ τῆς τομῆς οὐκ ἀφέξει ἔλασσον διάστημα
15 παντὸς τοῦ δοθέντος· ὥστε ἡ ΓΑ ἔγγιόν ἐστι τῆς
τομῆς, ἥπερ ἡ ΕΖ ἐστιν. ἡ δὲ ΔΑ ἔγγιον τῆς τομῆς
ἥπερ ἡ ΖΗ διὰ τὰ αὐτὰ τοῖς ἐπὶ τῆς τρίτης κατα-
γραφῆς.

ὅτι δὲ ἡ ἀνωτέρω τῆς διὰ τοῦ Ζ ἐφαπτομένης

In fig. 1 Δ et H om. W; additae sunt duae rectae
rectis ΕΖ, ΖΗ parallelae.
In fig. 2 E om. W, pro H hab. Π.

2. δέ] γάρ Wp, corr. Halley cum Comm.   τὰ ἐγγὺς
αὐτοῦ] scripsi, τὸ ἐγγὺς αὐτῶν Wp.   3. εἰσιν W.   5. ἔλασ-

sin, ut in tertio casu, sic quoque $\varGamma A$, $A \varDelta$, si productae erunt in infinitum, sectioni adpropinquant et ad distantiam omni data minorem perueniunt, EZ, ZH autem ad Z partesque ei propinquas intra angulum positas sectioni propinquae sunt, productae uero magis a sectione distant; nam quam nunc[1]) habent distantiam, ea omni data est minor.

iam rursus, ut in quarta figura, asymptotae sint EZ, ZH. itaque sic quoque manifestum est, $\varGamma A$ sectioni propiorem esse quam EZ, siue EZ rectae $\varGamma A$ parallela est siue cum $\varGamma A$ concurrit. et si punctum concursus supra rectam per Z sectionem contingentem[2]) positum est, sectionem secat, sin punctum concursus in spatio inter contingentem angulumque positum est, sicut etiam ZH, eodem modo, quo supra, $\varTheta H$[3]) a sectione non distabit interuallo, quod omni dato minus est. ergo $\varGamma A$ sectioni propior erit quam EZ. $\varDelta A$ autem sectioni propior est quam ZH eadem de causa, qua in tertia figura.

rectam autem, quae supra rectam per Z contin-

---

1) Sc. $\varGamma A$, $A \varDelta$.
2) Sc. ad $\varDelta$ uersus ductam.
3) Haec non satis intellego.

σov] Halley, $\ddot{\varepsilon} \lambda a\sigma\sigma\omega v$ Wp. 6. $\dot{\omega}\varsigma$] om. Wp, mg. m. 2 U. 7. ZH] HZ p. 8. $\ddot{\varepsilon}\gamma\gamma\iota ov$] corr. ex $\ddot{\varepsilon}\gamma\gamma\varepsilon\iota ov$ W. $\dot{\varepsilon}\sigma\tau\iota v$ W. $\dot{\eta}$] p, om. W. 9. $\varGamma A$ (pr.)] corr. ex $\varGamma \varDelta$ m. 1 W. $\dot{\varepsilon}\sigma\tau\iota v$] Wp, $\ddot{\eta}$ Halley. $\sigma v\mu\pi\acute{\iota}\pi\tau\varepsilon\iota$? 10. $\sigma\acute{v}\mu\pi\tau\omega\sigma\iota\varsigma$] comp. p, $\sigma v\mu$-$\pi\tau\acute{\omega}\sigma\varepsilon\iota\varsigma$ W. $\dot{a}v\acute{\omega}\tau\varepsilon\varrho ov$] $\varkappa a\tau\acute{\omega}\tau\varepsilon\varrho ov$ Halley cum Comm. $\tau\tilde{\eta}\varsigma$] comp. p, $\tau\iota\varsigma$ W. 11. $\dot{\varepsilon}\varphi a\pi\tau o\mu\acute{\varepsilon}v\eta\varsigma$] comp. p, $\dot{\varepsilon}\varphi a\pi\tau o\mu\acute{\varepsilon}v\eta$ W. 14. $\varTheta H$] ZE Halley. 15. $\dot{\varepsilon}\sigma\tau\iota v$ W. 16. $\dot{\varepsilon}\sigma\tau\iota v$] om. Halley. $\delta\acute{\varepsilon}$] om. Wp, corr. Halley.

συμπίπτουσα τῇ ΓΑ συμπίπτει καὶ τῇ τομῇ, οὕτως δείκνυται.

...... καὶ ἡ ΖΕ ἐφαπτέσθω τῆς τομῆς κατὰ τὸ Ε, ἡ δὲ σύμπτωσις τῇ ΓΑ ἀνώτερον τῇ ΖΗ. λέγω, ὅτι 5 ἐκβληθεῖσα συμπεσεῖται τῇ τομῇ.

ἤχθω γὰρ διὰ τῆς Ε ἁφῆς παράλληλος τῇ ΓΑ ἀσυμπτώτῳ ἡ ΕΘ· ἡ ΕΘ ἄρα κατὰ μόνον τὸ Ε τέμνει τὴν τομήν. ἐπεὶ οὖν ἡ ΓΑ τῇ ΕΘ παράλληλός ἐστιν, καὶ τῇ ΑΗ συμπίπτει ἡ ΖΗ, καὶ τῇ ΕΘ ἄρα συμ-
10 πεσεῖται· ὥστε καὶ τῇ τομῇ.

Εἴ τίς ἐστιν εὐθύγραμμος γωνία περιέχουσα τὴν ὑπερβολὴν ἑτέρα τῆς περιεχούσης τὴν ὑπερβολήν, οὐκ ἔστιν ἐλάσσων τῆς περιεχούσης τὴν ὑπερβολήν.

15 ἔστω ὑπερβολή, ἧς ἀσύμπτωτοι αἱ ΓΑ, ΑΔ, ἕτεραι δέ τινες ἀσύμπτωτοι τῇ τομῇ ἔστωσαν αἱ ΕΖΗ. λέγω, ὅτι οὐκ ἐλάσσων ἐστὶν ἡ πρὸς τῷ Ζ γωνία τῆς πρὸς τῷ Α.

ἔστωσαν γαρ πρότερον αἱ ΕΖΗ ταῖς ΓΑ, ΑΔ 20 παράλληλοι. ἴση ἄρα ἡ πρὸς τῷ Ζ γωνία τῇ πρὸς τῷ Α· οὐκ ἐλάσσων ἄρα ἐστὶν ἡ πρὸς τῷ Ζ τῆς πρὸς τῷ Α.

μὴ ἔστωσαν δὴ παράλληλοι, καθὼς ἐπὶ τῆς δευτέρας

---

1. ΓΑ] ΓΔ p.   οὕτω p.   2. Post δείκνυται excidit praeparatio; in Wp nulla lacuna.   3. ἡ δὲ σύμπτωσις] αἱ δὲ συμπτώσεις Wp, corr. Halley cum Comm.   4. τῇ (alt.)] τῆς Halley.   9. ΑΗ] scripsi, ΑΝ p et, Α in ras. m. 1, W; ΑΓ Halley cum Comm.   15. ἧς] scripsi, ἥ Wp; possis etiam καί coniicere.   16. ΕΖΗ] scripsi, ΕΖ Wp; ΕΖ, ΖΗ Halley cum Comm.   18. τῷ] p, τό W.   20. παράλληλοι. ἴση ἄρα] p, παραλλήλοις ἡ ἄρα W.

gentem cum ΓA concurrat, etiam cum sectione con-
currere, sic demonstratur:

sint asymptotae $A\Gamma$, $A\varDelta$, et ZK, ZH cadant ut
in quarta figura, ZE autem sectionem contingat in

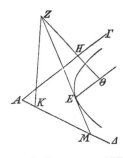

E, et punctum concursus cum ΓA
rectae ZH superius sit. dico, eam
productam cum sectione concur-
rere.

ducatur enim per punctum con-
tactus E asymptotae ΓA parallela
$E\Theta$; $E\Theta$ igitur in solo E sectio-
nem secat [prop. XIII]. quoniam
igitur ΓA rectae $E\Theta$ parallela est,
et ZH cum AH concurrit, etiam cum $E\Theta$ con-
curret; ergo etiam cum sectione.

Si quis est angulus rectilineus hyperbolam con-
tinens alius atque is, qui hyperbolam continet, minor
non est angulo hyperbolam continente.

sit hyperbola, cuius asymptotae
sint ΓA, $A\varDelta$, aliae autem aliquae
sectionis asymptotae sint EZ, ZH.
dico, angulum ad Z positum mino-
rem non esse angulo ad A posito.

nam primum EZ, ZH rectis
ΓA, $A\varDelta$ parallelae sint. itaque
$\angle Z = \angle A$. ergo angulus ad Z positus angulo ad A
posito minor non est.

iam parallelae ne sint, sicut in secunda figura.

In fig. 1 Γ et E om. W; Θ in sectione est.
In fig. 2 om. A W, pro $\varDelta$ hab. A.

καταγραφῆς. φανερὸν οὖν, ὅτι μείζων ἐστὶν ἡ πρὸς τῷ Z γωνία τῆς ὑπὸ ΘΑΗ.

ἐπὶ δὲ τῆς γ΄ μείζων ἐστὶν ἡ ὑπὸ ΖΘΑ τῆς πρὸς τῷ Α, καί ἐστιν ἴση ἡ πρὸς τῷ Ζ τῇ πρὸς τῷ Θ.

5 ἐπὶ δὲ τῆς δ΄ ἡ κατὰ κορυφὴν τῆς κατὰ κορυφήν ἐστι μείζων.

οὐκ ἐλάσσων ἄρα ἐστὶν ἡ πρὸς τῷ Ζ τῆς πρὸς τῷ Α.

Εἰς τὸ κγ΄.

Τὸ δὲ ὑπὸ ΘΜΕ μετὰ τοῦ ὑπὸ ΘΚΕ ἴσον 10 ἐστὶ τῷ ὑπὸ ΛΜΚ διὰ τὸ τὰς ἄκρας ἴσας εἶναι] ἔστω εὐθεῖα ἡ ΛΚ, καὶ ἔστω ἡ ΛΘ ἴση τῇ ΕΚ, ἡ δὲ ΘΝ ἴση τῇ ΕΜ, καὶ ἤχθωσαν ἀπὸ τῶν Μ, Κ πρὸς ὀρθὰς αἱ ΜΞ, ΚΟ, καὶ κείσθω τῇ ΜΚ

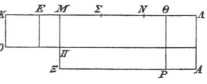

15 ἴση ἡ ΜΞ, τῇ δὲ ΚΕ ἡ ΚΟ, καὶ συμπεπληρώσθω τὰ ΞΘ, ΘΑ παραλληλόγραμμα. ἐπεὶ οὖν ἴση ἐστὶν ἡ ΜΚ τῇ ΜΞ, 20 τουτέστι τῇ ΠΟ, ἔστι δὲ καὶ ἡ ΛΘ τῇ ΕΚ, τουτέστι τῇ ΚΟ, ἴσον ἄρα τὸ ΘΑ τῷ ΜΟ.

3. ἐπί] ἐπεί Wp, corr. Comm.   γ΄] ε̄γ Wp, corr. Comm. 4. τῷ (pr.)] p, τό W.   Θ] Α Wp, corr. Halley.   5. δ΄ ἡ] δη Wp, corr. Comm.   6. ἔστιν W.   7. ἐλάσσων] comp. p, ἔλασσον W.   8. εἰς τὸ κγ΄] om. Wp.   10. ἐστίν W.   ΛΜΚ] ΛΜ (Λ e corr. p) καί Wp, corr. Comm.   13. ΜΞ] p, ΝΞ W. ΚΟ] om. W, ΚΘ p, corr. Comm.   16. ΚΟ] p, ΚΘ W. 19. ἴση] -η e corr. m. 1 W.   20. τουτέστιν W.   ἔστιν W καί] euan. p.   τουτέστιν W.   21. ΚΟ] ΚΕ Wp, corr. Comm.   ΜΟ] ΜΘ W et, ut uidetur, p; corr. Comm.

In fig. pro N hab. H, pro Α uero Δ(?) W.

manifestum igitur, angulum ad Z positum maiorem esse angulo ΘAH [Eucl. I, 21].

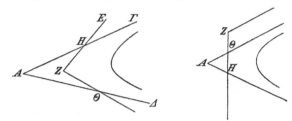

in tertia autem figura $\llcorner Z\Theta A > \llcorner A$ [Eucl. I, 16], et $\llcorner Z = \llcorner Z\Theta A$ [Eucl. I, 29].

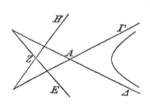

in quarta autem angulus ad uerticem positus angulo ad uerticem posito maior est [Eucl. I, 21].

ergo angulus ad Z positus angulo ad A posito minor non est.

Ad prop. XXIII.

Est autem $\Theta M \times ME + \Theta K \times KE = \varLambda M \times MK$, quia extrema aequalia sunt I p. 234, 18—19] sit recta $\varLambda K$, et sit $\varLambda\Theta = EK$, $\Theta N = EM$, ducanturque ab M, K perpendiculares $M\varXi$, KO, et ponatur $M\varXi = MK$, $KO = KE$, et parallelogramma $\varXi\Theta$, ΘA expleantur. quoniam igitur $MK = M\varXi = \varPi O^{1})$, uerum etiam $\varLambda\Theta = EK = KO$, erit $\Theta A = MO$.

---

1) Scriptum oportuit $P\Theta$.

In fig. 1 Θ om. W.
In fig. 3 pro H hab. Θ W, H et E ad uertices angulorum extremorum posita sunt; sed sic rectae EZ, ZH hyperbolam non continent.

κοινὸν προσκείσθω τὸ ΞΘ· ὅλον ἄρα τὸ ΛΞ ἴσον
ἐστὶ τῷ ΞΘ καὶ ΜΟ, τουτέστι τῷ ΘΟ καὶ ΠΡ. καί
ἐστι τὸ μὲν ΛΞ τὸ ὑπὸ τῶν ΛΜΚ, τὸ δὲ ΘΟ τὸ
ὑπὸ ΘΚΕ, τὸ δὲ ΠΡ τὸ ὑπὸ ΘΜΕ [τουτέστιν ὑπὸ
5 ΠΞΡ].

ἔστι δὲ καὶ ἄλλως δεῖξαι τὸ αὐτό.

τετμήσθω ἡ ΜΝ δίχα κατὰ τὸ Σ. φανερὸν δή,
ὅτι καὶ ἡ ΛΚ δίχα τέτμηται κατὰ τὸ Σ, καὶ ὅτι τὸ
ὑπὸ ΘΚΕ ἴσον ἐστὶ τῷ ὑπὸ ΛΕΚ· ἴση γὰρ ἡ ΘΚ
10 τῇ ΛΕ. καὶ ἐπεὶ ἡ ΛΚ τέτμηται εἰς μὲν ἴσα κατὰ
τὸ Σ, εἰς δὲ ἄνισα κατὰ τὸ Ε, τὸ ὑπὸ ΛΕΚ μετὰ τοῦ
ἀπὸ ΣΕ ἴσον ἐστὶ τῷ ἀπὸ ΚΣ. τὸ δὲ ἀπὸ ΣΕ ἴσον
ἐστὶ τῷ ὑπὸ ΘΜΕ καὶ τῷ ἀπὸ ΣΜ· ὥστε τὸ ἀπὸ ΣΚ
ἴσον ἐστὶ τῷ τε ὑπὸ ΛΕΚ, τουτέστι τῷ ὑπὸ ΘΚΕ, καὶ
15 τῷ ὑπὸ ΘΜΕ καὶ τῷ ἀπὸ ΣΜ. διὰ ταῦτα δὴ τὸ ἀπὸ
ΣΚ ἴσον ἐστὶ τῷ ὑπὸ ΛΜΚ καὶ τῷ ἀπὸ ΣΜ· ὥστε τὸ
ὑπὸ ΘΚΕ μετὰ τοῦ ὑπὸ ΘΜΕ καὶ τοῦ ἀπὸ ΣΜ ἴσον
ἐστὶ τῷ ὑπὸ ΛΜΚ καὶ τῷ ἀπὸ ΣΜ. κοινὸν ἀφῃρήσθω
τὸ ἀπὸ ΣΜ· λοιπὸν ἄρα τὸ ὑπὸ ΘΚΕ μετὰ τοῦ ὑπὸ
20 ΘΜΕ ἴσον ἐστὶ τῷ ὑπὸ ΛΜΚ.

Εἰς τὸ κδ'.

Δεῖ σημειώσασθαι, ὅτι συμπτώσεις καλεῖ τὰ σημεῖα,
καθ' ἃ συμβάλλουσι τῇ τομῇ αἱ ΑΒ, ΓΔ εὐθεῖαι. καὶ

---

1. προσκείσθω] scripsi, apponatur Comm., τε ἐκείσθω W, τε
ἐκκείσθω p. 2. ἐστίν W. ΜΟ] ΜΘ Wp, corr. Comm. τουτ-
έστιν W. ΘΟ] euan. p. 3. ἔστιν W. τό (quart.)] τῷ Wp,
corr. Halley. 4. τό (alt.)] τῷ Wp, corr. Halley. τουτέστιν ὑπὸ
ΠΞΡ] om. Comm., Halley. 6. ἔστιν W. 7. Σ] Ε Wp,
corr. Comm. 8. καὶ ἡ] τῇ post lac. 3 litt. W, ἡ p; et Comm.
Σ] ΘΣ Wp, corr. Comm. 9. ἐστίν W. ΛΕΚ] corr. ex

commune adiiciatur $\mathcal{Z}\Theta$; itaque totum

$$\varLambda\mathcal{Z} = \mathcal{Z}\Theta + MO = \Theta O + \Pi P. \quad \text{et } \varLambda\mathcal{Z} = \varLambda M \times MK,$$
$$\Theta O = \Theta K \times KE, \quad \Pi P = \Pi\mathcal{Z} \times \mathcal{Z}P = \Theta M \times ME.$$

potest autem aliter quoque demonstrari.

MN in $\varSigma$ in duas partes aequales secetur. manifestum igitur, etiam $\varLambda K$ in $\varSigma$ in duas partes aequales secari, et esse $\Theta K \times KE = \varLambda E \times EK$; nam $\Theta K = \varLambda E$. et quoniam $\varLambda K$ in $\varSigma$ in partes aequales secta est, in E autem in inaequales, erit [Eucl. II, 5] $\varLambda E \times EK + \varSigma E^2 = K\varSigma^2$. uerum

$$\varSigma E^2 = \Theta M \times ME + \varSigma M^2 \text{ [Eucl. II, 6]}.$$

quare $\varSigma K^2 = \varLambda E \times EK + \Theta M \times ME + \varSigma M^2$
$= \Theta K \times KE + \Theta M \times ME + \varSigma M^2$. eadem de causa [Eucl. II, 5] igitur $\varSigma K^2 = \varLambda M \times MK + \varSigma M^2$. quare

$$\Theta K \times KE + \Theta M \times ME + \varSigma M^2 = \varLambda M \times MK + \varSigma M^2.$$

auferatur, quod commune est, $\varSigma M^2$. erit igitur reliquum $\Theta K \times KE + \Theta M \times ME = \varLambda M \times MK$.

Ad prop. XXIV.

Notandum, eum $\sigma\upsilon\mu\pi\tau\acute{\omega}\sigma\epsilon\iota\varsigma$ adpellare puncta, in quibus rectae AB, $\varGamma\varDelta$ cum sectione concurrant. et

---

$\varLambda\varGamma K$ m. 1 W. 12. $\dot{\epsilon}\sigma\tau\acute{\iota}\nu$ W. $K\varSigma$] $\mathcal{Z}K\varSigma$ Wp, corr. Halley, sk Comm. 13. $\dot{\epsilon}\sigma\tau\acute{\iota}\nu$ W. $\tau\tilde{\omega}$] p, $\tau\acute{o}$ W. ΘME] $O\Theta ME$ Wp, corr. Comm. $\varSigma K$] EK Wp, corr. Comm. 14. $\dot{\epsilon}\sigma\tau\acute{\iota}\nu$ W. $\tau o\upsilon\tau\acute{\epsilon}\sigma\tau\iota\nu$ W. $\tau\tilde{\omega}$] supra scr. m. 1 p. 15. ΘME] $\varSigma ME$ Wp, corr. Comm. $\varSigma M$] $\varSigma N$ Wp, corr. Comm. $\tau a\upsilon\tau\acute{a}$] $\tau a\tilde{\upsilon}\tau a$ W, $\tau\grave{a}$ $a\mathring{\upsilon}\tau\acute{a}$ p. 16. $\dot{\epsilon}\sigma\tau\acute{\iota}\nu$ W. $\varLambda MK$] $N\varSigma K$ Wp, corr. Comm. $\tau\tilde{\omega}$] p, $\tau\acute{o}$ W. 17. ΘME] Θ corr. ex O, ut uidetur, W. $\acute{\varSigma}M$] $\varSigma K$ Wp, corr. Comm. 18. $\dot{\epsilon}\sigma\tau\acute{\iota}\nu$ W. 20. $\check{\iota}\sigma o\nu$] corr. ex $\check{\iota}\sigma\omega\nu$ m. 1 W.

δεῖ, φησίν, παρατηρεῖν, ὥστε ἐκτὸς εἶναι ἀλλήλων τὰ σημεῖα, ἀλλὰ μὴ τὰ Α, Β . . . . .

δεῖ δὲ εἰδέναι, ὅτι καὶ ἐπὶ ἐφαπτομένων τὰ αὐτὰ συμβαίνει.

5   Εἰς τὸ κη′.

Ἄξιον ἐπισκέψασθαι τὴν δοθεῖσαν ἐν ἐπιπέδῳ καμπύλην γραμμήν, πότερον κύκλου ἐστὶ περιφέρεια ἢ ἑτέρα τις τῶν τριῶν τοῦ κώνου τομῶν ἢ ἄλλη παρὰ ταύτας.

ἔστω δὴ ἡ ΑΒΓ, καὶ προκείσθω τὸ εἶδος αὐτῆς 10 ἐπισκέψασθαι τὸν εἰρημένον τρόπον.

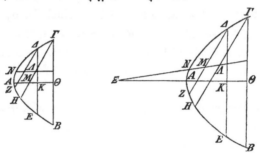

εἰλήφθω τινὰ σημεῖα ἐπὶ τῆς γραμμῆς τὰ Γ, Δ, καὶ ἤχθωσαν διὰ τῶν Γ, Δ σημείων παράλληλοι ἀλλήλαις εὐθεῖαί τινες αἱ ΓΒ, ΔΕ ἐντὸς ἀπολαμβανόμεναι τῆς γραμμῆς, καὶ πάλιν ἀπὸ τῶν Γ, Δ ἕτεραι παράλ-

---

In fig. 1 litt. H, E permutat W, Θ om.; in fig. 2 litt. Γ, Δ et Θ, K permutat.

---

2. ἀλλὰ — Α, Β] om. Comm.   μὴ ὡς τά Halley.   Α, Β] bis (in fine et initio lin.) W, bis etiam p.   Post Β lacunam statuo, quae sic fere explenda est: μεταξὺ τῶν Γ, Δ ἢ τὰ Γ, Δ μεταξὺ τῶν Α, Β. Pro ΑΒ, ΑΒ hab. ΑΒ, ΓΔ mg. m. 2 U; ΑΓ, ΒΔ Halley.   3. ἐπί] p, ἐπεί W.   4. συμβαίνει] Halley, συμβαίνειν W p.   7. ἐστίν W.   περιφέρεια ἢ] $\overline{)}^{αι}$ (h. e. περι-

obseruandum, ait, ut haec puncta extra se posita sint neque *A*, *B* intra *Γ*, *Δ* uel *Γ*, *Δ* intra *A*, *B*.

sciendum autem, etiam in contingentibus eadem euenire.

Ad prop. XXVIII.

Operae pretium est inquirere, linea curua in plano data utrum circuli sit arcus an alia aliqua trium coni sectionum an alia praeter has.

sit igitur data *ABΓ*, et propositum sit, ut speciem eius quaeramus eo, quo diximus, modo.

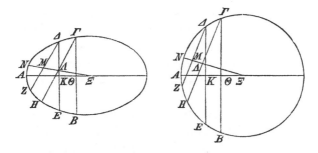

sumantur in linea puncta aliqua *Γ*, *Δ*, et per *Γ*, *Δ* puncta rectae aliquae inter se parallelae *ΓB*, *ΔE* ducantur intra lineam terminatae, et rursus a *Γ*, *Δ*

In fig. 1 *Γ*, *Δ* permutat W, *ΚΘΛΜ* om.; in fig. 2 *K*, *Θ* permutat, *M*, *Δ* om.

φέρεια) p, περιφέρειαν W, corr. Halley cum Comm.   8. ἢ ἄλλη] scripsi, lacunam 5—6 litt. W, lac. paruam p, ἢ Halley cum Comm.   9. προκείσθω] p, προσκείσθω W.   13. ΓΒ] ΓΔ Wp, corr. Comm.   14. ἀπό] αἱ Wp, corr. Halley cum Comm.   ἕτεραί] p, ἕταιραι W.   παράλληλοι] p?, παράλληλαι W.

λοι αἱ *ΓΗ, ΔΖ*, καὶ τετμήσθωσαν δίχα αἱ μὲν
ΓΒ, ΔΕ κατὰ τὰ *Θ, Κ*, αἱ δὲ *ΓΗ, ΔΖ* κατὰ τὰ *Δ, Μ*,
καὶ ἐπεζεύχθωσαν αἱ *ΘΚ, ΔΜ*.

εἰ μὲν οὖν πᾶσαι αἱ τῇ *ΒΓ* παράλληλοι ὑπὸ τῆς
5 *ΚΘ* διχοτομοῦνται, πᾶσαι δὲ αἱ τῇ *ΓΗ* ὑπὸ τῆς *ΜΔ*,
μία ἐστὶ τῶν τοῦ κώνου τομῶν ἡ *ΒΑΓ* διαμέτρους
ἔχουσα τὰς *ΘΚ, ΜΔ*, εἰ δὲ μή, οὔ.

πάλιν δέ, ποία τῶν δ̄ ἐστίν, εὑρίσκομεν ἐκβάλλοντες
εἰς ἄπειρον ἐφ᾽ ἑκάτερα τὰ μέρη τὰς *ΘΚ, ΔΜ*. ἤτοι
10 γὰρ παράλληλοί εἰσιν, καί ἐστι παραβολή, ἢ ἐπὶ τὰ
Θ, Δ μέρη συμπίπτουσιν, καί ἐστιν ἔλλειψις ἢ κύκλος,
ἢ ἐπὶ τὰ ἕτερα, καί ἐστιν ὑπερβολή. τὴν δὲ ἔλλειψιν
τοῦ κύκλου διακρινοῦμεν ἀπὸ τοῦ σημείου τῆς συμ-
πτώσεως τῶν *ΑΘ, ΝΔ*, ὅπερ κέντρον γίνεται. εἰ μὲν
15 γὰρ ἴσαι εἰσὶν αἱ ἀπ᾽ αὐτοῦ πρὸς τὴν γραμμὴν προς-
πίπτουσαι, δῆλον, ὅτι κύκλου ἐστὶ περιφέρεια ἡ *ΑΒΓ*,
εἰ δὲ μή, ἔλλειψις.

Ἔστιν αὐτὰς διακρῖναι καὶ ἄλλως ἀπὸ τῶν τεταγ-
μένως ἐπὶ τὴν διάμετρον καταγομένων, οἷον τῶν *ΓΘ*,
20 *ΔΚ*. εἰ μὲν γὰρ εἴη, ὡς τὸ ἀπὸ *ΓΘ* πρὸς τὸ ἀπὸ
ΔΚ, οὕτως ἡ *ΘΑ* πρὸς *ΑΚ*, παραβολή ἐστιν, εἰ δὲ
τὸ ἀπὸ *ΘΓ* πρὸς τὸ ἀπὸ *ΔΚ* μείζονα λόγον ἔχει
ἤπερ ἡ *ΘΑ* πρὸς *ΑΚ*, ὑπερβολή, εἰ δὲ ἐλάττονα,
ἔλλειψις.

25 Καὶ ἀπὸ τῶν ἐφαπτομένων δυνατόν ἐστιν αὐτὰς
διακρῖναι ἀναμνησθέντας τῶν εἰρημένων αὐταῖς ὑπάρ-
χειν ἀνωτέρω.

---

2. *Θ*] *ΑΘ* Wp, corr. Comm.   6. ἐστίν W.   διαμέτρους]
p, corr. ex διάμετρος m. 1 W.   7. δέ] scripsi cum Comm.,
γὰρ Wp.   10. ἐστι] ἐστιν W.   11. συμπίπτουσιν] συμ-
πίπτωσιν W, σύμπτ͞ω p, corr. Halley.   14. *ΑΘ, ΝΔ*] scripsi,

aliae parallelae ΓH, ΔZ, in binas autem partes ae-
quales secentur ΓB, ΔE in Θ, K et ΓH, ΔZ in Δ,
M, ducanturque ΘK, ΔM.

iam si omnes rectae parallelae rectae $B\Gamma$ a $K\Theta$
in binas partes aequales secantur, omnes autem
parallelae rectae ΓH a $M\Delta$, $B\Delta\Gamma$ una est ex sec-
tionibus coni diametros habens ΘK, $M\Delta$, sin minus,
non est.

rursus autem, qualis sit ex quattuor illis sectio-
nibus, inuenimus rectis ΘK, ΔM in utramque partem
in infinitum productis. aut enim parallelae sunt, et
est parabola, aut ad partes Θ, Δ concurrunt, et est
ellipsis uel circulus, aut ad alteram partem, et est
hyperbola. ellipsim uero a circulo discernemus per
punctum concursus rectarum $A\Theta$, $N\Delta$, quod fit cen-
trum; si enim rectae ab eo ad lineam adcidentes ae-
quales sunt, adparet, $AB\Gamma$ ambitum circuli esse, sin
minus, ellipsis.

fieri autem potest, ut aliter quoque discernantur
per rectas ad diametrum ordinate ductas uelut $\Gamma\Theta$,
ΔK. nam si est $\Gamma\Theta^2 : \Delta K^2 = \Theta A : A K$, parabola
est, sin $\Theta\Gamma^2 : \Delta K^2 > \Theta A : A K$, hyperbola, sin autem
$\Theta\Gamma^2 : \Delta K^2 < \Theta A : A K$, ellipsis.

etiam per rectas contingentes eas discernere pos-
sumus ea recordati, quae supra earum propria esse dixit.

$AEN\Delta$ Wp; $K\Theta$, $M\Delta$ Halley cum Comm. $\varepsilon\mathit{l}\ \mu\acute{\varepsilon}\nu$] suppleui,
lacunam Wp, $\varepsilon\mathit{l}$ Halley cum Comm.   16. $\acute{\varepsilon}\sigma\tau\acute{\iota}\nu$ W.   17.
$\acute{\varepsilon}\lambda\lambda\varepsilon\iota\psi\iota\varsigma$] p, corr. ex $\acute{\varepsilon}\lambda\lambda\eta\psi\iota\varsigma$ m. 1 W.   18. $\acute{\varepsilon}\sigma\tau\iota\ \delta\acute{\varepsilon}$ Halley.
$\tau\varepsilon\tau\alpha\gamma\mu\acute{\varepsilon}\nu\omega\varsigma$] p, corr. ex $\tau\varepsilon\tau\alpha\gamma\mu\acute{\varepsilon}\nu\omega\nu$ m. 1 W.   21. $o\ddot{\upsilon}\tau\omega\varsigma$
— 22. ΔK] om. p.   21. $\pi\alpha\rho\alpha\beta o\lambda\acute{\eta}$] $\pi\alpha\rho\alpha\kappa\varepsilon\iota\mu\acute{\varepsilon}\nu\eta$ W, corr.
Halley cum Comm.   23. $\acute{\varepsilon}\lambda\acute{\alpha}\tau\tau o\nu\alpha$] $\acute{\varepsilon}\lambda\alpha\tau\tau o\nu$ $\alpha\mathit{l}$ Wp, $\acute{\varepsilon}\lambda\acute{\alpha}\sigma\sigma o\nu\alpha$
Halley.   24. $\acute{\varepsilon}\lambda\lambda\varepsilon\iota\psi\iota\varsigma$] $\acute{\varepsilon}\lambda\lambda\varepsilon\acute{\iota}\psi\varepsilon\iota\varsigma$ Wp, corr. Comm.   26
$\upsilon\pi\acute{\alpha}\rho\chi\varepsilon\iota\nu$] $\upsilon\pi\acute{\alpha}\rho\chi\varepsilon\iota\ \acute{\alpha}\nu$ W, $\upsilon\pi\acute{\alpha}\rho\chi\varepsilon\iota$ p, corr. Halley.

Εἰς τὸ μη'.

Ἔστωσαν δύο μεγέθη ἴσα τὰ ΑΒ, ΓΔ καὶ διῃρήσθω εἰς ἄνισα κατὰ τὰ Ε, Ζ. λέγω, ὅτι, ᾧ διαφέρει τὸ ΑΕ τοῦ ΖΓ, τούτῳ διαφέρει τὸ ΕΒ τοῦ ΖΔ.

5 κείσθω τῷ ΓΖ ἴσον τὸ ΑΗ· τὸ ΕΗ ἄρα ὑπεροχή ἐστι τῶν ΑΗ, ΑΕ, τουτέστι τῶν ΓΖ, ΑΕ· τὸ γὰρ ΑΗ ἴσον ἐστὶ τῷ ΓΖ. ἀλλὰ καὶ τὸ ΑΒ τῷ ΓΔ· καὶ λοιπὸν ἄρα τὸ ΗΒ τῷ ΖΔ ἐστιν ἴσον. ὥστε τὸ ΕΗ ὑπεροχή ἐστι τῶν ΕΒ, ΒΗ ἤτοι τῶν ΕΒ, ΖΔ.

10 Ἀλλὰ δὴ ἔστωσαν δ μεγέθη τὰ ΑΕ, ΕΒ, ΓΖ, ΖΔ, καὶ τὸ ΑΕ τοῦ ΓΖ διαφερέτω, ᾧ διαφέρει τὸ ΕΒ τοῦ ΖΔ. λέγω, ὅτι συναμφότερα τὰ ΑΕΒ συναμφοτέροις τοῖς ΓΖ, ΖΔ ἐστιν ἴσα.

κείσθω πάλιν τῷ ΓΖ ἴσον τὸ ΑΗ· τὸ ΕΗ ἄρα
15 ὑπεροχή ἐστι τῶν ΑΕ, ΓΖ. τῷ δὲ αὐτῷ διαφέρειν ὑπόκεινται ἀλλήλων τὰ ΕΑ, ΓΖ καὶ τὰ ΕΒ, ΖΔ· ἴσον ἄρα τὸ ΗΒ τῷ ΖΔ. ἀλλὰ καὶ τὸ ΑΗ τῷ ΓΖ· τὸ ΑΒ ἄρα τῷ ΓΔ ἐστιν ἴσον.

φανερὸν δή, ὅτι, ἐὰν πρῶτον δευτέρου ὑπερέχῃ
20 τινί, καὶ τρίτον τετάρτου ὑπερέχῃ τῷ αὐτῷ, ὅτι τὸ πρῶτον καὶ τὸ τέταρτον ἴσα ἐστὶ τῷ δευτέρῳ καὶ τῷ τρίτῳ κατὰ τὴν καλουμένην ἀριθμητικὴν μεσότητα. ἐὰν γὰρ τούτων ὑποκειμένων ὑπάρχῃ, ὡς τὸ πρῶτον

1. μη'] ν Wp; sed ad prop. XLVIII p. 272, 13—15 recte rettulit Comm.   2. διῃρήσθωσαν p.   4. ΖΔ] Δ corr. ex Α m. 1 W.   6. ἐστιν W.   τουτέστιν W.   ΑΕ — 7. ἴσον] lacunam magnam Wp, suppleuit Comm.   7. ἐστίν W.   8. ΖΔ] p, Ζ insert. m. 1 W.   ΕΗ] p, Ε in ras. W.   9. ἐστιν W.   11. Ante τό (pr.) eras. εσ m. 1 W.   ΓΖ] Ζ e corr. p.   τό] e corr. p, τῶι W.   13. ΖΔ] Δ e corr. m. 1 W.   14. τό (pr.)] p, τῶι W.   15. ἐστιν W.   αὐτῷ] p, αὐτῶν W.   16. ὑπόκειται Halley.   18. ΓΔ — 19. πρῶτον] in ras. m. 1 W.   19. δευτέρου] βου p.   ὑπερέχῃ] p, ὑπερέχει corr.

Ad prop. XLVIII.

Duae magnitudines aequales sint AB, $\Gamma\varDelta$ et in E, Z in partes aequales diuidantur. dico, esse $Z\Gamma \div AE = EB \div Z\varDelta$.

ponatur $AH = \Gamma Z$; itaque
$$EH = AH \div AE = \Gamma Z \div AE;$$
est enim $AH = \Gamma Z$.

uerum etiam $AB = \Gamma\varDelta$; quare etiam reliqua $HB = Z\varDelta$. ergo $EH = EB \div BH = EB \div Z\varDelta$.

iam uero quattuor magnitudines sint AE, EB, ΓZ, $Z\varDelta$, et sit
$$\Gamma Z \div AE = EB \div Z\varDelta.$$

dico, esse $AE + EB = \Gamma Z + Z\varDelta$.

ponatur rursus $AH = \Gamma Z$; itaque $EH = \Gamma Z \div AE$. supposuimus autem, esse $\Gamma Z \div EA = EB \div Z\varDelta$. itaque $HB = Z\varDelta$. uerum etiam $AH = \Gamma Z$; ergo $AB = \Gamma\varDelta$.

iam manifestum est, si prima secundam excedat magnitudine aliqua et tertia quartam excedat eadem, esse primam quartamque secundae tertiaeque aequales in proportione arithmetica, quae uocatur. si enim[1] his suppositis est, ut prima ad tertiam, ita secunda

---

1) Haec non intellego. *itaque* Comm.

In fig. litteras Z, $\varDelta$ permutat W.

---

ex ὑπάρχει m. 1 W.   20. ὑπερέχῃ] p, ὑπερέχει W.   ὅτι] del. Halley.   21. πρῶτον] ᾱ p.   τέταρτον] ⟨ Wp.   ἐστίν W.   δευτέρῳ] β̄ Wp.   22. τρίτῳ] γ̄ Wp.   23. ὑπάρχῃ] p, ὑπάρχει W.   πρῶτον] ᾱ W et e corr. p.

πρὸς τὸ τρίτον, τὸ δεύτερον πρὸς τὸ τέταρτον, ἴσον
ἔσται τὸ μὲν πρῶτον τῷ τρίτῳ, τὸ δὲ δεύτερον τῷ
τετάρτῳ. δυνατὸν γὰρ ἐπὶ ἄλλων τοῦτο δειχθῆναι
διὰ τὸ δεδεῖχθαι ἐν τῷ κε′ θεωρήματι τοῦ ε′ βιβλίου
5 τῆς Εὐκλείδου στοιχειώσεως· ἐὰν ᾱ μεγέθη ἀνάλογον
ᾖ, τὸ πρῶτον καὶ τὸ τέταρτον δύο τῶν λοιπῶν μείζονα
ἔσται.

---

1. τρίτον] γ̄ p, ἀπὸ γ̄ W.   δεύτερον] β̄ Wp.   τέταρ-
τον] δ̄ p.   2. τό] p, τῷ W.   πρῶτον] α̂ Wp.   τρίτῳ]
γ̂ Wp.   δεύτερον] β̄ Wp.   3. τετάρτῳ] δ̄α Wp, corr. Comm.
γάρ] δέ Halley.   6. πρῶτον] ᾱ p.   τέταρτον] δ̄ p.   μεί-
ζονα] μείζων W, μεῖζον p, corr. Halley.

ad quartam, erit prima tertiae aequalis, secunda autem
quartae. nam fieri potest, ut hoc in aliis[1]) demon-
stretur, propterea quod in prop. XXV quinti libri
Elementorum Euclidis demonstratum est hoc: si
quattuor magnitudines proportionales sunt, prima et
quarta duabus reliquis maiores erunt.

---

1) Significare uoluisse uidetur, in proportione arithmetica
rem aliter se habere atque in geometrica. sed totus locus uix
sanus est.

Εἰς τὸ τρίτον.

Τὸ τρίτον τῶν Κωνικῶν, ὦ φίλτατέ μοι Ἀνθέμιε, πολλῆς μὲν φροντίδος ὑπὸ τῶν παλαιῶν ἠξίωται, ὡς αἱ πολύτροποι αὐτοῦ ἐκδόσεις δηλοῦσιν, οὔτε δὲ ἐπιστο-
5 λὴν ἔχει προγεγραμμένην, καθάπερ τὰ ἄλλα, οὐδὲ σχόλια εἰς αὐτὸ ἄξια λόγου τῶν πρὸ ἡμῶν εὑρίσκεται, καίτοι τῶν ἐν αὐτῷ ἀξίων ὄντων θεωρίας, ὡς καὶ αὐτὸς Ἀπολλώνιος ἐν τῷ προοιμίῳ τοῦ παντὸς βιβλίου φησίν. πάντα δὲ ὑφ' ἡμῶν σαφῶς ἔκκειταί σοι δεικ-
10 νύμενα διὰ τῶν προλαβόντων βιβλίων καὶ τῶν εἰς αὐτὰ σχολίων.

Εἰς τὸ α'.

Ἔστι δὲ καὶ ἄλλη ἀπόδειξις.

ἐπὶ μὲν τῆς παραβολῆς, ἐπειδὴ ἐφάπτεται ἡ ΑΓ,
15 καὶ κατῆκται ἡ ΑΖ, ἴση ἐστὶν ἡ ΓΒ τῇ ΒΖ. ἀλλὰ ἡ ΒΖ τῇ ΑΔ ἴση· καὶ ἡ ΑΔ ἄρα τῇ ΓΒ ἴση. ἔστι δὲ αὐτῇ καὶ παράλληλος· ἴσον ἄρα καὶ ὅμοιον τὸ ΑΔΕ τρίγωνον τῷ ΓΒΕ τριγώνῳ.

ἐπὶ δὲ τῶν λοιπῶν ἐπιζευχθεισῶν τῶν ΑΒ, ΓΔ
20 λεκτέον·

ἐπεί ἐστιν, ὡς ἡ ΖΗ πρὸς ΗΒ, ἡ ΒΗ πρὸς ΗΓ, ὡς δὲ ἡ ΖΗ πρὸς ΗΒ, ἡ ΑΗ πρὸς ΗΔ· παράλληλος γὰρ ἡ

---

1. Εὐτοκίου Ἀσκαλωνίτου εἰς τὸ γ̄ (τρίτον p) τῶν Ἀπολλω-
νίου κωνικῶν τῆς κατ' αὐτὸν ἐκδόσεως (o corr. ex ω W) ὑπό-
μνημα Wp.   6. ἄξια λόγου] scripsi, ἀξιολόγου Wp, ἀξιόλογα

In librum III.

Tertium Conicorum librum, amicissime Anthemie, multa cura antiqui dignati sunt, ut ex multiplicibus eius editionibus adparet, sed neque epistolam prae-missam habet, sicut reliqui, neque ad eum scholia priorum exstant, quae quidem ullius pretii sint, quam-quam, quae continet, inuestigatione digna sunt, ut ipse Apollonius in prooemio totius libri [I p. 4, 10 sq.] dicit. omnia autem a nobis plane tibi exposita sunt per libros praecedentes nostraque ad eos scholia demonstrata.

Ad prop. I.

Est autem etiam alia demonstratio:

in parabola, quoniam $A\varGamma$ contingit, et AZ ordinate ducta est, erit $\varGamma B = BZ$ [I, 35]. uerum $BZ = A\varDelta$. itaque etiam $A\varDelta = \varGamma B$. est autem eadem ei paral-lela; itaque triangulus $A\varDelta E$ triangulo $\varGamma BE$ aequalis est et similis.

in reliquis autem ductis rectis AB, $\varGamma\varDelta$ dicendum:

quoniam est $ZH : HB = BH : H\varGamma$ [I, 37] et $ZH : HB = AH : H\varDelta$ (nam AZ, $\varDelta B$ parallelae sunt),

---

Halley.   10. $\delta\iota\acute\alpha$] scripsi, om. W p, $\dot\epsilon\varkappa$ Halley. . 13. $\check\epsilon\sigma\tau\iota\nu$ W. 16. $\check\epsilon\sigma\tau\iota\nu$, ν in ras. m. 1, W.   17. $\alpha\dot\upsilon\tau\tilde\eta$] $\alpha\tilde\upsilon\tau\eta$ W p, corr. Halley.   18. $\tau\varrho\iota\gamma\omega\nu\upsilon\nu$ $\tau\tilde\omega$ $\varGamma BE$] om. W p, corr. Comm. (ebc). 19. $\dot\epsilon\pi\iota\zeta\epsilon\upsilon\chi\vartheta\eta\sigma\tilde\omega\nu$ W.   22. $H\varDelta$] $H\varGamma$ W p, corr. Comm.

ΑΖ τῇ *ΔΒ·* καὶ ὡς ἄρα·ἡ *ΒΗ* πρὸς *ΗΓ,* ἡ *ΑΗ* πρὸς
ΗΔ. παράλληλος ἄρα ἐστὶν ἡ *ΑΒ* τῇ *ΓΔ.* ἴσον ἄρα τὸ
ΑΔΓ τρίγωνον τῷ *ΒΓΔ,* καὶ κοινοῦ ἀφαιρουμένου
τοῦ *ΓΔΕ* λοιπὸν τὸ *ΑΔΕ* ἴσον ἐστὶ τῷ *ΓΒΕ.*

5 περὶ δὲ τῶν πτώσεων λεκτέον, ὅτι ἐπὶ μὲν τῆς παρα-
βολῆς καὶ τῆς ὑπερβολῆς οὐκ ἔχει, ἐπὶ δὲ τῆς ἐλλείψεως
ἔχει δύο· αἱ γὰρ ἐφαπτόμεναι κατὰ τὰς ἀφὰς μόνον
συμβάλλουσαι ταῖς διαμέτροις καὶ ἐκβαλλομέναις αὐταῖς
συμπίπτουσιν, ἢ ὡς ἐν τῷ ῥητῷ κεῖται, ἢ ἐπὶ τὰ ἕτερα
10 μέρη, καθ᾽ ἅ ἐστι τὸ *Ε,* ὥσπερ ἔχει καὶ ἐπὶ τῆς
ὑπερβολῆς.

Εἰς τὸ β'.

Τὰς πτώσεις τούτου τοῦ θεωρήματος εὑρήσεις διὰ
τοῦ *μβ'* καὶ *μγ'* θεωρήματος τοῦ *α'* βιβλίου καὶ τῶν
15 εἰς αὐτὰ γεγραμμένων σχολίων. δεῖ μέντοι ἐπιστῆσαι,
ὅτι, ἐὰν τὸ *Η* σημεῖον με-
ταξὺ τῶν *Α, Β* ληφθῇ ὥστε
τὰς παραλλήλους εἶναι ὡς
τὰς *ΜΙΗΖ, ΔΗΚ,* ἐκβάλλειν
20 δεῖ τὴν *ΔΚ* μέχρι τῆς το-
μῆς ὡς κατὰ τὸ *Ν* καὶ διὰ
τοῦ *Ν* τῇ *ΒΔ* παράλλη-
λον ἀγαγεῖν τὴν *ΝΞ·* ἔσται

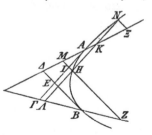

γὰρ διὰ τὰ εἰρημένα ἐν τῷ *α'* βιβλίῳ κατὰ τὸ *μθ'*
25 καὶ *ν'* θεώρημα καὶ τὸ τούτων σχόλιον τὸ *ΚΝΞ* τρί-

In fig. pro *I* hab. *Τ* W, pro *Η* hab. *Ν,* pro *Ν* autem *Γ.*

1. *ΔΒ*] *ΑΒ* Wp, corr. Comm.   *ΒΗ*] *Η* e corr. W.   3.
ΑΔΓ] *Δ* corr. ex *Γ* in scrib. W.   9. *ἤ* (pr.)] addidi, om. Wp.   10.
ἐστιν W.   16. ἐάν] corr. ex ἐν p, ἐν in ras. W.   τό] Halley,
τῷ p et in ras. W.   σημεῖον] comp. p, σημείῳ in ras. W.
19. *ΜΙΗΖ*] scripsi; *ΜΕ, ΗΖ* Wp.   23. τήν] comp. p,
τῇ W.

erit etiam $BH : H\Gamma = AH : H\varDelta$. itaque AB, $\Gamma\varDelta$
parallelae sunt [Eucl. VI, 2]. ergo [Eucl. I, 37]

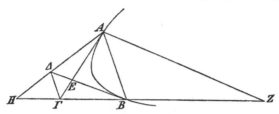

$A\varDelta\Gamma = B\Gamma\varDelta$ et ablato, qui communis est, triangulo
$\Gamma\varDelta E$ erit reliquus $A\varDelta E = \Gamma B E$.

De casibus autem dicendum, in parabola hyper-
bolaque nullum esse, in ellipsi autem duo; nam
rectae contingentes, quae cum diametris in solis
punctis contactus concurrunt, etiam cum iis productis
concurrunt aut ut in uerbis Apollonii[1]) positum est
aut ad alteram partem, in qua est E, sicut etiam in
hyperbola est [I p. 319].

Ad prop. II.

Casus huius propositionis inuenientur per propp. XLII
et XLIII libri primi et scholia ad eas scripta. anim
aduertendum autem, si punctum H inter A, B su-
matur, ita ut parallelae illae sint $MIHZ$, $\varDelta HK$,
rectam $\varDelta K$ producendam esse usque ad sectionem
uelut ad N et per N rectae $B\varDelta$ parallelam ducendam
$N\varXi$. ita enim propter ea, quae in propp. XLIX et L
libri primi et in scholio ad eas dicta sunt, erit

In fig. E om. W.

1) In figura 1 uol. I p. 320. itaque fig. 2 non habuit
Eutocius.

γωνον τῷ ΚΓ τετραπλεύρῳ ἴσον. ἀλλὰ τὸ ΚΞΝ ὅμοιόν
ἐστι τῷ ΚΜΗ, διότι παράλληλός ἐστιν ἡ ΜΗ τῇ ΝΞ·
ἔστι δὲ αὐτῷ καὶ ἴσον, διότι ἐφαπτομένη ἐστὶν ἡ ΑΓ,
παράλληλος δὲ αὐτῇ ἡ ΗΝ, καὶ διάμετρος ἡ ΜΞ,
5 καὶ ἴση ἐστὶν ἡ ΗΚ τῇ ΚΝ. ἐπεὶ οὖν ἴσον ἐστὶ τὸ
ΚΝΞ τῷ τε ΚΓ καὶ τῷ ΚΜΗ, κοινοῦ ἀφαιρουμένου
τοῦ ΑΗ λοιπὸν τὸ ΑΙΜ ἴσον ἐστὶ τῷ ΓΗ.

Εἰς τὸ γ΄.

Τὸ θεώρημα τοῦτο πλείους ἔχει πτώσεις, ἃς εὑρή-
10 σομεν ὁμοίως τῷ πρὸ αὐτοῦ. δεῖ μέντοι ἐπισκῆψαι,
ὅτι τὰ λαμβανόμενα δύο σημεῖα ἢ μεταξύ ἐστι τῶν
δύο διαμέτρων ἢ τὰ δύο ἐκτὸς καὶ ἐπὶ τὰ αὐτὰ μέρη·
εἰ γὰρ το μὲν ἕτερον ἐκτὸς λάβωμεν, τὸ δὲ ἕτερον
μεταξὺ τῶν διαμέτρων, οὐ συνίσταται τὰ ἐν τῇ προ-
15 τάσει λεγόμενα τετράπλευρα, ἀλλ᾽ οὐδὲ ἐφ᾽ ἑκάτερα
τῶν διαμέτρων.

Εἰς τὸ δ΄.

Ἐν τῇ προτάσει τούτου τοῦ θεωρήματος καὶ τῶν
ἐφεξῆς δεῖ ἐπιστῆσαι, ὅτι τῶν ἀντικειμένων λέγει
20 ἀδιορίστως, καί τινα μὲν τῶν ἀντιγράφων τὰς δύο
ἐφαπτομένας ἐπὶ τῆς μιᾶς τομῆς ἔχει, τινὰ δὲ οὐκέτι
τὰς δύο ἐφαπτομένας ἐπὶ τῆς μιᾶς, ἀλλ᾽ ἐφ᾽ ἑκατέρας
αὐτῶν μίαν συμπιπτούσας ἀλλήλαις, ὡς εἴρηται ἐν τῷ
β΄ βιβλίῳ, ἐν τῇ ἐφεξῆς γωνίᾳ τῶν ἀσυμπτώτων, καὶ
25 οὕτως δὲ κἀκείνως συμβαίνει τὰ τῆς προτάσεως, ὡς
ἔξεστι τοῖς βουλομένοις καταγράφουσιν ἐπισκέπτεσθαι,

---

2. ἐστιν e corr. m. 1 W.   ΚΜΗ] ΚΜΝ Wp, corr.
Halley, kgm Comm.   ΜΗ] ΜΝ p.   3. ἔστιν W.   5.
ἐστί] ἐστίν W.   7. ἐστίν W.   9. εὑρήσωμεν W.   11.
ἐστιν W.   20. ἀδιορίστως W.   21. τῆς] corr. ex τῆι in

$KN\Xi = K\Gamma$. uerum $K\Xi N$, KMH similes sunt, quia MH, $N\Xi$ parallelae sunt. est autem etiam $K\Xi N = KMH$, quia $A\Gamma$ contingit eique parallela est HN, et $M\Xi$ diametrus est et $HK = KN$. quoniam igitur $KN\Xi = K\Gamma = KMH$, ablato, quod commune est, quadrilatero AH erit reliquus $AIM = \Gamma H$.

Ad prop. III.

Haec propositio complures casus habet, quos eodem modo inueniemus, quo in propositione praecedenti. in eo autem insistendum, ut duo, quae sumuntur, puncta aut inter duas diametros posita sint aut utrumque extra eas et ad easdem partes; si enim alterum extra sumimus, alterum inter diametros, quadrilatera illa in propositione significata non constituuntur, neque si ad utramque partem diametrorum sumuntur.

Ad prop. IV.

In propositione huius theorematis sequentiumque animaduertendum, eum sectiones oppositas indefinite dicere, et alii codices duas rectas contingentes in altera sectione habent, alii autem non iam duas contingentes in altera, sed in singulis unam, concurrentes inter se, ut in libro II [32] dictum est, in angulo deinceps posito angulo asymptotarum, et quae in propositione dicta sunt, et hac et illa ratione eueniunt, ut iis, quicunque uoluerint, cognoscere licet descripta

---

scrib. W.   23. $\mu\iota\alpha\nu$] scripsi, $\mu\iota\tilde{\alpha}$ Wp.   24. β'] om. Wp, corr. Comm. $\tau\tilde{\eta}$] e corr. W.   25. $o\tilde{\upsilon}\tau\omega$ p. $\varkappa\mathring{\alpha}\varkappa\varepsilon\acute{\iota}\nu\omega\varsigma$] scripsi, $\varkappa\mathring{\alpha}\varkappa\varepsilon\acute{\iota}\nu\omega$ Wp. $\dot{\omega}\varsigma$] addidi, om. Wp.   26. $\varepsilon\dot{\upsilon}$-$\varepsilon\sigma\tau\iota\nu$ W.

πλὴν ὅτι, εἰ μὲν τῆς μιᾶς τῶν τομῶν δύο εὐθεῖαι
ἐφάπτονται, ἡ διὰ τῆς συμπτώσεως αὐτῶν καὶ τοῦ
κέντρου ἡ πλαγία διάμετρός ἐστι τῶν ἀντικειμένων,
εἰ δὲ ἑκατέρας μία ἐστὶν ἐφαπτομένη, ἡ διὰ τῆς συμ-
5 πτώσεως αὐτῶν καὶ τοῦ κέντρου ἡ ὀρθία διάμετρός ἐστιν.

Εἰς τὸ ε'.

Ἐπειδὴ ἀσαφές ἐστι τὸ ε' θεώρημα, λεκτέον ἐπὶ μὲν
τῆς καταγραφῆς τῆς ἐχούσης τὴν μίαν ὀρθίαν διάμετρον·
ἐπεὶ δέδεικται τὸ ΗΘΜ τοῦ ΓΔΘ μεῖζον τῷ ΓΔΖ,
10 ἴσον ἂν εἴη τὸ ΗΘΜ τῷ ΓΘΔ καὶ τῷ ΓΔΖ· ὥστε
καὶ τῷ ΚΔΘ μετὰ τοῦ ΖΔΚ. τὸ ἄρα ΗΜΘ τοῦ
ΚΔΘ διαφέρει τῷ ΚΔΖ. κοινοῦ ἀφαιρουμένου τοῦ
ΘΔΚ λοιπὸν τὸ ΚΑΖ ἴσον τῷ ΚΔΜΗ.

ἐπὶ δὲ τῆς ἐχούσης τὴν πλαγίαν διάμετρον·
15 ἐπειδὴ προδέδεικται τὸ ΓΔΘ τοῦ ΜΘΗ μεῖζον τῷ
ΓΔΖ, ἴσον ἄρα ἐστὶ τὸ ΓΘΔ τῷ ΘΗΜ μετὰ τοῦ
ΓΔΖ. κοινὸν ἀφῃρήσθω τὸ ΓΔΚΔ· λοιπὸν ἄρα
τὸ ΚΘΔ ἴσον ἐστὶ τῷ ΘΗΜ μετὰ τοῦ ΚΔΖ. ἔτι
κοινὸν ἀφῃρήσθω τὸ ΜΘΗ· λοιπὸν ἄρα τὸ ΚΖΔ τῷ
20 ΔΜΗΚ ἴσον.

πτώσεις δὲ ἔχει πολλάς, αἷς δεῖ ἐφιστάνειν ἀπὸ
τῶν δεδειγμένων ἐν τῷ μδ' καὶ με' θεωρήματι τοῦ
α' βιβλίου.

ἐν δὲ τῷ λέγειν ἀφῃρήσθω ἢ προσκείσθω τετρά-
25 πλευρον ἢ τρίγωνον τὰς ἀφαιρέσεις ἢ προσθέσεις κατα
τὴν οἰκειότητα τῶν πτώσεων χρὴ ποιεῖσθαι.

---

3. ἐστιν p.   τῶν ἀντικειμένων] om. p.   4. εἰ] p?,
ἢ W.   μία] μιᾶς Wp, corr. Halley.   7. ἀσαφές] scripsi,
σαφές Wp.   8. μίαν] om. Halley.   9. ἐπεί] ἐπί Wp,
corr. Comm.   ΓΔΘ] ΤΗ Wp, corr. Comm.   10. ΓΘΔ]
ΓΘΑ p et, Α e corr., W; corr. Comm.   13. ΚΔΜΗ] Δ e

figura; nisi quod, si utraque recta alteram sectionem
contingit, recta per punctum concursus earum cen-
trumque ducta diametrus transuersa oppositarum erit,
sin singulas una contingit, recta per punctum con-
cursus earum centrumque ducta diametrus recta est.

Ad prop. V.

Quoniam propositio V obscurior est, in figura,
quae unam diametrum rectam habet, dicendum:

quoniam demonstratum est [I, 45], esse $H\Theta M$
maiorem quam $\Gamma\varLambda\Theta$ triangulo $\Gamma\varLambda Z$, erit

$$H\Theta M = \Gamma\Theta\varLambda + \Gamma\varLambda Z = K\varLambda\Theta + Z\varLambda K.$$

itaque $HM\Theta$ a $K\varLambda\Theta$ differt triangulo $K\varLambda Z$. ablato,
qui communis est, triangulo $\Theta\varLambda K$ erit reliquus
$K\varLambda Z = K\varLambda M H.$

in figura autem, quae diametrum transuersam habet:

quoniam antea demonstratum est [I, 45], $\Gamma\varLambda\Theta$
maiorem esse quam $M\Theta H$ triangulo $\Gamma\varLambda Z$, erit
$\Gamma\Theta\varLambda = \Theta H M + \Gamma\varLambda Z$. auferatur, quod commune
est, $\Gamma\varLambda K\varLambda$; itaque reliquus $K\Theta\varLambda = \Theta H M + K\varLambda Z$.
rursus auferatur, qui communis est, $M\Theta H$; itaque reli-
quus $KZ\varLambda = \varLambda M H K.$

casus autem multos habet, qui inueniendi sunt
per ea, quae in propp. XLIV et XLV libri I demon-
strata sunt.

cum dicimus autem aut auferatur aut adiiciatur
quadrilaterum triangulusue, auferri aut adiici se-
cundum proprietatem casuum oportet.

corr. W.   15. $M\Theta H$] $\overline{\mu\vartheta}$ $\acute{\eta}$ Wp, corr. Comm.   16. $\tau\acute{o}$]
$\tau\tilde{\wp}$ Wp, corr. Comm.   17. $\lambda o\iota\pi\acute{o}\nu$ — 19. $M\Theta H$] bis p (multa
euan., sicut etiam in sqq.).   18. $\dot{\varepsilon}\sigma\tau\acute{\iota}\nu$ W.   20. $\check{\iota}\sigma o\nu$] om.
Wp, corr. Comm.   25. $\pi\varrho o\sigma\vartheta\acute{\varepsilon}\sigma\varepsilon\iota\varsigma$] corr. ex $\pi\varrho o\sigma\vartheta\acute{\varepsilon}\sigma\eta\varsigma$ m. 1 W.

ἐπειδὴ δὲ τὰ ἐφεξῆς πολύπτωτά ἐστι διὰ τὰ
λαμβανόμενα σημεῖα καὶ τὰς παραλλήλους, ἵνα μὴ
ὄχλον παρέχωμεν τοῖς ὑπομνήμασι πολλὰς ποιοῦντες
καταγραφάς, καθ᾽ ἕκαστον τῶν θεωρημάτων μίαν
5 ποιοῦμεν ἔχουσαν τὰς ἀντικειμένας καὶ τὰς διαμέτρους
καὶ τὰς ἐφαπτομένας, ἵνα σώζηται τὸ ἐν τῇ προτάσει
λεγόμενον τῶν αὐτῶν ὑποκειμένων, καὶ τὰς παραλ-
λήλους πάσας ποιοῦμεν συμπίπτειν καὶ στοιχεῖα τίθεμεν
καθ᾽ ἑκάστην σύμπτωσιν, ἵνα φυλάττων τις τὰ ἀκό-
10 λουθα δύνηται πάσας τὰς πτώσεις ἀποδεικνύειν.

Εἰς τὸ ϛ'.

Αἱ πτώσεις τούτου τοῦ θεωρήματος καὶ τῶν ἐφεξῆς
πάντων, ὡς εἴρηται ἐν τοῖς τοῦ ε' θεωρήματος σχολίοις,
πολλαί εἰσιν, ἐπὶ πασῶν μέντοι τὰ αὐτὰ συμβαίνει.
15 ὑπὲρ δὲ πλείονος σαφηνείας ὑπογεγράφθω μία ἐξ
αὐτῶν, καὶ ἤχθω ἀπὸ τοῦ Γ ἐφαπτομένη τῆς τομῆς
ἡ ΓΠΡ· φανερὸν δή, ὅτι παράλληλός ἐστι τῇ ΑΖ
καὶ τῇ ΜΛ. καὶ ἐπεὶ δέδεικται ἐν τῷ δευτέρῳ θεωρή-
ματι κατὰ τὴν τῆς ὑπερβολῆς καταγραφὴν τὸ ΠΝΓ
20 τρίγωνον τῷ ΛΠ τετραπλεύρῳ ἴσον, κοινὸν προσκείσθω
τὸ ΜΠ· τὸ ἄρα ΜΚΝ τρίγωνον τῷ ΜΛΡΓ ἐστιν ἴσον.
κοινὸν προσκείσθω τὸ ΓΡΕ, ὅ ἐστιν ἴσον τῷ ΑΕΖ
διὰ τὰ ἐν τῷ μδ' τοῦ α' βιβλίου· ὅλον ἄρα τὸ ΜΕΛ

---

1. ἐστιν W.   3. ὑπομνήμασιν W.   5. τάς — 6.
καί] bis p.   9. φυλάττων] -ω- e corr. m. 1 W.   13. ε']
om. W, lac. 3 litt. p, corr. Halley.   17. ἐστιν W.   18.
δευτέρῳ] β̂ p.   19. ΠΝΓ] scripsi, ΠΝ Wp, ΓΠΝ Halley.
20. τῷ] bis p, τὸ τῷ W.   ΛΠ] scripsi, ΛΗ Wp, ΛΚΠΡ
Halley.   22. ΓΡΕ] Ε e corr. p.   ΑΕΖ] ΛΕΖ p et, Λ in
ras., W; corr. Halley.   23. μδ'] scripsi, μα' Wp.

quoniam autem quae sequuntur propter puncta
sumpta parallelasque multos casus habent, ne commen-
tarii nostri molesti sint multis figuris additis, in sin-
gulis propositionibus unam describimus oppositas
diametrosque et rectas contingentes habentem, ut
iisdem suppositis seruetur, quod in propositione dic-
tum est, et omnes parallelas concurrentes facimus et
ad singula puncta concursus litteras ponimus, ut, qui
consequentia obseruet, omnes casus demonstrare possit.

Ad prop. VI.

Casus huius propositionis et sequentium omnium,
ut in scholiis ad prop. V dictum est, multi sunt, sed
in omnibus eadem eueniunt. quo autem magis per-
spicuum sit, unus ex iis describatur, ducaturque a Γ

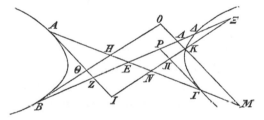

sectionem contingens $\Gamma\Pi P$; manifestum igitur, eam
rectis AZ, $M\Delta$ parallelam esse [Eutocius ad I, 44].
et quoniam in prop. II demonstratum est in figura
hyperbolae, esse $\Pi N\Gamma = \Delta\Pi$, commune adiiciatur
$M\Pi$; itaque $MKN = M\Delta P\Gamma$. communis adiiciatur
ΓPE, qui triangulo AEZ aequalis est propter ea,
quae in prop. XLIV libri primi demonstrata sunt;

In fig. litt. Z, Δ om. W.

ἴσον ἐστὶ τῷ *MKN* καὶ τῷ *AEZ*. κοινοῦ ἀφαιρου-
μένου τοῦ *KMN* λοιπὸν τὸ *AEZ* τῷ *KΔEN* ἐστιν
ἴσον. κοινὸν προσκείσθω τὸ *ZENI*· ὅλον ἄρα τὸ *AIN*
τρίγωνον τῷ *KΔZI* ἐστιν ἴσον. ὁμοίως δὲ καὶ τὸ
5 *BOΔ* ἴσον ἐστὶ τῷ *KNHO*.

Εἰς τὸ ιγ΄.

Ἐπεί ἐστιν, ὡς ἡ *AΘ* πρὸς *ΘZ*, ἡ *ΘB* πρὸς
ΘH, καί εἰσιν αἱ πρὸς τῷ *Θ* γωνίαι δυσὶν ὀρθαῖς
ἴσαι, ἴσον τὸ *AHΘ* τρίγωνον τῷ *BΘZ* τριγώνῳ]
10 ἐκκείσθω χωρὶς ἡ καταγραφὴ μόνων τῶν τριγώνων,
καὶ ἐκβεβλήσθω ἡ *AΘ* εἰς τὸ *Ξ*, καὶ πεποιήσθω, ὡς
ἡ *HΘ* πρὸς *ΘB*, ἡ *ZΘ* πρὸς *ΘΞ*. ἐπεί ἐστιν, ὡς ἡ
ΘB πρὸς *ΘH*, ἡ *AΘ* πρὸς *ΘZ* καὶ ἡ *ΞΘ* πρὸς *ΘZ*,
ἴση ἄρα ἐστὶν ἡ *AΘ* τῇ *ΘΞ*· ὥστε καὶ τὸ *AHΘ* τρί-
15 γωνον ἴσον τῷ *HΘΞ*. καὶ ἐπεί ἐστιν, ὡς ἡ *ΞΘ* πρὸς
ΘZ, ἡ *ΘB* πρὸς *ΘH*, καὶ περὶ ἴσας γωνίας τὰς κατὰ
κορυφὴν πρὸς τῷ *Θ* ἀντιπεπόνθασιν αἱ πλευραί, ἴσον
ἐστὶ τὸ *ZΘB* τρίγωνον τῷ *HΘΞ*· ὥστε καὶ τῷ *AHΘ*.
ἔστι δὲ καὶ ἄλλως δεῖξαι ἴσα τὰ τρίγωνα.
20 ἐπεὶ γὰρ δέδεικται, ὡς ἡ *KΘ* πρὸς *ΘB*, ἡ *ΘB*
πρὸς *ΘH*, ἀλλ᾽ ὡς ἡ *KΘ* πρὸς *ΘB*, ἡ *AK* πρὸς *BZ*,

---

1. ἐστί] ἐστίν W, om. p.   2. *KMN*] *K* e corr. p.   τό]
om. Wp, corr. Halley.   *AEZ*] *Z* corr. ex *B*? m. 1 W.
KΔEN ἐστιν] *KΔ* et post lac. 3 litt. εν ἐστιν W, *KΔ* ἔν-
εστι p; corr. Halley.   3. *ZENI*] *I* e corr. p.   *AIN*] *AN* p.
4. *BΔZI* p.   ὁμοίως] ὅμοιον ὡς Wp, corr. Halley.   καί]
om. p.   5. ἐστίν W.   *KNHO*] *KNHΘ* Wp, corr. Halley.
7. *AΘ*] *AO* Wp, corr. Comm.   *ΘB*] U m. 2, *OB* Wp.
8. *Θ*] *O* Wp, corr. Halley.   9. *AHΘ*] *ΔHΘ* Wp, corr.
Comm.   11. *AΘ* εἰς τὸ *Ξ*] *AΘE* τῇ τὸ *Ξ* Wp, corr. Comm.
12. *HΘ*] corr. ex *KΘ* p.   *ΘB*] *ΘE* Wp, corr. Comm.
ZΘ] *Z* in ras. W, *ZE* p.   13. *AΘ*] *AE* Wp, corr. Comm.

itaque $ME\varLambda = MKN + AEZ$. ablato, qui communis est, triangulo KMN erit reliquus $AEZ = K\varLambda EN$. commune adiiciatur $ZENI$; ergo $AIN = K\varLambda ZI$. et similiter $BO\varLambda = KNHO$.

Ad prop. XIII.

Quoniam est $A\varTheta : \varTheta Z = \varTheta B : \varTheta H$, et anguli ad $\varTheta$ positi duobus rectis aequales, erit $AH\varTheta = B\varTheta Z$ I p. 340, 1—4] describatur enim seorsum figura triangulorum solorum, et $A\varTheta$ ad $\varXi$ producatur, fiatque $Z\varTheta : \varTheta \varXi = H\varTheta : \varTheta B$. iam quoniam est

$$\varTheta B : \varTheta H = A\varTheta : \varTheta Z = \varXi \varTheta : \varTheta Z,$$

erit [Eucl. V, 9] $A\varTheta = \varTheta \varXi$. quare etiam $AH\varTheta = H\varTheta \varXi$

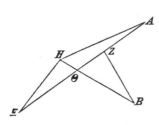

[Eucl. I, 38]. et quoniam est $\varXi \varTheta : \varTheta Z = \varTheta B : \varTheta H$, et latera aequales angulos comprehendentia, qui ad $\varTheta$ ad uerticem inter se positi sunt, in contraria propoïtione sunt, erit

$$Z\varTheta B = H\varTheta \varXi$$

[Eucl. VI, 15]. ergo etiam $Z\varTheta B = AH\varTheta$.

uerum aliter quoque demonstrari potest, triangulos aequales esse.

quoniam enim demonstratum est, esse

$$K\varTheta : \varTheta B = \varTheta B : \varTheta H \text{ [I p. 338, 25]},$$

καὶ ὡς ἄρα ἡ ΑΚ πρὸς ΒΖ, ἡ ΒΘ πρὸς ΗΘ· τὸ ἄρα
ὑπὸ ΑΚ, ΘΗ ὀρθογώνιον ἴσον ἐστὶ τῷ ὑπὸ ΒΖ, ΒΘ
ὀρθογωνίῳ. καὶ ἐπεὶ ἴσαι εἰσὶν αἱ ὑπὸ ΗΘΝ, ΘΒΖ,
ἐὰν ἀναγράψωμεν παραλληλόγραμμα ῥομβοειδῆ ὑπὸ
5 τῶν αὐτῶν περιεχόμενα πλευρῶν τοῖς ὀρθογωνίοις
ἴσας ἔχοντα τὰς πρὸς τοῖς Θ, Β, ἴσα ἔσται καὶ αὐτὰ
διὰ τὴν τῶν πλευρῶν ἀντιπεπόνθησιν. ἔσται δὴ τὸ
περιεχόμενον ῥομβοειδὲς ὑπὸ τῶν ΖΒ, ΒΘ ἐν τῇ Β
γωνίᾳ διπλάσιον τοῦ ΘΒΖ τριγώνου· διάμετρος γὰρ
10 αὐτοῦ ἔσται ἡ ΖΘ· τὸ δὲ περιεχόμενον ὑπὸ τῆς ΗΘ
καὶ τῆς ἴσης τῇ ΑΚ ἀπὸ τῆς ΘΝΔ ἀφαιρουμένης ἐν
τῇ ὑπὸ ΗΘΝ γωνίᾳ διπλάσιόν ἐστι τοῦ ΑΗΘ τριγώνου·
ἐπὶ γὰρ τῆς αὐτῆς βάσεώς εἰσι τῆς ΗΘ καὶ ὑπὸ τὴν
αὐτὴν παράλληλον τὴν ἀπὸ τοῦ Α παρὰ τὴν ΗΘ ἀγο-
15 μένην. ὥστε ἴσον τὸ ΑΗΘ τῷ ΖΒΘ.

Εἰς τὸ ιϛ'.

Ἔν τισι τῶν ἀντιγράφων τοῦτο ὡς θεώρημα ὡς
ιζ' παρέκειτο, ἔστι δὲ κατὰ ἀλήθειαν πτῶσις τοῦ ιϛ'·
μόνον γάρ, ὅτι αἱ ΑΓΒ ἐφαπτόμεναι παράλληλοι
20 γίνονται ταῖς διαμέτροις, τὰ δὲ ἄλλα ἐστὶ τὰ αὐτά.
ἐν σχολίοις οὖν ἔδει τοῦτο κεῖσθαι, ὥσπερ ἐγράψαμεν
καὶ εἰς τὸ μα' τοῦ α' βιβλίου.

Ἐὰν ἐπὶ τῆς ἐλλείψεως καὶ τοῦ κύκλου αἱ διὰ τῶν

---

1. πρός (pr.)] bis p.   2. ΘΗ] om. Wp, corr. Comm.
ἐστίν W.   ΒΘ] Β e corr. p.   3. ΗΘΝ] Η supra scr.
m. 1 W.   6. τάς] addidi, om. Wp.   Β γωνίας Halley.   7.
δή] δέ Halley.   8. ὑπὸ τῶν] om. Wp, corr. Halley.   11.
ΘΝΔ] scripsi, ΘΛΝ Wp.   12. ΗΘΝ] ΘΝ Wp, corr. Comm.
ἐστιν W.   ΑΗΘ] in ras. W.   13. εἰσιν W.   ΗΘ καί]
ΗΘΚ p et seq. lac. 2 litt. W, corr. Halley cum Comm.   16.
ιϛ'] p, ϛ̄ W.   17. τισιν W.   ὡς (pr.)] e corr. W; fort. de-
lendum.   ὡς (alt.)] om. p?   18. ἔστιν W.   κατ' Halley.
20. ἐστίν W.

et $K\Theta : \Theta B = AK : BZ$ [I p. 338, 26], erit etiam
$AK : BZ = B\Theta : H\Theta$. itaque $AK \times \Theta H = BZ \times B\Theta$.
et quoniam $\angle\ H\Theta N = \Theta BZ$, si parallelogramma
rhomboidea descripserimus iisdem lateribus compre-
hensa, quibus rectangula, et angulos ad Θ, B positos
aequales habentia, haec quoque propter proportionem
contrariam laterum aequalia erunt [Eucl. VI, 14].
iam rhomboides rectis ZB, $B\Theta$ in angulo B com-
prehensum duplo maius erit triangulo ΘBZ [Eucl.
I, 34]; $Z\Theta$ enim diametrus eius erit.   parallelo-
grammum autem, quod ab $H\Theta$ rectaque rectae AK
aequali a $\Theta N\varDelta$ ablata in angulo $H\Theta N$ comprehen-
ditur, duplo maius est triangulo $AH\Theta$ [Eucl. I, 41];
nam in eadem basi sunt $H\Theta$ et sub eadem parallela,
quae ab A rectae $H\Theta$ parallela ducitur.   ergo
$AH\Theta = ZB\Theta$.

Ad prop. XVI.

In nonnullis codicibus hoc pro theoremate tan-
quam propositio XVII adpositum erat, est autem re

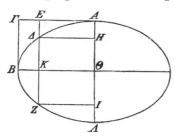

uera casus propositionis
XVI; nam eo tantum
differt, quod rectae con-
tingentes $A\varGamma$, $\varGamma B$ dia-
metris parallelae fiunt, ce-
tera autem eadem sunt.
in scholiis igitur ponen-
dum erat, sicut etiam ad
prop. XLI. libri primi scripsimus.

Si in ellipsi circuloque diametri per puncta con-

In fig. pro I hab. C W.

ἀφῶν διάμετροι παράλληλοι ὦσι ταῖς ἐφαπτομέναις,
καὶ οὕτως ἔσται τὰ τῆς προτάσεως.

ἐπεὶ ὡς τὸ ἀπὸ ΒΘ πρὸς τὸ ὑπὸ ΛΘΑ, οὕτως τὸ
ἀπὸ ΔΗ πρὸς τὸ ὑπὸ ΛΗΑ, καί ἐστι τὸ μὲν ὑπὸ
5 ΛΘΑ ἴσον τῷ ἀπὸ ΘΑ, τὸ δὲ ὑπὸ ΛΗΑ ἴσον τῷ
ὑπὸ ΙΑΗ· ἴση γὰρ ἡ ΑΘ τῇ ΘΛ καὶ ἡ ΔΚ τῇ ΚΖ
καὶ ἡ ΗΘ τῇ ΘΙ καὶ ἡ ΑΗ τῇ ΙΛ· ὡς ἄρα τὸ ἀπὸ
ΛΘ πρὸς τὸ ἀπὸ ΘΒ, τουτέστι τὸ ἀπὸ ΒΓ πρὸς τὸ
ἀπὸ ΓΑ, τὸ ὑπὸ ΙΑΗ πρὸς τὸ ἀπὸ ΔΗ, τουτέστι
10 τὸ ὑπὸ ΖΕΔ πρὸς τὸ ἀπὸ ΕΑ.

Εἰς τὸ ιζ'.

Καὶ τοῦτο ὁμοίως τῷ πρὸ αὐτοῦ ἔκειτο θεώρημα,
ὅπερ ἡμεῖς ἁς πτῶσιν ἀφελόντες ἐνταῦθα ἐγράψαμεν·
Ἐὰν ἐπὶ τῆς ἐλλείψεως καὶ τῆς τοῦ κύκλου περιφερείας
15 αἱ διὰ τῶν ἀφῶν ἀγόμεναι διάμετροι παράλληλοι ὦσι
ταῖς ἐφαπτομέναις ταῖς ΒΓ, ΓΑ, καὶ οὕτως ἐστίν, ὡς
τὸ ἀπὸ ΓΑ πρὸς τὸ ἀπὸ ΓΒ, τὸ ὑπὸ ΚΖΕ πρὸς τὸ
ὑπὸ ΔΖΘ.

ἤχθωσαν διὰ τῶν Δ, Θ τεταγμένως κατηγμέναι αἱ
20 ΔΠ, ΘΜ. ἐπεὶ οὖν ἐστιν, ὡς τὸ ἀπὸ ΑΓ πρὸς τὸ
ἀπὸ ΓΒ, τὸ ἀπὸ ΒΝ πρὸς τὸ ἀπὸ ΝΑ, τουτέστι πρὸς τὸ
ὑπὸ ΑΝΑ, ὡς δὲ τὸ ἀπὸ ΒΝ πρὸς τὸ ὑπὸ ΑΝΑ, τὸ
ἀπὸ ΔΠ, τουτέστι τὸ ἀπὸ ΖΟ, πρὸς τὸ ὑπὸ ΑΠΔ καὶ
τὸ ἀπὸ ΕΟ πρὸς τὸ ὑπὸ ΑΟΔ, καὶ λοιπὸν ἄρα πρὸς λοι-

---

1. ωσι] p, ὦσιν W.   3. ὡς τὸ ἀπό] m. 2 U, ἡ Wp.
οὕτω p.   4. ΛΗΑ] ΛΠΑ Wp, corr. U m. 2 (in W fort. Η
scriptum est, sed litterae Π simile).   ἐστιν W.   8. τουτ-
έστιν W.   9. τουτέστιν W.   10. ΖΕΔ] m. 2 U, ΖΕΛ Wp.
12—19. euan. p.   15. ὦσιν W.   20. ΘΜ] ΟΜ Wp, corr.
Comm.   21. τουτέστιν W.   22. τό (sec.)] om. p.   23.
τουτέστιν W.   24. ΕΟ] ΕΘ Wp, corr. Comm.

tactus ductae contingentibus parallelae sunt, sic quo-
que ualent, quae in propositione dicta sunt.

quoniam est [I, 21]

$$B\Theta^2 : A\Theta \times \Theta A = AH^2 : AH \times HA,$$

et $A\Theta \times \Theta A = \Theta A^2$, $AH \times HA = IA \times AH$ (nam
$A\Theta = \Theta A$, $AK = KZ$, $H\Theta = \Theta I$, $AH = IA$), erit
etiam $A\Theta^2 : \Theta B^2 = IA \times AH : AH^2$, h. e.

$$B\Gamma^2 : \Gamma A^2 = ZE \times EA : EA^2.$$

Ad prop. XVII.

Hoc quoque eodem modo, quo praecedens, pro
theoremate adponebatur, quod nos ut casum remoui-
mus et hic adscripsimus.

Si in ellipsi ambituque circuli diametri per puncta
contactus ductae contingentibus $B\Gamma$, ΓA parallelae
sunt, sic quoque est $\Gamma A^2 : \Gamma B^2 = KZ \times ZE : AZ \times Z\Theta$.

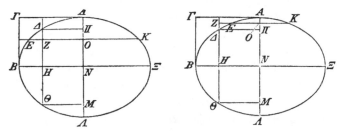

ducantur per A, Θ ordinate $A\Pi$, ΘM. quoniam
igitur est $A\Gamma^2 : \Gamma B^2 = BN^2 : NA^2 = BN^2 : AN \times NA$
[I, 13], et $BN^2 : AN \times NA = A\Pi^2 : A\Pi \times \Pi A$
[I,21] $= ZO^2 : A\Pi \times \Pi A = EO^2 : AO \times OA$ [I,21],
erit etiam [Eucl. V, 19] reliquum ad reliquum, ut to-

In fig. 2 om. A litt. W.

πόν ἐστιν, ὡς ὅλον πρὸς ὅλον. ἀλλ' ἐὰν μὲν ἀπὸ τοῦ ἀπὸ
ΕΟ ἀφαιρεθῇ τὸ ἀπὸ ΔΠ, τουτέστι τὸ ἀπὸ ΖΟ, καταλεί-
πεται τὸ ὑπὸ ΚΖΕ· ἴση γὰρ ἡ ΚΟ τῇ ΟΕ· ἐὰν δὲ
ἀπὸ τοῦ ὑπὸ ΑΟΔ ἀφαιρεθῇ τὸ ὑπὸ ΑΠΔ, λείπεται
5 τὸ ὑπὸ ΜΟΠ, τουτέστι τὸ ὑπὸ ΘΖΔ· ἴση γὰρ ἡ
ΑΠ τῇ ΜΔ καὶ ἡ ΠΝ τῇ ΝΜ. ἔστιν ἄρα, ὡς τὸ
ἀπὸ ΓΑ πρὸς τὸ ἀπὸ ΓΒ, λοιπὸν τὸ ὑπὸ ΚΖΕ πρὸς
τὸ ὑπὸ ΔΖΘ.

ὅταν δὲ τὸ Ζ ἐκτὸς ᾖ τῆς τομῆς, τὰς προσθέσεις
10 καὶ ἀφαιρέσεις ἀνάπαλιν ποιητέον.

Εἰς τὸ ιη'.

Ἔν τισιν ἀντιγράφοις ηὑρέθη ἑτέρα ἀπόδειξις
τούτου τοῦ θεωρήματος·

Ἐὰν ἑκατέρας τῶν τομῶν ἐφαπτόμεναι εὐθεῖαι συμ-
15 πίπτωσι, καὶ οὕτως ἔσται τὰ εἰρημένα.

ἔστωσαν γὰρ ἀντικείμεναι αἱ Α, Β καὶ ἐφαπτόμεναι
αὐτῶν αἱ ΑΓ, ΓΒ συμπίπτουσαι κατὰ τὸ Γ, καὶ εἰλήφθω
ἐπὶ τῆς Β τομῆς τὸ Δ, καὶ δι' αὐτοῦ παρὰ τὴν ΑΓ
ἤχθω ἡ ΕΔΖ. λέγω, ὅτι ἐστίν, ὡς τὸ ἀπὸ ΑΓ πρὸς
20 τὸ ἀπὸ ΓΒ, τὸ ὑπὸ ΕΖΔ πρὸς τὸ ἀπὸ ΖΒ.

ἤχθω γὰρ διὰ τοῦ Α διάμετρος ἡ ΑΘΗ, διὰ δὲ
τῶν Β, Η παρὰ τὴν ΕΖ αἱ ΗΚ, ΒΛ. ἐπεὶ οὖν ἀπὸ
τοῦ Β ἐφάπτεται μὲν τῆς ὑπερβολῆς ἡ ΒΘ, τεταγμένως

---

1. ἀπὸ ΕΟ] ΕΘ Wp, corr. Comm.   2. ΔΠ] ΔΗ Wp,
corr. Comm.   τουτέστιν W.   ΖΟ] ΖΘ Wp, corr. Comm.
3. ΚΟ] ΚΘ Wp, corr. Comm.   ΟΕ] ΘΕ Wp, corr. Comm.
4. ὑπὸ ΑΟΔ] ΑΘΔ Wp, corr. Comm.   τό] τά Wp, corr.
Comm.   ὑπό] ἀπό p.   5. ΜΟΠ] ΟΜΠ Wp, corr. Comm.
τουτέστιν W.   7. τό (pr.)] p, τῶι W.   9. ἐκτὸς ᾖ] scripsi,
ἐκ τῶν W, ἐκτός p.   12. ηὑρέθη] -υ- in ras. W, εὑρέθη p.
14. ἐάν] om. Wp, corr. Halley.   19. ΕΔΖ] scripsi, ΔΕΖ
Wp.   20. ὑπό] ἀπό Wp, corr. Halley cum Comm.

tum ad totum. sin ab EO^2 aufertur $\varDelta\varPi^2$ siue ZO^2, relinquitur $KZ \times ZE$ [Eucl. II, 5]; nam $KO = OE$. sin ab $\varDelta O \times O\varDelta$ aufertur $\varDelta\varPi \times \varPi\varDelta$, relinquitur[1]) $MO \times O\varPi$ siue $\varTheta Z \times Z\varDelta$; nam $\varDelta\varPi = M\varDelta$ et $\varPi N = NM$. ergo $\varGamma\varDelta^2 : \varGamma B^2 = KZ \times ZE : \varDelta Z \times Z\varTheta$.

sin Z extra sectionem positum est, additiones et ablationes e contrario faciendae sunt.

Ad prop. XVIII.

In nonnullis codicibus huius propositionis alia demonstratio inuenta est:

Si utramque sectionem contingentes rectae concurrunt, sic quoque erunt, quae diximus.

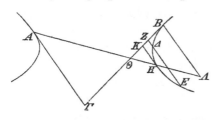

sint enim oppositae A, B easque contingentes $A\varGamma$, $\varGamma B$ in $\varGamma$ concurrentes, et in B sectione sumatur punctum $\varDelta$, et per id rectae $A\varGamma$ parallela ducatur $E\varDelta Z$. dico, esse
$$A\varGamma^2 : \varGamma B^2 = EZ \times Z\varDelta : ZB^2.$$

nam per A ducatur diametrus $A\varTheta H$, per B, H autem rectae EZ parallelae HK, $B\varDelta$. quoniam igitur a B hyperbolam contingit $B\varTheta$ et ordinate ducta est $B\varDelta$, erit $A\varDelta : \varDelta H = A\varTheta : \varTheta H$ [I, 36]. est autem $A\varDelta : \varDelta H = \varGamma B : BK^2$) et $A\varTheta : \varTheta H = A\varGamma : KH$

Fig. hab. Wp, sed sine litteris.

---

1) U. Pappi lemma 3 ad libr. II, et cfr. Eutocius ad II, 23.
2) Nam $A\varTheta : \varTheta\varDelta = \varGamma\varTheta : \varTheta B$, $A\varDelta : \varGamma B = \varTheta\varDelta : \varTheta B = H\varDelta : KB$.

δὲ ἦκται ἡ ΒΔ, ἔστιν, ὡς ἡ ΑΔ πρὸς ΔΗ, ἡ ΑΘ
πρὸς ΘΗ. ἀλλ' ὡς μὲν ἡ ΑΔ πρὸς ΔΗ, ἡ ΓΒ
πρὸς ΒΚ, ὡς δὲ ἡ ΑΘ πρὸς ΘΗ, ἡ ΑΓ πρὸς ΚΗ·
καὶ ὡς ἄρα ἡ ΓΒ πρὸς ΒΚ, ἡ ΑΓ πρὸς ΗΚ. καὶ
5 ἐναλλάξ, ὡς ἡ ΑΓ πρὸς ΓΒ, ἡ ΗΚ πρὸς ΚΒ, καὶ
ὡς τὸ ἀπὸ ΑΓ πρὸς τὸ ἀπὸ ΓΒ, τὸ ἀπὸ ΗΚ πρὸς
τὸ ἀπὸ ΚΒ. ὡς δὲ τὸ ἀπὸ ΗΚ πρὸς τὸ ἀπὸ ΚΒ,
οὕτως ἐδείχθη τὸ ὑπὸ ΕΖΔ πρὸς τὸ ἀπὸ ΖΒ· καὶ
ὡς ἄρα τὸ ἀπὸ ΑΓ πρὸς τὸ ἀπὸ ΓΒ, τὸ ὑπὸ ΕΖΔ
10 πρὸς τὸ ἀπὸ ΖΒ.

Εἰς τὸ ιθ'.

Ἔν τισιν ἀντιγράφοις ηὑρέθη ἀπόδειξις τούτου
τοῦ θεωρήματος τοιαύτη·

ἤχθω δὴ ἡ μὲν ΜΔ παρὰ τὴν ΖΑ τέμνουσα τὴν
15 ΔΓ τομήν, ἡ δὲ ΗΔ παρὰ τὴν ΖΔ τέμνουσα την
ΑΒ. δεικτέον, ὅτι ὁμοίως ἐστίν, ὡς τὸ ἀπὸ ΔΖ πρὸς
τὸ ἀπὸ ΖΑ, οὕτως τὸ ὑπὸ ΗΑΙ πρὸς τὸ ὑπὸ ΜΑΞ.
ἤχθωσαν γὰρ διὰ τῶν Α, Δ ἀφῶν διάμετροι αἱ
ΑΓ, ΔΒ, καὶ διὰ τῶν Γ, Β ἤχθωσαν παρὰ τὰς ἐφαπτο-
20 μένας αἱ ΒΠ, ΓΠ· ἐφάπτονται δὴ αἱ ΒΠ, ΓΠ τῶν
τομῶν κατὰ τὰ Β, Γ. καὶ ἐπεὶ κέντρον ἐστὶ τὸ Ε,
ἴση ἐστὶν ἡ μὲν ΒΕ τῇ ΔΕ, ἡ δὲ ΑΕ τῇ ΕΓ· διὰ
δὲ τοῦτο, καὶ ὅτι παράλληλός ἐστιν ἡ ΑΤΖ τῇ ΓΣΠ,

---

3. ὡς — 4. ΗΚ] om. p.   4. ἡ ΑΓ πρὸς ΗΚ] om. W, corr.
Halley (οὕτως ἡ) cum Comm. (kg).   5. ΑΓ] ΑΒ Wp, corr.
Comm.   ΗΚ] Κ e corr. p.   6. ΗΚ] Κ e corr. m. 1 W.
9. ΕΖΔ] ΕΖΗ Wp, corr. Comm.   12. εὑρέθη p.   16.
δεικτέον] p, δεικταῖον W.   17. οὕτω p.   ΗΑΙ] ΗΙΑ W,
ΝΙΔ p, corr. Comm.   ΜΑΞ] ΜΑΖ p.   19. Γ, Β]
Β, Γ Halley.   20. ΒΠ] mut. in ΒΗ m. 1 W, ΒΗ p.   ΒΠ]
ΒΗ Wp, corr. Comm.   21. τά] p, om. W.   22. ΒΕ] ΒΘ
W et e corr. p; corr. Comm.   ΔΕ] scripsi, ΔΘ W et, Θ e
corr., p; ed Comm.

[Eucl. VI, 4]; quare etiam $\Gamma B : BK = A\Gamma : HK.$ et permutando $A\Gamma : \Gamma B = HK : KB$, et
$$A\Gamma^2 : \Gamma B^2 = HK^2 : KB^2.$$
est autem $HK^2 : KB^2 = EZ \times Z\Delta : ZB^2$, ut demonstratum est [III, 16]; ergo etiam
$$A\Gamma^2 : \Gamma B^2 = EZ \times Z\Delta : ZB^2.$$

Ad prop. XIX.

In nonnullis codicibus huius propositionis talis inuenta est demonstratio:

ducatur $M\Delta$ rectae $Z\Delta$ parallela sectionem $\Delta\Gamma$ secans, $H\Delta$ autem rectae $Z\Delta$ parallela sectionem AB secans. demonstrandum, eodem modo esse
$$\Delta Z^2 : ZA^2 = H\Delta \times \Delta I : M\Delta \times \Delta\Xi.$$

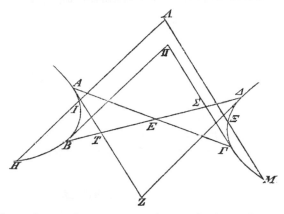

ducantur enim per puncta contactus A, Δ diametri $A\Gamma$, ΔB, et per Γ, B contingentibus parallelae ducantur $B\Pi$, $\Gamma\Pi$; itaque[1]) $B\Pi$, $\Gamma\Pi$ in B, Γ sec-

In fig. pro I, M, Σ hab. K, Λ, O W; Z om.

1) Cfr. Eutocius ad I, 44.

ἴση ἐστὶ καὶ ἡ μὲν ΔΕ τῇ ΕΒ, ἡ δὲ ΔΣ τῇ ΤΒ.
ὥστε καὶ ἡ ΒΣ τῇ ΤΔ, καὶ ἴσον ἐστὶ τὸ ΒΠΣ τρί-
γωνον τῷ ΔΤΖ τριγώνῳ· ἴση ἄρα καὶ ἡ ΒΠ τῇ ΔΖ.
ὁμοίως δὴ δειχθήσεται καὶ ἡ ΓΠ τῇ ΑΖ ἴση. ὡς δὲ
5 τὸ ἀπὸ ΒΠ πρὸς τὸ ἀπὸ ΠΓ, οὕτως ἐστὶ τὸ ὑπὸ ΗΑΙ
πρὸς τὸ ὑπὸ ΜΑΞ· καὶ ὡς ἄρα τὸ ἀπὸ ΔΖ πρὸς τὸ
ἀπὸ ΖΑ.

"Αλλο εἰς τὸ αὐτό.

"Ηχθω πάλιν ἑκατέρα τῶν ΗΘΚ, ΙΘΛ παράλληλος
10 τέμνουσα τὴν ΔΓ τομήν. δεικτέον, ὅτι καὶ οὕτως
ἐστίν, ὡς τὸ ἀπὸ ΑΖ πρὸς τὸ ἀπὸ ΖΔ, οὕτως τὸ ὑπὸ
ΗΘΚ πρὸς τὸ ὑπὸ ΙΘΛ.

ἤχθω γὰρ διὰ τῆς Α ἀφῆς διάμετρος ἡ ΑΓ, παρὰ
δὲ τὴν ΑΖ ἤχθω ἡ ΓΜ· ἐφάψεται δὴ ἡ ΓΜ τῆς
15 ΓΔ τομῆς κατὰ τὸ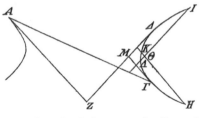
Γ· καὶ ἔσται, ὡς τὸ
ἀπὸ ΔΜ πρὸς τὸ
ἀπὸ ΜΓ, τὸ ὑπὸ
ΙΘΛ πρὸς τὸ ὑπὸ
20 ΗΘΚ. ὡς δὲ τὸ
ἀπὸ ΔΜ πρὸς τὸ
ἀπὸ ΜΓ, τὸ ἀπὸ ΔΖ πρὸς τὸ ἀπὸ ΖΑ· ὡς ἄρα τὸ
ἀπὸ ΔΖ πρὸς τὸ ἀπὸ ΖΑ, τὸ ὑπὸ ΙΘΛ πρὸς τὸ
ὑπὸ ΗΘΚ.

In fig. litt. Ι, Γ, Η om. W, pro Δ hab. Δ.

---

1. ἐστίν W.   ΔΕ] ΤΕ Halley cum Comm.   ΕΒ] ΕΣ
Halley cum Comm. Fort. scrib. ΕΒ, ἡ δὲ ΤΕ τῇ ΕΣ, ἡ δέ κτλ.
ΔΣ] ΑΕ Wp, corr. Halley.   2. ἐστίν W.   3. ἄρα] bis p.
5. ἀπὸ ΒΠ] ΒΖΠ p et corr. ex ΓΖΠ m. 1 W; corr. Comm.
τό] om. p.   ἐστίν W.   ΗΑΙ] ΜΑΞ Wp, corr.
Comm.   6. ΜΑΞ] ΗΜ Wp, corr. Comm.   7. ἀπό] om.
Wp, corr. Halley cum Comm.   ΖΑ οὕτως τὸ ὑπὸ ΗΑΙ πρὸς

tiones contingunt. et quoniam E centrum est, erit $BE = \Delta E$, $AE = E\Gamma$ [I, 30]; et hac de causa et quia ΔTZ, $\Gamma\Sigma\Pi$ parallelae sunt, erit $\Delta E = EB$, $TE = E\Sigma$, $\Delta\Sigma = TB^1$); quare etiam $B\Sigma = T\Delta$ et $\triangle B\Pi\Sigma = \Delta TZ$ [Eucl. VI, 19]. quare etiam $B\Pi = \Delta Z$ [Eucl. VI, 4]. iam similiter demonstrabimus, esse etiam $\Gamma\Pi = AZ$. est autem [III, 19]

$$B\Pi^2 : \Pi\Gamma^2 = H\Delta \times \Delta I : M\Delta \times \Delta\Xi.$$

ergo etiam $\Delta Z^2 : Z\Delta^2 = H\Delta \times \Delta I : M\Delta \times \Delta\Xi.$

Aliud ad eandem propositionem.

Rursus utraque $H\Theta K$, $I\Theta\Delta$ parallela ducatur sectionem $\Delta\Gamma$ secans. demonstrandum, sic quoque esse $AZ^2 : Z\Delta^2 = H\Theta \times \Theta K : I\Theta \times \Theta\Delta.$

ducatur enim per A punctum contactus diametrus $A\Gamma$, et rectae AZ parallela ducatur ΓM; ΓM igitur sectionem $\Gamma\Delta$ in Γ continget [Eutocius ad I, 44]. et erit [III, 17] $\Delta M^2 : M\Gamma^2 = I\Theta \times \Theta\Delta : H\Theta \times \Theta K.$ est autem $\Delta M^2 : M\Gamma^2 = \Delta Z^2 : Z\Delta^{2\,2}$). ergo

$$\Delta Z^2 : Z\Delta^2 = I\Theta \times \Theta\Delta : H\Theta \times \Theta K.$$

---

1) Nam $AE : E\Gamma = TE : E\Sigma$ (Eucl. VI, 4); itaque $TE = E\Sigma$. et quia $BE = E\Delta$, erit $BT = \Sigma\Delta$. tum communis adiiciatur $T\Sigma$.

2) Cfr. Eutocius ad III, 18 p. 332, 5 sq.

τὸ ὑπὸ. $MA\Xi$ Halley cum Comm.　10. τομήν] om. p.　11. AZ] scripsi, ΔZ Wp.　$Z\Delta$] scripsi, ZAO Wp, $Z\Delta$ Comm. οὕτω p.　12. $H\Theta K$ et $I\Theta\Delta$ permut. Comm.　$I\Theta\Delta$] I e corr. W.　13. $A\Gamma$] $A\Pi$ Wp, corr. Comm.　14. AZ] AZ η ΓM Wp, corr. Halley cum Comm.　18. $M\Gamma$ — 19. πρὸς τό] om. p.　22. $Z\Delta$] p, A incert. W.　ὡς — 23. $Z\Delta$] om. Wp, corr. Halley cum Comm. ($Z\Delta$ οὕτως).　23. ὑπό] uel ἀπό p.

Εἰς τὸ κγ´.

Τὸ θεώρημα τοῦτο πολλὰς ἔχει πτώσεις, ὥσπερ καὶ τὰ ἄλλα. ἐπεὶ δὲ ἔν τισιν ἀντιγράφοις ἀντὶ θεωρημάτων πτώσεις εὑρίσκονται καταγεγραμμέναι καὶ ἄλ-
5 λως τινὲς ἀποδείξεις, ἐδοκιμάσαμεν αὐτὰς περιελεῖν· ἵνα δὲ οἱ ἐντυγχάνοντες ἀπὸ τῆς διαφόρου παραθέσεως πειρῶνται τῆς ἡμετέρας ἐπινοίας, ἐξεθέμεθα ταύτας ἐν τοῖς σχολίοις.

Πιπτέτωσαν δὴ αἱ παρὰ τὰς ἐφαπτομένας αἱ ΗΚΟ,
10 ΘΚΤ διὰ τοῦ Κ κέντρου. λέγω, ὅτι καὶ οὕτως ἐστίν, ὡς τὸ ἀπὸ ΕΛ πρὸς τὸ ἀπὸ ΛΑ, τὸ ὑπὸ ΘΚΤ πρὸς τὸ ὑπὸ ΗΚΟ.

ἤχθωσαν διὰ τῶν Η, Θ παρὰ τὰς ἐφαπτομένας αἱ ΘΝ, ΗΜ· γίνεται δὴ ἴσον τὸ μὲν ΗΚΜ τρίγωνον
15 τῷ ΑΚΞ τριγώνῳ, τὸ δὲ ΘΝΚ τῷ ΚΠΕ. ἴσον δὲ τὸ ΑΚΞ τῷ ΕΚΠ· ἴσον ἄρα καὶ τὸ ΗΚΜ τῷ ΚΘΝ. καὶ ἐπεί ἐστιν, ὡς τὸ ἀπὸ ΛΕ πρὸς τὸ ΛΕΞ τρίγωνον, τὸ ἀπὸ ΚΘ πρὸς τὸ ΚΘΝ, καί ἐστι τὸ μὲν ΛΕΞ τρίγωνον ἴσον τῷ ΛΑΠ, τὸ δὲ ΘΚΝ τῷ ΚΗΜ,
20 εἴη ἄν, ὡς τὸ ἀπὸ ΕΛ πρὸς τὸ ΛΠΑ τρίγωνον, τὸ ἀπὸ ΘΚ πρὸς ΗΚΜ. ἔστι δὲ καί, ὡς τὸ ΛΠΑ τρίγωνον πρὸς τὸ ἀπὸ ΛΑ, τὸ ΗΚΜ πρὸς τὸ ἀπὸ ΗΚ· καὶ δι᾽ ἴσου ἄρα ἐστίν, ὡς τὸ ἀπὸ ΕΛ πρὸς τὸ ἀπὸ

---

4. ἄλλαι Halley. 5. ἐδοκιμάσαμεν] p, ἐδοκημάσαμεν W.
6. τῆς] τῆς τοῦ? 10. ΘΚΤ] scripsi, ΘΚΓ Wp. Κ]
post ras. p, ΓΚ W. 11. ΘΚΤ] scripsi, ΘΚΓ Wp. 12.
ΗΚΟ] ΗΚΒ Wp, corr. Comm. 13. αἱ ΘΝ] ἡ ΑΝ Wp,
corr. Comm. 15. ΑΚΞ] scripsi, ΑΚΖ Wp. ΘΝΚ] ΟΝΚ
Wp, corr. Comm. 17. τό (alt.)] scripsi cum Comm., τὸ ἀπό
Wp. 18. τό (pr.)] corr. ex τῷ m. 1 W. ἐστιν W. 19.
τῷ] p, τό W. τῷ] p, corr. ex τό m. 1 W ΚΗΜ] Μ e
corr. p. 20. πρός] ὡς comp. p. ΛΠΑ] scripsi cum Comm.,

Ad prop. XXIII.

Haec propositio multos casus habet, sicut ceterae. quoniam autem in nonnullis codicibus pro theorematis

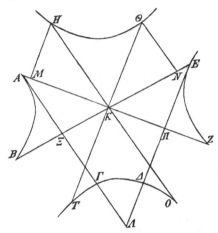

casus perscripti inueniuntur et aliae quaedam demonstrationes, ea remouenda esse duximus; sed ut ii, qui legent, discrepantia comparata de ratione nostra iudicent, in scholiis ea exposuimus.

iam rectae contingentibus parallelae HKO, ΘKT per K centrum cadant. dico, sic quoque esse

$$E\varLambda^2 : \varLambda\varLambda^2 = \Theta K \times KT : HK \times KO.$$

ducantur per H, Θ contingentibus parallelae ΘN, HM; itaque $\triangle\ HKM = AK\varXi$ et $\Theta NK = K\varPi E$ [III, 15]. est autem $AK\varXi = EK\varPi$ [III, 4]; itaque etiam $HKM = K\Theta N$. et quoniam est

$$\varLambda E^2 : \varLambda E\varXi = K\Theta^2 : K\Theta N \text{ [Eucl. VI, 22]},$$

et $\varLambda E\varXi = \varLambda\varLambda\varPi$, $\Theta KN = KHM$, erit

$$E\varLambda^2 : \varLambda\varPi\varLambda = \Theta K^2 : HKM.$$

ἀπὸ $\varLambda\varPi\varLambda$ Wp. 21. πρὸς τό Halley. HKM] K supra scr. m. 1 W. ἔστιν W. $\varLambda\varPi\varLambda$] scripsi cum Comm., ἀπὸ $\varLambda\varPi\varLambda$ Wp.

Apollonius, ed. Heiberg. II. 22

ΛΑ, τὸ ἀπὸ ΚΘ, τουτέστι τὸ ὑπὸ ΘΚΤ, πρὸς το
ἀπὸ ΗΚ, τουτέστι τὸ ὑπὸ ΗΚΟ.

τῶν αὐτῶν ὄντων ἐὰν ἡ μὲν ΘΚΠ, τουτέστιν ἡ
παρὰ τὴν ΕΔ ἀγομένη, διὰ τοῦ Κ κέντρου ἐμπίπτῃ,
5 ἡ δὲ ΗΟ μὴ διὰ τοῦ κέντρου, λέγω, ὅτι καὶ οὕτως
ἐστίν, ὡς τὸ ἀπὸ ΕΔ πρὸς τὸ ἀπὸ ΛΑ, τὸ ὑπὸ ΘΞΠ
πρὸς τὸ ὑπὸ ΗΞΟ.

ἤχθωσαν γὰρ διὰ τῶν Ο, Π ταῖς ἐφαπτομέναις
παράλληλοι αἱ ΟΡ, ΠΣ. ἐπεὶ οὖν τὸ ΜΟΡ τοῦ ΜΝΚ
10 τριγώνου μεῖζον τῷ ΑΚΤ, τῷ δὲ ΑΚΤ ἴσον τὸ ΚΣΠ,
ἴσον τὸ ΜΟΡ τοῖς ΜΝΚ, ΚΣΠ τριγώνοις· ὥστε
λοιπὸν τὸ ΞΡ τετράπλευρον τῷ ΞΣ τετραπλεύρῳ ἴσον.
καὶ ἐπεί ἐστιν, ὡς τὸ ἀπὸ ΕΔ πρὸς τὸ ΕΛΤ τρίγωνον,
οὕτως τό τε ἀπὸ ΠΚ πρὸς τὸ ΚΣΠ καὶ τὸ ἀπὸ ΚΞ
15 πρὸς τὸ ΚΞΝ, ἔσται, ὡς τὸ ἀπὸ ΕΔ πρὸς τὸ ΕΛΤ,
οὕτως λοιπὸν τὸ ὑπὸ ΘΞΠ πρὸς τὸ ΞΡ τετράπλευρον.
καί ἐστι τῷ μὲν ΕΛΤ τριγώνῳ ἴσον τὸ ΑΦΛ, τὸ δὲ
ΞΡ τετράπλευρον τῷ ΣΞ· ὡς ἄρα τὸ ἀπὸ ΕΔ πρὸς
τὸ ΑΛΦ, τὸ ὑπὸ ΘΞΠ πρὸς τὸ ΞΣ. διὰ τὰ αὐτὰ
20 δὴ καί, ὡς τὸ ΑΛΦ πρὸς τὸ ἀπὸ ΑΔ, τὸ ΞΣ πρὸς

---

1. τουτέστιν W.   ΘΚΤ] scripsi, ΘΚΓ Wp.   2. τουτ-
έστιν W.   ΗΚΟ] ΗΚΘ Wp, corr. Comm.   4. ἐμπίπτῃ] p,
ἐμπίπτει corr. ex ἐνπίπτει W.   5. ἡ δὲ ΗΟ] δὲ ἡ ΗΜ Wp,
corr. Halley cum Comm.   6. ΘΞΠ] ΟΞΠ Wp, corr. Comm.
7. τό] om. p.   ΗΞΟ] ΝΞΟ p.   9. ΠΣ] ΠΕ Wp, corr.
Comm.   10. μείζων comp. p.   τῷ (pr.)] m. 2 U, τό Wp.
ΚΣΠ] ΚΕΠ Wp, corr. Comm.   12. τετράπλευρον] -άπλευ-
in ras. W.   ΞΣ] ΞΤΣ Wp, corr. m. 2 U.   13. ΕΔ]
m. 2 U, ΕΝ Wp.   14. οὕτω p.   ΚΕΠ p.   τό] ὡς W,
ὡς τό p, corr. Halley.   15. ΚΞΝ ἔσται] scripsi cum Comm.,
ΔΞ (Δ e corr.) seq. magna lac. W, ΔΞ, deinde ante lac. del.
τὸ ἀπὸ ΕΑ p, ΚΞΝ τρίγωνον ὡς ἄρα Halley.   τό (tert.)] τὸ
ἀπό Wp, corr. Comm.   16. οὕτω p.   ΘΞΠ] Comm., ΘΠΞ
Wp.   ΞΡ] ΞΣ Halley cum Comm., et ita scriptum esse

est autem etiam $\varLambda\varPi\varLambda : \varLambda\varLambda^2 = HKM : HK^2$ [Eucl.
VI, 22]; itaque etiam ex aequo
$$E\varLambda^2 : \varLambda\varLambda^2 = K\varTheta^2 : HK^2, \text{ h. e.}$$
$$E\varLambda^2 : \varLambda\varLambda^2 = \varTheta K \times KT : HK \times KO.$$

Iisdem suppositis, si $\varTheta K\varPi$ siue recta rectae $E\varLambda$
parallela ducta per K centrum cadit, HO autem non
per centrum, dico, sic quoque esse
$$E\varLambda^2 : \varLambda\varLambda^2 = \varTheta\varXi \times \varXi\varPi : H\varXi \times \varXi O.$$

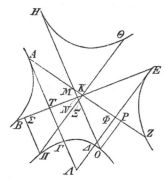

ducantur enim per O, $\varPi$
contingentibus parallelae OP,
$\varPi\varSigma$. quoniam igitur
$$MOP = MNK + \varLambda KT$$
et
$$K\varSigma\varPi = \varLambda KT \text{ [III, 15],}$$
erit
$$MOP = MNK + K\varSigma\varPi;$$
quare reliquum[1]) quadrila-
terum $\varXi P = \varXi\varSigma$. et quon-
iam est
$$E\varLambda^2 : E\varLambda T = \varPi K^2 : K\varSigma\varPi = K\varXi^2 : K\varXi N$$
[Eucl. VI, 22], erit [Eucl. V, 19]
$$E\varLambda^2 : E\varLambda T = \varTheta\varXi \times \varXi\varPi : \varXi P \text{ [Eucl. II, 5].}$$
et $\varLambda\varPhi\varLambda = E\varLambda T$ [III, 4], $\varXi P = \varXi\varSigma$; itaque
$$E\varLambda^2 : \varLambda\varLambda\varPhi = \varTheta\varXi \times \varXi\varPi : \varXi\varSigma.$$

In fig. litt. $\varLambda$, H, $\varTheta$ om. W, pro N hab. H.

---

1) Ablatis triangulis $MKN + KN\varXi$.

---

oportuit.　17. ἐστιν W.　$E\varLambda\varSigma$ p?　20. τό (pr.)] τά W p,
corr. Halley cum Comm.　τό (sec.)] τά W p, corr. Halley
cum Comm.　$\varXi\varSigma$] $\varSigma\varXi$ p.　cum Comm.

τὸ ὑπὸ ΗΞΟ· καὶ δι' ἴσου ἐστίν, ὡς τὸ ἀπὸ ΕΑ πρὸς
τὸ ἀπὸ ΛΑ, τὸ ὑπὸ ΘΞΠ πρὸς τὸ ὑπὸ ΗΞΟ.

Ἄλλως.

ἔστι δὲ καὶ οὕτως δεῖξαι·
5 ἐπεί, ἐὰν τῆς ΕΖ τομῆς ἀχθῇ ἐπιψαύουσα, καθ' ὃ
συμβάλλει ἡ ΑΖ διάμετρος τῇ ΕΖ τομῇ, γίνεται
παράλληλος ἡ ἀχθεῖσα τῇ ΑΤ, καὶ τὸν αὐτὸν λόγον
ἔχει ἡ ἀχθεῖσα πρὸς τὴν ἀποτεμνομένην ὑπ' αὐτῆς
πρὸς τῷ Ε ἀπὸ τῆς ΕΦ τῷ ὃν ἔχει ἡ ΑΛ πρὸς ΛΕ,
10 καὶ τὰ λοιπὰ ὁμοίως τοῖς εἰς τὸ ιθ'.

Εἰς τὸ κθ'.

Ἐπεὶ γὰρ ἴση ἐστὶν ἡ ΛΞ τῇ ΟΝ, τὰ ἀπὸ
ΛΗΝ τῶν ἀπὸ ΞΗΟ ὑπερέχει τῷ δὶς ὑπὸ ΝΞΛ]
ἔστω εὐθεῖα ἡ ΛΝ, καὶ ἀφῃρήσθωσαν ἀπ' αὐτῆς ἴσαι
15 αἱ ΛΞ, ΝΟ......τὸ σχῆμα. φανερὸν δὴ ἐκ τῆς ὁμοιότη-
τος καὶ τοῦ ἴσην εἶναι τὴν ΛΞ τῇ ΟΝ, ὅτι τὰ ΛΔ, ΖΝ,
ΑΤ, ΦΒ τετράγωνα ἴσα ἐστὶν ἀλλήλοις. ἐπεὶ οὖν τὰ
ἀπὸ ΛΗΝ τὰ ΑΜ, ΜΝ ἐστιν, τὰ δὲ ἀπὸ ΞΗΟ ἐστι

---

1. ΝΞΟ p.   ἐστίν] p, ν supra scr. m. 1 W.   ὡς] -ς
e corr. m. 1 W.   2. ὑπό] ὑπὸ τό Wp, corr. Halley.   ΘΞΠ]
Θ corr. ex Ο p.   ΗΞΟ] ΗΞΘ W et, Η e corr., p; corr. Comm.
4. ἔστιν W.   οὕτω p.   5. ἐπεί, ἐάν] ἐὰν γάρ Halley.   6.
ΑΖ] ΑΒ p.   9. ΑΛ] ΑΔ Wp, corr. Halley.   11. Εἰς τὸ κθ']
εἰς τὸ λ' p et mg. m. 1 W; corr. Comm.   12. ΛΞ] ΑΞ Wp,
corr. Comm.   13. ΛΗΝ] scripsi, ΛΜΝ Wp, lg gn Comm.
ΞΗΟ — δίς] ΞΗ τῶν Wp, corr. Halley cum Comm. (xg go).
15. ΛΞ] ΑΞ Wp, corr. Comm.   ΝΟ] ΝΘ, Θ e corr., p.
Deinde magnam lacunam hab. Wp; καὶ γενέσθω suppleuit
Halley; sed debuit καὶ καταγεγράφθω uel καὶ συμπεπληρώσθω,
et multo plura desunt (et figura describatur Comm.).   ὅτι
ἐκ U.   16. τὴν ΛΞ] τὴν ΑΞ p, τῇ ΝΑΞ W.   ὅτι] addidi,
om. Wp.   18. ΛΗΝ] scripsi, ΔΗΜ Wp; ΛΗ, ΗΝ m. 2 U.
ΞΗΟ] ΞΗΘ Wp; ΞΗ, ΗΟ Comm.   ἐστιν W.

iam eadem de causa etiam

$$A\varLambda\varPhi : A\varLambda^2 = \varXi\varSigma : H\varXi \times \varXi O,$$

et ex aequo est $E\varLambda^2 : A\varLambda^2 = \varTheta\varXi \times \varXi\varPi : H\varXi \times \varXi O.$

Aliter.

Potest autem etiam sic demonstrari:

quoniam, si recta ducitur sectionem EZ contingens in eo puncto, in quo AZ diametrus cum sectione EZ concurrit, recta ita ducta rectae AT parallela fit [Eutocius ad I, 44], recta ducta etiam ad rectam de $E\varPhi$ ad E ab ea abscisam eandem rationem habet, quam $A\varLambda : \varLambda E$ [supra p. 335 not. 2], et cetera eodem modo, quo ad prop. XIX dictum est [supra p. 334].

Ad prop. XXIX.

Nam quoniam est $\varLambda\varXi = ON$, erit

$$\varLambda H^2 + HN^2 = \varXi H^2 + HO^2 + 2N\varXi \times \varXi\varLambda$$

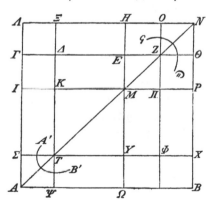

I p. 384, 25—26] sit recta $\varLambda N$, et ab ea auferantur aequales $\varLambda\varXi$, NO [et perpendiculares ducantur $\varLambda A$, NB, sitque

$$\varLambda\varGamma = \varLambda\varXi,$$
$$\varLambda I = HN,$$
$$IA = \varLambda H,$$
$$\varSigma A = \varLambda\varXi;$$

et expleatur] figura.

manifestum igitur ex similitudine et ex eo, quod $\varLambda\varXi = ON$, esse

τὰ ΤΜ, ΜΖ, τὰ ἄρα ἀπὸ ΔΗΝ τῶν ἀπὸ ΞΗΟ
ὑπερέχουσι τοῖς 🍇ϛ, Α΄Β΄ γνώμοσιν. καὶ ἐπεὶ ἴσον
ἐστὶ τὸ ΗΖ τῷ ΦΩ, τὸ δὲ ΣΚ τῷ ΦΡ, οἱ 🍇ϛ, Α΄Β΄
γνώμονες ἴσοι εἰσὶ τῷ τε ΖΒ καὶ τῷ ΑΦ. τὸ δὲ
5 ΑΦ τῷ ΖΔ ἴσον, τὰ δὲ ΖΔ, ΖΒ ἴσα ἐστὶ τῷ δὶς
ὑπὸ ΔΞΝ, τουτέστιν ὑπὸ ΔΟΝ· τὰ ἄρα ἀπὸ τῶν
ΔΗΝ, τουτέστι τὰ ΑΜ, ΜΝ, τῶν ἀπὸ ΞΗΟ, τουτέστι
τῶν ΤΜ, ΜΖ, ὑπερέχει τῷ δὶς ὑπὸ ΝΞΔ ἤτοι τοῖς
ΔΖ, ΖΒ.

10   Εἰς τὸ λα΄.

Δυνατόν ἐστι τοῦτο τὸ θεώρημα δεῖξαι ὁμοίως τῷ
πρὸ αὐτοῦ ποιοῦντας τὰς δύο εὐθείας μιᾶς τομῆς
ἐφάπτεσθαι· ἀλλ᾽ ἐπειδὴ πάντη ταὐτὸν ἦν τῷ ἐπὶ τῆς
μιᾶς ὑπερβολῆς προδεδειγμένῳ, αὕτη ἡ ἀπόδειξις
15 ἀπελέχθη.

                Εἰς τὸ λγ΄.

Ἔστι καὶ ἄλλως τοῦτο τὸ θεώρημα δεῖξαι·
ἐὰν γὰρ ἐπιζεύξωμεν τὰς ΓΔ, ΔΖ, ἐφάψονται τῶν
τομῶν διὰ τὰ δεδειγμένα ἐν τῷ μ΄ τοῦ β΄ βιβλίου.
20 ἐπεὶ οὖν . . . . . .

                Ἄλλως τὸ λδ΄.

Ἔστω ὑπερβολὴ ἡ ΑΒ καὶ ἀσύμπτωτοι αἱ ΓΔΕ
καὶ ἐφαπτομένη ἡ ΓΒΕ καὶ παράλληλοι αἱ ΓΑΗ,
ΖΒΗ. λέγω, ὅτι ἴση ἡ ΓΑ τῇ ΑΗ.

---

1. ΔΗΝ] ΔΗΜ Wp; ΔΗ, ΗΝ Comm.   2. Α΄Β΄] α͵Β
W, αβ p.   καί] supra scr. p? ἐπεὶ καί p?   3. ἐστίν W.
Α΄Β΄] α͵Β W, αβ p.   4. εἰσίν W.   Post τε litt. del. p.
5. ΖΒ] ΑΖΒ Wp.   ἐστίν W.   τῷ] corr. ex τό W.
δίς] δέ Wp, corr. Halley.   6. ΔΖΝ p?   7. τουτέστιν W.
ΞΗΟ] ΞΗΘ Wp; ΞΗ, ΗΟ Comm.   τουτέστιν W.   14.
Post ὑπερβολῆς una litt. del. p.   15. ἀπελέχθη] Halley, ἀπε-
λέγχθη W, ἀπηλέγχθη p.   17. ἔστιν W.   18. ΓΔ] scripsi,

$\varDelta\varDelta = ZN = AT = \varPhi B$. quoniam igitur
$$\varDelta H^2 + HN^2 = AM + MN$$
et $\varXi H^2 + HO^2 = TM + MZ$, erit
$$\varDelta H^2 + HN^2 = \varXi H^2 + HO^2 + \text{℥q} + A'B'.$$
et quoniam est $HZ = \varPhi\varOmega$, $\varSigma K = \varPhi P$, erunt gnomones $\text{℥q} + A'B' = ZB + A\varPhi$. est autem $A\varPhi = Z\varDelta$, et $ZB + Z\varDelta = 2\varDelta\varXi \times \varXi N = 2\varDelta O \times ON$. ergo $\varDelta H^2 + HN^2$ (siue $AM + MN$) $= \varXi H^2 + HO^2$ (siue $TM + MZ$) $+ 2N\varXi \times \varXi\varDelta$ (siue $\varDelta Z + ZB$).

Ad prop. XXXI.

Fieri potest, ut haec propositio similiter demonstretur ac praecedens, si utramque rectam eandem sectionem contingentem fecerimus; sed quoniam prorsus idem erat, ac quod in una hyperbola antea demonstratum est [III, 30], hanc demonstrationem elegimus.

Ad prop. XXXIII.

Haec propositio etiam aliter demonstrari potest: si enim $\varGamma\varDelta$, $\varDelta Z$ duxerimus, sectiones contingent propter ea, quae in prop. XL libri II demonstrata sunt. quoniam igitur. . . .

Aliter prop. XXXIV.

Sit hyperbola AB, asymptotae $\varGamma\varDelta$, $\varDelta E$, contingens $\varGamma BE$, parallelae $\varGamma AH$, ZBH. dico, esse $\varGamma A = AH$.

TΔ Wp.   20. Post οὖν magnam lacunam Wp.   23. ΓBE]
ΠBE Wp, corr. Comm.   ΓAH] A corr. ex Δ m. 1 W;
ΓΔH, H e corr., p.   24. ZBH] ZHB Wp, corr. Comm.

ἐπεζεύχθω γὰρ ἡ ΑΒ καὶ ἐκβεβλήσθω ἐπὶ τὰ Θ,
Κ. ἐπεὶ οὖν ἴση ἐστὶν ἡ ΓΒ τῇ ΒΕ, ἴση ἄρα καὶ ἡ
ΚΒ τῇ ΒΑ. ἀλλὰ ἡ ΚΒ τῇ ΑΘ ἐστιν ἴση· ὥστε
καὶ ἡ ΓΑ τῇ ΑΗ.

5   "Ἄλλως τὸ λε'.

"Ἔστω ὑπερβολὴ ἡ ΑΒ, ἀσύμπτωτοι δὲ αἱ ΓΔΕ,
καὶ ἀπὸ τοῦ Γ ἡ μὲν ΓΒΕ ἐφαπτέσθω, ἡ δὲ ΓΑΗΘ
τεμνέτω τὴν τομὴν κατὰ τὰ Α, Η σημεῖα, καὶ διὰ τοῦ
Β παρὰ τὴν ΓΔ ἤχθω ἡ ΚΒΖ. δεικτέον, ὅτι ἐστίν,
10 ὡς ἡ ΗΓ πρὸς ΓΑ, ἡ ΗΖ πρὸς ΖΑ.

ἐπεζεύχθω ἡ ΑΒ καὶ ἐκβεβλήσθω ἐπὶ τὰ Λ, Μ,
καὶ ἀπὸ τοῦ Ε παρὰ τὴν ΓΘ ἤχθω ἡ ΕΝ. ἐπεὶ οὖν
ἴση ἐστὶν ἡ ΓΒ τῇ ΕΒ, ἴση ἐστὶ καὶ ἡ ΓΑ τῇ ΕΝ,
ἡ δὲ ΑΒ τῇ ΒΝ· ἡ ἄρα ΝΜ ὑπεροχή ἐστι τῶν ΒΜ,
15 ΑΒ. ἴση δὲ ἡ ΒΜ τῇ ΛΑ· ἡ ΝΜ ἄρα ὑπεροχή ἐστι
τῶν ΛΑ, ΑΒ. καὶ ἐπεὶ τριγώνου τοῦ ΑΘΜ παρὰ
τὴν ΑΘ ἐστιν ἡ ΕΝ, ἔστιν, ὡς ἡ ΑΜ πρὸς ΝΜ, ἡ
ΑΘ πρὸς ΝΕ. ἴση δὲ ἡ ΝΕ τῇ ΑΓ· ὡς ἄρα ἡ ΘΑ
πρὸς ΑΓ, ἡ ΑΜ πρὸς τὴν ὑπεροχὴν τῶν ΑΒ, ΒΜ,
20 τουτέστιν ἡ ΑΒ πρὸς τὴν ὑπεροχὴν τῶν ΛΑ, ΑΒ.
ὡς δὲ ἡ ΘΑ πρὸς ΑΓ, ἡ ΗΓ πρὸς ΓΑ· ἴση γὰρ ἡ
ΓΑ τῇ ΘΗ· καὶ ὡς ἄρα ἡ ΗΓ πρὸς ΓΑ, οὕτως ἡ
ΑΒ πρὸς τὴν ὑπεροχὴν τῶν ΛΑ, ΑΒ καὶ ἡ ΓΖ πρὸς

---

7. ΓΒΕ] Halley, ΓΒ Wp. 8. τήν] bis p. Η] Β Wp,
corr. Halley. 9. τήν ΓΔ] τῆι ΜΓΔ Wp, corr. Comm.
ΚΒΖ] scripsi, ΒΚΖ Wp, ΖΒΚ Halley cum Comm. 10.
ΗΓ] Η e corr. W. 12. ΓΘ] corr. ex ΓΟ p. 13. ἐστίν
— ἴση] om. p. ΕΒ] mg. m. 2 U, ΘΒ W. ἐστί] ἐστίν W.
ΓΑ] m. 2 U, ΓΔ Wp. 14. ΝΜ — 15. ΑΒ] om. lacuna
relicta Wp, corr. Halley (ΑΒ, ΒΜ). 15. ἔστιν W. 16.
τριγώνου] corr. ex τρίγωνον W.   ΑΘΜ] ΑΒΜ Wp, ΑΜΘ

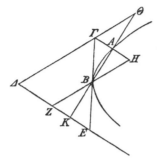

ducatur enim AB et ad Θ, K producatur. quoniam igitur est

$$\Gamma B = BE \text{ [II, 3]},$$

erit etiam [Eucl. VI, 4]

$$KB = BA.$$

uerum etiam [II, 8]

$$KB = A\Theta.$$

ergo etiam $\Gamma A = AH$.

Aliter prop. XXXV.

Sit hyperbola AB et asymptotae $\Gamma\Delta$, ΔE, et a Γ recta FBE contingat, $\Gamma AH\Theta$ secet sectionem in punctis A, H, per B autem rectae $\Gamma\Delta$ parallela ducatur KBZ. demonstrandum, esse $H\Gamma : \Gamma A = HZ : ZA$.

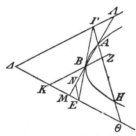

ducatur AB producaturque ad Δ, M, et ab E rectae $\Gamma\Theta$ parallela ducatur EN. quoniam igitur $\Gamma B = EB$ [II, 3], erit etiam [Eucl. VI. 4]

$$\Gamma A = EN, \quad AB = BN.$$

itaque $NM = BM \div AB$.

uerum $BM = \Delta A$ [II, 8];

itaque $NM = \Delta A \div AB$ et quoniam in triangulo $A\Theta M$ rectae $A\Theta$ parallela est EN, erit [Eucl. VI, 4] $AM : NM = A\Theta : NE$. est autem $NE = A\Gamma$; itaque $\Theta A : A\Gamma = AM : BM \div AB = AB : \Delta A \div AB$.

In fig. 2 rectam EN om. W.

Halley cum Comm.   17. AM] AN Wp, corr. Comm.   19. AB — 20. $\tau\tilde{\omega}\nu$] om. p.   23. $\tau\acute{\eta}\nu$] bis p. $\acute{\upsilon}\pi\varepsilon\varrho o\chi\acute{\eta}\nu$] Halley, $\acute{\upsilon}\pi\varepsilon\varrho\beta o\lambda\acute{\eta}\nu$ Wp. ΓZ] ΠZ Wp, corr. Comm.

τὴν τῶν ΓΑ, ΖΑ ὑπεροχήν. καὶ ἐπεὶ ζητῶ, εἴ ἐστιν,
ὡς ἡ ΓΗ πρὸς ΓΑ, ἡ ΗΖ πρὸς ΖΑ, δεικτέον, εἴ
ἐστιν, ὡς ὅλη ἡ ΗΓ πρὸς ὅλην τὴν ΓΑ, οὕτως ἡ
ἀφαιρεθεῖσα ἡ ΖΗ πρὸς ἀφαιρεθεῖσαν τὴν ΑΖ καὶ
5 λοιπὴ ἡ ΓΖ πρὸς λοιπὴν τὴν τῶν ΓΑ, ΖΑ ὑπεροχήν.
δεικτέον ἄρα, ὅτι ἐστίν, ὡς ἡ ΗΓ πρὸς ΓΑ, ἡ ΓΖ
πρὸς τὴν τῶν ΓΑ, ΖΑ ὑπεροχήν.

Ἄλλως τὸ λϛ΄.

Ἔστωσαν ἀντικείμεναι αἱ Α, Λ καὶ ἀσύμπτωτοι αἱ
10 ΒΚ, ΓΔ καὶ ἐφαπτομένη ἡ ΒΑΔ καὶ διηγμένη ἡ
ΛΚΔΗΖ καὶ τῇ ΓΔ παράλληλος ἡ ΑΖ. δεικτέον,
ὅτι ἐστίν, ὡς ἡ ΑΖ πρὸς ΖΗ, ἡ ΛΔ πρὸς ΔΗ.

ἐπεζεύχθω ἡ ΑΗ καὶ ἐκβεβλήσθω· φανερὸν οὖν,
ὅτι ἴση ἐστὶν ἡ ΘΑ τῇ ΕΗ καὶ ἡ ΘΗ τῇ ΑΕ. ἤχθω
15 διὰ τοῦ Δ παρὰ τὴν ΘΓ ἡ ΔΜ· ἴση ἄρα ἡ ΒΑ τῇ
ΑΔ καὶ ἡ ΘΑ τῇ ΑΜ. ἡ ἄρα ΜΗ ὑπεροχή ἐστι
τῶν ΘΑ, ΑΗ, τουτέστι τῶν ΑΗ, ΗΕ. καὶ ἐπεὶ
παράλληλός ἐστιν ἡ ΒΚ τῇ ΔΜ, ἔστιν ἄρα, ὡς ἡ
ΘΗ πρὸς ΗΜ, ἡ ΚΗ πρὸς ΗΔ. ἴση δὲ ἡ μὲν ΗΘ
20 τῇ ΑΕ, ἡ δὲ ΛΔ τῇ ΚΗ· ὡς ἄρα ἡ ΛΔ πρὸς ΔΗ,

---

1. ΓΑ] ΓΖ Wp, corr. Comm.   εἴ] ἡ Wp, corr. Comm.
2. δεικτέον, εἴ ἐστιν] uix sanum, δεικτέον ἤ ἐστιν Wp, δεικ-
τέον ὅτι Halley.   3. ἡ (alt.)] del. Halley.   4. ἀφαιρεθεῖσα]
corr. ex ἀφαιρεθῆσα m. 1 W.   5. ΓΑ] ΓΖ Wp, corr. Comm.
6. δέδεικται δέ Halley.   7. ΓΑ] Γ Wp, corr. Comm.   11.
ΛΚΔΗΖ] ΗΛΔΗΖ Wp, corr. Comm.   ΑΖ] ΑΖΔ Wp,
corr. Comm.   12. ΛΔ] ΑΔ Wp, corr. Comm.   13. ΑΗ]
ΑΒ W, ΑΘ p, corr. Comm.   οὖν] om. p.   14. ἡ ΘΑ —
καί] bis W (altero loco ante ΕΗ ras. 1 litt.).   15. ἡ ΔΜ]
ΗΔΜ Wp, corr. Comm.   16. ἐστιν W.   17. τουτέστιν W.
τῶν — ἐπεί] Halley cum Comm., lacun. Wp.   19. ΘΗ]
ΘΝ p.   πρός (pr.) — ΗΔ] lacun. Wp, corr. mg. m. 2 U
(οὕτως ἡ).

est autem $\Theta A : A\Gamma = H\Gamma : \Gamma A$; nam $\Gamma A = \Theta H$ [II, 8]; quare etiam

$$H\Gamma : \Gamma A = AB : A\Lambda \div AB = \Gamma Z : \Gamma A \div Z A^{1}).$$

et quoniam quaerimus, sitne $\Gamma H : \Gamma A = HZ : Z A$, quaerendum, sitne

$$H\Gamma : \Gamma A = ZH : AZ = \Gamma Z : \Gamma A \div Z A$$

[Eucl. V, 19]. ergo demonstrandum, esse

$$H\Gamma : \Gamma A = \Gamma Z : \Gamma A \div Z A.$$

Aliter prop. XXXVI.

Sint oppositae A, Λ, asymptotae BK, $\Gamma\Delta$, contingens $BA\Delta$, sectiones secans $AK\Delta HZ$, rectaeque $\Gamma\Delta$ parallela AZ. demonstrandum, esse

$$AZ : ZH = A\Delta : \Delta H.$$

ducatur AH producaturque; manifestum igitur, esse $\Theta A = EH$ [II, 8] et $\Theta H = AE$. ducatur per

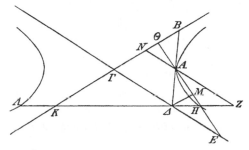

Δ rectae $\Theta\Gamma$ parallela ΔM; itaque $BA = A\Delta$ [II, 3] et [Eucl. VI, 4] $\Theta A = AM$. itaque

$$MH = AH \div \Theta A = AH \div HE.$$

et quoniam BK rectae ΔM parallela est, erit [Eucl.

---

1) Quoniam $\Gamma A\Delta$, ABZ similes sunt, erit (Eucl. VI, 4)
$\Gamma A : A\Delta = AZ : AB = \Gamma Z : BA$ (Eucl. V, 18)
$= \Gamma A \div AZ : A\Delta \div AB$ (Eucl. V, 19).

οὕτως ἡ ΑΕ πρὸς ΗΜ, τουτέστι τὴν τῶν ΑΗΕ
ὑπεροχήν. ἀλλ' ὡς ἡ ΑΕ πρὸς τὴν τῶν ΑΗΕ
ὑπεροχήν, οὕτως ἡ ΔΖ πρὸς τὴν τῶν ΔΗΖ ὑπεροχήν·
προδέδεικται γάρ· ἔστιν ἄρα, ὡς ἡ ΑΔ πρὸς ΔΗ,
5 ἡ ΔΖ πρὸς τὴν τῶν ΔΗΖ ὑπεροχήν. καὶ ὡς ἕν
πρὸς ἕν, οὕτως ἅπαντα πρὸς ἅπαντα, ὡς ἡ ΑΔ πρὸς
ΔΗ, ὅλη ἡ ΑΖ πρὸς ΔΗ καὶ τὴν τῶν ΔΗΖ
ὑπεροχήν, τουτέστι τὴν ΗΖ.

Ἄλλως τὸ αὐτό.

10 Ἔστω τὰ αὐτὰ τοῖς πρότερον καὶ διὰ τοῦ Α παρὰ
τὴν ΒΚ ἡ ΑΜ.

ἐπεὶ οὖν ἴση ἐστὶν ἡ ΒΑ τῇ ΑΔ, ἴση ἐστὶ καὶ ἡ
ΚΜ τῇ ΜΔ. καὶ ἐπεὶ παράλληλοί εἰσιν αἱ ΘΚ,
ΑΜ, ἔστιν, ὡς ἡ ΗΜ πρὸς ΜΚ, ἡ ΗΑ πρὸς ΑΘ,
15 τουτέστιν ἡ ΑΗ πρὸς ΗΕ. ἀλλ' ὡς μὲν ἡ ΑΗ πρὸς
ΗΕ, ἡ ΖΗ πρὸς ΗΔ, ὡς δὲ ἡ ΗΜ πρὸς ΜΚ, ἡ
διπλασία τῆς ΜΗ πρὸς τὴν διπλασίαν τῆς ΜΚ· ὡς
ἄρα ἡ ΖΗ πρὸς ΗΔ, ἡ διπλασία τῆς ΜΗ πρὸς τὴν
διπλασίαν τῆς ΜΚ. καί ἐστι διπλασία τῆς ΜΗ ἡ
20 ΑΗ· ἴση γὰρ ἡ ΑΚ τῇ ΔΗ καὶ ἡ ΚΜ τῇ ΜΔ· τῆς
δὲ ΚΜ διπλασία ἡ ΔΚ· ὡς ἄρα ἡ ΑΗ πρὸς ΗΖ, ἡ
ΚΔ πρὸς ΔΗ. συνθέντι, ὡς ἡ ΑΖ πρὸς ΖΗ, ἡ
ΚΗ πρὸς ΗΔ, τουτέστιν ἡ ΑΔ πρὸς ΔΗ.

---

1. ΗΜ] ῆ Wp, corr. Comm.   τουτέστιν W.   2. ΑΕ]
ΑΗΕ p et, Η e corr. m. 1, W; corr. Comm.   4. προσδέ-
δεικται p.   ΑΔ] Δ e corr. m. 1 W.   5. ΔΖ] Ζ e corr. p.
ὡς] comp. p, ὢ W.   6. ὡς ἄρα Halley cum Comm.   8.
τουτέστιν W.   9. ἄλλως] p, ἄλλος W.   12. ἐστί] ἐστίν W.
14. ΜΚ, ἡ] corr. ex ΜΚΗ p, ΜΚΗ W.   ΗΑ] ΝΑ p.
15. ΑΗ] Η e corr. m. 1 W.   ΑΗ] ΑΝ p.   16. ΗΕ]
ΗΣ Wp, corr. Comm.   17. ὡς — 19. ΜΚ] in ras. p.   19.
ἐστιν W.

VI, 4] $\Theta H : HM = KH : H\varDelta$. uerum $H\Theta = AE$,
$\varLambda\varDelta = KH$ [II, 16]; itaque

$$\varLambda\varDelta : \varDelta H = AE : HM = AE : AH \div HE.$$

est autem $AE : AH \div HE = \varDelta Z : HZ \div \varDelta H$; hoc
enim antea demonstratum est [ad prop. XXXV supra
p. 347 not.]; itaque $\varLambda\varDelta : \varDelta H = \varDelta Z : HZ \div \varDelta H$.
et ut unum ad unum, ita omnia ad omnia [Eucl. V, 12],
$$\varLambda\varDelta : \varDelta H = \varLambda Z : \varDelta H + (HZ \div \varDelta H) = \varLambda Z : HZ.$$

Aliter idem.

Sint eadem, quae antea, et per A rectae BK
parallela AM.

quoniam igitur $BA = A\varDelta$ [II, 3], erit etiam
$KM = M\varDelta$ [Eucl. VI, 2]. et quoniam ΘK, AM
parallelae sunt, erit [Eucl. VI, 2]

$$HM : MK = H\varDelta : A\Theta = AH : HE \quad [\text{II, 8}].$$

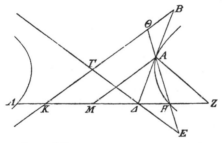

est áutem [Eucl. VI, 4] $AH : HE = ZH : H\varDelta$,

$$HM : MK = 2MH : 2MK \quad [\text{Eucl. V, 15}];$$

itaque erit $ZH : H\varDelta = 2MH : 2MK$. est autem
$\varLambda H = 2MH$; nam $AK = \varDelta H$ [II, 16] et $KM = M\varDelta$;
et $\varDelta K = 2KM$. quare $\varLambda H : HZ = K\varDelta : \varDelta H$. com-
ponendo $\varLambda Z : ZH = KH : H\varDelta = \varLambda\varDelta : \varDelta H$ [II, 16].

In fig. B, Θ permutat W.

"Ἄλλως τὸ μδ'.

Ἀποδεδειγμένων τῶν ΓΕ, ΖΗ παραλλήλων ἐπεζεύχ-
θωσαν αἱ ΗΑ, ΖΒ.

ἐπεὶ παράλληλός ἐστιν ἡ ΖΗ τῇ ΓΕ, ἴσον τὸ
5 ΓΗΖ τρίγωνον τῷ ΕΗΖ τριγώνῳ. καὶ ἔστι τὸ μὲν
ΓΖΗ τοῦ ΑΗΖ διπλάσιον, ἐπεὶ καὶ ἡ ΓΖ τῆς ΖΑ,
τὸ δὲ ΕΗΖ τοῦ ΒΗΖ· ἴσον ἄρα τὸ ΑΗΖ τῷ ΒΗΖ.
παράλληλος ἄρα ἐστὶν ἡ ΖΗ τῇ ΑΒ.

ἐπὶ δὲ τῶν ἀντικειμένων ἡ ΑΒ ἢ . . . . . . μὴ ἔρχεται
10 διὰ τοῦ Δ κέντρου, ἤχθω διὰ τοῦ Δ παράλληλος τῇ
ΓΕ ἡ ΔΚΑ καὶ διὰ τῶν Κ, Λ ἐφαπτόμεναι τῶν
τομῶν αἱ ΚΜΝ, ΛΞΟ. οὕτως γὰρ δῆλον γενήσεται,
ὅτι, ἐπειδὴ τὸ ὑπὸ ΞΔΟ ἴσον ἐστὶ τῷ ὑπὸ ΜΑΝ,
ἀλλὰ τὸ μὲν ὑπὸ ΞΔΟ τῷ ὑπὸ ΕΔΗ ἐστιν ἴσον, τὸ
15 δὲ ὑπὸ ΜΔΝ τῷ ὑπὸ ΓΔΖ, τὸ ἄρα ὑπὸ ΕΔΗ ἴσον
τῷ ὑπὸ ΓΔΖ.

Εἰς τὸ νδ'.

Ὡς δὲ τὸ ὑπὸ ΝΓ, ΜΑ πρὸς τὸ ἀπὸ ΑΜ, τὸ
ὑπὸ ΛΓ, ΚΑ πρὸς τὸ ἀπὸ ΚΑ] ἐπεὶ γάρ ἐστιν, ὡς
20 ἡ ΑΔ πρὸς ΔΜ, ἡ ΓΔ πρὸς ΔΝ, ἀναστρέψαντι, ὡς
ἡ ΔΑ πρὸς ΑΜ, ἡ ΔΓ προς ΓΝ. διὰ τὰ αὐτὰ δὴ

---

4. ΓΕ] ΓΒ Wp, corr. Comm.   5. ἔστιν W.   6. ΓΖ]
Ζ in ras. m. 1 W.   7. ΕΗΖ] ΗΖ Wp, corr. Comm.   Post
τό (alt.) del. ΑΖΗ p.   9. ἐπί] ἐπεί Wp, corr. Comm.   Post
ἢ lacunam statuo; Comm. εἰ uoluisse uidetur pro ἤ.   ἔρχεται]
in ras. m. 1 W.   11. ΔΚΑ] ΚΔΑ?   12. ΚΜΝ, ΛΞΟ]
ΜΚΝ, ΞΛΟ?   οὕτω p.   δῆλον] scripsi, δή Wp.   13.
ΞΔΟ] Ο corr. ex Θ? W, ΞΔΘ p.   ἐστίν W.   14. ΞΔΟ]
ΔΟ in ras. m. 1 W.   19. ΛΓ] ΑΓ Wp, corr. Comm.   Post
ἀπό del. 1 litt. p.   20. ΑΔ] ΑΕ Wp, corr. Comm.   ΔΝ]
ΑΝ Wp, corr. Comm.   21. ΔΓ] Δ in ras. W.

Aliter prop. XLIV.

Cum demonstrauerimus [I p. 422, 19], parallelas esse ΓE, ZH, ducantur [in fig. I p. 422] HA, ZB.

quoniam ZH, ΓE parallelae sunt, erit [Eucl. I, 37] $\triangle \Gamma HZ = EHZ$. est autem $\Gamma ZH = 2AHZ$ [Eucl. VI, 1], quoniam etiam $\Gamma Z = 2ZA$ [II, 3], et [id.] $EHZ = 2BHZ$. itaque $AHZ = BHZ$. ergo [Eucl. VI, 1] ZH, AB parallelae sunt.

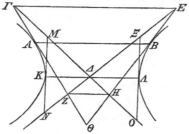

in oppositis autem[1]) AB aut [per centrum cadit aut non per centrum. si per centrum cadit, ex II, 15 adparet, quod quaeritur; sin] non cadit per centrum $\varDelta$, per $\varDelta$ rectae ΓE parallela ducatur $K\varDelta\varLambda$ et per K, $\varLambda$ sectiones contingentes MKN, $\varXi\varLambda O$. ita enim adparebit, quoniam $\varXi\varDelta \times \varDelta O = M\varDelta \times \varDelta N$ [II, 15], et $\varXi\varDelta \times \varDelta O = E\varDelta \times \varDelta H$, $M\varDelta \times \varDelta N = \Gamma\varDelta \times \varDelta Z$ [III, 43], esse $E\varDelta \times \varDelta H = \Gamma\varDelta \times \varDelta Z$.

Ad prop. LIV.

Est autem $N\Gamma \times MA : AM^2 = \varLambda\Gamma \times KA : KA^2$ I p. 442, 12—13] quoniam enim est [Eucl. VI, 4]

In fig., quae omnino minus adcurate descripta est, litt. $\varDelta$, $\varLambda$ om. W; pro N hab. H, pro O, ut uidetur, C.

1) Haec Halleius ad prop. XLIII rettulit, sed est demonstratio in oppositis proportionis $\Gamma\varDelta : \varDelta E = H\varDelta : \varDelta Z$ I p. 422, 16 sq., quam necessariam duxit, nec immerito, quia III, 43, qua in demonstratione prop. 44 utimur, in sola hyperbola demonstrata est.

καὶ τὸ ἀνάπαλίν ἐστιν, ὡς ἡ ΚΑ πρὸς ΑΔ, ἡ ΛΓ
πρὸς ΓΔ· δι' ἴσου ἄρα, ὡς ἡ ΜΑ πρὸς ΑΚ, ἡ
ΝΓ πρὸς ΓΑ· καὶ ἐναλλάξ, ὡς ἡ ΜΑ πρὸς ΝΓ, ἡ
ΚΑ πρὸς ΛΓ. καὶ ὡς ἄρα τὸ ὑπὸ ΝΓ, ΑΜ πρὸς
5 τὸ ἀπὸ ΑΜ, τὸ ὑπὸ ΛΓ, ΚΑ πρὸς τὸ ἀπὸ ΚΑ.

Ἀλλ' ὡς μὲν τὸ ὑπὸ ΑΜ, ΝΓ πρὸς τὸ ὑπὸ
ΝΔΜ, τὸ ἀπὸ ΕΒ πρὸς τὸ ἀπὸ ΒΔ] ἐπεὶ γὰρ τὸ
ὑπὸ ΑΜ, ΓΝ πρὸς τὸ ὑπὸ ΝΔΜ τὸν συγκείμενον
ἔχει λόγον ἐκ τοῦ τῆς ΑΜ πρὸς ΜΔ καὶ τοῦ τῆς
10 ΓΝ πρὸς ΝΔ, ἀλλ' ὡς μὲν ἡ ΑΜ πρὸς ΜΔ, ἡ ΕΒ
πρὸς ΒΔ, ὡς δὲ ἡ ΓΝ πρὸς ΝΔ, ἡ ΕΒ πρὸς ΒΔ,
τὸ ἄρα ὑπὸ ΑΜ, ΓΝ πρὸς τὸ ὑπὸ ΝΔΜ διπλασίονα
λόγον ἔχει τοῦ ὃν ἔχει ἡ ΕΒ πρὸς ΒΔ. ἔχει δὲ καὶ
τὸ ἀπὸ ΕΒ πρὸς τὸ ἀπὸ ΒΔ διπλασίονα λόγον τοῦ
15 τῆς ΕΒ πρὸς ΒΔ· ὡς ἄρα τὸ ὑπὸ ΑΜ, ΓΝ πρὸς τὸ
ὑπὸ ΝΔΜ, τὸ ἀπὸ ΕΒ πρὸς τὸ ἀπὸ ΒΔ.

Ὡς δὲ τὸ ὑπὸ ΝΔΜ πρὸς τὸ ὑπὸ ΝΒΜ, τὸ
ὑπὸ ΓΔΑ πρὸς τὸ ὑπὸ ΓΕΑ] ἐπεὶ γὰρ τὸ ὑπὸ
ΝΔΜ πρὸς τὸ ὑπὸ ΝΒΜ τὸν συγκείμενον ἔχει λόγον
20 ἐκ τοῦ τῆς ΔΝ πρὸς ΝΒ καὶ τοῦ τῆς ΔΜ πρὸς ΜΒ,
ἀλλ' ὡς μὲν ἡ ΔΝ πρὸς ΝΒ, ἡ ΔΓ πρὸς ΓΕ, ὡς
δὲ ἡ ΔΜ πρὸς ΜΒ, ἡ ΔΑ πρὸς ΑΕ, ἕξει ἄρα τὸν
συγκείμενον ἐκ τοῦ τῆς ΔΓ πρὸς ΓΕ καὶ τοῦ τῆς
ΔΑ πρὸς ΑΕ, ὅς ἐστιν ὁ αὐτὸς τῷ ὃν ἔχει τὸ ὑπὸ
25 ΓΔΑ πρὸς τὸ ὑπὸ ΓΕΑ. ὡς ἄρα τὸ ὑπὸ ΝΔΜ
πρὸς τὸ ὑπὸ ΝΒΜ, τὸ ὑπὸ ΓΔΑ πρὸς τὸ ὑπὸ ΓΕΑ.

---

2. δι'] p, om. W.   4. ΛΓ] scripsi, ΑΚ Wp, cl Comm.
5. τὸ ὑπό] τοῦ W, τό p, corr. Comm.   ἀπό] corr. ex
ὑπό p.   7. ΝΔΜ] ΝΑΜ Wp, corr. Comm.   8. ὑπό (pr.)]
e corr. p.   ὑπὸ ΝΔΜ] ἀπὸ ΕΔ Wp, corr. Comm.   9. ἔχει]
supra scr. m. 1 W.   10. ΝΔ] ΝΒ Wp, corr. Comm.   13.
ἔχει δέ — 15. ΒΔ] om. p.   15. ὡς] p, ὦ W.   16. ὑπό]

$A\varDelta : \varDelta M = \varGamma\varDelta : \varDelta N$, conuertendo erit
$$\varDelta A : AM = \varDelta\varGamma : \varGamma N.$$
eadem de causa [Eucl. VI, 4] et e contrario erit
$K A : A\varDelta = \varDelta\varGamma : \varGamma\varDelta$; ex aequo igitur
$$MA : AK = N\varGamma : \varGamma\varDelta;$$
et permutando $MA : N\varGamma = K A : \varDelta\varGamma.$ ergo etiam
$N\varGamma \times AM : AM^2 = \varDelta\varGamma \times K A : K A^2.$

Uerum $N\varGamma \times AM : N\varDelta \times \varDelta M = EB^2 : B\varDelta^2$
I p. 442, 28—444, 1] quoniam enim est
$AM \times \varGamma N : N\varDelta \times \varDelta M = (AM : M\varDelta) \times (\varGamma N : N\varDelta)$
et $AM : M\varDelta = EB : B\varDelta$, $\varGamma N : N\varDelta = EB : B\varDelta$
[Eucl. VI, 2], erit $AM \times \varGamma N : N\varDelta \times \varDelta M = EB^2 : B\varDelta^2.$

Et $N\varDelta \times \varDelta M : NB \times BM = \varGamma\varDelta \times \varDelta A : \varGamma E \times E A$
I p. 444, 1—2] quoniam enim
$N\varDelta \times \varDelta M : NB \times BM = (\varDelta N : NB) \times (\varDelta M : MB)$,
et $\varDelta N : NB = \varDelta\varGamma : \varGamma E$, $\varDelta M : MB = \varDelta A : A E$
[Eucl. VI, 4], erit $N\varDelta \times \varDelta M : NB \times BM$
$= (\varDelta\varGamma : \varGamma E) \times (\varDelta A : A E) = \varGamma\varDelta \times \varDelta A : \varGamma E \times E A.$

ἀπό p. $N\varDelta M]$ $\varDelta M$ Wp, corr. Comm. ἀπό (pr.)] corr.
ex ὑπό in scrib. W. 18. $\varGamma E A]$ E e corr. p. 19.
$N\varDelta M - \dot{v}\pi\acute{o}$] om. Wp, corr. Comm. 20. $\varDelta N]$ $A N$ Wp,
corr. Comm. 21. $\varDelta N]$ N e corr. p. 22. $\varDelta A]$ $\underline{\delta}\alpha$ W.
24. ὅς] e corr. p, ὡς W. 25. $\varGamma E A]$ A e corr. m. 1 W,
$\varGamma E\varDelta$ p. In fine: πεπλήρωται σὺν θεῷ τὸ ὑπόμνημα τοῦ γ′
βιβλίου τῶν κωνικῶν Εὐτοκίου Ἀσκαλωνίτου Wp.

Εἰς τὸ δ΄.

Τὸ τέταρτον βιβλίον, ὦ φίλε ἑταῖρε Ἀνθέμιε,
ζήτησιν μὲν ἔχει, ποσαχῶς αἱ τῶν κώνων †ομαὶ
ἀλλήλαις τε καὶ τῇ τοῦ κύκλου περιφερείᾳ συμβάλλουσιν
5 ἤτοι ἐφαπτόμεναι ἢ τέμνουσαι, ἔστι δὲ χαρίεν καὶ
σαφὲς τοῖς ἐντυγχάνουσι καὶ μάλιστα ἀπὸ τῆς ἡμετέρας
ἐκδόσεως, καὶ οὐδὲ σχολίων δεῖται· τὸ γὰρ ἐνδέον αἱ
παραγραφαὶ πληροῦσιν. δέδεικται δὲ τὰ ἐν αὐτῷ
πάντα διὰ τῆς εἰς ἀδύνατον ἀπαγωγῆς, ὥσπερ καὶ
10 Εὐκλείδης ἔδειξε τὰ περὶ τῶν τομῶν τοῦ κύκλου καὶ
τῶν ἐπαφῶν. εὔχρηστος δὲ καὶ ἀναγκαῖος ὁ τρόπος
οὗτος καὶ τῷ Ἀριστοτέλει δοκεῖ καὶ τοῖς γεωμέτραις
καὶ μάλιστα τῷ Ἀρχιμήδει.

ἀναγινώσκοντι οὖν σοι τὰ δ̅ βιβλία δυνατὸν ἔσται
15 διὰ τῆς τῶν κωνικῶν πραγματείας ἀναλύειν καὶ συν-
τιθέναι τὸ προτεθέν· διὸ καὶ αὐτὸς ὁ Ἀπολλώνιος ἐν
ἀρχῇ τοῦ βιβλίου φησὶ τὰ δ̅ βιβλία ἀρκεῖν πρὸς τὴν
ἀγωγὴν τὴν στοιχειώδη, τὰ δὲ λοιπὰ εἶναι περιουσι-
αστικώτερα.

1. *Εὐτοκίου Ἀσκαλωνίτου εἰς τὸ δ΄ τῶν Ἀπολλωνίου κωνι-
κῶν τῆς κατ᾽ αὐτὸν ἐκδόσεως* W, euan. p.   4. τῇ] ἢ Wp,
corr. Comm.   περιφέρεια W, comp. p.   5. ἤτοι] Halley,
ἤτε Wp.   ἐφαπτόμεναι ἤ] Halley, ἐφαπτομένη Wp.   ἔστιν W.
6. ἐντυγχάνουσιν W.   μάλιστα — 7. ἐκδόσεως] μά | p.
7. δεῖται] p, δῆται W.   10. ἔδειξεν W.   τοῦ] Halley,
καὶ τοῦ Wp.   12. Ἀριστοτέλει] corr. m. rec. ex Ἀριστοτέλη W.
Ἀριστοτέλει — γεωμέτραις] corr. ex Ἀριστοτέλει καὶ δοκεῖ ad-

In librum IV.

Liber quartus, mi Anthemie, disquisitionem continet, quot modis sectiones conorum et inter se et cum ambitu circuli concurrant siue contingentes siue secantes, est autem elegans et perspicuus iis, qui legent, maxime in nostra editione; nec scholiis eget; adnotationes[1]) enim explent, si quid deest. omnes uero propositiones eius per reductionem in absurdum demonstrantur, qua ratione etiam Euclides de sectionibus et contactu circuli demonstrauit [Elem. III, 10, 13]. quae ratio et Aristoteli [Anal. pr. I, 7] utilis necessariaque uidetur et geometris, in primis Archimedi.

perlectis igitur his IV libris tibi licebit per rationem conicorum omnia, quae proposita erunt, resoluere et componere. quare etiam Apollonius ipse in principio operis dicit, IV libros ad institutionem elementarem [I p. 4, 1] sufficere, reliquos autem ulterius progredi [I p. 4, 22].

---

1) Fuit, cum coniicerem $\varkappa\alpha\tau\alpha\gamma\varrho\alpha\varphi\alpha\iota$, sed nunc credo significari breues illas notas, quibus in codd. mathematicorum propositiones usurpatae uel ipsius operis uel Euclidis citantur; tales igitur Eutocius uel addidisse uel in suis codd. conicorum inuenisse putandus est, quamquam in nostris desunt.

---

scriptis litteris $\alpha\,\gamma\,\beta$ p.   13. $\mathit{'A\varrho\chi\iota\mu\acute{\eta}\delta\varepsilon\iota}$] comp. p, $\mathit{'A\varrho\chi\iota\mu\acute{\eta}\delta\eta\iota}$ W.   15. $\pi\varrho\alpha\gamma\mu\alpha\tau\varepsilon\iota\alpha\varsigma$] p, $\pi\varrho\alpha\gamma\mu\alpha\tau\iota\alpha\varsigma$ W.   17. $\varphi\eta\sigma\iota\nu$ W, comp. p.

ἀνάγνωθι οὖν αὐτὰ ἐπιμελῶς, καὶ εἴ σοι κατα-
θυμίως γένηται καὶ τὰ λοιπὰ κατὰ τοῦτον τὸν τύπον
ὑπ' ἐμοῦ ἐκτεθῆναι, καὶ τοῦτο θεοῦ ἡγουμένου γενήσε-
ται. ἔρρωσο.

5   Ἄλλως τὸ κδ'.

Ἔστωσαν αἱ ΕΑΒΓ, ΔΑΒΓ τομαί, ὡς εἴρηται,
καὶ διήχθω, ὡς ἔτυχεν, ἡ ΔΕΓ, καὶ
διὰ τοῦ Α τῇ ΔΕΓ παράλληλος ἤχθω
ἡ ΑΘ.

10   εἰ οὖν ἐντὸς τῶν τομῶν πίπτει, ἡ
ἐν τῷ ῥητῷ ἀπόδειξις ἁρμόσει· εἰ δὲ
ἐφάψεται κατὰ τὸ Α, ἀμφοτέρων ἐπι-
ψαύσει τῶν τομῶν, καὶ διὰ τοῦτο ἡ
ἀπὸ τοῦ Α ἀγομένη διάμετρος τῆς ἑτέρας
15 τῶν τομῶν διάμετρος ἔσται καὶ τῆς λοιπῆς. δίχα ἄρα
τέμνει κατὰ τὸ Ζ τήν τε ΓΔ καὶ τὴν ΕΓ· ὅπερ ἀδύ-
νατον.

          Ἄλλως τὸ αὐτό.

Ἔστωσαν αἱ ΕΑΒΓ, ΔΑΒΓ τομαί, ὡς εἴρηται,
20 καὶ εἰλήφθω ἐπὶ τοῦ ΑΒΓ κοινοῦ τμήματος αὐτῶν
σημεῖόν τι τὸ Β, καὶ ἐπεζεύχθω ἡ ΑΒ καὶ δίχα τε-
τμήσθω κατὰ τὸ Ζ, καὶ διὰ τοῦ Ζ διάμετρος ἤχθω ἡ
ΗΖΘ, καὶ διὰ τοῦ Γ παρὰ τὴν ΑΒ ἤχθω ἡ ΓΔΕ.
ἐπεὶ οὖν διάμετρός ἐστιν ἡ ΖΘ καὶ δίχα τέμνει
25 τὴν ΑΒ, τεταγμένως ἄρα κατῆκται ἡ ΑΒ. καί ἐστι

Fig. om. Wp.

1. ἀνάγνωθι] p, ἀνάγνωθει W.   σοι] in ras. m. 1 W.
2. γένηται] p, γένοιται W.   6. ΕΑΒΓ] E insert. m. 1 W.
ΔΑΒΓ] om. Wp, corr. Halley cum Comm.   7. καί (pr.)]
ἔστωσ καί W (puncta add. m. rec., (¹) a m. 1 sunt), ἔστω καί p,
καί w.   19. τομαί] om. p.   23. Ante ΗΖΘ del. ΗΘΖ p.
24. καί] om. Wp, corr. Halley; quae Comm.   25. ἐστιν W.

itaque eos studiose legas uelim, et si concupiueris, reliquos etiam ad hanc formam a me exponi, hoc quoque deo duce fiet. uale.

Aliter prop. XXIV.

Sint $EAB\Gamma$, $\Delta AB\Gamma$ sectiones, quales diximus, et ducatur quaelibet recta $\Delta E\Gamma$, per A autem rectae $\Delta E\Gamma$ parallela ducatur $A\Theta$.

ea igitur si intra sectiones cadit, demonstratio in uerbis Apollonii proposita apta erit; sin in A contingit, utramque sectionem continget, et ea de causa diametrus ab A ducta alterius sectionis etiam reliquae diametrus erit. ergo in Z et $\Gamma\Delta$ et $E\Gamma$ in binas partes secat [I def. 4]; quod fieri non potest.

Aliter idem.

Sint $EAB\Gamma$, $\Delta AB\Gamma$ sectiones, quales diximus, et in $AB\Gamma$ communi earum parte punctum aliquod su-

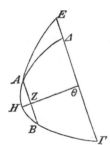

matur B, ducaturque AB et in Z in duas partes aequales secetur, per Z autem diametrus ducatur $HZ\Theta$, et per Γ rectae AB parallela ducatur $\Gamma\Delta E$.

quoniam igitur diametrus est $Z\Theta$ et rectam AB in duas partes aequales secat, AB ordinate ducta est [I def. 4]. et ei parallela est $\Gamma\Delta E$. itaque in Θ in binas partes aequales secta est [I def. 4] in $EAB\Gamma$ sectione $E\Gamma$, in $\Delta AB\Gamma$ autem $\Delta\Gamma$. ergo $E\Theta = \Theta\Delta$; quod fieri non potest.

Fig. om. Wp.

παράλληλος αὐτῇ ἡ ΓΔΕ δίχα ἄρα τέτμηται κατὰ
τὸ Θ ἐν μὲν τῇ ΕΑΒΓ γεγραμμένη ἡ ΕΓ, ἐν δὲ τῇ
ΔΑΒΓ ἡ ΔΓ. ἴση ἄρα ἡ ΕΘ τῇ ΘΔ· ὅπερ ἀδύνατον.

Ἄλλως τὸ μγ´.

5 Ἔστωσαν ἀντικείμεναι αἱ Α, Β, καὶ ὑπερβολὴ ἡ
ΓΑΒΔ ἑκατέραν τῶν ἀντικειμένων τεμνέτω κατὰ τὰ
Γ, Α, Β, Δ, ἀντικειμένη δὲ αὐτῆς ἔστω ἡ ΕΖ. λέγω,
ὅτι ἡ ΕΖ οὐδετέρᾳ τῶν ἀντικειμένων συμπεσεῖται.

ἐπεζεύχθωσαν γὰρ αἱ ΔΒ, ΓΑ καὶ ἐκβεβλήσθωσαν
10 καὶ συμπιπτέτωσαν ἀλλήλαις κατὰ τὸ Θ· ἔσται ἄρα
τὸ Θ μεταξὺ τῶν ἀσυμπτώτων τῆς ΓΑΒ τομῆς. ἔστω-
σαν ἀσύμπτωτοι τῆς ΓΑΒΔ αἱ ΚΗΔ, ΜΗΝ· φανερὸν
δή, ὅτι αἱ ΝΗΔ τὴν ΕΖ τομὴν περιέχουσιν. καὶ ἡ
ΓΑ τέμνει τὴν ΓΑΞ τομὴν κατὰ δύο σημεῖα τὰ Γ, Α·
15 ἐκβαλλομένη ἄρα ἐφ᾽ ἑκάτερα τῇ ἀντικειμένῃ οὐ
συμπεσεῖται τῇ ΔΒΟ, ἀλλ᾽ ἔσται μεταξὺ τῆς ΒΟ
τομῆς καὶ τῆς ΔΗ. ὁμοίως δὴ καὶ ἡ ΔΒΘ οὐ
συμπεσεῖται τῇ ΓΑΞ, ἀλλ᾽ ἔσται μεταξὺ τῆς ΑΞ καὶ
τῆς ΗΝ. ἐπεὶ οὖν αἱ ΘΠ, ΘΡ μὴ συμπίπτουσαι
20 ταῖς Α, Β τομαῖς περιέχουσι τὰς ΝΗΔ ἀσυμπτώτους
καὶ πολλῷ μᾶλλον τὴν ΕΖ τομήν, ἡ ΕΖ οὐδετέρᾳ
τῶν ἀντικειμένων συμπεσεῖται.

Ἄλλως τὸ να´.

Λέγω, ὅτι ἡ Ε οὐδετέρᾳ τῶν Α, Β συμπεσεῖται.
25 ἤχθωσαν ἀπὸ τῶν Α, Β ἐφαπτόμεναι τῶν τομῶν

2. ἐν (alt.)] εἰ Wp, corr. Comm. 7. Γ] insert. W. ἀντι-
κειμένην? comp. p. αὐτῇ Halley. 8. ΕΖ] p, ἐξ post ras. 1
litt. W. συμπεσεῖται] συμ- supra scr. m. 1 p. 11. ἀσυμ-
πτώτων] συμπτώσεων Wp, corr. Comm. ΓΑΒΔ Halley
cum Comm. 14. ΓΑΖ p. 15. ἄρα] om. Wp, corr. Halley
cum Comm.; possis etiam lin. 13 καὶ ἐπεὶ ἡ scribere. 17.

Aliter prop. XLIII.

Sint oppositae *A*, *B*, et hyperbola *ΓABΔ* utramque oppositam secet in *Γ*, *A*, *B*, *Δ*, opposita autem eius sit *EZ*. dico, *EZ* cum neutra oppositarum concurrere.

ducantur enim *ΔB*, *ΓA* producanturque et in *Θ* concurrant; *Θ* igitur intra asymptotas sectionis *ΓAB* positum erit [II, 25]. sint *KHΔ*, *MHN* asymptotae

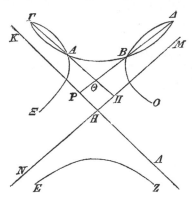

sectionis *ΓABΔ*; manifestum igitur, rectas *NH, HΔ* sectionem *EZ* comprehendere [II, 15]. et *ΓA* sectionem *ΓAΞ* in duobus punctis *Γ*, *A* secat; producta igitur in utramque partem cum opposita *ΔBO* non concurret [II, 33], sed inter sectionem *BO* rectamque *ΔH* cadet. iam eodem modo etiam *ΔBΘ* non concurret cum *ΓAΞ*, sed inter *ΔΞ* et *HN* cadet. quoniam igitur *ΘΠ*, *ΘP* cum sectionibus *A*, *B* non concurrentes asymptotas *NH, HΔ* comprehendunt et multo magis sectionem *EZ, EZ* cum neutra oppositarum concurret.

Aliter prop. LI.

Dico, sectionem *E* cum neutra sectionum *A*, *B* concurrere.

In fig. Ξ, *O* om. W.

ΔH] *AH* p.   18. *AΞ*] *ΔΞ* p.   19. *ΘΠ*] *ΘB* p.   20.
περιέχουσι] p, περιέχωσιν W.   21. πολλῷ] p, πολλό W.   23.
Ante να' eras. α W.

καὶ συμπιπτέτωσαν ἀλλήλαις κατὰ τὸ Γ ἐντὸς τῆς
περιεχούσης γωνίας τὴν ΑΒ τομήν· φανερὸν δή, ὅτι
αἱ ΑΓ, ΓΒ ἐκβαλλόμεναι οὐ συμπεσοῦνται ταῖς ἀσυμ-
πτώτοις τῆς Ε τομῆς, ἀλλὰ περιέχουσιν αὐτὰς καὶ
5 πολὺ πλέον τὴν Ε τομήν. καὶ ἐπεὶ τῆς ΑΔ τομῆς ἐφάπτε-
ται ἡ ΑΓ, ἡ ΑΓ ἄρα οὐ συμπεσεῖται τῇ ΒΗ. ὁμοίως
δὴ δείξομεν, ὅτι ἡ ΒΓ οὐ συμπεσεῖται τῇ ΑΔ. ἡ
ἄρα Ε τομὴ οὐδεμιᾷ τῶν ΑΔ, ΒΗ τομῶν συμ-
πεσεῖται.

---

4. περιέχουσιν] Halley, περιέχωσιν Wp.   5. ἐπεί] ἐπί
Wp, corr. Comm   ΑΔ] ΑΒ Wp, corr. Comm.   7 ΑΔ. ἡ]
p, ΑΔ Η W.   8. ΒΗ] ΘΗ p.

ducantur ab *A*, *B* rectae sectiones contingentes et inter se concurrant in Γ intra angulum sectionem

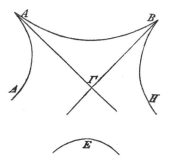

AB comprehendentem [II, 25]; manifestum igitur, rectas *AΓ*, *ΓB* productas cum asymptotis sectionis *E* non concurrere, sed eas multoque magis sectionem *E* comprehendere [II, 33]. et quoniam *AΓ* sectionem *AΔ* contingit, *AΓ* cum *BH* non concurret [II, 33]. iam eodem modo demonstrabimus, *BΓ* cum *AΔ* non concurrere. ergo sectio *E* cum neutra sectionum *AΔ*, *BH* concurret.

Fig. om. Wp.

Milton Keynes UK
Ingram Content Group UK Ltd.
UKHW041521181024
449640UK00009B/108